世界甲虫大図鑑
THE BOOK OF BEETLES

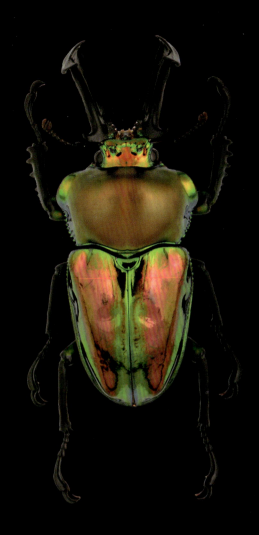

世界甲虫大図鑑
THE BOOK OF BEETLES

パトリス・ブシャー 総編集
丸山宗利 日本語版監修

CONTRIBUTORS

PATRICE BOUCHARD, YVES BOUSQUET, CHRISTOPHER CARLTON,
MARIA LOURDES CHAMORRO, HERMES E. ESCALONA, ARTHUR V. EVANS,
ALEXANDER KONSTANTINOV, RICHARD A. B. LESCHEN,
STÉPHANE LE TIRANT, STEVEN W. LINGAFELTER

東京書籍

PATRICE BOUCHARD is a research scientist and curator of Coleoptera at the Canadian National Collection of Insects, Arachnids, and Nematodes, Ottawa.

YVES BOUSQUET is a research scientist at the Canadian National Collection of Insects, Arachnids, and Nematodes, Ottawa.

CHRISTOPHER CARLTON is a research scientist and director of the Louisiana State Arthropod Museum, Louisiana State University Agricultural Center, Baton Rouge.

MARIA LOURDES CHAMORRO is a research entomologist and curator of Curculionoidea at the Systematic Entomology Laboratory (USDA) in the National Museum of Natural History in Washington, D. C.

HERMES E. ESCALONA is a visiting scientist at the Australian National Insect Collection-CSIRO, Canberra.

ARTHUR V. EVANS is a research collaborator at the Department of Entomology, National Museum of Natural History, Smithsonian Institution, Washington, D. C.

ALEXANDER KONSTANTINOV is a research entomologist and curator of Chrysomelidae at the Systematic Entomology Laboratory (USDA) in the National Museum of Natural History in Washington, D. C.

RICHARD A. B. LESCHEN is a researcher at Landcare Research and curator of Coleoptera at the New Zealand Arthropod Collection, Auckland.

STÉPHANE LE TIRANT is curator of the Montreal Insectarium.

STEVEN W. LINGAFELTER is a research entomologist and curator of Cerambycidae at the Systematic Entomology Laboratory (USDA) in the National Museum of Natural History in Washington, D. C.

First published in Great Britain in 2014 by
Ivy Press
210 High Street, Lewes
East Sussex BN7 2NS
United Kingdom
www.ivypress.co.uk

Copyright © 2014 The Ivy Press Limited
Japanese text copyright © 2016 by Munetoshi Maruyama, Tokyo shoseki Co., Ltd.

All rights reserved. No part of this publication may be reproduced or transmitted in any form by any means, electronic or mechanical, including photocopying, recording, or by any information storage-and-retrieval system, without written permission from the copyright holder.

Japanese translation rights arranged with The Ivy press Limited, East Sussex through Tuttle-Mori Agency, Inc., Tokyo.

ISBN4-487-80930-1C0645

Colour origination by Ivy Press Reprographics

Printed in China

This book was conceived, designed, and produced by
Ivy Press
Creative Director PETER BRIDGEWATER
Publisher SUSAN KELLY
Art Director MICHAEL WHITEHEAD
Editorial Director TOM KITCH
Senior Project Editor CAROLINE EARLE
Commissioning Editor KATE SHANAHAN
Designer GINNY ZEAL
Illustrator SANDRA POND

JACKET AND LITHOCASE IMAGES
Klaus Bolte: *Agrilus planipennis*, *Timarcha tenebricosa*; **Jason Bond and Trip Lamb:** *Onymacris bicolor*; **Lech Borowiec:** *Cetonia aurata*, *Dytiscus marginalis*, *Pachylister inaequalis*, *Sphaerius acaroides*; **Karolyn Darrow** © The Smithsonian Institution: *Akephorus obesus*, *Eucamaragnathus batesi*, *Pasimachus subangulatus*, *Solenogenys funkei*, *Tetracha carolina*; **Anthony Davies,** copyright © Her Majesty the Queen in Right of Canada as represented by the Minister of Agriculture and Agri-Food: *Anomalipus elephas*, *Borolinus javanicus*, *Brachycerus ornatus*, *Calognathus chevrolati eberlanzi*, *Cheirotonus macleayi*, *Cossyphus hoffmannseggii*, *Cupes capitatus*, *Dinapate wrightii*, *Dineutus sublineatus*, *Erotylus onagga*, *Eupatorus gracilicornis*, *Gagatophorus draco*, *Geotrupes splendidus*, *Goliathus regius*, *Graphipterus serrator*, *Helea spinifer*, *Heliocopris gigas*, *Heterosternus buprestoides*, *Hexodon unicolor*, *Hister quadrinotatus quadrinotatus*, *Lasiorhynchus barbicornis*, *Lucanus elaphus*, *Macrolycus flabellatus*, *Mecynorhina torquata*, *Necrophilus subterraneus*, *Nicrophorus americanus*, *Notolioon gemmatus*, *Pleocoma australis*, *Rhipicera femorata*, *Ripiphorus viereckii*, *Sandalus niger*, *Saprinus cyaneus*, *Spilopyra sumptuosa*, *Strategus aloeus*, *Strongylium auratum*, *Syntelia westwoodi*, *Taurocerastes patagonicus*, *Tricondyla aptera*, *Zarhipis integripennis*; **Henri Goulet,** copyright © Her Majesty the Queen in Right of Canada as represented by the Minister of Agriculture and Agri-Food: *Amblycheila cylindriformi*, *Broscus cephalotes*, *Calosoma sycophanta*, *Cychrus caraboides*, *Damaster blaptoides*, *Elaphrus viridis*, *Helluomorphoides praeustus bicolor*; **Vitya Kubáň and Svata Bilý:** *Juniperella mirabilis*; **René Limoges:** *Acrocinus longimanus*, *Chalcosoma atlas*, *Chrysophora chrysochloa*, *Phalacrognathus muelleri*; **Kirill Makarov:** *Lethrus apterus*; **R. Salmaso,** Archives of the Museo di Storia Naturale di Verona: *Crowsoniella relicta*; **Udo Schmidt:** *Batocera wallacei*, *Hydrophilus piceus*, *Loricera pilicornis*, *Megasoma elephas*, *Paranaleptes reticulata*, *Siagona europaea*; **Maxim Smirnov:** *Chiasognathus grantii*, *Dicronocephalus wallichi*, *Mormolyce phyllodes*, *Sagra buqueti*, *Sulcophaneus imperator*; **Laurent Soldati:** *Prionotheca coronata*; **Christopher C. Wirth:** *Alaus zunianus*, *Amblysterna natalensis*, *Calodema regalis*, *Catoxantha opulenta*, *Cometes hirticornis*, *Euchroma giganteum*, *Isthmiade braconides*, *Oncideres cingulata*, *Sternocera chrysis*, *Thrincopyge alacris*, *Temognatha chevrolatii*.

CONTENTS

はじめに 6

甲虫とはなにか? 10
甲虫の分類 16
進化と多様性 18
情報伝達, 生殖, 成長 20
防御 22
食餌行動 24
甲虫の保護 26
甲虫と社会 28

甲虫図鑑 30
始原亜目(ナガヒラタムシ亜目) 32
ツブミズムシ亜目 42
食肉亜目(オサムシ亜目) 48
多食亜目(カブトムシ亜目) 112

付録 640
用語解説 642
甲虫目の分類 645
甲虫をもっと知るために 646
執筆者紹介 647
索引 649
謝辞 655

はじめに

昆虫はサイズが小さいので、私たちはその外見を過小評価しがちである。雄のアトラスオオカブト属甲虫（Chalcosoma）が、その磨き上げられたブロンズの鎧と巨大で複雑な形をした角を持って、ウマほどの大きさ、いや、イヌほどの大きさでさえもあったとしたら、それは、世界で最も印象的な動物の一つであったろう。

『人間の進化と性淘汰』チャールズ・ダーウィン、長谷川真理子訳、文一総合出版、1999年

甲虫は農業や林業、文化や科学に影響を及ぼす、とても多様性に富む生物である。同じ甲虫でも体の構造や生活場所への適応の仕方は数えきれないほど異なり、その違いが長い間、人間を魅了してきた。

甲虫目に含まれる昆虫を甲虫といい、現在約40万種が記載されている。地球上で最も多様で重要な動物群のひとつである。そのため甲虫を専門に研究する甲虫学者は他の生物の研究者とは異なる視点で自然界を見ることが多い。

　植物と動物をあわせた全生物の5種に1種が甲虫である。形や色、模様や行動はさまざまだが、どの甲虫も立派な甲羅のような外皮で覆われる。中でも最も目立つ部分は硬く革質化した上翅である。上翅の役割

は飛行の安定化、繊細な下翅(かし)や内部器官の保護、大事な体液の保持、水中での空気の取り込み、断熱など種によって異なる。甲虫は体が小さいうえに、形態や行動にはおびただしい数の適応のしかたがある。そのおかげで陸上や淡水など広い範囲で、他の動物に占有あるいは利用されていない生態的地位を開拓し繁栄する。

甲虫にはあまりにもたくさんの種があるため、よく見かける種や経済的に重要な種以外は一般的な名前をもたないが、確認されている種についてはすべて属名と種小名からなる、世界共通の学名がついている。わかりやすく整理するため、それぞれの種は分類群（タクソン）、すなわち共通の進化的特徴にもとづき階層構造をなす階級のいずれかに分類される。種は最小の分類単位であり、甲虫目はすべての甲虫種を含む分類群である。

甲虫はおもに交尾相手を探すために物理的、化学的、視覚的手段を用いて情報を伝達し合う。ほとんどの種が有性生殖を行うが、交尾せずに自分の複製をつくる単為生殖を行う種もわずかながらいる。まれに限定的だが育児行動を行う種もいる。幼虫も成虫も多様な食性を示し、植物や生きている動物や遺骸(いがい)を食べる。葉、花、果実、針葉、球果、根を好む甲虫は食料品店、果樹園、田畑、保管林に深刻な被害をもたらす。一方で、農作物や樹木の病害虫に対する生物農薬として利用される捕食性甲虫もいる。腐肉性の種は地球上に堆積していく遺骸をきれいに片づける。成長著しい生体模倣科学（バイオミメティクス）の分野では、近年、甲虫の体の構造や機能から着想を得て、玉虫色の車用塗料や繰り返し脱着できる面ファスナー、紙幣の偽造防止技術など新素材や新製品が開発されている。

1種類の植物しか食べない甲虫もいれば、さまざまな餌を食べる甲虫もいる。300種類以上の植物を食べるマメコガネ（*Popillia japonica*）の成虫は北米では害虫とされる。

ほとんどの甲虫には翅があるがオウサマゾウムシ属（*Brachycerus*）のように下翅が退化して飛べない種もいる。

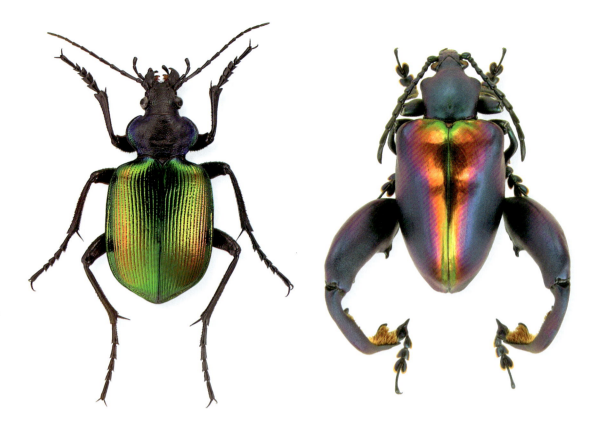

本書をまとめるにあたって膨大な数の候補の中から600種を選ぶ作業はとてもおもしろかった。甲虫には、人目を引く外観をもち生物学的にもよく知られているニジイロカタビロオサムシ（*Calosoma sycophanta*、左写真）のような種もいれば、特徴的な適応をしているものの生物学的な知見はほとんど得られていないニジモンコガネハムシ（*Sagra buqueti*、右写真）のような種もいる。

　本書では600種の甲虫を進化的関係にもとづく枠組みの中で記述し、それぞれを概観することによって、甲虫のとてつもなく広い多様性の一端を見ていく。600種を4つの甲虫亜目に分類したのち、各亜目の中で科、亜科の順に類別し学名（属、種）のアルファベット順に並べる。

選択の基準

本書に記載した種は以下に示す基準にもとづき選んだ。このため本書は、世界中の主な甲虫を取り上げる、分類学的に見ても類のない内容となっている。

・科学の観点から魅力のある種：科学研究の対象として注目されている種。医薬として利用される種。生体模倣科学や技術革新の分野に創造的刺激を与える種。

・生活史の観点から興味深い種：極端な環境で生息するために珍しい適応をしている種。他の種と興味深い関係をもつ種。独特の求愛行動を示す種。

・文化に深く関わる種：神話や宗教の中で象徴として扱われる種。民間薬や食料として利用される種。

・経済的に重要な種：病害虫となる種。害虫や雑草の駆除に利用される種。有用な製品を提供する種。重要な医学的根拠や法的証拠となる種。

・希少で絶滅の危機にある種：法律による保護や保全が求められる種。

・印象的な体をもつ種：大型で色鮮やかで角をもつ種。何百万年にもわたる自然選択の中で進化させた、特異的な行動に適した極端な形の脚(あし)や口器(こうき)をもつ種。

本書では次のような構成でXなどをまとめた表、実物の大きさを表す写真、分布を示す世界地図、版画による挿絵。この挿絵を見ると写真とは異なる見方ができる。名前は和名、学名、命名者、命名年の順で示した。本文では生活史と近縁種を簡潔に説明し、最後に他の種と区別するための主な形態的特徴をまとめた。

甲虫のコレクション

熱心な専門家や愛好家が何十年にもわたって集めてきた甲虫のコレクションは、長い時間経過の中で環境の変化影響を受けやすい種を同定し、特徴を記述するためになくてはならない資料である。このようなコレクションは別の科学研究や教育活動においても重要である。本書にもそのような標本写真を掲載した。

世界中で何百万という甲虫(こうちゅう)をはじめとする昆虫が標本コレクションとして保存されている。一般に採集した昆虫はまずピンで固定し乾燥させた後にラベルをつけて標本とする。ラベルには採集した場所と日付、採集者の名前を記入する。左写真はロンドン自然史博物館所蔵のアルフレッド・ラッセル・ウォレス（1823〜1913）・コレクションの一部である。博物館などでは害虫から守るため、また次世代の研究者に引き継ぐために箱や引き出しの中で保管する。

甲虫の上翅は独自の特性を示す。柔らかい種もあるし、革質化した硬い種もある。休むときは閉じた上翅が体の上で一直線になる。上翅は腹部を一部あるいは全部覆い、写真のヨーロッパミヤマクワガタ（*Lucanus cervus*）のように上翅を開くと下翅も開く。

甲虫とはなにか？

英語で甲虫を表すbeetleという語は「小さなかむもの」を意味する中英語（12〜16世紀頃の英語）のbitylまたはbetyllや古英語（5〜12世紀頃の英語）のbitulaに由来する。beetle以外にもweevil（ゾウムシ科の甲虫の総称）やchafer（コガネムシ科の甲虫の総称）という一般名もあり、こちらもまたかむことに関連した古英語や古高ドイツ語（7〜11世紀頃のドイツ語）に由来する。甲虫目を表すColeopteraを最初に用いたのは紀元前4世紀のアリストテレスである。甲虫の硬い上翅から、ギリシャ語で鞘を意味するkoleosと翼を意味するpteronを思いついたという。1758年にはカール・リンネがそれを目の名前として採用した。

特徴

甲虫にとりわけ特徴的な適応形態は、咀嚼型の口器、発音器としてはたらく硬くなった上翅、上翅の下に縦方向に折り畳まれた下翅、そして完全変態である。完全変態をする昆虫は卵、幼虫、蛹から成虫という、まったく異なる4つの発育段階を経る。幼虫と成虫はしばしば習性も生息地も異なり、まるで別々の種がそれぞれの環境の中で生活しているようである。

　甲殻類、クモ類、ヤスデ類、ムカデ類など、体節に分かれた外骨格や関節のある付属器官（触角、口器、脚）をもつ昆虫と同じく甲虫は節足動物門に分類される。甲虫の外骨格は軽くて耐久性があり、種によっては曲げられないほど硬かったり、あるいはとても柔らかかったりする。甲虫の外骨格には体を守り、支えるはたらきがある。触覚や化学感覚を司る重要な外部構造でもあり、筋肉や内部器官の支点となる構造でもある。見た目には滑らかでつややかだったり、蝋状の分泌物あるいは人間の皮

膚に似た細かな網状のしわが広がりくすんでいたりする。外骨格の表面はトゲ、剛毛、扁平な鱗毛、小突起、小さな穴状の点刻、隆条、細い溝、点刻列などで覆われている。

色

甲虫の色は、餌から得た化学的な色素や、外骨格の外層の構造特性に由来する。ほとんどの甲虫は硬化する間にメラニンが沈着するため黒い。硬化とは、蛹から成虫に脱皮（羽化）した後に化学変化によって外骨格が硬くなる現象である。表面の微細な模様や剛毛の並び方、鱗毛、蝋状の分泌物も影響を及ぼす。サバクゴミムシダマシの仲間（ゴミムシダマシ科）の中にはは体の一部あるいはすべてが白色や黄色または青灰色の蝋状物質で覆われ光を反射し体温を低く保つものもいる。

甲虫の玉虫色や金属色の輝きは外骨格にある多重反射層や鱗毛、非常に複雑なフォトニック結晶の層によってつくられる。フォトニック結晶の層にはさまざまな波長の光を反射して固有の金属色やまばゆい玉虫色をつくりだす性質がある。このような構造は遺伝的に決まるが、個体の最終的な形態は成長や発達する条件により異なる。

甲虫のような非常に多様な種からなる生物群を研究する際、種を識別、同定し、属や科に的確に分類するには、さまざまな解剖学的構造を詳細に調べる必要がある。専門家も非専門家も甲虫の解剖学的相違点や類似点について確実に情報交換するためには、各部位の名称を正確に用いることが重要である。

甲虫とはなにか？

甲虫の頭は硬く、複眼と触角がつく。頭部には口器を動かすための筋肉も発達する。口器にはヨーロッパミヤマクワガタの雄（右写真）のように長い大顎がつくこともある。

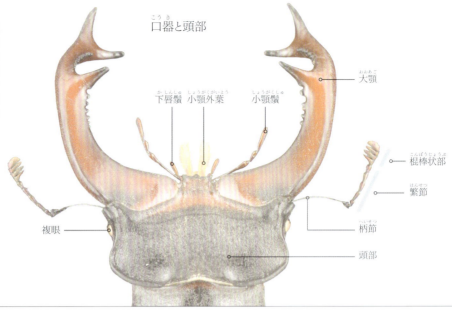

口器と頭部

下唇鬚　小顎外葉　小顎鬚

大顎

棍棒状部

鞭節

柄節

複眼

頭部

ほとんどの甲虫の触角は11節である。ミズタマクシヒゲムシ（*Rhipicera femorata*）（左写真）など*Rhipicera*属に含まれる甲虫の触角は見事な扇型を示し、最大で40の節をもつ種もいる。

甲虫の口器は食性に応じて前方や下方に突き出る。捕食性のピーターホクベイセダカオサムシ（*Scaphinotus petersi*）（右写真）はカタツムリの殻の下の柔らかい組織を長い口器で吸い取る。

構造

他の昆虫と同じく甲虫の体も頭部、胸部、腹部の3つに分かれる。

頭部

甲虫の硬い頭蓋は柔軟な膜状の首によって胸部とつながる。上から見ると頭蓋が完全に見える種もあるし、一部が胸部に引っ込んでいる種もある。頭蓋には、主に上唇、2組の顎（大顎と上顎）、下唇からなる咀嚼型口器がつく。多くは変形した目立つ大顎をもち、さまざまな種類の餌を切ったり砕いたり引っ張ったりする。上顎と下唇に生えた繊細な指のような形の鬚で餌を動かすこともある。甲虫の口器の向きは前に突き出た前口式（ミズスマシやゴミムシなど）と下に向いた下口式（ハムシやゾウムシなど）がある。中には多くのゾウムシのように吻という突起の先端に口器がつくものもある。これは主に花や種を餌とする食性に適応した形態であ

る。

　触角はたいてい体よりも短いが、カミキリムシやミツギリゾウムシには触角の方がはるかに長いものも多い。触角は非常に感度の高い感覚器官としてはたらき、食べ物や産卵場所、振動、温度、湿度などを感知する。雄の触角は精巧にできていることが多く、雄を誘うために雌が放出するフェロモンを検出する化学受容器がぎっしりつまっている。触角はいくつかの節からなる。甲虫の場合、節の数は基本的には11だが、少ないものでは2、多いものでは12以上になることもある。形は糸状、数珠状、鋸歯状、櫛状、扇状、棍棒状（先端に向かって徐々に太くなる）、頭状（先端が急に太くなる）、平板状（末端の節が平ら）、膝状（湾曲している）などがある。

甲虫の複眼の大きさ、形、位置は種によって大きく異なるため、これらの違いを利用して種を識別し分類する。テナガカミキリはよく発達した大きな複眼をもつ。洞窟性種には複眼を完全に消失したものがいる。

　複眼は円形（正円あるいは楕円）や凹形（腎臓の形）を示す。ミズスマシの場合は完全に上下2つにわかれる。飛べない種では複眼が退化していることが多い。暗闇で生活する洞窟性や地表性の種ではしばしば消失している。単眼には明るさを識別する機能しかない。単眼をもつのは数種類のハネカクシ、タマキノコムシ、マキムシモドキと、ほとんどのカツオブシムシである。

　雄の中には頭に枝角や牙のような立派な角をもつ種もある。角の大きさは体長、幼生時の栄養状態、環境や遺伝要因によって異なる。角は雄の生殖能力を高める。また敵対する雄と闘うときには角で相手を突いたり妨害したり、てこのようにして動かしたり、あるいは持ち上げたりする。

胸部

甲虫の胸部は3つに分かれ、それぞれに1対の脚がつく。体の中央にはっきり見える部分を前胸といい、前胸の背側は前胸背板で覆われる。前胸背板には角がついていることがあり、この角は頭部の角と連携させて使われる。前胸背板の形は土や朽ち木を掘りやすいようにへこむ。

中胸と後胸にはそれぞれ上翅と飛翔用の翅がつく。飛翔用の翅は膜状でとても広く、飛ばないときは上翅の下にたたみこまれている。腹側で中胸と後胸を覆う硬い板をそれぞれ中胸腹板、後胸腹板という。背側には上翅を閉じると縦にまっすぐ走る上翅会合線が現れることが多い。中胸にある三角形の小さな板状の小楯板はしばしば上翅の基部で見られる。

脚は穴を掘る、泳ぐ、這う、走る、跳ぶなど目的に応じた形になっている。ほとんどの脚は6つに分かれる。一般に短くがっしりした基節は胸の基節腔にしっかり脚を固定しつつも、脚を前後に水平に動かせるようになっている。転節は基節に比べておおむね小さく自由に動かせるが、腿節に固定されている。腿節は最も長く最も力強い。マルハナノミ科など跳躍する甲虫ではとくに長い。脛節は細長いものが多いが、穴を掘る種の前脚では熊手に似た形をし、水生種では櫂の役割を果たすために長い剛毛で縁取られる。跗節は一般に複数の節に分かれ、最後の節となる前跗節には爪がつく。跗節は最高で5つの節からなる。跗節の数は分類に有用であり、前脚、中脚、後脚の順に跗節式という3つの数字の並び（例えば5－5－5、3－3－3）で表される。末端から2番目の節は拡大しないと見えないことが多い。このため「4－4－4に見えるが実際は5－5－5である」と記されることもある。

コガネムシ科、クワガタムシ科、カミキリムシ科など甲虫には異常に大きな器官をもつものが多い。これらの雄の大顎や脚は大きく、形もさまざまである。頭や前胸に突起をもつ種もいる。*Golofa*属の中には頭と前胸背板の両方に突起をもつ種もいる。

甲虫とはなにか？

甲虫の腹部には消化器官と生殖器官があり、一般に腹側は硬化した重い外骨格、背側は上翅で保護される。ところがハネカクシ科の *Actinus Imperialis* のように上翅よりも腹節が長いものもある。

腹部

一般に甲虫の腹部は外から見てはっきり5つの節に分かれるが、最高で8つに分かれる種もいる。各節は4つの板状の硬皮からなる。背側の背板と腹側の胸板、側部の側板は2個ずつある。上翅が腹部を完全に覆う甲虫の場合、背部の背板は薄く曲がりやすいが、上翅が短いハネカクシ（ハネカクシ科）やエンマムシ（エンマムシ科）などは厚く硬い。末端から2番目と末端の背板をそれぞれ前尾節板、尾節板という。側部の側板はおおむね小さく、ほぼ見えない。側板には呼吸のための穴、気門がそれぞれに1個ずつついている。腹側から見える腹部の前側板を腹節という。腹節には腹のつけ根から順に番号がつけられ、それぞれ横向きに走る会合線や薄い膜で分けられる。会合線の深さはさまざまである。雄の交尾器は体の内側にあり、種の識別に有用である。

甲虫の脚はそれぞれの機能や生息環境によって形が異なる。テナガオオサオゾウムシ（*Mahakamia Kampmeinerti*）のように雄と雌とで脚の形が異なる種もいる。この場合、雄の脚は限られた資源をめぐって敵対する雄と闘うために使われる。

甲虫の分類

甲虫をはじめとするさまざまな生物を進化の観点から分類し理解する学問を系統分類学という。系統分類学は細かくは分類学と系統学の2つに分かれるが、両者は密接に結びついている。分類学では種を識別、説明し、命名する。一方、系統学では共通する進化の過程にもとづいて分類群の近縁関係を調べ、人為分類ではなく自然分類を体系づけていく（人間とのつながりや区別しやすい特徴にもとづく分類を人為分類といい、生物の特徴全体をとらえた分類を自然分類という）。現在のところ各甲虫種を含む属は、1663族、541亜科、211科、4亜目（p. 646〜647参照）からなる入れ子のような分類体系の中に置かれている。

種とは、生殖的隔離つまり遺伝的隔離の結果生じた自然集団が他の集団と異なる固有の特性をもつ場合、その最小の集合体を意味する。甲虫では生殖器の形態から簡単に識別できる種もあるが、多くはさまざまな集団の個体を詳しく調べて近縁種と常に異なる特徴を手がかりに区別する。

スウェーデンの博物学者カール・リンネ（1707〜78）は約1万5000種の植物と動物を記載した。この中には甲虫も654種含まれる。リンネは生物の種名を属名と種小名の2語で表す二語名法を提唱し、『自然の体系』第10版（1758）の中で動物に対して初めてリンネ式二語名法を採用した。

甲虫の命名

リンネは生物の種名を種小名と属名の2語だけで表す二語名法（一般には学名という）を提唱した。二語名法はイタリック体で表すことが多く、属名は必ず大文字で始める。甲虫の場合、専門書や論文では学名の後に命名者（最初にその種を記載した人）の姓と命名年（最初に記載された年）をつけることが多い。後から別の属に変更されることもあり、そのような種についてはもとの命名者と命名年を丸括弧で囲む。すでにつけられている学名に気づかず新しい種名を記載したり（異名）、異なる種に同じ名前をつけたり（同名）した場合には論文で発表された年が優先される。

甲虫の分類

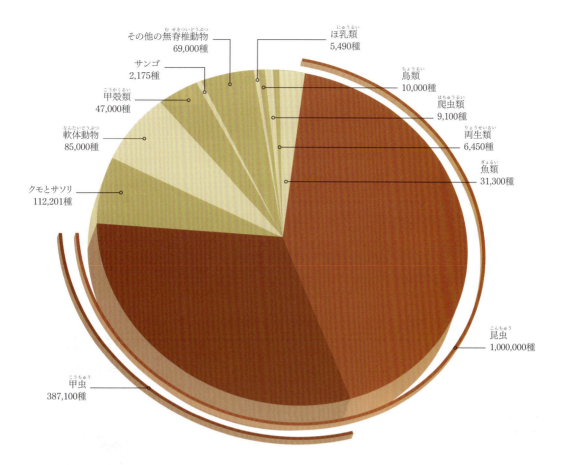

学名の構成や使用については国際動物命名規約にまとめられている。新しい甲虫種を記載する際は、記載するために用いる標本のうち1個体を正規準標本（ホロタイプ）とする。正規準標本とは該当する種の名前をもつ、永遠に世界でただひとつの規準であり、多くの研究者が利用できるように博物館など公共の研究施設に預けられる。甲虫種は一般に属、亜族、族、亜科、科、上科、亜目に所属させられる。あまり多様化していない分類群についてはすべての分類階層を使わないこともある。階層名の最後に、特定の接尾辞がつく。例えば亜族（-ina）、族（ini）、亜科（inae）、科（idae）、上科（-oidea）。

全世界の動物のおよそ4種に1種が甲虫である。甲虫の種の多様性は鳥類の40倍。

すべての甲虫は目から種まで階層分類体系によって分類される。

界	動物界
門	節足動物門
綱	昆虫綱
目	コウチュウ目
亜目	カブトムシ亜目
上科	ゴミムシダマシ上科
科	ゴミムシダマシ科
亜科	ゴミムシダマシ亜科
族	ゴミムシダマシ族
属	コメノゴミムシダマシ属

種、命名者、命名年　*Tenebrio molitor* Linnaeus, 1758、和名：チャイロメノゴミムシダマシ

進化と多様性

太古の時代に生息していた甲虫に似た前甲虫目（Protocoleoptera）や甲虫目の遺骸が化石の中にたくさん残る。その多くは堆積岩に印象（植物の葉の形などが岩に刻印された化石）として刻まれたり、石化した樹液である琥珀の中に埋もれたりしている。東ヨーロッパでは約2億8000万年前の二畳紀前期の岩石から化石の前甲虫目が見つかっている。この昆虫は扁平な形状で、はがれた樹皮の下の狭い空間で生活していたようである。現生ヘビトンボ亜目（センブリ、ヘビトンボ、アミメカゲロウ）に似ており、完全変態する現生昆虫目数種類の祖先の可能性がある。前甲虫目の上翅は現存するナガヒラタムシ科の種に似た、明瞭な肋骨状の構造からなり、彫刻したような模様をつけていたが、さほど整然とした模様ではなく、長さも腹部を越えるほどではなかった。現生に見られるような甲虫が前甲虫目に取って代わったのは三畳紀後期（2億4000万〜2億2000万年前）の頃だった。このときには現在生息する甲虫の4亜目

下左／化石を調べると、長い時間をかけて甲虫がたどった進化の道筋がわかる。写真は2000万年以上前の堆積物から見つかったゾウムシ（*Hipporrhinus heeri*）の化石。

下右／ゴミムシダマシ（ゴミムシダマシ科）の多くがもつ上翅と後胸の間の空洞は過酷な砂漠環境で生き延びるための適応形態である。写真はナミブ砂漠に生息する豆状で脚の長いツヤキリマツメ（*Oymacris laevigatus*）。

進化と多様性

がすべて存在していた。ヨーロッパと中央アジアで得られた化石より、現生甲虫すべての進化系統はジュラ紀（2億1000万〜1億4500万年前）まで確認されている。

ジュラ紀の針葉樹からできた琥珀を調べると、この頃の樹木がすでに現生キクイムシ（キクイムシ科）に似た昆虫に穴をあけられていたことがわかる。琥珀の中に保存されている甲虫の科は60種類ほどで、そのほとんどが現在も生息する族や属である。昆虫化石の入った琥珀は熱帯林で形成されたため、それ以外の古代の生息環境を知る手がかりにはならない。

第四紀（160万〜50万年前）に生息していた化石甲虫の多くは現生甲虫と同じである。この頃の遺骸は化石ではなく、凍った有機堆積物、河川堆積物、先史時代の糞の山やアスファルトの池に保存されている。

ほとんどの甲虫は小型で、陸上や淡水の生息地を開拓する機能を十分に備えている。今日、甲虫が繁栄しているのは上翅に負うところが大きい。他の昆虫ではむき出しになっている腹部の柔らかい膜状の部分を上翅がうまく隠すからである。水辺、陸地のいずれに生息しても上翅のおかげで傷や乾燥、寄生虫や捕食者から守られる。上翅と腹部の間の空洞は陸生甲虫と水生甲虫の両方に重要な適応形態である。例えば砂漠に生息する種はこの空間を利用して突然の温度変化による体への影響や乾燥を防ぐ。また水中に生息する種の中にはこの空間に酸素をためて呼吸に利用するものもいる。多くの甲虫がもつ飛翔能力は、捕食者の回避、餌の確保、交尾相手の探索、新しい生息域の形成の機会を増やす。

上左／頑丈で小型の甲虫の多くは独自の生活場所を開拓し、ときには他の動物の生息域に入り込む。ハチノスムクゲケシキスイ（*Aethina tumidae*）はハチのコロニーに侵入する有害な腐食者である。ハチミツや花粉を食べる際、巣に害を及ぼす。

上右／淡水で生息する甲虫もいる。その生息域は小さな水たまりや大きな湖から地下の帯水層まで広がる。ミズタマゲンゴロウ（*Thermonectus marmoratus*）は日光がまばらに届くような流れの深い場所にいる。

ヒョウタンタマオシコガネ（*Circellium bacchus*）はアフリカで最大の飛べないフンコロガシである。雌は水牛の糞を好んで糞玉をつくり地面に埋める。糞玉に卵を産みつけ、ふ化した幼虫はこの糞玉を食べて育つ。

情報伝達、生殖、成長

甲虫は光や匂いや音を利用して互いに情報を伝える。ホタル（ホタル科）の多くは生物発光をして自らのつくる光で交尾相手を誘う。発光のパターンはそれぞれの種に固有である。甲虫では多くの種の雌が匂い物質であるフェロモンを放出して、同種の雄を性的に引きつける。また甲虫がとくに腐肉、糞、花、樹液など匂いを出す餌に集まるのも交尾相手と出会う機会を増やすためである。コガネムシ（コガネムシ科）、カミキリムシ（カミキリムシ科）、キクイムシ（キクイムシ科）の中には体の一部をこすりあわせて摩擦音を出すものもいる。雄のシバンムシ（ヒョウホンムシ科）は雌の気を引くために、自ら木に掘った穴の壁に頭をぶつけて大きな音を出す。南アフリカに生息するゴミダマシムシ科のトクトクゴミムシダマシ属の種（*Psammodes*）は腹を岩や地面に打ちつけて交尾相手を誘う。

甲虫は交尾の直前に込み入った求愛行動はあまりしないが、交尾の前にさっと口器でなめたり、触角や脚や生殖器で触れたりする雄（ジョウカイボン科、ツチハンミョウ科、カミキリムシ科など）もいる。ほとんどの種では機を見るやすぐに雄が雌の背に乗り、その後しばらく雌にくっついたままでいる。これは他の雄の割り込みを防ぎ、自分の受精卵を間違いなく確保するためである。雌は雄の精子を受精嚢という袋にため、産卵のときにそこから精子を出して受精させる。

甲虫の雄と雌は種に特異的な方法で情報を伝えあうため、違う種との無駄な接触が避けられる。ホクベイボタル（*Photinus pyralis*）の場合は上向きに光を放つ雌をめがけた雄の急降下が交尾の合図である。

成長と子育て

卵は1個だけあるいはまとめて土の中に注意深く埋められる。あるいは幼虫が食べやすそうな餌の近くに置かれる。ふ化した後の幼虫の任務はひたすら食べて成長すること。腐肉や糞をあさったり植物組織を掘り起こしたりする幼虫はイモムシ型や地虫型になることが多い。捕食性の幼虫は一般に扁平型で脚が長く、おもに節足動物を食べるが、小さな脊椎動物も捕食する。幼虫が他の昆虫に捕食寄生（最終的に寄主を殺す寄生のしかた）する種（例えばクシヒゲムシ科やオオハナノミ科）は過変態を経ることが多い。過変態する初齢幼虫は脚が長く活動的だが、残りの幼虫時代は地虫のような形であまり動かない。

幼虫の口器は噛み砕いたり、すり潰したり、引き裂いたりできる形になっている。たいていの幼虫には6本の脚があるが、脚のないものもいる。腹部の先に尾突起という一対の付属器官をもつ幼虫もいる。尾突起は固定されるか、関節でつながれる。数週間から数年間の幼虫期間を経て蛹に変わる。

蛹は多くの場合、温帯気候の厳しい冬を生き抜くために最もよく適応した発育段階である。蛹の腹部には前後の動きを可能にする筋肉がつくこともある。向かい合う腹節の表面に硬い歯のような突起が並んだジントラップをもつ蛹もある。歯を噛み合わせることによって小型の捕食者や寄生虫の攻撃から柔らかい膜組織を守る。

甲虫では10種類ほどの科が卵の世話をしたり、巣穴に餌を運んだりと限定的な育児行動をする。例えばモンシデムシ属の種（*Nicrophorus*）（シデムシ科）は高度な子育てをする。つがいで動物の遺骸を地下の育房に埋め幼虫の餌とし、多くは蛹になるまでそのまま育房に残る。

甲虫のライフサイクルはかなり規則正しく、一般に気温や降水量の変化と一致する。蛹から成虫に変わる時期は温帯では春が訪れ暖かい気候が続くようになる頃、1年中暖かい熱帯では雨が降る季節である。世代交代は1年で1回または複数回行われるが、中には2年以上かかる種もいる。

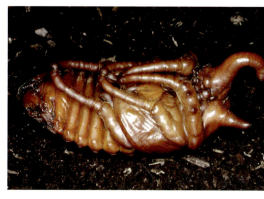

上／甲虫の雄は一般に雌の背中に乗って交尾する。雄の体とくに脚は交尾の間、雌をしっかりつかめるようなつくりになっていることが多い。写真は交尾中のユリクビナガハムシのつがい。

下／蛹期には、生殖とは関係のない幼虫から子孫を残す能力をもつ成虫へ劇的な変態が起きる。マルスゾウカブトの雄の蛹には成虫の角、前胸背板、生殖器がすべてそろっている。

ゴマダラマメハンショウ（*Epicauta pardalis*）は邪魔をされると脚の関節から強力な毒素カンタリジンを出す。カンタリジンは人間などの動物に痛みを伴う水泡をつくるが、かつては催淫剤として用いられていた（ヨーロッパミドリゲンセイ、*Lytta vesicatoria*の項を参照）。

防御

鋭い爪のある強力な脚や、巨大な大顎や角をもつ立派な大型の甲虫は、相手が飢えた捕食者でもない限りすべて威圧できる。扁平な甲虫は狭い空間に入り込んで攻撃を避ける。足の速い甲虫はひたすら逃げる。カミキリムシ、ヒゲナガゾウムシ、他のゾウムシ類などは隠蔽擬態をして身を隠す。隠蔽擬態をする甲虫の体は不規則なでこぼこ模様、茶色や黒色や灰色といったくすんだ色の鱗毛がつくるまだら模様などで覆われ、カビや地衣類のついた樹皮にうまくまぎれる。脚を押しこむと小さな土のかたまりや、毛虫や鳥類の糞に見える種もある。独特な迷彩色や輝く金属光沢を示す甲虫も自然環境の中ではさほど甲虫らしく見えず、丸見えの環境でもかえって目立たない。

トリフンカミキリ（*Macronemus mimus*）は葉の上では糞のように見え、捕食者から身を隠す。2013年の時点では本種はブラジルとアルゼンチンでしか確認されていない。

化学物質や色による防御

化学物質を出して捕食者から身を守る甲虫がいる。このような化学物質は餌から得たり、体内で合成したりして、突起状の肛門や脚の関節、上翅の隆条から放出する。ホソクビゴミムシ（オサムシ科）は危険が迫ると、普段は体内で別々に貯蔵しているヒドロキノン、過酸化水素、過酸化物、カタラーゼを同じ小室に送り込む。小室内では激しい化学反応が起こり、「ポン」という音とともに刺激臭のある高温の気体を体外に噴射する。ジョウカイボン、テントウムシ、ツチハンミョウはいずれも防御物質を血液に貯蔵し、攻撃されると脚の関節から放出する。このようなしくみを放射出血という。ある種のハネカクシ（ハネカクシ科、アリガタハネカクシ亜科）の体内には珍しいことに共生する細菌がいて、猛毒の防御化合物ペデリンをつくる。ペデリンはクロゴケグモ属（*Latrodectus*）の毒よりも強く、人間に重篤な皮膚炎を起こす。

化学物質で防御する甲虫は赤と黒、黄と黒など独特の対比色をしていて、よく目立つ。このような色は捕食者に対して自分は食べてもまずい存在だと伝えるための警告を発していると思われる。保身のための警戒色は隠蔽擬態と反対の現象である。生息域が同じで近縁関係になく、ともにおいしくない種が似たような警告模様の体で捕食者を避ける現象をミュラー擬態という。ジョウカイボン科、ホタル科、ベニホタル科、ツチハンミョウ科、ゴミムシダマシ科、カミキリムシ科などで複数種がミュラー擬態を示す。害のない種が、噛みついたり刺したりする好戦的な昆虫や、化学物質を放出する昆虫の姿をまねる現象をベイツ擬態という。このような甲虫の形や色はしばしば独特の行動様式と相まって、経験のある捕食者には一目で嫌な思いをしたモデル被食者（アリ、ハナバチ、カリバチなど）の色や行動様式とわかる。

上／キオビゲンセイ（*Croscherichia sanguinolenta*）の示す太い幅の対比色は保身のためのみごとな警戒色である。捕食者は一目で警戒する。

下／クロサカダチゴミムシダマシ（*Eleodes obscurus*）などのゴミムシダマシは危機を感じると、腹部の先端を持ち上げ油っぽい有毒分泌物を噴射して身を守る。

ヒメキベリコツノヒシムネハナムグリ（*Cotinis nitida*）は木の傷口から泡立つ樹液を食べる。ドロドロした樹液には細菌などの微生物が含まれる。

食餌行動

甲虫は植物組織や菌糸組織、生きている動物や遺骸（いがい）などさまざまなものを食べる。訪花種はうまく蜜を吸えるように管状の口器（こうき）をもつ。花粉を食べる種の口器（こうき）は刷毛に似ている。細かい花粉粒をうまく処理するための適応形態である。ハナバチとは比べものにならないが、授粉に一役買う甲虫もいる。とくに一般的な授粉媒介者があまり訪れない植物にとっては重要である。潜葉性の幼虫は葉の上に糞のつまった曲がりくねった跡を残す。食事の跡であり、成長の証でもある。

樹木食の甲虫

キクイムシの幼虫は木の枝や幹、根に坑道を掘り、消化管にいる細菌や菌類といった共生微生物の力を借りてセルロースを消化する。卵が産卵管を通るとき、管の内壁についている消化管共生微生物が卵に付着する。

甲虫では同一種でも幼虫と成虫とで食餌行動の異なる種が多いが、ナミテントウ（*Harmonia axyridis*）は幼虫も成虫もアブラムシを食べる。写真の幼虫が食べているのはキョウチクトウアブラムシ（*Aphis nerii*）。

幼虫はふ化後すぐこの殻を食べて微生物を体内に取りこむ。

糞食の甲虫

糞食の甲虫（センチコガネ科、コガネムシ科）の関心は、おもに植物食の大型脊椎動物が排泄した糞にある。栄養豊富な排泄物のつまった糞は、幼虫にとって格好の餌である。成虫は、糞から未消化の食べ物、細菌、酵母、菌類などを大顎で引っ張りだして食べる。

虫食の甲虫

オサムシとハンミョウはさまざまな種類の昆虫や無脊椎動物を探し出し、細かく引き裂く。ハネカクシ（ハネカクシ科）やエンマムシは有機堆積物や腐敗性有機物の中から獲物を見つける。アリやシロアリのコロニーだけを狙う種や、小型ほ乳類の毛皮の中だけに生息する種もいる。もう少し特殊な捕食者になると化学的な手がかりをもとに被食者の跡をつける。例えばホタル科の幼虫はカタツムリのつくる粘液の道をたどる。カッコウムシやコクヌストはキクイムシの放出するフェロモンを追いかけ捕食する。アリノスハナムグリ属（*Cremastocheilus*）の好蟻性のコガネムシはアリのフェロモンをたどりアリの巣も探し出す。ミズスマシ（ミズスマシ科）は、水辺に落ちた昆虫が起こす波を利用して被食者を見つける。

その他の食餌行動

シデムシ、カツオブシムシなどの成虫と幼虫は、他の昆虫も含む動物の遺骸の組織を食べる。コブスジコガネはケラチンに富む羽根、毛皮、角、蹄を好む。ヒョウタンカッコウ（ヒョウタンカッコウ科 Phycosecidae）は幼虫、成虫ともに海沿いの砂丘に生息し、死んだ魚や鳥を食べる。きわめて特殊化した例として、ほ乳類の外部寄生虫として生活し、蛹になるときだけ寄主から出て行くタマキノコムシ科ビーバーヤドリムシ亜科がいる。

上／牛の新鮮な糞の上にいるニタソフンコロガシ（*Canthon imitator*）（コガネムシ科）。本種は糞玉をつくり地中に埋めて幼虫の唯一の食料源とする。フンコロガシの中には腐肉、菌類、果実、ヤスデ、カタツムリがはった後の粘液を好む種もいる。

下／幼虫も成虫も菌類の組織だけを食べる甲虫がいる。ヨツモンコキノコムシ（*Mycetophagus quadripustulatus*、コキノコムシ科）がよく見つかる場所は、樹皮の下の菌類の菌糸、サルノコシカケ、キノコや肉厚の多孔菌の腐りかけた子実体、菌類の生えた植物性物質である。

甲虫の保護

国際自然保護連合（IUCN）の提供する絶滅危惧種のレッドリスト™は動植物の保護状況に関する包括的データを地球規模でまとめたものである。2014年のIUCNレッドリストには527種の甲虫が含まれる。主にゲンゴロウ科、オサムシ科、クワガタムシ科、コガネムシ科、ゾウムシ科に属する種である。それぞれ軽度懸念（209種）、準絶滅危惧（38種）、危急（45種）、絶滅危機（44種）、絶滅寸前（12種）、絶滅（16種）に分類され、残りは分布や生息数など評価するだけの情報の不足する種とされる。

大型で魅力的な姿のサタンオオカブト（*Dynastes satanas*）はボリビアの比較的狭い地域（1000平方メートル）に分布する。ペット市場では生きたまま展示して闘わせたりたりする人気の甲虫だが、生息地は森林破壊や人間の定住、農業開発などの脅威にさらされている。

希少種と絶滅危惧種

絶滅のおそれのある野生動植物の種の国際取引に関する条約（CITES、ワシントン条約）は、野生動植物の国際貿易が種の存続を脅かさないよう定められた条約である。CITESの附属書（I〜III）は乱獲からの保護をさまざまなレベルで示す。附属書Iは最も絶滅危機状態にある種、すなわち絶滅の危機にさらされている種である。例えば南アフリカの隔絶された山頂にだけ生息するマルガタクワガタ属（*Colophon*、クワガタムシ科）は17種すべてが絶滅危惧種としてIUCNのレッドリストに記載され、また高価格で取引されるためCITESでは附属書Iに記載されている。CITESで対象とされる甲虫にはもう1種類、附属書IIに載っているサタンオオカブト（学名）（コガネムシ科）がいる。附属書IIには、現在絶滅の危機にはないが、貿易が規制されなければ絶滅に近づくおそれがある種が記載される。

CITESの締結国の多くは、絶滅危機や絶滅危惧にある甲虫を含む野生生物を確認して保護する法律を定めている。例えば米国では絶滅の危機に瀕する種の保存法で18種類の甲虫を対象とし、うち3種類を絶滅危惧、15種類を絶滅危機とする。オーストラリアの環境保護および生物多様性保全法は甲虫についてはヒロトゲコツノクワガタ（*Lissotes latidens*）だけを絶滅危機に定めている。それぞれの国の各自治体でも国内全般で認識されているか否かはさておき絶滅危機種と絶滅危惧種の甲虫を指定している。

国によっては自国のレッドデータブックで慎重な扱いを要する甲虫を定め、別の協定によって保護されている種の採集、商取引、輸出を禁止する条例もある。生態学的役割という観点から甲虫を積極的に保護する団体が欧州には2つある。IUCNの種の保存委員会の中の水生昆虫専門家グループでは、欧州および東南アジアの湿地管理における生物指標として水生甲虫を重視する。「木質依存生無脊椎動物プロジェクト」は木に生息するキノコ類、生きている樹木や倒木を食べる甲虫を含む無脊椎動物グループを選定し注視している。

生息環境の悪化や消失は甲虫にとって一番の脅威である。外来植物や昆虫の不用意あるいは意図的な持ち込み、自然に反して甲虫を集めてしまう電灯、いつまでも続く悪天候などは甲虫集団に悪影響を及ぼす。さらに甲虫や生息地の保護に関する専門知識を提供できる、研鑽を積んだ昆虫学者が着実に減少していることも脅威を加速させている。

甲虫の体の一部を用いた宝飾品は世界中でつくられている。熱帯アメリカにはナンベイオオタマムシ（*Euchroma gigantea*）の上翅を使ったネックレスなどの宝飾品がある。

甲虫と社会

甲虫は昔から神話や工芸品の題材として扱われ、なにかと注目されてきた。古代エジプトの神話に登場する聖なるスカラベ、ヒジリタマオシコガネ（*Scarabaeus sacer*）はよく知られている。スカラベの姿は副葬品や象形文字の中にもよく見られる。『死者の書』の中の宗教的な意味合いをもつ一節が彫られたスカラベの彫像は、永遠の魂を保証するために埋葬室に置かれた。

芸術や装飾の中の甲虫

芸術分野ではいろいろな表現方法で甲虫が描かれてきた。中国や日本では古くからホタルが題材にされた。1505年、ルネサンス期ドイツの画家アルブレヒト・デュラーはヨーロッパミヤマクワガタ（*Lucanus cervus*）をみごとな水彩画で表した。1920年代のフランスの芸術家ウジェーヌ・セギーによるアール・デコ様式の有名な画集には甲虫が多く描かれている。

工芸分野では甲虫の耐久性のある体を使って宝石をつくったり、家具や壁紙に装飾を施したりする。南米先住民は巨大なナンベイオオタマムシ（タマムシ科）の上翅でネックレスなどの装身具をつくる。現代のメキシコや中央アメリカにはゴマダラアトコブゴミムシダマシ（*Zopherus chilensis*）を明るい色つきビーズで飾り短い鎖をつけピンで服にとめるマケッチがある。古代ユカタン半島の伝説に由来する宝飾品である。

古代エジプトでは聖なるスカラベ（*Scarabaeus sacer*）を太陽神ラーの象徴とした。写真の彫り物はルクソールの神殿にある。

ごちそうとしての甲虫

甲虫は成虫も幼虫も栄養価の高い食材として世界中で食べられている。東南アジアでは焼いたヤシオオオサゾウムシ（*Rhynchophorus ferrugineus*）やサイカブト（*Oryctes rhinoceros*）は珍味とされる。中国ではガムシ（ガムシ科）の頭と付属器官を取り除き、油で揚げたり、塩水につけたりする。オーストラリアのアボリジニは腐った丸太からウスバカミキリの一種（カミキリムシ科）の幼虫（ウィチェッティグラブ）を集め焼く。アメリカでは昆虫入りの棒つきキャンディーシリーズの中にチャイロコメゴミムシダマシ（*Tenebrio molitor*）の幼虫が入っている。

科学と技術の中の甲虫

甲虫の体は進化の過程ですでに何百万年にもわたる試行錯誤を繰り返してきた。産業界では複雑で費用のかかる技術を開発するのではなく、甲虫の特徴に着想を得た新しい素材や製品が次々に発表されている。デュー・バンク・ボトルはその代表例である。細かい溝が彫られたステンレス製のお椀型容器は、ナミブ砂漠に生息し空気から水分を集めるゴミムシダマシの科のキリアツメ（*Onymacris unguicularis*）の背中をまねている。同じ原理で水を集める技術が砂漠の灌漑、滑走路の霧による湿気の除去、窓や鏡の曇り防止などの実用化に向けて開発されているところである。ある種の甲虫の褥盤（脚の最終端に発する小節）にびっしり生えている剛毛に着想を得た、繰り返し利用できる接着剤不要のテープはすでに実用化されている。

　タマムシ、コガネムシ、ゾウムシなどまばゆい金属光沢や玉虫色を放つ甲虫はとくに物理学者の関心を引く。甲虫の鱗毛や角皮の中にある積み重なった反射層やハチの巣のようなフォトニック結晶は異なる波長の光を同時に反射しまばゆく見える効果を表す。このような構造のもつ反射特性はすでに玉虫色の塗料や顔料、化粧品に使われているが、紙幣の偽造防止技術や超高速コンピュータ用の光チップへの応用も期待される。

甲虫の幼虫を珍味として食する国は世界中にある。写真は*Rhychophorus*属の幼虫。将来、甲虫は栄養価の高い食品の供給源となる。

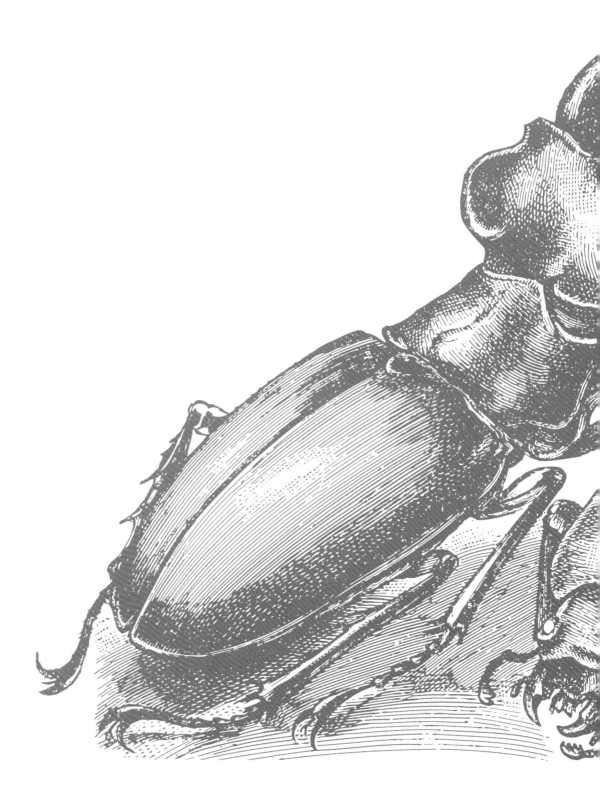

甲虫図鑑

始原亜目
（ナガヒラタムシ亜目）

　始原亜目に分類される甲虫は体長5〜25mmと中程度の大きさだが、*Micromalthus*属と*Crowsoniella*属の2種類は1.5mmほどしかない。例外はあるもののほとんどの始原亜目は他の甲虫と異なり、後小転節（後基節の近く）が十分に発達し、肉眼でも見える。多くは体が鱗毛で覆われ、小型の2種以外のほとんどの種で上翅は完全には硬化していない。

　現在のところ、南北アメリカ、ヨーロッパ、アジア、オーストラリア、アフリカで発見された約40の現生種が記載されている。始原亜目にはクローソンムシ科（1種）、ナガヒラタムシ科（約30種）、チビナガヒラタムシ科（1種）、オンマ科（6種）、アケボノムシ科（1種）が含まれる。徹底して探索しているにもかかわらず、自然界ではめったに見ることのない種もある。例えばクローソンムシ（*Crowsoniella relicta*）は3個体、アケボノムシ（*Sikhotealinia zhiltzovae*）は1個体しか見つかっていない。本書がきっかけとなり新たな標本が発見されることを願う。

　始原亜目の生活史はよくわかっていない。ほとんどの種で幼虫も見つかっていない。確認されている幼虫の体はおおむね細長く両側平行である。すべて菌類の生えた木で見つかっている。

始原亜目（ナガヒラタムシ亜目）

科	クローソンムシ科(Crowsoniellidae)
亜科	
分布	旧北区：イタリア
生息環境	不明。クリ(*Castanea sativa*)の木の周辺のようである。
生活場所	おそらく地表、地中
食性	不明
補足	小型の本種がクローソンムシ科唯一の種

成虫の体長
1.4〜1.6mm

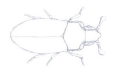

実物大

クローソンムシ
CROWSONIELLA RELICTA
PACE, 1975

化石を調べると、原始的な甲虫である始原亜目は、中生代前半は他の甲虫グループよりも繁栄していたことがわかる。ところがその後ヨーロッパでは絶滅してしまったため、多様な種はほとんど現れなかった。クローソンムシ（*Crousoniella relicta*）は現在までに雄が3個体だけ発見されている。いずれもイタリアのラツィオ州レピニ山でクリの老木周辺の石灰質土を水に沈めたところ浮いてきた。その後、何度かこの木の周辺が調べられたが新たな個体は発見されなかった。口器はとても小さく変形していることから成虫は液体だけを摂取していた、あるいは何も食べなかった可能性がある。

近縁種

クローソンムシを多食亜目に分類する考えもあるが、最近の研究では始原亜目の甲虫にとても近いことが示されている。始原亜目には本種以外に、現生するナガヒラタムシ科（31種）、チビナガヒラタムシ科（1種）、オンマ科（6種）、キョクトウナガヒラタムシ科（1種）が含まれる。典型的な始原亜目の上翅には窓枠状の点刻があるが、本種の上翅は滑らかである。

クローソンムシは細長い小型の無翅甲虫である。赤茶色から濃い茶色を帯びた滑らかな体は光沢を放つ。触角は7節に分かれ、末端部は棍棒状である。目は数個の単眼からなり、大顎は縮小する。前胸の背面側方に目立つ触角腔がある。中胸腹板と後胸腹板と腹部第1節は融合する。幼虫はまだ発見されていない。

始原亜目（ナガヒラタムシ亜目）

科	ナガヒラタムシ科(Cupedidae)
亜科	Priacminae亜科
分布	新北区：北米大陸西部
生息環境	山地帯の混交林
生活場所	成虫は枯れ枝の上や朽ち木の中
	幼虫はおそらく朽ち木の中で成長する
補足	成虫は洗濯用漂白剤や灯火に誘引される

成虫の体長
10〜22mm

ホクベイナガヒラタムシ
PRIACMA SERRATA
(LECONTE, 1861)

ホクベイナガヒラタムシ（*Priacma serrata*）は晩春から夏にかけて一部地域でだけ大量に見られる珍しい種である。成虫はコロラドモミの枯れ枝の上や、古い丸太や切り株の中にいる。午後になると菌類の生えた丸太の近くを飛ぶ。このような丸太には幼虫の巣があると思われる。雄は漂白剤を含む洗濯洗剤に強く誘引され、戸外に干してある洗濯物に大挙して押し寄せることもある。漂白剤を雌のフェロモンと間違えるためである。飼育下では雌は1回に1,000個以上の卵を産む。

近縁種

ホクベイナガヒラタムシは*Priacma*属に含まれる唯一の種であり、分布は北米大陸の西部に限られる。同じ分布域に生息するナガヒラタムシ科の他の現生属（*Cupes*、*Prolixocupes*、*Tenomerga*）とは異なり、触角は体長の半分ほどしかなく、前胸の下に跗節溝がない。

実物大

ホクベイナガヒラタムシの体は細長く、やや中高の両側平行で、赤茶色に灰色や黒色が混じる鱗毛で覆われる。頭部は小さく、上面に4個の小突起がある。目は飛び出し、触角の長さは体長の半分ほどで、前胸の前角は鋭く前方に突き出る。前胸の下部に跗節を受ける溝はない。

始原亜目（ナガヒラタムシ亜目）

科	ナガヒラタムシ科(Cupedidae)
亜科	ナガヒラタムシ亜科(Cupedinae)
分布	新北区：北米大陸東部
生息環境	東部の落葉広葉樹林
生活場所	成虫は枯れたオークの幹の上、樹皮の下。灯火に誘引される。
食性	不明
補足	幼虫の習性はすべて不明

成虫の体長
7〜11mm

ズアカナガヒラタムシ
CUPES CAPITATUS
FABRICIUS, 1801

ズアカナガヒラタムシ（*Cupes capitatus*）の成虫は晩春から夏にかけて活動する。立ち枯れたナラ類（*Quercus*）の樹皮の下や幹に生息する。木の生い茂った場所では灯火に誘引される。現在のところ幼虫に関する報告はないが、菌類の生えた硬い木の中で穴を掘りながら成長すると考えられる。三畳紀に遡る化石を調べるとナガヒラタムシ科に含まれる9属31種は、現在よりも多様に分化していた甲虫の残存種であることがわかる。現生種は、絶滅したヨーロッパ以外のほぼすべての生物地理区に分布する。

近縁種

ズアカナガヒラタムシはCupes属に含まれる唯一の種であり、北米大陸の東部だけに分布する。同じ分布域に生息するナガヒラタムシ科の現生属（*Priacma*、*Prolixocupes*、*Tenomerga*）とは異なり、触角は体長の半分以上で、前胸の下に跗節溝がある。前胸は前方で1対の低い隆条によって分かれる。

実物大

ズアカナガヒラタムシの体は扁平で細長く両側平行である。鱗毛に覆われ、体は灰黒色、頭は赤みあるいは金色を帯びる。頭部には飛び出した目、上面に4個の小突起がある。細長い触角の長さは体長の半分を超える。前胸の下部には跗節を受けるはっきりした溝がある。

始原亜目（ナガヒラタムシ亜目）

科	ナガヒラタムシ科(Cupedidae)
亜科	ナガヒラタムシ亜科(Cupedinae)
分布	オーストラリア区：オーストラリア大陸南東部からクイーンズランド州、タスマニア州
生息環境	雑木林。時おり建造物。
生活場所	成虫は灯火に集まる。幼虫は菌類の生えた木
食性	幼虫は菌類の生えた木
補足	ナガヒラタムシ科にしては珍しく幼虫に関する報告がある

成虫の体長
10〜15mm

ゴウシュウナガヒラタムシ
DISTOCUPES VARIANS
(LEA, 1902)

ゴウシュウナガヒラタムシ（*Distocupes varians*）は、ナガヒラタムシ科全31種の中で幼虫が確認されているわずか5種のうちの1種である。幼虫は細長く柔らかい。菌類の生えた建築用木材を食べ、その中で蛹になることが報告されている。成虫は灯火に集まる。アーサー・リー（1868〜1932。オーストラリアの昆虫学者）が本種を記載する際に用いた原標本4個体の中で1個体だけがゴウシュウナガヒラタムシだったことが後にわかった。残る3個体はいったん2種の未記載種に分類され、現在では*Adinolepis*属に分類される。

近縁種

オーストラリアに生息するナガヒラタムシ科は*Adinolepis*属と*Distocupes*属の全6種である。*Distocupes*属の触角の基部と目の上部では2対の長い円錐状小突起が前に突き出るため、*Adinolepis*属と簡単に区別できる。*Distocupes*属に含まれる種はゴウシュウナガヒラタムシだけである。

実物大

ゴウシュウナガヒラタムシの頭部は幅が広く、目の上部に円錐状の小突起が2対ある。前胸も幅が広く、前角にはそれぞれ2本の歯がある。下部にはやや深い溝があり、ここで前跗節を受ける。上翅では薄い半透明の角皮の上に、四角い窓のような大きく深いくぼみからなる点刻列が並ぶ。

始原亜目（ナガヒラタムシ亜目）

科	ナガヒラタムシ科(Cupedidae)
亜科	ナガヒラタムシ亜科(Cupedinae)
分布	エチオピア区：マダガスカル北部
生息環境	乾燥林、サバンナ
生活場所	成虫、幼虫とも腐った丸太
食性	成虫、幼虫ともおそらく菌類の生えた木
補足	生活史はよくわかっていない

成虫の体長
18〜23mm

アフリカナガヒラタムシ
RHIPSIDEIGMA RAFFRAYI
(FAIRMAIRE, 1884)

　ナガヒラタムシ科に含まれる種の生態はよくわかっていない。アフリカナガヒラタムシ（*Rhipsideigma raffrayi*）は成虫、幼虫ともに暗がりにある腐りかけの丸太に生息する。ナガヒラタムシ科で確認されている幼虫5種のうちの1種が、青白くて目の見えない本種の幼虫である。円筒状の体で、強い大顎とくさび形の頭をもち、か細い脚が発達する。これらの形態は腐りかけの柔らかい木を掘るのに適する。具体的な餌は不明だが、他のナガヒラタムシ科の幼虫と同様に菌類などの微生物が生えた腐りかけの木を食べているようである。

近縁種

　エチオピア区に生息するナガヒラタムシ科の6種は*Tenomerga*属と*Rhipsideigma*属に含まれる。*Rhipsideigma*属の上翅は先端が尖り、鱗毛が密生する。*Rhipsideigma*属の5種のうち1種はタンザニアでしか見つかっていない。残る4種はマダガスカルに限られる。アフリカナガヒラタムシは前胸と上翅の両側に乳白色の鱗毛が広く生えるので区別できる。

　アフリカナガヒラタムシは扁平で細長く、両側平行である。頭には4個の小突起があり、このうち1対は茶色の鱗毛で覆われた後部につく。前胸の上面は両側が白く、前跗節を受ける溝がある。前胸の下部は前方で1本の隆条により分割される。上翅の表面は鱗毛で覆いつくされ、濃淡のある模様を示す。

実物大

始原亜目（ナガヒラタムシ亜目）

科	チビナガヒラタムシ科（Micromalthidae）
亜科	チビナガヒラタムシ亜科（Micromalthinae）
分布	新北区：米国東部、おそらくベリーズ（外来種として）
生息環境	東部の広葉樹林アメリカ東部・日本
生活場所	成虫、幼虫ともに腐りかけの湿った丸太や切り株
食性	幼虫は濡れるほどではない湿気を帯びた腐敗木
補足	成虫、幼虫ともに生殖能力をもつ

成虫の体長
1〜3mm

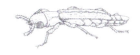

チビナガヒラタムシ
MICROMALTHUS DEBILIS
LECONTE, 1878

実物大

チビナガヒラタムシ（*Micromalthus debilis*）は短期間で交尾相手を見つけ、新しい繁殖地に落ち着く。幼虫は、茶色に変色しぼろぼろに腐った丸太や切り株で成長する。腐りかけの電信柱や建築用木材に群がることもあるが害虫ではない。とても活発なオサムシ型幼虫は雌の成虫またはカミキリムシ型幼虫になる。または卵を産むこともある。カミキリムシ型幼虫になった場合はオサムシ型幼虫を生む。産卵した場合はゾウムシ型幼虫がかえり雄の成虫となる。幼虫のままの無性生殖と成虫の有性生殖、両方できることが素早い繁殖や乏しい資源の有効利用につながっている。

近縁種

チビナガヒラタムシ科に含まれる種はチビナガヒラタムシだけである。触角は数珠状で上翅は短い。体は鱗毛がなく滑らかで光沢がある。これらの特徴は始原亜目の他の科（クローソンムシ科、ナガヒラタムシ科、オンマ科、キョクトウナガヒラタムシ科）とは異なる。まだ記載されていないが中国で見つかった幼虫は2番目の種となる可能性がある。

チビナガヒラタムシの体は扁平で小型、茶色から黒色で光沢がある。触角と脚は黄色を帯びる。頭部は前胸背板より広く、11節からなる数珠状の触角がある。前胸は前方が一番広く、下部には縦に隆起した縁や溝はない。上翅は短く5腹節は露出する。

始原亜目（ナガヒラタムシ亜目）

科	オンマ科(Ommatidae)
亜科	Ommatinae亜科
分布	オーストラリア区：クイーンズランド州中部からビクトリア州、南オーストラリア州
生息環境	乾燥したユーカリの林
生活場所	枯れたユーカリの樹皮の下
食性	不明
補足	Omma属はほとんどが化石種

成虫の体長 13〜25mm

スタンレーオンマ
OMMA STANLEYI
NEWMAN, 1839

実物大

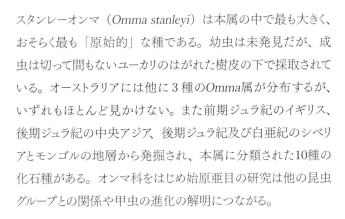

スタンレーオンマ（Omma stanleyi）は本属の中で最も大きく、おそらく最も「原始的」な種である。幼虫は未発見だが、成虫は切って間もないユーカリのはがれた樹皮の下で採取されている。オーストラリアには他に3種のOmma属が分布するが、いずれもほとんど見かけない。また前期ジュラ紀のイギリス、後期ジュラ紀の中央アジア、後期ジュラ紀及び白亜紀のシベリアとモンゴルの地層から発掘され、本属に分類された10種の化石種がある。オンマ科をはじめ始原亜目の研究は他の昆虫グループとの関係や甲虫の進化の解明につながる。

近縁種

オンマ科の現生種は2属6種である。Tetraphalerus属は南アメリカ南部に分布する。Omma属はオーストラリアにしか分布しない。スタンレーオンマの頭部は目の後で急に細くなり、体は細長い黄茶色の剛毛でまばらに覆われる。Omma mastersiとO. sagittaはアリバチ科のカリバチやカッコウムシと擬態グループをつくっていると考えられる。

スタンレーオンマの体は細長くやや扁平で、くすんだ茶黒色を帯び、横たわった黄茶色の剛毛で厚く覆われる。頭部の前方には小さな歯があり、上面に小突起はない。頭部は目の後で急に狭くなり首となる。前胸背板と上翅には顆粒状小突起のついた粗い点刻がある。胸部の下部に脚を受ける溝はない。雌雄ともによく発達した下翅をもつ。

始原亜目（ナガヒラタムシ亜目）

科	アケボノムシ科(Jurodidae)
亜科	
分布	旧北区：ロシア極東地域、キーロフスキー地区
生息環境	不明
生活場所	不明
食性	不明
補足	本科の現生種は1種

アケボノムシ
SIKHOTEALINIA ZHILTZOVAE
LAFER, 1996

成虫の体長
6mm

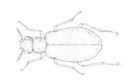

実物大

現在のところアケボノムシ（*Sikhotealinia zhiltzovae*）を知る手がかりは、森小屋の窓際で死んでいた標本1個体だけである。したがって生活史についてはまったくわからない。ロシアで発見された前中期ジュラ紀の化石種*Jurodes ignoramus*との類似性が指摘されるまでは、別の独立した科に分類されていた。アケボノムシには現生する近縁種はいない。「原始的」な甲虫と「進化した」甲虫のいずれとも類似しているようである。本種は進化した種にはっきり共通する特徴はもたないが、始原亜目の現生する科として暫定的に分類される。

近縁種

キョクトウナガヒラタムシ科は胸部の構造の類似性にもとづいて始原亜目に分類されるものの、始原亜目との関係を示さない特徴もある。下翅の翅脈とたたみ方、口器、とくに大きく独特の形をした頭楯と上唇は他の始原亜目とのつながりを示さない。

アケボノムシの体はわずかに扁平で、細くやや長めの軟毛でまばらに覆われる。頭部は円形に近く、目はわずかに飛び出る。剛毛は生えていない。頭部の上面すなわち額前頭の中央に単眼が1個ある。上翅には小さな点刻列が密に並ぶ。腹部は6個の腹節からなる。下翅は十分に発達する。

ツブミズムシ亜目

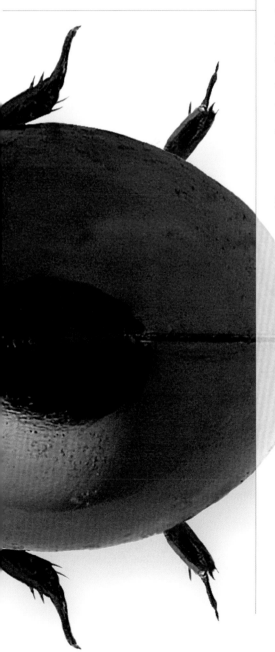

ツブミズムシ亜目の甲虫は一般に体長1.0〜2.5mmとかなり小型である。典型的な成虫には独特の形態をもつものもある。例えば小顎外葉のない上顎（前面の口器）、左の大顎に生える臼歯、少ない触角節（たいてい9節以下）、ほぼつながった中胸腹板と後胸腹板、静止時に先端に向かって巻かれる下翅など。

　本亜目は南極大陸を除くすべての大陸に分布する。現在100種を少しこえる数の記載種があり、次の4科に分類される。イボツブミズムシ科（3種）、ツブミズムシ科（約65種）、ケシマルムシ科（約20種）、デオミズムシ科（約20種）。さらに化石しか存在しない科も6種ある（Tricoleidae科やRhombocoleidae科など）。

　成虫と幼虫はおもに藍藻などの藻類を食べるようである。ほとんどの種が水生で、大小の川、温泉、滝、わき水などに生息する。水際の湿った場所でも見つかる。

ツブミズムシ亜目

科	イボツブミズムシ科 (Lepiceridae)
亜科	イボツブミズムシ亜科 (Lepicerinae)
分布	新熱帯区：メキシコ西部から中央アメリカ、ベネズエラ
生息環境	川沿いの水辺
生活場所	成虫は濡れるほどではない湿気を帯びた砂地
食性	不明
補足	2013年に*Lepicerus inaequalis*の可能性があると記載された幼虫はあるが、現在のところ幼虫の詳細は不明

成虫の体長
1〜2mm

イボツブミズムシ
LEPICERUS INAEQUALIS
MOTSCHULSKY, 1855

・
実物大

イボツブミズムシは体長は短いが幅広で、やや両側平行、背側は中高である。外骨格は硬く、はっきりした条溝があり、たいてい砂をかぶっている。大きな頭には突き出た目と、4節からなる短い触角がある。前胸背板の幅は縦の2倍だが、上翅よりは狭い。上翅には小さな隆起線が3本ずつある。跗節の小節は融合する。

イボツブミズムシ（*Lepicerus inaequalis*）はとても小さいため成虫でもあまり見ることはなく、幼虫は見つかっていない。成虫の生活場所は川岸に堆積した乾いた砂地の上や中、小石の穴や岩の下の空間、海岸に生息するハネカクシの掘った地下の穴、湿気を帯びた砂の中などである。成虫は灯火に誘引される。飼育下では広い頭と体をブルドーザーのように使って砂粒を動かす様子が観察される。本属には他にメキシコに分布する*L. bufo*とエクアドルに分布する*L. pichinlingue*が含まれる。2種ともにもう少し乾いた砂の多い環境で生活する。

近縁種
*Lepicerus*属に含まれる3種はメキシコからベネズエラ、エクアドルにかけて分布する。*L. bufo*には上翅の縦方向に大きな隆起線があるが、イボツブミズムシと*L. pichinlingue*の隆条はそれほどでもない。イボツブミズムシと*L. pichinlingue*はよく似るため分布域と雄の生殖器で区別される。

ツブミズムシ亜目

科	ツブミズムシ科(Torridincolidae)
亜科	Deleveinae亜科
分布	旧北区:中国雲南省
生息環境	森の中の滝近辺の水しぶきがかかる一帯やわき水周辺
生活場所	藻類と水の膜(厚さ2mm以下)で覆われた岩石
食性	不明
補足	多くは不明

成虫の体長
2〜3mm

ウンナンツブミズムシ
SATONIUS STYSI
HÁJEK & FIKÁČEK, 2008

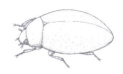

実物大

ウンナンツブミズムシ（*Satonius stysi*）は小型で見過ごしやすい甲虫である。滝やわき水近くの水しぶきがかかる一帯の、藻類で覆われた濡れた岩の上に生息する。このような湿潤環境は常に厚さ2mmほどの薄い水の膜で覆われている。本種は中国雲南省の2ヵ所でしか確認されておらず、生活史はほとんどわからない。種名はチェコ、プラハにあるカレル大学の半翅類研究者パベル・シュティス教授に由来する。

近縁種

*Satonius*属には6種が含まれる。5種は中国に、1種は日本にだけ分布する。ウンナンツブミズムシは他の5種と比べると大きく細長い。また前胸背板には細い縁があり、上翅の外側縁が下側に急に曲がる点で他種と区別できる。上翅の外側縁の様子は基部のあたりで上から少しだけ見える。下翅は十分に発達する。

ウンナンツブミズムシは卵形で黒く、下の方がやや明るい茶色を帯びる。頭部には大きく粗い個眼からなる複眼がある。前胸は基部が最も広い。上翅は基部の近くが最も広く、表面に溝や点刻列はない。脚は短く扁平である。腹部は5腹節からなり、腹部第1節は後脚を受けるため両側ともへこむ。

ツブミズムシ亜目

科	デオミズムシ科（Hydroscaphidae）
亜科	
分布	旧北区：ヨーロッパ南部およびアジア。フランスからイランまで
生息環境	わき水、温泉、小川、川
生活場所	藻類で覆われた岩石、砂や砂利の土手、湿った泥
食性	成虫、幼虫ともに藻類
補足	デオミズムシ科の種は小型のハネカクシ（ハネカクシ科）に似る

成虫の体長
1〜2mm

デオミズムシ
HYDROSCAPHA GRANULUM
(MOTSCHULSKY, 1855)

実物大

デオミズムシ（*Hydroscapha granulum*）は大小の流水の水際にある湿った砂や砂利や泥の中、あるいは水分を含んだ藻類で覆われた岩の上で生活する。産卵数は1回につき1個だけである。楕円形の卵は滑らかで色が濃く、雌の腹部よりもかなり大きい。細長い幼虫は濃灰色を帯び、完全に水中で生活する。成虫も幼虫も流れのそばのちょうどよい浅瀬に多数生息し、藻類を食べる。成虫は上翅の下に気泡を保持し水中で呼吸する。

近縁種

*Hydroscapha*属には15種が含まれる。北米大陸西部、メキシコ、南米大陸、ユーラシア大陸、アフリカ北部、東南アジア、マダガスカルに分布する。いずれも上翅が短く、腹部が露出しており小型のハネカクシに似るが、背側にはっきりした会合線を有し、水中での生活様式が異なるため見分けることができる。旧北区西部に分布する*Hydroscapha*属の他の2種とデオミズムシは雄の生殖器で区別される。

デオミズムシは細長く、前方が最も広い。一様に濃い茶色を帯び、上翅は短く腹部は露出する。頭部は前胸背板より細い。前胸背板は後角で最も広くなる。上翅は短く、先端を切り取ったような形のため腹節が4節露出する。腹部は後に向かって細くなる。後脚は部分的に後底節板で覆われ、跗節式は3-3-3である。

ツブミズムシ亜目

科	ケシマルムシ科(Sphaeriusidae)
亜科	
分布	旧北区：ヨーロッパ
生息環境	小川、川、池などの水際
生活場所	地表
食性	おそらく藻類
補足	最も小型の甲虫のひとつ

成虫の体長
0.6〜0.7mm

ダニケシマルムシ
SPHAERIUS ACAROIDES
WALTL, 1838

実物大

*Sphaerius*属の甲虫の食性は、おそらくその微少さのためと思われるが、あまりよくわかっていない。いくつかの種については藻類と考えられている。ダニケシマルムシ（*Sphaerius acaroides*）はヨーロッパに固有の種である。日の当たる水際の湿った砂や砂利に穴を掘って生活する。成虫は地中の湿度が高くなるとすぐに穴から出てくる。*Sphaerius*属の水生幼虫には、腹部の気門（呼吸のための穴）とつながる、空気の入った風船型の袋がある。本種は、ダルマガムシ科、ガムシ科、チビドロムシ科の甲虫とよくいっしょに採集される。

ダニケシマルムシは半球状で、とても小型の甲虫である。滑らかで光沢のある黒色を帯びる。触角は比較的長く11節に分かれ、棍棒状の末端は3節からなる。上翅は著しく中高で、腹部をすっぽり覆う。外から見える腹節は3節だけである。跗節は3つに分かれる。下翅は十分に発達し、縁に沿って長い剛毛が生える。

近縁種

ツブミズムシ亜目に属するケシマルムシ科は*Sphaerius*属だけからなり、南極大陸を除く全大陸に約20種が生息する。ヨーロッパには本種以外に、フランスとスペインに分布する*S. hispanicus*と、フランスとイタリアに分布する*S. spississimus*の2種がいる。3種とも前胸背板と上翅にある微小な点刻がそれぞれ異なる。

食肉亜目
（オサムシ亜目）

食肉亜目は非常に分化したさまざまなグループからなる。成虫には主に次のような特徴がある。髭のような2節の小顎の外葉、たいていは11節からなる触角、腹部第1節を完全に二分する長い後基節、融合した腹部第1から第3節、腹部にある防御物質分泌腺。体長は1〜85mmとさまざまである。

　食肉亜目には約40,000種の現生種が存在し、以下に示す科に分類される。ミズスマシ科（約875種）、コガシラミズムシ科（約220種）、コツブゲンゴロウ科（約250種）、オサムシモドキゲンゴロウ科（5種）、ゲンゴロウダマシ科（6種）、ゲンゴロウ科（約3,750種）、イワノボリゲンゴロウ科（Aspidytidae）（2種）、メルムシ科（*Meruidae*）（1種）、ムカシゴミムシ科（6種）、オサムシ科（約40,000種）。これらの科は通常、生息環境によって水生類（上記のうち最初の8種）と陸生類（上記のうち最後の2種）に分けられる。

　食肉亜目の甲虫は考えられるほぼすべての陸上と水中で生活する。ただし塩水にはいない。ほとんどの種が成虫も幼虫も捕食性である。

食肉亜目（オサムシ亜目）

科	ミズスマシ科（Gyrinidae）
亜科	ミズスマシ亜科（Gyrininae）
分布	新北区、新熱帯区：アリゾナ州南部からニカラグア
生息環境	池、小川
生活場所	成虫は砂利底で流れのない淵の水面を泳ぐ
食性	成虫は水面に浮く昆虫の遺骸や落下した昆虫
補足	水面生活に非常に適する

成虫の体長
14〜15mm

チュウベイオオミズスマシ
DINEUTUS SUBLINEATUS
(CHEVROLAT, 1833)

実物大

チュウベイオオミズスマシ（*Dineutus sublineatus*）の成虫は1匹で、あるいは群れをつくって、驚くほどの速さで水面を回転する。危険が迫るとしばらく水中に潜る。英名の「回転する甲虫（whirligig beetle）」という名前もこのような習性に由来する。頭部には上下に分かれた複眼が2組ある。上の目で水上、下の目で水の中を見る。神経生物学の最新の知見によると、上の目で受け取った視覚情報を使って回りの環境や他のミズスマシに対する方向を把握している。*Dineutus*属は捕食者の嫌がる乳状の物質を肛門から分泌する。この分泌液にはおそらく水面を進みやすくするはたらきもある。

近縁種
*Dineutus*属には84種が含まれる。ほぼ世界中に広がるが、約15種は南北アメリカに分布する。この15種は同じ分布域の他のミズスマシ科と比べると大きく、体に模様がなく、下部には前脚を受けるためのへこみがある。チュウベイオオミズスマシは色、大きさ、分布で区別される。

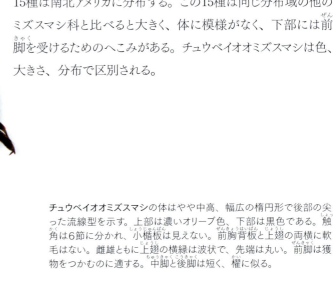

チュウベイオオミズスマシの体はやや中高、幅広の楕円形で後部の尖った流線型を示す。上部は濃いオリーブ色、下部は黒色である。触角は6節に分かれ、小楯板は見えない。前胸背板と上翅の両横に軟毛はない。雌雄ともに上翅の横縁は波状で、先端は丸い。前脚は獲物をつかむのに適する。中脚と後脚は短く、櫂に似る。

食肉亜目（オサムシ亜目）

科	ムカシゴミムシ科(Trachypachidae)
亜科	ムカシゴミムシ亜科(Trachypachinae)
分布	新北区：北アメリカ西部からサスカチュワン州南部、南はコロラド州南部からユタ州南部、カリフォルニア州沿岸
生息環境	低地および低山帯の落葉広葉樹林、針葉樹林
生活場所	成虫は地表性で落葉の下、庭
食性	成虫は昆虫
補足	ゴミムシ（オサムシ科）に似る

成虫の体長
3〜6mm

ムカシゴミムシ
TRACHYPACHUS INERMIS
MOTSCHULSKY, 1850

ムカシゴミムシ（*Trachypachus inermis*、以前の学名は*T. holmbergi*）は春から秋にかけて晴れた日に活動する。コケ類や維管束植物でまばらに覆われた、開けた、あるいはわずかに日陰のある乾いた場所を好む。広葉樹や針葉樹の落葉の中にいることが多い。都市部では庭でも見かける。危険が迫ると落ち葉の中に潜る。ムカシゴミムシ科の甲虫はオサムシ科の甲虫に似るが、剛毛のない滑らかな触角と体の横に張り出す大きな後基節によって区別される。

近縁種

ムカシゴミムシ科には南アメリカに生息する*Systolosoma*属（2種）と新北区と旧北区に生息する*Trachypachus*属（4種）の2属が含まれる。*Trachypachus*属のうち1種は旧北区にだけ分布する。残る3種は北米大陸西部に分布する。これらの種と比べるとムカシゴミムシは前胸背板が狭く、上翅には細かい点刻があり、分布域が広い。

実物大

ムカシゴミムシの体色は一様に濃く、青銅のような光沢を示す。前胸背板は中央部に比べて基部の方が著しく狭く、基部を横断するくぼみがある。上翅には左右それぞれ3〜9列の細かい点刻列がある。点刻列は先端で薄くなる。上翅の下に納められた下翅は十分に発達する。

食肉亜目（オサムシ亜目）

科	オサムシ科(Carabidae)
亜科	マルクビゴミムシ亜科(Nebriinae)
分布	新北区：北米大陸東部
生息環境	低地、山地
生活場所	成虫は砂利底の大小の川の、日陰のある土手
食性	成虫は昆虫
補足	成虫の翅は十分に発達する場合と退化する場合がある

成虫の体長
10〜12mm

トウガンマルクビゴミムシ
NEBRIA PALLIPES
SAY, 1823

トウガンマルクビゴミムシ（*Nebria pallipes*）の成虫は色が濃く光沢がある。大きめの石が堆積した、濡れた砂州の、とくに木や低木の下に生息する夜行性の昆虫である。日中は、流れの速い澄んだ川や洞窟を流れる小川、湖岸沿いで岩石や葉、がれきの下によくいる。春と秋に最も活発になる。十分に発達した翅に飛翔能力があるかどうかは不明だが、退化した翅をもつ個体は明らかにまったく飛べない。成虫も幼虫も冬を越すようである。

近縁種

北半球には約380種の*Nebria*亜科が分布する。このうちトウガンマルクビゴミムシを含む52種は新北区に生息する。トウガンマルクビゴミムシには薄い色の付属器官、頭部の赤斑、前胸背板の広い側縁、剛毛が1本生えた後基節、3〜5節に分かれた腹節があり、これらの点で新北区に分布する*Nebria*亜科の多くの種と異なる。

トウガンマルクビゴミムシの体色は黒色で光沢があり、触角と脚は薄い赤茶色を帯びる。頭部には目と目の間に赤斑が2個ある。長い触角の1〜4節に剛毛は生えていない。楕円形の上翅は心臓型の前胸背板より広い。上翅にはそれぞれ5個の点刻をもつ点刻列が1条ある。中基節にはそれぞれ2本の剛毛、最後の腹節2節にはそれぞれ1対の剛毛が生える。

実物大

食肉亜目（オサムシ亜目）

科	オサムシ科（Carabidae）
亜科	マルクビゴミムシ亜科（Nebriinae）
分布	新北区：北米大陸東部、アリゾナ州
生息環境	落葉広葉樹林、混交林
生活場所	地表
食性	捕食性
補足	比較的よく見かける

ドウムネメダカゴミムシ
NOTIOPHILUS AENEUS
(HERBST, 1806)

成虫の体長
5〜6mm

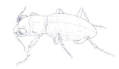

実物大

ドウムネメダカゴミムシ（*Notiophilus aeneus*）は春と初夏に繁殖し、成虫で冬を過ごす小型の甲虫である。成虫は落葉広葉樹林や混交林の湿った場所でコケや落ち葉の中に生息する。森の空き地や沿道でも時おり見かける。小さいうえに素早いので手で捕まえにくい。*Notiophilus*属の他の種と同じく幼虫も成虫もガムシ目をはじめとする小型の節足動物を捕食する。成虫の翅は長く、夜は人工灯に誘引される。

近縁種

*Notiophilus*属には世界中に分布する約55種が含まれる。このうち15種は北米大陸とメキシコ北部に、ドウムネメダカゴミムシは北米大陸東部に分布する。本種は触角と脚が全体に薄く赤色を帯びるため、同じ地域の同属の他の種と簡単に区別できる。

ドウムネメダカゴミムシは比較的小型のオサムシ科の甲虫である。上面は黒色で真ちゅうのような光沢がある。頭部は前胸背板よりも広い。額前頭には短い角状突起が複数ある。目はとても大きい。雌と異なり雄では前脚の第1〜3跗節と中脚の第1跗節がわずかに広く、裏側に弾力のある軟毛が生える。

食肉亜目（オサムシ亜目）

科	オサムシ科(Carabidae)
亜科	Cicindinae亜科
分布	新熱帯区：アルゼンチン北部～中部
生息環境	低地の塩原
生活場所	汽水性の湖の周りの乾燥してひび割れた、塩を含む粘土
食性	成虫はホウネンエビ
補足	成虫は塩分濃度17%の淵の水面を泳ぎ、捕食のために潜る

成虫の体長
10～11mm

ハンミョウマガイゴミムシ
CICINDIS HORNI
BRUCH, 1908

ハンミョウマガイゴミムシ（*Cicindis horni*）は春になると大塩原にできる汽水性の湖の岸に生息する。夜行性のため灯火に向かって飛ぶ。日中は水辺から離れ、多角形状にひび割れた地面の下の穴で休む。日暮れとともに穴から出てきて餌と交尾相手を探す。汽水性の水面を中脚で泳ぎ進み、餌となるホウネンエビを探しに潜る。このようなゴミムシは珍しい。交尾は泥の岸や水面で行う。幼虫については不明である。

近縁種

Cicindinae亜科には2属2科が含まれる。*Archaeocindis johnbeckeri*はペルシャ湾北部にのみ、ハンミョウマガイゴミムシはアルゼンチンのコルドバ州にのみ分布する。*A. johnbeckeri*は前胸背板と上翅の先端部の縁が鋸歯状、ハンミョウマガイゴミムシは滑らかである。また*A. johnbeckeri*の頭部には両目の上にそれぞれ1本の剛毛の生えた点刻があるが、ハンミョウマガイゴミムシにはない。

ハンミョウマガイゴミムシは光沢があり、体全体は薄い黄褐色を帯びる。ただし目は黒っぽく、大顎の先端と中縁は色が濃い。目の上に剛毛の生えたくぼみはない。前胸背板と上翅の縁は滑らかである。上翅の側面にはとても薄い模様がある。中脛節の両縁には長い剛毛が生えている。

実物大

食肉亜目（オサムシ亜目）

科	オサムシ科（Carabidae）
亜科	ハンミョウ亜科（Cicindelinae）
分布	新北区：米国中部
生息環境	草原
生活場所	成虫は地表性で、植物がまばらに茂る、水はけのよい環境
食性	成虫は甲虫類、直翅類、毛虫
補足	新世界で2番目に大きいハンミョウ

クラヤミハンミョウ
AMBLYCHEILA CYLINDRIFORMIS
(SAY, 1823)

成虫の体長
29〜35mm

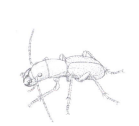

クラヤミハンミョウ（*Amblycheila cylindriformis*）は夜行性の捕食者である。春から晩秋にかけて活発になる。暖かい曇った日には植物のまばらな草原や道路を走っていることもある。自ら掘った穴ではなく、プレーリードッグやアナグマ、ジリスの巣穴で何日も過ごす。幼虫は体長62mmになることもある。小川や切り立った小谷の植物の生えない粘土質の土手、あるいは粘土質の垂直な断崖の穴に幼虫は小さく群れる。穴は直径6〜8mmで、入口はD字の形である。

実物大

近縁種
*Amblycheila*属には米国西部とメキシコ北部に分布する7種が含まれる。北米大陸に分布する*Omus*属とは大きさが異なる（本種の方が2mm大きい）。南米大陸の*Picnochile fallaciosa*よりも頭部が広いことで区別される。クラヤミハンミョウはロッキー山脈の東側に分布する。上翅には粗い点刻の列が数条ある。テキサス南部に分布する*A. hoversoni*の方が大きく（体長32〜36mm）、上翅の点刻列の数は少ない。

クラヤミハンミョウは大型で光沢がある。体は黒色を帯び、上翅はたいてい褐色である。大きく目立つ大顎の両側面には剛毛の生えた点刻がある。前胸背板の前角は著しく前に突き出す。上翅は中央で融合する。左右それぞれに3条の隆起線があり、隆起線の間には大きな点刻の並ぶ点刻列が複数ある。

食肉亜目（オサムシ亜目）

科	オサムシ科(Carabidae)
亜科	ハンミョウ亜科(Cicindelinae)
分布	新北区：北米大陸東部
生息環境	落葉広葉樹林、混交林
生活場所	日当りのよい開けた林床、車道、山道
食性	地表性昆虫
補足	生活環は2年周期

成虫の体長
10〜14mm

ムツモンミドリハンミョウ
CICINDELA SEXGUTTATA
FABRICIUS, 1775

実物大

ムツモンミドリハンミョウ（*Cicindela sexguttata*）は通常は単独行動し、分布域内ではよく見かける甲虫である。春と初夏に活動し、秋には個体も小さな群れもめったに見かけない。早春の頃は林床で生活するが、葉が出始めると日当りのよい道路や山道、森林の端に移動して餌となる昆虫や交尾相手を探す。荒天や越冬のときははがれた樹皮の下に身を隠す。捕まると腹部の先から揮発性の熱い液体を分泌する。幼虫は道路や乾いた川床の砂質や粘土質、ローム質の地面に垂直な穴を掘る。

近縁種

ムツモンミドリハンミョウと同じ分布域に、よく似た外観で緑色のC. patruelaが生息する。本種の方が明るい緑色で、上翅の中央を横切る斑を欠く。C. scutellarisに緑色の亜種が数種いるが、全体にくすんだ色で雌の上唇は濃い。

ムツモンミドリハンミョウは金属光沢のある明るい緑色で、背側、腹側ともにほんのり青みを帯びることもある。上翅の先端半分に6個の白い斑がある。個体や集団によっては斑の数は4個や2個になり、まったくない場合もある。上面には小さくて浅い点刻がある。上唇はほぼ白い。下部と脚には長くて白い剛毛がまばらに生える。

食肉亜目（オサムシ亜目）

科	オサムシ科（Carabidae）
亜科	ハンミョウ亜科（Cicindelinae）
分布	新熱帯区：メキシコ、ベリーズ、グアテマラ、ニカラグア、コスタリカ、パナマ、コロンビア
生息環境	低地雨林、高度約1,000m以下
生活場所	林冠、通常は地上30m以上
食性	成虫、幼虫ともに昆虫
補足	Ctenostoma属の成虫はアリを好む

成虫の体長
9.5〜19mm

ツノマダラクシヒゲハンミョウ
CTENOSTOMA MACULICORNE
(CHAUDOIR, 1860)

ツノマダラクシヒゲハンミョウ（*Ctenostoma maculicorne*）はメキシコのオアハカ州とベラクルス州からコロンビアにかけて比較的よく見かける甲虫である。成虫は樹上生活に適し、熱帯雨林や雲霧林の低木層や林冠を覆う枝や葉の上で生活する。本種は4〜7月と10〜11月に見つかる。下翅は十分に発達し飛べる。夜は灯火に誘引される。幼虫は腐りかけの枝の穴で被食者を待つ。

実物大

近縁種
*Ctenostoma*属にはメキシコからパラグアイやボリビアに広がる新亜熱帯区に分布する約110種が含まれる。*Ctenostoma*属は8つの亜属に分かれる。ツノマダラクシヒゲハンミョウはコスタリカの*C. davidsoni*、グアテマラの*C. guatemalensis*、ニカラグア、コスタリカ、パナマ の*C. laeticolor*ととても近い関係にある。この3種は*Neoprocephalus*亜属に分類される。

ツノマダラクシヒゲハンミョウは脚が長く、体は両側平行で細長いハンミョウである。毛はなく赤茶色を帯びる。両方の上翅には、中央に細長いS字型の黄色い帯があり、前半3分の1あたりの会合線近くに細長い小さな斑点がある。目はやや小さく、頭部はなだらかで、上唇には7本の歯が生える。小顎鬚の第2節は広くギザギザになっている。前胸背板は球形に近く、上翅は基部から先端に向かって小さくなる小さなくぼみで覆われる。

食肉亜目（オサムシ亜目）

科	オサムシ科（Carabidae）
亜科	ハンミョウ亜科（Cicindelinae）
分布	新北区：米国東部沿岸
生息環境	沿岸海浜
生活場所	開けた砂浜の満潮線上付近
食性	成虫は昆虫と端脚類
補足	幼虫は十分成長するまでに2年かかる。米国では連邦政府により絶滅危惧種に指定されている

成虫の体長
13〜15mm

シロナギサハンミョウ
HABROSCELIMORPHA DORSALIS
(SAY, 1817)

シロナギサハンミョウ（*Habroscelimorpha dorsalis*）の成虫は6月から8月にかけて昼夜を問わず端脚類や昆虫を捕食する。幼虫はちょうど満潮線のくるあたりに垂直に穴を掘る。かつてはマサチューセッツ州からバージニア州の大西洋岸に分布していたが、現在ではマサチューセッツ州沿岸と、メリーランド州およびバージニア州のチェサピーク湾西岸と東岸の数ヵ所にのみ生息する。本種の劇的な減少の原因は主に車や人間の活動が招いた生息環境の悪化である。1990年には絶滅危惧種に指定された。かつて生息していた地域に復活させる取り組みが現在進行中である。

近縁種

シロナギサハンミョウは体長、体色、DNAの塩基配列にもとづき5種の亜種に分類される。小型で色の濃い亜種は米国南部の大西洋からメキシコ湾岸沿いの州とキューバの沿岸海浜に分布する。

実物大

シロナギサハンミョウは体の大部分は白く、いろいろな形の真ちゅう色の模様がある。上翅の先端は雄は丸く、雌は広くてギザギザになっている。下部は濃い真ちゅう色から黒緑色を帯び、胸部には白い剛毛が密生する。脚には長い爪があり、後腿節は体以上に長く伸びる。

食肉亜目（オサムシ亜目）

科	オサムシ科(Carabidae)
亜科	ハンミョウ亜科(Cicindelinae)
分布	エチオピア区：モザンビーク、南アフリカ、タンザニア、マラウイ、ジンバブエ、ザンビア、ボツワナ
生息環境	サバンナ
生活場所	低木ややぶの中の開けた砂地
食性	成虫、幼虫ともに昆虫
補足	学名Manticoraは「人を食らう生き物」という意味

成虫の体長
42〜57mm

オオエンマハンミョウ
MANTICORA LATIPENNIS
WATERHOUSE, 1837

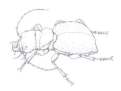

オオエンマハンミョウ（*Manticora latipennis*）は飛べない大型の甲虫である。貧弱な低木に覆われた砂質のサバンナに生息する。大きな毛虫やコオロギ、シロアリ、甲虫などの節足動物を狩るときは頭と大顎を高く持ち上げ長い脚でたどたどしく走る。雄は交尾の間、湾曲した長い大顎で雌の前胸をつかむ。平らな頭の幼虫は垂直に掘った穴で生活し、うっかり入口に近づいた被食者に飛びかかる。幼虫の成長は餌の状態次第で数年かかることもある。*Manticora*という名前は古代ペルシャの伝説に出てくる「人を食らう生き物」に由来する。

実物大

近縁種

*Manticora*属にはアフリカに生息する13種が含まれる。13種とも「肩」に特徴があり、大きな頭と大顎、6本の歯の生えた上唇、広い上翅をもつ。オオエンマハンミョウの上翅は心臓型でとても広く、両横が湾曲する。上翅には長い方向にそって目立つ隆条があり、表面には小突起がある。アフリカに生息する*Mantica*属は似ているが、上翅は狭く、頭も大顎も小さく、上唇に歯は4本しかない。

オオエンマハンミョウの体はとても硬い。光沢があり一様に黒いが、赤茶色を帯びることもある。上翅は心臓型でとても広く、融合している。表面は著しく隆起し、小突起でびっしり覆われる。雄の左大顎はわずかに短く、より長い右大顎の上に大きく折れ曲がる。雌の大顎は雄より短く左右の形は同じである。

食肉亜目（オサムシ亜目）

科	オサムシ科(Carabidae)
亜科	ハンミョウ亜科(Cicindelinae)
分布	新亜熱帯：アルゼンチン（リオ・ネグロ州、サルタ州）、ボリビア（チャパレ地方）、ブラジル（ゴイアス州）、コロンビア、エクアドル、フランス領ギアナ、ガイアナ（デメララ）、ペルー、ベネズエラ
生息環境	低地から内陸地の川縁や周辺の植物帯
生活場所	地表
食性	捕食性
補足	成虫は夜行性、幼虫は昼行性

成虫の体長
15〜18mm

ウスイロハンミョウ
PHAEOXANTHA AEQUINOCTIALIS
DEJEAN, 1825

ウスイロハンミョウ（*Phaeoxantha aequinoctialis*）は南米大陸に分布する。成虫は夜行性で、開けた砂浜、川や小川の砂州、川縁の植物帯を速く走る。日中は岸辺の上側の乾いた砂に掘った深さ50〜150mmの穴に潜む。俊足の成虫は十分に発達した下翅をもつが、飛べない。幼虫は昼行性で、むき出しの砂地の穴で生活し、生活環は3齢の休眠を含めて7〜10ヵ月である。本種は1年に1回の洪水をきっかけに世代交代をする一化性の生活環を示す。

近縁種

*Phaeoxantha*属には南米大陸にだけ分布する12種が含まれる。*Tetracha*属（約55種）と*Aniara*属（1種）が近縁である。*Phaeoxantha cruciata*がウスイロハンミョウに最も似るが、*P. cruciata*の方が小さく、細く短い剛毛が上翅を覆う。ウスイロハンミョウと*P. aequinoctialis bifasciata*の2種が亜種として有力視されている。

実物大

ウスイロハンミョウは生息する砂地の色に似た、主に淡い黄色の体色をもつハンミョウである。ただし上翅には特徴的な濃い斑がある。上唇は横に長く、前方の中央ほどまでは伸びていない。上唇の縁近くには4本の剛毛、頭楯には1対の剛毛が生える。上翅に短く細い剛毛はない。

食肉亜目（オサムシ亜目）

科	オサムシ科（Carabidae）
亜科	ハンミョウ亜科（Cicindelinae）
分布	新亜熱帯区：アルゼンチン南部、チリ
生息環境	南部の温帯林、標高5〜800mの低地の草原
生活場所	地表に落ちた幹や落葉落枝の下
食性	成虫、幼虫ともに主に昆虫その他の節足動物
補足	成虫は俊足

成虫の体長
16〜17mm

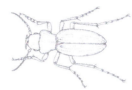

サイハテハンミョウ
PICNOCHILE FALLACIOSA
(CHEVROLAT, 1854)

サイハテハンミョウ（*Picnochile Fallaciosa*）の成虫は飛ぶことができず、荒れ野や、草あるいはコケで覆われた地面を素速く走る。11〜2月、アルゼンチンやチリといった高緯度地域に典型的な長い夏の日には走る脚を止めて昆虫を捕まえる。夜や激しい雷雨のときは、林床に散らばる切り倒された木など有機堆積物の下に隠れる。南部の海岸によくある粘土質地帯などの荒れ野には幼虫の穴がいくつかまとまっていることが多い（*Nothofagus*属の種）。幼虫は垂直に掘った穴で生活し、小型昆虫が攻撃可能な距離に近づくと穴から襲う。成虫は開けた草原や森林に生息する。

近縁種
*Picnochile*属は新世界に分布するMegacephalini族のハンミョウに含まれる10属のひとつである。本属は前胸背板が頭より広い点で、分布域を同じくする他の飛べない属と区別される。サイハテハンミョウは*Picnochile*属に含まれる唯一の種である。

実物大

サイハテハンミョウの体色は大部分がくすんだ黒色で、付属肢はたいてい赤茶色である。前胸背板は前縁の後あたりまで広がり、真ん中あたりから上翅に向かって急に狭くなる。上翅は楕円形の輪郭で、広い隆条が縦方向に走る。雄の前脚にはやや広い跗節がある。

食肉亜目（オサムシ亜目）

科	オサムシ科（Carabidae）
亜科	ハンミョウ亜科（Cicindelinae）
分布	新北区、新熱帯区：米国南部からニカラグア
生息環境	湿地、草深い高地、灌漑農地、暖かい砂漠
生活場所	地表性の成虫は湖や川の岸、隣接した湿気の多い草地
食性	成虫、幼虫ともに昆虫
補足	害虫の自然制御に重要な役割を果たしているようである

成虫の体長
12〜20mm

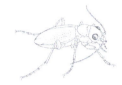

ホクベイオオズハンミョウ
TETRACHA CAROLINA
(LINNAEUS, 1767)

ホクベイオオズハンミョウ（*Tetracha carolina*）の成虫は暖かい夏の夜に集団でいることが多い。水場の近くの常夜灯にしばしば誘引される。日中は岩の下や泥の割れ目に隠れる。翅は十分に発達するものの危険が差し迫ったとき以外は飛ぼうとしない。綿畑では害虫の捕食者として重要なはたらきをすると考えられる。また本種の存在は農業生態系の健全指標となる。幼虫は水場の近くや少し離れたさまざまな生息環境で垂直に穴を掘る。カリブ海や南米大陸に分布するいくつかのホクベイオオズハンミョウの亜種はすべて現在では独立種であるとされる。

近縁種

西半球には58種の*Tetracha*属が分布する。同じ地域に分布するハンミョウとは異なり、付属肢の色が淡く、体の上面はおもに銅色、青色、緑色を帯びた明るい金属色である。ホクベイオオズハンミョウはとくに体色と、上翅にある淡い色の模様で区別される。

実物大

ホクベイオオズハンミョウの体は金属光沢のある紫色や緑色、付属器官は淡い黄茶色である。頭部は広く、目立つ目と特徴的な大顎がある。前胸背板の前角は前方に伸びる。明るい赤紫色の上翅の両側面は輝く緑色である。先端近くの両横に大きくて少し湾曲した淡い色の模様がある。雄は前跗節が太く、下部は剛毛で覆われる。

食肉亜目（オサムシ亜目）

科	オサムシ科（Carabidae）
亜科	ハンミョウ亜科（Cicindelinae）
分布	東洋亜区、オーストラリア区：マレー諸島からオーストラリア北部
生息環境	熱帯雨林
生活場所	主に枝、葉、幹の上
食性	おそらく主にアリ
補足	本属の中で最も広い範囲に分布する1種

成虫の体長
16〜25mm

ハネナシハンミョウ
TRICONDYLA APTERA
(OLIVIER, 1790)

ハネナシハンミョウ（*Tricondyla aptera*）をはじめ本属に含まれる種の生態は現在のところほとんどわかっていない。成虫はたいてい単独で活動し、不特定の場所で発見される。木の幹や葉の上にいたり、枝から枝へ走っていたり、薪の山の上や下、地面の上にいることもある。動きが速く捕まえにくい。体の形は大型のアリのようにも見える。まだ確定ではないが、主にアリを食べているようである。

近縁種
*Tricondyla*属には45種が含まれ、最新の分類再検討によれば5亜属に分類される。現在ハネナシハンミョウには4亜種がいる。大きさ、色、上翅の点刻といった小さな違いにもとづき分類されるが、中間の形態を示す種があるため亜種の成虫の区別は難しい。

実物大

ハネナシハンミョウは頑丈な種である。体は黒色や濃い茶色を帯びる。上翅に模様はなく、やや光沢があり青色に反射することもある。本属の他の種と同様に体は細長い。上翅は基部で狭く、中ほどで横に広がる。横からは猫背のようにも見える。種名のとおり下翅はない。

食肉亜目（オサムシ亜目）

科	オサムシ科(Carabidae)
亜科	オサムシ亜科(Carabinae)
分布	旧北区、新北区：旧北区では在来種が広く分布、米国東部では帰化種が分布
生息環境	落葉広葉樹林
生活場所	地上、木の幹の上
食性	チョウ目の幼虫や蛹
補足	北米大陸に帰化した2種類のガの生物農薬として移入された

成虫の体長
21〜35mm

ニジイロカタビロオサムシ
CALOSOMA SYCOPHANTA
(LINNAEUS, 1758)

ニジイロカタビロオサムシ（*Calosoma sycophanta*）は旧北区に広く分布する在来種である。マイマイガ（*Lymantria dispar*）やシロバネドクガ（*Euproctis chrysorrhoea*）に対する生物農薬として、1906年に北米大陸各地に積極的に移入された。現在は米国東部にも分布する。成虫も幼虫も落葉広葉樹林のさまざまな木に登ったり、地表を移動したりしてケムシやイモムシを探す。成虫は十分に下翅が発達し、上手に飛行する。飼育下では4年間生きる。

近縁種
ニジイロカタビロオサムシを含むグループには全部で6種が存在する。このうち5種は旧北区（ヒマラヤ山脈を含む）に分布する。北米の在来種 *Calosoma frigidum* はほとんどの温帯地域に分布する。ニジイロカタビロオサムシは大きさや色は *C. scrutator* に似るが、頭部と前胸背板が金属色ではなく黒色である。

ニジイロカタビロオサムシは姿のよい大型の甲虫である。上翅は緑色で光沢を放ち、たいてい金色や銅色に反射して見える。雄は前脚の第1〜3跗節が横に広がり、下部には弾力のある吸着性の剛毛が生えるので雌と簡単に区別できる。さらに雄には中脚脛節の先端の中ほどに太い剛毛が1本生える（雌にはない）。

実物大

食肉亜目（オサムシ亜目）

科	オサムシ科（Carabidae）
亜科	オサムシ亜科（Carabinae）
分布	新亜熱帯区：アルゼンチン、チリ
生息環境	森林、植林地
生活場所	地表
食性	ミミズ、陸貝、小型昆虫
補足	わずかな色の違いにもとづき多くの亜種が記載されている

成虫の体長
22～30mm

チリオサムシ
CEROGLOSSUS CHILENSIS
(ESCHSCHOLTZ, 1829)

*Ceroglossus*属の種はどれも美しく、多型を示す。チリ中部とアルゼンチン西部のネウケン州、リオネグロ州、チュブ州に分布する。標高にすると0～2000mの森林、林縁、薮、雑木林、時には伐採地に生息する。成虫は日中は腐りかけた倒木、落葉、石の下に隠れる。ミミズ、陸貝、おそらく小型昆虫を餌とし、果物にも誘引される。森林で生活する多くのオサムシと同じく下翅が短いため飛べない。

近縁種
*Ceroglossus*属には現在8種が分類される。いずれもチリとアルゼンチン西部にのみ分布する。在野の研究者や収集家には人気がある。多くの色や亜種が記載されている。本属の最新の分類ではチリオサムシだけで19亜種があげられているが、各亜種はわずかに色や形態が異なるだけである。

実物大

チリオサムシは姿のよい細長い体をした、色鮮やかなオサムシである。ほとんどの標本で頭部と前胸背板の色が上翅と異なる。上翅は青色や緑色、赤紫色を帯び、外側縁は対比色になることが多い。触角と脚は黒い。雄の触角の第6～8節の裏にある隆条は本種の大きな特徴である。

食肉亜目（オサムシ亜目）

科	オサムシ科(Carabidae)
亜科	オサムシ亜科(Carabinae)
分布	旧北区：ヨーロッパ
生息環境	多くは落葉広葉樹林、混交林
生活場所	腐った丸太などの底面
食性	成虫、幼虫ともに殻の中のカタツムリ
補足	捕食者かもしれない脊椎動物に対して成虫は警告音を出すとされる

成虫の体長
12〜19mm

チビセダカオサムシ
CYCHRUS CARABOIDES
LINNAEUS, 1758

チビセダカオサムシ（*Cychrus caraboides*）はヨーロッパの温帯から寒帯の固有種である。主にコケや腐った丸太の下で生活する。古い切り株の樹皮の下や、土壌の湿った落葉広葉樹林や混交林、土地によってはヒースの群生する荒れ野でも生息する。成虫、幼虫ともに冬眠をする。成虫は雌雄ともに上翅と腹部をこすりあわせて大きな音を発する。この音は、捕食者かもしれない相手に対する警告音と考えられる。

近縁種

*Cychrus*属には新北区と旧北区に分布する120種以上が含まれる。本属は*Cychropsis*属と近縁にあるとされる。*Cychropsis*属を本属の亜属とする考えもある。イタリアとスイスに分布する*Cychrus cordicollis*は前胸背板の両側面が後方で波打つためチビセダカオサムシと区別できる。同じくヨーロッパの固有種である*C. attenuatus*の脛節は黒ではなくやや赤色である。

チビセダカオサムシは全身黒い。頭部は細長く狭い。長い大顎をカタツムリの殻に入れて肉を食べる。上唇は深く二裂し、小顎鬚の末端から2番目の節には長い先端毛が生える。前胸背板は短く、側面の後方は波打たず、前角は丸い。上翅は比較的短く、楕円形で中高で、表面は粒状である。

実物大

食肉亜目（オサムシ亜目）

科	オサムシ科（Carabidae）
亜科	オサムシ亜科（Carabinae）
分布	旧北区：日本の本州、九州、四国、佐渡島、粟島。ロシアの千島列島
生息環境	落葉広葉樹林、混交林
生活場所	日中は腐った丸太の下や中に隠れる
食性	成虫、幼虫ともにカタツムリ
補足	成虫は長くて狭い頭部と前胸背板を使ってカタツムリを捕食する

マイマイカブリ
CARABUS (DAMASTER) BLAPTOIDES
(KOLLAR, 1836)

成虫の体長
30〜65mm

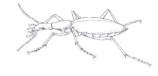

*Damaster*亜属に含まれる種は日本と周辺の島にだけ分布し、飛べない。マイマイカブリ（*Carabus*（*Damaster*）*blaptoides*）は春から初夏にかけて繁殖し、同じ年の後半には成虫となる。冬眠をするのは成虫だけである。かつてカタツムリの害に対する生物農薬として本種をハワイ諸島に放ったことがあった。ところが新しい環境で生き残ることができず、移入は失敗に終わった。本種は夜行性である。殻が厚く開口部の大きなカタツムリを襲う場合は頭部をカタツムリの中に入れる。殻が薄く開口部の小さなカタツムリの場合は殻を砕く。

近縁種
*Damaster*亜属に含まれる種の数については、過去には4種以上とされていたが、現在では7〜8亜種を含む1種とされている。*Damaster*亜属の種は、アジアに分布する*Acoptolabrus*属および*Coptolabrus*亜属の種と近縁である。これら3亜属をまとめてひとつの亜属とする考えもある。

実物大

マイマイカブリは長い触角と脚をもち、細長く姿のよい飛べない甲虫である。一様に赤茶から黒色の種や、頭部と前胸背板、ときに上翅が緑色や青色や青紫色を帯び銅光沢を放つ種もある。頭部の大きさも狭かったり太かったりと変化に富む。左右の上翅の先端にはそれぞれとげ状の突起がある。突起の長さは個体によって異なる。

食肉亜目（オサムシ亜目）

科	オサムシ科(Carabidae)
亜科	Hiletinae亜科
分布	新亜熱帯区：ブラジル、ペルー
生息環境	熱帯雨林
生活場所	地表
食性	捕食性
補足	めったに見かけないが、条件が揃えば群生する

成虫の体長
9〜12mm

オレヒゲゴミムシ
EUCAMARAGNATHUS BATESI
(CHAUDOIR, 1861)

実物大

オレヒゲゴミムシ（*Eucamaragnathus batesi*）の成虫は小さな森の小川や、細かいシルトの堆積した開けた湿地の近くに生息する。夜間は水際を歩き回り、昼間は林床の落葉の中や落枝の下に隠れる。水面の裏側を腹を上にして歩く姿も観察されている。下翅はとても小さく痕跡程度であるため成虫は飛べない。ペルー南東部では雨期になると1ヵ所に群生する。雨期に熱帯雨林を訪れる昆虫学者は少ないので、本種をあまり見かけないのも当然である。

近縁種

*Eucamaragnathus*属は熱帯全域に分布する。東南アジア、アフリカ、南アメリカに14種が分布する。本属は熱帯アフリカにのみ分布する*Hiletus*属と近縁である。オレヒゲゴミムシはペルー南東部、ブラジル西部に分布し、南アメリカに分布する本属の他の3種*E. amapa*、*E. brasiliensis*、*E. jaws*と近縁である。

オレヒゲゴミムシは中型のオサムシ科の甲虫である。体色は黒色で玉虫色に輝く。大顎の中央の端部は鋸歯状である。前胸背板は心臓型で、前角間の幅よりも基部の方が狭い。前胸背板の前方のへこみは滑らかで、上翅の細い溝は中央から5筋は先端まで伸びない。雄の前腿節の腹側表面には歯が生える。

食肉亜目（オサムシ亜目）

科	オサムシ科（Carabidae）
亜科	ヒョウタンゴミムシ亜科（Scaritinae）
分布	新北区：米国太平洋沿岸北部
生息環境	開けた海辺
生活場所	成虫は地表性で、湿度が高く開けた砂浜
食性	成虫は小型の甲殻類
補足	細長いモグラのような体は穴を掘るのに適する

フタイロスネトゲヒョウタンゴミムシ
AKEPHORUS OBESUS
LECONTE, 1866

成虫の体長
6〜7mm

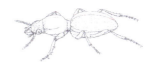

実物大

フタイロスネトゲヒョウタンゴミムシ（*Akephorus obesus*）の成虫は飛べない。春から夏にかけて、夜になると湿った砂浜に出てきて小型の甲殻類を探す。本種は鈍足だがとても上手に穴を掘り、日中は砂の中や海岸に打ち上げられた丸太などの下に身を隠す。本種の属名はギリシャ語のake（先）とphoro（もつ）に由来する。成虫の前脚脛節の先に端刺が1本生えることにちなむようである。

近縁種
*Akephorus*属はかつては*Dyschirius*属の亜属とされていた。本属にはワシントン州からカリフォルニア半島の太平洋沿岸に分布する2種が含まれる。*A. obesus*ははっきり2色に分かれ、サンフランシスコ北部に分布する。*A. marinus*は黄茶色で、前胸背板の中央縦方向に濃い線が1本、上翅に色の濃い斑があり、南の方に分布する。

フタイロスネトゲヒョウタンゴミムシは細長い体で、前胸背板と上翅の間がすぼまる。体色は2色に分かれ、大顎、付属肢、前胸背板は赤茶色、頭部と「ウエスト」部分、やや玉虫色に輝く上翅の色は濃い。上翅は短く楕円形で、「肩」部は下翅のない甲虫に典型的な丸みを帯びる。

食肉亜目（オサムシ亜目）

科	オサムシ科（Carabidae）
亜科	ヒョウタンゴミムシ亜科（Scaritinae）
分布	新北区：北米大陸東部、キューバ
生息環境	混交落葉広葉樹林
生活場所	成虫、幼虫ともに枯れた大枝や立ち木、切り倒された木
食性	成虫はアメーバー状の粘菌
補足	かつては単独のセスジムシ科に分類されていた

成虫の体長
6〜8mm

ホクベイセスジムシ
OMOGLYMMIUS AMERICANUS
(LAPORTE, 1836)

ホクベイセスジムシ（*Omoglymmius americanus*）は成虫、幼虫ともに菌類の生えた落葉広葉樹林、とくにニレ類（*Ulmus*）、カエデ類（*Acer*）、ナラ類（*Quercus*）の中で生活する。成虫は木の穴や材木の山の中にもいる。本種はセスジムシという一群に含まれる。成虫は木に穴は掘らず、くさびのような頭で木の層と層の間を突き進み餌を探す。成虫の大顎は甲虫の中でも独特で、かむ機能をもたない。変形した大顎の役割は、アメーバー状の粘菌に穴をあけて捕食するように変形した口器を守ることである。

近縁種
*Omoglymmius*属に含まれる150種のほとんどは東洋区に分布する。新北区に分布するのはホクベイセスジムシと*O. hamatus*の２種である。北米大陸西部にのみ分布する*O. hamatus*の頭部にはふくらみがある。頭部のふくらみは、頂部に沿って縁部とほぼ平行に伸びる短い線と一致する。縁部は後方で湾曲しない。

実物大

ホクベイセスジムシの体は細長くて硬く、体色は赤茶色から濃い茶色で光沢がある。頭部には背側に明瞭な溝がある。頂部のふくらみは1点で近づく。縁部は後方で大きく湾曲する。前胸背板には深い溝が3条、上翅には明瞭な点刻列がある。雄は脛節の先端に刺のような蹴爪状突起をもつ。

食肉亜目（オサムシ亜目）

科	オサムシ科（Carabidae）
亜科	ヒョウタンゴミムシ亜科（Scaritinae）
分布	新熱帯区：メキシコ中東部、西部
生息環境	標高150〜1,800m
生活場所	成虫は地表
食性	成虫は昆虫、幼虫は不明
補足	*Pasimachus*属の中で最も色彩豊かな種

成虫の体長
20〜28mm

ケンランアメリカヒョウタンゴミムシ
PASIMACHUS SUBANGULATUS
(CHAUDOIR, 1862)

ケンランアメリカヒョウタンゴミムシ（*Pasimachus subangulatus*）の成虫は飛べない。基本的に夜行性で、やや速く走り、地表性の昆虫を捕食する。たいていは5月から8月にかけてと、10月に活発になる。日中は穴の中や岩や岩屑の下に隠れて過ごす。乾期になると成虫も土に穴を掘って夏眠する。幼虫についてはよくわからない。*Pasimachus*属の甲虫は大顎が大きくクワガタムシに似るが、触角が片状ではなく細長いため区別できる。

近縁種

*Pasimachus*属には、米国南部から中央アメリカにかけて分布する32種が含まれる。総じて大型で幅広く、体色は黒い。種によっては表面や縁が金属光沢のある青色、紫色、緑色である。体の大部分が緑色のケンランアメリカヒョウタンゴミムシは本属の種の中でもよく目立つ。

実物大

ケンランアメリカヒョウタンゴミムシは側縁部と前胸の基部が黒色で、上翅が緑色、まれに青緑色である。頭部と胸部は一般に緑色で光沢を放つ。前胸背板の側部は湾曲せず、後角は丸い。上翅は中高で、肩の後で側部が大きく丸みを帯びる。

食肉亜目（オサムシ亜目）

科	オサムシ科（Carabidae）
亜科	ヒョウタンゴミムシ亜科（Scaritinae）
分布	新熱帯区：ブラジル
生息環境	低地熱帯雨林
生活場所	洪水で流されたゴミ屑の堆積する地上
食性	不明
補足	アリにまじって生活すると考えられる

成虫の体長
7〜9mm

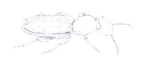

ミゾクチゴミムシ
SOLENOGENYS FUNKEI
ADIS, 1981

ミゾクチゴミムシ（*Solenogenys funkei*）の生態は不明である。洪水で流された岩屑の堆積する地上で見かけるが、必ずしも望ましい生息環境ではないかもしれない。成虫には茶色の砂と粘土がこびりつき、灰茶色を帯びる。これは穴を掘った結果なのか、アリの巣で見つからないようにするための適応なのか、あるいはその両方なのか、不明である。硬い外骨格や頭の下部の触角溝、引っ込められる口器をもつことからアリとのつながりが示唆される。このような適応はすべて、アリと共生する他の甲虫にも見られる。

近縁種

*Solenogenys*属にはアマゾン流域にのみ分布する3種が含まれる。上から見える目は体の前部に緩やかに付着し、頭の下に触角溝、上翅に8条の隆条があり、表面は泥が鱗状にこびりつく。これらの特徴によって同じ地域に分布する細長くて小型のオサムシ科の他の属とは区別される。ミゾクチゴミムシは大型で、頭の背側に1対の突起があり、大顎の背側には明瞭なこぶがある。

実物大

ミゾクチゴミムシの細長い体には粗い点刻があり、滑らかな付属肢をもつ。アリのような広い頭部、前胸背板、上翅は小さな白い鱗毛で覆われ泥まみれである。八角形の前胸背板は頭よりわずかに広い。上翅は両側平行で、先端に向かって徐々に細くなる。

食肉亜目（オサムシ亜目）

科	オサムシ科（Carabidae）
亜科	ツノヒゲゴミムシ亜科（Loricerinae）
分布	旧北区、新北区：欧州、アジア、北米
生息環境	湿った、しばしば泥地
生活場所	地表
食性	捕食性
補足	触角の上と頭の下に、被食者を罠にかける長い剛毛が生える

ツノヒゲゴミムシ
LORICERA PILICORNIS
(FABRICIUS, 1775)

成虫の体長
7〜9mm

ツノヒゲゴミムシ（*Loricera pilicornis*）の種小名はラテン語のpili（毛）とcornus（角）に由来する。触角の基部に生える硬い剛毛にちなむ。これらの毛はバラバラな方向を向き、大好物のトビムシ（トビムシ目）を捕まえるための罠としてだけ機能する。本種は沼地、池、淵、湖、灌漑用水路などの水際の湿った、しばしば泥の中で生活する。春から初夏にかけて繁殖し、成虫で冬を越す。とても上手に飛び、夜は灯火に誘引される。

近縁種

ツノヒゲゴミムシを含む属には北極亜区、寒帯、温帯に分布する13種が含まれる。5種は北米と中米に分布し、このうち2種はメキシコとグアテマラの山地に生息する。9種がアジアとヨーロッパに分布する。現在のところツノヒゲゴミムシには2亜種が存在するとされる。ロシアの千島列島からアラスカ州のアリューシャン列島、ケナイ半島にかけてのみ分布する1種と、ヨーロッパ、アジア、北米の大部分に分布する1種である。

実物大

ツノヒゲゴミムシは黒色に輝き、多くは緑色や青色の光沢を放つ。脛節は腿節よりも色が薄い。前胸背板の側部は基部半分での湾曲がほとんどない。上翅には均一な細い溝が12条あり、肩に短い角状突起はなく、第7間室は通常小さなくぼみを欠く。多くのオサムシ科と同じく雄は第1跗節から第3跗節が広い。

食肉亜目（オサムシ亜目）

科	オサムシ科（Carabidae）
亜科	カワラゴミムシ亜科（Omophroninae）
分布	新北区：北米大陸北東部から米国南西部
生息環境	湿地帯の砂浜
生活場所	成虫は地表性で走る、湿った砂に穴を掘る
食性	成虫は昆虫
補足	独特の特徴をもつためかつてはオサムシ科とは別の科に分類されていた

成虫の体長
5〜7mm

ホクベイカワラゴミムシ
OMOPHRON TESSELLATUM
SAY, 1823

実物大

ホクベイカワラゴミムシ（*Omophron tessellatum*）はおもに夜行性で、群生する。1年を通して湖や川、小川沿いの湿った砂や粘土質土壌、砂浜でも見かける。灯火に誘引されることもある。日中はたいてい地面に掘った穴で過ごすが、明るく晴れた日にはときどき外に出てくる。春になり冬眠から覚めた成虫は餌と交尾相手を求めて動き始め、夏が終わるまで活動する。本種はカナダ南東部からバージニア州、西はアルバータ州とアリゾナ州南西部まで分布する。

ホクベイカワラゴミムシの体は中高で幅の広い楕円形である。背部は淡い茶色で金属緑色の模様がある。濃い色の頭部では薄い色の部分がM字に見える。前胸背板の中央には濃い色の斑がある。前胸背板の側部と上翅の側部は連続的な弧にはならない。上翅には15条の溝があり、色の明るい部分と暗い部分の割合は同じくらいである。

近縁種
*Omophron*属には約70種が含まれる。オーストラリアと太平洋域の島々を除くほとんどの生物地理区に分布する。*Omophron*属は特徴のはっきりしたオサムシ科の甲虫である。体は丸く、とても中高で、小楯板は見えない。本種は頭部のM字型の模様と上翅の15条の溝、雄の生殖器とで新北区に分布する他の10種と区別される。

食肉亜目（オサムシ亜目）

科	オサムシ科（Carabidae）
亜科	ハンミョウモドキ亜科（Elaphrinae）
分布	新北区：カリフォルニア州北部
生息環境	春に現れる淵の水際
生活場所	成虫は地表性、イグサの茂る粘土質の泥の上
食性	昆虫
補足	連邦政府および州により「絶滅危惧」リストに掲載されている

成虫の体長
5～6mm

カリフォルニアミドリハンミョウモドキ
ELAPHRUS VIRIDIS
HORN, 1878

カリフォルニアミドリハンミョウモドキ（*Elaphrus viridis*）は春になると、自然にできた雨のたまったくぼみや、冬の間に雨でできた淵の水際で活動する。開けた一角や、よく晴れた風のない暖かな日にはイグサの根元でトビムシを狩る。本種はカリフォルニア州ソラノ郡南部のジェプソンプレーリー地区でのみ確認されている。かつての分布域は不明だが、現在より広い範囲に分布していたようである。確認されている個体集団は2,800ヘクタール以内に限られており、それも農業開発に脅かされている。

近縁種
*Elaphrus*属に含まれる39種は北半球に広く分布する。このうち19種が新北区に生息する。目が大きく外見は小型のハンミョウに似る。上翅は縦方向の溝を欠き、かわりに剛毛の生えた点刻列がある。カリフォルニアミドリハンミョウモドキは上翅にくぼみを欠き、鮮やかな緑色を示す点で北米に分布する本属の他の種とは区別される。

実物大

カリフォルニアミドリハンミョウモドキは目が大きく、鮮やかな緑色を帯びる。頭部と前胸背板には濃い銅色の模様がある。腹部の下部には茶色の最終腹節が見える。すべての脚の脛節はほぼ茶色で先端が金属色である。なだらかな上翅には盛り上がった、つやのある斑点をもつ個体が多いが、斑点を欠く個体もある。

食肉亜目（オサムシ亜目）

科	オサムシ科（Carabidae）
亜科	オサムシモドキ亜科（Broscinae）
分布	旧北区、新北区：温帯ヨーロッパの大部分とシベリア西部では在来種。カナダのプリンスエドワード島、ケープブレトン島では移入種。
生息環境	植物がまばらに生える砂地
生活場所	地表
食	捕食性
補足	カナダにはオサムシ科に属する非在来の50種以上が生息する。そのほとんどは旧北区に起源をもつ

成虫の体長
16〜23mm

ヨーロッパスジアシゴミムシ
BROSCUS CEPHALOTES
(LINNAEUS, 1758)

　ヨーロッパスジアシゴミムシ（*Broscus cephalotes*）はヨーロッパの大部分を占める温帯地域とシベリア西部に分布する。カナダ東部には何かの拍子で持ち込まれ定着した。成虫は夜間に活動し、昼間は砂漠や砂浜の石、丸太、遺骸の下に隠れる。本種は夏から初秋にかけて繁殖し、幼虫のまま冬眠した後、晩春から夏にかけて成虫になる。成虫は十分に発達した下翅をもつが、飛べるかどうかは不明である。

近縁種

ブルガリア、ギリシャ、中東に分布する*Broscus nobilis*の背面は金属光沢を放ち、触角と脚は淡い黄色を帯びる。バレアレス諸島の固有種*Broscus insularis*と、シチリア島とアフリカ北部に分布する*B. politus*は第1触角節が淡い色で、残る部分は赤色を帯びる。*Broscus*属全体では23種が含まれ、カナダに生息する外来種以外はすべて旧北区に分布する。

ヨーロッパスジアシゴミムシは比較的大型で、胸部と腹部の間にくびれがある。毛は生えておらず、全身黒色で金属光沢を放つ。頭部は前胸とほぼ同じ広さである。大顎は著しく大きい。目はやや小さく、側頭部は膨らむ。前胸背板は中高で、側部には基部から剛毛が2本生える。上翅にはとても細かい点刻列がある。雄は前脚の第1〜3跗節が広く、下面には吸着毛が生える。

実物大

食肉亜目（オサムシ亜目）

科	オサムシ科（Carabidae）
亜科	Apotominae亜科
分布	新熱帯区：ブラジル
生息環境	アマゾン流域を流れるシングー川の上流
生活場所	地表
食性	捕食性
補足	新熱帯区に分布するApotomus属は本種だけである。その他はすべて旧北区、東洋亜区、エチオピア区、オーストラリア区に分布する

ナンベイチョボクチゴミムシ
APOTOMUS REICHARDTI
ERWIN, 1980

成虫の体長
4〜5mm

実物大

ナンベイチョボクチゴミムシ（*Apotomus reichardti*）の標本はわずか4個体しか確認されていない。いずれの個体もブラジル内陸部、マットグロッソ高原の北端部の1ヵ所で11月の夜に灯火に誘引されてきた。飛翔能力以外の生物学的詳細はほとんど不明である。おそらく習性は、川に隣接する干潟で採取された本属の他の種と同じと思われる。本種は地理的には隔離されている。確認されている限り、本属に含まれる本種以外の種はすべて旧世界とオーストラリアに分布する。

近縁種
*Apotomus*属には22種が含まれる。旧北区南部、東洋亜区、エチオピア区、オーストラリア区、そしてブラジルに分布する。本属の見直しは現在のところ行われていない。それぞれの種の関係はほとんど不明である。ナンベイチョボクチゴミムシは前胸がとても長く、前胸の側部に毛がない点で本属の他の種と区別される。

ナンベイチョボクチゴミムシは比較的小型の甲虫である。胸部と腹部の間がくびれ、球状の前胸は頭のほぼ2倍の広さで、小顎鬚はとても長い。体は濃い赤茶色で、脚の色はわずかに薄い。前胸背板と上翅には軟毛が生える。前脚脛節にはantennal combの上に端刺がある。

食肉亜目（オサムシ亜目）

科	オサムシ科（Carabidae）
亜科	Siagoninae亜科
分布	旧北区：ヨーロッパ南部、アフリカ北部、アジア西部
生息環境	開けた場所
生活場所	地表
食性	アリ
補足	幼虫は地面の割れ目に生息し、近年になって発見された。「blind running ant killer」とも呼ばれる。

成虫の体長
9〜13mm

アリクイゴミムシ
SIAGONA EUROPAEA
DEJEAN, 1826

アリクイゴミムシ（*Siagona europaea*）は広い範囲に分布する。主に晩春から夏にかけて、牧草地や、樹木の点在する耕作放棄地などの開けた場所、深い割れ目の入った砂質粘土で見かける。成虫は主に数種類のアリの成虫や幼虫を食べる。下翅は十分に発達し、夜になると活動を始め灯火に誘引される。

近縁種
*Siagona*属には本種の他にヨーロッパに分布する2種がいる。スペインとモロッコに分布する*Siagona jenissoni*は前胸に摩擦器がある。下翅が短いため飛べない。スペインとモロッコに分布する*Siagona dejeani*も飛翔能力がなく、本種より大きい（成虫の体長21〜25mm）。*Siagona*属全体ではヨーロッパ、アジア、アフリカに分布する約80種が含まれる。

実物大

アリクイゴミムシは扁平で、背側には剛毛が比較的密生する。前胸と中胸の間が茎のように細くくびれる。目は大きく、強力な大顎には大きな保帯（歯のような突起）がある。前胸背板は後部で狭くなり、前側板の前部に摩擦音を出すための鑢状器はない。幼虫は目が見えず、触角、脚、尾突起が長い。

食肉亜目（オサムシ亜目）

科	オサムシ科(Carabidae)
亜科	Melaeninae亜科
分布	新熱帯区：南米北部
生息環境	熱帯雨林
生活場所	不明
食性	不明
補足	現在のところ本種はコロンビア北部の1ヵ所でしか採集されていない

成虫の体長
4〜5mm

ヒョウタンゴミモドキ
CYMBIONOTUM FERNANDEZI
BALL & SHPELEY, 2005

実物大

現在確認されているヒョウタンゴミモドキ（*Cymbionotum fernandezi*）の標本は38個体である。いずれもコロンビア北部、ボリビアのマグダレナ川渓谷の同じ場所で5月に採集された。東洋区、中国南部原産の外来樹の植林地で紫外線灯に集まってきた。したがって本種の本来の生活場所は不明である。近縁種のC. negreiについてはベネズエラのアプレ川流域で樹皮の下から1個体が発見されている。本種とC. negreiが熱帯雨林で樹皮下を好むかどうかは確認が待たれる。

近縁種
本種はProcoscinia亜属に含まれる。本亜属にはベネズエラで確認されている、めったに採集されないCymbionotum negreiも含まれる。西半球で確認されているCymbionotum属はこの2種だけである。それ以外の18種は東半球、ヨーロッパ南部、アフリカ（南回帰線以北）、アジア南西部に分布する。

ヒョウタンゴミモドキは小型で幅広く、中胸が上翅基部に押し込まれくびれている。背面は赤茶色を帯び剛毛が密生する。前胸背板の後方側方の歯状突起は後縁の前方にはっきり見える。前上翅板は背側からは見えない。さらに前胸背板の後縁は数珠状ではない。

食肉亜目（オサムシ亜目）

科	オサムシ科（Carabidae）
亜科	チビゴミムシ亜科（Trechinae）
分布	新北区：北米大陸
生息環境	低地の落葉広葉樹林
生活場所	成虫は枯れ木や朽ちかけた木のはがれた樹皮の下
食性	成虫はトビムシやシロアリ
補足	とても小型だが識別しやすい

成虫の体長
1〜2mm

キベリヒナゴミムシ
MIOPTACHYS FLAVICAUDA
(SAY, 1823)

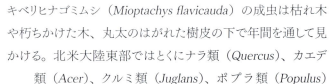

実物大

キベリヒナゴミムシ（*Mioptachys flavicauda*）の成虫は枯れ木や朽ちかけた木、丸太のはがれた樹皮の下で年間を通して見かける。北米大陸東部ではとくにナラ類（*Quercus*）、カエデ類（*Acer*）、クルミ類（*Juglans*）、ポプラ類（*Populus*）などの広葉樹に生息する。カリフォルニア州ではポンデローサマツ（*Pinus ponderosa*）に生息する。飛翔能力があり、春から夏にかけては夜になるとよく灯火に誘引される。成虫は節足動物や、おそらくその卵も食べる。種小名*flavicauda*はラテン語の*flavus*（黄色）と*caudus*（尾）に由来する。上翅の先端の淡い色にちなむ。

近縁種

*Mioptachys*属には西半球に分布する13種が含まれる。このうち12種は新熱帯区に分布し、本種だけが新北区に分布する。本種は小型で、上翅の先端3分の1がくすんだ黄色を帯び、付属肢の色が淡い点で同じ分布域に生息するオサムシ科とは簡単に区別される。

キベリヒナゴミムシの体形はわずかに中高である。体色はやや黒色からほぼ黒色、上翅の先端3分の1はくすんだ黄色、触角と脚は黄茶色である。左右の目の下にはそれぞれ剛毛が2本生える。上翅の側縁は広く、淡い色でやや半透明である。最終腹節の下部には剛毛が2本生える。雄の前脚は第2節までの下部に毛の生えた褥盤がつく。

食肉亜目（オサムシ亜目）

科	オサムシ科（Carabidae）
亜科	Psydrinae亜科
分布	新北区、旧北区：北米、ヨーロッパ南部、中東
生息環境	おもに針葉樹林
生活場所	成虫は樹皮や岩屑の下
食性	不明
補足	成虫は悪臭を放って身を守る

成虫の体長
6〜8mm

クサゴミムシ
NOMIUS PYGMAEUS
(DEJEAN, 1831)

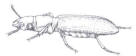

実物大

クサゴミムシ（*Nomius pygmaeus*）の成虫ははがれた樹皮、丸太、岩石の下や、落葉落枝の中で生息する。危険を感じたり、クモの巣に引っかかって命を脅かされたりすると不快な匂いを放つ。熟成し過ぎたチーズのような、ネズミの死体のような匂いで、わずか30秒で消えることもあれば30分以上残ることもある。あまりにも強烈な匂いのため村ごと全員が避難したという話もある。成虫は下翅が完全に発達し、灯火や森林火災の煙に誘引される。家の中に入ってくることもある。カナダ、米国、メキシコ、ヨーロッパ南部、キプロス、モロッコ、イランに広く分布する。

近縁種
*Nomius*属に含まれる3種は北半球とエチオピア区に分布する。この中で本種は一番近い近縁種よりも北に分布するため簡単に区別される。最も近縁の属である、北米でマツの樹皮の下に生息するクサゴミムシは匂い物質は出さない。*Nomius*属だけが匂いを放つ。

クサゴミムシは赤色から黒色を帯び、金属光沢はない。触角は数珠状で、先端から2節は短い剛毛で厚く覆われる。前胸背板の横幅は縦の長さの約2倍である。側方にそれぞれ3、4本の剛毛が生える。上翅の表面には溝があり、毛はない。雄の前脚跗節は広がっておらず下部に剛毛が生える。

食肉亜目（オサムシ亜目）

科	オサムシ科(Carabidae)
亜科	ヒゲブトオサムシ亜科(Paussinae)
分布	オーストラリア区：オーストラリア（ニューサウスウェールズ州、サウスオーストラリア州）
生息環境	乾燥地帯
生活場所	成虫は丸太の底面、樹皮の下、幼虫はアリに関連する場所
食性	成虫はおそらく捕食性、幼虫はおそらくアリ
補足	*Arthropterus*属の成虫が放つ捕食者に対する強力な化学防御は人間に損傷を与える

成虫の体長
15〜16mm

ゴウシュウヒゲブトオサムシ
ARTHROPTERUS WILSONI
(WESTWOOD, 1850)

実物大

ゴウシュウヒゲブトオサムシの成虫は赤茶色を帯び、やや扁平である。背部は小さな点刻で覆われる。触角は平らで3〜11節からなる。各節の幅は長さの約3倍に広がり、触角全体は楕円形である。頭部には飛び出した大きな目がある。前胸背板は縦よりも横の方がわずかに長く、両側部は後方で湾曲する。脛節は広く平らである。

野外観察や形態学研究によると、ゴウシュウヒゲブトオサムシ（*Arthropterus wilsoni*）をはじめとする奇妙な外観のPaussini族の種は、一生の一時期をアリと共生生活するようである（好蟻性動物）。*Arthropterus*属の場合、成虫はアリとほとんど関わらない。成虫期にアリと関係をもつ他のPaussini族では口器が退化し大きく変形しているのに対して、本属の成虫の口器は捕食者の形をしている。このような観察の結果、本属では幼虫期に好蟻性を示すと推測されている。また本属に含まれる未知種の1齢幼虫が、アリに関連した習性と一致する珍しい構造をもつことが最近明らかとなった（例えば非常に変形した剛毛の生える、腹部先端の大きな円板）。

近縁種

*Arthropterus*属（約65種）はオーストラリア、ニューギニア、ニューカレドニアに分布し、*Megalopaussus*属（1種）、*Mesarthropterus*属（1種）、*Cerapterus*（約30種）と近縁関係にある。本種は*Arthropterus wasmanni*、*A. macleayi*、*A. westwoodi*、*A. angulatus*と一緒に*A. macleayi*種群に含まれる。本属に関する研究は少なく、いくつかの種については記載時に用いた標本しか確認されていない。

食肉亜目（オサムシ亜目）

科	オサムシ科（Carabidae）
亜科	ホソクビゴミムシ亜科（Brachininae）
分布	新熱帯区：メキシコ（ユカタン州）からペルー、ボリビア、ウルグアイ、アルゼンチン（カタマルカ州、フフイ州）
生息環境	熱帯生態系
生活場所	砂質の小道、河川敷
食性	成虫は捕食性、腐食性。幼虫はケラの卵
補足	本種は本属の中で最も広く分布する種である。成虫は腹部の防御物質分泌腺からキノン類を放出するときはじけるような音を出す。

成虫の体長
15～20mm

ナンベイミイデラゴミムシ
PHEROPSOPHUS AEQUINOCTIALIS
(LINNAEUS, 1763)

ナンベイミイデラゴミムシ（*Pheropsophus aequinoctialis*）の成虫は夜行性で、夜、砂質の小道や河川敷を走っていることが多い。日中は集団で石や丸太の下、草むらに隠れる。捕食性、腐食性であり、さまざまな種類の動物や植物を食べる。幼虫はケラの卵を食べ、とくに芝や牧草、野菜の苗の害虫となる*Scapteriscus*属を好む。米国南東部では本種はケラに対する生物農薬として有望視されている。

近縁種

*Pheropsophus*属はホソクビゴミムシ族の Pheropsophina 亜族に含まれる。本属には次の3亜属に分類される約125種が含まれる。新熱帯区の固有種7種からなる*Pheropsophus*亜属、マダガスカルに分布する2種からなる*Aptinomorphus*亜属、東半球に分布する約115種からなる*Stenaptinus*亜属。それぞれの種間の関係はまだ解明されていない。

ナンベイミイデラゴミムシの頭部、触角、前胸背板、脚は黄色から赤黄色を示す。上翅の色は黄色から赤黄色、左右にある大きな黒色の斑は会合線でひとつになる。大顎を受ける溝には長い剛毛が1本生える。上翅前縁は形ははっきりするが低く丸い。前脚基節は後方で閉じる。前胸側板はない。

実物大

食肉亜目（オサムシ亜目）

科	オサムシ科（Carabidae）
亜科	ゴモクムシ亜科（Harpalinae）
分布	エチオピア区：アフリカ（確認されているのはボツワナ、モザンビーク、ナミビア、タンザニア、南アフリカ、ジンバブエ）
生息環境	シルバークラスターリーフ（Terminalia sericea）のような点在する木のある開けた場所
生活場所	地表
食性	捕食性
補足	本種と同所性のオサムシ科の種Thermophilum homoplatumはともに大きな円形あるいは卵形の「目玉模様」がある。体色も似る。どちらも捕食者に対して化学的な防御機能を備える。

成虫の体長
47～53mm

フタモンオサモドキ
ANTHIA THORACICA
(THUNBERG, 1784)

フタモンオサモドキ（Anthia thoracica）の成虫は主に10～3月に活動し11～12月に最も活発になる。多くは砂地や砂利道、低木の点在する草地のような開けた場所を単独で早足で歩く。昼行性だが、雨の降らない日が続いた後の夕暮れや夜に見かけることもある。成虫は腹部の分泌腺から防御物質を放出する。射程距離は1mを越え、危険と見定めた相手の頭や目にしばしば命中させる。

近縁種
Anthia属には20種が含まれる。本属はThermophilum属と近縁関係にあり、Thermophilum属を本属の亜属とする考えもある。本種と同じ地域に生息するA. maxillosaはよく似るが、前胸背板に剛毛の生えた斑はなく、上翅の側方縁に白色の剛毛も生えていない。

フタモンオサモドキは大型で、体色は黒色である。前胸背板の両側部には黄色や茶色の剛毛が大きな円状に生える。雌雄は簡単に見分けられる。雄の大顎はとても長く鎌形である。雌の大顎は短くがっしりしている。雄の前胸背板は基部の縁が2ヵ所で上翅基部の上に大きく突き出す。雌の前胸背板は基部に小突起が2個ある。

実物大

食肉亜目（オサムシ亜目）

科	オサムシ科（Carabidae）
亜科	ゴモクムシ亜科（Harpalinae）
分布	新熱帯区：パラグアイ（コンセプシオン県、アルト・パラグアイ県）、ブラジル（マットグロッソ州）
生息環境	森林
生活場所	成虫は主に丸太の下
食性	幼虫、成虫ともに不明、おそらく捕食性
補足	色鮮やかだがめったに見かけないゴミムシ

成虫の体長
25〜30mm

セダカオサモドキ
BRACHYGNATHUS ANGUSTICOLLIS
BURMEISTER, 1885

セダカオサモドキ（*Brachygnathus angusticollis*）は比較的大型でとても魅力的な色の甲虫だが、生活史はほとんど何もわかっていない。*Brachygnathus*属のどの種についても不明である。本種は動きが遅く、夜行性のようである。日中はたいてい森の中で丸太の下に隠れる。本属の種の食性は不明だが、カタツムリやヤスデとよく一緒にしかも大量にいることから、これらを食べると考えられる。

近縁種

*Brachygnathus*属には新熱帯区に固有の7種が含まれる。いずれの背部も色彩豊かな金属色を示す。他の属との類縁関係はまだ確認されておらず、現在とは異なる分類群に分類されたこともある。*Brachygnathus oxygonus*は一見すると本種と似るが、相対的に前胸背板が短く、上翅が中高である。第4〜6腹板の膜状の小さなくぼみは半円ではなく横に広がる。

実物大

セダカオサモドキは美しい色の甲虫である。頭部、前胸背板、上翅の側部は緑色、上翅の円板は金属光沢を放つ赤色を示す。種小名（細い首の意）の通り前胸背板は細長い。前胸背板の後角は鋭いとげ状で前に突き出し、前角はやや丸く、前縁は縁取られていない。上翅の細い溝には基部半分に粗い点刻があり、第4〜6腹板の基部には膜のように見える1対の半円の小さなくぼみがある。

食肉亜目（オサムシ亜目）

科	オサムシ科(Carabidae)
亜科	ゴモクムシ亜科(Harpalinae)
分布	新熱帯区：グアテマラ、ニカラグア、コスタリカ、パナマ、コロンビア、エクアドル
生息環境	熱帯雨林
生活場所	植物の上、巻いた葉の中
食性	おそらく草食性
補足	樹上生活をする甲虫に特徴的な適応形態をもつ

成虫の体長
11〜13mm

ショウガゴミムシ
CALOPHAENA BICINCTA LIGATA
BATES, 1883

　ショウガゴミムシ（*Calophaena bicincta ligata*）の成虫は日中はクズウコン科の植物（主に*Calathea lutea*）の巻いた葉の中に、*Cephaloleia*属（ハムシ科）のトゲハムシと一緒にいることが多い。同じ葉の中にいるもののオサムシ科甲虫とハムシ科甲虫との間に積極的な関係はないようである。跗節の吸着毛、二裂性の跗節、櫛状の跗節爪、細長い前胸といった特殊な適応形態は植物と関連した甲虫種の特徴である。本種は食べた植物から化学物質（植物が草食動物に対する防御物質として生産するフラボノイド類）を取り込み化学防御の手段として利用すると考えられている。

近縁種

*Calophaena*属はCalophaenini族に分類され、新熱帯区に分布する約50種の記載種を含む。新熱帯区に分布する1種（*Calophaenoidea arrowi*）を含む*Calophaenoidea*属は本属とは異なり前胸背板が横に広がり、前胸背板の後角が著しく丸い（とくに雄で顕著）。本属には色の違いによって分類される種もある。

ショウガゴミムシは細長い前胸背板、長い脚、長い触角をもつ細長く扁平なゴミムシである。体色は淡い黄茶色を示すが、半球状の複眼ははっきりした黒色、上翅の2本の横縞も黒色である。第4跗節は大きく2つに分かれる。

実物大

食肉亜目（オサムシ亜目）

科	オサムシ科(Carabidae)
亜科	ゴモクムシ亜科(Harpalinae)
分布	旧北区：ヨーロッパ南部、アフリカ北部、カナリア諸島からイラン
生息環境	湿地帯
生活場所	淵、池、小川などの水場の近く
食性	捕食性
補足	幼虫は両生類を食べる

オウシュウオオキベリアオゴミムシ
CHLAENIUS CIRCUMSCRIPTUS
(DUFTSCHMID, 1812)

成虫の体長
18〜24mm

オウシュウオオキベリアオゴミムシ（*Chlaenius circumscriptus*）の成虫はカエルやサンショウウオなどさまざまな餌を食べる。幼虫は生きている両生類だけを捕食する。幼虫は触角と大顎を奇妙に動かし両生類をおびき寄せる。被食者を見つけたと思い両生類が近づいてきても幼虫はほぼ餌食にならず、逆にすきを見て特殊化した鉤状の大顎で相手に付着する。小さな無脊椎動物が自分よりも大きな脊椎動物を捕食するとても珍しい行動である。一部の生息域では絶滅した集団もあると報告されている。

近縁種
本種は*Epomis*亜属に含まれる。*Epomis*亜属を独立した属とする考えもある。*Epomis*亜属にはユーラシア大陸とアフリカに分布する約30種が含まれる。本種と比べると地中海沿岸東部に分布する*Chlaenius dejeanii*の方がわずかに小さく（16〜19mm）、前胸背板の形もわずかに異なり、側方縁の点刻が多い。

実物大

オウシュウオオキベリアオゴミムシは地色は黒で、緑色や青色の金属光沢を放つ。上翅の側方縁は淡い黄色を帯びる。触角と脚は淡い赤黄色や茶黄色である。前胸背板には粗い点刻がある。前胸背板はやや幅広で中央あるいはやや前方で最大幅となり、後角は丸い。上翅の両横はほぼ平行で、溝ははっきりしている。

食肉亜目（オサムシ亜目）

科	オサムシ科(Carabidae)
亜科	ゴモクムシ亜科(Harpalinae)
分布	東洋亜区、旧北区：インド、バングラデシュ、ミャンマー、中国南部
生息環境	開けた森林
生活場所	岩石や丸太の下
食性	捕食性
補足	腹部から強力な化学物質を分泌する。特徴的な体色は捕食者に対する警告色である

成虫の体長
18～25mm

インドシナオオヨツボシゴミムシ
CRASPEDOPHORUS ANGULATUS
(FABRICIUS, 1781)

実物大

*Craspedophorus*属に含まれる約150種はアジア南部、サハラ以南のアフリカ、マダガスカル、オーストラリアに分布する。成虫は主に石や丸太の下で生活し、腹部の特殊な分泌腺でつくられる強力な忌避物質（大部分がフェノール類）を放出する。忌避物質の貯蔵器官は他のオサムシ科の種と比べると本属の種の方がやや大きい。ベトナムで見つかった未同定のゴキブリの終齢幼虫は地色が黒色で黄色の斑を4個もつ。これは同じ場所に生息するC. sublaevisの擬態すなわちベイツ型擬態と考えられる。本種もC. sublaevisと形も色もよく似るがこの擬態関係の一部にあるかどうかは現在のところ確認されていない。

近縁種

*Craspedophorus*属の種の多くは本種ととてもよく似る。黒色の上翅の上半分と下半分の位置に黄色い横縞がある。本属の分類はまだ見直されておらず、種間の構造的な違いは明らかではない。インド、スリランカからC. hexagonusとC. pubigerを含む約10種が報告されている。

インドシナオオヨツボシゴミムシは大型のオサムシである。前胸背板、上翅、頭の一部にほぼ直立で目立つ剛毛が密集する。上面は黒色で左右の上翅にそれぞれ2個の黄色い縞がある。後部の縞は半月型である。各肢の最終節は強そうな斧型（つぶれた三角形）である。前胸背板は点刻でびっしり覆われる。後胸前側板はとても短く横に広い。

食肉亜目（オサムシ亜目）

科	オサムシ科（Carabidae）
亜科	ゴモクムシ亜科（Harpalinae）
分布	東洋亜区：ベトナム、ラオス、インド南部、スリランカ
生息環境	水場の近く
生活場所	砂の上や中
食性	捕食性
補足	体の形や変形した前脚を使い上手に砂を掘る

成虫の体長
8〜9.5mm

マンマルゴミムシ
CYCLOSOMUS FLEXUOSUS
(FABRICIUS, 1775)

本属の成虫の外見はオサムシ科の*Omophron*属とよく似るが、近縁関係にはなく異なる亜科に含まれる。両者には、楕円形の体形、大きく延びた前胸腹板の突起といった形態の特徴や体色の模様など多くの共通点がある。*Cyclosomus*属の種は砂のある場所で生活し、変形した脚を使って穴を掘る。走るのも掘るのも速い本種は、現在確認されている本属の13種のうちの1種である。

近縁種
本種と同じ生息域に分布する*Cyclosomus suturalis*はより小型で楕円形である。前胸背板の側方縁は色が明らかに薄く、上翅の円板と円板状の縞模様は後方にあまり広がらない。香港で採集された標本をもとに記載された*Cyclosomus inustus*は本種と比べると上翅はわずかに短く、上翅の溝は浅く、上翅の円板状の縞模様は狭い。

実物大

マンマルゴミムシは頭部が一様に赤茶色、前胸背板が赤茶色で側方縁がわずかに薄い色、上翅はオレンジ色で特徴的な黒色の模様がある。体形は楕円形である。前胸背板は基部半分でいくらか両側平行、前角は突き出す。それぞれの側方中央に1本剛毛が生える。雄の前脚と中脚の第1〜3跗節は裏面に吸着毛が生える。

食肉亜目（オサムシ亜目）

科	オサムシ科（Carabidae）
亜科	ゴモクムシ亜科（Harpalinae）
分布	新北区：米国東部
生息環境	東部の低地や低山帯の落葉広葉樹林
生活場所	成虫は地表性、開けた場所
食性	成虫はカタツムリ、地虫、ミミズなどの無脊椎動物
補足	*Dicaelus*属の中で最も色鮮やかな種

成虫の体長
20〜25mm

ムラサキヘリムネゴミムシ
DICAELUS PURPURATUS
BONELLI, 1813

ムラサキヘリムネゴミムシ（*Dicaelus purpuratus*）の成虫は飛べない。ギ酸を主成分とする、濃い色の煙のような液体を肛門から放出して身を守る。高地や氾濫原の落葉広葉樹林、耕作放棄地、牧草地に生息し、春から秋にかけて夜間に活動する。昼間は丸太や石の下、倒木のはがれた樹皮の下で過ごす。カタツムリを捕食するときは力強い大顎で殻を噛み切る。幼虫は腐った丸太や石の下で活発に動き回り、成虫と同じように肛門から濃い色の液体を放出して身を守る。

近縁種
*Dicaelus*属の16種はカナダ、米国、メキシコの温帯から熱帯にのみ分布する。本種は紫色や菫色の体色、上翅の表面の彫刻したような模様、腹部に斑状に生える剛毛などにより本属の他の種と区別される。亜種*D. p. splendidus*は銅赤色や銅緑色を示し、ミネソタ州やルイジアナ州からノースダコタ州、アリゾナ州に分布する。

ムラサキヘリムネゴミムシは紫色や菫色を帯びる。頭部は広く、目の上には剛毛の生える小さなくぼみが左右に2個ずつある。前胸背板は頭部より広い。上翅は中央で融合する。上翅の溝と溝の間は均等に中高に盛り上がる。最終腹節の下部の先端近くに、短い剛毛の生えた小さなくぼみがある。

実物大

食肉亜目（オサムシ亜目）

科	オサムシ科（Carabidae）
亜科	ゴモクムシ亜科（Harpalinae）
分布	新北区：北米東部からアイダホ州、ネバダ州、アリゾナ州
生息環境	植物がまばらに生える水はけのよい土地。とくに水場の近く
生活場所	成虫は夜間に地面をゆっくり歩く
食性	成虫は苗や毛虫
補足	経済的影響は大きくないが害虫とされることもある

成虫の体長
13〜17mm

スナハラゴモクムシ
GEOPINUS INCRASSATUS
(DEJEAN, 1829)

スナハラゴモクムシ（*Geopinus incrassatus*）はやや大型で格好のよくない甲虫である。淡い黄茶色の体色のため砂地にまぎれ身を隠す。熊手のような前脚は穴を掘るのに適し、湿った砂地に深い穴を掘ることができる。中身のつまった丸太、木片、石の下でも見かける。十分に翅の発達した成虫は夏の間、夜になると灯火のまわりに群れることもある。あまり深刻ではないが苗床の苗を食べる害虫である。とくにコムギ、キャベツ、アマ、カラスムギが被害にあう。

近縁種
スナハラゴモクムシは本属に含まれる唯一の種である。独特のがっしりした体と脚は穴を掘るのによく適する。成虫と幼虫の形態学的特徴から*Anisodactylus*属の変種であることが示唆される。属についてはさらに研究が必要であり、いずれは複数の属に分けられる可能性がある。

実物大

スナハラゴモクムシの体はがっしりした中高である。体色は淡い赤色がかった黄茶色で、前胸背板と上翅に色の濃い部分が広がる。幅広で短い頭部には湾曲した強力な大顎と、目の前方に触角第1節を受ける溝がある。上翅に剛毛の生えた、はっきりしたくぼみはない。雄の前脚の第2〜4跗節はやや広がり、下部には剛毛がまばらに生えたスポンジ状の褥盤がある。

食肉亜目（オサムシ亜目）

科	オサムシ科（Carabidae）
亜科	ゴモクムシ亜科（Harpalinae）
分布	旧北区、エチオピア区：アフリカ北部（モーリタニア西部からシナイ半島）、イスラエル、ヨルダン
生息環境	サバンナ、半砂漠地帯
生活場所	地表
食性	捕食性
補足	Graphipterus属唯一の種。腿節と上翅をこすりあわせ高い音を出す。

成虫の体長
10〜19mm

ダンダラサバクゴミムシ
GRAPHIPTERUS SERRATOR
(FORSKÅL, 1775)

ダンダラサバクゴミムシ（Graphipterus serrator）はアフリカ北部、イスラエル、ヨルダンのサバンナや半砂漠地帯に生息する、特徴のある種である。成虫は走るのが速く昼間に活動する。草の下に隠れたり、地面に穴を掘ったりして暑さをしのぐ。1〜3齢幼虫の生活はある種のアリの巣と関連する。多くがアリの育房（アリが卵や幼虫を育てる場所）の近くに穴を掘る。1齢と2齢幼虫の大顎には、アリの幼虫を食べるために特化した変わった溝がある。

近縁種
Graphipterus属には約140種が含まれ、その多くはアフリカ大陸に分布する。サウジアラビア北部、ヨルダン、シリア、イラク、イランに分布するGraphipterus minutusは成虫の構造特徴により本種に最も近い近縁種とされるが、発音器はもたない。本種にはおもに上翅の模様にもとづき区別される亜種が6種存在する。

ダンダラサバクゴミムシは中型のオサムシである。上部を覆う黒色と白色の鱗毛は魅力的な模様をつくる。本種は本属で唯一の発音器をもつ種である。本種の発音器は、上翅側板と腹部の側部にある細かい鋸歯状の縁と、後脚腿節の内側に沿ったなだらかな縦の隆条である。腿節を上翅と腹部の鋸歯状の側部とこすりあわせ独特の音を出す。

実物大

食肉亜目（オサムシ亜目）

科	オサムシ科（Carabidae）
亜科	ゴモクムシ亜科（Harpalinae）
分布	新北区：北米東部（ニューハンプシャー州からワイオミング州南部、コロラド州北部、南はオクラホマ州、アーカンソー州、ジョージア州北東部まで）
生息環境	森林
生活場所	石や丸太の下
食性	捕食性
補足	1齢幼虫は腹部先端近くの背側に、長い剛毛の密生する太くて目立つ尾突起をもつ

フタイロドロボウゴミムシ
HELLUOMORPHOIDES PRAEUSTUS BICOLOR
(HARRIS, 1828)

成虫の体長
12〜17mm

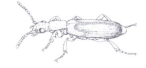

*Helluomorphoides*属のある種（例えば*H. latitarsis*や*H. ferrugineus*）の成虫は、狩りをしながら行軍する*Neivamyrmex*属の軍隊アリの隊列からアリの被食者と幼虫を奪い取って逃げ去る。このような略奪行為はおそらくフタイロドロボウゴミムシ（*Helluomorphoides praeustus bicolor*）でも行われているが、報告はまだない。成虫の腹部から分泌される化学物質はこの軍隊アリを撃退する。本種の成虫の下翅は十分に発達するが、飛翔能力は今のところ確認されていない。

近縁種

ニュージャージー州からサウスカロライナ州、西はアリゾナ州とユタ州まで分布する*Helluomorphoides ferrugineus*はおそらく*H. praeustus*と最も近い近縁種である。成虫は主に雄の生殖器の形によって区別される。*H. praeustus*には現在3種の亜種が確認されている。それぞれ色と第5〜10触角節の相対的長さの違いにより分類される。

実物大

フタイロドロボウゴミムシの体は中型で扁平である。頭部と前胸背板は赤茶色、上翅は基部の近く以外は黒色である。第5〜10触角節は広い。前胸背板は後部でわずかにくびれ、中央の長い2ヵ所以外には粗い点刻がややまばらに広がる。上翅の細い溝は点刻で秩序なくびっしり覆われる。

食肉亜目（オサムシ亜目）

科	オサムシ科（Carabidae）
亜科	ゴモクムシ亜科（Harpalinae）
分布	オーストラリア区：ニューサウスウェールズ州、ビクトリア州、サウスオーストラリア州
生息環境	乾燥林
生活場所	腐敗しかけた丸太と関連
食性	捕食性
補足	オサムシ科の中で最も体長の長い種のひとつ

成虫の体長
40〜75mm

キョジンゴミムシ
HYPERION SCHROETTERI
(SCHREIBERS, 1802)

約80mm近くに成長するキョジンゴミムシ（*Hyperion schroetteri*）は世界中のオサムシ科の中で最も体長の長い種のひとつである。オーストラリア南部の固有種であり、多くが乾燥地帯に生息する。めったに採集されないが、これまでに樹洞の腐りかけた木屑の中や、腐った丸太の中あるいは下で標本が得られている。夜間、灯火に誘引されることもある。おそらくコガネムシ類の幼虫をはじめ無脊椎動物を食べる。

近縁種

*Hyperion*属に含まれる種は1種だけである。本属はクチキゴミムシ族に含まれ、*Morion*属（世界中に約40種）、*Megamorio*（アフリカに6種）、*Platynodes*（アフリカに1種）と近縁関係にあると考えられている。

キョジンゴミムシの体は両側平行で細長く大型である。体色は黒色を示す。強力な大顎で激しく噛みつく。触角節は数珠状である。頭部には大きな目があり、側頭部は飛び出し、前頭部には深く刻まれた印象がある。前胸背板は前方が最も広く、側方縁に剛毛は生えず、基部に直線状の深い印象がある。

実物大

食肉亜目（オサムシ亜目）

科	オサムシ科（Carabidae）
亜科	ゴモクムシ亜科（Harpalinae）
分布	東洋亜区：マレー諸島（ボルネオ島、ジャワ島、マレー半島、スマトラ島）
生息環境	熱帯雨林
生活場所	地表
食性	成虫は不明、幼虫は菌類
補足	Mormolyce属の種にはフィドル、バイオリン、バンジョーといった楽器名のついた英名もあり、収集家に珍重される

バイオリンムシ
MORMOLYCE PHYLLODES
HAGENBACH, 1825

成虫の体長
60〜90mm

バイオリンムシ（*Mormolyce phyllodes*）は*Mormolyce*属で最初に記載された種である。種小名*phyllodes*（「葉のような」）は枯れ葉に似た外形に由来する。熱帯雨林に生息し、成虫は倒木の下でよく見かける。幼虫は朽ち木に生える多孔菌（サルノコシカケ科の菌類）に掘った育房で8〜9ヵ月かけて成長する。雌はちょうどよい菌類に卵を1個産みつける。本種は1990年にIUCNレッドリストに加えられたが、1996年に除外された。

近縁種

*Mormolyce*属にはマレー諸島に分布する5種が含まれる。本属はとても特徴的な外見のため単独の族に分類されたこともあったが、現在はLebiini族の中の、多様で広範に分布するPericalina亜族に分類される。本属の種は主に前胸背板の形と上翅の基部端の形によって区別される。

バイオリンムシの体形は独特である。大型で扁平な葉形を示し、上翅の両側部は半透明である。触角は長く上翅の中央まで届く。脚は細い。前胸背板はやや長く、基部3分の2が最も広い。側部に小歯状突起がある。

実物大

食肉亜目（オサムシ亜目）

科	オサムシ科（Carabidae）
亜科	ゴモクムシ亜科（Harpalinae）
分布	東洋区：南アジア、東南アジア。インドから中国、日本まで。スリランカとモルッカ諸島も含む
生息環境	開けた土地
生活場所	植物の上
食性	捕食性
補足	害虫となるある種の節足動物の重要な捕食者

成虫の体長
6.5～8mm

クビナガゴミムシ
OPHIONEA INDICA
(THUNBERG, 1784)

目立つ配色のクビナガゴミムシ（*Ophionea indica*）はアジア南部に特徴的な種である。本種は主に田んぼに生息し、成虫は稲の葉の上で見かける。アジアに生息する米の害虫トビイロウンカ（*Nilaparvata lugens*）、イネノシントメタマバエ（*Orseolia oryzae*）、ニカメイガ（*Chilo suppressalis*）、イネヨトウ（*Sesamia inferens*）などの幼虫や成虫を食べる重要な捕食者である。本種は他の作物の畑にも生息する。

近縁種

*Ophionea*属には東洋区、オーストラリア区に分布する約20種が含まれる。東南アジアに分布する*Ophionea nigrofasciata*は本種と似るが、上翅の基部が黒色ではなく赤茶色である。東南アジアに分布する*Ophionea interstitialis*は前胸背板の側方に剛毛が1対生え、上翅の白い斑は2個だけである。

実物大

クビナガゴミムシは比較的小型で細い。頭部は黒色で金属光沢を示す。前胸背板は赤茶色、上翅は赤茶色で基部と中央後部に黒色で金属光沢を放つ広い縞があり、小さな白い斑が4個ある。脚は黄茶色だが腿節の先端は色が濃い。前胸背板は細長く中高で、ほぼ円筒状、側方に剛毛はない。

食肉亜目（オサムシ亜目）

科	オサムシ科(Carabidae)
亜科	ゴモクムシ亜科(Harpalinae)
分布	新北区：米国東部
生息環境	低地
生活場所	地表。湿った砂地が多い
食性	捕食性
補足	成虫は力強く穴を掘る

成虫の体長
11〜12mm

ホクベイヨツボシゴミムシ
PANAGAEUS CRUCIGER
SAY, 1823

ホクベイヨツボシゴミムシ（*Panagaeus cruciger*）は夜行性である。博物学の標本として保存されている本種の多くは夜間に人工灯の近くで採集されたか、海岸に流れ着いた漂流物から採集された個体である。海岸で死んでいる成虫はおそらく飛翔中に風にあおられ水に落ちた個体であろう。塩水性湿地の水際や海の近くの草地でも生息し、このような場所では植物の根元、木片や石の下に隠れる。本種がアリの巣で越冬することを示唆する報告もある。

近縁種

*Panagaeus*属には北米とユーラシア大陸に分布する14種が含まれる。さらに米国には別の2種（*P. fasciatus*、*P. sallei*）も分布する。本種よりも小型の*Panagaeus fasciatus*の頭部と前胸背板は赤色や赤茶色を示し、上翅の中央には黒色の横縞がある。この横縞は正中線に沿って基部の方や先端の方までは広がらない。*Panagaeus sallei*は前胸背板が基部近くで長く湾曲し、上翅の黒色の横縞は中央まで届かない。

実物大

ホクベイヨツボシゴミムシは幅広のオサムシである。背側にはかなり長い直毛がややびっしり生える。体色は黒色で上翅にはオレンジ色の斑が2個ある。上翅の黒色の横縞は正中線まで届き、さらに前方は基部まで後方は先端まで細く広がる。目は飛び出し、小顎髭と下唇髭の最終節はひしゃげた三角形である。

食肉亜目（オサムシ亜目）

科	オサムシ科（Carabidae）
亜科	ゴモクムシ亜科（Harpalinae）
分布	エチオピア区：リベリアから東はウガンダ、南は少なくともコンゴ民主共和国南東部
生息環境	森林
生活場所	おそらく樹皮の下
食性	捕食性
補足	著しく扁平な体形

成虫の体長
27〜30mm

アフリカクチキゴミムシ
PLATYNODES WESTERMANNI
WESTWOOD, 1847

*Platynodes*属にはアフリカに分布する1種しか含まれない。アフリカクチキゴミムシ（*Platynodes westermanni*）の習性はほぼ不明だが、成虫は著しく扁平な体形であることから枯れ木や丸太の樹皮の下で生活するようである。詳しい生態がわかっているクチキゴミムシ族の他の種の情報から、本種はおそらく夜行性で肉食、小型や中型の節足動物を食べると推測される。雄の前脚跗節は広く、腹側に剛毛が生える。剛毛は雄の方が長いが、機能は不明である。

近縁種

*Platynodes*属は*Megamorio*属と近縁である。*Megamorio*属はアフリカに分布する6種を含む。*Megamorio*属の種は側頭があまり発達せず、体は中高である。現在のところ本種には2つの亜種、*P. w. w.*と*P. w. peregrinus*が存在する。*P. w. peregrinus*は*P. w. w.*と比べると触角の中央節と最終節がわずかに短く、上翅の第7間室はあまり隆起しない。

アフリカクチキゴミムシは中型でとても扁平な体をした黒色のオサムシである。目は比較的小さいが飛び出す。側頭は大きく目立つ。前頭部の溝は広く深くはっきりする。前胸背板は後方で著しくすぼまり、側部に剛毛が生える。前胸腹板の突起の先端は広がる。上翅の第7間室は全長にわたりいくらか隆起する。

実物大

食肉亜目（オサムシ亜目）

科	オサムシ科（Carabidae）
亜科	ゴモクムシ亜科（Harpalinae）
分布	オーストラリア区：オーストラリア首都特別地域、ニューサウスウェールズ州、クイーンズランド州、サウスオーストラリア州、ビクトリア州
生息環境	*Eucalyptus*属の森林
生活場所	成虫は樹上、幼虫は地面に掘った穴の中
食性	アリ（とくにオオニクアリ、*Iridomyrmex purpureus*）
補足	本属の成虫の脚と触角は短く、引っ込めることができる。アリと共生するための適応と考えられる。

成虫の体長
8.5〜11mm

ヒラタダエンゴミムシ
SPHALLOMORPHA NITIDULOIDES
GUÉRIN-MÉNEVILLE, 1844

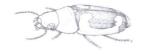

ヒラタダエンゴミムシ（*Sphallomorpha nitiduloides*）はPseudomorphini族に含まれ、わりとよく収集されている。夜行性だが、成虫は日中*Eucalyptus*属の木の樹皮の下で採集される。本種を含む*Sphallomorpha*属で確認されている幼虫はアリの巣の近くの地面に穴を掘り、通り過ぎるアリを捕まえて食べる。この行動はオサムシ科*Cicindelinae*亜科の幼虫の行動とよく似る。本族の中には卵胎生（雌の体内でふ化してから産まれる）で繁殖する種もあるが、*Sphallomorpha*属では確認されていない。

近縁種
*Sphallomorpha*属は135種以上を含む大きな属である。ほとんどがオーストラリアに分布し、数種はニューギニアに分布する。本種はオーストラリア本土の大半に分布するかなりよく似た9種のグループに属するが、本種の多くは北部の熱帯地方で見かける。本種の外見は*S. picta*によく似る。両者をはっきり区別できるのは雄の生殖器の内袋の構造だけである。

実物大

ヒラタダエンゴミムシはPseudomorphini族のすべての種に共通する特徴的な体形を備えた広く扁平なオサムシである。前胸背板は赤色で側方縁は広く黄色い。赤黒色から黒色の上翅の中央には黄色の縞がいかりの形にかっこうよく広がる。上唇には4本の剛毛が生え、上翅の縁に細長い剛毛はない。

食肉亜目（オサムシ亜目）

科	オサムシ科（Carabidae）
亜科	ゴモクムシ亜科（Harpalinae）
分布	新熱帯区：アンデス山脈の東側、東側斜面の下側。ベネズエラ、ブラジル、コロンビア、ペルー、ボリビア、パラグアイ、アルゼンチン
生息環境	低地の大小の川沿い
生活場所	砂質の川岸
食性	捕食性。おそらく小型の節足動物
補足	日没後、大量の成虫と幼虫がよく一緒にいる

成虫の体長
16〜19mm

フチトリナンベイクビボソゴミムシ
TRICHOGNATHUS MARGINIPENNIS
LATREILLE, 1829

フチトリナンベイクビボソゴミムシ（*Trichognathus marginipennis*）は成虫、脚の長い幼虫ともに俊足で夜行性の捕食者である。大小の川の岸に広がる砂地で、ときには一緒に被食者を探す。日中は植物の茂る川のほとりの石や岩屑の下に隠れる。成虫の下翅は十分に発達するため、おそらく飛べると考えられる。最近記載された蛹は腹部に、側方までのびる長い柄のような突起が5対ある。この突起の機能は不明である。

近縁種
*Trichognathus*属はGaleritini族に含まれる。本属に含まれる種は本種だけである。本属はアフリカに分布する14種を含む*Eunostus*属と近縁のようである。本種は南米に分布する他のGaleritini族の種とは触角第1節の違いで区別される。本種の触角第1節の裏側には剛毛が2列生え、各上顎の基部に刺状の剛毛の生えた大きな突起がある。

実物大

フチトリナンベイクビボソゴミムシは中型のオサムシである。頭部と前胸背板は薄い赤茶色、上翅は青緑色で多くは側方部と先端縁が黄色である。触角と脚は黄色だが腿節はしばしば一部の色が濃い。表面には細い軟毛がまばらに生える。頭部と前胸背板の幅はほぼ等しく、目は比較的小さいが飛び出す。前胸背板は基部で細くすぼまり、上翅は中高で、中央より後で最大幅になる。

食肉亜目（オサムシ亜目）

科	コガシラミズムシ科(Haliplidae)
亜科	
分布	新北区：北米東部からウィスコンシン州、ルイジアナ州
生息環境	水路、森林地帯の淵、湿地、池、湖の水際
生活場所	密生する植物や藻類の端
食性	成虫は雑食性、幼虫は藻類
補足	成虫は上翅と腹部の間に空気の泡をためて長時間水の中に潜る

成虫の体長
4〜5mm

ヒョウモンコガシラミズムシ
HALIPLUS LEOPARDUS
ROBERTS, 1913

実物大

ヒョウモンコガシラミズムシ（*Haliplus leopardus*）などコガシラミズムシ科の甲虫は水中で脚を交互に動かす。その動きがクロールを思わせるため英語ではクローリング・ウオータービートルという一般名もある。成虫は水生植物の間に密生する藻類の端でよく見かける。定期的に水面まで上がってきては、上翅ととても大きな底節板の下に空気を補給するようである。*Haliplus*属は幼虫も水生で、短い微毛の生えたえらで呼吸をする。原記載では産地はマサチューセッツ州とされたが、現在では北米東部に広く分布する。

近縁種
*Haliplus*属は世界中に分布し、系統は単一ではないようである。新世界には56種が分布し、このうち43種が北米から報告されている。本種は*Paraliaphlus*亜属に分類される。生息域の重なる同亜属の他の種と比べると比較的大型で、前胸背部の前方の側部に縁がなく、中脚の転節の表面に粗い印刻がある。

ヒョウモンコガシラミズムシの前胸背板の前方中央には大きな斑がある。上翅は広い楕円形で基部の手前が最も広い。左右の上翅にはそれぞれ大きさの異なる7個の大きな斑がある。基部と会合線はおおむね黒い。上翅の先端は湾曲はしないが丸みを帯び、わずかに斜めである。細長い中脚の転節には深くて粗い点刻がいくつかある。雄の前脚と中脚の跗節は厚い。

食肉亜目（オサムシ亜目）

科	メルムシ科（Meruidae）
亜科	
分布	新熱帯区：ベネズエラ
生息環境	熱帯雨林
生活場所	広い岩盤の上に急速に流れ落ちる滝、地下水のしみ出る岩
食性	不明
補足	メルムシ科に含まれる唯一の種である。幼虫は2011年に初めて記載された

成虫の体長
0.8〜0.9mm

実物大

メルムシ
MERU PHYLLISAE
SPANGLER & STEINER, 2005

メルムシ（Meru phyllisae）はベネズエラのアマゾン地区で、むき出しの花崗岩の広い岩盤の上を連続した滝が速く流れる場所にのみ生息する。滝のつくる広くて浅い水面か水際で、水をかいている様子がよく観察される。研究室では大半の時間を水中に沈んだ枯れ葉の上で水をかいて過ごし、時々水から上がって容器のふた部の裏側を上下逆さまで歩いた。その姿はダルマガムシやガムシに似る。水中では上翅の下に溜めた気泡から酸素を取り込むようである。飼育下では6ヵ月ほど生きた。

近縁種
メルムシ（Meru phyllisae）はメルムシ科に含まれる唯一の種である。本種は食肉亜目に含まれ、とくに以下の水生の科と近縁である。コツブゲンゴロウ科、オサムシモドキゲンゴロウ科、Aspidytidae科、コガシラミズムシ科、ゲンゴロウダマシ科、ゲンゴロウ科。本種は腹部に広く融合した後脚基節があり、微細な内部の特徴をもつことから、近縁の水生の科とは区別される。

メルムシは体形は卵形、体色は薄い茶色から濃い茶色である。大きくて浅い点刻には柔らかく平らで折れ曲がった剛毛が生える。目立つ目は粗い個眼からなる。中高の前胸背板は上翅の基部よりも狭い。小楯板は見えない。中高の上翅は基部の後が最も広く、大きくて深い点刻の列がある。跗節式は5-5-5、爪は大きく櫛状である。5腹節のうち最初の3節は融合する。

食肉亜目（オサムシ亜目）

科	コツブゲンゴロウ科（Noteridae）
亜科	コツブゲンゴロウ亜科（Noterinae）
分布	東洋区、旧北区：アンダマン諸島、スリランカ、インド、バングラディシュ、ミャンマー、ベトナム、マレーシア、インドネシア、日本、中国、ネパール、パキスタン、イラク
生息環境	浅瀬の水場
生活場所	腐植質の屑、沈水植物など非移動性の基層の上
食性	捕食性、時おり腐食性
補足	本科に含まれる種には英語でburrowing water beetlesという一般名もある。淡水の小さな水場の基層に成虫が穴を掘る（burrowing）ことにちなむ

チビコツブゲンゴロウ
NEOHYDROCOPTUS SUBVITTULUS
(MOTSCHULSKY, 1859)

成虫の体長
1.8〜2.2mm

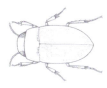

実物大

チビコツブゲンゴロウ（*Neohydrocoptus subvittulus*）はアジアに広く分布する小型の水生種である。主に池、湿地、灌漑用水路で水生維管束植物が育つ浅瀬の泥水に生息する。幼虫は水生植物の根に気密性の高い蛹室を付着させ、水中で蛹化する。幼虫も成虫も主に肉食で、さまざまな種類の小型無脊椎動物を食べる。ハエ類の幼虫（主にユスリカ科）、昆虫の卵、さらには昆虫の遺骸なども含まれる。成虫の下翅は十分に発達し、夜間は人工灯に誘引される。

近縁種

*Neohydrocoptus*属は同じ名前に由来するNeohydrocoptini族に含まれる。本属にはアジアとアフリカに分布する28種が含まれ、次の2亜種が確認されている。アジアに広く分布する基本的な体形のチビコツブゲンゴロウと、セイシェルに分布する*N. s. seychellensis*。*N. s. seychellensis*の方が体の幅が狭く、表面の点刻が多い。上翅上の縦縞の色がわずかに異なる。

チビコツブゲンゴロウは中高の細長い卵形で小型の甲虫である。頭部と前胸背板は淡い赤茶色、上翅は濃い茶色で中央に淡い色の縦縞がある。前脚脛節にはほぼ同じ長さの2本の先端刺がまっすぐに生える。前胸背板は後角近くでくぼまず、その近辺に点刻が最大で数個ある。後脚基節の突起の後端は中央で著しくギザギザである。

食肉亜目（オサムシ亜目）

科	オサムシモドキゲンゴロウ科(Amphizoidae)
亜科	Amphizoinae亜科
分布	新北区：北米西部
生息環境	冷たい渓流
生活場所	半水生の成虫と幼虫は岩、根、腐った植物質屑の中
食性	成虫、幼虫とも陸生昆虫や水生昆虫の遺骸
補足	成虫は危険を感じると腐った木の匂いのする黄色い液体を分泌する

成虫の体長
11〜15mm

オサムシモドキゲンゴロウ
AMPHIZOA INSOLENS
LECONTE, 1853

オサムシモドキゲンゴロウ（*Amphizoa insolens*）は成虫も幼虫も上手に泳げないが、滝つぼで速くあるいはゆっくり流れる冷たい水の中、川岸の石の下や粗い砂利の上、淀んだ渦巻く水に浮かぶがれきの上などで見かける。あるいは水面に近い侵食された土手でむき出しになった根にくっついていることもある。急勾配でなくゆっくりした流れの続く水面沿いにいることが多い。成熟幼虫は水から十分に離れた場所で蛹になる。本種はアラスカ州南東部、ユーコン州南部からカリフォルニア州南部のサンガブリエル山脈、バーナーディーノ山脈、サンジャシント山脈、ロッキー山脈の東側まで、南はネバダ州北東部、ワイオミング州北西部まで分布する。

近縁種
*Amphizoa*属はオサムシモドキゲンゴロウ科に含まれる唯一の属である。本属には5種が含まれる。2種は中国中央部、東部、北朝鮮、3種は北米西部に分布する。本種は上翅が卵形で中高、前胸背板の側方縁に細かいギザギザがある点で、他の種と区別される。

実物大

オサムシモドキゲンゴロウは長い卵形で幅広い。体色はつやのない濃い茶色から黒色である。前胸背板は基部が中央部と同じくらいの幅で、側方部に細かいギザギザがある。上翅はやや卵形の輪郭でわずかに基部が狭く、先端の少し手前でやや広くなる。中高で、側方部に沿った隆条はない。脚は細く、とくに泳ぐための形にはなっていない。

食肉亜目（オサムシ亜目）

科	イワノボリゲンゴロウ科（Aspidytidae）
亜科	
分布	エチオピア区：南アフリカのウェスタンケープ州
生息環境	北西部のフィンボス（訳注：ウェスタンケープ州特有の灌木地帯。ヒースに似た針状の葉の低木が茂る）
生活場所	恒常的な岩の滲み出しの中の湿った石の表面
食性	成虫、幼虫ともに不明
補足	名前はギリシャ神話に登場する、石に変わっても涙を流し続けたテーバイの女王ニオベにちなむ

成虫の体長
5〜7mm

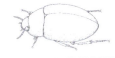

イワノボリゲンゴロウ
ASPIDYTES NIOBE
RIBERA, BEUTEL, BALKE & VOGLER, 2002

イワノボリゲンゴロウ（*Aspidytes niobe*）は南アフリカ、ウェスタンケープ州の2ヵ所からしか報告されていない。成虫、幼虫ともに深さ1〜2mmほどの恒常的な岩の滲み出しの表面で見かける。成虫は部分的に藻類に覆われた岩の割れ目や小さなくぼみで生活する。刺激を受けると岩肌を素早く動いて藻類の糸状体の下に隠れる。幼虫も同じような場所で生活するが、むき出しで日の当たっていない岩肌をはうこともある。幼虫は3齢を経てから蛹になる。

近縁種

*Aspidytes*属はイワノボリゲンゴロウ科に含まれる唯一の属である。同属には遠くに隔離された2種が含まれる。南アフリカに分布するイワノボリゲンゴロウと中国に分布する*A. wrasei*である。これほどまでに離れた場所での同属種の発見は、珍しい生息環境や極端な生息環境における生物多様性について私たちがいかに何も知らないかを示す。

実物大

イワノボリゲンゴロウは小型で卵形の体形である。泳ぎには適さないが、水たまりから岩の上に流れる薄い水膜の中で脚をかく。第2触角節は一部が第1触角節の中に含まれる。雄の跗節は腹側に吸着毛がたくさん生える。下翅はよく発達する。

食肉亜目（オサムシ亜目）

科	ゲンゴロウダマシ科(Hygrobiidae)
亜科	
分布	旧北区、エチオピア区：ヨーロッパ、アフリカ北部、トルコ、イスラエル
生息環境	低地の小さな水場（淀んだ水が多い）
生活場所	水場の底
食性	幼虫、成虫ともに捕食性
補足	成虫はSqueak Beetle（＊訳注：甲高い音を出す甲虫の意）とも呼ばれる。腹部の先端と、上翅の腹面にある鑢状器とをこすり合わせて音を出す。

成虫の体長
8.5〜10.5mm

ゲンゴロウダマシ
HYGROBIA HERMANNI
(FABRICIUS, 1775)

実物大

ゲンゴロウダマシ科に含まれる種は少なく、淵、池、小さな湖、灌漑用水路、運河など小さな水場の底の泥や沈泥、有機堆積物の中で生息する。成虫は30分ほど水中で過ごすと水面に上がって呼吸をし、上翅に新たに気泡をためる。成虫も幼虫も上手に泳ぎ、小さな蠕虫（貧毛綱イトミミズ科）やハエ類の水生幼虫（ハエ目ユスリカ科）を食べる。成虫は脚を交互に動かして泳ぐ。沈水植物の表面に卵を産みつけ、たいてい2〜3週間でふ化する。

近縁種
*Hygrobia*属は種の少ないゲンゴロウダマシ科に含まれる唯一の属である。本属には旧北区に分布する本種の他に次の5種が記載される。オーストラリアに分布する4種（*H. australasiae*と*H. nigra*は主にオーストラリア大陸の南東部、*H. maculata*はクイーンズランド州と北部特別地域、*H. wattsi*はオーストラリア西部）と、中国南西部に分布する1種（*H. davidi*）。本種以外の種はすべて珍しい。

ゲンゴロウダマシは体形は卵形、体色は茶色から赤茶色である。目は大きく飛び出す。前胸背板は広く、前方と後方の縁近くに黒色の横縞がある。頭部は前胸背板よりも著しく狭い。脚は長い遊泳毛で縁取られる。体の腹面はがっしりとしてもり上がる。

食肉亜目（オサムシ亜目）

科	ゲンゴロウ科（Dytiscidae）
亜科	ゲンゴロウ亜科（Dytiscinae）
分布	旧北区：ユーラシア大陸
生息環境	寒帯、温帯
生活場所	淡水の水場
食性	捕食性
補足	アジアでは市場で催淫剤として売られている

成虫の体長
28〜35mm

オウシュウゲンゴロウモドキ
DYTISCUS MARGINALIS
LINNAEUS, 1758

オウシュウゲンゴロウモドキ（*Dytiscus marginalis*）は広い範囲に生息する、よく見かける水生甲虫である。分布域は旧北区の寒帯と温帯、アイルランドから東は日本まで広がる。主に池で生活し、成虫、幼虫ともに小魚を捕食する。カの幼虫など小型の水生無脊椎動物も食べる。成虫の下翅は十分に発達し、池から池へと飛び交う。1回の飛翔につき秒速約2.5ｍで3時間以上飛び続けることができる。

近縁種
*Dytiscus*属にはヨーロッパ、アジア、北米、南はグアテマラまで分布する26種が含まれる。本種と近縁の関係にあるのはアフガニスタン、イラン、黒海周辺に分布する*Dytiscus persicus*とロシア極東地域に分布する*D. delictus*である。現在、本種には2亜種が確認されている。1種は旧北区の西部と中部、もう1種は東部に分布する。

実物大

オウシュウゲンゴロウモドキは体形は卵形、体色は濃い緑色の大型の甲虫である。前胸背板の4方向の側部と上翅の側方縁に黄色の縞がある。雌は前脚腿節の基部に長い剛毛でできた房をもち（雄は2個）、前脚と中脚の第1〜3跗節が狭く（雄は著しく広い）、上翅基部半分の縦の溝が目立つ（雄はなだらか）ので簡単に見分けられる。

食肉亜目（オサムシ亜目）

科	ゲンゴロウ科(Dytiscidae)
亜科	ゲンゴロウ亜科(Dytiscinae)
分布	新北区、新熱帯区、エチオピア区、旧北区
生息環境	砂漠など乾燥環境
生活場所	一時的にできる水たまり
食性	成虫、幼虫ともに小型の水生動物
補足	ゲンゴロウ科の中で最も早く成虫になる

成虫の体長
12〜17mm

リンネハイイロゲンゴロウ
ERETES STICTICUS
(LINNAEUS, 1767)

リンネハイイロゲンゴロウ（*Eretes sticticus*）は主に乾燥地帯の淵や家畜用のため池、一時的にできる湿地に生息する。成虫は新しい淵ができるとすぐに移動し、干上がる前にさっさと離れる。成虫はカの幼虫や小昆虫、死んだ魚を食べる。成長は早く、約2週間で卵から蛹になる。飼育下では二枚貝やホウネンエビを捕食する。ゲンゴロウ科の中では珍しく分布域が広い。本種は以前北米で*E. occidentalis*と呼ばれていた。

近縁種

*Eretes*属に含まれる4種は南極大陸を除くすべての大陸に分布する。本種は雄の生殖器の違いで他の種と区別される。また本種は*E. explicitus*を除く本属の他の種よりもおおむね大きく、上翅には寸断されてぼやけた黒色の横縞がある。北米の南部から中部には*E. explicitus*も一緒に分布する。両者は雄の生殖器によってのみ区別される。

実物大

リンネハイイロゲンゴロウの体は淡い黄色や茶色の地色にさまざまな斑点が散らばる。頭部には双葉の形をした黒い斑点がある。前胸背板の中央に黒色の横縞や斑点の列がある個体とない個体がある。上翅には色の濃い細かい斑点が散らばる。先端近くでは斑点がつながってはっきりしない縞になることもある。両側部にそれぞれ3個の斑点がある。

食肉亜目（オサムシ亜目）

科	ゲンゴロウ科(Dytiscidae)
亜科	ゲンゴロウ亜科(Dytiscinae)
分布	新北区、新熱帯区：カリフォルニア州南西部、ユタ州南部からテキサス州西部、メキシコ、中米北部まで
生息環境	標高750〜1,800mに広がる低山帯のマツ、マツ−オーク林、低移行帯
生活場所	山の麓をゆっくり流れる、澄んだ浅い小川や小川の淀み。川底は広く、砂や砂利が堆積している場所
食性	成虫、幼虫とも夜間に昆虫を捕食
補足	明るい黄色の斑のおかげで木漏れ日の中では見えにくい

成虫の体長
11〜15mm

ミズタマゲンゴロウ
THERMONECTUS MARMORATUS
HOPE, 1832

ミズタマゲンゴロウ（*Thermonectus Marmoratus*）の分布域は米国南西部、メキシコ、中米北部の標高約750m以上の低山帯に限られる。北米南西部では断続的に現れる砂漠の淵、チャパラル（低木の茂み）、高山帯の小川にしばしば生息する。カリフォルニア州南部やバハ・カリフォルニア州の山地に生息する集団の個体は他の集団の個体よりもたいてい大きく長い。また体色は濃く、黄色い斑は小さく数が多い。

近縁種

*Thermonectus*属に記載されている19種のうち本種と*T. zimmermani*の2種だけが明るい黄色の際立った模様をもつ。本種と比べると*T. zimmermani*の方が小型（9〜11mm）である。明るい黄色の頭部には不完全なM字型の黒い模様があり、前胸背板は大部分が明るい黄色で、上翅には不規則な黄色い縞と斑がある。

実物大

ミズタマゲンゴロウの黄色の頭部には黒いM字型の模様がある。M字の形はさまざまある。前胸背板の大部分は黒色である。黒色の上翅は中央の後で最も幅が広く、明るい黄色い斑は大きい斑が2個と小さい斑が多数（14〜22個）ある。下部は明るいオレンジ色から赤みを帯びたオレンジ色である。雄の前脚跗節は広く大きな吸盤が3個と小さな吸盤が多数（15〜19個）ある。この吸盤で交尾の間、雌をつかむ。

食肉亜目（オサムシ亜目）

科	ゲンゴロウ科（Dytiscidae）
亜科	ケシゲンゴロウ亜科（Hydroporinae）
分布	旧北区、エチオピア区：エジプトからアフリカ大陸の東側を南下し南アフリカまで。マダガスカル。近年、カメルーンでも確認された
生息環境	淡水でアルカリ性の水場
生活場所	泉、沼地、湿地、小川。成虫は夜間、灯火に誘引される
食性	捕食性
補足	ゲンゴロウ科の中で最も小さい

成虫の体長
1.4〜2mm

アフリカケシゲンゴロウ
BIDESSUS OVOIDEUS
RÉGIMBART, 1895

実物大

アフリカケシゲンゴロウ（*Bidessus ovoideus*）は小型で、成虫、幼虫ともに食性は不明である。近縁種と同じく、小さな水生無脊椎動物やその遺骸を食べると考えられている。ゲンゴロウ科の他の種と同様に成虫は上翅の下にためた空気を利用して水中で呼吸をするので、長時間、潜ることができる。定期的に水面に浮上しては新しい気泡をたくわえる。アフリカの植物の生い茂る沼地、湿地、泉に生息する。枯れない水域の周辺の泥地でも見かけることがある。

近縁種

*Bidessus*属にはアフリカ、ヨーロッパ、西アジアに分布する約50種と、東アジアまで分布する1種（*B. unistriatus*）が含まれる。アフリカケシゲンゴロウは33種からなる種の集まり（*B. sharpi*種群）に属する。このグループの種はいずれもアフリカ大陸にのみ生息し、腹面に点刻はなく、上翅にははっきりしない点刻がまばらにある。本種によく似る種（たとえば*B. seydeli*）とは雄の生殖器によって区別される。

アフリカケシゲンゴロウは卵形の体形をした小型の甲虫である。上面はたいてい淡い茶色から濃い茶色である。上翅と頭部には細かい点刻がある。前胸背板、脚、触角は淡い茶色である。左右の上翅にはそれぞれ縦方向に3本の不鮮明な淡い茶色の破線がある。後脚の跗節は先端に向かって細くなる。

食肉亜目（オサムシ亜目）

科	ゲンゴロウ科 (Dytiscidae)
亜科	ツブゲンゴロウ亜科 (Laccophilinae)
分布	新北区：米国南西部（アリゾナ州、ニューメキシコ州、テキサス州）、メキシコ北部（バハ・カリフォルニア州、チワワ州、ドゥランゴ州、ハリスコ州、ナヤリット州、シナロア州、ソノーラ州）
生息環境	おもに標高300〜1,200m
生活場所	淵、池
食性	捕食性、腐肉性
補足	特徴的な体色のゲンゴロウ類

成虫の体長
4.2〜5.5mm

ホクベイツブゲンゴロウ
LACCOPHILUS PICTUS COCCINELLOIDES
RÉGIMBART, 1889

実物大

*Laccophilus*属の種は主に森林や草原地帯の比較的開けた淵や池で生息する。体の模様はゲンゴロウ科の中でも特徴的である。米国南西部やメキシコ北部の乾燥した環境で生息する明るい色の水生甲虫は、砂利、砂、沈泥の水底と体色を調和させるように進化してきたという説もある。ホクベイツブゲンゴロウ（*Laccophilus pictus coccinelloides*）はマツ類−ナラ類森林地帯を流れる、砂利底の渓流の淵でよく見かける。成虫は目立たないが、深さ12〜15cmあたりの水をざるですくうと簡単に採集できる。

近縁種
*Laccophilus*属はLaccophilinae亜科に含まれる。はっきり見える小楯板がない。南極大陸を除く全大陸に分布し、約150種を含む大きな属である。現在は本種の他に次の２亜種が確認されている。カンサス州南部から南はベラクルス州中部まで分布する*L. p. insignis*と、ベラクルス州中部からハリスコ州、南はホンジュラスまで分布する*L. p. pictus*。

ホクベイツブゲンゴロウは明るい色を帯びた水生甲虫である。黄色と黒色の模様が際立った対照を見せる。上翅には黄色い斑が中央縦方向に４個並び、側部にも広がる。前脚と中脚は細い。後脚は広く、脛節の先端には凹形の端刺がある。雌雄に大きな違いはないが、雄よりも雌の方がやや大きい傾向がある。

多食亜目
（カブトムシ亜目）

多食亜目の成虫は形態構造にいくつか特徴がある。頸部の節片（頭と前胸の間の膜状部の中にある。退化しているグループもある）、完全な第1腹節（つまり後脚基節によって分断されていない）、独特な下翅など。幼虫の脚は5節からなり（脛節と跗節は融合する）、跗節の末端に爪が1個つく。

多食亜目は甲虫目最大の亜目である。含まれる現生種は約325,000種。記載されている全甲虫の約90％を占める。現在のところ、約160の科、さらには16の上科に分類される。ハネカクシ科、コガネムシ科、タマムシ科、コメツキムシ科、ゴミムシダマシ科、カミキリムシ科、ハムシ科、ホソクチゾウムシ科はそれぞれ10,000種以上の記載種を含む。

多食亜目の食性はとても幅広い。捕食性の種もいるが、多くはさまざまな植物組織や腐りかけた有機物を食べて成長する。多食亜目はほとんどの水生環境、陸生環境に生息している。

多食亜目（カブトムシ亜目）

科	ガムシ科(Hydrophilidae)
亜科	セスジガムシ亜科(Helophorinae)
分布	旧北区、新北区：ユーラシア大陸北部、アラスカ
生息環境	タイガやツンドラの湿地
生活場所	砂質の川縁や雪解け水の池
食性	成虫はデトリトス食性、幼虫はおそらく捕食性
補足	北の方に広く分布する水生甲虫。新第三紀、第四紀の化石からも見つかる

成虫の体長
5〜7mm

キタセスジガムシ
HELOPHORUS SIBIRICUS
(MOTSCHULSKY, 1860)

実物大

キタセスジガムシ（*Helophorus sibiricus*）はヨーロッパ北部からシベリア、アラスカの寒帯、亜寒帯にかけて分布する、北方に適応した腐食性の水生甲虫である。ただし北米の東部には生息しない。成虫はデトリトス食性である。幼虫については多くは不明だが、本亜科の他の種と同じく半陸地生のようである。更新世から中新世の化石が発見されていることから地質年代を経て生き続けてきた種であることがわかる。かつては現在よりも広く、ヨーロッパ西部、米国の五大湖周辺にまで分布していたことが古い化石より示唆される。

近縁種

セスジガムシ亜科には180種以上が含まれる。これらの種はすべて*Helophorus*属である。本属にはいくつかの亜属がある。本種は*Gephelophorus*亜属に分類される。同じ亜属に含まれるもう1種*H. auriculatus*は本種と分布域が重なる。本亜属の2種は*Helophorus*属の他の種よりもたいてい大きい。前胸背板の縁など外観の違いによって互いに区別される。

キタセスジガムシは顕著な隆条とたくさんの点刻のある甲虫である。セスジガムシ亜科の多くの種によく見られるオパールのような金属光沢を放つ。よく保存された中生代の化石は大きさ、前胸背板の目立つ果粒状突起、体の各部位にある溝と会合線の形状により本種と特定される。

多食亜目（カブトムシ亜目）

科	ガムシ科 (Hydrophilidae)
亜科	Epimetopinae亜科
分布	新熱帯区：ブラジル、マットグロッソ州
生息環境	パンタナール湿地の氾濫原
生活場所	不明
食性	おそらく砂利の隙間の微小な動植物
補足	前胸背板の前突起の下部にあるなだらかで平行な隆起を利用して、ざらざらな地面をそりのように進む

成虫の体長
3.6mm

ギザムネガムシ
EPIMETOPUS LANCEOLATUS
PERKINS, 2012

実物大

ギザムネガムシ（*Epimetopus lanceolatus*）の生物学的特徴は食性を含めほとんど不明だが、外観はとても特徴的である。本種は半水生で砂質の場所に生息する。前胸背板には珍しい形の前突起がある。前突起により頭に対して下向きの力が加わるので、粒状できめの粗い場所をうまく押し進むことができる。生息環境と体の大きさから、砂質環境の隙間にいる微生物や植物を食べているようだが、直接確認はされていない。本種の標本は南米有数の湿地パンタナールで採集された2体だけである。

近縁種
Epimetopinae亜科はきわめて限られた数の属からなる。だがEpimetopus属に含まれる種は多様であり、56記載種が存在する。多くは、北米、中米、南米からの広範な標本記録にもとづき近年（2012年）に記載されたばかりである。本グループを単独のEpimetopidae科とするか、ガムシ科の亜科とするか、今のところ確定されていない。

ギザムネガムシの背側には点刻が広がる。前胸背板の前突起が大きく突き出し頭を覆う。同じ本属でも種グループによって前付きの形態は大きく異なる。背面の点刻ははっきりしていて変化に富むが、種は主に雄の生殖器によって同定される。

多食亜目（カブトムシ亜目）

科	ガムシ科 (Hydrophilidae)
亜科	Georissinae亜科
分布	新北区：北米西部
生息環境	小川の近く
生活場所	水場の近くの粗い砂地や泥地
食性	成虫は草食性、腐食性。幼虫は捕食性
補足	Georissus属のほとんどの種は恒久的な水場の近くに生息するが、最近、高地雲霧林の湿った落葉落枝の中で新種が発見された

成虫の体長
1.9〜2.1mm

カリフォルニアマルドロムシ
GEORISSUS CALIFORNICUS
LECONTE, 1874

実物大

カリフォルニアマルドロムシ（*Georissus californicus*）は乾燥地帯でもなく、水浸しでもない地帯を流れる小川沿いに生息する、節くれだった外形の甲虫である。丈夫な鎧をつけたような体表は、このような生息地をかき分けるのに向く。被殻状に固まった泥で覆われていることが多い。成虫は、川を流れてきた、あるいは川岸に打ち上げられた植物や有機堆積物の破片を食べる。最近記載された幼虫は小さな無脊椎動物を捕食する。幼虫は2齢を経て成虫になる。本種は特定の形状の川岸を好むため、人為的な生息地改変に敏感である。あまり採集されない。

近縁種

世界中で記載されている*Georissus*属に含まれる約75種はどれもある程度は似るが、体表の点刻と前胸背板の形がわずかに違う。本属は際立った特徴をもつため、かつては単独のマルドロムシ科に分類されていた。古い文献ではこれらの科に分類しているものもある。

カリフォルニアマルドロムシは世界中に分布する本属の他の種と同じく節くれだった、鎧をつけたような背面であり、たいてい堆積物で覆われている。前胸の腹側は大きく縮小し、頭を下の方に深く押し込むことができる。このため体形は樽のようである。

多食亜目（カブトムシ亜目）

科	ガムシ科(Hydrophilidae)
亜科	Spercheinae亜科
分布	旧北区：ヨーロッパ西部から中央アジア北部
生息環境	水中
生活場所	水生植物の茂る、静かな水場
食性	成虫はろ過摂食性、幼虫は捕食性、腐食性
補足	本属本種の成虫は甲虫目唯一のろ過摂食者である

成虫の体長
5.5～7mm

フチトリガムシ
SPERCHEUS EMARGINATUS
SCHALLER, 1783

フチトリガムシ（*Spercheus emarginatus*）は水生甲虫グループの中では分布域の広い種である。甲虫目で成虫がろ過摂食をする唯一の種でもある。栄養分に富む静かな水場に生息する。水面のすぐ下で逆さまにぶら下がったような状態のまま、口器を使い水中の微小生物をろ過する。口器の形態はこの摂食戦略に適応している。幼虫は水上や水中で腐食者、ときには捕食者として餌を食べる。本群の系統学的分類については、水生腐食性甲虫から派生した群とするか、ガムシ科とは独立した科あるいは姉妹群とするかで意見が分かれている。

近縁種
*Spercheus*属には20記載種が含まれる。いずれも熱帯アフリカを中心に世界中に分布する。本種は旧北区の広い範囲に分布する唯一の種である。

実物大

フチトリガムシの体形は卵形で、背側は中高である。泳ぎに適した形態ではない。頭部と口器は水面直下でうまくろ過食できる形になっている。頭部は広く目の後ろでくぼむ。水面下で最大限水に接することができるように頭楯と前面の口器は広い。雄の頭楯ははっきりした凹形で、雌はそれほどでもない。

多食亜目（カブトムシ亜目）

科	ガムシ科(Hydrophilidae)
亜科	Chaetarthriinae亜科
分布	オーストラリア区：ニュージーランド(南島)
生息環境	南の温帯林
生活場所	小川沿いのコケに覆われた石
食性	成虫はおそらくデトリトス食性。幼虫は不明
補足	近年、ニュージーランドの数ヵ所で再発見された。系統学的に重要な種である

成虫の体長
2.1〜3.1mm

ニュージーランドガムシ
HORELOPHUS WALKERI
ORCHYMONT, 1913

実物大

ニュージーランドガムシ（*Horelophus walkeri*）はニュージーランドに固有の水生腐食甲虫である。記載によれば100年以上の間、数標本しか発見されていなかった。2010年、南島で数集団が再発見され、現在研究が進行中である。成虫はナンキョクブナ類（*Nothofagus*）林で、小川沿いや小さな滝の水しぶきがかかるあたりの苔むした石の上に生息する。くまなく探索されたが現在のところ幼虫は採集されておらず、生活史は不明である。成虫はおそらくデトリトス食性である。かつては単独のHerelophinae亜科に分類されていたが、2013年の系統学論文では、Chaetarthriinae亜科のコマルガムシ族に分類する案が提出されている。

近縁種
ニュージーランドガムシは本属唯一の種である。ニュージーランドに生息するガムシ科の種の中で分類上も、外観も特異な存在である。

ニュージーランドガムシは扁平で細長い体形の水生腐食甲虫である。地色は茶色で、緑系の玉虫色を帯びる。*Helophorus*属やダルマガムシ科の種とおおよその体形は共通するが、近縁の関係ではない。

多食亜目（カブトムシ亜目）

科	ガムシ科(Hydrophilidae)
亜科	ガムシ亜科(Hydrophilinae)
分布	旧北区：ヨーロッパ、アジア北東部
生息環境	水生
生活場所	池、小さな湖、よどみ
食性	成虫は雑食性、幼虫は捕食性
補足	本種は大型だが、植物の茂る水生環境でうまく身を隠して生活する

成虫の体長
38〜42mm

ユーラシアガムシ
HYDROPHILUS PICEUS
LINNAEUS, 1758

ユーラシアガムシ（*Hydrophilus piceus*）は、隠れ場となるような植物でおおわれた池、湖、その他の水場に生息する。成虫は植物やその他の有機物を食べる。捕食することもある。飼育下では魚の餌を食べる。成虫は飛翔し、暖かい季節は夜になると光に誘引されるが、それ以外は完全に水中で生活する。卵は絹のような繭に包まれる。幼虫は相手にかみつき痛みを与える鋭い大顎をもち、主に貝類を捕食する。大顎は長い鎌状であり、これを使い体外で咀嚼し消化する。

近縁種
*Hydrophilus*属に含まれる約25種は西半球の温帯や熱帯に分布する。本種は腹節に沿って中央にはっきりした縦の隆条がある。本種と分布域が同じ*H. aterrimus*に、このような隆条はない。

実物大

ユーラシアガムシは体形は流線形、体色は黒色の甲虫である。棍棒状の触角は赤みを帯びる。泳ぐときは脚が櫂のはたらきをする。水中では、触角に生える特殊な撥水性の毛から他の部分のプラストロンに新鮮な空気が送り込まれる。

多食亜目（カブトムシ亜目）

科	ガムシ科(Hydrophilidae)
亜科	ガムシ亜科(Hydrophilinae)
分布	新北区、新熱帯区：北米、南米、カリブ海諸島
生息環境	水生
生活場所	流れの遅い小川や池
食性	成虫はデトリタス食性、幼虫は捕食性
補足	成虫は水中で甲高い摩擦音を出し情報を伝えあう

成虫の体長
8〜12mm

キスジアメリカガムシ
TROPISTERNUS COLLARIS
(FABRICIUS, 1775)

キスジアメリカガムシ（*Tropisternus collaris*）は広範に分布する水生腐食甲虫である。分布域では雑草の茂る池や小川の静かなよどみでよく見かける。成虫は他の水生腐食甲虫と同じく、たいてい植物組織や小動物の遺骸を食べる。飼育下ではフレーク状の魚の餌を食べる。幼虫は捕食性であり、主に水面上に出した頭部を使って体外消化をする。成虫は各上翅の鑢状器に腹部をこすりつけ甲高い音を出し続けて情報を伝えあう。雄は交尾の間、小顎髭で雌の頭部を軽くたたく。雌は絹状の卵嚢を水中の物体に付着させる。

近縁種

*Tropisternus*属は新北区と新熱帯区に分布する58種を含む大きな属である。種分類はまだ決定されていない。本種をはじめ多くの種が幅広い色の変化を示すため状況はより複雑になっている。いずれにせよ少し前の系統学研究では認められていなかったいくつかの亜属が現在では広く認められている。

実物大

キスジアメリカガムシの分布域は広い。とくに上翅の縦縞模様など暗い色と明るい色の模様がとても変化に富む。地色は茶色で黄褐色の細い縁部の個体、あるいは地色は黄褐色で暗い色の縞模様、前胸背板の中央に黒色の斑をもつ個体もある。腹部にある、先の尖った隆条線は多くの水生捕食甲虫でも見られる。

多食亜目（カブトムシ亜目）

科	ガムシ科（Hydrophilidae）
亜科	ハババビロガムシ亜科（Sphaeridiinae）
分布	全北区：北米、ヨーロッパ、アジア北部
生息環境	さまざまな場所
生活場所	有蹄動物の湿った糞
食性	腐食性
補足	18世紀後半あるいは19世紀初頭にヨーロッパから北米に移入された

成虫の体長
4〜7mm

エンマハババビロガムシ
SPHAERIDIUM SCARABAEOIDES
(LINNAEUS, 1758)

エンマハババビロガムシ（*Sphaeridium scarabaeoides*）は、半地生あるいは地生甲虫からなる大きな亜科に含まれる。本亜科以外のガムシ科の種はほとんどが水生である。共通の祖先は水生だが、本グループは進化の中で二次的に地生となったと考えられる。本種は19世紀初頭に北米で最初に確認された。博物館の記録によればメキシコシティーの南部まで広がっていたようである。成虫も幼虫も家畜や草食動物の湿った糞に穴を掘り、栄養豊富な分解物の汁を食べる。

実物大

近縁種
*Sphaeridium*属には約40種が含まれる。いずれも旧世界の原産であり、とくに旧世界の熱帯では多様である。北米に分布する3種はすべてヨーロッパから移入された。ヨーロッパの固有種4種とアジアからの移入種1種が本種と重なる分布域をもつ。互いに大きさ、色、前胸背板の形、雄の生殖器の細部によって区別される。

エンマハババビロガムシは楕円形で光沢がある。棍棒状の触角は短く、小顎髭は比較的長い。背側は著しく中高である。腹面は平らで、縁部と脚の基部でいくらか内側にまがる。他の数種と同じく上翅にオレンジ色の模様があるが、大きさや形は異なる。

多食亜目（カブトムシ亜目）

科	エンマムシダマシ科（Sphaeritidae）
亜科	
分布	旧北区：ヨーロッパ、アジア北部
生息環境	森林
生活場所	発酵して湿った場所
食性	腐食性
補足	木の傷のまわりで発酵した樹液を食べる

成虫の体長
5〜7mm

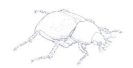

エンマムシダマシ
SPHAERITES GLABRATUS
(FABRICIUS, 1792)

エンマムシダマシ科に含まれる種は少なく、その中でエンマムシダマシ（*Sphaerites glabratus*）は最も広く分布し、最もよく見かける。成虫、幼虫ともに腐食性である。傷ついた木や切り株など腐って発酵しかけている有機物に含まれる、細菌や酵母に富む浸出液を主に食べているようである。成虫は針葉樹林の中の朽ちかけたカバノキの切り株で餌を食べたり、交尾したりしていたという報告がある。幼虫の食性はまだ直接確認されていない。幼虫は明らかに早く成長し、1ヵ月かからずに成虫になる。幼虫の成長の速さと、幼虫と成虫のいくつかの形質からエンマムシ科と系統的に近縁であることが示唆される。

近縁種

エンマムシダマシ科の記載種は5種だけである。4種はヨーロッパとアジアに分布する。本種はヨーロッパ、アジアの両方に分布する唯一の種である。その他の3種は中国に分布する。唯一北米に分布する1種 *S. politus* は本種ととてもよく似るため別種とするかどうかが議論されている。両者の生息域がアジア最北東部で重なる可能性を示唆する報告もある。

実物大

エンマムシダマシの黒色で光沢を放ち頑丈そうな外観は、多くのエンマムシ科と似る。上翅には点刻列がある。ほとんどのエンマムシ科にある溝線はない。最終腹節がわずかに露出する。エンマムシ科の尾節の方が大きく露出する。

多食亜目（カブトムシ亜目）

科	エンマムシモドキ科（Synteliidae）
亜科	
分布	新熱帯区：メキシコ中部の山地
生息環境	半乾燥状態の灌木地
生活場所	腐りかけたサボテン
食性	捕食性
補足	枯れたサボテンや腐りかけたサボテンでハエの幼虫を食べる

成虫の体長
22〜35mm

メキシコエンマムシモドキ
SYNTELIA WESTWOODI
SALLÉ, 1873

エンマムシモドキ科はわずかな種しか含まず、あまりよく知られていないが、その中でメキシコエンマムシモドキ（*Syntelia westwoodi*）は最大の記載種である。メキシコ中部を走る山脈の高地（1,700〜3,000m）砂漠や半乾燥の灌木地に生息する。成虫、幼虫ともに、大きな円柱状のサボテンの壊死した部分の周辺でハエの幼虫を食べていたことが確認されている。餌を求めて腐りかけた植物組織のまわりにさっと集まるウジの集団の習性を利用して、すぐに群れを変える甲虫の1種である。本科は系統的にはエンマムシ科に近縁である。この関係は共通の形態学的特徴と分子研究の結果から支持される。

近縁種

エンマムシモドキ科の9種は世界中で記載されている。すべて*Syntelia*属に含まれ、南、東南アジアとメキシコから中米という奇妙な分布をする。本種は本科の中では最大級である。中米にはさらに未記載の種が生息し、多くが点々と分布すると考えられる。これらは希少種のようである。

実物大

メキシコエンマムシモドキは長くずっしりした形の甲虫である。前の方がわずかに細く扁平である。脚は短く太い。大顎は大きく突き出す。腐りかけた多肉植物の繊維質や半流動体組織の中を押し進み、おもな被食者であるくねくねしたウジをつかむのに適した体形である。

多食亜目（カブトムシ亜目）

科	エンマムシ科(Histeridae)
亜科	ホソエンマムシ亜科(Niponiinae)
分布	旧北区：東アジア
生息環境	森林
生活場所	針葉樹にあけられた穴の中、樹皮の下
食性	キクイムシを捕食
補足	森林害虫であるキクイムシを食べる有用な捕食者

成虫の体長
3.5〜4.5mm

ヒメホソエンマムシ
NIPONIUS OSORIOCEPS
LEWIS, 1885

実物大

エンマムシ科のヒメホソエンマムシ（*Niponius osorioceps*）はもっぱらキクイムシの幼虫を捕食する。とくに東アジアや東南アジアでは、重要な材木用樹木*Cunninghamia*属（スギ科）の害虫ヒバノキクイムシに対する自然制御生物として重要である。本種は幼虫、成虫ともにキクイムシの掘った孔道で生活しキクイムシの幼虫を食べる。本種をはじめ個々の*Niponius*属種のキクイムシ集団に対する影響は把握しづらいが、数多のキクイムシ捕食者の一部を担い、その集団には確かに何らかの影響を与えている。

近縁種

*Niponius*属にはさらに少なくとも23種が含まれ、旧北区東部と東洋区に分布する。本属はホソエンマムシ亜科に含まれる唯一の属のため、属レベルでは容易に識別できる。ところがエンマムシ科の他の亜科の中には本種と同じ細長い成虫体形で、キクイムシの掘った孔道に入り込み樹皮下で生活する種がいる。

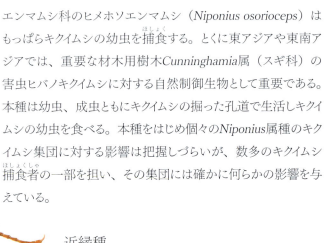

ヒメホソエンマムシにはキクイムシを捕食する種によく見られる、円筒状の細長い体形と、前に突き出た大顎がある。どちらもキクイムシの掘った狭い空間で被食者を捕まえるのに適する。頭部前方の突起、外から見える最終腹節の点刻模様は本種の特徴である。

多食亜目（カブトムシ亜目）

科	エンマムシ科（Histeridae）
亜科	クロツブエンマムシ亜科（Abraeinae）
分布	旧北区、エチオピア区：アフリカ北部、小アジア
生息環境	木の生えるサバンナ
生活場所	穿孔性甲虫の掘った穴
食性	捕食性
補足	アフリカのサバンナでアカシアに群がるナガシンクイムシ類を捕食する

ミチビツツエンマムシ
TERETRIUS PULEX
(FAIRMAIRE, 1877)

成虫の体長
1.8〜2.2mm

実物大

ミチビツツエンマムシ（*Teretrius pulex*）はサバンナや半砂漠地域でアカシアに群がるナガシンクイムシ類の掘った穴に生息することが確認されている。ナガシンクイムシ類にはナガシンクイムシ科の*Lyctus hipposideros*、*Acantholyctus corinifrons*、*Enneadesmus forficula*、*E. trispinosus*、*Xylopertha picea*、*Sinoxylon senegalense* などが含まれるが、中でもヒラタキクイムシ亜科の種の穴を好む。同属の近縁種（*T. nigrescens*）は貯蔵食品害虫であるコナガシンクイ（*Rhyzopertha dominica*）に対する重要な自然制御生物として赤道アフリカなどで移入されている。

近縁種

*Teretrius*属は、旧北区に分布する*Pleuroleptus*属、新北区、新熱帯区に分布する*Teretriosoma*、南アフリカ、マダガスカルに分布する*Xyphonotus*とともにチビツツエンマムシ族に含まれる。本属には少なくとも72種の名前のついた種が含まれ、主な動物地理区すべてに分布する。本属の種はよく似るため種レベルではあまり明確には分類されていない。

ミチビツツエンマムシは小型で長方形のエンマムシ科の甲虫である。本属のほとんどの種はずんぐりした体形だが小型のため、ナガシンクイムシ科ナガシンクイムシ類など穿孔性甲虫のあけた穴を動き回って被食者を探すことができる。

多食亜目（カブトムシ亜目）

科	エンマムシ科(Histeridae)
亜科	ツツエンマムシ亜科(Trypeticinae)
分布	東洋区、オーストラリア区：東南アジアの太平洋諸島
生息環境	熱帯雨林
生活場所	穿孔性ゾウムシ科甲虫の掘った穴
食性	捕食性
補足	穿孔性甲虫が丸太に掘った穴から奥まで入り込み被食者を探す

成虫の体長
2.5〜3.2mm

マルジリツツエンマムシ
TRYPETICUS CINCTIPYGUS
(MARSEUL, 1864)

実物大

*Trypeticus*属は大きな属である。マルジリツツエンマムシ（*Trypeticus Cinctipygus*）をはじめ詳細のわかる限りの本属の種はナガキクイムシ亜科とキクイムシ亜科のゾウムシを好んで食べる。他の穿孔性甲虫を食べている可能性もある。本属の種は孔道を広く動き回り被食者を探す。前後に動けるが、回転はできない。採集する際には罠を仕掛けて飛翔中の個体を捕獲したり、植物をたたいて落としたりする。孔道の入口を監視し別の孔道へ移るすきをねらって捕獲することもできる。

近縁種

*Trypeticus*属には100の記載種が含まれる。2003年に属全体が見直されたため比較的よく分類されている。多くの種でいくつかの形態的特徴が性的二型を示すことから種の特定は複雑であり、雄と雌とを別々に特定しなければならない。ほとんどのエンマムシ科の雄生殖器はあまり硬化していないため標本から取り出しづらく、種の特定には有用ではない。

マルジリツツエンマムシは細長く管状のエンマムシ科である。前胸背板は縦方向に長い長方形、上翅と尾節は細長く先細りである。頭部の前部と頭頂の形が雌雄で異なる。体のいくつかの部分も縦と横の割合が雌雄でわずかに異なる。

多食亜目（カブトムシ亜目）

科	エンマムシ科（Histeridae）
亜科	ニセツツエンマムシ亜科（Trypanaeinae）
分布	新熱帯区：南米
生息環境	熱帯雨林
生活場所	樹木の皮層下。穿孔性甲虫に関連した場所
食性	捕食性
補足	細長い体形のため、被食者であるナガキクイムシの掘った孔道に入り込める

フタモンニセツツエンマムシ
TRYPANAEUS BIPUSTULATUS
(FABRICIUS, 1801)

成虫の体長
3.2〜3.6mm

実物大

フタモンニセツツエンマムシ（*Trypanaeus bipustulatus*）をはじめ本属に含まれる種はゾウムシ科のPlatypodinae亜科の甲虫を専門に捕食する。本種の成虫は枯れて間もない木の枝で様子をうかがいながら円筒状のキクイムシを追って孔道の中までついていく。本種の脚は特殊な形態のため孔道で前後に動くことができる。雄の生殖器は細長く柔軟である。これは被食者の掘った円筒状の孔道の中で交尾するための適応と考えられる。幼虫はナガキクイムシの幼虫を食べるようである。エンマムシ科の多くの種と同じく齢期は2齢である。

近縁種

*Trypanaeus*属には46記載種が含まれるが、種の分類はあまり進展していない。既知種の実際の数は不明である。どの種も円筒状の体形であり、ナガキクイムシを専門に捕食する。

フタモンニセツツエンマムシの体形は、主にキクイムシを食べ、キクイムシの孔道を動き回る捕食者甲虫に典型的な細長い円筒状である。前に突き出た大顎と、体壁との柔軟な継ぎ目をもつ短い脚はまさに生活様式に適応した形態である。

多食亜目（カブトムシ亜目）

科	エンマムシ科（Histeridae）
亜科	ドウガネエンマムシ亜科（Saprininae）
分布	旧北区、東洋区、オーストラリア区：東アジア、東南アジア、オーストラリア
生息環境	さまざまな場所
生活場所	腐肉
食性	ハエの幼虫
補足	アジアやオーストラリア全域において腐肉に生息する

成虫の体長
4〜6.2mm

ルリエンマムシ
SAPRINUS CYANEUS
(FABRICIUS, 1775)

実物大

ルリエンマムシ（*Saprinus cyaneus*）は華やかな色合いのエンマムシ科の甲虫である。広い範囲に分布し、腐敗している動物の遺骸の上でよく見かける。成虫、幼虫ともに腐食性のハエの幼虫（ウジ）を主食とするが、アジアに生息する*Saprinus*属にはハエの成虫を捕まえる種もいるようである。成虫は上手に飛翔し、腐肉や腐肉と似たような匂いの物質に誘引される。成虫は遺骸の上や近辺で餌を食べ、交尾をして卵を産む。幼虫は、このようなあまり日持ちのしない資源を利用して短期間で成長し、わずか2齢で蛹になる。

近縁種

*Saprinus*属には、世界各地に分布する少なくとも159種が記載されている。多くが、主に糞や遺骸を好むさまざまなハエの幼虫を捕食する。明るい青や緑の玉虫色を示す種が多い。種の識別は色、大きさ、表面の模様、脚の構造といった明らかな外部の違いに加え、雄の生殖器にももとづく。

ルリエンマムシは*Saprinus*属の種の多くと同じように明るい金属光沢のある青色を示す。ドウガネエンマムシ亜科に含まれる多くの種と同じ体形をもつ。食性も同じく、腐りかけた有機物の上にいるハエの幼虫を食べる。

多食亜目（カブトムシ亜目）

科	エンマムシ科(Histeridae)
亜科	オオマメエンマムシ亜科(Dendrophilinae)
分布	新北区：北米東部
生息環境	森林
生活場所	層状の樹皮下
食性	捕食性
補足	ハコヤナギなどポプラの層状の樹皮の下でよく見かける

成虫の体長
2.5〜3.6mm

ホクベイチビヒラタエンマムシ
PLATYLOMALUS AEQUALIS
(SAY, 1825)

実物大

ホクベイチビヒラタエンマムシ（*Platylomalus aequalis*）は、樹木の皮層下に生息するエンマムシ科の甲虫の中で北米東部で最もよく見かける種のひとつである。とくにハコヤナギの多層状樹皮に多く生息する。本種の分布域は広く、大平原地帯の河畔林にまでおよぶ。成虫、幼虫ともにハエの幼虫を主食とし、とくに同じ場所に生息することの多いキアブ科の幼虫を食べる。前脚脛節(けいせつ)は雌よりも雄の方が長い。おそらく雄は交尾中に前脚脛節(けいせつ)で雌を押さえるようである。

近縁種
*Platylomalus*属は北米に分布するParomalini族の属（*Xestipyge*、*Carcinops*、*Paromalus*）とは、細い溝がない上翅(じょうし)と、幅広で背腹方向に扁平な体形とで区別される。本種は北米に分布する本属唯一の種である。北米以外の地域には少なくとも58の記載種が分布する。

ホクベイチビヒラタエンマムシの成虫の体形は非常に扁平である。樹木の皮層下という狭い場所で生活するためのみごとな適応である。同じ場所で生活する他の甲虫や昆虫も多く、その体形もほとんどが背腹方向にいく分扁平である（キクイムシの孔道の近くに生息するヒメホソエンマムシのように細長い円筒状の甲虫と比べてみよう）。

多食亜目（カブトムシ亜目）

科	エンマムシ科（Histeridae）
亜科	セスジエンマムシ亜科（Onthophilinae）
分布	旧北区：ヨーロッパ北部
生息環境	地下、有機堆積物
生活場所	モグラの巣穴、有機堆積物、腐肉
食性	捕食性、おそらく腐食性
補足	モグラの巣穴で全生活環を過ごす

成虫の体長
2.5〜3.5mm

ホクオウセスジエンマムシ
ONTHOPHILUS PUNCTATUS
(MÜLLER, 1776)

実物大

ホクオウセスジエンマムシ（*Onthophilus punctatus*）の生物学的特性はほぼ不明だが、幼虫、成虫ともにモグラの通路で見つかっている。成虫は森林の有機堆積物、腐肉など腐敗した有機物から採取されている。本属の種はハエの卵や幼虫を捕食する。中には腐敗した物質の、微生物や菌類の豊富な湿った層を食べる種もいるようである。本属の種の口器に生える特殊なブラシ状の毛は、このような生息環境で微小な食物粒子をろ過するのに適している（微小生物食性）。幼虫の齢期は他のエンマムシ科と同じく2齢と考えられている。

近縁種

*Onthophilus*属には少なくとも38種が含まれる。主に北米、ヨーロッパ、アジアに分布する。生物学的特性はほぼ不明だが、間違いなく多様である。はっきりした外観から簡単に識別できる。全北区に分布するセスジエンマムシ亜科では、本属の種多様性が最も大きい。主に隆条線、点刻など体の外面の特徴や雄の生殖器の形によって種は区別される。

ホクオウセスジエンマムシには、本属の他の種にも共通する顕著な隆条と点刻がある。発酵中の湿った有機物や土壌を掘り進むため、体表についた有機物が被殻状に乾燥して表面の形状を覆い隠す。

多食亜目（カブトムシ亜目）

科	エンマムシ科(Histeridae)
亜科	エンマムシ亜科(Histerinae)
分布	旧北区：ヨーロッパ、アジア北西部
生息環境	さまざま
生活場所	脊椎動物の遺骸や糞など腐敗している有機物
食性	ウジ
補足	幼虫期は短く成虫期が長い

成虫の体長
6〜6.5mm

ヨツモンエンマムシ
HISTER QUADRINOTATUS QUADRINOTATUS
SCRIBA, 1790

ヨツモンエンマムシ（*Hister quadrinotatus quadrinotatus*）は遺骸や糞など動物由来の腐敗物の上でよく見かける、色鮮やかなエンマムシ科甲虫である。成虫、幼虫ともにハエの幼虫や卵を捕食する。本種はさまざまな腐敗段階の脊椎動物の遺骸に群れる。幼虫は早く成長し、約30日で卵から成虫になる。短い幼虫期と長い成虫期はエンマムシ科の多くの種に共通する特徴である。本種は海岸から森までと幅広い生息環境で見かける。このため広い分布域に豊富に存在するとされる。

近縁種
世界中に分布する*Hister*属の少なくとも15種は本種と同じ分布域、生息環境を好む。この中には上翅にオレンジ色の目立つ模様のあるヨツモンエンマムシも含まれる。少なくとも4種の*Hister*属が同じ地域の特定の場所で記録されている。

実物大

ヨツモンエンマムシはエンマムシ科の中では明るい体色の種である。上翅のオレンジ色の模様は*Hister*属の他の種やエンマムシ亜科の他属でも見られる。エンマムシ科の甲虫は一般にとても体が硬く、身を守るために付属肢を防御用の溝に引っ込める種が多い。

多食亜目（カブトムシ亜目）

科	エンマムシ科（Histeridae）
亜科	エンマムシ亜科（Histerinae）
分布	旧北区：ヨーロッパ、アジア北西部
生息環境	森林
生活場所	枯れ木の樹皮の下
食性	捕食性
補足	樹皮の下の狭い空間での生活に適応した、非常に扁平な体形

成虫の体長
8〜10mm

ヨーロッパヒラタエンマムシ
HOLOLEPTA PLANA
(SULZER, 1776)

ヨーロッパヒラタエンマムシ（*Hololepta plana*）は、とくに*Populus*属の枯れ木や腐りかけた木の樹皮の下で生活する。大きな大顎でハエの幼虫など節足動物を捕まえる。捕まえた被食者を口前で処理する間、大顎で押さえつける。捕食性の幼虫の生活場所は成虫と同じで、体形はそれほど扁平ではないが、やわらかいため狭い場所にうまく入り込める。本種は湿った場所を好む。乾燥している時は水分の残る最も狭い場所に移動して生活する。本種は便乗性のダニ（*Lobogynioides andreinii*）の寄主である。このダニは幼虫期は線形動物を食べるが、成虫になると寄主が食べている餌を盗む。

近縁種

*Hololepta*属には世界中に分布する77種が記載され、どの種もとてもよく似る。本種はヨーロッパに分布する唯一の種であり、ユーラシア大陸北部に広く分布する唯一の種でもある。本種の他にはアジア北部に分散する数種もある。

実物大

ヨーロッパヒラタエンマムシは体の厚みが全長の約10分の1と、とても扁平な体形である。うまく押し進めるよう脚は体に押し付けられる。大顎は前方にのび、狭い空間で被食者を捕まえることができる。体全体が鎧のようにとても硬い。これはエンマムシ科に共通する特徴である。

多食亜目（カブトムシ亜目）

科	エンマムシ科(Histeridae)
亜科	エンマムシ亜科(Histerinae)
分布	新熱帯区：中米、南米、カリブ海島
生息環境	森林、ヤシの木立
生活場所	ヤシの木
食性	穿孔性甲虫を捕食
補足	ヤシの木に深刻な被害を与えるオサゾウムシの重要な捕食者

成虫の体長（雄）
20〜32mm

成虫の体長（雌）
17〜25mm

キバナガヒラタエンマムシ
OXYSTERNUS MAXIMUS
(LINNAEUS, 1767)

キバナガヒラタエンマムシ（*Oxysternus maximus*）は大型のエンマムシ科甲虫である。熱帯でヤシに害を及ぼす*Rhynchophorus*属の数種を含むオサゾウムシを食べる。熱帯アメリカでおもな被食種となるのはナンベイヤシオサゾウムシ、*R. palmarum*である。本種は、オサゾウムシの幼虫が木にあけた孔道や傷つけた組織の中を押し進み、直径50〜75mmほどの太った地虫を食べる。幼虫、成虫ともにオサゾウムシを食べるため、ヤシ農場ではヤシ害虫に対する自然制御生物とされる。はっきりした性的二型を示し雄は雌よりも長い大顎をもつ。

近縁種
本種は本属唯一の種である。腐食環境ではHololeptini族の、やや似た種と共存する。共存するHololeptini族も穿孔性昆虫や樹皮下に生息する昆虫を捕食するが、本種ほど背腹方向に扁平ではない。

実物大

キバナガヒラタエンマムシは鎧をつけたように硬くて大型のエンマムシ科甲虫である。体色は黒色で、大顎は細長く前に突き出す。成虫のずんぐりした体形は、繊維質の組織がつまった傷ついたヤシの幹の中を進みゾウムシの地虫を探すのに適する。細長い左右非対称の大顎で被食者を押さえて口外で消化する。

多食亜目（カブトムシ亜目）

科	エンマムシ科（Histeridae）
亜科	エンマムシ亜科（Histerinae）
分布	旧北区：ヨーロッパ、アジア北西部
生息環境	腐敗した有機物、糞
生活場所	脊椎動物の糞
食性	ハエの幼虫
補足	ウジの捕食者。不潔なハエの集団を大幅に縮小させることができる

成虫の体長
9〜16mm

ユーラシアオオエンマムシ
PACHYLISTER INAEQUALIS
(OLIVIER, 1789)

ユーラシアオオエンマムシ（*Pachylister inaequalis*）はヨーロッパでよく見かける、主に家畜、とくに牛の糞に関連するエンマムシ科の甲虫である。堆積した湿った糞を掘り進み、糞の下にいることもある。成虫、幼虫ともに、糞に群がるウジを主に捕食する。分解した有機物にウジが集まっている場所にもいる。幼虫は短期間で成虫になるのに対して、硬い鎧をつけたような成虫は長く生きる。これはエンマムシ科に共通の特徴である。幼虫の齢期は2齢である。

近縁種

本種はヨーロッパとアジア北西部でよく見かける本属では唯一の種である。本属にはアジアとアフリカに分布するさらに20種が存在する。このうち数種はハエの生物制御種として他の地域に導入されている。種の分類は体と脚の表面や、雄の生殖器の違いに基づく。本亜科に含まれるいくつかの属は体全体の形がよく似る。

ユーラシアオオエンマムシの成虫は頑丈で、硬い鎧をつけたような楕円形の甲虫である。短い脚は扁平、大きな大顎は左右非対称で前に突き出る。体形と短い脚は高密度の湿った糞、腐敗した有機物や遺骸の中を押し進んでハエの幼虫を探すのに適している。

実物大

多食亜目（カブトムシ亜目）

科	エンマムシ科（Histeridae）
亜科	アリヅカエンマムシ亜科（Haeteriinae）
分布	新北区：米国西部、北部、カナダ南部
生息環境	森林
生活場所	ヤマアリ亜科のアリの巣
食性	おそらく捕食性、あるいは寄主の吐き戻し
補足	アリのコロニーなしでは生活できない

成虫の体長
3.1〜3.4mm

ミスジアリヅカエンマムシ
HAETERIUS TRISTRIATUS
HORN, 1874

実物大

エンマムシ科の甲虫の多くは自ら動いて昆虫、とくにハエの幼虫や穿孔性甲虫を捕食する。ところが本亜科には、主にアリなど社会性昆虫のコロニーに寄生して生活する種（居候動物）が数種存在する。ミスジアリヅカエンマムシ（*Haeterius tristriatus*）は*Formica*属と*Lasius*属のアリと一緒に生息する。特殊な分泌腺から出す物質にはアリに対する鎮静作用があるため、両者の間に化学物質を介した共生関係ができている。本種の食性の多くは不明だが、アリの幼虫や卵を食べているようである。本属の中には寄主の吐き戻しを誘発し、栄養交換への関与が観察された種もいる。

近縁種
*Haeterius*属には少なくとも30種の記載種が含まれる。このうち25種が本種と分布域を同じくする。カリフォルニア州に最も多くの種が生息するが、とくに南西部の砂漠には未記載種も存在する可能性があるため実際の数は不明である。既知の種の分布域についてはあまり報告されていない。

ミスジアリヅカエンマムシは特殊な剛毛や太くて短い脚、体内合成した物質を出す分泌腺をもつ。これらの形態特性は社会性昆虫と一緒に生活するための適応である。剛毛の生え方と点刻の形は*Haeterius*属とHaeteriinae亜科の種に固有である。

多食亜目（カブトムシ亜目）

科	エンマムシ科（Histeridae）
亜科	コブエンマムシ亜科（Chlamydopsinae）
分布	オーストラリア区：南オーストラリア州
生息環境	ユーカリ林
生活場所	シロアリの巣
食性	不明、おそらく捕食性
補足	上翅にある奇妙な毛束から分泌される鎮静物質を寄主のシロアリは好む

成虫の体長
3.9〜4.1mm

シロアリコブエンマムシ
EUCURTIA COMATA
(BLACKBURN, 1901)

実物大

シロアリコブエンマムシ（*Eucurtia comata*）は社会性昆虫の巣へ溶け込むための特異的な形態をもつ、代表的なChlamydopsinae亜科である。本亜科のほとんどの種はアリと一緒に生息するようだが、本種はシロアリと共生する。本種とシロアリとの関係は1個体でしか確認されていない。*Eutermes*のシロアリが本種のまわりを囲み、本種の上翅基部の突出部から伸びる毛束の先の物質をなめる様子が観察された。このような関係は本亜科のほとんどの種に当てはまり興味深いが、生物学的には十分に解明されていない。多くの種が、寄主に群がっていない1個体でいる状態で観察されている。

近縁種
本種は*Eucurtia*属に含まれる唯一の種である。本亜科には熱帯アジア、太平洋諸島、オーストラリアに分布する約180種が含まれる。住み込み共生の進化と関連した、似たような変形構造をもつ種が多い。

シロアリコブエンマムシは多くのChlamydopsinae亜科の甲虫と同じく、特殊な分泌腺から伸びる毛束を上翅にもつ。分泌腺から長い剛毛の集まった毛束を経て出てくる物質を、寄主であるシロアリは好む。分泌液のおかげで本種はシロアリのコロニーに受け入れられる。

多食亜目（カブトムシ亜目）

科	エンマムシ科 (Histeridae)
亜科	コブエンマムシ亜科 (Chlamydopsinae)
分布	オーストラリア区：クイーンズランド州北部
生息環境	亜熱帯林
生活場所	*Pheidole*属のアリのコロニー
食性	捕食性
補足	本属の種は*Pheidole*属のコロニーに完全に融和した住み込み動物であることを示唆する証拠がある

成虫の体長
2.2〜2.7mm

オオズアリコブエンマムシ
PHEIDOLIPHILA MAGNA
DÉGALLIER & CATERINO, 2005

実物大

標本採集データによれば*Pheidoliphila*属の種は*Pheidole*属のアリに囲まれて生活する。ところが多くの種はフライト・インターセプト・トラップで採集された標本しか存在しない。したがって寄主の情報はなく、*Pheidole*属との関係は推測の域を出ない。オオズアリコブエンマムシ（*Pheidoliphila magna*）は多くのコブエンマムシ甲虫と同じく、寄主であるアリを誘引する鎮静物質を分泌する毛束を上翅基部にもつ。成虫、幼虫ともにおそらく巣に寄生する。アリの幼虫、死にかけているアリや死んだアリを食べる。詳しい生態は不明である。

近縁種

*Pheidoliphila*属にはオーストラリアに分布する25種とニューギニアに分布する1種が含まれる。本属の種の外部形態はとても多様である。点刻と剛毛の模様、前胸背板の角状突起、球状突起、深いくぼみの有無など明瞭な違いにもとづき種はグループ分けされる。はっきりした差異があるにもかかわらず26種中21種が2005年に初めて記載された。

本属に体長が2mmを超える種は少なく、**オオズアリコブエンマムシ**は本属の中では大型の種である。成虫の前胸背板は深いくぼみで分けられ、前胸背板の前部には内側に湾曲した一対の丸い突起がある。アリは突起をつかんで本種をまわりに運んでくるのかもしれない。

多食亜目（カブトムシ亜目）

科	ダルマガムシ科(Hydraenidae)
亜科	ダルマガムシ亜科(Hydraeninae)
分布	新熱帯区：南米、コロンビア
生息環境	水生
生活場所	池の縁
食性	地表を覆う有機物や藻類
補足	居場所を追い出されると空気で体を包み沈まないようにする

成虫の体長
1.9〜2mm

ムネムジダルマガムシ
HYDRAENA ANISONYCHA
PERKINS, 1980

実物大

小さな水生、半水生甲虫を含むダルマガムシ科の中では比較的大型の種である。本属の大部分の種は小川沿いの湿った環境で生息するが、ムネスジダルマガムシ（*Hydraena anisonycha*）は池の周辺に生息する。わかっている限りでは本科の種は湿った地表から藻類や有機物などをこすりとって食べる。本種は沈められると特殊な腺から出す分泌物によって体のまわりを空気で包み込む。このような、生息場所をかき乱すと必ず浮いてくる特性を利用するとうまく採集できる。

近縁種

ダルマガムシ科には約1,200種が含まれるが、南米に分布する種を中心に多くが未記載である。南米に分布する記載種の中でムネムジダルマガムシ（*Hydraena anisonycha*）は他の種と異なり比較的大型で、胸部の腹側に1対の長い隆条がある。本属のほとんどの種の場合、正確に分類するには解剖して雄の生殖器官を調べなければならない。

ムネムジダルマガムシの体形は本属のほとんどの種と同じく楕円形だが、やや大きい。本種の上翅の点刻は列状ではない。雌と異なり雄の中脚には不規則に爪が生え、後脚の大きさは非対称である。

多食亜目（カブトムシ亜目）

科	ダルマガムシ科(Hydraenidae)
亜科	Ochthebiinae亜科
分布	新北区、新熱帯区：北米西部、メキシコ南部から中部
生息環境	小さな水場
生活場所	池の際、アルカリ性温泉など地中に吸収されず流れる水の周辺
食性	微小生物食性
補足	アルカリ性温泉を好むが、限定ではない

成虫の体長
1.8〜2.4mm

アステカダルマガムシ
OCHTHEBIUS AZTECUS
SHARP, 1887

実物大

かつてアステカダルマガムシ（*Ochthebius aztecus*）の産地はメキシコシティー周辺と記載されたが、現在は北はノースダコタ州でも見つかっている。本種の多くは主にアルカリ性の温泉に生息し、中には冷たい淡水で見つかることもある。ダルマガムシ科甲虫は、池や小川の水際の砂や土の隙間にいる微小な動植物を餌（えさ）とする。*Ochthebius*属の成虫は頭部に分泌腺をもつ。頭部でつくられ腺から出てきた分泌液を脚（あし）で体中に広げる。分泌液の塗られた部分には空気が層状に取り込まれ、この空気を使って水中で呼吸する。

近縁種

*Ochthebius*属のうち43種はメキシコより北の北米、さらに多くが中米、南米から記載されている。種は互いによく似るため、分類の際には詳しく調べなければならない（解剖による雄の生殖器官の確認など）。*Hydraena*属、*Ochthebius*属、*Limnebius*属は本科の主要な属である。このうち数種は、微小な生活場所は分かれるものの同じ一帯に生息する。

アステカダルマガムシの背面とくに前胸背板（ぜんきょうはいばん）の円板の上には、あまりはっきりしないがしばしば複雑な点刻（てんこく）がある。これは本属の代表的な特徴である。前胸背板には先細りの溝が1本、両横に短い溝が2本ある。第6腹節（ふくせつ）には特有の撥水性軟毛が生える。

多食亜目（カブトムシ亜目）

科	ムクゲキノコムシ科（Ptiliidae）
亜科	ムクゲキノコムシ亜科（Ptiliinae）
分布	エチオピア区：カメルーン
生息環境	熱帯雨林
生活場所	おそらく菌類の上
食性	菌食性
補足	本属には最小の非捕食寄生昆虫がいる

成虫の体長
0.61～0.67mm

実物大

カメルーンミジンムクゲキノコムシ
DISCHERAMOCEPHALUS BRUCEI
GREBENNIKOV, 2008

カメルーンミジンムクゲキノコムシは本属の中では中程度の大きさである。本属には最小の自由生活性昆虫も含まれる。本種の前胸背板と目の近くの頭頂には明瞭な溝がある。全体の体形はムクゲキノコムシ科の多くの種と似る。

本属にはカメルーンミジンムクゲキノコムシ（*Discheramocephalus brucei*）を含め7種が存在する。世界最小級の甲虫も数種含まれ、体長0.4mmの*D. minutissimus*は最も小さな非捕食寄生性の昆虫である。本属より小さな昆虫は卵に寄生するハチ目の数種だけである。昆虫の小ささはおそらく卵と脳の大きさによって決まる。ムクゲキノコムシ科の甲虫はもっぱら菌類を餌とするが、*Discheramocephalus*属の種については食性をはじめ生物学的特性は不明である。本科には菌類の胞子のみを食べる小さな種が存在する。本属の小型の甲虫もこのような摂食環境にいると考えられる。

近縁種

ムクゲキノコムシ科では現在、少なくとも550種が記載されている。多くは体長1mm以下である。本属には本種の他に似たような6種が含まれる。分類する際には顕微鏡を用いて、点刻など体表の特徴や内部生殖器官の形といったわずかな違いを組み合わせて確認しなければならない。本属の他の種もそれぞれに好適な生息環境で発見されるようである。

多食亜目（カブトムシ亜目）

科	ムクゲキノコムシ科（Ptiliidae）
亜科	ムクゲキノコムシ亜科（Ptiliinae）
分布	新北区、新熱帯区：北米とバハ・カリフォルニア州の太平洋沿岸
生息環境	海岸
生活場所	海藻など有機堆積物の下
食性	おそらく菌食性
補足	潮間帯で生活する甲虫の一種

モチュルスキームクゲキノコムシ
MOTSCHULSKIUM SINUATICOLLE
MATTHEWS, 1872

成虫の体長
0.8mm

実物大

海岸線の潮間帯で生活する甲虫は少ない。モチュルスキームクゲキノコムシ（*Motschulskium sinuaticolle*）はブリティッシュコロンビア州からバハ・カリフォルニア州の太平洋岸で海藻などの有機堆積物の下に生息する。詳しい生息環境は不明だが、周辺に生える菌類を食べているようである。本科の他の小型種と共通の胞子食と考えられる。わかっている限りの本種の全生息域にわたるデータは十分ではない。潮間帯に生息する標的の小型甲虫目がさらに採集されれば、本種は現在の記録が示すよりも一般的な種であることが明らかになると思われる。

近縁種
本科には約550種が記載されているが、未記載種はさらに多い。本種以外のムクゲキノコムシ科で本種と同じ分布域の潮間帯に生息する種はいない。本種は*Motschulskium*属に含まれる唯一の種である。

モチュルスキームクゲキノコムシの体形は小型のムクゲキノコムシ科に典型的な楕円形である。体長、金色の軟毛、灰色や黒色の体色、潮間帯の有機堆積物との関連といった特徴の組み合わせは特有なため種の同定に用いられる。

多食亜目（カブトムシ亜目）

科	ムクゲキノコムシ科 (Ptiliidae)
亜科	Cephaloplectinae亜科
分布	新熱帯区：アマゾン西部
生息環境	熱帯雨林
生活場所	軍隊アリの巣、移動中の隊列
食性	成虫は寄主であるアリの分泌液。幼虫は不明
補足	軍隊アリに依存して生活する

成虫の体長
2.2〜2.5mm

チャイログンタイアリノリムシ
CEPHALOPLECTUS MUS
(MANN, 1926)

実物大

チャイログンタイアリノリムシの体形はカブトガニに似る。また下翅と目がなく、前胸の突起が異常に発達し、アリのコロニーと恒常的な共生関係をもつ。いずれも本種に際立つ特徴である。多くの場合、標本の体長は死後硬直のため生体よりも短い。

Cephaloplectinae亜科は「カブトムシ甲虫」とも呼ばれる。本亜科の種はすべてアリのコロニーに依存する（居候動物）。チャイログンタイアリノリムシ（*Cephaloplectus mus*）は軍隊アリ*Eciton vagans*との共生が報告されている。本種は一般に、軍隊アリが新しい巣を求めて周期的に移動する途中で採集される。本亜科の他の種については*Formica*属、*Lasius*属、*Neivamyrmex*属、*Pheidole*属のアリとの関係が報告されている。生物学的には不明な点が多いが、軍隊アリは甲虫の存在に抗することなく、体表を"食べ"させる。幼虫の生態と、居候動物／寄主系における幼虫の生物学的役割は不明である。

近縁種
本属にはチャイログンタイアリノリムシを含め7種が記載される。*Cephaloplectus*種の生息域は熱帯アメリカに広く分布する本亜科の*Limulodes*属と重なる。いずれも軍隊アリの巣や移動中の隊列で見つかる。世界中では37種のアリノリムシが記載されている。*Cephaloplectus*属の種レベルでの分類はあまり進んでいない。

多食亜目（カブトムシ亜目）

科	ツヤシデムシ科（Agyrtidae）
亜科	ツヤシデムシ亜科（Agyrtinae）
分布	全北区：ロシア（千島列島、カムチャッカ、コマンドルスキー諸島）、米国（アリューシャン列島、プリビロフ諸島、コディアック島、アフォナック島、チリコフ島）
生息環境	島の海岸
生活場所	浜辺の有機堆積物
食性	腐食性
補足	2008年の火山噴火でアラスカ州カサトチ島（アリューシャン列島）では本種以外の甲虫は全滅した。本種は生き残りが繁殖した。

成虫の体長
6〜8mm

チシマホソシデムシ
LYROSOMA OPACUM
MANNERHEIM, 1853

実物大

チシマホソシデムシ（*Lyrosoma opacum*）は太平洋北部のアリューシャン列島や千島列島に分布する。成虫は海藻や放棄された鳥の巣といった有機堆積物に生息する。腐食性であり、魚などの腐肉を食べる。幼虫も同じ食性のようだが、未成熟段階の生態はよくわかっていない。チシマホソシデムシは、カサトチ島の陸生動物相をほぼ壊滅させた2008年の火山噴火を生き残った、甲虫では唯一の種である。ツヤシデムシ科は膨大なハネカクシ上科のすべての科と姉妹分類群になる可能性があり、系統を考える上で重要である。

近縁種
本属にはチシマホソシデムシとツガルホソシデムシ（*L. pallidum*）の2種が含まれる。ツガルホソシデムシは本種よりも西の方の海岸に、南は韓国まで分布する。両種の生息域はロシアのカムチャッカ半島の1ヵ所でのみ重なる。チシマホソシデムシの方が大きく、上翅は網状である（ツガルホソシデムシは滑らか）。

チシマホソシデムシは中型で全身茶色の甲虫である。前胸の縁は丸く、上翅は楕円形である。成虫はオサムシ科のゴミムシに不思議なほど似るが、近縁ではない。種を同定する際に海岸での特有の生息環境は大きな手がかりとなる。

多食亜目（カブトムシ亜目）

科	ツヤシデムシ科(Agyrtidae)
亜科	Necrophilinae亜科
分布	旧北区：ヨーロッパ
生息環境	森林
生活場所	腐敗している有機物、落葉
食性	腐食性
補足	主に秋、冬、早春に活動する寒冷地に適応した種

成虫の体長
7〜9mm

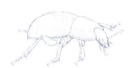

ヨーロッパオオツヤシデムシ
NECROPHILUS SUBTERRANEUS
DAHL, 1807

ヨーロッパオオツヤシデムシ（*Necrophilus subterraneus*）は1年のうちで暖かい時期よりも寒い時期に活動する珍しい甲虫である。湿度の高い森林の高層や、洞窟の入口から光の届く限界あたりで生息する。幼虫、成虫ともに腐肉や腐りかけのキノコ類など腐敗有機物を食べる。採集する際にはこのような餌を落とし穴に仕掛けておびき寄せてもよい。幼虫はハネカクシ上科の中で最も一般化していると考えられる。ジュラ紀前期の地層から発見された典型的なツヤシデムシ科の化石は、この科が太古から続いていることを示唆する。

近縁種
本種はヨーロッパでは本属に含まれる唯一の種だが、ツヤシデムシ科の似た属には分布域が重なる種もいる。*Necrophilus*属にはアジアと北米に分布する種もいる。*Necrophilus*属は幅広い楕円形の体形、数は多いがやや弱い上翅隆起、大顎の形によって他の属と区別される。

実物大

ヨーロッパオオツヤシデムシは中型、楕円形で茶色の甲虫である。前胸背板と上翅には広い縁と点刻がある。一般に他のツヤシデムシ科の種よりも楕円形である。本種の外形は小型のシデムシに似るため、最近までシデムシ科に分類されていた。

多食亜目（カブトムシ亜目）

科	タマキノコムシ科（Leiodidae）
亜科	Camiarinae亜科
分布	オーストラリア区：ニュージーランド（北島）
生息環境	南半球の温帯林
生活場所	湿性林の落葉落枝
食性	おそらく食菌性
補足	Camiarini族の種はハネカクシ科コケムシ亜科の種と似た形態に収斂した

成虫の体長
3.4〜3.6mm

ヒョウタンタマキノコムシ
CAMIARUS THORACICUS
SHARP, 1876

実物大

ヒョウタンタマキノコムシ（*Camiarus thoracicus*）を最初に記録したトーマス・ブラウンは誤ってシデムシ科に分類し、コケムシ亜科とシデムシ科をつなぐ種かもしれないと考えた。分類学には曖昧さがつきまとう。タマキノコムシ科で、南半球温帯に分布するこの集団も分類をめぐって混乱した。本種はニュージーランド北島の湿性林の落葉落枝の中に生息する。オークランド郊外の森林環境に生息する甲虫目として研究されてきたが、本種を含む本亜科の種については生物学的にはよくわかっていない。

近縁種

本属には2種が含まれ、いずれもニュージーランドに分布する。本属は南半球の温帯に生息するCamiarinae亜科に含まれる。本亜科には27属、約90種が含まれる。このうち6属と16種がCamiarini族に含まれる。本亜科の種はやや小型なわりには多様な形態を示し、いくつかの系統学研究によれば自然群は形成していないようである。

ヒョウタンタマキノコムシはハネカクシ科コケムシ亜科の多くの種と似た体形に収斂している。丸い頭部、卵形の前胸背板、細長い楕円形の上翅のおかげで、最初の記載者は本種の分類系統を間違えた。

多食亜目（カブトムシ亜目）

科	タマキノコムシ科(Leiodidae)
亜科	タマキノコムシ亜科(Leiodinae)
分布	新北区：北米西部全域、大陸を横断して北米北部、カナダ南部に散らばる
生息環境	森林
生活場所	粗大枯死木、樹皮下、湿った地表
食性	粘菌
補足	刺激を受けると球状に丸まる

成虫の体長
2.3〜2.7mm

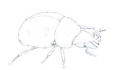

ホクベイタマキノコムシ
AGATHIDIUM PULCHRUM
LECONTE, 1853

実物大

ホクベイタマキノコムシ（*Agathidium pulchrum*）は大きな*Agathidium*属の中で最も広く分布し、最もよく採集されている1種である。本属の種は成虫、幼虫ともに粘菌や菌類を餌とする。森林の中で、粘菌や担子菌類が成長する枯れた木の樹皮の下や湿った有機物の上に生息する。刺激を受けるとうずくまる。中高の体形のため体を球のように丸めることができる。2005年、ブッシュ政権の中枢にちなんで新種として命名された*A. bushi*、*A. cheneyi*、*A. rumsfeldi*の名前が大衆紙で話題になった。

近縁種

現在、本属では98種が北米、中米に分布すると記載されている。あまり採集されていない地域に新しい採集道具が導入されれば記載種の数も増えると思われる。旧北区とアジア区にもたくさんの種が分布する。*Gelae*属は*Agathidium*属と外観が似る。多くの種をそれぞれ確実に同定するには解剖して雄の生殖器官を調べなければならない。

ホクベイタマキノコムシは背側が強く膨らみ腹側がへこむ。北米に分布する本属の中では珍しく黒色一色ではなく、背面にオレンジ黄色の模様がある。雄の左大顎の非対称な牙は成長の程度によって異なる。

多食亜目（カブトムシ亜目）

科	タマキノコムシ科(Leiodidae)
亜科	チビシデムシ亜科(Cholevinae)
分布	旧北区：ボスニア・ヘルツェゴビナ、セルビア、モンテネグロ
生息環境	カルスト地形
生活場所	洞窟
食性	微小生物食性、石の表面をこすりとる
補足	餌を食べている間は水の流れに対して横向きあるいは後向きに歩く

成虫の体長
7〜7.6mm

ホソアシナガメクラチビシデムシ
HADESIA VASICEKI
MÜLLER, 1911

ホソアシナガメクラチビシデムシ（*Hadesia vasiceki*）はボスニアの洞窟1ヵ所にしか生息しない真洞窟性の甲虫である。洞窟での生活に適応した甲虫に特有の形態をもつ。餌の食べ方も独特で、洞窟の壁面を流れる水を利用する。水の流れに逆らい、後部を上に向けて壁にとまる。その姿勢のまま横に歩くか、後ろ向きで壁を登る。その間に小さな餌が前部の口器にたまるのだろう。口器には剛毛がびっしり並ぶ。水の流れがない場所では互い違いに脚を進めて普通に移動する。

近縁種

かつて本属には2亜種を含む1種しか存在しなかった。新たに2種が記載され、1亜種が種になったため、現在では4種が存在する。種を同定するには生殖器と上翅側板を確認しなければならない。Anthroherponina亜族に含まれる属には、バルカン地域の洞窟に生息する、本種と似たような種が多数存在する。

実物大

ホソアシナガメクラチビシデムシは洞窟に適応した真洞窟性甲虫に特有の形態をひと通り備えている。細長い体、長い付属肢、完全に欠除した目はヨーロッパ東部に生息する真洞窟性のタマキノコムシ科甲虫に似る。北米の溶岩洞に生息するタマキノコムシ科*Glacicavicola bathyscioides*はとてもよく似た外観を示す。おそらく収斂の結果である。

多食亜目（カブトムシ亜目）

科	タマキノコムシ科（Leiodidae）
亜科	チビシデムシ亜科（Cholevinae）
分布	旧北区：スロベニア
生息環境	カルスト地形
生活場所	洞窟
食性	腐食性
補足	真洞窟性甲虫として最初に記載された種

成虫の体長
8〜11mm

ハラボテアシナガメクラチビシデムシ
LEPTODIRUS HOCHENWARTII HOCHENWARTII
SCHMIDT, 1832

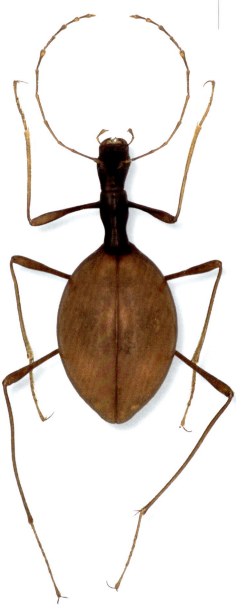

ハラボテアシナガメクラチビシデムシ（*Leptodirus hochenwartii hochenwartii*）は世界で初めて記載された真洞窟性甲虫である。ヨーロッパのカルスト地方で洞窟探検が始まった頃に採集された標本にもとづく。洞窟の奥深くに生息し、おびただしい数の個体が存在すると考えられる。動物の遺骸などの有機物を食べている様子が確認されている。完全変態昆虫の多くとは異なる変態をするようである。大きな卵からかえった幼虫は摂食をせず、すぐに蛹を経て成虫になる。摂食する幼虫段階をうまく飛ばしている。本種は絶滅の危機にあるとされ保護されている。

近縁種

*Leptodirus hochenwartii*は本属に含まれる唯一の種であり、6亜種に分かれる。ヨーロッパの、西はイタリア東部まで広がるさまざまな洞窟群に分布する。真洞窟性の他のタマキノコムシ科甲虫と間違われることもある。いずれも洞窟の奥で生活するため似たような形態に変化している。

ハラボテアシナガメクラチビシデムシは大きく変形した典型的な真洞窟性甲虫である。目と下翅を欠き、膨らんだ上翅、細長い体形、長くか細い脚と触角をもつ。ヨーロッパ東部に分布する真洞窟性のタマキノコムシ科や、北米種*Glacicavicola bathyscioides*も同様の体形である。

実物大

多食亜目（カブトムシ亜目）

科	タマキノコムシ科(Leiodidae)
亜科	チビシデムシ亜科(Cholevinae)
分布	新北区：米国ケンタッキー州
生息環境	洞窟
生活場所	光の届く一番奥
食性	腐食性
補足	洞窟と似た条件下での飼育で2.5年間生きた

ドウクツニセチビシデムシ
PTOMAPHAGUS HIRTUS
(TELLKAMPF, 1844)

成虫の体長
2〜2.8mm

ドウクツニセチビシデムシ（*Ptomaphagus hirtus*）は米国ケンタッキー州のマンモス・ケーブ国立公園周辺の洞窟群にしか生息しない。採集した個体を洞窟と同じ温度、湿度条件下で飼育すると乾燥酵母で育ったが、十分に成長し繁殖するには同じ洞窟の土が必要であった。条件を整えたところ2.5年間生き延びた。昆虫の成虫の中では長生きと考えられる。本種には目がなく見えていないようだが、トランスクリプトーム解析（遺伝子レベルでの解析の1種）によれば光処理タンパク質と概日リズムに関する遺伝子が存在する。実際に明暗を選ぶ実験では光に対する感受性を示した。

実物大

ドウクツニセチビシデムシは目のない、滴型の甲虫である。本属および近縁のいくつかの属の多くの種に特徴的な全体の体形、大きさ、色を示す。目をもたないが、他種では複眼がある場所に小さなレンズがあり、これを利用して光に応答する。

近縁種
*Ptomaphagus*属には米国とカナダ南部に分布する50種以上が含まれる。種を分類するには解剖して雄の生殖器を詳しく調べなければならない。分布情報も重要である。アフリカ、太平洋領域を除く世界各地に多くの別種や似たような属がいくつか存在する。

多食亜目（カブトムシ亜目）

科	タマキノコムシ科(Leiodidae)
亜科	ビーバーヤドリムシ亜科(Platypsyllinae)
分布	新北区、旧北区：北米、ヨーロッパ
生息環境	湿地帯
生活場所	ビーバー、ビーバーの巣や巣穴
食性	ビーバーのふけ、皮膚の分泌物
補足	扁平で妙な体形の甲虫。かつてはノミに分類されていた

成虫の体長
2〜3mm

ビーバーヤドリムシ
PLATYPSYLLUS CASTORIS
RITSEMA, 1869

実物大

ビーバーヤドリムシは背腹方向に扁平（ノミは横方向に扁平）である。脚は短く刺が生え、寄主の厚い毛の中を進むことができる。上翅は短く下翅はない。触角はずんぐりした棍棒状、大顎は扁平な板状である。

ビーバーヤドリムシ（*Platypsyllus castoris*）はアメリカビーバー（*Castor canadensis*）やヨーロッパビーバー（*C. fiber*）の外部寄生者としての生活によく適応している。成虫、幼虫ともに動物の体表で生活し、ふけや、皮膚や傷口からの分泌物を食べる。ビーバーの巣や巣穴の上の有機堆積物の中で蛹になる。筆者らは調査したビーバーの60%から本種を採集した。本種の存在によってビーバーの生活が乱されることはないようである。他の動物に寄生していた記録もあるが、偶然と考えられる。近年は殺されたビーバーの毛をすいたり、体温の下がった死体から出てくるところを捕まえたりして採集することもある。

近縁種

ビーバーヤドリムシ亜科の種は寄主となるほ乳類によって異なる適応形態を示す。扁平だが、その他は甲虫らしい形の*Leptinus*属や*Leptinillus*属から、大きく変形したビーバーヤドリムシまでさまざまである。*Leptinillus validus*はビーバーヤドリムシと一緒にビーバーの体表で生活することもあるが、上翅は長く、口器はさほど変形していない甲虫らしい外観のため区別できる。

多食亜目（カブトムシ亜目）

科	シデムシ科（Silphidae）
亜科	シデムシ亜科（Silphinae）
分布	東洋区およびオーストラリア区：東南アジア、ニューギニア
生息環境	熱帯林
生活場所	腐敗した有機物、とくに死骸
食性	腐食性、またはハエの幼虫を食べる捕食性の可能性もある
補足	*Amorphophallus gigas* の巨大な花の送粉者である可能性がある

成虫の体長
13〜17mm

アボバネヒラタシデムシ
NECROPHILA FORMOSA
(LAPORTE, 1832)

*Necrophila*属の*Chrysosilpha*亜属の種は、アボバネヒラタシデムシ（*Necrophila formosa*）を含め、腐った魚を餌にしたトラップおよび腐食した植物から採集されている。この属の他の種は、死骸に付随して見られるものの、主としてハエの幼虫を食べる捕食性である。本種の食性は直接には記録されていないようだが、本種もウジを襲う可能性がある。本種はサトイモ科の*Amorphophallus gigas*の巨大な花序の上で見つかっており、この花はトリメチルアミンをつくり出すため腐った魚の臭いがする。この驚くべき花の受粉に、おそらく本種が一役買っているのだろう。

近縁種
本種は*Chrysosilpha*亜属の3種のうちの1種である。全種が熱帯アジアに分布するが、アボバネヒラタシデムシは唯一オレンジ色の前胸背板をもつ。

実物大

アボバネヒラタシデムシおよび*Chrysosilpha*亜属の他の2種は、シデムシ科の甲虫としては珍しく、上翅が鮮やかな真珠光沢をもつ緑から紫をしている。この3種の成虫はいずれも腐った魚やその他の死骸の上で採集される。

多食亜目（カブトムシ亜目）

科	シデムシ科（Silphidae）
亜科	モンシデムシ亜科（Nicrophorinae）
分布	新北区：北米東部
生息環境	森林、開けたプレーリー
生活場所	動物の死骸
食性	腐食性
補足	雌雄とも埋めた死骸の上で若い幼虫の世話をする

成虫の体長
30〜45mm

アメリカモンシデムシ
NICROPHORUS AMERICANUS
OLIVIER, 1790

博物館標本の記録によると、法のもとで保護されているアメリカモンシデムシ（*Nicrophorus americanus*）は、かつて北米の米国東部の全ての州およびカナダ南東部の州に分布していた。現在、本種の分布域は北米東部の島々とグレートプレーンズ東部に点在するのみである。交尾したつがいは繁殖のために鳥や哺乳類の新鮮な死骸を見つけて埋め、抗菌性の特殊な唾液を死骸に塗ったあと、雌は死骸の上に産卵する。雌雄とも孵化したばかりの幼虫のそばに一定期間とどまり、自分で採食できる成長段階に達するまで吐き戻した肉を与える。

近縁種

アメリカモンシデムシの現在の、あるいは過去の分布域内には*Nicrophorus*属の種が少なくともあと10種見られる。しかし、いずれも本種ほど大型ではなく、また鮮やかなオレンジ色の胸部ももっていない。他種はふつう本種よりも小さな死骸を食糧源とし、アメリカモンシデムシが見舞われているような個体数減少にも陥っていないようだ。

アメリカモンシデムシは北米のハネカクシ上科の甲虫としては最大である。雄と雌は頭頂のオレンジ色の模様の形が異なる。本種および属内他種に見られる、食糧源を協力して埋める行動や高度な子育て行動は、甲虫の中でも特異である。

実物大

多食亜目（カブトムシ亜目）

科	ハネカクシ科（Staphylinidae）
亜科	Glypholomatinae亜科
分布	オーストラリア区：オーストラリア南東部
生息環境	温帯林
生活場所	死骸、菌類、落葉層、草むら
食性	おそらく食菌性
補足	寒冷地に適応した種であり、ほとんどの標本が南半球の秋か冬に採集されている

成虫の体長
2.3〜2.7mm

ダエンハネカクシ
GLYPHOLOMA ROTUNDULUM
THAYER & NEWTON, 1979

実物大

ダエンハネカクシ（*Glypholoma rotundulum*）は謎多きハネカクシの一群であるGlypholomatinae亜科の1種である。この亜科は系統分類学的に重要なヨツメハネカクシ群をなすグループのひとつであり、南半球の温帯に分布する。本種はオーストラリア南東部の温帯林にのみ分布し、また雪上を移動する昆虫を捕獲するトラップを用いて採集されていることから、飛び抜けた低温耐性をもつことが示唆される。分布域の北部で見られる個体は発達した下翅をもつが、南部の大部分の個体では下翅が縮小しており、飛行能力を欠く。消化管内容分析によれば、本種は食菌性である。

近縁種

ダエンハネカクシは亜科の中で唯一オーストラリアに分布するが、複数の同属他種がアルゼンチンとチリの温帯林に分布することが知られる。未記載種がオーストラリアに分布している可能性もある。本種の体形は全体的にヨツメハネカクシ亜科の種に似ており、長年にわたって同亜科の1つの族として分類されていた。

ダエンハネカクシは厚みがあり、卵形で、暗褐色のハネカクシであり、上翅に明瞭な前縁脈が見られる。先端の腹節だけが部分的に上翅の先から露出している。頭にある対になった目玉模様から、ヨツメハネカクシ亜科との近縁関係が示唆される。系統分類学研究によれば、両者は近縁だが、ヨツメハネカクシ亜科の中には含まれない。

多食亜目（カブトムシ亜目）

科	ハネカクシ科(Staphylinidae)
亜科	Microsilphinae亜科
分布	新熱帯区：チリ南部
生息環境	南方の温帯林
生活場所	森林の落葉層
食性	不明、食菌性または腐食性と考えられる
補足	本種を含む分類群は、ハネカクシの中で最も情報が少なく謎に満ちたグループのひとつである

成虫の体長
3〜3.2mm

サイハテハネカクシ
MICROSILPHA OCELLIGERA
(CHAMPION, 1918)

実物大

Microsilphinae亜科は膨大なハネカクシ科の中でも最も研究が進んでいないグループのひとつだ。サイハテハネカクシ（*Microsilpha ocelligera*）については、成虫の形態と、南方の温帯林の落葉層に生息すること以外には何もわかっていない。食性は食菌性または腐食性で、菌や細菌に富む有機物の基質を食べるものと思われるが、これも近縁のヨツメハネカクシ亜科の食性にもとづく推測であり、検証されてはいない。

この亜科の種はかつてシデムシ科やタマキノコムシ科など、複数の他の科に分類されていた。

近縁種

同属の記載種は南米のアルゼンチン南部に2種が知られ、ニュージーランドにも1種が分布する。ハネカクシの専門家により多くの未記載種が報告されており、そのため正確な種同定は困難である。

サイハテハネカクシはくすんだ褐色のハネカクシで、その特徴の組み合わせは特異であり、触角根のある触角、背面の対になった目玉模様、長く伸びた上翅をもつ。これらの特徴により、本種を含む属はいくつもの他の科に分類されてきたが、詳細な研究によりハネカクシ科のヨツメハネカクシ亜科に近縁であることが明らかになった。

多食亜目（カブトムシ亜目）

科	ハネカクシ科（Staphylinidae）
亜科	ヨツメハネカクシ亜科（Omaliinae）
分布	東洋区：東南アジア
生息環境	熱帯林
生活場所	湿った森林の落葉層
食性	おそらく食菌性
補足	完全な上翅をもつ他の多くのハネカクシと同様、本種は以前誤ってシデムシ科に分類されていた

成虫の体長
4.6〜4.8mm

イボシデムシモドキ
DEINOPTEROLOMA SPECTABILE
SMETANA, 1985

イボシデムシモドキ（*Deinnopteroloma spectabile*）は広いが分断された分布をもつ属のアジアのグループの一員である。大部分の種は東アジア（ヒマラヤ、中国）の山地林および東南アジアの熱帯林に生息し、2種が北米西部に見られる。この分布パターンはアジア北東部と北米北西部が新生代につながっていた名残であると考えられている。本種の生態は不明であるが、おそらく幼虫・成虫とも有機物の腐敗に付随する菌を食べると考えられる。背面の深いピットは、体表面を覆う防御用の疎水性化合物の分泌腺の開口部である可能性がある。

近縁種
*Deinopteroloma*属は本種以外に東南アジアの7種と北米の太平洋沿岸北西部の2種からなる。この属の外見は独特だが、属内の種どうしは非常に似通っていて、表面の凹凸の微妙な差異や雄の生殖器の内部構造によって区別される。

実物大

イボシデムシモドキは、ハネカクシとしては非典型的な、腹部を覆う発達した頑丈な上翅をもつ多くの種のひとつである。前胸背板の周縁部がくぼみ、背面に深い分泌腺の開口部をもつのは、高湿度の腐敗した有機物の中での生活に適応した結果なのかもしれない。

多食亜目（カブトムシ亜目）

科	ハネカクシ科（Staphylinidae）
亜科	ヨツメハネカクシ亜科（Omaliinae）
分布	新北区：北米北西部、カリフォルニア州からアラスカ州まで
生息環境	温帯雨林
生活場所	菌、苔、森林の落葉層
食性	食菌性
補足	珍しい吻をもつハネカクシで、太平洋岸北西部の涼しく湿った森林の固有種である

成虫の体長
4.2〜5.4mm

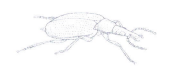

ヒョットコシデムシモドキ
TANYRHINUS SINGULARIS
MANNERHEIM, 1852

実物大

吻をもつ奇妙なハネカクシであるヒョットコシデムシモドキ（*Tanyrhinus singularis*）は、太平洋沿岸北西部一帯の温帯雨林に分布する。採集記録のある標本はたいてい林床に落ちている、あるいは樹冠に引っかかった、倒木などの腐敗した有機物に付随するキノコから見つかったものだ。樹皮の下から採集された例もある。本種は稀な種で、老齢林から管理された伐採林への転換により脅かされている可能性がある。本種の生態はほとんどわかっていないが、食菌性であるとみられる。幼虫は未記載である。

近縁種

同所的に分布するハネカクシでヒョットコシデムシモドキほど長い吻をもつ種はいないが、近縁の*Trigonodemus*属の成虫は前額がやや伸長し、体型も似ている。本種はゾウムシやその他の科の吻をもつ甲虫と間違われる可能性があるが、対になった単眼からOmaliinae亜科以外は除外できる。

ヒョットコシデムシモドキの成虫は、大部分のハネカクシやゾウムシ上科以外の甲虫と異なり、ゾウムシに似た細長い吻の先に口器をもつ。体はヨツメハネカクシ亜科の多くの他種と同様に、上翅が発達し、腹部の大部分ないし全体を覆う。

多食亜目（カブトムシ亜目）

科	ハネカクシ科（Staphylinidae）
亜科	Empelinae亜科
分布	新北区：アラスカ州南部からカリフォルニア州まで
生息環境	太平洋沿岸の雨林
生活場所	湿った森林の落葉層
食性	不明
補足	奇妙な形をしたハネカクシで、当初はヒメハナムシ科として記載された

ヒメハナムシモドキ
EMPELUS BRUNNIPENNIS
(MANNERHEIM, 1852)

成虫の体長
1.5～1.7mm

実物大

この地味な甲虫は原記載ではヒメハナムシ科の*Litochrus*属の1種とされた。その後タマキノコムシモドキ科に移され、長い間そのままだったが、比較的最近になって独立のEmpelidae科またはヨツメハネカクシ亜科に分類されるようになった。最終的に、ヨツメハネカクシ群の複数の亜科の中の独自の一群として、独立の亜科とみなされるようになった。標本採集時の状況を除けば、ヒメハナムシモドキ（*Empelus brunnipennis*）の生活史は一切知られていない。採集時はベイマツ（*Pseudotsuga menziesii*）に付随し、老齢林でも皆伐地でも見られている。

近縁種
本種はこの亜科の唯一の記載種である。科の決定が難しいことが、この謎に満ちたハネカクシの正確な同定における一番の障害である。本種の特徴は、後肢の基節（こうしきせつ）が後方に広がって平らになり、腿節（たいせつ）の一部を（腹側から見て）覆う点である。

ヒメハナムシモドキは外見上、小さく厚みがあり、楕円形で褐色の他の多くの甲虫と共通点が見られ、とりわけヒメハナムシ科、タマキノコムシモドキ科、タマキノコムシ科の一部に似ている。長い上翅（じょうし）と、触角の先端の3分節が急激に触角棍（しょっかくこん）をなす点が本種の特徴である。

多食亜目（カブトムシ亜目）

科	ハネカクシ科(Staphylinidae)
亜科	ハバビロハネカクシ亜科(Proteininae)
分布	旧北区およびエチオピア区：ヨーロッパ、アフリカ北西部
生息環境	森林
生活場所	森林の落葉層、苔の生えた基質
食性	おそらく腐食性
補足	本種はグレートブリテン島の2000年近く前のローマ時代の堆積物からも見つかっている

成虫の体長
2.5〜3mm

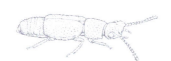

カクムネハババビロハネカクシ
METOPSIA CLYPEATA
P. MÜLLER, 1821

実物大

広範囲に分布する小型のハネカクシであるカクムネハババビロハネカクシ（*Metopsia clypeata*）についてはほとんど何もわかっていない。本種を含む亜科は比較的小さく、種多様性の大部分を種数の多い*Megarthrus*属が占めている。本種は多種多様な環境に生息すると見られ、湿った落葉落枝の溜まった場所で腐敗した有機物を食べると考えられている。亜科の他の種は「水運び（water loading）」と呼ばれる行動を示す。これは、毛細管現象により水が背面に溜まり、虫の体の上で凝結して水滴になり落ちるというものだ。カクムネハババビロハネカクシがこの行動を示すかどうかは不明である。

近縁種
*Metopsia*属はカクムネハババビロハネカクシ以外に11種からなる。このうち、*M. similis*を除けばどの種も本種よりもはるかに狭い分布域をもつ。広域分布の2種は外見が非常に似通っていて、正確に区別するには雄の生殖器の解剖が必要となる。亜科の他の種や、ヨツメハネカクシ科の数種も、*Metopsia*属と外見上の類似点をもつ。

カクムネハババビロハネカクシは幅広の楕円形をした淡褐色から褐色のハネカクシであり、幅広の頭、横長の長方形の前胸背板、正方形の上翅をもつ。背面全体が短くカーブした金色の剛毛に均一に覆われている。

多食亜目（カブトムシ亜目）

科	ハネカクシ科（Staphylinidae）
亜科	チビハネカクシ亜科（Micropeplinae）
分布	新熱帯区：メキシコ南部
生息環境	森林
生活場所	森林の落葉層
食性	不明、おそらく腐食性
補足	メキシコのチアパス州にある単一の生息地のみが知られる

成虫の体長
1.8～1.9mm

メキシコニセチビハネカクシ
PEPLOMICRUS MEXICANUS
CAMPBELL, 1978

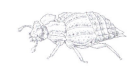

実物大

メキシコニセチビハネカクシ（*Peplomicrus mexicanus*）と亜科内のいくつかの種は、独特の形態から、長年のあいだ独立のMicropeplidae科とされてきた。現在ではヨツメハネカクシ亜科やアリヅカムシ亜科を含むハネカクシの主要3系統の1つの中に位置づけられている。本種はメキシコのチアパス州の単一の採集地で連続して採集された5つの標本にもとづいて記載された。それらは森林の落葉層をふるいにかけて採集されたもので、生活史の詳細は不明である。Micropeplinae亜科の種は、腐敗した有機物や菌類を食べる腐食性と考えられている。

近縁種
*Peplomicrus*属は新世界の熱帯に7種、中国に2種が知られる。この属に含まれる種は、背面の畝や点刻の並び方の微妙な差異や、その他の微細なものを含めた外見的特徴により区別される。よく似た*Micropeplus*属の種は、頭部の特徴および腹部の畝が少ない点で区別できる。

メキシコニセチビハネカクシはがっしりとして凹凸の発達したハネカクシである。背面の明瞭な畝と上翅の深い点刻は典型的なMicropeplinae亜科の特徴であり、これらにより他の亜科のハネカクシとはすぐに区別できる。腹部の畝の数が多い点は*Peplomicrus*属の特徴である。

多食亜目（カブトムシ亜目）

科	ハネカクシ科（Staphylinidae）
亜科	Neophoninae亜科
分布	新熱帯区：南米南部
生息環境	南方の温帯林
生活場所	森林の下層植生の葉
食性	食菌性、葉の上で育つ菌を食べる
補足	ハネカクシとしては珍しいことに、日中に露出した葉の上で活動する

成虫の体長
3.3〜3.7mm

ニセヨツメハネカクシ
NEOPHONUS BRUCHI
FAUVEL, 1905

実物大

単独でNeophoninae亜科をなすニセヨツメハネカクシ（*Neophonus bruchi*）は、ハネカクシの複数の亜科からなる大きな系統であるヨツメハネカクシ群の中の系統関係を解明するうえで重要な存在である。本種は、南半球の温帯林の下層植生の葉の表面に見られ、消化管内容分析によればさまざまな種類の菌を食べる。成虫の跗節には特殊化した剛毛があり、葉の表面につかまるのに役立つ。また口器にある特殊化したブラシは葉の表面に生えた菌をこそげ取るのに適する。本種はハネカクシとしては珍しく、日中に目立つ葉の上で見られ、白い布を張って植物を叩くことで採集できる。

近縁種
この亜科に他種は知られていない。単眼と外見上の体型の類似から、本種はOmaliinae亜科の種と間違われる可能性がある。しかしながら、独特の背面から見た体型、飛び出した眼、その他多くの特有の解剖学的特徴により、他のどのハネカクシからも区別できる。

ニセヨツメハネカクシは中型のハネカクシで、飛び出した大きな眼、幅広で光沢のある赤褐色から黒の体の前半分、大きな点刻が列をなして並ぶ上翅をもつ。幅広い上翅の基部から、先端にかけて腹部は均一に細くなる。雌の体色は雄に比べ赤みが強い。

多食亜目（カブトムシ亜目）

科	ハネカクシ科（Staphylinidae）
亜科	ニセマキムシ亜科（Dasycerinae）
分布	新北区：米国南東部のアパラチア山脈
生息環境	山地林
生活場所	菌に覆われた倒木や立ち枯れ木
食性	食菌性：多孔菌類や担子菌類を食べる
補足	Dasycerus属の新北区の種は飛行能力を欠く

カロライナニセマキムシ
DASYCERUS CAROLINENSIS
HORN, 1882

成虫の体長
1.8〜2mm

実物大

カロライナニセマキムシ（*Dasycerus carolinensis*）の成虫は、アパラチア山脈南部の中・高標高の湿潤な山地林に生息し、大きな倒木や立ち枯れ木に着生するサルノコシカケ類および担子菌類の表面で見られる。幼虫も同様の環境に生息するが、観察されることはまれである。成虫は落葉層のサンプルの中から採集されることもある。この属の種は住みかにしている菌類を食べるものと思われるが、確証は得られていない。これらの奇妙なハネカクシは、同じ進化的系統に属するOmaliinae亜科、Micropeplinae亜科、アリヅカムシ亜科などの他のハネカクシの系統関係を解明するうえで重要な存在である。

近縁種

カロライナニセマキムシと同属のD. bicolorは同所的に分布する。後者は両方の上翅に1つずつ黒い斑点をもつ点で異なる。さらに同所的に分布する未記載種が存在する可能性もある。他のDasycerus属の種はカリフォルニア州、ヨーロッパ、アジアに分布し、外見は全体的に似ているが、外皮の凹凸の細部や雄の生殖器に差異が見られる。

カロライナニセマキムシの成虫は、ハネカクシとしては珍しく完全な上翅をもち、頭と体の表面には凹凸が発達し、繊細なビーズ状の触角分節をもつ。これらの特徴はニセマキムシ亜科の全種に共通だが、世界のハネカクシの中では特異である。

多食亜目（カブトムシ亜目）

科	ハネカクシ科(Staphylinidae)
亜科	アリヅカムシ亜科(Pselaphinae)
分布	新北区：北米東部
生息環境	東部の落葉樹林
生活場所	*Lasius*属のアリの巣
食性	アリによる吐き戻し給餌を受けるほか、アリの幼虫を捕食または死んだアリも食べる可能性がある
補足	アリの巣の中にのみ見られる

成虫の体長
1.8〜2mm

メクラヒゲブトアリヅカムシ
ADRANES LECONTEI
BRENDEL, 1865

実物大

メクラヒゲブトアリヅカムシ（*Adranes lecontei*）を含むClavigeritae上族は、全種が社会性昆虫のコロニーへの寄生に付随する特殊な行動的・形態的特徴を備えている。本種の主な寄主は*Lasius*属のアリである。本種の生態の詳細は不明だが、成虫は腹部の基部に特殊な毛状突起をもち、そこで生産する分泌物がアリを誘引する。近縁種で記録があるように、アリはおそらく本種に吐き戻しによる栄養交換を行うとみられる。

成虫が採集されることは稀であるが、寄主のアリの巣を採集場所にすればある程度確実に得られる。幼虫は知られていないが、寄主の幼虫を捕食しているのかもしれない。

近縁種

少なくとも1種の*Adranes*属の種（*A. coecus*）が本種と同所的に分布するが、脚と雄の生殖器の特徴により区別できる。北米の他の地域にはさらに3種の同属他種が分布する。同じClavigeritae上族の似たグループである*Fustiger*属は小さな眼をもつが、*Adranes*属は眼がない。

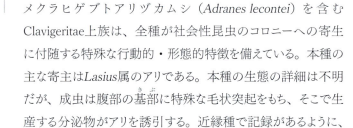

メクラヒゲブトアリヅカムシは3分節のみからなる触角をもち、このうちはっきりと視認できるのは巨大化した第3触角分節のみである。触角、腹部および体のその他の部分に縮小と統合が見られ、これは形態的にアリへの寄生に特化した種の典型的特徴である。腹部の基部にある、分泌腺を備えた毛状突起の束は、最も高度なアリへの寄生を進化させた甲虫に特有のものである。

多食亜目（カブトムシ亜目）

科	ハネカクシ科(Staphylinidae)
亜科	アリヅカムシ亜科(Pselaphinae)
分布	旧北区：ヨーロッパ
生息環境	温帯林
生活場所	森林の落葉層
食性	捕食性
補足	樽型の腹部は多様なBatrisini族の種に典型的である

成虫の体長
2.8～3.2mm

チイロアリヅカムシ
BATRISUS FORMICARIUS
AUBÉ, 1833

実物大

チイロアリヅカムシ（*Batrisus formicarius*）はヨーロッパの広範囲で森林の落葉層に見られ、時にヤマアリ亜科のアリに付随するが、落葉層や粗い木屑の中で自由生活を送ることもある。本種および他のアリヅカムシ亜科の大部分の種は完全な捕食性であり、ダニやトビムシを主な獲物とする。これらの甲虫は、触角と小顎鬚にある鋭敏な感覚器官を使って獲物を見つけて近づき、十分に接近してから襲いかかる。獲物の咀嚼と消化は体外で行い、懸濁液にしてから摂取する。幼虫がもつ、独特の裏返しになる粘着質の突起は、獲物を捕えて動けなくするのに使われる。

近縁種

チイロアリヅカムシは、非常によく似た多くの種からなるBatrisini族の一員である。この族の種は、断面がほぼ円形の樽型の腹部により、亜科内の他種と区別できる。Batrisini族内では、雄の頭と触角の形状の差異や、雄の生殖器の形状が種同定に利用され、ヨーロッパと温帯アジアに分布する3種の*Batrisus*属の種と本種の区別にも有用である。

チイロアリヅカムシはがっしりした褐色のアリヅカムシ亜科のハネカクシであり、Batrisini族の典型的特徴を示す。アリヅカムシ亜科の種の成虫の特徴は、頑丈な体つきと、内部に伸長する顕著な孔(foveae)であり、これがさらに体の固さと強度を増幅している。

多食亜目（カブトムシ亜目）

科	ハネカクシ科（Staphylinidae）
亜科	Phloeocharinae亜科
分布	新北区：北米北西部
生息環境	温帯雨林
生活場所	森林の落葉層
食性	不明、おそらく捕食性
補足	生態のわかっていない珍しいハネカクシで、太平洋沿岸の雨林に分布する

成虫の体長
4〜4.5mm

ニセスジハネカクシ
VICELVA VANDYKEI
(HATCH, 1957)

採集例の少ないニセスジハネカクシ（*Vicelva vandykei*）はオレゴン州からアラスカ州南部までの太平洋岸の雨林に固有である。採集場所と生息環境以外に、本種の生活史は何もわかっていない。Phloeocharinae亜科の大部分の種は本種と同様に情報不足であるが、口器（こうき）の形態から幼虫・成虫ともに捕食性（ほしょくせい）であると考えられる。数少ない標本は落葉層（らくようそう）および河畔の堆積物から得られている。本種の生態が解明され、分子解析に使える新鮮な試料が手に入れば、Phloeocharinae亜科内の系統関係の理解が進むであろう。

近縁種

3つの歯を持つ嘴のような頭楯（とうじゅん）から、この属は亜科内の別の属（ぞく）と容易に区別できる。独特なこの属のハネカクシは2種のみが知られ、もう1種はロシア北西部に分布する。

実物大

ニセスジハネカクシは中型で細長く、側面が平行なハネカクシである。背面は暗褐色で光沢があり、明瞭な縦方向の溝と、その間に短く直立した剛毛（ごうもう）に覆われた隆起した部分がある。前胸背板（ぜんきょうはいばん）は頭のすぐ後ろで最も幅広になり、縁は反曲する。

多食亜目（カブトムシ亜目）

科	ハネカクシ科（Staphylinidae）
亜科	シリホソハネカクシ亜科（Tachyporinae）
分布	旧北区：ヨーロッパ、北アジア
生息環境	森林
生活場所	キノコ、サルノコシカケ類
食性	捕食性
補足	菌類に付随する普通種のハネカクシで、ハエの幼虫を捕食する

成虫の体長
5〜6mm

ユーラシアキノコハネカクシ
LORDITHON LUNULATUS
(LINNAEUS, 1760)

ユーラシアキノコハネカクシ（*Lordithon lunulatus*）の成虫および幼虫は、ユーラシア北部の森林でハラタケ目および多孔菌類に付随してみられる普通種である。成虫は実験室環境でキノコバエの幼虫や小さなイエバエ（*Musca domestica*）の幼虫を食べた観察例があり、幼虫も同様に捕食性と考えられる。それ以外には、本種および同属他種の生活環や生態は不明である。成虫はよく飛び、菌類の基質を発見する際には、菌類から放出される揮発性物質の匂いのプルームを追っていると見られる。

近縁種

少なくとも10種の*Lordithon*属の種が本種と同所的に分布し、全世界では約140種が記載され、主として北半球の温帯に分布する。本種は古い文献では*Bolitobius*属とされるが、この属名は非常に混乱した分類史をもつ。現在の正式な分類では、本種は*Lordithon*属の*Bolitobus*亜属（綴りがわずかに異なる点に注意）に位置づけられる。

実物大

ユーラシアキノコハネカクシは鮮やかな体色のハネカクシで、黒－オレンジ－黒－オレンジ－黒という交互の背面の配色が目を引く。上翅の基部に黄色い斑点があり、腹部には黄色い環状紋がある。幅が狭く先細りになった頭はTachyporinae亜科のこの属の特徴である。

多食亜目（カブトムシ亜目）

科	ハネカクシ科（Staphylinidae）
亜科	ヒゲブトハネカクシ亜科（Aleocharinae）
分布	新北区：北米、メキシコ北部
生息環境	森林
生活場所	ヤマアリ亜科のアリの巣
食性	幼虫・成虫とも寄主に栄養交換による給餌を受ける
補足	ヤマアリ科のアリの巣に特化した寄生生物である

成虫の体長
5.3〜6.4mm

ホクベイハケゲアリノスハネカクシ
XENODUSA REFLEXA
(WALKER, 1866)

実物大

ホクベイアリノスハネカクシ（*Xenodusa reflexa*）は成虫も幼虫もヤマアリ亜科のアリへの絶対的寄生性を進化させており、一生の大部分をアリの巣の中で過ごす。成虫の腹部にある特殊化した分泌腺をもつ剛毛は、寄主のアリを引きつけ、なだめる物質を生産する。幼虫・成虫ともにアリの吐き戻し（栄養交換）による給餌を受ける。本種の幼虫はアリの幼虫と世話や給餌をめぐって競合するため、社会寄生種とされている。*Camponotus*属のアリが最も一般的な寄主であるが、他種では*Formica*属のアリの巣の中で繁殖し、*Camponotus*属のアリの巣に移動し、その中で越冬するものも知られる。

近縁種

*Xenodusa*属は米国とカナダ南部に４種が分布し、メキシコにも１種が分布する。ホクベイハケゲアリノスハネカクシは最も広範囲に分布する種である。同所的に分布する種とは、体が比較的大きい（5.3〜6.4mm）点、腹面が剛毛に覆われる点で異なる。東部の広範囲に分布する*X. cava*は本種に似るが、体の腹面の長い剛毛を欠く。

ホクベイハケゲアリノスハネカクシは比較的大型で、マホガニーブラウンの体色をもつ、Lomechusini族のハネカクシである。幅広く反り返った前胸背板と、腹部に沿って生えた奇妙な毛状突起の束は、この属に特有である。同様の分泌腺を備えた毛状突起は他の好蟻性甲虫の体のさまざまな部位にも見られ、同じようにアリをなだめる物質を生産し放出する機能をもつと考えられる。

多食亜目（カブトムシ亜目）

科	ハネカクシ科（Staphylinidae）
亜科	デオキノコムシ亜科（Scaphidiinae）
分布	東洋区：インドネシアのスマトラ島、スラウェシ島、マレーシアのサラワク州
生息環境	熱帯雨林
生活場所	倒木や立ち枯れ木に生えた菌類
食性	食菌性
補足	首の長さは体の2倍に達する

成虫の体長
13～20mm

クビナガデオキノコムシ
DIATELIUM WALLACEI
PASCOE, 1863

頭より後ろの部分を見ると、この驚異的な昆虫はデオキノコムシ亜科のScaphidiini族の典型的な種のようだが、雌雄ともにもつ極端に伸長した首のために、本種は特異なハネカクシとなっている。本種の生態はほとんど知られていないが、同じ亜科の他種は幼虫・成虫ともに森林環境で枯れ木などの有機物の基質に育つキノコや担子菌類を食べる。成虫は昼夜を問わず露出した菌類の表面で見られる。本種は用心深く、すぐに飛ぶか落下するため、観察や写真撮影を成功させるにはゆっくりと慎重に近づく必要がある。

近縁種

本種は、近年の系統分類学研究と、並はずれて長い首を除いた全体的な外見から、膨大な種数を誇るScaphidium属と同じ族に分類される。同所的に分布するどの昆虫とも本種を混同する恐れはないが、アフリカのミツギリゾウムシ科の一部の種は、首と胸からなる体の前半部が長く伸びるため、一見すると似ている。

実物大

クビナガデオキノコムシは独特のハネカクシで、おそらくすべての甲虫の中でも異例の種であり、極端に長い首は雄の標本では体の長さの2倍に達することもある。首はふつう雄の方が長いが、雌雄とも首の長さには個体差が大きい。

多食亜目（カブトムシ亜目）

科	ハネカクシ科(Staphylinidae)
亜科	ヒラタハネカクシ亜科(Piestinae)
分布	新熱帯区：南米
生息環境	熱帯雨林
生活場所	粗い木屑
食性	食菌性／腐食性
補足	南米のアマゾンの森林に分布し、粗い木屑の樹皮の下に見られる

成虫の体長
8〜10.5mm

キバヒラタハネカクシ
PIESTUS SPINOSUS
(FABRICIUS, 1801)

*Piestus*属はヒラタハネカクシ亜科で最も種数の多い属であり、世界中に約110種が記載されている。キバヒラタハネカクシ（*Piestus spinosus*）は南米のアマゾン川流域の広範囲に分布する種である。本種は倒木の樹皮の下や粗い木屑の中、木屑の近くの落葉層の中に生息する。本種はおそらく腐食性で、樹皮の下の湿った隙間で菌類や微生物に富む腐敗した有機物を食べると考えられるが、食性の直接的な記録はない。

近縁種

ヒラタハネカクシ亜科は現在、現生の7属（旧北区東部および東洋区の*Eupiestus*属や、新北区および新熱帯区の*Hypotelus*属など）と、カザフスタンで発見されたただひとつの化石にもとづく*Abolescus*属からなる。*Piestus*属の約50種が新熱帯区の森林に分布し、多くの種が最近になって記載された。これらの種は大きさ、体型、頭の角の有無や発達の程度、体色、雄の生殖器の細部が異なる。

実物大

キバヒラタハネカクシは多数の種からなる南米の属の中で最も目を引くもののひとつである。長く間隔の広い前額の角と、オレンジ色がかった褐色の体の前半部と黒い腹部のコントラストが、属内他種との区別に役立つ。

多食亜目（カブトムシ亜目）

科	ハネカクシ科（Staphylinidae）
亜科	ツツハネカクシ亜科（Osoriinae）
分布	東洋区：インドネシア、フィリピン
生息環境	熱帯林
生活場所	枯れ木
食性	不明、おそらく食菌性または腐食性
補足	本種の生活史は不明である

成虫の体長
14〜16mm

ジャワツノハネカクシ
BOROLINUS JAVANICUS
(LAPORTE, 1835)

ジャワツノハネカクシ（*Borolinus javanicus*）は奇妙なハネカクシの一群であるLeptochirini族の一員である。*Borolinus*属の種の標本は枯れ木から採集されているが、その生態は不明である。Leptochirini族の他種では、幼虫・成虫ともシロアリに付随して見られるとの報告があるが、シロアリとの関係の詳細は不明である。同じ亜科の他種では菌類や腐敗した植物を食べるとの記録がある。後者の場合、栄養の大部分は基質の中の微生物から得ているのかもしれない。

近縁種
*Borolinus*属の種は、他のOsoriinae亜科の種と同様に、腹節の形状が長く円筒形で、ほとんどのハネカクシよりも柔軟性を欠く。*Borolinus*属の種は大きく突出した大顎と、頭の前部に1対の顕著な角をもつ。ジャワツノハネカクシは、頭の角と大顎の歯状突起の配置で同属の他の13種と区別できる。

実物大

ジャワツノハネカクシは他のLeptochirini族と同様に、比較的大きな体の前半部と小さく筒状の腹部をもつ。巨大化した大顎と前額の角の形状は本種に特有である。

多食亜目（カブトムシ亜目）

科	ハネカクシ科（Staphylinidae）
亜科	セスジハネカクシ亜科（Oxytelinae）
分布	オーストラリア区：オーストラリア南西部
生息環境	湿潤硬葉樹林
生活場所	森林の落葉層
食性	腐食性
補足	オーストラリア南西端の狭い地域のユーカリ*Eucalyptus*の森林にのみ分布するとみられる

成虫の体長
4.5〜6mm

オバケセスジハネカクシ
OXYPIUS PECKORUM
NEWTON, 1982

実物大

オバケセスジハネカクシ（*Oxypius peckorum*）はオーストラリア南西部に100kmにわたって広がる湿潤硬葉樹林で見つかった約50の標本にもとづき記載された。これらの標本は森林の葉や粗い木屑からなる落葉層から採集された。オバケセスジハネカクシの食性は直接確かめられていないが、成虫および幼虫の消化管内容物分析からは、腐敗した植物質、菌類の胞子と菌糸、ダニといった雑食性が示唆される。成虫より先に採集された幼虫は、かつては別種としてヒラタハネカクシ亜科に分類されていた。その後、成虫が採集されて分類が訂正され、Oxytelinae亜科の特徴が再検討された。

近縁種

オバケセスジハネカクシは属内唯一の種である。この特異な種と混同するおそれのある甲虫はいない。形態的特徴の分析によれば、*Oxypius*属に最も近縁なのは謎に満ちた*Euphanias*属であるとみられる。*Euphanias*属は世界各地に分布する珍しい5種からなるが、オーストラリア産の種はいない。

オバケセスジハネカクシは細長く扁平なハネカクシで、盾状で不規則な凹凸をもつ前胸背板は独特である。上翅よりも極端に幅広な腹部は、他のいくつかの特徴とともに、本種と姉妹群である可能性のある*Euphanias*属を結びつける重要な特徴であると考えられる。

多食亜目（カブトムシ亜目）

科	ハネカクシ科（Staphylinidae）
亜科	オオキバハネカクシ亜科（Oxyporinae）
分布	旧北区：ヨーロッパから日本
生息環境	森林
生活場所	肉質の菌類およびその周辺の有機物
食性	食菌性
補足	幼虫・成虫とも菌類、とくに肉質のキノコを食べる

成虫の体長
7〜10mm

ムネアカオオキバハネカクシ
OXYPORUS RUFUS
(LINNAEUS, 1758)

大きな鎌状の大顎からムネアカオオキバハネカクシ（*Oxyporus rufus*）は捕食性に見えるが、本種や同じ亜科の他種は幼虫・成虫とも肉質の菌類を食べ、そのためRed Mushroom Hunterという別の英名をもつ。本種は森林の枯れ木に育つキノコの上で見られる。成虫は用心深く、近づくとすぐに飛ぶか落葉層の中に落下してしまい、追跡するのは非常に難しい。口器に見られる特殊化、とりわけ極端に大型化した下唇鬚は、おそらく寄主の菌類を探すのに使う特別な感覚器を備えているとみられる。本種の成長は早く、好適な条件下では1世代が3週間以内となる。

近縁種
*Oxyporus*属にはムネアカオオキバハネカクシと同所的に分布する種が約10種いる。この中で最も頻繁に見られる*O. maxillosus*は、大部分が黄色く頭と前胸背板だけが黒い。体色以外では、他種は寄主選択と雄の生殖器の細部が異なる。オオキバハネカクシ亜科は世界中に約100種が記載されており、全種が*Oxyporus*属または*Pseudoxyporus*属に含まれる。

実物大

ムネアカオオキバハネカクシはオレンジと黒の鮮やかな配色の昆虫で、外皮には光沢がある。大顎の大きさと頭の幅には個体差がある。

多食亜目（カブトムシ亜目）

科	ハネカクシ科（Staphylinidae）
亜科	メダカオオキバハネカクシ亜科（Megalopsidiinae）
分布	新熱帯区：メキシコのベラクルス州
生息環境	森林
生活場所	朽木、落葉層
食性	捕食性
補足	小型の無脊椎動物をロータリーミルのような口器で切り刻む

成虫の体長
3.5〜3.8mm

メキシコメダカオオキバハネカクシ
MEGALOPINUS CRUCIGER
(SHARP, 1886)

実物大

メキシコメダカオオキバハネカクシ（*Megalopinus cruciger*）は、同じ亜科に属する他種と同様、樹皮の下や、朽ちた倒木や落葉層の中に見られる。本種はハネカクシとしては例外的に動きが遅い。近縁の北米産の種では、実験室環境で小さなハエの幼虫を捕食することが確認されている。この種は、捕らえた幼虫を口器で押さえつけ、動かし、また大顎で切り刻んで、丸い塊にして頭上に掲げる。この獲物の処理方法はロータリーミルに例えられる。こうしてできた懸濁液は、特殊化した剛毛と棘で濾しとられ、開口部から吸収される。

近縁種

メキシコメダカオオキバハネカクシはメキシコ南部から中米に分布する、外見上非常によく似ているこの属の数種のうちの1種である。この属の種多様性はほとんど研究されておらず、未記載種がさらに見つかる可能性は高い。*Megalopinus*属は世界の熱帯・亜熱帯に100種以上が分布しており、温帯にも数種が知られる。

メキシコメダカオオキバハネカクシは、大きく膨張した眼と短い触角、独特の二又に分かれた上唇の突起をもつ、特徴的なハネカクシである。光沢のある背面は属内の大部分の種に共通で、種同定は全体的な外見や雄の生殖器の構造のわずかな差異にもとづいて行われる。

多食亜目（カブトムシ亜目）

科	ハネカクシ科（Staphylinidae）
亜科	コケムシ亜科（Scydmaeninae）
分布	旧北区：ヨーロッパ
生息環境	森林
生活場所	落葉層
食性	捕食性
補足	ダニを捕食する際、極小の吸着カップで動きを封じる

ヨーロッパムナビロコケムシ
CEPHENNIUM THORACICUM
(MÜLLER & KUNZE, 1822)

成虫の体長
0.8～1mm

実物大

ヨーロッパ産のScydmaeninae亜科のハネカクシであるヨーロッパムナビロコケムシ（*Cephennium thoracicum*）は、ササラダニに特化した捕食者であり、この食性は同亜科の他種と共通である。本種といくつかの近縁種は口器の下部に特殊な円盤の列をもち、装甲を備えた獲物にしがみつくのに使われる。この円盤が吸着カップの役割を果たし、滑らかなダニの表面に付着するのだ。本種はダニにしがみつきながら体を引っかいて穴を開け、消化液を注入し、獲物の体から溶けた液体を吸い上げる。幼虫も同様の器官をもつ。

近縁種
*Cephennium*属はヨーロッパおよびアジア北部に100種以上と多数の亜種が分布する。これらの種は似ており、種同定には外部の特徴と体内の生殖器の構造を詳細に検討する必要がある。米国のカリフォルニア州にも1種が分布する。*Cephennium*属と*Chelonoidum*属がCephenniini族で最も種数の多い2属である。

ヨーロッパムナビロコケムシは寸詰まりでがっしりしたハネカクシで、完全な上翅（他の大部分のハネカクシとは異なる）と、上翅の基部に1対の顕著な開口部をもつ。Cephenniini族の体型は似ているが、Scydmaeninae亜科の中では独特で、ふつうはもっと細長くアリに似た形をしている。

多食亜目（カブトムシ亜目）

科	ハネカクシ科（Staphylinidae）
亜科	コケムシ亜科（Scydmaeninae）
分布	新北区：北米東部
生息環境	森林
生活場所	落葉層
食性	捕食性
補足	ササラダニに特化した捕食者である

成虫の体長
1.7〜2mm

ジュズヒゲコケムシ
CHEVROLATIA AMOENA
LECONTE, 1866

実物大

ジュズヒゲコケムシ（*Chevrolatia amoena*）はコケムシ亜科の特徴的なハネカクシの1種である。本種は分布域内で一般的な種ではないが、分布域は広く、光に飛来し、森林の落葉層のサンプルからも採集できる。コケムシ亜科の他種と同様、本種はササラダニに特化した捕食者であると考えられるが、食性が直接確かめられたことはない。近縁の*Euconnus*属の種は、装甲を備えたダニを「有毒の」唾液で覆って麻痺させ、体が弛緩するのを待ってから軟組織を食べる。

近縁種

*Chevrolatia*属はChevrolatiini族をなす唯一の属である。世界中に分布する11種のうち、北米中部で*C. amoena*と同所的に分布するのは*C. occidentalis*のみである。2種は前胸背板の隆条の長さや、雄の生殖器の細部の特徴により区別できる。

ジュズヒゲコケムシの全体的な体型は同じ亜科の他種と共通であるが、ハネカクシとしては比較的珍しいことに、上翅がほぼ完全に腹部を覆う。本種はScydmaninae亜科の大部分の種よりも細長く、首および前胸背板の基部の中央にある鋭い畝の周辺に金色の剛毛が密生する。

多食亜目（カブトムシ亜目）

科	ハネカクシ科（Staphylinidae）
亜科	メダカハネカクシ亜科（Steninae）
分布	オーストラリア区：ニューギニア
生息環境	熱帯林
生活場所	湿った落葉層
食性	捕食性
補足	本種の成虫は飛び出し式の下唇を使った独特の採食行動をとる

成虫の体長
7〜8mm

アオメダカハネカクシ
STENUS CRIBRICOLLIS
LEA, 1931

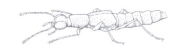

アオメダカハネカクシ（*Stenus cribricollis*）は種数が多く世界中に分布する属の一員である。成虫の獲物の捕らえ方は独特で、長い飛び出し式の下唇（かしん）を使う。この構造の先端にある対になった部分は、粘着性のタンパク質やその他の化合物で覆われた特殊な剛毛（ごうもう）を備えている。カエルやカメレオンが粘着性の舌で獲物を捕らえるように、本種はこの器官を使ってトビムシなどの獲物を捕獲する。また*Stenus*属の種は腹部の先端に分泌腺をもち、界面活性剤を分泌するため、水面を素早く動いて岸辺に戻ることができる。

近縁種

本種を含む*Stenus*属は膨大で、世界中に2,000種以上が分布し、さらに多くの未記載種を含む。属内の種は亜属や種群に分類されており、アオメダカハネカクシを含む*Hypostenus*亜属は、ニューギニアだけで約60種が知られる。多くの種はきわめて似ており、種同定には表面の点刻（てんこく）と雄の生殖器の詳細な検討が必要である。

実物大

アオメダカハネカクシは紫または青の真珠光沢をもち、ニューギニアに分布する種群の1種である。全体的な体型は同じ亜科の他種ときわめて似ており、細長く円筒形の腹部、比較的がっしりして硬化した細長い体、特化した腹側の口器（こうき）、膨張した眼をもつ。種間の差異は内部生殖器、体色、表面の凹凸に見られる。

多色亜目（カブトムシ亜目）

科	ハネカクシ科（Staphylinidae）
亜科	チビフトハネカクシ亜科（Euaesthetinae）
分布	新熱帯区：チリ
生息環境	沿岸の雨林
生活場所	森林の落葉層の深部
食性	捕食性
補足	生息環境を除けば、本種についてはほとんどわかっていない

成虫の体長
3mm

アルザダチビフトハネカクシ
ALZADAESTHETUS FURCILLATUS
SÁIZ, 1972

実物大

小さなハネカクシであるアルザダチビフトハネカクシ（*Alzadaesthetus furcillatus*）は、チリのバルディビア州およびオソルノ州の狭い範囲の雨林にのみ分布する。本種および同亜科の他種の標本は、森林の湿った落葉層をふるいにかけるか、ベルレーゼ漏斗やツルグレン漏斗のような装置を用いて抽出することで採集された。生きた個体が観察されることは稀で、本種の詳細な生態はほとんど知られていない。近縁関係と口器の形態から、本種は落葉層の深部に生息する他の節足動物を捕食すると考えられている。現生種に似た同亜科の化石種が白亜紀前期のレバノンの琥珀から見つかっている。

近縁種
この属には他に1種が知られ、この種もEuaesthetinae亜科に似た属の種も、アルザダチビフトハネカクシと同じ地域の沿岸の雨林に分布する。これらの種同定には、原記載の確認と雄の生殖器の解剖が必要である。

アルザダチビフトハネカクシは細長く、側面が平行で、中程度に硬化したハネカクシである。大顎は長く、曲がっていて、非常に鋭い。全体的な体型はEuaesthetinae亜科の大部分の種に典型的に見られるものだが、たいていの他種はよりくすんだ褐色か黄色味の強い体色である。

多色亜目（カブトムシ亜目）

科	ハネカクシ科（Staphylinidae）
亜科	Solieriinae亜科
分布	新熱帯区：南米南部
生息環境	温帯林
生活場所	森林の落葉層
食性	不明
補足	地味な本種の近縁種が最近になってミャンマーで白亜紀の琥珀から発見された

ソリエーハネカクシ
SOLIERIUS OBSCURUS
(SOLIER, 1849)

成虫の体長
4.5mm

実物大

典型的な外見のハネカクシである本種は、チリおよびアルゼンチンの南部のいくつかの標本のみが知られている。この亜科は南半球の温帯に固有で、1種のみからなる分類群であると考えられてきた。しかし、2012年にミャンマーで琥珀の中から発見され、白亜紀中期から後期（約1億年前）にかけてはるかに広い分布をもっていたことが明らかになった。これらの化石種（新たに*Prosolierius*属として記載された）は、全体的な外見も形態的特徴の詳細も、南半球の温帯の種と非常によく似ている。ソリエーハネカクシ（*Solierius obscurus*）はハネカクシ群に分類されるが、幼虫の特徴が知られていないため、群内の正確な系統的位置付けは不明である。本種の生態については何もわかっていない。

近縁種

この亜科の現生種は本種のみである。白亜紀の琥珀の中に保存された近縁種（*Prosolierius tenuicornis*、*P. crassicornis*、*P. mixticornis*）が発見され、未記載種が研究の進んでいない環境や化石動物群から発見される可能性が出てきた。

ソリエーハネカクシはわりあい典型的なハネカクシで、平凡な外見をしている。特徴の組み合わせから、本種はヨツメハネカクシ群から除外され、ハネカクシ群に再分類された。

多色亜目（カブトムシ亜目）

科	ハネカクシ科（Staphylinidae）
亜科	ツチハネカクシ亜科（Leptotyphlinae）
分布	新北区：米国アラスカ州
生息環境	針葉樹林
生活場所	土壌
食性	不明
補足	本種の発見は、北米北部の昆虫の分布に関する定説を揺るがした

成虫の体長
1〜1.4mm

アラスカツチハネカクシ
CHIONOTYPHLUS ALASKENSIS
SMETANA, 1986

実物大

Leptotyphlinae亜科の種は微小な土壌中に住むハネカクシで、通常の落葉層をふるいにかける方法ではほとんど採集されない。土壌浮選法の採用により、近年になってより広い分布と種多様性が明らかになった。過去に氷河に覆われていなかったアラスカのフェアバンクスで遺存種であるアラスカツチハネカクシ（*Chionotyphlus alaskensis*）が発見されたことで、これらの飛行能力を欠く微小甲虫は亜北極の極限の寒さを生き延びることはできず、とりわけ氷河極大期にはそうだったという従来の説に疑問が呈された。このグループの食性は不明だが、口器の形態から、土壌の深部で共存する他の微小な無脊椎動物を捕食するとみられる。

近縁種

本種と同所的に分布するLeptotyphlinae亜科の類似種はいないが、適切な採集方法をとればさらに未記載種が発見される可能性がある。本種およびLeptotyphlinae亜科の他種は、外見上は別のグループのハネカクシであるアリヅカムシ亜科の*Mayetia*属の種に似る。これらも土壌の深部に生息し、北半球の別の地域では同所的に分布する可能性がある。

アラスカツチハネカクシは非常に細長く、翅と眼を欠く、淡褐色のハネカクシである。細長くほとんどイモムシ型の体型は、土壌粒子の隙間を移動する生活様式に適応している。

多色亜目（カブトムシ亜目）

科	ハネカクシ科（Staphylinidae）
亜科	スジヒラタハネカクシ亜科（Pseudopsinae）
分布	新北区：カナダのブリティッシュコロンビア州、米国のワシントン州およびカリフォルニア州
生息環境	温帯雨林
生活場所	森林の湿った落葉層
食性	不明
補足	本種の最大の標本群は川に溜まった流木から採集された

ムナビロスジヒラタハネカクシ
ASEMOBIUS CAELATUS
HORN, 1895

成虫の体長
4.5～5.2mm

実物大

謎に満ちたムナビロスジヒラタハネカクシ（*Asemobius caelatus*）は、かつてはわずかな標本の採集記録がカナダのブリティッシュコロンビア州と米国のワシントン州にあるのみだったが、ブリティッシュコロンビア川の氾濫の残滓から大量に発見された。本種の生態は不明だが、同じ亜科の他種は湿った森林土壌に付随し、菌類の上や小型哺乳類の巣穴の付近で採集されている。食性や生活史のその他の側面はまったくわかっていない。タイプ産地は「カリフォルニア」とされており、それ以上の情報はない。

近縁種
本種の分布域内で本種と混同するおそれがあるのは、Pseudopsinae亜科の*Nanobius*属と*Zalobius*属の種のみである。これらは体の背面の凹凸の細部と、頭の下面の特徴が異なる。

ムナビロスジヒラタハネカクシは褐色のハネカクシで、独特の装甲のような凹凸と体の背面の顕著な点刻をもつ。顕著な凹凸は亜科の大部分の種に共通である。本種の生態はほとんど知られていない。

多色亜目（カブトムシ亜目）

科	ハネカクシ科（Staphylinidae）
亜科	アリガタハネカクシ亜科（Paederinae）
分布	新熱帯区：南米
生息環境	アマゾンの森林
生活場所	森林の落葉層
食性	捕食性
補足	長い大顎と、近縁のハネカクシの生態から、本種は捕食性と考えられる

成虫の体長
5〜6mm

シリグロホソクビサビハネカクシ
ECHIASTER SIGNATUS
SHARP, 1876

実物大

シリグロホソクビサビハネカクシ（*Echiaster signatus*）は中型のハネカクシで、19世紀の偉大な博物学者・甲虫分類学者のデヴィッド・シャープにより、ブラジルのアマゾン中東部で採集された11の標本にもとづいて記載された。この属の食性はほぼ確実に捕食性であり、同じ亜科の他種と同様と考えられるが、本種の食性の直接的証拠はない。非常に長い大顎からは、熱帯林の落葉層の隙間での捕食性の生活様式が強く示唆される。*Echiaster*属の種の標本はふつう落葉層をふるいにかけることで頻繁に見られる。

近縁種
シャープは1本の論文の中で中央アマゾンの10種の*Echiaster*属を記載した。ブラジルにはこれ以外に少なくとも23種が知られ、いずれも外見は似ている。さらにたくさんの種が世界中の温帯および熱帯で記載されている。近縁でよく似た*Myrmecosaurus*属は、新世界のヒアリ類（*Solenopsis*）に付随する好蟻性の種を含む。

シリグロホソクビサビハネカクシの体型は*Echiaster*属の他種と似ており、つやのない紙やすりのような体の表面、大きく楕円形の頭、幅が狭く先細りの体、細い首をもつ。大顎の長さは属内の種によって異なるが、*E. signatus*では極端に長い。上唇の鋭い歯状突起も多くの種に見られる顕著な特徴である。

多色亜目（カブトムシ亜目）

科	ハネカクシ科（Staphylinidae）
亜科	アリガタハネカクシ亜科（Paederinae）
分布	旧北区：ヨーロッパ北部、アジア北西部：北米での分布の記録は確認を要する
生息環境	多様
生活場所	湿潤な放牧地、灌漑された農地、河畔および湖畔
食性	捕食性
補足	本種および属内の近縁種は、人の健康に実質的な健康上のリスクを生じさせる数少ない甲虫である

成虫の体長
6〜8mm

カワベアオバアリガタハネカクシ
PAEDERUS RIPARIUS
(LINNAEUS, 1758)

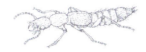

カワベアオバアリガタハネカクシ（*Paderus riparius*）の生態はPaederinae亜科に典型的なもので、小型節足動物のジェネラリスト捕食者である。しかしながら、本種は体液の中に含まれるペデリンという物質のために、深刻な公衆衛生上の脅威となる。ペデリンは皮膚炎を起こす毒物であり、接触した皮膚に数週間にわたって水ぶくれを残す。この物質は甲虫の体内に生息する内部共生細菌が合成するものである。農地の近くでは本種が大発生することがあり、光に誘引されるため、近隣住民にとって深刻な問題になりうる。

近縁種
*Paederus*属は大きなグループで、約150種が世界中に分布する。本種を含む約20種は皮膚炎を引き起こすのに十分な量のペデリンを含み、毒の量は種によって異なる。

実物大

カワベアオバアリガタハネカクシは目を引く配色のオレンジと黒のハネカクシであり、上翅には紫色の真珠光沢がある。この体色をもつ*Paederus*属の種は多いが、全種に共通というわけではない。人の肌の上で本種を潰すと水ぶくれができてなかなか消えず、二次接触によって広がるおそれもある。

多色亜目（カブトムシ亜目）

科	ハネカクシ科(Staphylinidae)
亜科	ハネカクシ亜科(Staphylininae)
分布	オーストラリア区：ニューギニアおよびオーストラリア北端部
生息環境	熱帯林
生活場所	落葉層、排泄物、死骸
食性	ハエを捕食
補足	動物の死骸に付随するハエを捕食する

成虫の体長
16〜22mm

アオバネホソキバハネカクシ
ACTINUS IMPERIALIS
FAUVEL, 1878

飛び抜けて大型で派手な色をしたアオバネホソキバハネカクシ（*Actinus imperialis*）の成虫は、ハエの集まる死骸や糞といった悪臭のする物体に頻繁に見られる。成虫は活発にウジを探索して襲いかかり、時には成虫のハエも捕らえる捕食者である。幼虫もおそらく成虫と同じ捕食性と考えられるが、幼虫の生態は記録に乏しい。ある文献にはカルダモン（ショウガ科の植物）に付随するとあるが、それ以上の記述はない。成虫は大顎と頭に明瞭な性的二型を示し、雄は雌よりも大きな頭と長い大顎をもつ。

近縁種
この属には類似の2種が知られる。オーストラリア北部の*Actinus macleayi*は、頭と前胸背板の点刻が不明瞭である点など、細かな差異がある。体色を除けば本種は外見的にはPhilonthina亜族のハネカクシに似るが、これほど派手な種はほとんどいない。

実物大

アオバネホソキバハネカクシはハネカクシとしては飛び抜けて大きく、メタリックグリーンの頭と前胸背板、鮮やかなメタリックパープルの上翅をもつ。腹部の後端には三角形のオレンジ色の紋がある。頭の点刻は本種に固有の特徴である。

多色亜目（カブトムシ亜目）

科	ハネカクシ科（Staphylinidae）
亜科	ハネカクシ亜科（Staphylininae）
分布	新熱帯区：南米中央部
生息環境	河畔林
生活場所	ミズコメネズミ（Nectomys squamipes）の体および巣穴
食性	ノミを捕食
補足	小型哺乳類に便乗し、巣穴の中でノミを捕食する

成虫の体長
6.5〜7.5mm

ネズミヤドリハネカクシ
AMBLYOPINODES PICEUS
(BRÈTHES, 1926)

実物大

ネズミヤドリハネカクシ（*Amblyopinodes piceus*）およびStaphylinini族のAmblyopinina亜族の他種は、ハネカクシの中でも特異なことに、小型哺乳類（主として齧歯類）の体や巣穴での生活に適応している。本種の成虫はミズコメネズミ（*Nectomys squamipes*）の耳の間の体毛や皮膚につかまって移動し、幼虫はミズコメネズミの巣穴に発生する。以前の昆虫学者たちは本種がこのネズミに寄生すると考えたが、その後の研究により、本種はノミを捕食し、巣穴の中のノミの個体数を減らすことでネズミに利益をもたらしているとわかった。本種の扁平な頭の形状は、哺乳類の体表面に住む近縁関係のない他種のものに類似している。

近縁種
少なくとも5種の同属他種が同じ地域に分布する。種同定は雄の生殖器の構造の検討と、重要度では劣るが、体表面の特殊な剛毛の配置にもとづいて行われる。同じ族に含まれる他の属も類似しており、基準となる特徴や寄主の哺乳類の種によって同定される。

ネズミヤドリハネカクシは細長く、やや扁平で、くすんだ色のハネカクシである。頭はとりわけ非常に扁平で、大顎は哺乳類の体毛につかまるのに適応している。腹部の下面にある長い可動性の剛毛はこの属に特有である。

多色亜目（カブトムシ亜目）

科	ハネカクシ科(Staphylinidae)
亜科	ハネカクシ亜科(Staphylininae)
分布	エチオピア区：南アフリカ
生息環境	山地林
生活場所	落葉層
食性	捕食性
補足	本種はこの亜科の種としては珍しく、翅が退化し飛行能力を欠く

成虫の体長
17〜33mm

アローハネカクシ
ARROWINUS PHAENOMENALIS
(BERNHAUER, 1935)

この属の種はArrowinini族をなす。ハネカクシの専門家は、このグループがハネカクシ亜科内の多くの系統間の進化的関係を解明する上でとくに重要だと考え、注目している。本種の標本はピットフォールトラップや山地林の落葉層をふるいにかけることで得られている。Arrowinus属のハネカクシの大部分の種は幼虫・成虫とも活発な捕食者である。下翅は小さな痕跡器官に退化しているため、飛行能力はない。成虫および幼虫の口器の形態、および消化管内容分析から見て、本種は捕食性である。

近縁種

Arrowinus属の4種は南アフリカの異なる地域に分布する。いずれも黒または暗褐色だが、頭にある長い剛毛の配置や、腹部の畝の形状により区別できる。これらの種の外見は同じ亜科の他の大型のハネカクシに似るが、小さく退化した下翅がこの属と判断するのに役立つ。

実物大

アローハネカクシは大型で黒い捕食性のハネカクシで、南アフリカの固有種である。成虫の大きさは個体差がきわめて大きく、最小標本は最大標本の半分の体長しかない。下翅は属内のすべての種で退化していて、飛行能力を欠き、これが分布域の狭さの一因であるとみられる。

多色亜目（カブトムシ亜目）

科	ハネカクシ科（Staphylinidae）
亜科	ハネカクシ亜科（Staphylininae）
分布	オーストラリア区：オーストラリア
生息環境	多様、死骸がある場所ならどこでも
生活場所	さまざまな分解段階の死骸
食性	捕食性
補足	敏捷な捕食者で、動物の死骸にわくウジを食べる

成虫の体長
18〜22mm

ズアカオオハネカクシ
CREOPHILUS ERYTHROCEPHALUS
(FABRICIUS, 1775)

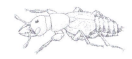

ズアカオオハネカクシ（*Creophilus erythrocephalus*）はオーストラリア最大級のハネカクシである。本種は脊椎動物の死骸の上でしばしば見られ、死骸にたかるハエを捕食する。成虫は死骸を見つけて産卵し、孵化した幼虫はハエの卵、幼虫、蛹を食べて、急速に3齢までの成長段階に達する。成虫はよく飛び、遺骸がまだ活発に分解されている途中であればそこで同じサイクルを繰り返し、そうでなければ新たな食糧源となる死骸に分散する。研究者により本種の複眼の色素細胞に寄生するノセマ科の微胞子虫が発見されている。

近縁種
本種は特徴的なので、同所的に分布する他のハネカクシと混同するおそれはない。本種の英名は*Ocypus olens*と共通の「Devil's Coach Horse」で、この大型の捕食性ハネカクシはヨーロッパ原産だがオーストラリアに移入されている。*Ocypus olens*は光沢のない黒い体色をしている。

実物大

ズアカオオハネカクシは鮮やかな配色のハネカクシであり、オレンジ色の頭、発達した大顎、艶のある黒い胸、光沢のない黒い腹部をもつ。大きな翅はふだんは非常に特徴的なパターンで上翅の下に折りたたまれている。雄は雌よりも相対的に大きな頭をもつ。

多色亜目（カブトムシ亜目）

科	ハネカクシ科(Staphylinidae)
亜科	ハネカクシ亜科(Staphylininae)
分布	旧北区：ヨーロッパとアジア
生息環境	放牧地
生活場所	草食動物の糞
食性	捕食性
補足	放牧地の管理方法の変化により、本種は分布域の大部分で絶滅の危機にあるとみられる

成虫の体長
18〜27mm

マルハナバチモドキハネカクシ
EMUS HIRTUS
(LINNAEUS, 1758)

マルハナバチモドキハネカクシ（*Emus hirtus*）はヨーロッパの牛の放牧地の昆虫相の中のよく知られた種だが、放牧地が集約管理化され、家畜に寄生虫予防処置が行われるようになったことで、かつての分布域で著しく減少した。1997年、局所絶滅したと考えられていたケント州で本種が再発見され、一般大衆から注目を浴びた。本種は幼虫・成虫とも牛などの家畜の糞に住み、主としてハエの幼虫を食べる。19世紀の記述では、他の甲虫の幼虫も獲物になりうるとされている。

近縁種

マルハナバチモドキハネカクシは西ヨーロッパにおける属内唯一の種であり、同所的に分布する他のハネカクシと混同するおそれはない。同属のもう1つの種である*E. griseosericans*はチベット固有種である。数種の大型（25mm以上）のハネカクシ亜科の種が本種と共存し、餌をめぐって競合するが、毛むくじゃらで黄色と黒の外見をもつのは本種のみである。

実物大

マルハナバチモドキハネカクシは大型で、毛に覆われた、黄色と黒のハネカクシであり、発達した大顎はハエの幼虫の捕食によく適応している。目を引く2色の配色はマルハナバチへの擬態であると推測する研究者もいる。

多色亜目（カブトムシ亜目）

科	ハネカクシ科（Staphylinidae）
亜科	ハネカクシ亜科（Staphylininae）
分布	新熱帯区：メキシコからアルゼンチンまで
生息環境	熱帯林および亜熱帯林
生活場所	死骸や排泄物
食性	捕食性
補足	小型の雄は雌に擬態し、大型の雄の攻撃を避けて雌と交尾する

成虫の体長（雄）
17～27mm

成虫の体長（雌）
15～20mm

キバサビハネカクシ
LEISTOTROPHUS VERSICOLOR
(GRAVENHORST, 1806)

同じ亜科の多くの他種と異なり、キバサビハネカクシ（*Leistotrophus versicolor*）はウジではなく、ハエの成虫やその他の昆虫を捕食する。本種は敏捷で、死骸や糞の周囲で捕食し、こうした場所を餌場として防衛する。本種の腹部の分泌物はハエを餌場に誘引する。交尾の優先権をめぐる争いは雄どうしの闘争によって解決されるが、小型の雄は雌に擬態し、攻撃に訴えることなく雌と交尾する。小型の雄は、大型の雄が間違って配偶行動をしている隙に雌と交尾することすらある。

近縁種
キバサビハネカクシはこの属の唯一の現生種だが、米国西部の漸新世の堆積層から1種の化石種が知られている。他の大型のStaphyliniae亜科の種も同様の環境に生息するが、本種と混同するおそれはない。

実物大

キバサビハネカクシは大型で、毛に覆われた、まだら模様の褐色の甲虫である。成虫は敏捷な昼行性のハエの捕食者だ。雄の体長、頭の幅、大顎の長さは個体差が非常に大きいが、平均するといずれも雌を上回る。発達した雄の大顎は雌をめぐる雄どうしの闘争に使われる。

多色亜目（カブトムシ亜目）

科	ハネカクシ科（Staphylinidae）
亜科	ハネカクシ亜科（Staphylininae）
分布	新北区：北米西部
生息環境	太平洋沿岸の浜辺
生活場所	砂浜の潮間帯
食性	捕食性
補足	砂浜に適応し、甲殻類を捕食する

成虫の体長
16〜20mm

マダラハマベオオハネカクシ
THINOPINUS PICTUS
LECONTE, 1852

マダラハマベオオハネカクシ（*Thinopinus pictus*）は海岸の塩性環境での生活に適応した数少ない甲虫のひとつである。本種は日中、満潮線の上のゆるい砂に掘った巣穴で過ごし、夜間に飛沫帯のすぐ上に移動して採食し、獲物を待ち伏せる。幼虫・成虫ともに主な獲物はヨコエビ（端脚類）などの小型の海浜性無脊椎動物である。ほとんどの捕食性甲虫と同様、大顎と小顎で獲物を咀嚼して唾液と混ぜ合わせ、流動体状の懸濁液にしてから飲み込む。

近縁種

*Thinopinus*属の既知の種は本種のみであり、マダラハマベオオハネカクシは独特の外見と特異な生息環境から、他の大型のハネカクシと混同するおそれはない。同様のニッチをまったく類縁関係にない甲虫のグループであるハネカクシ科が占めており、南半球の太平洋の島々とオーストラリアの海岸に分布する。

マダラハマベオオハネカクシは明瞭な模様をもつ種で、淡黄褐色の地に、胸部に黒く丸い模様、腹部に横方向の模様がある。分布域の大部分で黒と黄褐色の体色をもつが、オレゴン州の暗色の砂浜に生息する個体群ではより暗い色をしており、夜行性捕食者による淘汰圧の結果だと考えられる。

実物大

多色亜目（カブトムシ亜目）

科	フユセンチコガネ科（Pleocomidae）
亜科	フユセンチコガネ亜科（Pleocominae）
分布	新北区：カリフォルニア州南部のトランスヴァース山脈および半島山脈
生息環境	マツ林
生活場所	雄は光に誘引され、雌と幼虫は巣穴に住む
食性	成虫は餌を食べず、幼虫は根を食べる
補足	雄は雨の中を飛び、飛べない雌を探す

成虫の体長（雄）
24〜28mm

成虫の体長（雌）
44mm

ミナミフユセンチコガネ
PLEOCOMA AUSTRALIS
FALL, 1911

ミナミフユセンチコガネ（*Pleocoma Australis*）の雄は夕方や夜、あるいは夜明け前の最初の雨の後に巣穴から出現し、しばしば光や水たまりに誘引される。雄は地面の上を低く飛んで、巣穴からフェロモンを放っている雌を探す。雄は交尾するとまもなく死ぬが、雌は巣穴の中で数ヵ月生き延び、地中深くに産卵する。幼虫はキャニオンライブナラ（*Quercus chrysolepis*）の根を食べ、7回以上脱皮し、成熟には10年以上を要することもある。

近縁種

*Pleocoma*属は約33種からなり、雌が飛行能力を欠くため分布域は限られている。この属の種の分布域は、過去200万〜300万年の間に氷河作用や海進を受けていない地域である。海進を受けた沿岸地域に見られる個体群は分散の結果だと考えられる。ミナミフユセンチコガネの雄は体色と分布から他種と区別できる。

実物大

ミナミフユセンチコガネの雄は、暗赤褐色の体の前半部、V字型の頭の角、黒い上翅、完全に発達した下翅、赤褐色の剛毛をもつ。飛行能力をもたない雌は、はるかに大型で、がっしりした体をもち、全体が赤褐色で、頭の装飾や実用性のある下翅はもたない。雌雄とも11分節からなる触角と熊手のような前肢の脛節を持ち、咀嚼に適した口器を欠く。

多色亜目（カブトムシ亜目）

科	センチコガネ科(Geotrupidae)
亜科	Taurocerastinae亜科
分布	新熱帯区：チリおよびアルゼンチンの南部
生息環境	パタゴニアステップ
生活場所	開けた灌木地や草原
食性	成虫は糞を食べる
補足	Taurocerastes属の唯一の種である

成虫の体長
24〜26mm

ウシヅノセンチコガネ
TAUROCERASTES PATAGONICUS
PHILIPPI, 1866

ウシヅノセンチコガネ（Taurocerastes patagonicus）の成虫は飛行能力を欠き、昼行性である。本種はヒツジやウサギ、グアナコの糞のペレットを前肢で引きずって、不規則で分岐のない巣穴に運ぶ。巣穴は約70度の角度で掘られており、最深部に長さ50〜70mm、直径20〜30mmの糞塊が貯蔵されている。貯食が成虫自身のためか、幼虫のためかははっきりしない。巣穴の入り口は石や糞のペレット、あるいは土の塊で塞がれている。幼虫は、成虫の行動範囲の砂地や小石混じりの土壌で見つかっているが、巣穴や糞からは見つかっていない。

近縁種

Taurocerastes属は1種のみからなる。もっとも近縁なのはFrickius属で、同じくチリとアルゼンチンに分布する2種からなる。Taurocerastes属は、雌雄とも下翅を欠く点、比較的なめらかな表面の凹凸、雄の前胸背板の装飾でFrickius属の2種と区別できる。

ウシヅノセンチコガネは幅広の楕円形で、厚みがあり、ややつやのある黒い体をもつ。雄の前胸背板には1対のカーブした前方に突出する角があり、雌には頭のすぐ後ろに比較的小さな2つの瘤状突起がある。丸みのある上翅にはうっすらと溝があり、会合線上で癒合していて、下翅は発達していない。

実物大

多色亜目（カブトムシ亜目）

科	センチコガネ科 (Geotrupidae)
亜科	ムネアカセンチコガネ亜科 (Bolboceratinae)
分布	オーストラリア区：オーストラリア東部および南部、タスマニア島北部を含む
生息環境	沿岸平野と隣接する台地
生活場所	成虫と、おそらく幼虫も土に巣穴を掘る
食性	成虫と、おそらく幼虫も腐葉土や菌類を食べる
補足	雄の頭楯にある細長い突起はセンチコガネ科には珍しい特徴である

成虫の体長（雄）
19〜21mm

成虫の体長（雌）
15〜19mm

ゾウバナセンチコガネ
ELEPHASTOMUS PROBOSCIDEUS
(SCHREIBERS, 1802)

実物大

ゾウバナセンチコガネ（*Elephastomus proboscideus*）の生態はほとんど知られていない。成虫は夜行性で光に誘引される。本種は地面を掘る能力も高く、巣穴の奥でキノコを食べることが知られている。巣穴はふつう垂直で、入り口に「盛り土」があり、新しい巣穴ではそれが湿ったように見える。幼虫は知られていないが、Bolboceratinae亜科の他種と同様、深い巣穴の中で成虫が運び込んだキノコのかけらや他の植物質を食べて成長する。

近縁種

*Elephastomus*属の9種はオーストラリア東部とタスマニア島にのみ分布し、センチコガネ科の他種とは雄の頭盾にある長く伸びた突起により区別される。ゾウバナセンチコガネは頭楯の前端にある2つの短い「歯」によって区別できる。沿岸部の亜種*E. p. proboscideus*の雄は眼の前に2つの癒合した瘤状突起からなる隆条があるが、内陸の*E. p. kirbyi*では短い隆条が1つである。

ゾウバナセンチコガネは淡赤褐色から暗赤褐色である。雄の頭楯には前方に長く伸びる突起があり、その先端には2つの「歯」がある。雌の頭楯は短く丸い。雄の口はずっと下方にある。雌雄とも前胸背板には装飾を欠くが、雄の方が凹凸が明瞭である。両方の中肢の基部の間隔は接触しそうに狭い。

多色亜目（カブトムシ亜目）

科	センチコガネ科（Geotrupidae）
亜科	センチコガネ亜科（Geotrupinae）
分布	新北区：北米東部
生息環境	温帯の硬材樹種の森林および混交林
生活場所	成虫は林床の菌類や動物の排泄物の付近で見られる
食性	成虫は菌類、糞などを食べる
補足	成虫は光に誘引され、幼虫に落ち葉を給餌する

成虫の体長
13〜21mm

ツヤセンチコガネ
GEOTRUPES SPLENDIDUS
(FABRICIUS, 1775)

ツヤセンチコガネ（*Geotrupes splendidus*）は北米東部で最も頻繁に見られ広範囲に分布する*Geotrupes*属の甲虫の1種である。成虫は秋に出現し、菌類を好んで食べるが、糞や死骸、羽毛にも誘引される。雄はキノコの下に巣穴を掘り、雌が訪れるのを待つ。交尾したつがいは巣穴の中で越冬し、春に再び現れて採食を続け、産卵する。雌が掘る巣穴は深さ150〜180mmで、直角に曲がる。その後雌は巣穴の端に落ち葉のかけらや刈り取られた芝を貯食し、幼虫はそれを食べて夏に蛹化する。

近縁種
北米には11種の*Geotrupes*属が分布し、ツヤセンチコガネは鮮やかな緑または銅緑色の体色、上翅の深い溝とその中に並ぶ周囲の表面と同じ色の点刻、幅広で内向きに突出する雄の脛節の先端の爪によって区別される。*Geotrupes*属は旧北区にも18種が分布し、その1種である*G. spiniger*はオーストラリア南東部に導入されている。

ツヤセンチコガネは鮮やかなメタリックグリーンまたは銅緑色だが、時に明るい青、稀には紫がかった黒のこともある。触角は赤褐色で、触角棍はより明るい色をしている。深く窪んだ上翅の溝にある点刻は、周囲の上翅表面と同じ色をしている。また、小楯板の縁に沿った溝は上翅の基部に達しない。

実物大

多色亜目（カブトムシ亜目）

科	センチコガネ科（Geotrupidae）
亜科	センチコガネ亜科（Geotrupinae）
分布	旧北区：ヨーロッパ東部
生息環境	ステップ、開けた野原、放牧地、平原、道路際
生活場所	成虫は砂地の地上や巣穴の中に住み、幼虫は巣穴の中で成長する
食性	幼虫・成虫とも葉を食べる
補足	ポーランドでは保護対象種である。同じ科の他種と異なり、糞ではなく葉を食べる

オオキバセンチコガネ
LETHRUS APTERUS
(LAXMANN, 1770)

成虫の体長
15～24mm

オオキバセンチコガネ（*Lethrus apterus*）の雄はきわめて奇妙な外見をしている。大顎にある2つの大きな歯状突起はまるで牙のようだ。春、越冬成虫が雌雄とも出現し、地面に巣穴を掘る。雄はまもなく雌のいる巣穴を探し始め、見つけた巣穴を守るためライバルの雄を攻撃する。交尾したつがいは巣穴を拡張して複数の部屋をつくってそこに葉を敷き、幼虫はそれを餌に成長する。巣穴の深さは1mに達することもある。本種は葉を切り取って食べることでブドウなど多くの作物に深刻な被害をもたらし、かつてブルガリアではヒマワリの主要な害虫であった。

近縁種

*Lethrus*属は約120種からなり、全種が飛行能力を欠き、似た外見をしていて、ふつう分布域は狭い。1871年、チャールズ・ダーウィンは著書『人間の由来』の中で次のように記述している。「*Lethrus*属は鰓角類の甲虫の一大勢力であり、雄どうしは闘争する。角を欠くかわりに、大顎が雌のものよりはるかに大きくなっている」

実物大

オオキバセンチコガネは飛べない黒い甲虫で、短い体と大きな頭、幅広い前胸をもつ。上翅は短く会合線上で癒合している。雄の頭は雌よりも大きい。雄の立派な大顎には片方につき2つの大きな歯状突起があり、左右の腹側の突起は対称である。

多色亜目（カブトムシ亜目）

科	クロツヤムシ科(Passalidae)
亜科	クロツヤムシ亜科(Passalinae)
分布	新熱帯区：メキシコ、グアテマラ
生息環境	高標高地の湿潤熱帯林
生活場所	森林の倒木や朽木
食性	幼虫・成虫とも朽木を食べ、幼虫は成虫の糞も食べる
補足	地域固有の希少な準社会性の甲虫である

成虫の体長
68〜75mm

ヨコヅナクロツヤムシ
PROCULUS GORYI
(MELLY, 1833)

実物大

クロツヤムシ科の最大種のひとつであるヨコヅナクロツヤムシ（*Proculus goryi*）は飛行能力を欠き、メキシコとグアテマラの標高800〜1,250mの地域に分布する。幼虫・成虫とも朽ちた倒木に同時に見られ、朽木を食べる。本種は摩擦発音により他個体とコミュニケーションをとる。咀嚼した木と糞を混ぜた「巣」の中に産卵する。幼虫・成虫とも朽木を食べるが、木の消化には成虫の糞に含まれる微生物の助けが必要なのだ。成虫は咀嚼した木を幼虫に給餌する。

近縁種

*Proculus*属はクロツヤムシ科の最大種を含み、同じ科の他の属とは、卵型の上翅と退化した眼によって区別できる。他に5種の*Proculus*属（*P. burmeisteri*、*P. jicaquei*、*P. mniszechi*、*P. opacipennis*、*P. opacus*）が、メキシコからコロンビアにかけ、主として高標高の山地に分布している。

ヨコヅナクロツヤムシはきわめて大型の甲虫だ。前額に小さな角があり、前胸は大きく長い。上翅には光沢があり、黒く、卵型で、剛毛が主に周縁部に生えている。上翅の条線には深い点刻がある。触角はカーブしており、触角棍にある扁平なプレートの数には個体差がある。脚は黒い。

多色亜目（カブトムシ亜目）

科	コブスジコガネ科（Trogidae）
亜科	コブスジコガネ亜科（Troginae）
分布	新北区および新熱帯区：西半球、他地域にも導入
生息環境	温帯・亜熱帯の乾燥環境
生活場所	幼虫・成虫とも分解の最終段階にある乾燥した動物の死骸に見られる
食性	幼虫・成虫ともケラチンを食べる
補足	脅威を感じると成虫は死んだふりをし、小さな土塊のようになる

成虫の体長
9〜15mm

ナンベイオオコブスジコガネ
OMORGUS SUBEROSUS
(FABRICIUS, 1775)

195

実物大

ナンベイオオコブスジコガネ（*Omorgus suberosus*）は幼虫・成虫ともケラチンを食べ、脊椎動物の死骸に最後にやってきて皮膚、角、蹄、毛、羽毛を食べる昆虫のひとつである。幼虫は死骸の下に垂直に掘られた浅い巣穴の中で餌を食べ成長する。成虫は時に乾いた牛糞の下で見られ、光に誘引される*Omorgus*属の中で最も頻繁に見られる種のひとつである。本種は南米原産だが、現在では西半球全体、オーストラリア、太平洋のいくつかの島々に分布する。中央ヨーロッパにはアルゼンチンから輸入された羊毛に紛れて導入されたとみられる。

近縁種

*Omorgus*属は114種からなり、主として南半球の乾燥地域に広く分布する。ナンベイオオコブスジコガネは頭の瘤状突起、比較的滑らかな前胸背板と上翅、小さく光沢のある部分が散在し格子柄に見える上翅、完全に発達した下翅、雄の生殖器によって同属他種と区別できる。

ナンベイオオコブスジコガネは細長い卵型で、やや平たく、比較的滑らかな前胸背板と上翅をもち、短い羊毛状の剛毛に覆われる。頭には2つの目立った瘤状突起がある。小楯板は基部で細くなり、矢じり型をしている。上翅には明瞭な肩部と畝があり、光沢のある部分と低い瘤状突起が不規則に散在する。脚と跗節には短い剛毛がまばらに生える。

多色亜目（カブトムシ亜目）

科	クワガタムシ科 (Lucanidae)
亜科	キンイロクワガタ亜科 (Lampriminae)
分布	オーストラリア区および東洋区：パプアニューギニア、インドネシア
生息環境	藪と森林
生活場所	成虫は藪にみられ、幼虫は朽木に巣穴を掘る
食性	成虫は樹液や腐った果物を食べるところが見られ、幼虫は朽木を食べる
補足	属内でも目を引く種で、体色はメタリックグリーンからブロンズ、青、赤、紫など多様である

成虫の体長(雄)
23.7〜50.7mm

成虫の体長(雌)
18.9〜26mm

パプアキンイロクワガタ
LAMPRIMA ADOLPHINAE
(GESTRO, 1875)

パプアキンイロクワガタ（*Lamprima adolphinae*）は顕著な性的二型を示す。雄の大顎は雌のものよりはるかに長く、強くカーブしている。雌はユーカリ類（*Eucalyptus*）やモクマオウ類（*Casuarina*）の朽ちた倒木に産卵する。幼虫はC字型で、ニューギニア西部高地のエイポ族の女性たちは時にこれらを倒木から掘り出して食べる。

近縁種

パプアキンイロクワガタは属内で最も一般的な種であるが、分布はパプアニューギニアとインドネシアに限られている。他の種は分布域が異なり、*L. aenea*はノーフォーク島、*L. insularis*はロードハウ島、*L. aurata*はタスマニア島とオーストラリア、*L. latreillii*、*L. micardi*、*L. varians*はオーストラリア本土に分布する。

実物大

パプアキンイロクワガタは重要な性的二型を示す。雄の大顎は長くカーブしていて、側面が平行で先端が上を向く。頭は小さい。体の表面は緑または鮮やかなメタリックグリーンであるが、赤銅色、青、赤、褐色などの色彩変異も見られる。大顎には歯があり、黄色い剛毛が非常に密に生えている。

多色亜目（カブトムシ亜目）

科	クワガタムシ科(Lucanidae)
亜科	キンイロクワガタ亜科(Lampriminae)
分布	オーストラリア区：クイーンズランド州北東部
生息環境	熱帯雨林および湿潤硬葉樹林
生活場所	成虫は倒木、切り株、樹液の出ている木の幹に見られる
食性	成虫は朽木、樹液、果物を食べる
補足	雄の大顎は雄どうしの取っ組み合いの闘争に使われる

成虫の体長（雄）
24〜72mm

成虫の体長（雌）
23〜46mm

ニジイロクワガタ
PHALACROGNATHUS MUELLERI
(MACLEAY, 1885)

ニジイロクワガタ（*Phalacrognathus muelleri*）はMueller's Stag Beetle、Rainbow Stag Beetle、Magnificent Stag Beetle、King Stag Beetleなどの英名を持つ、オーストラリアで最大のクワガタムシであり、植物学者バロン・フェルディナント・フォン・ミュラーにちなんで命名された。本種は乾燥した、あるいは湿った倒木の朽木や、白色腐朽菌に感染した生木や立ち枯れ木の中で繁殖する。幼虫は成長に最長で3年を要し、自分の糞でつくった部屋の中で脱皮する。成虫は4月から9月にかけて夕方に飛び、光に誘引される。成虫は朽木や樹液、果物を食べる。

近縁種
Lampriminae亜科は、チリとアルゼンチンに分布する*Streptocerus*属、ニュージーランドの*Dendroblax*属、オーストラリア東部の*Hololamprima*属、オーストラリアとニューギニアの*Lamprima*属（前ページ参照）と*Phalacrognathus*属からなる。

実物大

ニジイロクワガタはブロンズグリーンで、赤銅色の真珠光沢をもつ。雄の大顎は長く平行で、前方に伸び、先端で上向きに曲がって、幅広く扁平になって分岐する。厚みのある前胸は横長で、光沢がなく真鍮色をしている。光沢のある上翅は、雄では滑らかで、雌では点刻がある。

多色亜目（カブトムシ亜目）

科	クワガタムシ科(Lucanidae)
亜科	クワガタムシ亜科(Lucaninae)
分布	新熱帯区：南米南部
生息環境	常緑広葉樹林
生活場所	花、樹液の出ている木の傷、光の近く
食性	成虫は樹液を食べる
補足	*Chiasognathus*属で唯一音を出せる種である

成虫の体長
24〜88mm

チリクワガタ
CHIASOGNATHUS GRANTII
STEPHENS, 1831

チリクワガタ（*Chiasognathus grantii*）の雄は長いアーチ状の大顎と脚を使って雌を防衛し、他の雄を追い払う。闘争の中で雄は大顎で相手の前胸をはさんで持ち上げる。雄の鋭い大顎にはさまれると血が出ることもあるが、雌の短い口器にはさまれるのはさらに痛い。成虫は木の上やキャネリラ（*Hydrangea serratifolia*）の花の上に見られる。成虫は日中や夕方に飛び、後肢の腿節を上翅の縁の畝にこすりつけて音を出すことができる。幼虫は土の中で成長する。

近縁種

*Chiasognathus*属は7種からなり、いずれも南米南部に固有である。新世界のクワガタムシの他種とは触角棍が6分節からなる点で区別できる。チリクワガタは雌雄とも、大きな体、上翅の先端の棘、両方の大顎の下面にある大きな歯や畝や瘤状突起、光沢のある上翅、摩擦発音の能力により区別できる。

実物大

チリクワガタは淡赤褐色から暗赤褐色で、緑や金や紫の光沢をもつ。鋸歯があり立派な雄の大顎には、下面に大きな歯状突起があり、頭の2〜6倍の長さがある。雌の大顎は短く、下面には畝または大きな瘤状突起がある。光沢があり、点刻が密で、剛毛に覆われた上翅には、先端に小さな棘がある。

多色亜目（カブトムシ亜目）

科	クワガタムシ科(Lucanidae)
亜科	クワガタムシ亜科(Lucaninae)
分布	エチオピア区：南アフリカの西ケープ州
生息環境	高標高の山地
生活場所	石の下
食性	成虫は土壌中のさまざまなデトリタスを食べる
補足	世界で最も希少なクワガタムシのひとつである

ヒューストンマルガタクワガタ
COLOPHON HAUGHTONI
BARNARD, 1929

成虫の体長（雄）
20〜26.5mm

成虫の体長（雌）
17.1〜24mm

*Colophon*属の種は遠隔地の山頂の環境に固有であり、ケープ地方南西部の高標高地でみられる唯一のクワガタムシである。幼虫はおそらく木の根や植物質のデトリタスを食べる。成虫はふつう早朝に活動する。*Colophon*属は全種が寒冷地に適応しており、気候変動の影響に脆弱である可能性がある。携帯電話サービス用の中継局やインフラ設備が遠隔地に設置されることで、無許可のコレクターによる遠隔地の個体群の採集が進むおそれがある。このため、*Colophon*属は全種がCITES（絶滅のおそれのある野生動植物の種の国際取引に関する条約）付属書Ⅱに指定されている。

近縁種
*Colophon*属は17種が記載されている。*C. primosi*は細長い黄色からオレンジ色の大顎を持ち、*C. izardi*は個体によっては前胸にオレンジ色の斑点をもつ。

実物大

ヒューストンマルガタクワガタは中型で非常に硬化した体をもつ。体は黒または暗褐色で、脛節の先端の歯状突起は穴掘りへの適応である。本種は飛べないが、上翅の下には短い痕跡的な下翅がみられる。雄の大顎は大きく、雌をめぐる闘争に使われる。

多色亜目（カブトムシ亜目）

科	クワガタムシ科（Lucanidae）
亜科	クワガタムシ亜科（Lucaninae）
分布	東洋区：インドネシア西部（スマトラ島）
生息環境	熱帯林
生活場所	木の幹の表面や内部
食性	成虫は熟しすぎた果実や樹液を食べ、幼虫は朽木を食べる
補足	本種は個体によりさまざまなメタリックな体色の変異をもつ

成虫の体長（雄）
49～109mm

成虫の体長（雌）
30～36mm

エラフスホソアカクワガタ
CYCLOMMATUS ELAPHUS
GESTRO, 1881

エラフスホソアカクワガタ（*Cyclommatus elaphus*）の雄はシカの角のような巨大な大顎を使って同種の他の雄と闘争し、その目的はふつう雌の産卵場所の防衛である。大顎で相手をはさみながら、雄は前肢を使って体を起こし、相手を後方に放り投げる。雌雄とも花や木の幹の上で見られ、しばしば夜間に光に飛来する。C字型の幼虫は朽木を内部から食べて成長する。幼虫の成長は食べる朽木の栄養価に大きく影響され、これは成虫の体長に個体差が大きいことからも明らかである。

近縁種

*Cyclommatus*属は85以上の記載種からなり、大部分は東洋区に分布するが、1種（*C. albersii*）の分布域の北限は中国にまで達する。メタリフェルホソアカクワガタ（*Cyclommatus metallifer*）も巨大な大顎を持ち、インドネシアに分布し、金属光沢をもつが、大顎の中央の歯状突起の手前に小さな複数の歯状突起をもつ。

実物大

エラフスホソアカクワガタは大きなクワガタムシで、明瞭な性的二型を示す。雄の大顎は非常に長く（しばしば体と同等の長さ）、ややカーブしており、時に基部に1本の立派な歯状突起がある。大顎の歯状突起の数は変異に富む。体色はメタリックグリーンからブロンズや褐色で、一部の雌は黒や赤褐色である。

多色亜目（カブトムシ亜目）

科	クワガタムシ科(Lucanidae)
亜科	クワガタムシ亜科(Lucaninae)
分布	エチオピア区：西アフリカおよび中央アフリカ
生息環境	熱帯林
生活場所	成虫は木の幹や花の上で見られ、幼虫は朽木の中で生活する
食性	成虫は熟した果実や樹液を食べ、幼虫は朽木を食べる
補足	雌は小さく、黒い頭とほぼ真っ黒の上翅を持つ

成虫の体長(雄)
26〜55mm

成虫の体長(雌)
20.2〜31.8mm

メンガタクワガタ
HOMODERUS MELLYI
PARRY, 1862

メンガタクワガタ（*Homoderus mellyi*）は大きなアフリカ産のクワガタムシである。本種は大顎に多数の小さな歯状突起をもつが、これは同属他種にはほとんど、ないしまったく見られない。成虫は熟した果実や樹液を食べ、灯火トラップや時にはバナナトラップで採集される。昆虫学者が本種の累代飼育に成功したのは最近のことだ。幼虫はC字型で、朽ちた倒木を食べると思われる。

近縁種

メンガタクワガタは属内で最も一般的な種であり、西アフリカと中央アフリカに分布する。*Homoderus*属の既知の他種には、*H. gladiator*、*H. johnstoni*、*H. taverniersi*がいる。*Homoderus gladiator*は体長40〜60mmで、分布域の一部では希少種であり、生息地破壊と商取引目的の成虫の乱獲に脅かされている。*Homoderus*属はいずれも近縁である。

実物大

メンガタクワガタは大型のクワガタムシで、性的二型を示す。雄は前額稜がよく発達し、大顎が大きい。体色は褐色から茶色がかった赤であり、大部分の個体は胸に黒い斑点をもつ。大顎の歯の数には個体差がある。

多色亜目（カブトムシ亜目）

科	クワガタムシ科(Lucanidae)
亜科	クワガタムシ亜科(Lucaninae)
分布	新北区：米国東部
生息環境	東部の硬材樹種の落葉樹林
生活場所	成虫は切り株の上や倒木の下で見られ、光に誘引される
食性	成虫は樹液をなめ、幼虫は朽木を食べる
補足	北米最大のクワガタムシである

成虫の体長
24〜39mm

エラフスミヤマクワガタ
LUCANUS ELAPHUS
FABRICIUS, 1775

エラフスミヤマクワガタ（*Lucanus elaphus*）は北米のクワガタムシとしては巨大だが、その大きさは熱帯の種と比べると控えめだ。種小名はギリシャ語で「鹿」または「牡鹿」を意味する*elapos*に由来する。成虫は樹木の傷から滲み出す樹液を食べ、夏（とくに6〜7月）に光に誘引される。雌は切り株や倒木の隙間に産卵する。幼虫は湿った朽木に穴を掘って成長し、成虫になるまでには数年を要する。本種の分布の北限はミネソタ州、ミシガン州、ケベック州である。

近縁種
*Lucanus*属は北米産の4種からなり、同所的に分布する他のクワガタムシとの識別点は、細長い体型、膝状関節のある触角、分断された複眼、丸みを帯びた前胸背板の辺縁、ほぼ滑らかな上翅である。エラフスミヤマクワガタの大型雄は、長く枝分かれした大顎が目立つ。

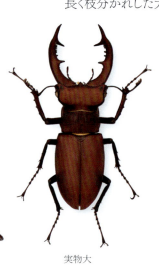

エラフスミヤマクワガタは暗赤褐色をしている。大型雄の頭部は前胸背板より幅が広い。大顎は先端で分岐しており、頭と前胸背板を合わせたよりも長い。上唇は三角形に近い形で、先端は雌雄とも細く丸くなっている。雌雄とも単色で体と同じ色の脚を持つ。

実物大

多色亜目（カブトムシ亜目）

科	クワガタムシ科(Lucanidae)
亜科	クワガタムシ亜科(Lucaninae)
分布	東洋区：南アジア、東アジア、東南アジア
生息環境	湿潤熱帯林
生活場所	成虫は木の幹の上で見られ、幼虫は朽木の中で成長する
食性	成虫は時に腐った果物や樹液を食べ、幼虫は朽木を食べる
補足	本種にはさまざまな色彩変異があり、亜種として提案されている

成虫の体長（雄）
33〜80mm

成虫の体長（雌）
34〜42mm

クベラツヤクワガタ
ODONTOLABIS CUVERA
HOPE, 1842

クベラツヤクワガタ（*Odontolabis cuvera*）は大型で普通種の目立つクワガタムシで、ネパールからインド北東部、ミャンマー北西部、タイ北部、ラオス中部、ベトナム北部、中国南部に分布する。C字型の幼虫は朽木を内部から食べて成長する。成虫は時に腐敗した果実（特にバナナ）や樹液を食べ、光に誘引される。雄は大顎の発達程度により3つの明確な型に分けられ、比較的長くカーブしたものも、比較的短くまっすぐなものも見られる。大顎には多型がみられ、一部の雄では長くカーブしている。雌は小さく、短い頭部と短い大顎をもつ。

クベラツヤクワガタは楕円形で、厚みがあり、大部分が光沢のある栗色から黒である。雄の大きく長方形の頭は平たく、眼の後ろに顕著な突起がある。雌の頭は短く、眼の部分で幅広になっている。上翅は明瞭に2色に塗り分けられ、黄褐色の幅広い周縁部と、さまざまな幅の中央の暗色の三角形からなる。

近縁種

アジアに分布する*Odontolabis*属は36種からなり、ほぼ同数の亜種も含む。この属の種はふつう光沢のある栗色または黒であり、上翅は大部分が黄色か褐色で、時にはっきりと2色に塗り分けられる。本種の主な識別点は、雄の大顎および生殖器の特徴である。*Odontolabis mouhotii*はクベラツヤクワガタに似るが、上翅の光沢が鈍く、雄の上翅は大部分が黄色で、会合線の暗色の縞は本種よりも細い。

実物大

多色亜目（カブトムシ亜目）

科	コガネムシ科（Scarabaeidae）
亜科	ダイコクコガネ亜科（Scarabaeinae）
分布	新熱帯区：アルゼンチン
生息環境	有棘植生砂漠
生活場所	砂地や粘土質の土壌
食性	乾燥した糞を食べる
補足	飛行能力を欠く本種の小さな個体群は局所絶滅の危機にあると考えられる

成虫の体長
13～30mm

クモガタタマオシコガネ
EUCRANIUM ARACHNOIDES
BRULLÉ, 1834

実物大

クモガタタマオシコガネ（*Eucranium arachnoides*）は属内で最も頻繁に見られ広範囲に分布する種である。飛行能力を欠く本種の個体群が小さくパッチ状に存在するのは、生息地の改変と消失の結果である。成虫は乾燥した砂漠環境に生息し、11月から1月にかけて最も活発になる。糞虫としては珍しく、*Eucranium*属の種は巣穴を先に掘り、そのあと日中にヤギ、グアナコ、ウマ、ウシの乾燥した糞の探索に出る。成虫は糞のペレットを前肢で持ちながら、中肢と後肢を使って前方に進む。夜になると不規則に歩き回り、おそらく配偶相手を探す。

近縁種

南米の小さなグループであるEucraniini族は以下の4属からなる：*Anomiopsoides*属、*Ennearabdus*属、*Eucranium*属、*Glyphoderus*属。*Eucranium*属はアルゼンチンのモンテおよびチャコ生物地理学地域に固有で、飛行能力を欠く6種（*E. arachnoides*、*E. belenae*、*E. cyclosoma*、*E. dentifrons*、*E. planicolle*、*E. simplicifrons*）からなり、種同定は顕微鏡下での上翅の特徴比較によってなされる。この属は全種が飛行能力を欠く。

クモガタタマオシコガネは飛行能力を欠く比較的大型の糞虫で、体は黒い。幅広の前胸背板には角がなく、上翅よりも幅が広い。成虫は頭楯に1対の前方に突出する指のような突起をもつ。中肢の跗節は中肢の脛節の先端にある端棘よりも長い。体サイズや上翅の点刻などには顕著な個体差が見られる。

多色亜目（カブトムシ亜目）

科	コガネムシ科（Scarabaeidae）
亜科	ダイコクコガネ亜科（Scarabaeinae）
分布	エチオピア区および旧北区：アラビア半島およびアフリカ北東部
生息環境	大型哺乳類の生息する乾燥地
生活場所	成虫は糞の山の下に巣穴を掘り、光に誘引される
食性	幼虫・成虫とも糞を食べる
補足	アフリカ大陸よりもアラビア半島で頻繁に見られる

オオナンバンダイコクコガネ
HELIOCOPRIS GIGAS
(LINNAEUS, 1758)

成虫の体長
37〜60mm

かつてはゾウの糞だけを食べると考えられていたが、オオナンバンダイコクコガネ（*Heliocopris gigas*）は野生および家畜化された反芻動物の糞を利用するのによく適応していると見られる。本種は夜行性で光に誘引される。雌は糞の山の下に穴を掘り、トンネルの端にある広くなった部屋にすばやく糞を取り込んで、いくつかの育児球を作り始める。育児球には1つずつ卵が産みつけられ、球の直径は約50mmである。雄はおそらく頭と前胸背板にある立派な角でライバルの雄と戦うのだろう。

近縁種
*Heliocopris*属は49種からなり、いずれも性的二型を示し、大部分がアフリカに分布するが、4種は東洋区に分布する。体の大きさ以外に、*Heliocopris*属の種が*Catharsius*属の大型種と異なる点は、上翅の側面にある明瞭な畝である。オオナンバンダイコクコガネの大型雄は*H. andersoni*および*H. midas*の大型雄に似るが、角の形で区別できる。

実物大

オオナンバンダイコクコガネは非常に厚みがあり、体は暗褐色から黒で、光沢はない。大型雄の頭には深く丸い窪みがあり、その両脇に長く枝分かれしカーブした角がある。前胸背板の前部は急勾配で粗い点刻が見られ、鋭い角が両端にある。前胸背板の中央には、基部が太く前方に突出する平らな角が、頭の上まで伸びている。上翅には粗く不規則な点刻があり、外見は革のようだ。

多色亜目（カブトムシ亜目）

科	コガネムシ科(Scarabaeidae)
亜科	ダイコクコガネ亜科(Scarabaeinae)
分布	エチオピア区：コンゴ民主共和国、アンゴラからタンザニア、南アフリカ北部
生息環境	夏季に降雨のある湿潤サバンナ
生活場所	砂の深い場所
食性	幼虫・成虫ともふつう糞を食べ、とくにウシとゾウの糞を好む
補足	大型化した前肢は防御と糞の防衛に使われる

成虫の体長
23〜45mm

スネブトタマオシコガネ
PACHYLOMERA FEMORALIS
(KIRBY, 1828)

実物大

スネブトタマオシコガネ（*Pachylomera femoralis*）はふつう日中に飛び、糞を運ぶ。ウシやゾウの糞にしばしば大量に見られるが、雑食動物の糞、脊椎動物および昆虫の死骸、モンキーオレンジ（*Strychnos spinosa*）の潰れた果実にも集まる。特徴的なぎこちない歩き方は巨大な前肢をもつためである。単独の雌は傾斜した巣穴を糞の山のすぐ近くに掘り、前肢で転がすか頭で押して糞塊を運び貯食する。そのあと雌は糞を洋ナシ型の育児球に整え、卵を1つ産みつける。

近縁種

*Pachylomera*属内の唯一の他種である*P. opaca*は、乾燥したカラハリ砂漠南西部および隣接する南アフリカのリンポポ州とハウテン州の砂地に分布する。この種は、大型化した前肢の腿節に棘を欠く点、および前肢の脛節の内縁に歯状突起を欠く点で、スネブトタマオシコガネと区別できる。

スネブトタマオシコガネは、大型でがっしりしており、やや扁平で、光沢を欠く黒い甲虫である。幅広な頭には前額に4つの短い歯状突起があり、その両脇にはgenaeと呼ばれる大きな頬骨状のプレートがある。前肢の基節と棘のある腿節は相対的に大きく、とくに雄で顕著である。前肢の脛節の内縁には1本の小さく幅の広い歯状突起がある。

多色亜目（カブトムシ亜目）

科	コガネムシ科（Scarabaeidae）
亜科	ダイコクコガネ亜科（Scarabaeinae）
分布	エチオピア区：ボツワナ、ケニア、モザンビーク、ナミビア、南アフリカ、タンザニア、ジンバブエ
生息環境	サバンナ
生活場所	成虫はさまざまな土壌で見られる
食性	成虫はさまざまな動物の糞に見られ、幼虫は糞の液状の部分を食べる
補足	本種はシカのような驚異的な角を持つ糞虫である

成虫の体長
10〜13mm

ツノナガエンマコガネ
PROAGODERUS RANGIFER
KLUG, 1855

ツノナガエンマコガネ（*Proagoderus rangifer*）の雄がもつ角は糞虫の中で最も驚異的な構造のひとつであり、雌のいる巣穴をライバルの雄から防衛するのに使うと見られる。雌雄とも日中に飛び、ふつうゾウやサイの新しい糞の中に見られる。*Proagoderus*属の大部分の種は生活史に関する情報が不足しているが、おそらく1つまたは複数の卵型の育児球をつくり、糞の真下に掘った巣穴に埋めると見られる。活動の季節性は主として温度上昇と降雨量増加に依存する。

近縁種

*Proagoderus*属は107の記載種からなり、大部分がアフリカに分布する。*Proagoderus ramosicornis*は体型、体色、分布がツノナガエンマコガネに非常によく似るが、点刻がより粗い点で区別できる。*Proagoderus*属の10種はIUCNレッドリストに「軽度懸念（LC）」として掲載されており、現在のところ個体群がさしせまった脅威にさらされていることを示すデータはない。

実物大

ツノナガエンマコガネは小型の糞虫で、雄は驚異的な角をもつ。頭の角の発達程度には個体差があるが、巨大な角を持つ雄は珍しくない。雌にはこの防護構造は見られない。本種は背面と脚が赤銅色で、腹面は赤銅色に緑の光沢がある。メタリックグリーンの個体もおり、体色はきわめて変異に富む。

多色亜目（カブトムシ亜目）

科	コガネムシ科(Scarabaeidae)
亜科	ダイコクコガネ亜科(Scarabaeinae)
分布	旧北区：ヨーロッパ南部および中央部、北アフリカ、中東、アジアの一部
生息環境	ステップ、森林ステップ、半砂漠
生活場所	新しい糞の蓄積した場所の近辺
食性	成虫は糞から栄養を濾しとり、幼虫は固形の糞を食べる
補足	古代エジプト人は本種を神聖なシンボルとみなした

成虫の体長
26〜40mm

SCARABAEUS SACER
ヒジリタマオシコガネ
LINNAEUS, 1758

実物大

ヒジリタマオシコガネ（*Scarabaeus sacer*）は熊手のような前肢を使って新しい糞を球状にし、その球を埋めてその場にとどまり、球の内部にひとつの卵を産む。幼虫は糞を食べ、育児球の中で成長を完了する。本種は古代エジプトで太陽神ラーの化身のひとつであるケプリの象徴として崇拝された。古代エジプト人は糞の球を太陽に見立て、糞を転がす動きは天球を横切って太陽を動かす力の象徴であると考えたのだ。また本種は復活の象徴とも考えられたため、本種や本種を描いた石板がしばしば死者とともに埋葬された。

近縁種

*Scarabaeus*属は139種からなり、4亜属に分類され、エチオピア区、旧北区、東洋区に分布する。この属の種は小型から比較的大型の糞虫であり、頭楯に4つの顕著な歯状突起が並び、基節と腿節には肥大化が見られず、前肢に跗節を欠く。ヒジリタマオシコガネと旧北区の他種を区別する特徴は、前胸背板の後縁がわずかに凹む点と、中脚と後脚の脛節にある。

ヒジリタマオシコガネは前胸背板の後縁に沿って幅広い滑らかなパッチと細い溝をもつ。中肢の脛節には両方に2列ずつ短い剛毛の斜めの列がある。後肢の脛節の先端は伸長し、跗節の下に細いプレートをなす。雄は後肢の脛節の内縁に沿って赤っぽい剛毛の房をもつ。

多色亜目（カブトムシ亜目）

科	コガネムシ科(Scarabaeidae)
亜科	ダイコクコガネ亜科(Scarabaeinae)
分布	新熱帯区：アルゼンチン北部、ボリビア南部、パラグアイ西部
生息環境	乾燥林、乾燥有棘林、放牧地
生活場所	ウシの放牧地でしばしば見られる
食性	成虫はふつう牛糞の中に見られる
補足	本種はSulcophanaeus属の中で最もカラフルで変異に富む種である

成虫の体長
18～28mm

SULCOPHANAEUS IMPERATOR
テイオウニジダイコクコガネ
(CHEVROLAT, 1844)

テイオウニジダイコクコガネ（*Sulcophanaeus imperator*）の成虫は1月から3月の間に活動のピークを迎える。本種は日中に飛び回って人間や家畜の新しい糞を探し、ウシの放牧地で頻繁に見られる。本種は通常つがいで協力し、動物の糞のすぐそばか真下に巣穴を掘る。雄は雌のいる巣穴に糞塊を押し込み、雌は育房の中で糞を育児球にする。本種は糞を埋めることにより、不食過繁地（牧草地において糞の周りに形成されるウシが食べない牧草の部分）による牧草の損失を減らし、栄養分を土壌に戻し、糞に発生する害虫の生活環を断ち切っている。

近縁種

*Sulcophanaeus*属は14種からなり、4種を除く全種が南米に分布する。南米以外に分布する4種のうち、3種は中米に分布し、うち1種は固有種で、残る1種はジャマイカの固有種である。緑、金、赤の体色をもつテイオウニジダイコクコガネは、属内で最もカラフルで変異に富む種である。

テイオウニジダイコクコガネは大型でがっしりした甲虫であり、無光沢または光沢の弱い黒い部分と、金属光沢をもつ緑、金、青の部分、さらに赤銅色の反射が混じる。雄の頭には後方に伸びる顕著な角があるが、雌にはこの防護構造は見られない。雌雄とも前肢に跗節をもつ。

実物大

多色亜目（カブトムシ亜目）

科	コガネムシ科（Scarabaeidae）
亜科	コフキコガネ亜科（Melolonthinae）
分布	新熱帯区：ペルー
生息環境	熱帯林
生活場所	生きた、あるいは腐敗した植物の上
食性	成虫は葉や花を食べ、幼虫は腐敗した植物質を食べる
補足	普通種だがほとんど知られていない甲虫である

成虫の体長
26〜30mm

カギバラコガネ
ANCISTROSOMA KLUGII
CURTIS, 1835

カギバラコガネ（*Ancistrosoma klugii*）は普通種だが、生活史はほとんどわかっていない。成虫は昼夜を問わず活動するようで、ペルーの*Mimosa*属の植物の葉や花の上で見られる。地中性でC字型の幼虫は根を食べ、植物のデトリタスも食べている可能性がある。属名の*Ancistrosoma*はギリシャ語の*ankistron*に由来し、雄の腹部にある鉤状の突起を指す。*Ancistrosoma*属の種は南米北部のコロンビア、エクアドル、ペルー、ベネズエラ、トリニダード・トバゴに加え、アルゼンチンにも分布する。

近縁種

*Ancistrosoma*属は15種からなる。雄は視認できる最初の腹節の腹面から先の丸い棘が突出する点で雌と区別できる。*A. kluggi*は脚が赤みがかり、前胸背板の中央に1本の明瞭な溝をもつ。

カギバラコガネは中型でやや細長い甲虫で、赤褐色から黒の外皮をもち、一部はほとんど表面に貼りついた黄色からオレンジ色の剛毛に覆われる。上翅の剛毛は縦方向の縞を形成する。長い脚は赤ないし黄色がかったオレンジ色で、大きな爪を備えている。雄は腹部の基部付近にややカーブした特徴的な棘をもつ。

実物大

多色亜目（カブトムシ亜目）

科	コガネムシ科（Scarabaeidae）
亜科	コフキコガネ亜科（Melolonthinae）
分布	旧北区：ブータン、中国、チベット、インド、ネパール
生息環境	森林
生活場所	切り株の上、雌は腐植土に産卵するところが観察されている
食性	成虫は樹液を食べ、幼虫は腐敗した植物を食べる
補足	珍しい種で、特殊な性的二型を示す

成虫の体長（雄）
42〜61mm

成虫の体長（雌）
44〜52mm

マクレイテナガコガネ
CHEIROTONUS MACLEAYI
HOPE, 1840

実物大

信じられないほど長い前肢をもつ雄のマクレイテナガコガネ（*Cheirotonus macleayi*）は、世界最大級かつ最も驚異的な昆虫のひとつだが、雌の脚はずっと短い。幼虫はナラの1種（*Quercus incana*）の朽ちた空洞の中で成長し、滑らかな内壁と大きな木質繊維の外壁を備えた蛹室で蛹化する。成虫は時に複数のクワガタムシとともに木の幹で樹液を吸っているところが見られる。*Cheirotonus*属は全種がふつう高標高の老齢林に生息し、幼虫の生育木と成虫のための樹液を必要とするが、このような生息環境は森林破壊に脅かされている。

近縁種
*Cheirotonus*属は、粗い点刻と鮮やかな緑の光沢のある前胸背板により、Euchirini族の他の2属（*Euchirus*属と*Propomacrus*属）のテナガコガネと区別され、9種からなる（*C. arnaudi*、*C. battareli*、*C. formosanus*、*C. fujiokai*、*C. gestroi*、*C. jambar*、*C. jansoni*、*C. macleayi*、*C. parryi*）。マクレイテナガコガネは上翅の斑点、雄の前肢の脛節の特徴、分布域により他種と区別される。

マクレイテナガコガネの区別は容易で、雄の前肢はしばしば体長よりも長くなる。大型雄の前胸背板は顕著な光沢がある。雄の頭と前胸背板は黄色とオレンジ色の剛毛に覆われる。上翅は黒褐色で、オレンジ色と黄色の斑点がある。

多色亜目（カブトムシ亜目）

科	コガネムシ科（Scarabaeidae）
亜科	コフキコガネ亜科（Melolonthinae）
分布	旧北区：フランス、スペイン、スイス
生息環境	田畑の湿った部分
生活場所	さまざまな灌木
食性	葉や花を食べる
補足	普通種の小型のコガネムシである

成虫の体長
8〜10.5mm

ルリアシナガコガネ
HOPLIA COERULEA
(DRURY, 1773)

ルリアシナガコガネ（*Hoplia coerulea*）は鮮やかな真珠光沢の青紫色で、雌は褐色である。雄のまばゆい体色は体を覆う鱗片の光学特性によるもので、この鱗片は何層にも重なったキチン質と平行に走る支持構造からなる。本種はしばしば低木の上部の枝に目立つように止まり、片方ないし両方の後肢を上げた姿勢で静止している。雌雄とも暖かく晴れた夏の日に川の土手や湿地の近くで群れをなして飛ぶところがしばしば見られ、そういった場所で葉や花を食べる。

近縁種

*Hoplia*属は300種近くがオーストラリアを除く世界中で記載されている。この属はとりわけ旧北区と新熱帯区で多様である。この属は再検討が必要であり、新種や新属が発見される可能性が高い。現在、旧北区の*Hoplia*属に置かれている170種の中でも、ルリアシナガコガネの雄は鮮やかな真珠光沢の色彩により容易に区別できる。

実物大

ルリアシナガコガネの雄は美しく、背面は真珠光沢をもつ青で、しばしば紫の色味を帯びる。雌はより大きく、褐色、くすんだ黄色、または暗い灰色である。本種の体は比較的短い。頭、前胸、腹部は小さな鱗片に覆われる。腹面には雌雄ともに銀色の鱗片がある。

多色亜目（カブトムシ亜目）

科	コガネムシ科(Scarabaeidae)
亜科	コフキコガネ亜科(Melolonthinae)
分布	旧北区：ヨーロッパ
生息環境	森林、開けた場所
生活場所	さまざまな木の上、牧草地、生垣、飼料作物、穀物、野菜
食性	成虫は数種の木の葉を食べ、幼虫は根を食べる
補足	昔から子供たちはヨーロッパコフキコガネを生きたおもちゃにして遊んできた

成虫の体長
20～30mm

ヨーロッパコフキコガネ
MELOLONTHA MELOLONTHA
(LINNAEUS, 1758)

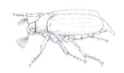

ヨーロッパコフキコガネ（*Melolontha melolontha*）はヨーロッパでもっともよく知られた甲虫のひとつである。大昔から子供たちは本種の脚に糸を結び、生きた凧のように頭の上を飛ばせて遊んだ。「ホワイト・グラブ」と呼ばれた幼虫はかつて食用にされた。成虫は春に出現し、4月から5月にとくに多くなる。雌は50～80個の卵を土壌中に産み、孵化したC字型の幼虫は根を食べる。成長には気候によるが3～4年を要する。*Melolontha*属のいくつかの種はかつて普通種だったが、幼虫がしばしば害虫とみなされるため、殺虫剤の使用により個体数が減少した。

近縁種

*Melolontha*属を含むMelolonthini族はコフキコガネ亜科で最も多様なグループである。この族は世界中に分布し、多くの経済的に重要な種を含む。ヨーロッパ産の同属他種には*M. hippocastani*と*M. pectoralis*がいる。*Phyllophaga*属などの北米産のMelolonthini族の種は、一般に「May beetle」または「June Beetle」と呼ばれる。

ヨーロッパコフキコガネは大型でがっしりした甲虫である。頭と胸は黒く、灰色が混じる。上翅は褐色で、脚はふつう赤みがかる。本種は特徴的な扇のような触角棍をもつ。雄の腹部の先端にある尾節は、長く先が細くなり切り落とされたような形をしている。雌の尾節は雄よりもやや長く幅が広い。

実物大

多色亜目（カブトムシ亜目）

科	コガネムシ科(Scarabaeidae)
亜科	コフキコガネ亜科(Melolonthinae)
分布	新北区：北米西部
生息環境	草原、オークの森林、マツ林
生活場所	成虫は松の木の上で見られ、光に誘引される。幼虫は砂地の土壌に住む
食性	成虫は松葉を食べ、幼虫は草やその他の植物の根を食べる
補足	北米産の*Polyphylla*属の中で最も一般的で広範囲に分布する種である

成虫の体長
18〜31mm

ジュウシロスジコガネ
POLYPHYLLA DECEMLINEATA
(SAY, 1824)

ジュウシロスジコガネ（*Polyphylla decemlineata*）は北米西部に広く分布し、海面標高から標高2740m地点まで生息する。成虫はふつう暖かい夏の夕方に飛ぶ。本種はポンデローサマツ（*Pinus ponderosa*）の針葉を食べる。きわめて敏感な触角の薄板状の節を使って、雄は飛びながら雌が放出するフェロモンを追う。雌雄とも光に誘引されるが、とくに雄にその傾向が強い。幼虫は砂地に育つ草、針葉樹の苗木、さまざまな野菜などの植物の根を食べる。

近縁種

*Polyphylla*属は北半球の広範囲に分布し、北米には32種が知られる。この属の種の特徴は、がっしりして鱗片に覆われた体と、雌では5つ、雄では7つからなる触角の薄板状の節がある。ジュウシロスジコガネは、上翅の縁が滑らかな白い縞の間の部分を覆う特徴的な黄色い鱗片と、前胸背板に直立した剛毛を欠く点、および雄の生殖器の特徴により区別される。

実物大

ジュウシロスジコガネは細長くがっしりしていて、上翅に特徴的な白い縞をもつ。大きな眼がある黒い頭は長方形で、前縁が明瞭にくぼんでいる。薄板状の触角は10個の触角分節からなり、触角棍は雄では長くカーブするが、雌では短くまっすぐである。幅広く厚みのある前胸背板は周縁部を除いて剛毛を欠く。

多色亜目（カブトムシ亜目）

科	コガネムシ科（Scarabaeidae）
亜科	コフキコガネ亜科（Melolonthinae）
分布	エチオピア区：アフリカ南部
生息環境	砂漠、砂地の草原
生活場所	成虫は光に誘引され、幼虫は糞の下の砂地の巣穴に住む
食性	成虫はおそらく葉を食べ、幼虫はレイヨウやヒツジの糞を食べる
補足	幼虫の食性はコフキコガネ亜科の中では珍しいものである

ミナミライオンコガネ
SPARRMANNIA FLAVA
ARROW, 1917

成虫の体長
17〜23mm

ミナミライオンコガネ（*Sparrmannia flava*）の成虫は11月の夏季の最初の降雨の後に出現し、採食、交尾、産卵を行う。成虫は葉を食べるが、食草の具体的な種類は不明である。幼虫の垂直な巣穴は地面の「盛り土」が目印で、1月にスプリングボックの溜め糞の中かその周囲に見られる。夜になると巣穴を出てちょうどよい糞のペレットを探し、引きずって巣穴に持ち帰って食べる。成長した幼虫は4月に土で蛹室をつくったあと休眠に入り、次の夏の降雨の後3週間以内に蛹化する。

実物大

近縁種
サハラ以南に分布する*Sparrmannia*属は28種からなり、前胸背板を覆う長い剛毛と触角の特徴により、どの種も同所的に分布するコガネムシから区別される。ミナミライオンコガネはS. alopex、S. similis、S. vicinusに似るが、雄の生殖器の形状により区別できる。この属の種は2種を除く全種が黄褐色で、薄明薄暮性または夜行性である。

ミナミライオンコガネはがっしりしていて、頭と前胸背板が密に毛に覆われる。頭楯はV字型に切れ込んでいて毛がなく、触角は10分節からなり、先端から7つの分節が薄板状の触角棍を形成する。前胸背板は横長で、全体が長く白い剛毛に密に覆われる。黄褐色の上翅は長く、腹部の先端のみが露出している。

多食亜目（カブトムシ亜目）

科	コガネムシ科 (Scarabaeidae)
亜科	スジコガネ亜科 (Rutelinae)
分布	オーストラリア区：オーストラリア北部（クイーンズランド州北部海岸、西オーストラリア州北西部地域）、パプア・ニューギニア
生息環境	森林、林地
生活場所	通常は葉上
食性	成虫はさまざまな樹種の葉（ユーカリ (*Eucalyptus*) など）。幼虫は根。
補足	属内の4種では最も稀少

成虫の体長
22〜25mm

CALLOODES ATKINSONI
キベリクリスマスコガネ
WATERHOUSE, 1868

"Christmas beetle" という英名で呼ばれるのは*Calloodes*属とその近縁の属であるが、これは一般的にオーストラリアの夏休暇にあたる時期に多く見られるためである。キベリクリスマスコガネ（*Calloodes atkinsoni*）は夜行性で、チイロユーカリ（*Eucalyptus gummifera*）、アカシア類（*Acacia*）などの葉を捕食する。多くの個体に捕食され、樹木の葉がすべて食べ尽くされてしまうこともある。特徴的なC字型の幼虫は、草本類などの植物の根を捕食する。キベリクリスマスコガネは稀少種ではないが、この種も含む*Calloodes*属は個体数が減少しつつあると思われる。

近縁種
他に知られている*Calloodes*属の種としては、*C. nitidissimus*、*C. grayianus*、*C. rayneri*がある。オーストラリア以外で生息が記載されているのはキベリクリスマスコガネのみである。*Anoplognathus*属は*Calloodes*属と近縁で、約40種を含む。本種は尖った上翅端と深い金属的な緑色の脚が特徴的で、前胸背板と上翅の外側縁に幅の広い赤みがかった黄色の帯があることでも見分けることができる。

キベリクリスマスコガネはスジコガネ亜科に属するかなり大型の甲虫である。鮮やかな金属的かつ玉虫色の緑色で、上翅の端に幅広い2本の黄色い帯が見られる。頭部と脚も金属的な緑色である。成虫は小さく片状の触角をもつ。スジコガネ亜科に属するほとんどの種と同様に、本種も大型で一様でない跗節爪をもつ。本種では、外見上識別できる性的二型は見られない。

実物大

多食亜目（カブトムシ亜目）

科	コガネムシ科（Scarabaeidae）
亜科	スジコガネ亜科（Rutelinae）
分布	新熱帯区：メキシコ（サン・ルイス・ポトシ州、イダルゴ州、プエブラ州、ベラクルス州、オアクサカ州、ゲレーロ州）
生息環境	湿潤な山林、通常750～2,000m
生活場所	さまざまな樹種の葉
食性	成虫は葉、幼虫は腐植材
補足	非常に一般的に見られる種。雄は通常大型の後脚をもつ。

成虫の体長
28～40mm

アシブトウグイスコガネ
CHRYSINA MACROPUS
FRANCILLON, 1795

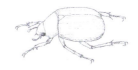

この甲虫の種名は、ギリシャ語の単語makros（「長い」あるいは「大きい」の意）とpous（「脚」の意）に由来し、雄が異常に大型の後脚をもつことから名づけられた。成虫は5月から10月にかけて活発に活動し、夜間に多数が光に誘引されて集まることがあるが、昼間の明るい太陽光の下で飛翔する姿も時折見られる。幼虫はアルダー類（Alnus属の種）、モミジバフウ類（Liquidambar属の種）、プラタナス類（Platanus）の腐食した倒木を捕食し、約2年で成虫になる。本種の雄の神々しい姿は、1988年ニカラグアの切手の図案に採用された。

近縁種
Chrysina属は、大部分が新熱帯区に生息し、色彩豊かで金属的な光沢をもつ種として知られている。雄が大型の脚をもつ種としては、C. amoena、C. beckeri、C. erubescens、C. macropus、C. modesta、C. triumphalisがメキシコに、C. karschiがホンジュラスに生息する。Chrysina erubescensは、標高1,600～2,900mの高地ではナラ類（Quercus）の葉を捕食する。

実物大

アシブトウグイスコガネはかなり大型で、色彩に富んだ甲虫である。頭部、胸部、および腹部は黄色がかった緑色で、銅色を帯びた部分が見られることもある。脚は通常緑色で、反射は赤色がかった色に見える。本種の雄は過栄養化（異常な大型化）を示す。全長と体色の強さは個体差が大きい。

多食亜目（カブトムシ亜目）

科	コガネムシ科（Scarabaeidae）
亜科	スジコガネ亜科（Rutelinae）
分布	新熱帯区：コスタリカ（プンタレナス州、カルタゴ州）、パナマ（チリキ州）
生息環境	熱帯雨林、コーヒー農園
生活場所	成虫は葉上に生息し、夜には光に誘引される
食性	成虫は葉、幼虫は腐食した倒木
補足	本種の見事な色彩が、外骨格の視覚的特性の研究のきっかけとなった。最近の研究により、本種の角皮の人工的再合成が実現された

成虫の体長
20〜24mm

レスプレデンスプラチナコガネ
CHRYSINA RESPLENDENS
(BOUCARD, 1875)

レスプレデンスプラチナコガネ（*Chrysina resplendens*）は、通常標高400〜2,800mの熱帯雨林やコーヒー農園でみられる。成虫は夜行性で、1月から6月にかけて活動する。成虫としての生育期間の大部分を林冠で過ごし、葉を摂食していると思われる。*Chrysina*属の種は一般的に宝石コガネとよばれ、大部分が新熱帯区の原産であるが、4種はアメリカ南西部に生息する。これらの甲虫は、鮮やかで金属的な体色によりコレクターの間で非常に人気が高く、より稀少な種の傷や汚れのない標本は高値で取引される。

近縁種

100以上の種が、主として標高50〜3,800mの松林、ネズ林、松－オーク森林に生息している。大部分の種は緑、ピンク、紫、青、赤、銀あるいは黄金色の鮮やかな色をもつ。*Chrysina*属の、金色に輝く種には、他に*C. aurigans*、*C. batesi*、*C. cupreomarginata*、*C. guaymi*、*C. pastori*、*C. tuerckheimi*が含まれる。

実物大

レスプレデンスプラチナコガネは、背中の表面が鮮やかで金属的な黄金色で、大きさは中程度で卵型の甲虫である。前脚は、先端付近の外側縁に3つの三角形の棘をもつ。腹側の表面は、真珠のような光沢のあるブロンズ色を伴う黄金色である。後脚の先端には、数本の棘がある。

多食亜目（カブトムシ亜目）

科	コガネムシ科（Scarabaeidae）
亜科	スジコガネ亜科（Rutelinae）
分布	新熱帯区：コロンビア、エクアドル、ペルー
生息環境	熱帯雨林
生活場所	低木の若葉のついた小枝
食性	さまざまな樹種の葉
補足	先住民はこの甲虫の上翅やその他の部分を装身具の材料として用いる。

成虫の体長（雄）
28〜40mm

成虫の体長（雌）
27〜29mm

ホウセキコガネ
CHRYSOPHORA CHRYSOCHLORA
(LATREILLE,1811)

ホウセキコガネ（chrysophora chrysochlora）は大型で昼行性の種で、9月から11月にかけての雨季に活動が活発となる。成虫はフジウツギ（Buddleja）、センナの一種（Senna reticulata）、ワイルドケーン（Gynerium saggitatum）、ギンネムの葉を摂食する。この甲虫の生息地に住む先住民は、上翅または乾燥させた胴体を手工芸、イヤリング、ネックレスなどの土産物の材料として用いている。幼虫は朽木やおがくずの中で成長し、約1年で成虫となる。

近縁種

*Chrysophora*属はスジコガネ亜科に属し、全世界に分布するが、最も多様な種が生息するのは新熱帯区である。アメリカ大陸に生息する70以上の属（*Chrysina*属、*Pelidnota*属、*Rutela*属など）は、一般的に10の節からなる触角と、前脛節の先端にある3つの鋸歯状突起によって同定される。ホウセキコガネは本属に含まれる唯一の種である。

実物大

ホウセキコガネは大型で、体色は暗い金属的な緑色で反射光は金色に見える。雄は、鋭く尖った棘のある長い後脚をもつ。脚は上翅と同じ色だが、跗節は魅力的な金属的青色で、しばしば緑色や赤色を帯びている。上翅は粗くざらざらした手触りである。

多食亜目（カブトムシ亜目）

科	コガネムシ科（Scarabaeidae）
亜科	スジコガネ亜科（Rutelinae）
分布	新熱帯区：メキシコ
生息環境	湿潤な森林
生活場所	成虫は光に誘引される。幼虫は腐食した倒木中で成長する
食性	成虫については不明。幼虫は腐食材
補足	雌雄には顕著な性的二型が見られる

成虫の体長（雄）
44～63mm

成虫の体長（雌）
42～44mm

タマムシモドキコガネ
HETEROSTERNUS BUPRESTOIDES
DUPONT, 1832

実物大

タマムシモドキコガネ（*Heterosternus buprestoides*）の雄は、スジコガネの中で最大となる種のひとつであり、またその形態、稀少性、過剰に発達した後脚によって、最も印象的な種でもある。生息地は東シエラマドレ山脈、トゥクストラ山脈、南シエラマドレ山脈、チアパス・シエラマドレ山脈の外縁斜面にある、標高800～1,000mの雲霧林、山地、熱帯雨林、温暖なナラ林である。幼虫は腐食した倒木の中で成長し、寿命は2年と考えられている。成虫は6月から8月にかけて飛び回り、光に誘引されることもある。

近縁種

*Heterosternus*属には、メキシコ南部からパナマ西部に生息する3種が含まれる。近縁種から識別する最も簡便な方法は、雄の非常に発達した後脚とほとんど水平に近い尾節である。タマムシモドキコガネは、雄に見られる上翅の長い先端と、雌で上翅先端に鋸歯状突起が見られることが特徴である。雄の後脚の、棘のない腿節も特徴的である。

タマムシモドキコガネの雄は大型で、卵形～楕円形であり、色は不均一な淡黄色である。雌はより卵形で、赤褐色の前胸背板と黄色がかった上翅をもつ。上翅の先端は、雄では細長く伸びているが、雌では突起状あるいは鋸歯状である。雄の後脚は腿節に棘がなく、非常に長く湾曲した脛節には剛毛束が見られない。

多食亜目（カブトムシ亜目）

科	コガネムシ科（Scarabaeidae）
亜科	スジコガネ亜科（Rutelinae）
分布	東洋区および旧北区：ベトナム、中国
生息環境	森林
生活場所	成虫は樹木、幼虫は腐食材
食性	成虫、幼虫とも腐食したおがくず
補足	雄は、餌や雌を巡って「キャリパー」を使って闘う

成虫の体長（雄）
17〜33mm

成虫の体長（雌）
15〜19mm

ムツテンクワガタコガネ
KIBAKOGANEA SEXMACULATA
(KRAATZ,1900)

ムツテンクワガタコガネ（*Kibakoganea sexmaculata*）の生物学的、生態学的特徴はほとんど知られておらず、稀少種と考えられている。*Kibakoganea*属の他種と同様に、雄は細長く湾曲していてキャリパーに似た形状の大顎をもつ。寿命は短く、4月に成虫となり交尾し、花を餌として、時に光に誘引される。*Kibakoganea*属の他種の幼虫は朽木の中で成長し、10〜12ヵ月で成虫となる。

近縁種
*Kibakoganea*属には、中国南部や台湾などのアジア地域で15種以上が記載されている。*K. sexmaculata*の雄は、ラオスに生息する*K. dohertyi*、中国に生息する*K. sinica*と類似している。*Kibakoganea*属に類似したその他の属としては、*Fruhstorferia*属、*Masumotokoganea*属、*Pukupuku*属、*Ceroplophana*属、*Dicaulocephalus*属、*Didrepanephorus*属がある。

実物大

ムツテンクワガタコガネは中程度の大きさの甲虫で、性的二型を示す。雄の小さな頭部には、湾曲し鋭く尖った、細いキャリパーのような形状の、赤褐色の大顎がある。前胸背板は緑色、時に黒色であり、細かい斑点がある。雄の体色は、全体がオリーブグリーンからより暗い緑色であるが、雌は緑色がかった黄色から赤褐色で、上翅に褐色の斑点がある。脚は緑色で、反射光は赤色に見える。完全に黄色の個体も記録されている。

多食亜目（カブトムシ亜目）

科	コガネムシ科(Scarabaeidae)
亜科	カブトムシ亜科(Dynastinae)
分布	東洋区：インドからインドネシア(スラウェシ)
生息環境	成虫は熱帯森林
生活場所	樹幹上
食性	成虫は樹液や過熟果実、幼虫は腐植土や腐植木
補足	世界で最大かつ最強の甲虫、ある個体が、自重を850回持ち上げることができたという実験結果がある

成虫の体長（雄）
60〜130mm

成虫の体長（雌）
25〜60mm

アトラスオオカブト
CHALCOSOMA ATLAS
(LINNAEUS,1758)

アトラスオオカブト（*Chalcosoma atlas*）は、世界最大の甲虫のひとつである。雄同士は、餌や近くにいる雌を巡って、頭部と胸部の角を使って闘う。自然状態では、より小型の雄が早く成虫となり、より長距離を飛び、大型の個体が成虫となる前に交尾可能な雌と交尾を行うことによって不利となる競争を避けていると考えられている。幼虫は、密度が高い状態では互いに非常に攻撃的となる。アジアには、相当な金額を賭けてカブトムシを闘わせる地域もある。

近縁種

アトラスオオカブトには多くの亜種があるとされているがアトラスオオカブト、*C. a. butonensis*、*C. a. keyboh*、*C. a. mantetsu*、*C. a. simeuluensis*、*C. a. sintae*、このような分類の正当性には議論がある。アトラスオオカブトは、他にコーカサスオオカブト（*C. chiron*）とも類似しているが、頭部の角に鋸歯状突起がないことから区別される。また、ボルネオオオカブト（*C. moellenkampi*）は前胸背板の幅が狭い。この属で他に知られている種はコーカサスオオカブトとエンガノオオカブト（*C. engganensis*）である。

実物大

アトラスオオカブトは黒色で、時に前胸背板と上翅に金属光沢が見られる。脚は黒色で、前脚の先端近くの外縁には強固な棘がある。雄は非常に大型で、前胸背板には湾曲した2本の角、頭部からは上方へ反り返った1本の大きな角をもつ。

多食亜目（カブトムシ亜目）

科	コガネムシ科（Scarabaeidae）
亜科	カブトムシ亜科（Dynastinae）
分布	新熱帯区：メキシコ南部からボリビア。西インド諸島のトリニダード島、グアダルーペ島、マルティニーク島、ドミニカ島（イスパニョーラ島では絶滅）
生息環境	熱帯の湿潤な森林、湿潤な低山帯、低山帯の熱帯雨林、山地帯の熱帯雨林
生活場所	成虫は樹液の流れている樹木上、夜は明るい場所。幼虫は腐食材
食性	成虫は果実や樹液。幼虫は腐食材
補足	世界最大の甲虫のひとつ

成虫の体長（雄）
50〜170mm

成虫の体長（雌）
40〜80mm

ヘラクレスオオカブト
DYNASTES HERCULES
(LINNAEUS, 1758)

ヘラクレスオオカブト（*Dynastes hercules*）は、世界で最もよく知られた昆虫のひとつである。成虫が飛び回るのはほとんどが夜間で、特に日没後2時間以内が多い。愛好家によって飼育され、飼育環境では3〜6ヵ月生存するが、野生では2年近く生存する。雄は、頭部で2kg近い重量をもちあげることができる。生死に関わらず、上翅の色は体内の水分変化に反応して黄色がかったオリーブ色と黒色の間で急速に変化する。幼虫は腐食した幹内で、腐食材を食べながら成長する。ヘラクレスオオカブトは、グアダルーペ島とマルティニーク島では法律により保護されている。

近縁種

ヘラクレスオオカブト属には、大型あるいは非常に大型の7種が含まれる。雄は、前胸から伸びる前方を向いた長い角をもつ。種を区別するための形態的な特徴には、雄の胸部と頭楯の角の他、跗節の節や体色がある。*D. neptunus*と*D. satanas*は南米にのみ生息するが、*D. moroni*はメキシコにも見られる。*Dynastes maya*と*D. hyllus*はメキシコ、グアテマラ、ホンジュラスに生息する。*Dynastes tityus*と*D. granti*はそれぞれ米国の南東部と南西部に分布する。

ヘラクレスオオカブトは性的二型を示し、雄は雌よりもかなり大きくなる。雄の頭部と滑らかな前胸背板は特徴的な角を備えているが、雌には角がなく、頭部には小さな隆起があり、前胸背板と上翅はざらざらしている。雄の上翅は大部分が灰色または褐色がかったオリーブ色、あるいは黄色がかった緑色で、暗色の斑点がある。全体的に黒色に近い個体も見られる。雌の上翅は全体が黒く、先端が雄と同様に着色している個体も見られる。体色と角の形状のみにもとづいて亜種とされているものの、正確な分類とはいえないケースが多く存在する。

実物大

多食亜目（カブトムシ亜目）

科	コガネムシ科(Scarabaeidae)
亜科	カブトムシ亜科(Dynastinae)
分布	新北区：北米東部
生息環境	落葉広葉樹林、混交林
生活場所	樹木の穴、腐植倒木、樹液の流れるトネリコの枝
食性	成虫は微生物を含んだ樹液。果物も捕食
補足	角をもつ昆虫としては北米最大の種のひとつ

成虫の体長
40〜60mm

ティティウスシロカブト
DYNASTES TITYUS
(LINNAEUS,1763)

実物大

幼虫は腐食したナラ類（*Quercus*）、サクラ類（*Prunus*）、クロニセアカシア類（*Robinia*）、ヤナギ類（*Salix*）などの広葉樹で育つ。マツ類（*Pinus*属の種）を利用することもある。生活史は2年。蛹化は、晩夏に幼虫の糞球でつくられた小室内で起こる。数週間以内に成虫となるが、翌年の夏まで小室内に留まる。雄も雌も幼虫の繁殖地点で見られ、夜には光に誘引される。雄は樹木に吸汁のための傷をつけ、雌を誘引するためにそれを保護しようとし、競争相手の雄と鉗子状の角を使って格闘する。

近縁種

*Dynastes*属は、新北区および新熱帯にのみ生息し、7種を含む。米国に生息するのは、他に*D. granti*のみであり、生息地は南東部に限られる。*D. hyllus*と*D. maya*は、メキシコと中央アメリカに生息し、*D. neptunus*と*D. satanas*は南米にのみ生息する。ヘラクレスオオカブトは、メキシコ南部から南米にかけて生息する。

ティティウスシロカブトは大型で、体色はオリーブ色、黄色がかった緑色あるいは灰色で、不規則な黒色あるいは赤褐色の斑点がある。十分に水を含んだ個体は、片方あるいは両方の上翅が完全な暗色になる。雄には、頭部に1本の湾曲した角、前胸背板には長い角が1本と短い角が2本ある。雌は頭部に1本の小突起があるが、前胸背板には付属肢に類するものは見られない。

多食亜目（カブトムシ亜目）

科	コガネムシ科(Scarabaeidae)
亜科	カブトムシ亜科(Dynastinae)
分布	東洋区、旧北区：タイ、ミャンマー、中国
生息環境	熱帯雨林
生活場所	竹林
食性	成虫は竹の若芽や果実。幼虫は柔らかい腐食材
補足	実験室の環境でうまく飼育すれば、幼虫は最大で重さ60g、長さ100mmという驚くべき大きさまで成長する

成虫の体長（雄）
48〜100mm

成虫の体長（雌）
45〜50mm

ゴホンヅノカブト
EUPATORUS GRACILICORNIS
ARROW, 1908

実物大

ゴホンヅノカブト（*Eupatorus gracilicornis*）は、雄は前胸背板に4本の見事な角があり、頭部にも1本の非常に長く、湾曲し、鋭く尖った細い角がある。しかし雌にはこのような角はない。成虫は主に9月、10月に活動的となり、雄は通常交尾後すぐに死ぬ。幼虫はじめじめした腐食材の中で成長し、環境条件によって1年から2年で成虫になる。タイ北部では、闘わせるためにこの甲虫が飼われる場合がある。幼虫と産卵期の雌を珍味とする地域もある。

近縁種

*Eupatorus*属は真性カブトムシ族に含まれるとされ、DNA分析と形態的特徴にもとづけば、*Beckius*属、*Chalcosoma*属、*Haploscapanes*属、*Pachyoryctes*属と系統的に近い。ゴホンヅノカブトには3つの亜種が確認されている。*E. gracilicornis gracilicornis* はタイと中国、*E. g. edai*はタイとミャンマー、*E. g. kimioi*はタイに生息する。

ゴホンヅノカブトは大型のカブトムシで、上翅以外は黒く輝いている。体色は個体により黄色から黒色までさまざまである。上翅には、正中線に沿って縦に細い黒色の帯がある。雄では前胸背板に前方を向いた4本の大きな角があり、頭部には上方へ湾曲した1本の長い角がある。下翅は非常に発達しているが、飛翔を得意とはしていない。

多食亜目（カブトムシ亜目）

科	コガネムシ科(Scarabaeidae)
亜科	カブトムシ亜科(Dynastinae)
分布	新熱帯区：コロンビア、ベネズエラ
生息環境	山地帯の熱帯林
生活場所	成虫は竹の葉のない茎
食性	成虫の雄雌は竹の茎を捕食
補足	雄は精巧な角を用いて採餌場所を他の雄から守る

成虫の体長
40〜60mm

ノコギリタテヅノカブト
GOLOFA PORTERI
HOPE, 1837

ノコギリタテヅノカブト（*Golofa porteri*）の成虫は日中活動が活発となり、4月、5月の早朝に飛翔する。通常は*Chusquea*属のタケの若い茎を餌とし、そこで交尾する。これは、標高2,000〜2,600mの地域で密集して生育する、丈の高いタケである。雄は、1本の茎に頭を下にしてとまり、その茎を食べ、かつ他の雄から防衛する。攻撃する側の雄は、長い前脚を相手の雄の足に絡みつけて相手を持ち上げ、頭部の長い角を相手の胴の下に差し込み、相手を茎から払い落とそうとする。雌は光に誘引されることがある。

近縁種

*Golofa*属には28種が含まれ、メキシコからアルゼンチンおよびチリの北部にかけて生息する。成虫雄は通常褐色がかった黄色から暗い赤褐色で、頭部に長く細い角をもつ。前胸背板には直立した角があるが、長さはさまざまである。雌には角がなく、典型的な体色は黒色あるいは黄色がかった褐色である。雄のノコギリタテヅノカブトは、キャリパーの副尺のように向かい合った長い角が特徴的である。

実物大

ノコギリタテヅノカブトの雄は滑らかで光沢のある、赤褐色の甲虫で、細長く直立した、鋸歯のある釜状の角が頭部と前胸背板に1本ずつあり、互いに向かい合っている。前脚は比較的長く、跗節は肥厚し、下側に金色の毛がみられる。雌にはこれらの特徴はなく、粗い体表は暗色で光沢がある。

多食亜目（カブトムシ亜目）

科	コガネムシ科（Scarabaeidae）
亜科	カブトムシ亜科（Dynastinae）
分布	熱帯アフリカ区：マダガスカル
生息環境	いくつかの亜種は海岸付近、1亜種は森林
生活場所	土や砂の上
食性	成虫は藻類や苔、幼虫は死骸や腐食物
補足	Hexodon属には飛翔する種はなく、マダガスカルの固有種

成虫の体長（雄）
18～24mm

成虫の体長（雌）
20～25mm

ウスチャヘクソドン
HEXODON UNICOLOR
OLIVIER, 1789

Dynastinae亜科の雄は頭部と前胸背板に見事な角をもつことがあるが、Hexodon属にはなく、ゴミムシダマシ科やシデムシ科の数種のような他科の種に類似している。ウスチャヘクソドン（*Hexodon unicolor*）の成虫は日中活動的となり、土や砂にもぐり込もうとする姿を見ることができる。C字型の幼虫は腐食性だが、イネの根を食べることもある。雌は一般的に雄より大型で、より卵形であるが、性的二型は明瞭でない。

近縁種
Hexodon属はHexodon族の唯一の属で、10種を含む。これらはすべてマダガスカルに固有の種である。前胸背板、上翅、雄の外生殖器の特徴によって識別できる。

実物大

ウスチャヘクソドンは珍しい種で、体はほぼ円形に近く、暗褐色から黒色のカブトムシ亜科の甲虫である。上翅に灰色の部分のある個体も見られる。頭楯は短く丸い。大顎は小さく単純である。上翅は正中線に沿って癒合しており、飛ぶことはできないが、これはカブトムシ亜科の中では例外的な特徴である。

多食亜目（カブトムシ亜目）

科	コガネムシ科(Scarabaeidae)
亜科	カブトムシ亜科(Dynastinae)
分布	新熱帯区：メキシコ南部からコロンビア、ベネズエラ
生息環境	標高1,000m以下の熱帯常緑あるいは落葉樹林
生活場所	成虫は樹上に生息し光に誘引される。幼虫は朽木中
食性	成虫は小枝を捕食したり樹液や果汁を吸引する。幼虫は木を食べる
補足	体重は最大で35g

成虫の体長
54〜90mm

ゾウカブト
MEGASOMA ELEPHAS
(FABRICIUS, 1775)

ゾウカブト（*Megasoma elephas*）は、温かく湿度の高い夜遅くに飛翔し、光に誘引される。気温が低い時には、代謝により体温を上げる能力をもつ。成虫は、日中小枝や花を食べたり、樹液を吸引したりするが、この樹液は、前日の夜に交差した前脚を鋏のように使って切断しておいた小枝から流れ出たものである。成虫は、局地的に多く見られることがあるが、幼虫は腐食した倒木や切り株中にはほとんど見られない。雌は、生死に関わらず立っている樹木の枝や幹の、高いところにある穴に屑を詰めて産卵する。幼虫はそこで、腐食材を食べながら育つ。

近縁種

*Megasoma*属には、アメリカ合衆国南部からアルゼンチンにかけて生息する15種が含まれる。*Dynastes*属や*Golofa*属とは、大顎に3本の長い歯をもつこと、雄の前胸背板に2本の角があることで区別できる。ゾウカブトの雄は*M. nogueirai*やキタゾウカブト（*M. occidentalis*）の雄と類似しているが、前胸背板の角は湾曲せず、横ではなく前方へ向いている。

実物大

ゾウカブトは非常に大型で、体の大部分にビロード状の毛があり、金色がかった黄色である。雄は、頭部に長く湾曲していない、二股に分かれた角をもち、前胸背板にはより短く、やや広がった1対の角がある。雌には角はなく、頭部、前胸背板、上翅の基部は粗く削られたような形態である。

多食亜目（カブトムシ亜目）

科	コガネムシ科（Scarabaeidae）
亜科	カブトムシ亜科（Dynastinae）
分布	旧北区：スウェーデンからアルジェリア、およびモロッコから中国
生息環境	森林、農耕地、人間の居住地域
生活場所	腐食した木材や植物
食性	成虫は何も食べない。幼虫は腐食材を捕食
補足	近縁種であるサイカブト（*Oryctes rhinoceros*）はココナッツやアブラヤシの主要な害虫となる

成虫の体長
22〜47mm

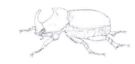

ヨーロッパサイカブト
ORYCTES NASICORNIS
(LINNAEUS, 1758)

ヨーロッパサイカブトの雄は、頭部に湾曲した長い角をもつが、雌は非常に小さい角あるいは小突起をもつのみである。成虫は春に土中から羽化し、餌を食べないが数ヵ月生存して、6月から7月にかけて活動のピークとなる。日暮れ頃から飛び始め、夜には光に誘引される。雌は腐食した切り株や倒木に産卵し、幼虫は腐食材を捕食しながら朽木で成長する。卵から成虫までの生活史は2〜4年である。

近縁種

*Oryctes*属はOryctini族に属し、主にヨーロッパ、アフリカ、アジア、インド−オーストラリア地域に生息する、形態や色の類似した大型から非常に大型の42種を含む。これまでに記載されているヨーロッパサイカブトの20亜種の大部分は、分類学的に正当か否かは疑わしい。

実物大

ヨーロッパサイカブトは非常に大型の甲虫で、ヨーロッパでは最大の種のひとつである。上翅は赤褐色、あるいは時に黒っぽく、金属的な反射を示す。頭部と脚はより暗色である。雄は長く湾曲した角をもつが、雌には角はないか、あるいは非常に小型である。腹部の表面は赤味がかった毛で覆われている。

多食亜目（カブトムシ亜目）

科	コガネムシ科（Scarabaeidae）
亜科	カブトムシ亜科（Dynastinae）
分布	新熱帯区：メキシコ南部、ベリーズからコスタリカ
生息環境	低地、山地の広葉樹林、マツーオーク林、熱帯乾燥林
生活場所	成虫は光に誘引される
食性	不明
補足	大型の角をもつ雄は、小型のヘラクレスオオカブトに類似

成虫の体長
24.8〜34.5mm

ムニスゼッチコフキカブト
SPODISTES MNISZECHI
(THOMSON, 1860)

実物大

ムニスゼッチコフキカブト（*Spodistes mniszechi*)、および*Spodistes*属の他種の生態については、ほとんど知られていない。見られる成虫は大部分が雄で、標高600〜1,000mの低地および山地の森林に生息し、光に誘因される。上翅に小さい穴が列状に開いた状態で、突然地上に落下してくることがあり、飛翔中にコウモリに攻撃されているのだと思われる。ほとんど1年中見られるが、最も活動的に飛び回るのは雨季の初めである4月と5月である。幼虫については不明である。

近縁種

*Spodistes*属は、メキシコ南部からコロンビア、エクアドルにかけて8種が発見されている。他の角のあるカブトムシ亜科のコガネムシとは、毛に覆われた体表によって区別される。バテシービロードヒナカブト、ムニスゼッチコフキカブト、モンゾンビロードヒナカブトの雄はすべて、頭部に二股に分かれた角をもつが、ムニスゼッチコフキカブトは前胸背板が完全にビロード状の毛に覆われ、眼角から角の基部に向かう隆起をもたない。*Spodistes*属は、雌では種の識別が困難である。

ムニスゼッチコフキカブトは毛に覆われ、灰色がかった褐色で、頭楯、雄の角の一部と雌の前胸背板の大部分は暗い赤褐色である。大型あるいは小型の雄では、頭部の角は先端が二股に分かれ、前方に伸びてから上方へ湾曲している。雌には角はない。前胸背板の角のほとんどは、小型の雄では頭部の角の基部へ向かって伸び、大型の雄では角の基部を超えて、下向きに湾曲している。これも雌にはない。

多食亜目（カブトムシ亜目）

科	コガネムシ科（Scarabaeidae）
亜科	カブトムシ亜科（Dynastinae）
分布	新北区、新熱帯区：アメリカ合衆国南部からブラジル、ボリビア
生息環境	落葉樹林、熱帯林、熱帯雨林
生活場所	ヤシの根元や明所、幼虫は朽ちた切り株や倒木
食性	成虫は樹木の根、幼虫は腐食材中で成長
補足	Strategus属では最も分布範囲が広く形態も多様な種

成虫の体長
31〜61mm

アロエウスミツノカブト
STRATEGUS ALOEUS
(LINNAEUS, 1758)

アロエウスミツノカブト（Strategus aloeus）はStrategus属では最も数が多く、分布範囲も広い種である。分布域の南部に生息する個体は北部よりも大型で、より暗色である。卵は枯れた、あるいは朽ちた木材に産みつけられる。幼虫は腐食した切り株、または広葉樹の古い倒木やヤシの幹、板の下で育つ。木材を食べることでできた卵形の穴は、成熟した幼虫の蛹室となる。成虫はハキリアリが出した廃物が溜まったところで見られ、ヤシの根やリュウゼツランの葉、サトウキビを餌とする。アロエウスミツノカブトは、ヤシのプランテーションに被害を与えることはほとんどない。

近縁種

Strategus属は31種を含み、先端に歯のような2本の突起と、際だった基部の突出部のある露出した大顎、それぞれ4つの鋸歯をもつ前脛節、3つの鋸歯のある後脚によって区別される。前胸背板は、前方に少なくとも若干の盛り上がりを伴う、深い凹みがある。大型の雄であっても外部生殖器によって最もよく識別できる。

実物大

アロエウスミツノカブトは光沢のある赤褐色から黒色である。頭楯は、雄では幅広く凹みがあり、雌ではいくらか直線的、あるいは丸い形状である。大型の雄の前胸背板には、長く頑丈な、鋭い前角があるが、後角はそれほど長くはなく、平坦で、先端は鋭いか、丸いか、あるいは円錐の先端を切ったような形状になっている。上翅は会合線に沿って、明瞭で完全に穴の開いた溝がある。

多食亜目（カブトムシ亜目）

科	コガネムシ科（Scarabaeidae）
亜科	カブトムシ亜科（Dynastinae）
分布	旧北区、東洋区：日本、中国、韓国、台湾、タイ
生息環境	熱帯林
生活場所	腐食材、地中
食性	成虫は樹液や果汁、幼虫は土壌中の腐植土
補足	日本文化では非常に重要な甲虫で、侍の兜のモデルにもなった

成虫の体長（雄）
40〜80mm

成虫の体長（雌）
40〜60mm

カブトムシ
TRYPOXYLUS DICHOTOMUS
(LINNAEUS, 1771)

カブトムシ（*Trypoxylus dichotomus*）は日本で最大、かつおそらく最もよく知られた甲虫であり、長年に渡り、子供たちや昆虫愛好家によって飼育されてきた。カブトムシは非常に人気があり、多くの店や自動販売機でペットとして販売されている。樹液が流れ出る傷は雌を惹きつけ、雄どうしはそれを巡って長く分岐した角で闘う。最も緊張した闘いは、同じくらいの大きさの雄の間で繰り広げられる。雄は夏の間中活発に活動するが、雌は交尾、産卵後間もなく死ぬ。幼虫は腐食材を捕食しながら、朽木の中で育つ。

近縁種

*Trypoxylus*属は真性カブトムシ族に属すとされ、ベトナムに生息する*Xyloscaptes*属やマレーシア、インドネシア、フィリピンに生息する*Allomyrina*属に最も近縁である。いくつかの亜種が記載されている（中国と韓国に生息する*T. dichotomus dichotomus*、日本に生息する*T. d. septentrionalis*、台湾に生息する*T. d. tsunobosonis*）が、これらの分類群の位置づけには疑わしい部分もある。

実物大

カブトムシの雄は、先端に4つの突起のある長く見事な前角と、前胸背板にある比較的短いが印象的な、先端が2つに分岐した角をもつ。脚は暗褐色から黒色で、上翅には顕著な凹みはないが、典型的には赤褐色である。雄の頭部の角の表面には小型の感覚構造が見られ、闘争時に相手の強さを判断することができると考えられている。

多食亜目（カブトムシ亜目）

科	コガネムシ科（Scarabaeidae）
亜科	カブトムシ亜科（Dynastinae）
分布	東洋区：インドネシア（ジャワ島、ボルネオ島、ロンボク島、バリ島）
生息環境	熱帯林
生活場所	腐食材、堆肥、厩肥
食性	成虫は果汁、樹液。幼虫は腐食材
補足	非常によく見られる種で、アジアではカブトムシ相撲に使われる

成虫の体長（雄）
35～75mm

成虫の体長（雌）
41mm

ヒメカブト
XYLOTRUPES GIDEON
(LINNAEUS, 1767)

233

ヒメカブト（*Xylotrupes gideon*）は分布域では非常によく見られ、夜行性で光に誘引される。雄は1対の角をもち、それで餌や雌を巡って闘う。飼育環境下では、雌は14～132個の卵を産み、成虫は最大4ヵ月生存する。この属の種は、アジア、主にタイ、ミャンマー、ラオスでは賭博として人気のカブトムシ相撲に使われる。*Xylotrupes*属のいくつかの種は、ココヤシなどの樹木にとっては害虫である。

近縁種

現在までにヒメカブトには22の亜種が記載されているが、それらの多くは主に地理的分布によって区別されている。この属に関しては、分子生物学的な研究も含めた完全な改訂によって、妥当な種分類を行うことが必要である。ヒメカブトにはいくつかの亜種が記載されているが、それらの分類群の多くには分類学的にも疑問がある。

実物大

ヒメカブトは、大型で黒色および赤色がかった体色の甲虫で、表面には光沢があり頑丈な体をもつ。雄は頭部に先端が二股に分かれた長い角をもつ他、胸部にはもう1本の角がある。角の大きさはさまざまである。雌は角はないが、小型の突起をもつことがある。大顎はよく発達している。

多食亜目（カブトムシ亜目）

科	コガネムシ科(Scarabaeidae)
亜科	ハナムグリ亜科(Cetoniinae)
分布	旧北区
生息環境	開けた場所
生活場所	成虫は通常バラなどさまざまな植物の花に生息
食性	成虫は花蜜や花粉。幼虫は腐食物
補足	よく見られる種で、成虫は観賞用の花や果樹の花の生殖器に損傷を与えることがある

成虫の体長
16〜23mm

キンイロハナムグリ
CETONIA AURATA
(LINNAEUS,1761)

キンイロハナムグリ（*Cetonia aurata*）の成虫は、春や夏の温かく好天の日には、とくにバラの花蜜、花粉、花弁を捕食する。飛翔は得意でないが、餌を求めて花の咲いた植物の回りを飛び回る。用心深く、脅威を察知すると素早く飛び立つ。交尾すると、雌は腐食した植物に卵を産みつけ、すぐに死ぬ。C字型の幼虫は屑食性で、腐食材や厩肥、堆肥中の植物性物質の堆積物を捕食して、約2年で成虫となる。

近縁種

*Cetonia*属には、旧北区や東洋区に生息する多くの種が含まれ、いくつかの亜属に分けられる（*Cetonia*亜属、*Eucetonia*亜属、*Indocetonia*亜属）。キンイロハナムグリ、*C. aeratula*、*C. cypriaca*、*C.delagrangei*、*C. carthami*はすべてハナムグリ亜属に含まれる。キンイロバラムグリには現在6つの亜種が知られているが、*C. a. aurata*が最も広く分布している。

実物大

キンイロハナムグリは花に飛来する頑丈で大型の甲虫で、金属的な緑色の体色をもつ。頭部、胸部、腹部は光沢のある金属的な緑色である。上翅には白い斑点、あるいは非常に細い白線がある。少数だが、全体が金属的な赤色の個体も見られる。腹側の表面はしばしば金属的な緑色だが、紫色、青色、黒色あるいは灰色の場合もある。

多食亜目（カブトムシ亜目）

科	コガネムシ科（Scarabaeidae）
亜科	ハナムグリ亜科（Cetoniinae）
分布	新熱帯区：コスタリカ、グアテマラ、ホンジュラス、メキシコ、ニカラグア
生息環境	熱帯林
生活場所	成虫は花や樹木の幹で見られる。幼虫は枯死した樹木に生息すると思われる。
食性	成虫は茎、葉、花を捕食。幼虫は枯死した樹木を捕食すると思われる。
補足	鮮やかな玉虫色の斑紋のある稀な種。幼虫は知られていない。

成虫の体長
18.5〜22mm

チュウベイトラハナムグリ
DIALITHUS MAGNIFICUS
PARRY, 1849

チュウベイトラハナムグリ（*Dialithus magnificus*）についてはほとんどわかっていないが、生息地はおそらくトラハナムグリ族の他の種と同様であると思われる。成虫はさまざまな植物の茎の甘い分泌物、葉、果実を捕食し、幼虫はおそらく広葉樹の朽木に生息し、腐食材を食べていると思われる。その名称が示すとおり、チュウベイトラハナムグリは青から緑色の玉虫色の帯と、見事な斑紋をもつ昆虫である。メキシコでは、5月に降雨林で見られる。

近縁種

新熱帯区に生息する*Dialithus*属の近縁属は、*Giesbertiolus*属と思われ、後者には4種が含まれる。*Dialithus*属は、頭楯の深い凹みと、大きく左右対称の玉虫色の斑点が特徴で、チュウベイトラハナムグリと現在パナマに生息することが知られる*D. scintillans*を含む。これら2種は、雄の生殖器の特徴によって識別できる。

実物大

チュウベイトラハナムグリは体色が赤褐色から暗褐色のCentoniinae亜科の甲虫で、長い跗節（特に後脚）と全体に広がる緑色または青の玉虫色の斑紋をもつ。鮮やかな斑紋は、頭部では2本の縦線として現れ、前胸背板では側方の2本と中央の1本の線である。上翅では左右対称のパターンを示し、尾板では幅の広い斑点となっている。腹側の表面も玉虫色である。

多食亜目（カブトムシ亜目）

科	コガネムシ科(Scarabaeidae)
亜科	ハナムグリ亜科(Cetoniinae)
分布	東洋区、旧北区：ヒマラヤ山麓の丘陵、ミャンマー、マレーシア、ベトナム、中国本土、海南島、台湾
生息環境	森林
生活場所	成虫は樹木の幹、幼虫は穴
食性	成虫は流れ出した樹液や果実、幼虫は植物の腐食物
補足	ハナムグリとしては稀な営巣行動を示す

成虫の体長（雄）
24.8〜39.5mm

成虫の体長（雌）
22.3〜25.3mm

クリックツノハナムグリ
DICRONOCEPHALUS WALLICHI
(HOPE, 1831)

雄のクリックツノハナムグリ（*Dicronocephalus wallichi*）は、頭部から前方へと伸びる特徴的な角をもつが、雌にはない。雄はその角と、長い前脚を使って、相手の雄を持ち上げ、ひっくり返そうとする。雌雄ともに、常緑樹の湿潤な森林で、大雨の降った後に最も多く現れ、大量発生が見られることもある。飼育環境では、幼虫は材木チップを混合した飼育土でそれらを食べながら育ち、約2ヵ月で蛹になる。

近縁種

*Dicronocephalus*属は、Goliathini族のDicronocephalina亜族に属する唯一の属である。他に7種を含む。*D. bieti*、*D. dabryi*、*D. adamsi*は中国とその周辺、*D. shimomurai*、*D. yui*、*D. uenoi*は台湾に生息する。一般的には3つの亜種が存在するとされており、*D. wallichi wallichi*はインド、ベトナム、タイ、*D. w. bowringi*は中国、*D. w. bourgoini*は台湾に生息する。

実物大

クリックツノハナムグリは中型から大型のCetoniinae亜科の甲虫で、胴体は平たい。雄は雌よりも大型で体長は長く、細く上方に湾曲して前方へ伸びる角は、頭部前端の隅から出ている。頭部、前胸背板、上翅の色は、黄色がかった褐色から暗褐色までさまざまである。前胸背板には、わずかに湾曲した、暗褐色から黒色の縦線がある。脚は跗節が長く、跗節爪がある。

多食亜目（カブトムシ亜目）

科	コガネムシ科（Scarabaeidae）
亜科	ハナムグリ亜科（Cetoniinae）
分布	熱帯アフリカ区：マダガスカルの固有種
生息環境	通常は標高700〜1,600mの森林
生活場所	ヤシの木の花
食性	成虫は花蜜や花粉を捕食
補足	ハナムグリの中では世界で最も美しいもののひとつで、コレクターの人気も高い

サザナミマダガスカルハナムグリ
EUCHROEA COELESTIS
BURMEISTER, 1842

成虫の体長
20〜32mm

サザナミマダガスカルハナムグリ（*Euchroea coelestis*）は昼行性で、暖かく好天の日に活動が活発になる。C字型の幼虫は、さまざまな植物の腐食物内に生息し、それらを食べて育つ。*Euchroea*属の他種の成虫は、ラベニアヤシ類（*Ravenea*）、タコノキ類（*Pandanus*）などの花で見られるが、他属は*Dombeya*属の花で記録されている。この属の種は個体数が少なく、マダガスカルで森林破壊が広がっていることは、いくつかの種の個体群に悪影響を与えているおそれがある。*Euchroea*属の色彩に富む種のいくつかは、飼育が成功している。

実物大

近縁種
*Euchroea*属に含まれる20種は、すべてマダガスカルの固有種である。大部分は、明瞭で鮮やかな模様によって容易に区別できる。長年に渡り、マダガスカルの切手の図案となっている種もある。E. マダガスカルには、*E. c. coelestis*、*E. c. peyrierasi*の2つの亜種があるとされるが、これらは主に上翅の青あるいは緑色の量で区別される。

サザナミマダガスカルハナムグリは、特徴的な幅の広い卵形をしたCetoniinae亜科の甲虫で、ハナムグリの中では、世界で最も美しいもののひとつであろう。上翅は黒く、形の不規則な、光沢のある緑色あるいは青色の斑点がある。これらの斑点は融合して、上翅を横断するような規則的な線を形作っている。脚は黒い。腹側の表面は黒、緑あるいは青色である。

多食亜目（カブトムシ亜目）

科	コガネムシ科(Scarabaeidae)
亜科	ハナムグリ亜科(Cetoniinae)
分布	新北区、新熱帯区：カリフォルニア州南部からニューメキシコ州および隣接するメキシコ
生息環境	砂漠、有刺低木林
生活場所	成虫は昼行性で植物に生息。幼虫はモリネズミの巣
食性	成虫はメスキートの花を訪れ、マメを捕食
補足	3つの色彩パターンがある

成虫の体長
11〜15mm

ホソオビメリケンハナムグリ
EUPHORIA FASCIFERA
(LECONTE, 1861)

ホソオビメリケンハナムグリ（*Euphoria fascifera*）には3つの異なる色彩のパターンがある。光沢型はカリフォルニア州からニューメキシコ州にかけて生息する。チワワ州のものは前胸背板に4つの斑点をもつが、バハ・カリフォルニア半島に生息する個体群は、通常大きな斑点を1個もつ。メキシコのソノラ州とシナロア州に生息する個体群も1個の大きな斑点をもつが、色は鈍い。成虫は夏の終わりの、特に雷雨の後に活発に活動し、飛ぶ姿はハチに非常によく似ている。砂漠に生育するさまざまな有刺低木の花を訪れ、花の蜜を吸ったり花粉を食べると思われ、果実や糖蜜にも誘引される。幼虫はモリネズミ類（*Neotoma*属の種）の巣中に見られる。

近縁種

*Euphoria*属は、北米、中米および南米に見られる59種からなる。角のない頭部、縁にそれぞれ2ヵ所のわずかな隆条のある上翅、両側がまっすぐな小楯板、中膝節の先端近くにある長い凹み、同心あるいは同心に近い凹みのある尾板が特徴である。ホソオビメリケンハナムグリは色彩パターン、尾板の同心状の凹み、雄の外生殖器で区別される。

実物大

ホソオビメリケンハナムグリは、鈍い、あるいは光沢のある黄色から明るいオレンジ色である。上翅には、会合線と交叉するように伸びる3本の黒い帯がある。裏面と脚は光沢のある黒褐色から黒色で、雄の腹部は横から見るとはっきりとした凹みが見える。同じ地域に2つの色彩パターンの個体が見られることがある。

多食亜目（カブトムシ亜目）

科	コガネムシ科（Scarabaeidae）
亜科	ハナムグリ亜科（Cetoniinae）
分布	オーストラリア区：オーストラリアの東部および南部海岸（ニューサウスウェールズ州、クィーンズランド州、南オーストラリア州、ビクトリア州）
生息環境	森林、繁み
生活場所	花
食性	成虫は花蜜や花粉、幼虫は腐食材
補足	英名でHorseshoe beetleとも呼ばれる

成虫の体長
12〜22mm

カザリハナムグリ
EUPOECILA AUSTRALASIAE
(DONOVAN, 1805)

カザリハナムグリ（*Eupoecila australasiae*）の成虫は、上翅に特徴的なライムグリーンから黄色のバイオリンのような模様があることからFiddler（バイオリニスト）beetleと呼ばれる。オーストラリアで見られるハナムグリの中では、最も美しいもののひとつである。成虫は11月から3月に羽化し、高木や低木の花に集まって、花蜜や花粉を食べる。とくにプリックリー・ティー（*Leptospermum juniperinum*）、オーストラリアグラスツリー（*Xanthorrhoea australis*）、スノーインサマー（*Melaleuca linariifolia*）、さまざまな種のユーカリ類（*Eucalyptus*）やマリー類（*Angophora*）などの食用植物を好む。幼虫は腐食材の中で育つ。

近縁種
カザリハナムグリは、フロンタリススネゲハナムグリ（*Chlorobapta frontalis*）に形態や色が類似している。これは、同じゴウシュウハナムグリ族に属する別種で、キイロユーカリ（*Eucalyptus leucoxylon*）の腐食した穴でのみ育つと思われる種である。*Eupoecila*属には、他にE. evanescens、E. inscripta、E. miskini、E. intricataの4種が知られる。

カザリハナムグリは対照的な色彩を持つ光沢のある甲虫で、背側の表面はどちらかといえば平らである。上翅と前胸背板には、黄色から緑色の特徴的な斑と線がある。それにより、色のパターンがバイオリンの形を思わせるものになることから、英名ではFiddler（バイオリニスト）beetleの通称がついた。上翅は、背側から見ると前方隅の後ろ側がわずかに凹んでいる。脚は赤褐色である。

実物大

多食亜目（カブトムシ亜目）

科	コガネムシ科(Scarabaeidae)
亜科	ハナムグリ亜科(Cetoniinae)
分布	新北区：北米東部
生息環境	落葉広葉樹林や混合林
生活場所	成虫は花をつける高木や低木
食性	成虫は花粉
補足	広く分布するが滅多に見られず、生態はわかっていない

成虫の体長
11〜16mm

コモンホクベイトラハナムグリ
GNORIMELLA MACULOSA
(KNOCH, 1801)

実物大

人目を引く姿であるにもかかわらず滅多に見かけることがなく、この甲虫の生態はほとんど知られていない。成虫は通常5月、6月の暑い日に、樹木のある場所で少数の個体が見られる。飛翔能力は高く、花の回りをぶんぶんと音を立てて飛ぶ姿は、ハチに似ている。ハナミズキ類（*Cornus*）やガマズミ類（*Viburnum*）の花を好むが、キイチゴ類（*Rubus*）、サンザシ類（*Crataegus*）、ユリノキ類（*Liriodendon*）、リンゴ類（*Malus*）、カエデ類（*Acer*属の種）など、他の落葉広葉樹も訪れる。幼虫に関して公表された唯一の記録は、ハナズオウ（*Cercis canadensis*）の朽木で成長するというものであるが、その他の腐食材も利用しているものと思われる。

近縁種
*Gnorimella*属は新北区にのみ生息し、含まれるのは1種のみである。最も近縁な種は旧北区の*Gnorimus*属で、これにはヨーロッパとアジアの種が含まれる。北米における他の近縁な2属である*Trichiotinus*属と*Trigonopeltastes*属も北米に分布し、それぞれこの地域で8種と2種が含まれる。これらの属に含まれる種は、通常晩春から初夏に花を訪れる。

コモンホクベイトラハナムグリは黒色で、斑のある褐色や黒色の上翅を持つ。体のその他の部分は、クリーム色あるいは黄色がかったオレンジ色の斑点のさまざまな模様がある。上翅にはないが、胴体と下側は長く色の薄い、あるいは黄色がかった色の毛に覆われている。雄は大きく湾曲した中脚をもつが、雌ではまっすぐである。生息地の北部の個体は全身がより暗色で、斑点は小さく数も少ない。

科	コガネムシ科（Scarabaeidae）
亜科	ハナムグリ亜科（Cetoniinae）
分布	熱帯アフリカ区：シエラレオネ、ギニア、象牙海岸、ナイジェリア、ブルキナファソ
生息環境	熱帯林
生活場所	花やさまざまな樹木
食性	樹液や果実
補足	この属の種は世界最大の甲虫のひとつであり、ゴライアスオオツノハナムグリとして知られている

多食亜目（カブトムシ亜目）

レギウスゴライアスオオツノハナムグリ
GOLIATHUS REGIUS
KLUG, 1835

成虫の体長（雄）
50～110mm

成虫の体長（雌）
50～80mm

実物大

レギウスゴライアスオオツノハナムグリ（*Goliathus regius*）の雄は頭部に角を持ち、樹液が流れ雌を引きつける場所を、この角を使って守る。生息地域では比較的一般的に見られ、飼育もされてきた。*Goliathus*属の種は一般的にゴライアスオオツノハナムグリとして知られ、世界最大の昆虫のひとつで、体長150mmにおよぶものもいる。成虫は、しばしば早朝に*Vernonia*属の木で見られたり、その他の低木の花柄にとまっていたりする。幼虫は朽木中で育つが食用となることもあり、中央アフリカの人々には珍味とされているようである。

近縁種

レギウスゴライアスオオツノハナムグリでは、上翅の色彩パターンの違いにもとづいて、いくつかの亜種が記載されてきたが、これらの分類はすべて根拠の薄いものと考えられている。*Goliathus*属には、同じくらい見事な他の4種（*G. albosignatus*、*G. cacius*、*G. goliatus*、*G. orientalis*）も、アフリカに生息する。これらは全体の大きさ、前胸背板と上翅の色彩パターン、地理的分布によって区別されている。

レギウスゴライアスオオツノハナムグリは非常に大型で力の強い昆虫である。成虫は前胸背板に黒い縦縞がある。上翅は両側沿いが黒色で、正中線付近には特徴的な白い模様が見られる。胴体の暗色は黒から黒褐色である。下翅は非常に発達し、成虫は飛ぶことができる。雄は、頭部に前方に向いたY字型の突起を持つ。

多食亜目（カブトムシ亜目）

科	コガネムシ科(Scarabaeidae)
亜科	ハナムグリ亜科(Cetoniinae)
分布	新熱帯区：メキシコから南米中部
生息環境	熱帯林
生活場所	成虫は花、幼虫は朽ちた樹木の幹
食性	成虫は花粉、果実、樹液、幼虫は腐食材
補足	上翅の見事な模様が特徴的

成虫の体長
19〜23mm

ホウシャアヤヒシムネハナムグリ
GYMNETIS STELLATA
(LATREILLE, 1813)

ホウシャアヤヒシムネハナムグリ（*Gymnestis stellata*）は、黄色またはオレンジ色の斑紋からなる特徴的な模様をもつ、見事なハナムグリである。成虫はほとんどは暑く天気のよい日に、標高1,600mの落葉樹あるいは半落葉樹の森林で活発に活動し、飛んでいる姿と音はマルハナバチに似ている。成虫はさまざまな花の花粉や花蜜、果実、樹液を食べ、さまざまな熟した果実で飼育することもできる。1988年には、グアテマラで切手の図案に採用された。

近縁種

*Gymnestis*属のいくつかの種は、上翅に華やかな模様をもつが、これは近縁の*Gymetosoma*属の種に類似している。ホウシャアヤヒシムネハナムグリに類似する種としては、*G. mediana*と*G. rodiicollis*があり、どちらもそれぞれ特徴的な色彩パターンをもつ。Gymnetini族は大部分が新熱帯区のハナムグリで、アメリカ合衆国南部で見られる種もある。*Gymnetis*属には29種以上が記載されていたが、この属は近年分類学的検討が行われた。

ホウシャアヤヒシムネハナムグリは、上翅に華やかな模様をもつ、魅力的なハナムグリである。頭部、前胸背板、上翅には、不規則な暗黒色と黄色またはオレンジ色の縞あるいは線、または縞と線の両方が、中央から放射状に伸びている。脚は黒い。標本により、線の色はより明るい場合や暗い場合がある。

実物大

多食亜目（カブトムシ亜目）

科	コガネムシ科（Scarabaeidae）
亜科	ハナムグリ亜科（Cetoniinae）
分布	新熱帯区：ホンジュラス、グアテマラ、メキシコ、ベリーズ、ニカラグア、パナマ、コロンビア、エクアドル
生息環境	熱帯地域
生活場所	さまざまな樹木
食性	成虫は流れ出た樹液、幼虫は腐食材
補足	よく見られる甲虫で著しい性的二型を示す

成虫の体長（雄）
40〜55mm

成虫の体長（雌）
35〜44mm

インカツノコガネ
INCA CLATHRATA SOMMERI
(WESTWOOD, 1845)

インカツノコガネ（*Inca clathrata sommeri*）の雄は雌よりも大型になる傾向があり、頭部には斜めに突き出た2本の幅広い「角」がある。*Inca*属に属する種は、ミカン類（*Citrus*）、マドルライラック（*Gliricidia sepium*）、アボカド、セイヨウヒイラギ（*Ilex arimensis*）の、傷から流れ出す樹液を餌としている。シルクバナナ（*Musa sapentium*）やマンゴーの熟した実にも誘引される。幼虫は朽ちた樹木中で、腐食材を餌として育つ。

近縁種

*Inca*属の種は、大部分がブラジルに生息する。インカツノコガネに最も近縁の種は、*I. beschkii*、*I. bonplandi*、*I. burmeisteri*、*I. irrorata*、*I. pulverulenta*である。*I. clathrata*の他の亜種としては、南米のアンデス東部に生息する*I. c. clathrata*、トリニダードと西インド諸島に生息する*I. c. quesneli*がある。これら3亜種は、雄の角の形態により区別される。

実物大

インカツノコガネは頭部と前胸背板が暗緑色から黒色である。上翅は褐色または赤味がかった色で、小さな斑点状に色の薄い部分がある。前胸背板には、縦方向と斜めに薄い色からなる線状の模様がある。雄の頭楯は、2つの長方形の角に分かれ、内側には黄色がかった毛が密集している。大顎はあまり発達していない。前脛節の外側には、幅広く鋭い鋸歯状突起がある。

多食亜目（カブトムシ亜目）

科	コガネムシ科（Scarabaeidae）
亜科	ハナムグリ亜科（Cetoniinae）
分布	熱帯アフリカ区：コートジボワールからコンゴ民主共和国東部
生息環境	熱帯林
生活場所	成虫はさまざまな樹木、幼虫は土壌中
食性	成虫は樹液や果実を捕食する姿が見られる。幼虫はさまざまな物質を捕食
補足	幼虫は後ろ向きに歩く

成虫の体長（雄）
35〜75mm

成虫の体長（雌）
40〜47mm

ミイロオオツノカナブン
MECYNORHINA SAVAGEI
(HARRIS, 1844)

非常に魅力的なミイロオオツノカナブン（*Mecynorhina savagei*）は、コートジボワールからコンゴ民主共和国東部に生息する稀少な甲虫である。行動や生活史についてはほとんど知られていないが、大型のハナムグリの大部分と同様に、この種も樹液や果実を餌とする。甲虫愛好家にペットとして飼育されてきた。大型でC字型の幼虫は、他のハナムグリ亜科の多くがそうであるように、ひっくり返って這い、自然あるいは人工的な環境下で、枯葉、腐食材、堆肥、乾燥ドッグフード、キャットフード、魚類用餌ペレットなどさまざまな物を餌とし、共食いも見られる。生活史は約1年である。

近縁種

2010年には、*Mecynorhina*属の他の9種が5つの亜属に分類された。*M. harrisi*、*M. kraatzi*、*M. mukengiana*、*M. oberthuri*、*M. passerinii*、*M. polyphemus*、*M. taverniersi*、*M. torquata*、*M. ugandaensis*である。ミツイロオオツノカナブンは、色彩パターンと雄の角の形状によって区別される。

実物大

ミイロオオツノカナブンは、大型で、暗い緑黒色のハナムグリである。生きた個体は黒い上翅に鮮やかな黄色の線と斑点をもつが、標本にすると鈍いオレンジ色になる。前胸背板の縁も黄色である。雄は、頭楯にほぼ水平でフォーク状に分岐した角を持つ。雌には角はない。

多食亜目（カブトムシ亜目）

科	コガネムシ科（Scarabaeidae）
亜科	ハナムグリ亜科（Cetoniinae）
分布	熱帯アフリカ区：カメルーン、中央アフリカ共和国、コンゴ民主共和国、ガボン、ガーナ、象牙海岸
生息環境	森林
生活場所	花、さまざまな樹木
食性	成虫は樹液、過熟果実、花、幼虫は腐植土
補足	よく見られる大型の甲虫で、近年では無線操作の「サイボーグ昆虫」製作の材料になった

クビワオオツノハナムグリ
MECYNORHINA TORQUATA
(DRURY, 1782)

成虫の体長（雄）
50〜85mm

成虫の体長（雌）
45〜60mm

クビワオオツノハナムグリ（*Mecynorhina torquata*）は、ゴライアスオオツノハナムグリ（*Goliathus*）に次いで世界で2番目に大きなハナムグリである。雄は頭部に見事な三角形の角を持つが、雌にはない。幼虫は飼育可能で、体長80mm、体重40gにまで成長することもある。最近では、前胸背板に埋め込んだ、無線信号を受信する微小な神経刺激装置によって飛翔をコントロールする実験が、この甲虫を用いて行われ成功している。このシステムは神経刺激装置（脳に装着する）、筋肉刺激装置（飛翔筋に装着する）、無線受信装置を備えた微小な操縦装置、超小型バッテリーから構成されていた。

近縁種

*Mecynorhina*属には、他に9種が含まれる。*M. harrisi*、*M. kraatzi*、*M. mukengiana*、*M. oberthuri*、*M. passerinii*、*M. polyphemus*、*M. savagei*、*M. taverniersi*、*M. ugandaensis*である。クビワオオツノハナムグリでは3つの亜種が確認されている。*M. t. torquata*、*M. t. immaculicollis*、*M. t. poggei*で、これらはほとんどが色彩パターンによって区別される。

実物大

クビワオオツノハナムグリは、緑色で白い線があり、上翅と前胸背板には白い斑点が見られる場合もある。頭部はほとんどが白色で、黒や緑色の斑点がいくつかある。見事な前脚も緑色で、特に雄では鋭く尖った棘がいくつかある。雄は、頭部から前方に突き出した頑丈な突起があり、頭楯剣と呼ばれることもある。

多食亜目（カブトムシ亜目）

科	コガネムシ科 (Scarabaeidae)
亜科	ハナムグリ亜科 (Cetoniinae)
分布	熱帯アフリカ区：セネガルからコンゴ民主共和国
生息環境	森林、サバンナ
生活場所	成虫は花、幼虫は土壌中に見られる
食性	成虫は花蜜、花粉、樹液、幼虫は植物の腐食物
補足	美しい色彩から、甲虫愛好家のコレクションとなっている

成虫の体長
22〜27mm

ニジイロカナブン
STEPHANORRHINA GUTTATA
(OLIVIER, 1789)

ニジイロカナブン（*Stephanorrhina guttata*）は、アフリカに生息する、一般的だが非常に魅力的な甲虫である。雄は頭部に角や突起をもつ。成虫は、アカシア類（*Acacia*）やプロテア類（*Protea*）の花の蜜や花粉の他、流れ出る樹液を餌とする。*S. g. guttata*（コンゴ民主共和国や中央アフリカ共和国に生息）、*S. g. aschantica*（トーゴに生息）、*S. g. insularis*（赤道ギニアに生息）の3つの亜種がある。最も飼育しやすい甲虫のひとつで、色の美しいペットとして一般的に飼育器で飼われている。

近縁種
*Aphelorhina*属は、*Sthphanorrhina*属に近縁であり、後者の名称でまとめて呼ばれることもある。*Sthphanorrhina*属で他に知られているのは、コンゴ民主共和国、ウガンダ、ケニア、スーダン、南スーダンで見られる*S. adelpha*、カメルーンで見られる*S. julia*、タンザニアで見られる*S. princeps*、ジンバブエやモザンビークで見られる*S. simplex*である。

ニジイロカナブンは、光沢のある緑色の甲虫で、背側の体表には斑点がいくつかある。上翅は丸く白い水玉模様で、上翅の会合部の帯は赤色である。より赤色がかったものや、青と赤の個体もある。雄は2本の小さな頭楯角をもつ。

実物大

多食亜目（カブトムシ亜目）

科	コガネムシ科（Scarabaeidae）
亜科	ハナムグリ亜科（Cetoniinae）
分布	東洋区：ボルネオ島
生息環境	熱帯林
生活場所	花
食性	成虫は樹液や果実、おそらく花粉も捕食。幼虫は腐食土
補足	雄や他のコガネムシの印象的な角は、固く中空で、体壁から突出している

カブトハナムグリ
THEODOSIA VIRIDIAURATA
(BATES, 1889)

成虫の体長（雄）
25.4〜55.5mm

成虫の体長（雌）
24.6〜25.9mm

カブトハナムグリ（*Theodosia viridiaurata*）の雄は、長く印象的な角を持ち、ハナムグリの中では最も魅力的な種のひとつである。ボルネオ島の東部にのみ生息し、稀少な種と考えられている。さらに研究を進めるため、研究室で飼育されている。コガネムシ上科の角のある種の大部分は、コガネムシ科のCetoniinae亜科、ダイコクコガネ亜科、カブトムシ亜科、そしてセンチコガネ科に限られている。

近縁種
*Theodosia*属は*Phaedimus*属と近縁で、両属はカブトハナムグリ族に含まれる。これらの種の多くは、ボルネオ島原産で、すべて東南アジアに見られる。*Theodosia*属で知られている他の種としては、*T. antoinei*、*T. chewi*、*T. howitti*、*T. katsurai*、*T. magnifica*、*T. maindroni*、*T. miyashitai*、*T. nobuyukii*、*T. perakensis*、*T. pilosipygidialis*、*T. rodorigezi*、*T. telifer*がある。

カブトハナムグリは、鮮やかで金属的な緑色のハナムグリである。上翅は金属的な緑色あるいは金属的な赤色で、反射は銅色である。雄は、長く湾曲した頭部の角と、前胸背板の角をもち、これらは金属的な緑色と赤味がかったピンク色に彩られている。雄の腹側の表面も、金属的な緑色である。角の大きさには個体差があり、非常に長い角をもつ個体もいる。雌には角はなく、全体が褐色だが、胸部が緑色の標本もあり、これらは雄と同じ金属的な緑色の脚をもつ。

実物大

多食亜目（カブトムシ亜目）

科	コガネムシ科(Scarabaeidae)
亜科	ハナムグリ亜科(Cetoniinae)
分布	旧北区
生息環境	野原、開けた土地
生活場所	成虫は花に生息、幼虫は樹木の切り株内にのみ見られる
食性	成虫は花弁、幼虫は樹木の朽ちた切り株
補足	よく見られる甲虫で、色や柔毛がハチに似ていることから、英名はBee Beetleである

成虫の体長
9〜12mm

トラハナムグリ
TRICHIUS FASCIATUS
(LINNAEUS, 1758)

トラハナムグリ（*Trichius fasciatus*）は、多くは6月から8月の、温かく天気のよい夏の日に見られる。成虫は飛翔能力が高く、さまざまな花を訪れて、とくにタイム類（*Thymus*）やバラ類（*Rosa*）の花弁を食べる。雄と雌は、花を餌としながら花上で交尾する。幼虫は、とくにブナ類（*Fagus*）の朽ちた切り株で、それを餌として成長する。英名ではBee Beetleと呼ばれ、これは、ハチのような行動と外見による。

近縁種

*Trichius*属はトラハナムグリ族に含まれ、新世界には生息しない。ヨーロッパで*T. fasciatus*に最も近縁な種は*T. abdominalis*、*T. orientalis*、*T. sexualis*である。種を分類する特徴は、色彩パターンと脚の構造の違いである。

トラハナムグリは小型でずんぐりした、非常に活動的な甲虫である。頭部と前胸背板は黒い。上翅は黄色からオレンジ色で、さまざまな幅の黒い帯が6本、横に伸びている。特に頭部、前胸背板、腹側の体表には柔毛が非常に多い。大きな眼が特徴的である。

実物大

多食亜目（カブトムシ亜目）

科	ニセマルハナノミ科（Decliniidae）
亜科	
分布	旧北区：ロシア極東地域
生息環境	混合林、樹木のある湿地
生活場所	不明
食性	成虫は花粉、幼虫については不明
補足	系統学的に重要な種だが雌しか知られていない

成虫の体長
3.5〜5.5mm

タイリクニセマルハナノミ
DECLINIA RELICTA
NIKITSKY, LAWRENCE, KIREJTSHUK & GRACHEV, 1994

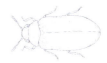
実物大

この謎に満ちた種は、湿潤な北方森林で、主にフライトインターセプト・トラップを用いて採集された成虫雌が知られるのみである。生物学的な情報はほとんど得られていないが、解剖によって、1例の標本で腸管に花粉の粒が発見されたことから、成虫は花粉食性ではないかと考えられている。幼虫は知られていない。多食亜目に属する他種と比較して祖先的な位置にいると見られることから、系統的に重要である。成虫の形態にもとづいた分析により、マルハナノミ上科に分類されており、他のすべての多食亜目の昆虫の姉妹分類群であると考える専門家もいる。

近縁種
外見上は、ニセマルハナノミ科の種はマルハナノミ科に属する種と類似しており、明らかに近縁である。この科にはタイリクニセマルハナノミ（*Declinia relicta*）と日本に生息する*D. versicolor*の2種のみが知られている。*D. versicolor*は、上翅の隆条や触角節の形状の違いの他、胴体がより丸みをおびていることから区別される。

タイリクニセマルハナノミはむしろ一般的な小型で褐色の甲虫で、幅広く、いくらか平たい胴体、大きな頭部、末梢の体節が発達していない短い触角、短い前胸をもつ。頭部はわずかに下向きになっているが、近縁と思われる他種で頭部が前基節でなく前胸腹板についているのとは異なり、広い隙間がある。

多食亜目（カブトムシ亜目）

科	マルハナノミダマシ科(Eucinetidae)
亜科	
分布	オーストラリア区：ニュージーランド
生息環境	森林
生活場所	湿った有機物のゴミ
食性	菌食性
補足	この属の種は科全体の中で最も色彩に富む

成虫の体長
1.5〜1.9mm

マルガタマルハナノミダマシ
NOTEUCINETUS NUNNI
BULLIANS & LESCHEN, 2004

実物大

この小さな甲虫は、ニュージーランドのナンキョクブナ類（*Nothofagus*）や広葉樹林に生息し、フライトインターセプト・トラップを使って、あるいは葉への殺虫剤の噴霧、湿った落ち葉を退けた時などに捕獲されてきた。倒木に生えた菌類や粘菌類から直接採集されたことから、同じ科の他種と同じようにさまざまな菌類や粘菌類を餌としていると思われた。マルハナノミダマシの仲間は、危険を感じると跳んだり、後脚を激しく振り回したりする。この行動は、流線型の体型と関連があり、落ち葉などの中へ逃げ込むのに有効である。

近縁種
最近記載されたこの属の2種は、ニュージーランドに生息する。色や、脚と外生殖器の形態がわずかに異なっている。3つめの種はチリ南部の温帯林に生息する。南米南部とニュージーランドの温帯地域では、ゴンドワナ大陸に分布していた分類群に由来する多くの属が共通している。太古のゴンドワナ超大陸は、現在のアフリカ、南アメリカ、オーストラリア、南極、インド亜大陸からなっていたからである。

マルガタマルハナノミダマシの成虫は、落ち葉に生息する小型甲虫の中では比較的目立つ。大部分は全体が褐色だが、この種は黄色と褐色の2色で目につきやすい。模様、特に上翅にある暗色の模様の広がりはさまざまある。下曲した頭部と滴型の体型はマルハナノミダマシ科に特有であるが、この種は他の大部分の種より幅広い卵形である。上の写真は羽化したばかりの成虫であるため、模様の色はわずかに薄い。

多食亜目（カブトムシ亜目）

科	タマキノコムシモドキ科（Clambidae）
亜科	Calyptomerinae亜科
分布	旧北区：中央および東ヨーロッパ
生息環境	森林
生活場所	湿った有機物質中
食性	菌食性
補足	この甲虫の成虫は防衛のために丸くなる

ゲブカタマキノコムシモドキ
CALYPTOMERUS ALPESTRIS
REDTENBACHER, 1849

成虫の体長
1.6〜2mm

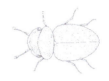

実物大

この小さな甲虫は、中央ヨーロッパ全体、およびヨーロッパとアジアの境界領域にあたるコーカサス地方のさまざまな森林、とくに針葉樹林にパッチ状に分布している。幼虫と成虫は菌類、特に胞子を餌としていると考えられる。この科に含まれる種は、防御のために丸まって楕円体状になることができるが、このような行動は球形化あるいは防御態勢と呼ばれている。非常に小型であること、また胸部の腹側部分の方向によって、筋肉を収縮させた時に胴体の側縁部が互いに緊密に引き寄せられるようになっている。

近縁種
この属の3種はユーラシアに見られ、さらに1種が北米の北西部に生息する。1種はオーストラリアと南米にも拡大した。各種は、胴体、とくに頭部の側縁部の輪郭、および生殖器の形態により外見的に区別される。科全体として小型で、全世界には約150種が生息し、そのほとんどはClambus属に属する。

ゲブカタマキノコムシモドキは、Clambidae科の中では大型の種に属し、2mm近くまで成長する。上翅は、他の多くの種よりも長くなる。赤褐色の体色と、短く黄色がかった毛が、この科の大部分の種に典型的な特徴である。眼は、Clambusのように頭部の両側に離れてついていない。

多食亜目（カブトムシ亜目）

科	タマキノコムシモドキ科(Clambidae)
亜科	タマキノコムシモドキ亜科(Clambinae)
分布	オーストラリア区：ニュージーランド
生息環境	森林
生活場所	湿った有機物質中
食性	菌食性
補足	この種の最初の記載は、作家の家の窓で採集された標本であった

成虫の体長
0.9〜1mm

イエタマキノコムシモドキ
CLAMBUS DOMESTICUS
(BROUN, 1886)

実物大

この科の他種と同様に、この種の成虫も脅威を察知するとほとんど完全な球形にまで体を丸めることができる（球形化）。この種はニュージーランドの北島と南島に、分散的に分布している。ナンキョクブナ類（*Nothofagus*）の原生林に生息するが、オークランド郊外でも堆肥の山などに生息することが記録されている。タマキノコムシモドキは菌食性と考えられ、主要な栄養源として菌の胞子の摂食に特化していると思われるが、ほとんどの種に関しては生態の詳細が記録されていない。

近縁種
ニュージーランドには他の5種も生息する。これらは、外部の形状、眼と翅の発達度によって区別される。イエタマキノコムシモドキ（*Clambus domestics*）と最も近縁であることが明らかな種は*C. simsoni*で、これはオーストラリアおよびアフリカ南部に生息する種であり、雄の外生殖器の形態でのみ区別される。この科は現存の5属、約150種を含み、その中で最も多様な属が*Clambus*属である。

イエタマキノコムシモドキは非常に小型の甲虫で、頭部、前胸および上翅に対応する、いくらか丸みのある凸状の部分からなるように見える。上翅は、この種では先端部近くで分かれている。防御態勢をとると、これらの部分は重なり、球状となる。この種、および他のタマキノコムシモドキの体色は、主に赤褐色で、短い毛で覆われる部分はさまざまである。

多食亜目（カブトムシ亜目）

科	マルハナノミ科（Scirtidae）
亜科	マルハナノミ亜科（Scirtinae）
分布	オーストラリア区：オーストラリア南部、タスマニア
生息環境	森林
生活場所	湿った森林リター層、樹木の残骸
食性	腐食性
補足	成虫の多様な体色が、いくつもの亜種の記載や異名状態につながった

成虫の体長
8〜10mm

フトマルハナノミ
MACROHELODES CRASSUS
BLACKBURN, 1892

フトマルハナノミ（*Macrohelodes crassus*）は、オーストラリア南部のいくつかの州およびタスマニア島の、サザンビーチナンキョクブナ類の林などの高地や山地に見られる。成虫は葉に生息し、樹冠噴霧により花の上で採集されてきた。幼虫は湿地帯、水の溜まった木の穴、朽ちた倒木などの水の染み込んだ粗い樹木屑のような湿った場所に生息する。微生物や菌が侵入して分解した植物性物質を餌とする腐食性あるいは浮泥食性と思われるが、幼虫の食性についてはよくわかっていない。

近縁種

フトマルハナノミは、オーストラリアに生息するこの属に含まれる15種のひとつである。種を互いに区別するのは困難である。フトマルハナノミの分類の歴史は、いくつもの変種に名前がつけられたことで複雑化してきた。2010年にこれらが改定され、現在はこのひとつの種の異名とされている。

実物大

フトマルハナノミは中くらいの大きさで、マホガニー色と黄色が斑状になった、湿地に見られる甲虫である。黄色と褐色の色彩パターンは多様性に富み、上翅を横断する黄色の斑紋以外はほとんど褐色のみのもの、明瞭な2色のもの、あるいは上翅が前縁部の褐色の斑点を除きほとんど黄色であるものなどがある。

多食亜目（カブトムシ亜目）

科	マルハナノミ科（Scirtidae）
亜科	マルハナノミ亜科（Scirtinae）
分布	新北区：アメリカ合衆国南東部
生息環境	湿地帯
生活場所	湿地、森林のある湿地帯
食性	腐食性
補足	長い後脚と全体の外見が、類縁関係のないハムシ科に類似

成虫の体長
4〜6mm

ホクベイケマダラマルハナノミ
ORA TROBERTI
(GUÉRIN-MÉNEVILLE, 1861)

実物大

これらの甲虫は長い後腿節にある大きな筋系で跳ぶことができる。アメリカ合衆国のフロリダ州からテキサス州にかけての湿った場所に一般的に見られるが、水生の幼虫の生息域と離れた場所にも生息する可能性がある。成虫はしばしば光の下で捕獲されるが、植物を叩くと落ちてくることもある。幼虫は池、淡水の湿地、湖や小川の縁の浅い水の中で、植物性の分解物を餌としている。成虫は有機物の粒子や菌類を捕食すると思われるが、この種、およびこの科の他種の生活史の詳細はあまり知られていない。

近縁種
*Ora*属の4種はアメリカ合衆国南東部に生息することが知られ、種内の変異や分類学上の未解決な問題があるために、区別は困難である。この属および*Scirtes*属の成虫は長い後腿節をもつ。この特徴と全体の形状が、*Capraita*属のハムシに属する甲虫との奇妙な収斂性の類似をもたらしている。

ホクベイケマダラマルハナノミの成虫は、厚く、大きな筋肉のある後腿節をもつことが特徴である。この種はアメリカ合衆国に生息する4種の中では最も多様性に富み、上翅は対照の際立つ黄色の斑紋のある黒褐色から、わずかに色の濃い縦線のある薄い黄褐色までの幅がある。前胸背板は褐色の1色か、あるいは2色である。

多食亜目（カブトムシ亜目）

科	マルハナノミ科（Scirtidae）
亜科	マルハナノミ亜科（Scirtinae）
分布	オーストラリア区：オーストラリア東部
生息環境	森林
生活場所	水で満たされた木の穴
食性	腐食性
補足	クイーンズランド州南東部のツゲ林の木の穴に生息する、主要な腐食食性の種である

クロセダカマルハナノミ
PRIONOCYPHON NIGER
KITCHING & ALLSOPP, 1987

成虫の体長
3〜3.5mm

実物大

種の記載者によって、生活史の詳細な研究が行われた。オーストラリアのクイーンズランド州南東部の、水で満たされた木の穴で一般的に見られ、著者は幼虫から成虫までの飼育に成功した。幼虫は、口器（こうき）の内側表面に複雑な毛束と棘を持つが、これは木の穴に溜まった有機物質を細かく分離させるための、梳き取りとろ過の装置として機能している。成虫は陸生で、幼虫の生息地に近接した植生に見られる。世界の他の地域に生息する*Prionocyphon*属の種も、水に満たされた木の穴に生息する。

近縁種
*Prionocyphon*属（ぞく）には、世界各地の少なくとも38種が知られている。クロセダカマルハナノミ（*Prionocyphon niger*）は、2010年まではオーストラリアで記載された唯一の種であったが、さらに16種が追加された。大部分の種は、区別するために生殖器の解剖が必要である。全世界には、さらに多くの未発見、未記載の新種が存在すると思われる。

クロセダカマルハナノミは小型で、毛が密集して生えた、卵形の湿地性の甲虫である。背側の表面は暗褐色あるいは黒色で、頭部はわずかに明るい褐色（かっしょく）で、毛は黄色がかった色である。下面と触角（しょっかく）は黄色がかった褐色である。脚（あし）は黄色がかった褐色で、縁部は暗色である。頭部は大きくたわんだ形状で、前胸背板（ぜんきょうはいばん）は長さより横幅が大きい。

多食亜目（カブトムシ亜目）

科	マルハナノミ科（Scirtidae）
亜科	マルハナノミ亜科（Scirtinae）
分布	オーストラリア区：ニュージーランド
生息環境	温帯林
生活場所	湿った有機物リター（堆積物）
食性	腐食性
補足	ニュージーランドの先駆的甲虫学者、トーマス・ブラウン船長によってコロマンデル半島で採集された多くの種のひとつ

成虫の体長
7〜10mm

ヒゲナガキバマルハナノミ
VERONATUS LONGICORNIS
SHARP, 1878

実物大

この種、およびこの属の他種については生物学的な情報が限られているが、これはニュージーランドのさまざまな南温帯林に生息するためである。この種は、コロマンデル半島のタイルアで初めて記載されたが、この地域は、ニュージーランドの甲虫類の熱心な収集家、記録者として先駆的な存在であったトーマス・ブラウン船長が、好んで収集を行った場所である。この属の幼虫あるいは食性に関する唯一の研究は、近縁種であるVeronatus tricostellusにもとづくものである。この種は、幼虫と成虫のいずれも、朽ちた樹木の下につくられた滑らかな小部屋に見られ、幼虫の消化管内容物は暗色の有機物質からなっていた。

近縁種

ヒゲナガキバマルハナノミ（Veronatus longicornis）は、ニュージーランドで記載されたこの属の19種の中のひとつである。これらのうち、2種はシャープ、17種はブラウンによって記載された。ブラウンが記載した種は、実際に標本に含まれていた種よりも多く、彼の基準標本に関して詳細な研究が行われた結果、多くが変異とされた。幸いなことに、彼の規準標本は非常に保存状態が良く、ロンドンの自然史博物館に保管されている。

ヒゲナガキバマルハナノミは、まばらな柔毛に覆われた中型の甲虫で、頭部と前胸は暗褐色、上翅、触角および脚はより明るい褐色または黄褐色である。前方を向いた特徴的な大顎から肉食性とも思われるが、成虫は腐食した有機物質を餌としているようである。この科の他種と同様に、幼虫は多くの節に分かれた触角をもつという変わった特徴がある。

多食亜目（カブトムシ亜目）

科	ナガフナガタムシ科(Dascillidae)
亜科	ナガフナガタムシ亜科(Dascillinae)
分布	新北区：アメリカ合衆国西部(カリフォルニア州)
生息環境	低木の繁み、林地
生活場所	成虫は葉、幼虫は樹木や低木の周囲の地中
食性	草食性で根を捕食
補足	北米のナガフナガタムシ科では最大の種

成虫の体長(雄)
8〜14mm

成虫の体長(雌)
10〜20mm

セイガンナガフナガタムシ
DASCILLUS DAVIDSONI
LECONTE, 1859

実物大

この甲虫の成虫は、春にさまざまな樹木やその他の植生の葉で見られ、白い紙を敷いて上の植物を叩くと採集できる。幼虫の習性は、地中に生息するいくつかのコガネムシと類似している。穴を掘る習性のある蛆状の幼虫は根を餌とし、アカシア（*Acacia*）属の果樹、その他の原生の樹木あるいは低木の周辺の砂質土壌に生息することが記録されている。ヨーロッパの近縁種の口器と頭部の筋系（こうき）の詳細な研究は、甲虫の科の中ではコメツキムシ類との系統発生学的な類縁性を示すものであった。

近縁種

*Dascillus*属の2種はカリフォルニア州に生息し、*D. plumbeus*は主に体色がより均一に暗灰色であることで区別される。世界の他地域では、この属で少なくとも23種が生息している。ヨーロッパの近縁種は、Orchid beetle（*D. cervinus*）として知られる。アメリカ合衆国西部では、同科では他に1属（*Anorus*）のみが生息する。

セイガンナガフナガタムシは、楕円形で胴体の両側が平行であり、横方向に伸びる暗色の外皮の帯で分断された、灰色の柔毛が上翅（じょうし）に見られることが特徴的で、これにより外見が斑状となる。大顎（おおあご）は突出が顕著で大きく湾曲し、触角（しょっかく）は細く剛毛（ごうもう）がある。

多食亜目（カブトムシ亜目）

科	ナガフナガタムシ科(Dascillidae)
亜科	Karumiinae亜科
分布	新北区：カリフォルニア
生息環境	開けた土地、低木地帯
生活場所	雄は葉、雌は地上で穴の中に生息すると思われる
食性	成虫は摂食しないと思われる。幼虫の食性は不明
補足	幼虫型の雌は地上で雄が交尾相手を求めて飛来するのを待つ

成虫の体長
7～11mm

ホクベイナガフナガタムシ
ANORUS PICEUS
LECONTE, 1859

実物大

ホクベイナガフナガタムシ（*Anorus piceus*）について知られている唯一の生物学的な情報は、春から初夏にかけて、翅のある雄が草やその他の植生の上を這っていたり、夜間人工光に向かって飛んだりすることだけである。雌には翅がなく、唯一の公表された記録では、標本は1884年に車道に沿った穴の近くで採集されたものである。雌の唯一の記載とスケッチは、その1標本にもとづくものである。この亜科の近縁種は、シロアリの巣との関係があると考えられる。幼虫は地中の植物性物質を餌としていると考えられている。

近縁種

*Anorus*属は、典型的には南米、アフリカおよび中央アジアなど世界の乾燥あるいは半乾燥地域にみられるKarumiinae亜科の中で、北米で見られる唯一の属である。北米では3種が記載されている。雄は、前胸背板背部の輪郭の違いによって区別される。雌はホクベイナガフナガタムシのものしか記載されていない。

ホクベイナガフナガタムシは毛が多く、細長く、体の両側が平行な褐色の甲虫で、細長い触角をもつ。外側の外皮はむしろ柔らかい。眼は大きく突出していて、大顎は細長く、特徴的な歯状の突起がある。雌も同じような外観だが、上翅は雄よりかなり短く、下翅を欠いている。

多食亜目（カブトムシ亜目）

科	ナガフナガタムシ科 (Dascillidae)
亜科	Karumiinae 亜科
分布	旧北区：イラン
生息環境	不明
生活場所	シロアリと関連があると思われる
食性	不明
補足	近縁種の採集データにもとづき、シロアリの巣に生息すると考えられている

成虫の体長
7〜10mm

オオズコバネナガフナガタムシ
KARUMIA STAPHYLINUS
(SEMENOV & MARTYNOV, 1925)

実物大

この甲虫のグループに関する知見は、採集数の少なさ、研究材料にすることのできたわずかな標本に関しての詳細な記録がないことなどによる、非常に混乱した分類の歴史の影響をこうむっている。Karumiinae亜科とは、体が柔らかく幼形成熟（幼虫的な状態が継続すること）的な発生の傾向をもつ分類群の集合に含まれる。これらの種に関する生物学的情報は、1964年に発表された、類似した種である*Karumia estafilinoides*に関して集められたデータからの推測である。この論文は、アフガニスタンからのシロアリが紛れ込んだ船荷にいた8匹の成虫について記載したものである。おそらく、この種およびこの属の他種は、シロアリと何らかの関係があると考えられる。

近縁種

この属には11種が中東全域、特にイランからアフガニスタンにかけて生息し、上翅の相対的な長さと、頭部および外生殖器の特徴で互いに区別されている。*Karumia*属の種レベルの分類と亜科全体構成は、系統的に用いなかったことなど、過去の研究が混乱してきたことにより、定まっていない。

オオズコバネナガフナガタムシは、長く大きすぎる、頭部前方を向いた長い大顎、上翅が非常に短いために背側に広く剥き出しになっている腹部といった、奇妙な体の釣り合いをもつ甲虫である。短い上翅という特徴はハネカクシ科の典型的な種を思わせ、この類似が種名の基になっている。

多食亜目（カブトムシ亜目）

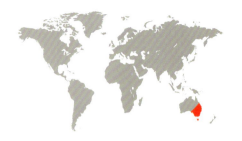

科	クシヒゲムシ科(Rhipiceridae)
亜科	
分布	オーストラリア区：オーストラリア南東部、タスマニア
生息環境	森林
生活場所	成虫は葉、幼虫は地中
食性	成虫は摂食しない。幼虫はセミの幼虫に外部寄生
補足	この種の成虫は触角の発達において極端な性的二型を示す

成虫の体長（雄）
13〜19mm

成虫の体長（雌）
12〜17mm

ミズタマクシヒゲムシ
RHIPICERA FEMORATA
KIRBY, 1818

知られている生活史では、クシヒゲムシの幼虫は幼若期のセミに外部寄生する。おそらくこの種の幼虫の食性も同様であり、オーストラリアは生息するセミが多様であることから、寄主となると思われる。ミズタマクシヒゲムシ（*Rhipicera femorata*）の成虫は、ユーカリ類（*Eucalyptus*）林の草地やコバノブラシノキ類（*Melaleuca*）の湿地帯で見られ、ニューサウスウェールズ州では8月と9月に一斉に羽化することが記録されている。明らかに摂食は行わず、羽化後はすぐに交尾し産卵する。多数の個体で行われた数例の測定では、雄と雌の数は8：1である。

近縁種

*Rhipicera*属は、オーストラリア、ニューカレドニア、南米の各地域に生息する3つの亜属に分けられる。実際の種数とその類縁性を決定するには、この属に対する新たな分類学的検討が必要である。ミズタマクシヒゲムシは、オーストラリアの他の種と混同されることのない、明白な種である。

ミズタマクシヒゲムシは、大型で黒色の甲虫で、上翅全体にある白い水玉模様と、前胸背板に散在する白い小斑点が著しい特徴をなしている。雄では、触角の節のほとんどが長く伸びて羽毛のような外見となっており、これはおそらく雌のフェロモンを検出するためと考えられている。雌では、触角はわずかに伸びているだけである。

実物大

多食亜目（カブトムシ亜目）

科	クシヒゲムシ科（Rhipiceridae）
亜科	
分布	新北区：オンタリオ州からフロリダ州、西はコロラド州、テキサス州まで
生息環境	東部の落葉樹林
生活場所	成虫は樹幹あるいは下生え、幼虫は地中
食性	成虫は摂食しない。幼虫はセミに外部寄生
補足	新世界に生息するSandalus属の種については改訂が必要

成虫の体長
17〜25mm

ホクベイクチキクチヒゲムシ
SANDALUS NIGER
KNOCH, 1801

ホクベイクチキクチヒゲムシ（*Sandalus niger*）の成虫は晩夏の朝に巣穴から羽化し、広葉樹の幹を這い上って交尾し、時に著しい交尾集団の形成がみられる。雌は多数の卵を穴や樹皮の裂け目に産みつける。孵化後、非常に活発な幼虫、あるいは三爪幼虫は土に潜り、セミの若齢幼虫を探して寄生する。この種の、その後の著しい変態を行う生活史は、1匹の蛹から知られるのみであるが、これは、中身が空になったセミの幼虫の外殻の中に脱ぎ捨てられていた固着性の蛆状幼虫の殻と関連があると思われたためである。

近縁種

*Sandalus*属の41種は、熱帯アフリカ区、新北区、新熱帯区、旧北区および東洋区に分布する。新北区の動物相は、記載された5種からなり、そのうち3種（*S. niger*、*S. petropyra*、*S. porosus*）は北米東部に生息する。ホクベイクチキクチヒゲムシは、両側がやや反り返った前胸が頭部の後ろに均等に広がっていることと、上翅の基部が前胸より明らかに幅広いことで、これらの種と区別される。

実物大

ホクベイクチキクチヒゲムシでは、黒1色あるいは赤褐色と黒色の上翅が、粗い点刻状になっている。頭部には特徴的な下口型の大顎、突出した眼、扇状（雄）あるいは鋸歯状（雌）の鮮やかな赤褐色の触角がある。円錐型の前胸は頭部の後ろから均等に左右へ広がり、特に基部側の3分の1では、両側がやや反り返っている。上翅の前胸の基部に沿う部分は前胸背板より幅広く、前胸背板と上翅の隆条はわずかに見られるか、あるいは見られない場合もある。

多食亜目（カブトムシ亜目）

科	Schizopodidae科
亜科	Schizopodinae亜科
分布	新北区：アリゾナ州、カリフォルニア州、ネバダ州およびバハ・カリフォルニア北部
生息環境	モハベ、コロラドおよびソノラ砂漠
生活場所	成虫は花、あるいはその他の砂漠の植物に止まっているのが見られる
食性	成虫は花粉
補足	幼虫は知られていない

成虫の体長
10〜18mm

カワリタマムシダマシ
SCHIZOPUS LAETUS
LECONTE, 1858

　カワリタマムシダマシ（*Schizopus laetus*）は北米の砂漠地帯に分布し、しばしば春に多く見られる。成虫は、3月下旬から6月上旬にかけての日中、さまざまな砂漠の植物、とくに毛をもつケサバクヒマワリ（*Geraea canescens*）の花粉や花を餌とする。長球形の卵は薄い黄色がかった白色だが、幼虫は知られていない。この属には他に1種があるのみだが、その*S. sallaei*は5、6月に活発となり、カリフォルニア州のグレート・セントラルバレーの谷間の草地にのみ生息する。*Schizopus sallaei sallaei*は、東側の斜面、*S. s. nigricans*は西側の斜面に沿って生息している。

近縁種

Schizopodidae科、あるいはfalse jewel beetleは、タマムシ科（Buprestidae）に類似した頑丈で凸面状の甲虫の、小規模な科であるが、両脚の跗節の第4分節部に特徴的な丸い大きく突出した部分があることにより区別される。*Schizopus*には2種が含まれ、これらは触角が11の部分をもつ分節状になっていることから、他のSchizopodid類と区別される。カワリタマムシダマシは部分的あるいは全体が玉虫色の緑色あるいは青色だが、*S. sallaei*は黄褐色から黒色である。

実物大

カワリタマムシダマシは、体表が粗く刻まれたような形状になった、頑丈な凸面状の甲虫で、上翅には凹みがあり、胴体の上部および下部の表面には細く毛のような鋸歯状突起がある。触角の分節の5番目から11番目までは、鋸歯あるいは突起が顕著である。雌は全体が玉虫色の緑色あるいは青色で、雄は色彩は類似しているが上翅、脛節、跗節がオレンジ色から橙赤色である。

多食亜目（カブトムシ亜目）

科	タマムシ科（Buprestidae）
亜科	フトタマムシ亜科（Julodinae）
分布	旧北区：イラン、パキスタン
生息環境	バルキスタン砂漠
生活場所	この群の他種では、成虫は葉や花に生息。幼虫は地中で採餌を行うと考えられる
食性	成虫、幼虫共に不明
補足	世界最大のタマムシのひとつ

成虫の体長
55～70mm

アータフトタマムシ
AAATA FINCHI
(WATERHOUSE, 1884)

アータフトタマムシ（*Aaata finchi*）は、下翅の翅脈パターンや、上翅頂端のよく発達した刺から、フトタマムシ亜科では最も「原始的な」種とされてきた。ウォーターハウスは、この種の最初の記載を、バルキスタンのマクラン海岸にあるBirという小さな村で発見された1個体にもとづいて行い、これはカラチにあったペルシャ湾通信社（Persian Gulf Telegraph Service）のフィンチ氏によってロンドン動物学協会（London Zoological Society）に提出された。

近縁種

Julodinae亜科には5つの属が含まれる。*Aaata*属（旧北区）、*Amblysterna*属（熱帯アフリカ区）、*Julodella*属および*Julodis*属（熱帯アフリカ区、旧北区）、*Neojulodis*属（熱帯アフリカ区）、*Sternocera*属（熱帯アフリカ区、東洋区）である。*Aaata*属には*A. finchi*の1種のみが含まれるが、大型であること、前胸背板と上翅の表面が隆起し、襞状になっていることで、Julodinae亜科の他種と区別される。

実物大

アータフトタマムシは、隆起した部分以外は一様に褐色の、頑丈で非常に大型の甲虫で、特定のパターンをなしていない、砂白色あるいは黄色がかった色の柔毛を密に纏っている。凸状の前胸背板の表面には、斑点状および染み状の盛り上がりが不規則に刻まれている。上翅は、盛り上がった不規則な皺によって分断された、まっすぐな隆起線がある。

多食亜目(カブトムシ亜目)

科	タマムシ科(Buprestidae)
亜科	フトタマムシ亜科(Julodinae)
分布	熱帯アフリカ区：ボツワナ、モザンビーク、南アフリカ、タンザニア、ザンビア
生息環境	湿潤なサバンナ
生活場所	成虫は樹上、幼虫は土壌中
食性	成虫は花粉、幼虫は根を補食すると思われる
補足	多様な色彩型を含む

成虫の体長
11.2〜14.5mm

ナタールナガフトタマムシ
AMBLYSTERNA NATALENSIS
(FÅHRAEUS, 1851)

タマムシ科の幼虫の大部分は木にあけた穴に生息しているが、フトタマムシ亜科などいくつかのグループの種では、幼虫が自由生活型で、土壌中に潜り根を外から食べながら生息している。この亜科の種は、しばしば体に凹みがあるが、この種ではそれが密集した毛で満たされている。ナタールナガフトタマムシ(*Amblysterna natalensis*)は、アフリカの南東部に生息する、非常に魅力的なタマムシである。この種の成虫は、通常は1月から4月に見られ、ネムの1種(*Dichrostachys cinerea*)やアカシア類(*Acacia*)の木を訪れる。

近縁種
*Amblysterna*属はフトタマムシ亜科に属すが、この亜科には他に*Sternocera*属、*Julodis*属、*Aaata*属、*Neojulodis*属、*Julodella*属を含む。*Amblysterna*属では2種が知られる。小型のA. *natalensis*では、上翅に基部から先端まで切れ目のない縞があり、大型のA. *johnstoni*(21〜28mm)は上翅全体により均等に分布する斑点をもつ。*Amblysterna johnstoni*はエチオピア、ケニア、セイシェル諸島、ソマリア、タンザニアで見られる。

ナタールナガフトタマムシは魚型で、通常は鮮やかな金属的緑色のタマムシである。頭部は大きく、前胸背板には、正中線に沿った縦溝の他、いくつかの部分に短い毛がある。上翅は色彩が緑色から青色、紫色、黒色までさまざまであり、基部から先端まで切れ目のないビロード状の毛に覆われた縞がある。

実物大

多食亜目（カブトムシ亜目）

科	タマムシ科（Buprestidae）
亜科	フトタマムシ亜科（Julodinae）
分布	熱帯アフリカ区：南アフリカ（西ケープ州）
生息環境	サバンナ、低木バイオーム
生活場所	さまざまな低木や樹木の花。幼虫は土壌中に生息
食性	成虫は花粉や葉、幼虫は根
補足	蝋でコーティングされた見事な毛をもつタマムシ

成虫の体長
22.9～37.4mm

アカゲケブカフトタマムシ
JULODIS CIRROSA HIRTIVENTRIS
LAPORTE, 1835

一般的なアカゲケブカフトタマムシ（*Julodis cirrosa hirtiventris*）は南アフリカの西ケープ州に見られ、主に暑く好天の日に最も活動が活発になる昼行性の種である。成虫は、レベッキア類（*Lebeckia*）、アカシア類（*Acacia*）、ネムの1種（*Dichrostachys*）属の種などの、低木や樹木のさまざまな花の花粉や葉を餌とする。幼虫は自由生活型で、根を餌とする。成虫は最長で数ヵ月生存すると考えられ、雄は雌より先に死ぬ。生殖時期には、雌はフェロモンで雄を誘引する。研究室環境で、雌は大きさが4.5～5mmの、白っぽい緑色の長円形の卵を46個産卵した。危険を察知すると力強く飛び立つか、または地面に落ちることもある。

近縁種

*Julodis*属には、アフリカから中央アジアまでの77種以上の種が含まれ、数種はヨーロッパでも見られる。多くの種では非常に変化が大きく、多型が生じる。アカゲケブカフトタマムシ、*J. fascicularis*、*J. hirsuta*、*J. sulciollis*、*J. viridipes*も、胴体に黄橙色の蝋で覆われた毛をもつ。*J. cirrosa*で知られている他の亜種としては、*J. c. cirrosa*と*J. c. mellyi*があり、これらも南アフリカで見られる。

実物大

アカゲケブカフトタマムシは、かなり大型のタマムシ科の甲虫で、金属的な青色の光沢のある、黒く硬い胴体をもつ。頭部、胸部、腹部の背側表面には、蝋でコーティングされた多くの黄色い毛がある。いくつかの標本は、より暗黄色、黄橙色、あるいは白色の毛をもつ。

多食亜目（カブトムシ亜目）

科	タマムシ科(Buprestidae)
亜科	フトタマムシ亜科(Julodinae)
分布	東洋区：中国、インド、ミャンマー、スリランカ、ベトナム、タイ
生息環境	熱帯林
生活場所	樹幹や葉
食性	成虫は葉。幼虫は土壌中で根を捕食すると思われる
補足	これまでに他の15もの名称で記載されてきた

成虫の体長
31〜60mm

チャイロフトタマムシ
STERNOCERA CHRYSIS
(FABRICIUS, 1775)

チャイロフトタマムシ（*Sternocera chrysis*）は非常に魅力的なタマムシで、雄と雌の外見は似ている。さまざまな樹木の葉を餌とし、樹幹に見られる。好むのはアルビジア類（*Albizia*）やキンキジュ類（*Pithecellobium*）の種である。*Sternocera*属の多くの種は寿命が短く、2〜3週間である。チャイロフトタマムシの知られている亜種としては、より分布域が広い*S. c. chrysis*、インドに生息する*S. c. nitidicollis*がある。アジア、とくにタイでは、*Sternocera*属の上翅は衣装の飾りやブローチ、ネックレスなどに用いられる。

近縁種

Julodinae亜科は150以上の種を含む。*Sternocera*属には、約25種が含まれる。この属の種の大部分（*S. castanea*や*S. discendes*など）は、アフリカに生息する。これらの種の多くは、前胸背板、上翅、脚の色彩パターンの違いが分類に有用である。

チャイロフトタマムシは、大型で卵形のタマムシで、金属的な緑色の頭部と、光沢のある褐色の上翅をもつ。稀には、より暗い褐色あるいはほとんど黒色に近い標本もある。前胸背板には点刻状の凹みが目立ち、通常は緑色だが青色、褐色、あるいは黒色の標本もある。脚、脛節、跗節は褐色で、時に緑色の光沢がある。触角は褐色または黒色である。腹部は褐色で、金属的な光沢が見られることがある。

実物大

多食亜目（カブトムシ亜目）

科	タマムシ科（Buprestidae）
亜科	ツツタマムシ亜科（Polycestinae）
分布	新北区および新熱帯区：アメリカ合衆国（カリフォルニア州南部、テキサス州、ネバダ州、アリゾナ州、ニューメキシコ州、ユタ州）、メキシコ（バハ・カリフォルニア）
生息環境	砂漠地帯
生活場所	成虫はさまざまな花、幼虫はいくつかの砂漠の有刺樹木
食性	成虫は花粉と葉、幼虫は穴をあけながら樹木を捕食
補足	上翅に特徴的な斑点がある

成虫の体長
10〜12mm

コブフナガタタマムシ
ACMAEODERA GIBBULA
LECONTE, 1858

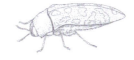

コブフナガタタマムシ（*Acmaeodera gibbula*）は、樹木に穴をあけて生息する、魅力的な小型の甲虫で、アメリカ合衆国南西部とメキシコの一部の砂漠地帯に見られる。成虫は、デザート・ツインバグ（*Dicoria canescens*）の葉などのさまざまな植物の花や葉を餌とし、幼虫は高木や低木の枯れた、あるいは傷ついた枝、茎、根に穴をあけて潜り込む。幼虫は、メスキート類（*Prosopis*）、ネコツメアカシア（*Acacia greggii*）、ヤナギ類（*Salix*）など、さまざまな棘のある樹木で育つことが知られている。

近縁種

*Acmaeodera*属（500以上の種を含む）は、北米および中米の他、アフリカ、旧北区、東洋区にも生息する大きな属である。この属は、典型的には9つの亜族に分類される。飛翔中には、*Acmaeodera*属の成虫は、タマムシ科の他の甲虫のように上翅を伸ばすのでなく、上翅を胴体の上に固定している。色彩パターンにより、*Acmaeodera*属のいくつかの種は膜翅類（ハチやスズメバチ）に擬態していると考えられている。

実物大

コブフナガタタマムシは小型のタマムシで、凸面上の頭部は頭楯上で平らになっており、大きく楕円形の眼をもつ。この種は黒色で、長く伸びた上翅に黄色がかった白色と赤色の鮮やかな斑点がある。脚、頭部、前胸、胴体腹側の体表は、細かく白い毛で覆われている。

多食亜目（カブトムシ亜目）

科	タマムシ科（Buprestidae）
亜科	ツツタマムシ亜科（Polycestinae）
分布	オーストラリア区：西オーストラリア州
生息環境	温帯林
生活場所	さまざまな植物の花。主に*Daviesia*属、*Hakea*属
食性	成虫は花粉や花弁、幼虫は樹木
補足	「カチッ」という音を出す珍しいタマムシ

成虫の体長
8〜9mm

ヨツモンアストラツツタマムシ
ASTRAEUS FRATERCULUS
VAN DE POLL, 1889

実物大

ヨツモンアストラツツタマムシ（*Asteraeus fraterculus*）は、パースからアルバニーにかけての、西オーストラリア州の南海岸で見られる。この種はビターピーの1種（*Daviesia divaricata*）やケロシンブッシュ（*Hakea trifurcata*）の葉上で、日中餌を摂ることが記録されている。幼虫は樹木に穴をあける。この種は見つけるのが困難であるため、コレクションに加えられることは稀である。他のすべての*Astraeus*属の種と同様に、飛翔能力は高い。この甲虫の目立つ特徴のひとつは、捕食者を避けるために「落下」し、逃れるための第2の手段として、コメツキムシ（コメツキムシ科）と同じような「カチッ」という音を出し、50cm以上も跳び上がることができる。

近縁種

*Astraeus*属の分布は、オーストラリアとニューカレドニアに限られ、Astraeini族に唯一含まれる属である。*Astraeus*属には、同様に西オーストラリア州に生息する*A. aberrans*、*A. carnabyi*、*A. dedariensis*や、クイーンズランド州に生息する*A. adamsi*、ニューカレドニアに生息する*A. caledonicus*など、今日までに50種以上が記載されている。この属の幼虫に関しては、数点のスケッチが公表されている。

ヨツモンアストラツツタマムシは、小型だが非常に魅力的な甲虫である。頭部、触角および前胸背板は、銅色がかった青色あるいは黒色である。背中の体表は通常鮮やかな金属的な青色あるいは黒色である。両上翅には、対になったような位置に黄橙色の斑があり、各上翅の先端には、1対の鋭く尖った棘がある。金属的な反射は、腹側の体表にも見られる。

多食亜目（カブトムシ亜目）

科	タマムシ科（Buprestidae）
亜科	ツツタマムシ亜科（Polycestinae）
分布	新熱帯区：チリ中部
生息環境	沿岸部およびアンデス山脈の山麓丘陵の硬葉樹林
生活場所	成虫は針葉樹や広葉樹の枝で見られる。幼虫はさまざまな針葉樹や広葉樹の枯れ枝の中で成長する。
食性	成虫は葉や花粉、幼虫は枯れた樹木
補足	チリ中部にのみ生息する姿の良い甲虫

成虫の体長
15〜25mm

スジツツタマムシ
POLYCESTA COSTATA COSTATA
(SOLIER, 1849)

スジツツタマムシ（*Polycesta costata costata*）の生息地はチリ中部に限られ、バルパライソ州、首都州、オイギンス州の標高800〜1,800mの地域に生息する。この魅力的なタマムシの幼虫は、平たく白い体をもち、ペウモ（*Cryptocarya alba*）、リトル（*Lithraea caustic*）、チリ・ロメリロ（*Baccharis linearis*）などさまざまな針葉樹や広葉樹の枯れ枝の内部で、枯材を餌として成長する。成虫は、しばしばセッケンボク（*Quillaja saponaria*）の枝にとまっているのが見られる。

実物大

近縁種
*Polycesta*属は、熱帯アフリカ区、オーストラリア区、新北区、新熱帯区に生息する55種を含む。新熱帯区の39種のうち、*P. costata*と*P. tamarugalis*のみがチリに生息する。*Polycesta tamarugalis*は黒色だが、*Polycesta costata*は青色あるいは緑色で小さな斑点がある。*Polycesta costata paulseni*はより大型で、暗い青色あるいは緑色でオレンジ色または黄色がかった斑点があるのに対し、*P. c. costata*はより薄い青緑色で、しばしば赤い斑点がある。

スジツツタマムシは、輝きのある青緑色で、粗い点刻状の凹みがある。顕著な隆条のある上翅は、斑点が見られない場合もあるが、典型的には、大きさも位置も左右対称でない、小さな赤い斑点がある。雄では、腹部の最終節は先端が細くなっているが、雌では幅広く丸みがあり、中央にV字型の凹みがある。

多食亜目（カブトムシ亜目）

科	タマムシ科（Buprestidae）
亜科	ツツタマムシ亜科（Polycestinae）
分布	新北区、新熱帯区：アメリカ合衆国南西部、メキシコ北部
生息環境	砂漠、半乾燥の高地
生活場所	成虫、幼虫ともリュウゼツランを好む
食性	成虫は葉端、幼虫は茎や葉の基部
補足	Thrincopyge ambiensと交雑していると思われる

成虫の体長
16〜23mm

キモンニシキタマムシ
THRINCOPYGE ALACRIS
LECONTE, 1858

キモンニシキタマムシ（Thrincopyge alacris）の成虫は、主に夏季に活動が活発となり、若いソトル類（Dasylirion）やベアグラス類（Nolina）の葉の縁に沿って切り目を入れて吸い、餌としている。幼虫は、グリーンソトル類（Dasylirion leiophyllum）や一般的なソトル（D. wheelen）の枯れた花茎や葉の根元を掘ってそこで成長する。キモンニシキタマムシとT. ambiensの分布域が広く重なっている北部域では、前胸背板と上翅の表面の凹凸と斑紋、雄の生殖器官の特徴から、両種が交雑したと見られる個体もある。

近縁種
Thrincopyge属は、アメリカ合衆国南西部とメキシコ北部に生息する3種を含む。これらを区別する特徴は、長く両端が平行な胴体が、頂部は平らで下部は凸面状であること、後脚基部の腹板が明らかに正中線で広がっていること、視認できる腹部体節では最も後部の体節が、先端側の半分の周囲に深い溝をもつことである。キモンニシキタマムシは、前胸背板と上翅の縁まで広がる黄色の斑紋をもつ、唯一の種である。

実物大

Thrincopygeには、青色で、前胸背板の縁が黄色だが上翅の斑点はないものから、ほとんど全体が黄色の上翅をもつものまである。典型的には青色または緑色で、前胸背板は側部と中央部が黄色、基部の中央には斑点が1つある。上翅には、中央より前部に2対の黄色い帯、先端には縦長の斑紋がある。

多食亜目（カブトムシ亜目）

科	タマムシ科（Buprestidae）
亜科	Galbellinae亜科
分布	旧北区：キプロス、イスラエル、ヨルダン、レバノン、シリア、トルコ
生息環境	サバンナ
生活場所	成虫は低木あるいは樹木、幼虫は小枝
食性	成虫はおそらく花粉、幼虫は寄主組織
補足	*Galbella*では現在までに*G. felix*を含む2種の幼虫が記載されており、それらは他のタマムシ科幼虫には見られない独特の口器の構造をもつ

オオアオメカクシケシタマムシ
GALBELLA FELIX
(MARSEUL, 1866)

成虫の体長
3.9〜5.4mm

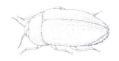

実物大

Galbellinae亜科の成虫は、前胸腹側の体表に深い溝があり、触角を使わないときにはそこに収めておくようになっている。これらの甲虫は腿節も平たく広がっていて、脚を体の下に折り畳んだときに脛節と跗節を隠す。オオアオメカクシケシタマムシ（*Galbella felix*）の成虫は、主には4月から7月にかけて活発となる。この種の幼虫段階は、2001年にメギ（*Phillyrea latifolia*）の小枝で見つかった3個体から記載された。この多様な属の幼虫段階は、他に*G. acacia* 1種のみが、アカシアの1種（*Acacia raddiana*）の小枝で発見されている。

近縁種

*Galbella*属は80種以上を含み、熱帯アフリカ区、東洋区、旧北区に見られる。多くの種が、ひとつの標本で知られるのみであり、コレクションに加えられることは稀である。知られている3つの亜属（*Galbella*、*Progalbella*、*Xenogalbella*）に含まれる種は、体色と雄の生殖器で識別される。色彩には、黒1色から青色、緑色、紫色あるいはブロンズ色の反射をもつものまで見られる。

オオアオメカクシケシタマムシは小型で卵形の、鮮やかな青色をしたタマムシ科の甲虫である。頭部には、大きく粗い点刻状の凹みが散在する。前胸背板は縦よりも横幅が広く、やはり点刻状の凹みがある。眼は大きく突出している。腹部の腹側第2節は、中央近くに湾曲したパッチ状の剛毛をもつ。

多食亜目（カブトムシ亜目）

科	タマムシ科（Buprestidae）
亜科	Chrysochroinae亜科
分布	熱帯アフリカ区：南アフリカ、ナミビア、ボツワナ、モザンビーク、ジンバブエ、タンザニア、ケニア、エチオピア
生息環境	サバンナ
生活場所	成虫は花上にみられる
食性	成虫はネムの1種（Dichrostachys cinerea）、モパネ（Colophospermum mopane）、アロエの1種（Aloe littoralis）などGrewia属のさまざまな種の花粉。幼虫は木に穴をあけて生息すると思われる。
補足	ツチハンミョウ科のハンミョウ類の甲虫に擬態する

成虫の体長
17.5〜28mm

モンキクシヒゲルリタマムシ
AGELIA PETELII
(GORY, 1840)

モンキクシヒゲルリタマムシ（Agelia petelii）は、しばしばキオビゲンセイ属（Mylabris）のツチハンミョウと共に見られる。ハンミョウは毒性をもつことで知られることから、モンキクシヒゲルリタマムシはそれによって捕食者から忌避されていると考えられている。成虫は日中活発となり、さまざまな乾燥地の植生に見られる。ネムの1種（Dichrostachys cinerea）、モパネ（Colophospermum mopane）、アロエの1種（Aloe littoralis）や、さまざまなGrewia属の植物を餌とする。

近縁種

Agelia属には9種が含まれる。A. burmensis、A. chalybea、A. fasciata、A. limbata、A. pectinicornis、A. theyriは東洋区に生息し、A. lordi、A. obtusicollisはアフリカに生息する。Agelia属のアフリカに生息する種は、雨季により活発となり、キオビゲンセイ属のツチハンミョウに類似した警戒色の色彩パターンを上翅にもつ。

モンキクシヒゲルリタマムシは、上側が平たくなった長い胴体をもつ。頭部は黒色で、前胸背板の側方には緑色がかった金色から赤色の金属的な斑点が見られることがある。上翅は黒色で、4つの大きな黄色の斑があり、基部側の斑は一部あるいは全面が上翅基部まで到達している。前胸背板は縦よりも横幅が広くで、剛毛はなく、点刻状の凹みが多数見られる。この種の個体は、上翅の色彩パターンの多様性が大きい。

実物大

多食亜目（カブトムシ亜目）

科	タマムシ科 (Buprestidae)
亜科	Chrysochroinae亜科
分布	旧北区：ヨーロッパ、アジア
生息環境	森林、農耕地。特に果樹園
生活場所	成虫は葉
食性	成虫は葉、幼虫は寄主の根
補足	この種の成虫は非常に硬化した（硬い）上翅をもつ

成虫の体長
26〜41mm

ツヤサビタマムシ
CAPNODIS MILIARIS MILIARIS
(KLUG, 1829)

ツヤサビタマムシ（*Capnodis miliaris miliaris*）の成虫は、ほとんどが樹木の頂部で午前10時から午後6時まで活発に活動し、ポプラ（*Populus*）属の種などの葉を捕食する。捕食の前後には、しばしば樹幹で見られる。白色の幼虫は、さまざまな樹木の根の中で育ち、体は長く完全に成長すると65mmにまで達する。さまざまな樹木の根の中で育ち、*Capnodis*属の多くの種は果樹にとっては害虫である。例えば*C. tenebrionis*や*C. carbonaria*は、地中海地域では核果類の樹木に、*C. cariosa*は東アジアでピスタチオ農園に被害を与える。

近縁種

知られている別亜種としては*Capnodis miliaris metallica*があり、アフガニスタン、タジキスタン、ウズベキスタンで見られる。この属は旧北区と東洋区で形態的に均質なグループを形成しており、現在までに18種（うち1種は化石種）が記載されている。2010年の研究では、*Capnodis*の雌は自然界では雄よりも数が多く、雌と雄の比率は9：1であることがわかった。

実物大

ツヤサビタマムシは、大きく硬く、頑丈な黒色あるいはブロンズ色の胴体と、大型の頭部をもつ。前胸背板は常に膨らんだ形状である。*Capnodis*属の種は、タマムシの中で最も硬い外皮をもつ。硬く頑丈な上翅には白い斑があり、前胸背板に沿って白い斑点で覆われている。雄は一般的に雌より小型である。

多食亜目（カブトムシ亜目）

科	タマムシ科（Buprestidae）
亜科	ルリタマムシ亜科（Chrysochroinae）
分布	東洋区：マレーシア、タイ、インド、インドネシア、フィリピン
生息環境	熱帯林
生活場所	樹幹でみられる
食性	成虫は葉、幼虫は木材
補足	一般的な大型の甲虫

成虫の体長
37〜60mm

オオハビロタマムシ
CATOXANTHA OPULENTA
(GORY, 1832)

実物大

オオハビロタマムシ（*Catoxantha opulenta*）の成虫は、一般的にオオバナサルスベリ（*Lagerstroemia speciosa*）やインドマオガニー（*Chukrasia tabularis*）の葉で見られる。卵は、立っている樹木あるいは倒木の樹皮の表面に産みつけられる。ふ化した幼虫は、しばらくは樹皮を餌とするが、やがて木材に穴をあけて潜り込み、さらに成長する。幼虫が寄生してあけるトンネルの大きさは5〜10mmである。成虫は、いくつかのクワガタムシ科に典型的に見られるように、体を垂直に保ったまま飛ぶ。英国の著明な博物学者で探検家のアルフレッド・ラッセル・ウォレスは、1850年代中頃にマレー諸島を旅した際、ボルネオ島でこの印象的な甲虫を採集している。

近縁種

*Catoxantha*属の他の種としては、インドのシッキムやアッサム、ブータン、ミャンマー、タイ、ラオス、ベトナムに生息する*C. bonvouloirii*、アンダマン諸島に生息する*C. eburnea*、タイに生息する*C. pierrei*、フィリピンに生息する*C. purpurea*、ティオマン島（マレーシア）に生息する*C. nagaii*がある。亜種である*C. opulenta opurenta*はタイとインドネシア（スマトラ島）に生息するのに対し、*C. o. borneensis*はボルネオ島北部とパラワン島（フィリピン）に生息する。

オオハビロタマムシは、突出した大きな眼をもつ、大型で鮮やかな金属的緑色のタマムシである。前胸背板は明らかに上翅より幅が狭く、通常はいくらか銅色を帯びた緑色である。平たい触角は前胸背板の基部に達する。上翅は青色がかった反射をもつことがあり、左右の上翅には横方向の明瞭な黄色の帯が見られる。腹側の体表は黄色である。

多食亜目（カブトムシ亜目）

科	タマムシ科(Buprestidae)
亜科	ルリタマムシ亜科(Chrysochroinae)
分布	東洋区、旧北区：インド（チョタ・ナーグプル高原、シッキム）、インドネシア（ジャワ島）、ラオス、タイ、ベトナム、中国（福建省、広東省、広西自治区、雲南省）、ネパール
生息環境	森林
生活場所	成虫は*Sterculia pexa*の葉や樹幹
食性	樹木の葉
補足	非常に一般的な甲虫

成虫の体長
38〜52mm

キバネツマルリタマムシ
CHRYSOCHROA BUQUETI
(GORY, 1833)

*Chrysochroa*属はタマムシの多様性に富む属で、記載された種は50種を超える。キバネツマルリタマムシ（*Chrysochroa buqueti*）は、非常に魅力的かつ広く見られるタマムシである。顕著な性的二型はないが、色と色彩パターンにはかなり個体差がある。この種はピンポンノキの1種（*Sterculia pexa*）の樹幹で見ることができ、6月にはより多く見られる。このタマムシは生息場所としている植物の葉を食べる。幼虫はおそらく同種の樹木に生息すると思われるが、確認が必要である。

近縁種

*Chrysochroa*属の種の大部分は東洋区、旧北区、オーストラリア区に生息するが、1種はアフリカに生息する。シロオビツマルリタマムシ（*Chrysochroa castelnaudi*）はキバネツマルリタマムシと非常に近縁な種だが、全体が青色で、上翅の中央部に幅の広い黄色の帯がある。以下の亜種が最近確認された。*C. b. rugicollis*、*C. b. suturalis*、*C. b. trimaculata*、*C. b. kerremansi*。

実物大

キバネツマルリタマムシは、かなり大型で体が平たく、鮮やかな金属的な斑をもつ。頭部は青色で、前胸背板は典型的には側方に赤色の部分をもつ青色である。いくつかの亜種は、頭部と前胸背板が鮮やかな金属的赤色である。上翅は黄色がかった色で、中央部付近には2つの青色の斑点があるが、その大きさにはかなり個体差がある。先端も青色である。腹側の体表は、さまざまな金属的色彩が見事である。

多食亜目（カブトムシ亜目）

科	タマムシ科(Buprestidae)
亜科	ルリタマムシ亜科(Chrysochroinae)
分布	新北区：メキシコ、アルゼンチン、オランダ領アンティル
生息環境	森林
生活場所	成虫はパンヤノキとその近縁種の樹幹
食性	幼虫は樹幹や根に穴を掘る
補足	成虫と幼虫は食用になることもある。上翅は耐久性があり装飾品に使われる

成虫の体長
50〜60mm

ナンベイオオタマムシ
EUCHROMA GIGANTEA
(LINNNAEUS, 1758)

ナンベイオオタマムシ（*Euchroma gigantea*）は世界最大のタマムシのひとつである。パンヤノキあるいはカポックノキ（*Ceiba pentandra*）とその近縁種、またナンヨウスギ（*Araucaria*）属やイチジク（*Ficus*）属などの生木に生息し、夏の日にその周辺を飛び回ったり、樹幹を歩いたりする姿が見られる。雄は、明らかに上翅でカチッというクリック音を出し、雌を誘引している。雌は小さな塊状の卵を樹皮の凹部に産みつける。幼虫はあるていど成長すると、成長を完遂するために根の内部に潜り込むので、栽培管理されている樹木には害虫となることがある。成熟した幼虫は非常に大型で、長さが120〜150mmに達することもある。

近縁種
ナンベイオオタマムシはこの属の唯一の種で、大型であること、色、体表の凹凸により、この地域あるいは世界の他の地域でも、タマムシ　　科の他属や他種と容易　　に区別される。

実物大

ナンベイオオタマムシは大型で長く、金属的光沢がある。金属的な緑色の前胸背板は両側に黒い斑点があり、鮮やかな金緑色の上翅は皺があり、赤味がかった、あるいは紫色がかった反射がみられる。成虫を覆う蝋のような黄色い粉末の層は、羽化した時点、あるいはその直後に現れるが、一度限りのもので容易に剥落する。

多食亜目（カブトムシ亜目）

科	タマムシ科（Buprestidae）
亜科	ルリタマムシ亜科（Chrysochroinae）
分布	熱帯アフリカ区：コンゴ民主共和国、モザンビーク、セネガル、南アフリカ、トーゴ
生息環境	サバンナ
生活場所	成虫はウルシ科の樹木に生息。幼虫は知られていない
食性	成虫は花粉、幼虫はおそらく成虫と同様の生育場所である樹木を捕食
補足	素晴らしい光沢のある緑色のタマムシ

成虫の体長
20〜25mm

オオミドリサンカクタマムシ
EVIDES PUBIVENTRIS
(LAPORTE & GORY, 1835)

オオミドリサンカクタマムシ（*Evides pubiventris*）は、アフリカで最も魅力的なタマムシのひとつである。この種はアフリカ南部に生息し、ウルシ科の樹木のあるサバンナで見られる。成虫は日中、生息しているウルシの1種（*Sclerocarya birrea*）やランナエアの1種（*Lannaea discolor*）などの木の高い枝で見られる。脅威を察知すると、葉から落下するものやすばやく飛び上がるものがいる。成虫は典型的には11月から3月にかけて見られる。

近縁種

*Evides*属は約11種（うち2種は東洋区に生息）を含み、そのすべてはウルシの1種やランナエアの1種で見られる。アフリカ南部には3種が生息するが、それらはすべて大きさや色、分布が類似している。しかし、2007年の研究でオオミドリサンカクタマムシがそれらの中で最も大型の種であることがわかった。*Evides interstitialis*が中間的な大きさ、*E. gambiensis*が最も小型である。

実物大

オオミドリサンカクタマムシは大型でトルピード型、見事な色彩の光沢のある金属的緑色をしている。頭部の色は、金属的な銅色と緑色である。腹部は虹色を示し、脚は金属的な緑色である。腹側の体表には白く短い剛毛がある。

多食亜目（カブトムシ亜目）

科	タマムシ科（Buprestidae）
亜科	ルリタマムシ亜科（Chrysochroinae）
分布	新北区、新熱帯区：アメリカ合衆国南西部、メキシコ北部
生息環境	ソノラ砂漠、チワワ砂漠
生活場所	成虫は典型的にはアカシアの小枝で見られる
食性	成虫はさまざまな種類のアカシア（Acacia）属
補足	羽化直後の成虫は黄色い蝋状の粉末に覆われている

成虫の体長
18〜30mm

オオアラメカバンタマムシ
GYASCUTUS CAELATUS
(LECONTE, 1858)

実物大

成虫は暑い夏の日にアカシア類（*Acacia*）、とくにセイヨウサンザシ（*A. constricta*）やアカシアの1種（*A. neovernicosa*）の枝にとまっているのが見られる。脅威を察知すると、大きな羽音をたてて飛び上がる。成虫は、ネコツメアカシア（*A. greggii*）やメスキート（*Prosopis juliflora*）など他の植物もしばしば訪れる。幼虫および幼虫の寄主となる植物は知られていない。この甲虫はアメリカ合衆国のアリゾナ州、ニューメキシコ州、テキサス州、およびメキシコのチワワ州、コアウイラ州、ドゥランゴ州、ソノラ州に生息する。

オオアラメカバンタマムシは、頑丈で凸面状の形状をした甲虫である。暗灰青色の体は、瘤状の隆起と真鍮色の凹みからなる斑を伴う不規則な凹凸状で、鮮やかな黄色で蝋状の粉に覆われている。頭部頂端にある眼の被覆の内側縁部、および触角は、先端に切れ込みがある。雄の触角は明瞭な2色性である。

近縁種

*Gyascutus*属は12種からなり、それらの大部分がアメリカ合衆国南西部に生息する。オオアラメカバンタマムシ（*Gyascutus caelatus*）は*Stictocera*亜属に含まれる唯一の種で、前胸背板の後縁部に沿って断続的に続くやや隆条した線と、雄の2色の触角により、同属の他種とは明確に区別される。

多食亜目（カブトムシ亜目）

科	タマムシ科（Buprestidae）
亜科	ルリタマムシ亜科（Chrysochroinae）
分布	熱帯アフリカ区：マダガスカル
生息環境	おそらく森林
生活場所	不明
食性	不明
補足	前胸背板に眼のような模様がある

成虫の体長
32〜46mm

メンガタタマムシ
MADECASSIA ROTHSCHILDI
(GAHAN, 1893)

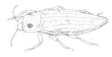

メンガタタマムシ（*Madecassia rothschildi*）は大型の甲虫で、マダガスカルで自然林の多くが消失しつつある中でも一般的に見られる。この収集家に好まれるタマムシは、多くの個体が収集家への販売を専門としている昆虫ディーラーから入手することができる。特徴的な種であるが、生物学的、生態学的情報は知られておらず、成虫でも幼虫段階でも、生息場所となる植物の記録はない。本属の成虫は前胸背板に眼のような模様があり、カチッというクリック音を出す*Alaus*属のコメツキムシの胸部に類似している。証明の必要な説ではあるが、この2個の大きな眼球状斑紋は、捕食者に対抗するための適応と考えられている。

実物大

近縁種

*Madecassia*属はChrysochroini族のChalcophorina亜族に属する。含まれるのは3種のみで、それらはすべてマダガスカルの固有種である。他の知られている種は、マダガスカル南部で見られる*M. ophthalmica*と、分布についてはほとんど知られていない*M. fairmairei*である。*M. ophthalmica*の個体は一般的に*M. rothschildi*より小さく（27〜38mm）、上翅の色彩と凹凸パターンで区別できる。

メンガタタマムシは、*Megaloxantha*属や*Euchroma*属のような最大のタマムシほどではないが、大型のタマムシ科の甲虫である。頭部と前胸背板の背側の体表は主に金属的な緑色だが、上翅は赤味がかったブロンズ色である。頭部はかなり大きく、大きな2個の赤褐色の眼がある。脚は金属的な緑色で、青緑色の反射がある。幅の広い前胸背板には左右に1個ずつの黒色の斑点があり、明瞭な黄緑色の領域に囲まれているが、これらはまるで1対の眼のように見える。

多食亜目（カブトムシ亜目）

科	タマムシ科（Buprestidae）
亜科	ルリタマムシ亜科（Chrysochroinae）
分布	東洋区：インドネシア（ジャワ島、バリ島）
生息環境	熱帯林
生活場所	樹幹
食性	樹木の葉
補足	タマムシ科の中では最大の種のひとつ

成虫の体長
60〜71.5mm

オオルリタマムシ
MEGALOXANTHA BICOLOR
(FABRICIUS, 1775)

実物大

*Megaloxantha*属には、タマムシとしては世界最大となる数種を含み、その大きさはインド、ビルマ、ブータン、ネパールに生息する*M. gigantea*では75mmにも達する。オオルリタマムシ（*Megaloxantha bicolor*）とその近縁種の分類は時代と共にかなり変更があり、現在も定まってはいない。６つの亜種が含まれるとしてきた研究家もいるが、それらのいくつか（*M. gigantea*など）は現在明らかに種とすることが妥当とされている。この分類学的枠組みに従えば、有効な亜種はジャワ島に生息する*M. b. bicolor*と*M. b. ohtanii*、バリ島に生息する*M. b. ryoi*である。

近縁種

*Megaloxantha*属には、東洋区に生息する20種近くが含まれ、中でもマレーシア、インドネシア、フィリピンには最も多くの種が生息する。*Chrysochroa*属、*Demochroa*属、*Catoxantha*属、およびその近縁の属と共にChrysochroini族に属する。典型的には、色彩パターンおよび前胸背板の特徴が、この属中の種の識別に用いられ、マレーシアに生息する*M. concolor*とインドネシアに生息する*M. nestscheri*が含まれる。

オオルリタマムシは非常に大型で長く、胴体の両側がほぼ平行な形状のタマムシである。上翅の表面は、１対の白色から黄色の卵形の斑と、前胸背板の後方の隅が黄色がかった橙色になっている以外は、金属的な緑色である。大きな眼は赤褐色である。前胸背板の幅は、基部より前半部が明らかに狭い。腹部側の体表は、大部分が黄色あるいは褐色がかった象牙色である。

多食亜目（カブトムシ亜目）

科	タマムシ科（Buprestidae）
亜科	ルリタマムシ亜科（Chrysochroinae）
分布	熱帯アフリカ区：マダガスカル
生息環境	森林
生活場所	成虫は樹木の樹皮上で見られる
食性	この種の食性についてはほとんど知られていない
補足	幅の広い卵形の珍しいタマムシ

成虫の体長
22〜28mm

ウラキンテントウカクリタマムシ
POLYBOTHRIS AURIVENTRIS
(LAPORTE & GORY, 1837)

ウラキンテントウカクリタマムシ（*Polybothris auriventris*）はマダガスカルの固有種である。マダガスカル国内の東部に分布し、AntsianakaのSandrangato地区に生息する。この種の生物学的情報や近縁種についてはよく知られていない。近縁のP. angulosaは大きく膨らんだ前胸と10節に分かれた腹部をもつが、この種の幼虫は2001年にナツメ類（*Ziziphus*）樹木を寄主としていた個体についての記載がある。多くのタマムシと同様に、*Polybothris*の種は神秘的な色彩をもち、成虫を樹皮上で見つけるのは難しい。

実物大

近縁種
*Polybothris*属は、いくつかの亜属に分類された200種以上を含み、マダガスカルとコモロ諸島にのみ生息する。*Polybothris*属の種は非常に金属的な光沢のある外骨格をもつことが共通の特徴であり、多くの種は形状と色彩が類似している。背側はタマムシ科の大部分の種の方が色彩に富み、*Polybothris*属ではそれほどではない。この属は背側に神秘的な色彩をもつのが典型的であるが、驚くべきことに腹側に鮮やかな金属的パターンをもち、これが種を分類する際に有用となる。

ウラキンテントウカクリタマムシは、大型で平たく、幅の広い丸形のタマムシである。頭部、前胸背板、上翅は通常褐色で、金属的な褐色から緑色の色合いを伴う。上翅には小数の丸い凹みがあり、これらは時にクリームのような白色あるいは黄色の外観を呈する。前胸背板は、明らかに後方が幅広くなっており、上翅は中央部付近で最も幅が広い。腹側の体表は鮮やかな金属光沢があり、通常緑色あるいは銅色の反射が見られる。

多食亜目（カブトムシ亜目）

科	タマムシ科（Buprestidae）
亜科	ルリタマムシ亜科（Chrysochroinae）
分布	新熱帯区：アルゼンチン（ミシオネス州）、パラグアイ、ブラジル（ミナスジェライス州）
生息環境	成虫はプランテーション農園で見られることがある
生活場所	成虫は葉
食性	成虫はユーカリ（*Eucalyptus*）属の樹木の葉を捕食している姿が見られる。幼虫はおそらく樹木に穴を掘って生息
補足	森林プランテーション農園では害虫とされることがある

成虫の体長
25〜37mm

アメリカツヤタマムシ
PSILOPTERA ATTENUATA
(FRBRICIUS, 1793)

実物大

アメリカツヤタマムシ（*Psiloptera attenuata*）はアルゼンチン、パラグアイ、ブラジルで見られる。成虫は、プランテーション農園に輸入されたユーカリ（*Eucalyptus*）属の樹木の葉を食べる姿が見られている。その他については、この種の生物学的あるいは生態学的情報はほとんど知られていない。幼虫は樹木に穴をあけて生息していると思われる。成虫は晴れた日に活発になるようである。本属の*P. acroptera*と*P. transversovittata*は、興味深いことにドイツで発見された始新世の化石種として記載された。

アメリカツヤタマムシは、引き延ばされたような形状のタマムシで、体はむしろ細く、上翅の先端に向かって細くなっている。頭部、前胸背板、上翅は大部分が金属的な緑色で、金色から赤味がかった色の反射をもつ。上翅の縁に沿って黄色い線をもつ個体も見られるが、典型的には上翅の正中線に沿って見られる銅色がかった赤色の反射が顕著である。

近縁種

*Psiloptera*属は、現存種では30種以上を含み、そのすべてが新熱帯区に生息し、体はやや細長い。これらの種の大部分はブラジルに生息する。この属の種は通常、褐色、赤みがかった色、および金色の反射を伴う金属的な緑色の色彩をもつ。一般的に、前胸背板と上翅の特徴が種の区別に用いられる。

多食亜目（カブトムシ亜目）

科	タマムシ科（Buprestidae）
亜科	タマムシ亜科（Buprestinae）
分布	旧北区：アフリカ北部、ヨーロッパ中部および南部
生息環境	森林、特に山地帯のナラ類（Quercus属の種）林
生活場所	成虫はナラ類の枝や樹幹
食性	成虫は花粉
補足	色彩形態は多様

モモブトヒメヒラタタマムシ
ANTHAXIA HUNGARICA
(SCOPOLI, 1772)

成虫の体長
7.5〜15mm

実物大

モモブトヒメヒラタタマムシ（*Anthaxia hungarica*）は、ヨーロッパの中部および南部、アフリカ北部に生息する、非常によく知られた一般的なタマムシで、この属では最大の種である。成虫は主に春と夏の晴れた日に活発となる。さまざまな花（キク科やイネ科）の花粉を餌とするが、幼虫はナラ類（*Quercus ilex*、*Q. pubescens*、*Q. cocicfera*）の枝や樹幹に穴をあける。この種は山地あるいは丘陵帯のナラ林で最も頻繁に見られる。生活史は2〜3年である。

近縁種

亜種である*Anthaxia hungarica sitta*は、ここに記載した亜種より地理的分布域が狭くコーカサス地域に限られ、上翅は緑色である。*A. h. hungarica*は青緑色から赤紫色の上翅を持ち、ヨーロッパ中部と南部に見られる。*Anthaxia*属は717種以上の記載された種を含み、それらは熱帯アフリカ区、新北区、新熱帯区、東洋区、旧北区に分布する。跗節の爪の構造と色彩は、多くの種で同定に有用な特徴である。*Anthaxia*属が寄主とするのは樹木や草本、低木である。

モモブトヒメヒラタタマムシは鮮やかな金属的緑色で、金色、青色あるいは赤紫色となることもある。体は長球形で上翅は長い。まっすぐにもたげられた頭部には2個の非常に大きな眼がある。雄は触角がより長く、腿節が広がり、腹側表面は金属的な緑色である。雌では、前頭部、前胸背板の側面、腹側表面はすべて青紫色である。成虫は白い柔毛をもつ場合もある。

多食亜目（カブトムシ亜目）

科	タマムシ科（Buprestidae）
亜科	タマムシ亜科（Buprestinae）
分布	新北区：北米西部
生息環境	山地帯の針葉樹林
生活場所	針葉樹の樹幹と針葉。製材中にも生息
食性	成虫は針葉、幼虫は木材
補足	幼虫が築後51年の階段から羽化した例もある

成虫の体長
12〜22mm

アメリカムネミゾキンタマムシ
BUPRESTIS AURULENTA
LINNAEUS, 1767

アメリカムネミゾキンタマムシ（*Buprestis aurulenta*）は北米で最も見事な甲虫のひとつである。交尾し針葉樹の葉を食べてすぐに、雌は枯れた、あるいは枯れかけた針葉樹の露出した木材、とくにポンデローサマツ（*Pinus ponderosa*）やダグラスモミ（*Pseudotsuga menziesii*）に火災や落雷でできた傷や損傷部の内部や周辺部を選んで産卵する。製材した木材には季節を問わず産卵する。卵は単独あるいは平らな塊状に産みつける。自然状態では、幼虫は2〜4年かけて成長するが、例外的な環境では50年以上かけて成虫となったとみられる例もある。製材に幼虫が住み着いていると、羽化した成虫が建築材や木製の貯蔵タンクに被害を与えることがある。

近縁種

この種は形態的に北米の*Buprestis sulcicollis*、ヨーロッパの*B. striata*や*B. splendens*、および日本に生息する*B. niponica*に類似している。これらの種とは、上翅の縁が滑らかで凹凸がないこと、上翅の周縁部が銅色を帯びた鮮やかな金属的緑色あるいは青緑色であることにより区別される。

アメリカムネミゾキンタマムシは、典型的には明るく光沢のある緑色、時に青緑色で、上翅の周縁部が銅色を帯びている。前胸背板の幅はさまざまで、上翅基部よりわずかに狭い。上翅には明らかに盛り上がった滑らかな隆条があり、不規則な凹みが並ぶ比較的幅の広い部分によって隔てられている。

実物大

多食亜目（カブトムシ亜目）

科	タマムシ科（Buprestidae）
亜科	タマムシ亜科（Buprestinae）
分布	オーストラリア区：オーストラリア（クイーンズランド州、ニューサウスウェールズ州）
生息環境	降雨林
生活場所	さまざまな花
食性	成虫は花蜜や花粉
補足	オーストラリアに生息するタマムシの中ではおそらく最も美しく、収集家にとっては価値のある種である

成虫の体長
38～46mm

オウサマムカシタマムシ
CALODEMA REGALIS
(GORY & LAPORTE, 1838)

オウサマムカシタマムシ（*Calodema regalis*）は非常に大型のタマムシである。この種の成虫は森林の樹冠まで高く飛び、20m以上に達することもある。*Eucalyptus gummifera*、*E. hemiphloia*、*Bauhinia monandra*、*Melicope micrococca*、*Cuttsia viburnea*の花を餌とし、クイーンズランド州北部からニューサウスウェールズ州北部にかけての雨林に生息する。生息する森林が木材用として伐採されていることから、以前ほど見られなくなっているようである。卵、幼虫、蛹についての記載はないが、幼虫は木に穴をあけて生息していると思われる。

近縁種
*Calodema*属と、近縁である*Metaxymorpha*属には、花の蜜を吸うための適応の結果である長い口器など、多くの共通した特徴がある。*Calodema*属は以下の15種を含む。*C. bifasciata*、*C. blairi*、*C. hanloni*、*C. hudsoni*、*C. longitarsis*、*C. mariettae*、*C. plebeia*、*C. regalis*、*C. ribbei*、*C. rubrimarginata*、*C. ryoi*、*C. sainvali*、*C. suhandae*、*C. vicksoni*、*C. wallacei*である。

実物大

オウサマムカシタマムシは大型で長いタマムシである。前胸背板は長く、金属的な緑色で、両側にそれぞれ1個の赤い斑点がある。上翅は黄褐色で、縦方向に正中線に沿った黒く細い帯がある。触角は金属的な緑色である。腹側の体表は金属的な緑色で、黄色の斑点がある。口器は長く伸び、花蜜を吸えるようになっている。

多食亜目（カブトムシ亜目）

科	タマムシ科（Buprestidae）
亜科	タマムシ亜科（Buprestinae）
分布	新北区：アメリカ合衆国（バージニア州南部からフロリダ州、西はテキサス州）
生息環境	針葉樹、落葉樹
生活場所	枯れた、あるいは枯れかけた樹木の樹幹
食性	成虫は生息している樹木、幼虫は広葉樹と針葉樹のいずれでも成長する
補足	両上翅にそれぞれ5個の金緑色の斑点のある、個性的な*Chrysobothris*属の種

成虫の体長
7〜9.5mm

ナンブムツボシタマムシ
CHRYSOBOTHRIS CHRYSOELA
(ILLIGER, 1800)

実物大

ナンブムツボシタマムシ（*Chrysobothris chrysoela*）はアメリカ合衆国南部に生息する、特徴的な光沢のある斑点をもつタマムシである。幼虫は広葉樹と針葉樹のいずれでも成長し、その寄主となる樹木はボタンノキ（*Conocarpus erectus*）、ヌマスギの1種（*Taxodium distichum*）、カキの1種（*Diospyros virginiana*）、ナラ類（*Quercus*）、トネリコ類（*Fraxinus*）、プラタナス類（*Platanus*）、イチジク類（*Ficus*）、マツ類（*Pinus*）、イエロープラム（*Ximenia americana*）とさまざまである。成虫は主に晴天の日に活発となる。北米に生息する近縁種である*C. azurea*も、背側の体表が明るい赤紫色がかった黄色から青紫色の、印象的な種である。

近縁種

*Chrysobothris*属は非常に一般的で、記載されている種が650種を超え、そのうち130種以上が北米に生息することが知られている。多くの種は外見が類似しているが、ナンブムツボシタマムシは上翅の色彩パターンで区別される。*Chrysobothris*属の幼虫は広葉樹でも針葉樹でも見られ、低木や草本にすみつくこともある。

ナンブムツボシタマムシは幅が広く縦長で、やや凸面状の形状をしたタマムシで、平たくブロンズ色の頭部と、大きく長い眼をもつ。背側の体表には粗い凹凸がある。前胸背板は長いというよりむしろ幅広く、上翅は紫がかった黒色から赤味がかった紫色である。両上翅にあるそれぞれ5個の斑点は、色が金緑色から緑色と赤銅色までと多様である。脚は頑丈である。

多食亜目（カブトムシ亜目）

科	タマムシ科（Buprestidae）
亜科	タマムシ亜科（Buprestinae）
分布	オーストラリア区：オーストラリア南西部
生息環境	ユーカリ類の低木林
生活場所	砂質の土壌に生育するさまざまな低木
食性	成虫はおそらく摂食しない。幼虫の寄主植物に関する記録はあるが未確認
補足	しばしばニセフトタマムシ（*Julodimorpha bakewellii*）と混同される

成虫の体長
35〜65mm

ソーンダースニセフトタマムシ
JULODIMORPHA SAUNDERSII
THOMSON, 1878

ソーンダースニセフトタマムシ（*Julodimorpha saundersii*）は、オーストラリアのタマムシの中では最も大型の種のひとつで、かつ分類学上最も謎の多い種である。成虫は8月と9月に活発となる。雄は飛翔し、時に群集をなして、捨てられた「スタビー」のビール瓶やオレンジの皮に交尾しようとして集まることもある。これらの物体の色や形、小さく規則的な形の凹みがあることが、より大型で飛翔しない雌の上翅の形状によく似ているため、雄の性的反応を誘発するのである。雌は湿り気のある砂に産卵し、幼虫はそこに穴を掘り、さまざまな樹木や低木の根を外側から捕食して成長する。

近縁種

同属の唯一の別種である*Julodimorpha bakewllii*と混同されることがしばしばある。*Julodimorpha bakewllii*はより細長く、頭部前面と体の下面にまばらな剛毛があり、大顎は短く湾曲している。また、粗い凹凸のある前胸背板は、側方の周縁部が明瞭で、上翅には規則的な凹みの列があり、腹部体節は全体に光沢がある。

実物大

ソーンダースニセフトタマムシは大型で頑丈な円筒形の形状をもち、均一な橙色がかった褐色である。大顎は長く頑丈で、頭部前面と体の下面には、より長く密な剛毛がある。前胸背板には浅い凹みがあり、側方の周縁部はあまり明瞭でない。上翅には、不規則な凹みが連なる線があり、腹部腹側の光沢のある色彩は、腹部体節の周縁部にのみ見られる。

多食亜目（カブトムシ亜目）

科	タマムシ科（Buprestidae）
亜科	タマムシ亜科（Buprestinae）
分布	新北区：カリフォルニア南部のトランスバース山脈およびペニンシュラ・レンジ
生息環境	ネズの林地帯
生活場所	成虫はネズの葉、幼虫はネズの樹幹
食性	成虫については不明、幼虫は木材内で材を捕食して成長する
補足	非常に稀少な種で、情報はほとんどない

成虫の体長
19〜21mm

オウサマヤツモンタマムシ
JUNIPERELLA MIRABILIS
KNULL, 1947

オウサマヤツモンタマムシ（*Juniperella mirabilis*）は、美しいが滅多に見ることのできない甲虫で、カリフォルニア南部のトランスバース山脈とペニンシュラ・レンジの内陸側斜面にあたる山腹の、ネズ林地帯に生息する。卵はカリフォルニアネズ（*Juniperus californica*）の太い樹幹の基部に産みつけられると思われる。幼虫は根や幹に穴を掘り、樹皮や外側の辺材の下に潜り込み、そこで蛹となる。成虫は夏に、地面近くにある大きく楕円形の羽化穴から羽化し、灰色で繊維状の剝離した樹皮に、ほとんど隠れるようにして過ごす。密生した葉に生息し、脅威を察知すると大きな羽音を立てて飛び上がる。

近縁種

*Juniperella*属にはオウサマヤツモンタマムシの1種のみが含まれる。この種は、大型であること、頑丈で凸面状の形状、比較的滑らかで斑紋が際立つ上翅によって、他のすべての北米のタマムシと容易に区別できる。元はタマムシ族に分類されていたが、最近の研究でMelanophilini族に含まれるとされた。

オウサマヤツモンタマムシは非常に丈夫で、凸面状の形状をもち、頭部と下面のみに短い剛毛がある。頭部と金属的な緑色の前胸背板は、幅が広く粗い凹みがあり、前胸背板は基部で最も幅が広い。暗緑色がかった黒色の上翅は、前胸背板より幅が広く、中央よりやや後方が最も幅が広くなっている。上翅には4本の幅の広い黄色の帯があるが、上翅の会合線部では途切れている。

実物大

多食亜目（カブトムシ亜目）

科	タマムシ科（Buprestidae）
亜科	タマムシ亜科（Buprestinae）
分布	全北区、新熱帯、東洋区
生息環境	針葉樹林
生活場所	成虫は針葉樹の樹幹、幼虫は燃えた直後の樹木
食性	成虫は主に生息する樹木の葉、幼虫は燃えた直後の針葉樹
補足	雌は燃えてまだくすぶっている樹木に産卵する

成虫の体長
8〜12mm

ツメアカナガヒラタタマムシ
MELANOPHILA ACUMINATA
(DEGEER, 1774)

実物大

ツメアカナガヒラタタマムシ（*Melanophila acuminata*）は、北米および中米、キューバの他、ヨーロッパやアジアの針葉樹林にも広く分布する、全北区の種である。成虫はスギ（*Cupressus*属の種）、トウヒ（*Picea*属の種）、マツ（*Pinus*属の種）の樹幹に見られる。幼虫はさまざまな針葉樹を餌として利用する他、燃えた直後の樹木でのみ成長するような適応を遂げている。熱により枯死した樹木は樹液を分泌して身を守ることができず、また燃えたばかりの樹木を住処とすれば、甲虫にとっての捕食者もほとんどいない。成虫は胸部にある赤外線センサーで130km以内の煙と火を感知し、産卵場所を定めている。

近縁種

*Melanophila*属には14種が含まれ、その大部分は針葉樹にすみつく。北米のいくつかの種は「火の虫（fire bug）」と呼ばれることがあるが、これは煙や炎に誘引され、森林火災に集まるためである。ツメアカナガヒラタタマムシは、上翅先端の形状と長い触角で、同属の他種と区別される。

ツメアカナガヒラタタマムシは長卵形で、背側も腹側も全体が鈍い黒色である。比較的長い触角は、前胸の後部の隅角を超えて伸びている。前胸背板は上翅より幅が狭い。前胸背板と上翅の表面はいくらか粗く、あるいは細かい粒状に見える。上翅先端は鋭い針状か、あるいは尖っている。

多食亜目（カブトムシ亜目）

科	タマムシ科（Buprestidae）
亜科	タマムシ亜科（Buprestinae）
分布	オーストラリア区：オーストラリア西部
生息環境	オーストラリア南西部の植物区
生活場所	沿岸の低木あるいは荒れ地
食性	成虫は葉、幼虫はおそらくミルベリア（*Mirbelia*）属の樹木の組織
補足	2012年のこの属の改訂では多くの新種が記載された

成虫の体長
9〜14mm

ナガレモンヒメツヤタマムシ
MELOBASIS REGALIS REGALIS
CARTER, 1923

ナガレモンヒメツヤタマムシ（*Melobasis regalis regalis*）は、9〜12月にかけてオーストラリア南西部沿岸の低木の生えた荒れ地で見られる、一般的なタマムシである。通常は、*Mirbelia seorsifolia*の葉を食べる姿を見ることができる。幼虫は知られていないが、*Melobasis*属の既知の他種と同様に、木本植物の中で成長し材を餌としていると考えられている。この属には、東洋区、オーストラリア、パプア・ニューギニアに生息する156種が含まれ、中でも最も多様性に富むのはオーストラリア南西部植物区で、82種が生息し、うち60種はこの地域の固有種である。

近縁種
*Melobasis gloriosa gloriosa*の形態のいくつかは、*M. regalis*の両亜種に類似しているが、頭部と下面には、不透明な白色ではなく透明で銀色がかった柔毛がある。*Melobasis r. carnabyorum*は、上翅が赤味がかった紫色で、両方の上翅には、ほぼ全長にわたって幅広い波状の緑色の縞がある。

実物大

ナガレモンヒメツヤタマムシは褐色がかったブロンズ色、あるいは緑色がかったブロンズ色で、頭部、下面、脚の大部分に銅色の反射がある。跗節は青色あるいは緑色である。前胸背板の中央部は広く青緑色、金緑色あるいは銅色を呈し、その外側はさまざまな色の帯になっている。青味がかった、緑色がかった、あるいは赤紫色の上翅は、緑色がかった色、金色、あるいは銅色の斑紋がある。雄も雌も、脛節に鋸歯状の構造や剛毛の密生した凹みをもたない。

多食亜目（カブトムシ亜目）

科	タマムシ科（Buprestidae）
亜科	タマムシ亜科（Buprestinae）
分布	オーストラリア区：西オーストラリア州
生息環境	森林
生活場所	成虫は花、幼虫は樹木中
食性	成虫は花蜜と花粉、幼虫は木材
補足	Stigmoderini族の甲虫は、オーストラリアのさまざまな高さの樹木や低木において最も重要な花粉媒介者である

成虫の体長
23〜26mm

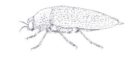

ムツボシアラメムカシタマムシ
STIGMODERA ROEI
SAUNDERS, 1868

*Stigmodera*属はStigmoderini族に含まれるが、オーストラリアではこの族にさらに4属、すなわち*Calodema*属、*Castiarina*属、*Metaxymorpha*属、*Temognatha*属が含まれている。この族は、雌の産卵管の独特な構造が特徴である。ムツボシアラメムカシタマムシ（*Stigmodera roei*）は、西オーストラリア州でのみ見られる一般的なタマムシである。この種の成虫はジェラルトン・ワックス（*Chamelaucium uncinatum*）の花の多くや、ネズモドキ（*Leptospermum*）、メラルーカ（*Melaleuca*）、および*Hakea costata*で見られる。幼虫は、西オーストラリア州南西部の沿岸地域に沿った、西オーストラリアペパーミント（*Agonis flexuosa*）を餌としていることが報告されている。この昼行性の成虫は、ほとんどが9月と10月に活発に活動する。

近縁種
Stigmoderini族に含まれる属には、オーストラリアで計数百種が含まれており、*Castiarina*属だけでも500種近くに及ぶ。他の5つの属（例えば*Conognatha*属、*Lasionota*属）は、新熱帯区にも生息する。*Stigmodera*属には7種が含まれ、それらはすべてオーストラリアの、西オーストラリア州からクイーンズランド州に生息する。ほとんどの種では、分類に色彩パターンの違いが有用である。

実物大

ムツボシアラメムカシタマムシは、ずんぐりした長卵形の、硬い殻に覆われ体表に多くの凹みをもつタマムシである。頭部と胸部は明るい金属的な緑色、上翅は青色あるいは緑色で、赤色あるいは橙色の斑が左右にそれぞれ3つある。上翅の側方と先端も、赤色または橙色である。触角はかなり小さい。脚は個体によって金属的な緑色あるいは赤味がかった色である。

多食亜目（カブトムシ亜目）

科	タマムシ科（Buprestidae）
亜科	タマムシ亜科（Buprestinae）
分布	オーストラリア区：西オーストラリア州
生息環境	森林
生活場所	成虫は花をつける樹木、幼虫は樹木
食性	成虫は花や花粉、幼虫は樹木に穴をあけて潜り込む
補足	幼虫は完全に成長を終えるまで17年を要することもある

成虫の体長
37〜45mm

シボレーオオムカシタマムシ
TEMOGNATHA CHEVROLATII
GÉHIN, 1855

*Temognatha*属の成虫のほとんどは日中活発に活動し、花や花粉を餌とする。生息場所となる植物は各種のユーカリ（*Eucalyptus cylindriflora*、*E. foecunda*、*E. uncinata*）の他、メラルーカ（*Melaleuca*）属の種である。この属の幼虫は樹木に穴をあけて潜り込み、メラルーカ（*Melaleuca*）、モクマオウ（*Casuarina*）、ユーカリ（*Eucalyptus*）の種を餌とするとされる。*Temognatha*属の幼虫は、成長を完了するのに7〜17年もかかることがあることが報告されている。成虫の生存期間は短く、ふつうは交尾直後に死ぬ。シボレーオオムカシタマムシ（*Temognatha chevrolatii*）はオーストラリアで最も魅力的なタマムシの一つであり、コレクターの採集の対象となる。

近縁種

*Temognatha*属はStigmoderini族に含まれる多様性に富む属で、85以上の種と亜種があり、1種（*T. mitchelii*）がタスマニアにも生息することを除けば、オーストラリア大陸に生息している。この属の種は、上翅の横方向の線や斑の有無と形状など、主に全体的な色彩パターンが異なっている。

実物大

シボレーオオムカシタマムシは比較的大型で非常に魅力的なタマムシで、頭部、脚、前胸は明るい金属的緑色である。前胸には小さな橙色の斑点があり、時に融合して不規則な線となる。上翅は橙色あるいは暗黄色がかった色で、2つあるいは4つの、横方向のジグザグの線がある。左右の上翅の最後部は、先端が一対の鋭い棘となっている。

多食亜目（カブトムシ亜目）

科	タマムシ科（Buprestidae）
亜科	タマムシ亜科（Buprestinae）
分布	新北区：ブリティッシュコロンビア州からカリフォルニア州、アリゾナ州、ニューメキシコ州
生息環境	標高2,300mまでのスギ、イトスギ、ネズの林地
生活場所	成虫はおそらく樹冠、幼虫は樹木の幹の辺材に潜り込む
食性	成虫は葉、幼虫は木材
補足	Trachykele属の成虫は滅多に見られないが、局地的には多数生息する

成虫の体長
11～20mm

サビハダタマムシ
TRACHYKELE BLONDELI BLONDERI
MARSEUL, 1865

実物大

サビハダタマムシ（*Trachykele blondeli Blondeli*）は、ベイスギ（*Thuja plicata*）、Arborvitae（*Thuja occidentalis*）、ベイヒ（*Chamaecyparis lawsoniana*）、セイヨウネズ（*Juniperus occidentalis*）、セイヨウイトスギ（*Hesperocyparis*）の生木、傷ついた木、枯れかけた木あるいは枯れ木の枝の、剥がれかけた樹皮を餌とし、その下に産卵する。幼虫は幹に穴をあけて辺材の外側部分に潜り込み、そこで2年以上かけて成長する。蛹の時期は秋で1ヵ月続き、その後羽化して成虫となるが、翌年の春まで蛹の殻の中に留まる。成虫は夏の間中活発に活動する。明らかに、成虫期の大部分を樹冠の高いところで過ごしている。

近縁種

*Trachykele*属の6つの種はすべて北アメリカに生息する。2種（*T. fattigi*、*T. lecontei*）はアメリカ合衆国南東部、4種（*T. blondeli*、*T. hartmani*、*T. nimbosa*、*T. opulenta*）は西部に生息する。サビハダタマムシは、明るい緑色の体色と前胸背板と上翅の表面の凹凸により、同属の他種から区別される。亜種である*T. b. cuperomarginata*は主にカリフォルニア州の中部海岸に生息するが、*T. b. juniperi*はカリフォルニア州東部に分布する。

サビハダタマムシは明るく光沢があり、金色の反射が見られるエメラルドグリーンで、体表は粗い点刻状の凹みがある。前胸背板には深い凹みがあり、側面はやや角張った形状である。左右の上翅には6個の小さな暗色の斑点と、中央部より後方には斜め方向に滑らかな部分がある。*T. b. cuperomarginata*は上翅の周縁部が銅色だが、*T. b. juniperi*はより小型で、より鮮やかな緑色である。

多食亜目（カブトムシ亜目）

科	タマムシ科(Buprestidae)
亜科	ナガタマムシ亜科(Agrilinae)
分布	旧北区、東洋区、新北区：ロシア極東地域、中国、日本、韓国、ラオス、モンゴルの原産だが偶然に北米とモスクワ(ロシア)に導入された
生息環境	開けた場所、トネリコ(*Fraxinus*)の閉鎖林
生活場所	成虫はトネリコ(*Fraxinus*)の樹幹や葉、幼虫は樹木に穴をあけて潜り込む
食性	成虫は生息する樹木の葉、幼虫は生息する木の樹皮下にトンネルを掘る
補足	北米やロシアのヨーロッパ地域への侵入は、アジアから輸送された貨物の木製の梱包材に潜り込んでいたためと思われる

成虫の体長
8〜14mm

アオナガタマムシ
AGRILUS PLANIPENNIS
FAIRMAIRE, 1888

原産地では、アオナガタマムシ（*Agrilus planipennis*）は比較的稀で、病害を受けた、あるいはストレスに曝されている原産の樹木（ほとんどがトネリコ類（*Fraxinus*））に軽度の被害を与えることがある。しかし偶然導入された北米では、ストレスに曝された木のみならず健康なトネリコ属の樹木（*F. pennysylvanica*、*F. nigra*、*F. Americana*など）にも感染し枯死させてしまう。その結果、この甲虫は北米東部で最も深刻な害虫となっており、2002年に発見されて以来、数千万本もの健康なトネリコの木が枯死している。この飛翔能力の高いアオナガタマムシに対して取られた大規模対策は北米内に限られているが、害虫の幼虫あるいは卵の段階のいずれかを攻撃する小型の寄生性ジガバチの種が、有効性の期待される生物学的制御方法として探索されている（あるいは既に放されているケースもある）。

近縁種

ナガタマムシ属（*Agrilus*）は、動物の属の中で最も多様で、約3,000種が記載されている。アオナガタマムシの近縁種は東アジアおよび東南アジアに分布し、*A. tomentipennis*、*A. crepuscularis*、および*A. cyaneoniger*のグループの種が含まれる。アオナガタマムシは、尾節に棘があること、上翅に毛がないことにより、これらの種と区別される。

アオナガタマムシは長く、明るい金属的青緑色のタマムシで、頭部は前方に向かって平らになっている。体には毛がない。ソラマメ型の眼はブロンズ色から黒色である。背側の体表は通常明るい金属的な緑色だが、時に青色あるいは紫色を帯びることもある。下翅はよく発達しており、飛翔能力は高い。

実物大

多食亜目（カブトムシ亜目）

科	タマムシ科（Buprestidae）
亜科	ナガタマムシ亜科（Agrilinae）
分布	東洋区：ティオマン島（マレーシア）
生息環境	熱帯林
生活場所	成虫はおそらく単子葉類の葉、幼虫については不明
食性	不明。幼虫はおそらく潜葉性
補足	この属の甲虫は晴天の日に活発となり、橙色や黄色などの明るい色に引きつけられる個体も見られる

成虫の体長
2.9〜4.1mm

ティオマンケシタマムシ
APHANISTICUS LUBOPETRI
KALASHIAN, 2004

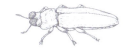

実物大

*Aphanisticus*属の多くの種は、すべて旧世界原産であるが、サトウキビ（*Saccharum*）と関連のある*A. cochinchinae seminulum*は偶然にアメリカ合衆国南部を経由して新世界に導入され、それ以来ラテンアメリカのさまざまな地域へ拡大した。ティオマンケシタマムシ（*Aphanisticus lubopetri*）は2004年に少数の個体をもとに記載され、マレーシアのティオマン島に生息することが知られる。この種の生物学的、生態学的情報はほとんどない。このグループの成虫は葉を餌とする。ヨーロッパでは*Aphanisticus*属のいくつかの種がカヤツリグサ科（Cyperaceae）やイグサ科（Juncaceae）の葉に潜り込んで生息している。

近縁種

ティオマンケシタマムシはタマムシ科の甲虫の比較的大きな属に含まれ、この属は350以上の種を含んでいる。この属の種の大部分は、成虫が長く細い体をもち、背側の体表が金属的な灰色あるいは黒色である。*Aphanisticus*属の東洋区と旧北区東部の種は、主に触角、上翅、眼、前胸背板の特徴により分類される。

ティオマンケシタマムシは小型でやや縦長のタマムシで、背側の表面は平らで、金属的な灰色あるいは黒味がかった反射のある黒色である。頭部前方の中央には目立つ溝があり、上翅は中央よりやや前部に明らかなくびれがある。上翅表面にある縦方向の隆条の間の部分は点刻がなく、微細な凹凸に覆われている。

多食亜目（カブトムシ亜目）

科	タマムシ科（Buprestidae）
亜科	ナガタマムシ亜科（Agrilinae）
分布	旧北区：ヨーロッパ、アジア
生息環境	コルクガシ（*Quercus suber*）の森林
生活場所	コルクガシの葉や樹幹
食性	成虫は生息する樹木の葉、幼虫はコルクガシにトンネルを掘る
補足	全世界でコルクガシの主な害虫となっている

成虫の体長
10〜16mm

カシノナカボソタマムシ
CORAEBUS UNDATUS
(FABRICIUS, 1787)

カシノナカボソタマムシ（*Coraebus undatus*）はスペイン、アンダルシア地方に多く見られ、主にスペインではコルクガシ（*Quercus suber*）産業に深刻な被害を与える害虫である。幼虫はコルクガシのコルク組織にトンネルを掘って潜り込み、コルクの品質を低下させるが、それ以外の影響を樹木に与えることはない。経済的損失は、スペインのエストレマドゥーラ地域だけでも年間500万ユーロに上るとされる。幼虫は記載されており、クリ属（*Castanea*）、カキノキ属（*Diospyros*）、ブナ属（*Fagus*）でも見られている。

近縁種
*Coraebus*属は約230種を含む。*Coraebus*属の大部分の他種と同様に、カシノナカボソタマムシの成虫は主に5月、6月、7月に飛び回る。雌はコルクの木の穴に産卵し、幼虫が掘るトンネルの長さは1.8mにも及ぶことがある。寿命は条件により1〜3年と見られる。スペイン、ポルトガル、フランスでは経済的に重大な被害が報告されてきた。

実物大

カシノナカボソタマムシは、ヨーロッパではよく知られた小型のタマムシである。体は長く、やや円筒形である。頭盾はYの字を逆さまにしたような形状である。上翅は緑色の反射のある黒色で、毛が波状の白い縞と斑点を形作っている。触角の長さに性的二型が認められ、また雌は雄よりも頑丈である。

多食亜目（カブトムシ亜目）

科	タマムシ科（Buprestidae）
亜科	ナガタマムシ亜科（Agrilinae）
分布	新熱帯：ブラジル、フランス領ギアナ、ガイアナ、グアテマラ、パナマ、メキシコ
生息環境	熱帯林
生活場所	さまざまな植物の葉
食性	幼虫は潜葉性で草本植物を捕食
補足	この属で知られている幼虫は脚がなく非常に平たい

成虫の体長
2〜4mm

ニジイロヒラタケシタマムシ
PACHYSCHELUS TERMINANS
(FABRICIUS, 1801)

実物大

ニジイロヒラタケシタマムシ（*Pachyschelus terminans*）はブラジル、フランス領ギアナ、ガイアナ、グアテマラ、パナマ、メキシコで見られる。この非常に小さな種の生物学的情報はあまり知られていない。成虫は一般的に幼虫が生息する植物の葉で見られる。幼虫は、ムクロジ科（Sapindaceae）、トウダイグサ科（Euphorbiaceae）、アブラナ科（Brassicaceae）、シクンシ科（Combretaceae）、マメ科（Fabaceae）のさまざまな種を餌とする。卵は一般的に楕円形である。近縁種である*P. laevigatus*に関する2013年の研究では、幼虫は潜葉性で、他の昆虫が背側の表皮を裂いて脱皮するのに対し、側面の表皮を裂いて脱皮を行うことが報告されている。昆虫の幼虫で、側面から脱皮する種として他に知られているのは、潜葉性のガ類である*Cameraria*属の種のみである。

近縁種

*Pachyschelus*属は大きな属で、主に新熱帯区と東洋区に見られる。すべての種は小型から非常に小型のタマムシで、同定には細かな色彩、生息する植物、生殖器がすべて重要である。今日までに約269種が知られ、それらは草本植物に生息する潜葉性である。*Hylaeogena*属は*Pachyschelus*属と近縁で、両属の種は多くの特徴が共通している。

ニジイロヒラタケシタマムシは、非常に小型のタマムシで、魅力的な金属的色彩をもつ。点刻のある体は滴型である。脛節は明らかに平たくなっている。頭部と前胸背板は金属的な青色で、緑色の反射がある。上翅の前方3分の2は金属的な青色、後方3分の1は黄色で先端部に緑色の反射がある。この種は色彩の変異が多い。

多食亜目（カブトムシ亜目）

科	タマムシ科（Buprestidae）
亜科	ナガタマムシ亜科（Agrilinae）
分布	東洋区：フィリピン（ロンブロン諸島、シブヤン諸島）
生息環境	熱帯林
生活場所	成虫は葉で見られる
食性	成虫はおそらく花粉と葉、幼虫はおそらく生息する植物を捕食しトンネルを掘る
補足	世界で最も美しいタマムシの一つ

成虫の体長
11〜14mm

カザリナカボソタマムシ
SIBUYANELLA BAKERI
(FISHER, 1924)

カザリナカボソタマムシ（*Sibuyanella bakeri*）はフィリピンのロンブロン諸島やシブヤン諸島で見られる魅力的なタマムシである。この種に関する生物学的情報はほとんどないが、専門家は、成虫は花を訪れ、その植物に留まって葉を餌とするのではないかと考えている。この族Coraebiniの種は樹木性の低木、棘のある樹木、単子葉類のいくつかの種と関連がある。幼虫は、生息する植物にトンネルを掘る。この種、および近縁種の一部は、色彩が*Chrysocoris*属あるいは*Peocilocoris*属に属するキンカメムシに擬態している可能性がある。

近縁種

カザリナカボソタマムシは小さな属に含まれ、他には2005年にフィリピンで記載された2種のみである。知られている他の種はボホール島の*S. boudani*、およびマリンドゥケ島とミンドロ島の*S. mimica*である。*Sibuyanella bakeri*は、光沢のある背側体表と、上翅先端に黒色の毛が見られないことで区別される。

実物大

カザリナカボソタマムシは上部の体表が真珠光沢のある緑色で、時に黄色あるいは赤色の反射が見られる。体は細長く頑丈である。上翅には5対の青い斑点の模様があるが、斑点の位置や形状はさまざまである。前胸背板は長さより幅が広い。脚は金属的な緑色で、雄では内側の爪が二股に分かれている。

多食亜目（カブトムシ亜目）

科	タマムシ科（Buprestidae）
亜科	ナガタマムシ亜科（Agrilinae）
分布	旧北区：アルメニア、アゼルバイジャン、ブルガリア、ギリシャ、イラン、ルーマニア、ヨーロッパロシア、トルコ、トルクメニスタン、ウクライナ
生息環境	主に乾燥した牧草地、ステップ 標高の低い地域の森林付近
生活場所	成虫は葉、幼虫は葉に穴をあけて潜り込む
食性	成虫はおそらく生息する植物の葉、幼虫が生育する植物として知られているのはPhlomis pungensのみ
補足	旧世界の多様な属であるTrachys属のいくつかの種は、偶然北米に持ち込まれている

成虫の体長
2.8〜3.2mm

オオキセワタチビタマムシ
TRACHYS PHLYCTAENOIDES
KOLENATI, 1846

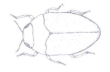

実物大

オオキセワタチビタマムシ（*Trachys phlyctaenoides*）の潜葉性の幼虫は、1996年に*Phlomis pungens*の葉から取り出された個体にもとづき記載された。非常に平たい形状の幼虫は、機能する脚をもたず、その代わりに後胸と腹部の背側と腹側の体表にある小突起を使って、葉にあけた穴の中を移動する。非常に近縁な旧北区の種である*T. troglodytiformis*は、ニュージャージー州でタチアオイ（*Alcea rosea*）で確認され、2012年には外来種である*T. minutus*のマサチューセッツ州での発見が報告された。

近縁種
*Trachys*属はエチオピア区、オーストラリア区、東洋区、旧北区に生息し、*Habroloma*、*Pachyschelus*、*Brachys*およびその他の族と共に、多様性の高いTracheini族に含まれる。オオキセワタチビタマムシは、この族に含まれる600種を超える種の一つである。甲虫の中でも大きく重要なこのグループは、種の定義に関して全体的な改訂が必要とされている。

オオキセワタチビタマムシは小型で卵形の、鮮やかな黒色で背側の体表にブロンズ色の反射のあるタマムシである。表皮に埋め込まれたような白い毛は、背側体表に見られる。短い触角と脚は黒色で、通常いくらか金属的な反射が見られる。幅の広い前胸背板は、後方の縁に剣沿った波状の湾曲が顕著である。

多食亜目（カブトムシ亜目）

科	マルトゲムシ科（Byrrhidae）
亜科	マルトゲムシ亜科（Byrrhinae）
分布	新北区：カナダとアメリカ合衆国北部に大陸横断的に分布
生息環境	湿気のある環境
生活場所	蘚類と関連がある
食性	主に蘚類を捕食
補足	成虫と幼虫は蘚類の表面を捕食する草食性

成虫の体長
4.5〜5.5mm

ホクベイキスゲマルトゲムシ
CYTILUS ALTERNATUS
(SAY, 1825)

実物大

この種の成虫と幼虫は、湿った蘚類に覆われた生息環境を好み、蘚類の下の土壌の上または中に生息する。成虫は脅威を察知すると付属肢を胴体に引き寄せ、動かずにじっとしている。餌はおそらくコケ（蘚類、ツノゴケ、苔類）である。腸内容物の分析で、幼虫は浮泥食性で枯死した葉や枯れた木材、蘚類、苔類、その他の植物性物質を餌としていることが明らかになった。ホクベイキスゲマルトゲムシ（*Cytilus alternatus*）の幼虫の発生はカナダ、オンタリオ州の針葉樹苗農場で報告されており、経済的損失をもたらしている。

近縁種

この種は、カナダ西部とアメリカ合衆国西部の山地帯で見られる*Cytilus mimicus*と非常に近縁である。これら2種は、外観的には主に全体的な体の形状で区別することができ、*C. mimicus*はより長く、側面がやや平行である。*Cytilus*属には5種が含まれ、そのうち3種は旧北区、2種は新北区に生息する。

ホクベイキスゲマルトゲムシは小型で、非常に外へ膨らんだ形状をもつ、卵形で黒っぽい色の甲虫である。上翅には短く表面に密着した、薄いあるいは暗い色の毛があり、白黒が交互になったチェッカー盤のような模様になっている。頭部は、背側から見ると前胸背板に隠れている。触角は比較的短く、最後の5分節は緩い棍棒状となっている。腹部腹側の第1節には腿節の凹みがない。

多食亜目（カブトムシ亜目）

科	マルトゲムシ科（Byrrhidae）
亜科	マルトゲムシ亜科（Byrrhinae）
分布	オーストラリア区：オーストラリア南部
生息環境	森林
生活場所	蘚類および湿った森林堆積有機物
食性	蘚類や苔類を捕食する草食性
補足	南半球温帯地域のマルトゲムシの多様な動物相の中で、最も見事な色彩をもつ種の一つ

成虫の体長
4.5〜5.5mm

ホウセキヒョウタンマルトゲムシ
NOTOLIOON GEMMATUS
(LEA, 1920)

実物大

マルトゲムシ科の種は、冷涼で湿った、高緯度地域の森林や山地の生息地で、最も多様性に富む。*Notolioon*属の種は、タスマニアを含むオーストラリアの南半球温帯地域の、湿潤で蘚類の多い場所に生息する。知られている限りでは、マルトゲムシ亜科の幼虫も成虫も、これらの森林を支える土壌を形成している。また、有機物に富む基質で生育する蘚類や苔類を餌とする。博物館に保管された標本のデータは、この種の生息地と食性に関するこのような関連性を支持している。*Notolioon*属の成虫には翅はない。

近縁種

*Notolioon*属の13種は、この属の生息範囲であるオーストラリア南部とタスマニアの温帯林全体にわたって見られ、さらにいくつかの未記載の種も存在する。これらは、背側体表の色や毛の生え方、および分布域が互いに異なる。この最近記載された属に含まれるホウセキヒョウタンマルトゲムシ（*Notolioon gemmatus*）および他種は、以前は*Pedilophorus*属に含まれていた。

ホウセキヒョウタンマルトゲムシは素晴らしく色彩に富む小型の甲虫で、背側の体表は明るい金属的緑色で、上翅には規則的に配列した一連の銅色の金属的な環状紋様がある。付属肢と腹側表面はより暗い色である。頭部は上からも見え、この科に属する他の多くの種で完全に隠れているのとは異なる。

多食亜目（カブトムシ亜目）

科	ヒメドロムシ科(Elmidae)
亜科	Larainae亜科
分布	エチオピア区：ザンビア
生息環境	水生
生活場所	不明。おそらく浅い流れに生息
食性	おそらく浮泥食性
補足	潜水中は呼吸のための空気を撥水性の毛の間に形成した空気層で維持する

成虫の体長
8〜8.5mm

アフリカヒメドロムシ
POTAMODYTES SCHOUTEDENI
DELÈVE, 1937

アフリカヒメドロムシ（*Potamodytes schoutedeni*）はアフリカ探検中に採集された個体をもとに記載されたが、その自然史に関して知られていることはほとんどない。Larainae亜科の種は、浅く流れのある水、特に水飛沫のかかる岩（岸壁湿性生息域）や流れに隣接した有機物のある場所に生息する。特殊な撥水性の毛の下に蓄えた空気により、成虫は潜水中も呼吸ができる。専用の分泌腺からの分泌物が継続的に毛に供給されるため、撥水性による空気の維持機能が保たれる。成虫も幼虫も完全な水生と考えられるが、成虫は活発に飛び回るので、好適な生息場所の間を移動することも容易である。

近縁種

*Potamodytes*属には少なくとも35種が含まれる。すべてがアフリカ原産であり、赤道付近とアフリカ大陸の南部に種が集中している。外観は類似しており、違いは主に形状、上翅先端の棘の有無や配置、および雄の生殖器の細かい差違である。

実物大

アフリカヒメドロムシは中型で、脚先の長い水生甲虫の科に含まれる。一般名称は通常跗節の最終節が長いことに由来する。この種はLarainae亜科の典型で、長く先細になった形状の、特殊な撥水性の毛で密に覆われた体をもつ。上翅先端の棘の形状は、多くの種で種の識別に有用であり、性的二型を示す。

多食亜目（カブトムシ亜目）

科	ヒメドロムシ科（Elmidae）
亜科	ヒメドロムシ亜科（Elminae）
分布	新北区：カナダ南部（アルバータ州、マニトバ州、オンタリオ州、ケベック州）、アメリカ合衆国（ウィスコンシン州、インディアナ州、イリノイ州）
生息環境	淡水生態系
生活場所	岩や植物の表面
食性	浮泥食性あるいは藻食性
補足	ヒメドロムシ亜科の水生の成虫は呼吸のために水面に浮上する必要がなく、撥水性構造により体の周囲に形成される非常に薄い空気層によって呼吸が可能である

成虫の体長
3〜3.4mm

スジアメリカヒメドロムシ
DUBIRAPHIA BIVITTATA
(LECONTE, 1852)

実物大

Elminae亜科には全世界で約1,200種が含まれる。成虫も幼虫も水生で、通常は流水、特に流れの速い浅瀬や、小川や川の急流に生息する。成虫は通常岩、大きな転石、朽ちた樹木、あるいは植物の上で見られ、長い脚と強力な跗節爪で足下を強く掴んでいる。スジアメリカヒメドロムシ（*Dubiraphia bivittata*）を含む*Dubiraphia*属の5種は北アメリカ北東部で見られ、冷泉から湖畔まで、かなり幅広い生息場所に生息が可能であることが知られている。

近縁種

*Dubiraphia*属は、アメリカ、メキシコ北部に限局した11種を含む。成虫は区別が困難で、種の確実な識別にはしばしば雄の生殖器の検査が必要となる。スジアメリカヒメドロムシは、ロッキー山脈東側で見られるこの属の種としては最大である。種間の関係についての研究はない。

スジアメリカヒメドロムシは縦長の甲虫で、頭部の背側は黒色、前胸背板と上翅は黄色で、上翅の会合部と側方の周縁部は黒色である。触角は11節からなり、小顎肢は4節からなる。前胸背板は滑らかで、やや平行な突起あるいは隆条はない。前部脛節には房状の毛がある。跗節の各節は長い。

多食亜目（カブトムシ亜目）

科	ドロムシ科（Dryopidae）
亜科	
分布	新熱帯：チリ
生息環境	水生
生活場所	不明
食性	不明
補足	この種の異名は、別の甲虫の科であるChiloeidae科の命名の基本として使用されていた

成虫の体長
3.5〜4mm

チリドロムシ
SOSTEAMORPHUS VERRUCATUS
HINTON, 1936

実物大

チリドロムシ（*Sosteamorphus verrucatus*）の元の記載では、単純に標本の原産地として「チリ（Chile）」と示されていた。1973年、この種はRoger Dajozによって再度記載された。Dajozは*Chiloea chilensis*と命名し、チリ南部のチロエ島で典型的なものが見られるとした。この名称は分割された科であるChiloidae科の命名の基本として用いられ、この種のみを含んでいた。この種は後にHintonによる旧名称と同義とされ、Chiloidae科という名称と共に短命に終わることになった。チリドロムシの自然史については何も知られていないが、この科の多種の大部分は水生で、細菌叢を餌としている。

近縁種

この属に含まれるのはこの種のみである。いくつかの形態的特徴が、ニュージーランドの*Protoparnus*と共通することから、南半球温暖帯のゴンドワナ系統のドロムシと考えられる。ドロムシ科とチビドロムシ科の種は多くの形態的特徴が共通しており、おそらく識別は困難と思われる。

チリドロムシの成虫は体が短く、頑丈で非常に凹凸の多い甲虫であり、粗い金色の毛に覆われた多くの小突起や硬化部をもつ。多くの水生ドロムシでは、毛は空気層を形成することから、撥水毛と呼ばれる。頭部は前胸下で反曲し、上からは見えない。

多食亜目（カブトムシ亜目）

科	シンセカイドロムシ科（Lutrochidae）
亜科	
分布	新熱帯：ブラジル（サンパウロ州、パラナ州）
生息環境	淡水生態系
生活場所	浸水した樹木
食性	藻食性、浮泥食性
補足	浸水した樹木の残骸にトンネルを掘って生息する水生甲虫としては珍しい例

成虫の体長
4.5〜6mm

シンセカイドロムシ
LUTROCHUS GERMARI
GROUVELLE, 1889

実物大

この種は成虫も幼虫も、水質が弱アルカリ性あるいはわずかに酸性の、浅い小川に浸水したさまざまな大きさの樹木の残骸で見られる。成虫は、体の大部分を覆う多くの撥水性の毛によって空気泡を形成し、水中に留まることができる。幼虫は樹木の残骸の深くまでトンネルを掘る。蛹は少数しか知られていないが、水面上の腐食した倒木の中につくられた小室で発見されている。成虫も幼虫も、藻や浸水した木材を餌にしていると思われる。

近縁種

*Lutrochus*属はこの科の唯一の属であり、西半球のカナダ南東部からブラジル、ボリビアまでの地域に生息することが記載された17種からなる。このグループに関しては分類学的研究がほとんどなく、いくつかの新種が近く記載されると思われる。種の分類に用いられる形態学的特徴は、他の種間では体全体の大きさ、脚の特徴および小楯板の形状である。

シンセカイドロムシは卵形で、外側への膨らみが非常に大きく、斜めに生えた金色の密な毛をもつ褐色の甲虫である。11節からなる触角は非常に短く、第1および第2触角分節は幅広く毛生が顕著で、3〜11節は非常に小さく圧縮されたような状態で、やや棍棒状であり、第1、2節を合わせた長さと同じくらいである。前胸背板は頭部より幅が広い。跗節式は5-5-5である。

多食亜目（カブトムシ亜目）

科	チビドロムシ科(Limnichidae)
亜科	Hyphalinae亜科
分布	オーストラリア区：オーストラリア（クイーンズランド州ヘロン島）
生息環境	熱帯海岸
生活場所	一時的に浸水する岩
食性	成虫、幼虫とも藻食性
補足	Hyphalus属は科の中で唯一の翅のない属

成虫の体長
1.1〜1.4mm

ゴウシュウサンゴチビドロムシ
HYPHALUS INSULARIS
BRITTON, 1971

実物大

この属の甲虫は、熱帯海岸の潮間帯にある固結珊瑚岩の隙間に生息するという点では珍しい種である。ゴウシュウサンゴチビドロムシ（*Hyphalus insularis*）は、潮位の高い3〜6時間の間海面下30〜90cmに沈む、海岸の平坦な孤立岩で見られる。海岸の岩は通常藻（藍藻（Cyanophyta））の薄い層に覆われており、成虫とその幼虫はそれらを餌とすると思われる。幼虫は浸水すると、3束の鰓糸が腹部先端から突出し、潮位の高い間も水中で生存することができる。

近縁種

*Hyphalus*属にはオーストラリア、ニュージーランド、台湾、日本およびインド洋のいくつかの島々（セイシェル群島）に生息する8種が含まれ、Hyphalinae亜科の唯一の属である。1995年の成虫と幼虫の特徴に基づいた系統発生学的研究では、*Hyphalus*属がLimnichidae科に属するという明確な証拠が提示されなかったため、この属の分類学的位置については問題が残る。この属に含まれる種は、一般的に上翅の構造、腹部分節、雄の生殖器により分類される。

ゴウシュウサンゴチビドロムシは非常に小さく、頑丈で黒っぽい色をした甲虫である。触角分節の最後の3節は棍棒状の形状を形成している。小顎肢は4分節からなり、最終節は膨らんだ卵形である。下唇肢は2つの節からなる。下翅はない。上翅には非常に小さな円形の突起がある。跗節の分節構成は前脚から順に4-4-4で、跗節の分節は二股に分かれたり先端が凹んだりはしていない。跗節の最終節は他の分節を併せたより長い。脛節の先端には爪はない。

多食亜目（カブトムシ亜目）

科	チビドロムシ科（Limnichidae）
亜科	Thaumastodinae亜科
分布	新熱帯：バハマ
生息環境	維管束植物がほとんど、あるいはまったくない小島
生活場所	潮間帯の岩
食性	おそらく藻食性
補足	この属の種はjumping shore beetleと呼ばれる

メキシコチビドロムシ
MEXICO MORRISONI
SKELLEY, 2005

成虫の体長
1.6〜2mm

実物大

メキシコチビドロムシ（*Mexico morrisoni*）を含むThaumastodinae亜科の大部分の種は構造が非常に変化した後基節をもち、跳躍力が高く捕獲が難しい。この種の生態はほとんど知られていない。この種の成虫は、砂地がほとんど、あるいはまったくないバハマの石灰岩性の小さな海洋島で、パン・トラップを使って捕獲された。これらの小島の大部分は、自生する維管束植物がないため、おそらく藻がこの種の主な餌となっていると思われる。少なくとも、チビドロムシ科の別の1種が藻食性として知られている。

近縁種
*Mexico*属には2種のみが知られる。もうひとつの種は*M. litoralis*で、メキシコのハリスコ州で記載された。他の特徴としては、*M. litoralis*はわずかに幅が広く、脚は黒色ではなく暗褐色であることが相違点である。この属は、旧北区、東洋区、オーストラリア区に生息する3種からなる*Babalimnichus*属と形態的に非常に類似している。

メキシコチビドロムシは小型で卵形の甲虫で、粗いものと細いものが混じった密な毛に覆われ、体表には凹みがある。上翅の毛は異なる色彩からなる明瞭な帯状模様を形成している。触角は11分節からなり、最終の4分節は棍棒状になっている。上翅先端は細かい鋸歯状である。跗節の分節構成は前脚から順に4-4-4-である。後脛節には鋭い棘がある。

多食亜目（カブトムシ亜目）

科	ナガドロムシ科(Heteroceridae)
亜科	ナガドロムシ亜科(Heterocerinae)
分布	新北区、新熱帯：カナダ(ユーコン州東部からケベック州)、アメリカ合衆国、メキシコ(バハ・カリフォルニア)
生息環境	川岸の生息地
生活場所	水域近くの砂あるいは干潟に掘ったトンネル
食性	成虫、幼虫共に藻、プランクトン、有機物質
補足	成虫、幼虫共に強力な前脚をもち、砂などを掘る

成虫の体長
3.5〜7mm

キバナガナガドロムシ
HETEROCERUS GNATHO
LECONTE, 1863

実物大

ナガドロムシ科は全世界で、形態的にかなり均一な約300種を含み、一般的に斑があり土を好む甲虫と言われている。成虫は、比較的大きな大顎と、一列の大きな棘のある脛節が特徴である。成虫の脚は水域近くで砂などにトンネルを掘るために用いられ、そこで有機堆積物などを餌として生息する。幼虫は、成虫がつくったトンネルを利用するが、自分でトンネルを掘ることもある。キバナガナガドロムシ（*Heterocerus gnatho*）とその近縁種の成虫は下翅が発達し、夏には人工光に多数集まる姿が見られる。

近縁種

キバナガナガドロムシは、北米（メキシコ含む）で13種を含むグループに属し、以前は*Neoheterocerus*という属名で知られていた。これらを形態的に分類する際の、最も有用な特徴は雄の生殖器である。2011年に発表された分子データにもとづく研究では、キバナガナガドロムシがアメリカ合衆国南東部と西インド諸島に生息する*H. angustatus*と非常に近縁であることが示された。

キバナガナガドロムシは、比較的小型の甲虫で、褐色がかった上翅にはより暗色のジグザグの帯状模様がある。雄は大顎が非常に長く、上唇は前方の突起内へ向かって伸びている。触角は11分節からなる。雄では前胸背板が上翅と同じ、あるいはわずかに幅広いが、雌ではより幅が狭い。後胸腹板の中基節線と腹部第1節の後基節線がない。跗節の分節構造は前脚から順に4-4-4である。

多食亜目（カブトムシ亜目）

科	ヒラタドロムシ科（Psephenidae）
亜科	Eubrianacidae亜科
分布	新北区：アメリカ合衆国（カリフォルニア州、オレゴン州、ネバダ州）
生息環境	淡水生態系
生活場所	水中あるいは水の近く
食性	おそらく藻食性または浮泥食性、あるいはその両方
補足	この科の水生の幼虫は珍しい形状をもち、water pennyと呼ばれる

成虫の体長
3.5〜5mm

ホクベイマルヒラタドロムシ
EUBRIANAX EDWARDSI
(LECONTE, 1874)

実物大

この種の成虫は川辺に生息し、主として小川の縁だが湖の近くにも見られる。雌は水面下の岩に産卵する。幼虫は水に浸かった岩の上あるいは下で成長する。夜間あるいは曇りの日に、浅瀬の岩を覆う珪藻などの藻類を捕食し、日差しの強い時は岩の下に隠れている。成熟した幼虫は水を離れ、岩あるいは倒木の下または側面の湿った場所にある硬い土などで蛹になる。蛹化は水面上の、水辺から数メートル以内の場所で行う。

近縁種
*Eubrianax*属は18種を含むが、アメリカ合衆国西部に生息するホクベイマルヒラタドロムシ（*Eubrianax edwardsi*）以外はすべてアジア（日本、中国、台湾、フィリピン）に生息する。北米とアジアの種の関係についての研究はまだない。成虫、幼虫および蛹の特徴にもとづいた系統発生学的分析では、主にアフリカで見られる*Afrobianax*属が、*Eubrianax*属に最も近縁であることが示唆された。

ホクベイマルヒラタドロムシは体が柔らかく、卵形をした甲虫で、触角、前胸背板、腿節がより暗色であることを除けば体色は薄い。背側から見ると、頭部は前胸背板に隠れて見えない。雄の触角は櫛状だが、雌では鋸歯状である。前胸背板の後方端は滑らかである。幼虫は、ヒラタドロムシ科がすべてそうであるように幅の広い卵形で、平たい形状が顕著であり、貼りついている岩と同じような体色である。

多食亜目（カブトムシ亜目）

科	ヒラタドロムシダマシ科（Cneoglossidae）
亜科	
分布	新熱帯：メキシコ、ニカラグア
生息環境	熱帯の小川
生活場所	成虫は中程度から速い流れのある浅い小川の近傍、幼虫については不明だがおそらく浸水し腐食した樹木
食性	成虫の食性はよくわかっていない。幼虫はおそらく浸水し腐食した材
補足	Cneoglossa属の蛹の前胸背板には、1対の細長く柔らかい、前方を向いた突起があり、役割は不明だが不味の種に類似した外見である。

成虫の体長
3.5〜4mm

ヒラタドロムシダマシ
CNEOGLOSSA LAMPYROIDES
CHAMPION, 1897

実物大

この小型で謎に満ちた科の甲虫の生態はほとんど知られていない。このグループに関する知識の大部分は1999年に記載された*Cneoglossa edsoni*に基づくものだが、この属内のすべての他種にも適用できると思われる。幼虫は、水質が清浄でわずかに酸性の、小さく浅い流れに浸水し腐食した樹木に見られる。流れは主に泥質あるいは砂質の底土をもつ。*C. edsoni*の幼虫は、シンセカイドロムシ科やヒメドロムシ科の他の水生甲虫の幼虫と共に見られる。

近縁種

Cneoglossidae科は1属（*Cneoglossus*）8種のみを含み、メキシコから南はブラジルにかけて分布する。1999年に公表された系統発生学的分析の結果から、成虫の腹部背板に独特の対になった背側開口部があることを根拠として、この科はヒラタドロムシ科と非常に近縁であると見られている。体の全体的な形状と触角、上翅、前胸の特徴が、主として種の分類に用いられる。

ヒラタドロムシダマシは小型で長卵形の、あまり硬化していない甲虫で、外見上はホタル科（Lampyridae）に類似している。雄の触角は雌より長く、第3分節から鋸歯状になっている。頭部は前胸内に深くしまい込まれたようになっており、上からは見えにくい。上翅は暗褐色で、半円状の前胸背板は正中線に沿って細い暗色の帯がある以外は、明らかに色が薄い。前胸背板の側方は半透明である。

多食亜目（カブトムシ亜目）

科	ナガハナノミ科（Ptilodactylidae）
亜科	ナガハナノミ亜科（Ptilodactylinae）
分布	新熱帯：中央アメリカ、南アメリカ、カリブ海地域
生息環境	熱帯林
生活場所	成虫は葉、幼虫は湿った森林堆積物
食性	菌食性
補足	近縁でない昆虫がまったく有毒あるいは不味の種に見えるような形態を取る、ベイツ型擬態の一例

成虫の体長
6〜6.5mm

ナンベイナガハナノミ
STIROPHORA LYCIFORMIS
(CHAMPION, 1897)

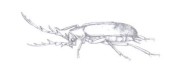

実物大

昆虫の種にはいくつかのタイプの擬態が知られている。ナンベイナガハナノミ（*Stirophora lyciformis*）はベイツ型擬態の一例で、成虫はほぼベニホタル（lycid beetleあるいはnet-winged beetle）のような外見になっている。ベニホタルは捕食者にとっては有毒で、擬態により似たような外見になることで利益がある。ベニホタルに擬態する他の種には他科の甲虫、あるいは鱗翅目など他の目に属するものもある。ナンベイナガハナノミの生活史の詳細は不明だが、幼虫は湿った有機物質中に生殖する菌食性で、成虫は露出した葉の表面に生息する草食性と思われる。

近縁種

*Stirophora*属には2種が記載されているが、ナンベイナガハナノミはより分布が広い。擬態によりベニホタルの一般的な外見を共有する昆虫が多様な分類群にまたがるため、採集された個体はしばしば誤った分類をされてきた。擬態している昆虫群がどの種から構成されているかを知ることが、野外での正確な同定と採集された標本の正しい再分類のために重要となる。

ナンベイナガハナノミはナガハナノミ科の通常の種とは異なり、上翅と前胸背板の色彩が橙色と褐色の2色にはっきりと分かれている。この色彩パターンはベニホタルにベイツ型擬態する他種に典型的である。櫛状の形状が際だつ触角は、この科の多種にも典型的であり、通常は背側の色はくすんだ褐色である。

多食亜目（カブトムシ亜目）

科	カオナガムシ科（Podabrocephalidae）
亜科	
分布	東洋区：インド南部
生息環境	森林
生活場所	地面に横たわった枝
食性	不明
補足	数個体の成虫雄によって知られるのみの種

成虫の体長 3.8〜5.2mm

カオナガムシ
PODABROCEPHALUS SINUATICOLLIS
PIC, 1913

実物大

このカオナガムシ（*Podabrocephalus sinuaticollis*）のような甲虫は、昔も今も専門家やそれ以外の愛好家の好奇心を変わらず惹きつけている。この種はインド南部で採集された数個体の雄の標本でのみ知られ、その生態や食性については何も知られていない。この種がもつ独特な大顎は、細長く、鋸歯がひとつだけあり、大きく湾曲した構造になっている。機能は未だ不明である。我々著者は、本書がきっかけとなり、この種をはじめとする生態の未解明な種に関してより多くが解明されることを願っている。

近縁種

カオナガムシのみからなるカオナガムシ科の分類については、今日まで議論が続いている。Ptilodactylidae科と類似するとされるのは、両グループが同じような特徴（下翅の穴や、最初の3つの腹部分節が融合していることなど）をもつことによると思われるが、これは確認されていない。知識の不足は、この種と他の甲虫との関係を解明する努力の妨げになっている。

カオナガムシは、珍奇な外見をもつ、縦長で両側が平行な、平たい甲虫である。頭部、胸部、上翅は赤褐色から暗褐色だが、脚と触覚は黄色がかった色である。長い頭部には丸く突き出した眼がある。細長い触角から、この甲虫はいくつかのカミキリムシに似た外見となっている。前胸背板の後端には、両角から斜めに突き出した細い突起がある。

多食亜目（カブトムシ亜目）

科	ダエンマルトゲムシ科(Chelonariidae)
亜科	
分布	新熱帯：コロンビア（ボゴタ）、ブラジル（ミナスジェライス州、サンパウロ州）、アルゼンチン
生息環境	あまり知られていないが、おそらく森林地帯
生活場所	土壌表面
食性	幼虫は浮泥食性、成虫の食性はあまりよくわかっていない
補足	これらの甲虫の頭部は前胸背板内に収まっており、背側から見ると露出しているのは眼と触角のみである

成虫の体長
5〜6.5mm

カザリナンベイダエンマルトゲムシ
CHELONARIUM ORNATUM
KLUG, 1825

実物大

*Chelonarium*属は、主に新熱帯区（215の種と亜種）に生息するが、アジアと新熱帯区（1種）、オーストラリア（1種）にも生息する。*Chelonarium*属の成虫は光に誘引され、植物のある場所に仕掛けたスイープネットや、アリが廃物を捨てる場所で採集できる。幼虫は、かつては水生と考えられていたが、肛門内に収納される鰓を持たず、実際には陸生であった。いくつかの熱帯性の種の幼虫は、森林の林床の堆積物や樹皮の下、あるいは植物（主にラン科）の根の周辺の充填物中に見られる。データは、いくつかの種はアリあるいはシロアリとの共生、またはそれらの出す廃物を餌とするという関係があることを示唆している。

近縁種
*Chelonarium*属は、*Pseudochelonarium*属と非常に近縁であることが明らかであるが、後者の種はインドや東南アジア、ニューギニアに生息する。種間の関係については研究されていないが、カザリナンベイダエンマルトゲムシ（*C. oranutum*）が属する種のグループには、他に*C. signatum*の1種のみが含まれる。これら2種は体全体の形状と色彩パターンで区別される。

カザリナンベイダエンマルトゲムシは小型でこぢんまりした長円形の、褐色がかった甲虫で、背側表面には毛がない。左右の上翅には、縦方向に波状で色の薄い帯がある。頭部は下方への傾きが大きく、背側からは見えない。触角の第3、第4分節は広がり、腹部体節中央の溝に収まるようになっている。前胸背板は前方と側方の強固な隆条に縁取られている。

多食亜目（カブトムシ亜目）

科	コメツカズ科（Eulichadidae）
亜科	
分布	東洋区：マレー半島（ケランタン州、パハン州、ペラック州）
生息環境	森林
生活場所	小川の中あるいは近傍
食性	成虫はおそらく摂食しない。幼虫はおそらく浮泥食性
補足	成虫は外見がコメツキムシ（Elateridae）科に類似

成虫の体長（雄）
20～24mm

成虫の体長（雌）
26～30mm

マレーコメツカズ
EULICHAS SERRICORNIS
HÁJEK, 2009

*Eulichas*属で知られている幼虫は水生で、主に森林を流れる清浄な小川の砂質土壌で見られる。ひとつの種の幼虫の腸内容物の研究から、木材の小粒を捕食していることが示された。成虫は短命で、特に人工光に誘引され、そこでは雄が雌よりはるかに多く見られる。ナガバコメツカズ（*Eulichas serricornis*）の成虫は、主に山地の森林を流れる川岸や小川の近くの植物にとまっているのが見られる。

近縁種

この小さな科に含まれるのは2属である。*Eulichas*属は約30種を含み、大部分が東洋区に生息するが、数種はネパール、ブータン、インド北部、中国の旧北区との境界近くにまで分布している。*Stenocolus*属はカリフォルニアの1種のみを含む。スマトラ島の*Eulichas sausai*は、形態的にナガバコメツカズと最も類似しているが、主な相違点は触角分節の鋸歯が少ないこと、最終分節が糸状でなく長方形であることである。

ナガバコメツカズは長く紡錘形で、赤褐色から褐色の甲虫である。横向きに生えた上翅の毛は明瞭な色彩パターンを形成している。眼は大きい。触角の第3～第10分節には鋸歯状の突起が際立ち、最終分節は糸状で、幅より長さが4～5倍大きい。前胸背板は台形で、両側はほとんど完全な円弧状である。上翅には、はっきりした縦方向の列をなした点刻がある。下翅はよく発達している。

実物大

多食亜目（カブトムシ亜目）

科	ホソクシヒゲムシ科（Callirhipidae）
亜科	
分布	新熱帯：コロンビア、コスタリカ、グァテマラ、メキシコ、ニカラグア、パナマ
生息環境	森林、時に標高の高い場所
生活場所	成虫は繁みの中の剥がれかけた樹皮の下、幼虫は枯死した樹木
食性	成虫の食性は不明だが、おそらく摂食しない。幼虫は腐食材
補足	この科の幼虫は成長に2年以上かかるが、成虫は短命

ムネアカナンベイホソクシヒゲムシ
CELADONIA LAPORTEI
(HOPE, 1846)

成虫の体長
9〜15mm

甲虫の分類におけるこの科の正しい位置づけを決定することは困難であるが、それはほとんどの種で外部と内部の構造に多様性が大きく、また性差が著しいことなどが原因である。この科の大部分の種の成虫は夜行性で、人工光に誘引されることもあるが、2色の色彩を持つ*Celadonia*属の種やアジアの*Horatocera*属は昼行性と思われる。ムネアカナンベイホソクシヒゲムシ（*Celadonia laportei*）の幼虫は長い円筒形で、色は赤褐色であり、朽ちた立木で見られ、22mm以上の長さに達することもある。

近縁種
ホソクシヒゲムシ科は、現在10属、約200種を含む。これらは全世界の温暖な地域に分布している。アメリカ合衆国に生息するのは*Zenoa picea*のみである。新熱帯に生息する*Celadonia*属には8種と2つの亜種、すなわち*C. laportei laportei*（広範囲に分布）と*C. l. nigroimpressa*（パナマに限局）が含まれる。

実物大

ムネアカナンベイホソクシヒゲムシの成虫は色彩と大きさの多様性が極端に大きい。前胸背板は、全体が黄色がかった橙色の個体から、中央に縦方向の黒い帯がはっきり見えるものまである。上翅には4本の縦方向の前縁脈があるが、全体が黄色がかった橙色から完全な黒色、そしてこれらの色がさまざまに組み合わさった中間型がある。触角は11分節からなり、第3〜11分節は長く伸びているが、その長さは雄の方がはるかに長い。

多食亜目（カブトムシ亜目）

科	アイナシムシ科（Rhinorhipidae）
亜科	
分布	オーストラリア区：オーストラリア（クイーンズランド州南東部）
生息環境	標高の高い降雨林の外縁部
生活場所	水路近くの丈の低い植物
食性	不明
補足	脅威を察知すると成虫は死んだふりをして地上に落下する

成虫の体長（雄）
5.1〜7.5mm

成虫の体長（雌）
6.4〜8.5mm

アイナシムシ
RHINOPHIPUS TAMBORINENSIS
LAWRENCE, 1988

実物大

アイナシムシ（*Rhinophipus tamborinensis*）は、オーストラリアで最も稀少な甲虫のひとつである。独立した科が割り当てられており、他の甲虫との関係は明らかでないが、現在ではコメツキムシ科と近縁であると考えられている。いくつかの形態的特徴は、この種に独特のものである。雌は、触角が短く脚がまっすぐである点で雄と異なっている。幼虫は知られていない。科学的に知られている標本の大部分は雄で、1978年10月の4日間に、オーストラリア国立昆虫研究所のジョン・ローレンスとトム・ウィアによって丈の低い植物から採集されたものである。その後、本書の著者を含めこの種の捕獲は幾度か試みられたが、それ以上の標本の採集には成功していない。

近縁種

アイナシムシ科は、全世界でこのオーストラリア産の謎に満ちたアイナシムシのみを含む。最近の文献ではコメツキムシ上科に属するとされているが、ナガフナガタムシ上科（クシヒゲムシ科とナガフナガタムシ科）の甲虫と近縁であることを示す研究もある。幼虫が発見されれば、この種の近縁関係の解明の手がかりになることは間違いないだろう。

アイナシムシは、小型で灰色がかった黒色の甲虫で、背側の体表は薄い色の毛で覆われている。眼は大きく、突出している。触角は長く糸状で、雄の方がはるかに長い。体は長く、上部がわずかに平たくなっており、上翅は背側から見ると両側がほとんど平行である。前胸背板の基部は上翅より幅が狭い。脚は長く、植物をよじ登ることに適応している。

多食亜目（カブトムシ亜目）

科	ナガハナノミダマシ科（Artematopodidae）
亜科	ナガハナノミダマシ亜科（Artematopodinae）
分布	新北区：カナダ（オンタリオ州）、南はアメリカ合衆国のカンサス州、バージニア州
生息環境	粒状岩
生活場所	蘚苔（イワタケ（*Umbilicaria*）属の種）の下
食性	おそらくコケ食性（蘚苔類を捕食）
補足	この科の種は、上翅の先端近くの腹側表面に、独特な舌のような構造をもつ

クロナガハナノミダマシ
EURYPOGON NIGER
(MELSHEIMER, 1846)

成虫の体長
3.5〜4.5mm

実物大

ナガハナノミダマシ科は小さな科で、バルト諸国の琥珀の化石でのみ知られる*Proartematopus*属と*Electrapate*属に加え、全世界で現存する8属（ペルーに生息する*Carcinognathus*属、北アメリカ北部と東アジアの全域に生息する*Macropogon*属など）を含む。2013年に発表された分子データにもとづく研究では、この科はホタルモドキ科やテレゲウシス科と近縁である可能性が示唆されたが、これらもコメツキムシ上科に含まれる。クロナガハナノミダマシ（*Eurypogon niger*）に関する唯一の生物学的情報は、この種の未熟（蛹殻から羽化した直後）な成虫と十分成長した幼虫が、テネシー州グレートスモーキー山脈の花崗岩の上で栽培されていた蘚苔類（*Umbilicara*属の種）の下で発見されたということである。

近縁種
クロナガハナノミダマシに加えて、*Eurypogon*属には他に10種が含まれる。そのうち2種は北アメリカ（*E. californicus*、*E. harrisii*）、他はヨーロッパ、日本、台湾、中国に生息する（*E. brevipennis*、*E. japonicas*など）。クロナガハナノミダマシは、上翅に粗い点刻が密集し、縦方向の脈を形成していることで他種と区別できる。

クロナガハナノミダマシは小型で暗褐色の甲虫で、前胸背板と上翅には小さな点刻状の凹みがある。背側の体表は密生した細く黄色がかった色の毛に覆われ、触角はかなり長い。頭部は通常背側からは見えず、前胸は上翅より幅が狭い。上翅には点刻からなる明瞭な縦方向の隆条がある。

多食亜目（カブトムシ亜目）

科	ニセコメツキ科（Brachypsectridae）
亜科	
分布	新北区、新熱帯：カリフォルニア州からコロラド州、テキサス州およびメキシコ北部
生息環境	さまざまな乾燥した砂漠や樹木のある場所
生活場所	成虫も幼虫も、樹皮や樹木の小片、その他の残骸物の下
食性	幼虫は小型昆虫やクモを捕食
補足	成虫と謎の多かった幼虫が結びつけられるまで25年を要した

成虫の体長
4〜7mm

テキサスニセコメツキ
BRACHYPSECTRA FULVA
LECONTE, 1874

実物大

滅多に見ることのないこのテキサスニセコメツキ（*Brachypsectra fulva*）は、短命で晩春と夏に活発となる。雄のみが夜間光に誘引される。動きの遅い幼虫は幅広く平らで、固く形態変化の著しい殻に覆われている。胸部と腹部には細かく枝分かれした突起があり、また腹部にはしなやかな棘がある。粉々になったマツの樹皮あるいは樹木片の下、また岩の裂け目に生息し、小型の節足動物を捕食する。幼虫は、背中をアーチ状にして獲物を待ち伏せし、穴があいて吸い込めるようになった大顎と腹部の棘の間で捕らえる。成熟した幼虫は、シルクを緩く編んだような脆い繭の中で蛹化する。

近縁種

Brachypsectridae科は、現存するが稀にしか見られない他の3種を含み、すべてBrachypsectra属に含まれる。*B. vivafosile*はドミニカ共和国、*B. lampyroides*はインド南部、*B. fuscula*はシンガポールに生息する。その他の未記載の種としては、オーストラリアで幼虫のみ知られるものがある。*B. moronei*の成虫と幼虫は、ドミニカ共和国の中新世の琥珀から発見され記載された。

テキサスニセコメツキは、長円形で体はやや柔らかく平たい。色は黄褐色でまばらな細い毛に覆われている。触角は11分節からなり、第4、第5分節あるいは第6〜11分節はややとさか状、または櫛状である。前胸背板は縦より横幅が長い。上翅には浅い溝があり、腹部を完全に覆っている。爪には歯がないか、あるいは単純な形状である。雌は体がより硬く、触角は雄ほど発達していない。

多食亜目（カブトムシ亜目）

科	ヒゲコメツキダマシ科(Cerophytidae)
亜科	
分布	旧北区：日本
生息環境	森林地域
生活場所	丈の低い植物および樹皮
食性	不明
補足	アジアに生息するヒゲコメツキダマシ科では唯一の種

成虫の体長
7〜7.5mm

ヒゲコメツキダマシ
CEROPHYTUM JAPONICUM
SASAJI, 1999

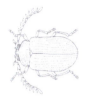

実物大

ヒゲコメツキダマシ科は小さな科で、3属21種を含み、主にヨーロッパとアメリカに生息するが、化石の記録ではこのグループが過去にはより多様性に富み、より広く分布していたことが示されている。ヒゲコメツキダマシ（*Cerophytum japonicum*）は、この科では唯一、アジアで見られる種である。この科の成虫と幼虫は腐食した樹木、樹皮、葉の堆積物および地下の残渣物に伴って見られる。ヒゲコメツキダマシの跗節爪は、基部に小型の櫛状の構造をもつが、これは非常に珍しい。

ヒゲコメツキダマシは褐色の甲虫で、細い毛が背側の体表を覆っている。上翅にははっきりと識別できる毛があり、密な凹みのある前胸背板は上翅より幅が狭い。触角は長く、やや櫛状、あるいは顕著な櫛状である。眼は褐色で歩行に適応している。

近縁種
ヒゲコメツキダマシでは触角の形状が北米産の*C. convexicolle*と類似し、とくに雄の触角の第3分節は、分枝が他種では基部に付着しているのに対し、これらの種では中間の位置に付着している。この種の他種との区別と関係を明らかにするには、雄の生殖器に関する詳細な研究が必要である。

多食亜目（カブトムシ亜目）

科	コメツキダマシ科(Eucnemidae)
亜科	Palaeoxeninae亜科
分布	新北区：カリフォルニア州南部のトランスバースおよびペニンシュラ地域
生息環境	山地帯の針葉樹林
生活場所	成虫は腐食したオニヒバの倒木や切り株の樹皮の下
食性	成虫の食性は不明、幼虫は樹皮や木材に穴をあける
補足	世界で最も見事なコメツキダマシの一つ

成虫の体長
13〜19mm

フタイロコメツキダマシ
PALAEOXENUS DORHNI
(HORN, 1878)

主に褐色や黒色の甲虫からなる科にあって、2色のフタイロコメツキダマシ（*Palaeoxenus dorhni*）は目立つ存在である。成虫も幼虫も、オニヒバ（*Calocedrus decurrens*）の切り株の下の方や、ビッグコーンダグラスモミ（*Pseudotsuga macrocarpa*）の古い幹の樹皮の下で見られる。成虫は枯死したサトウマツ（*Pinus lamberriana*）の丸太で見られたという報告があるが、おそらく誤りであり、夕暮れの時間帯に飛び回る。生息地が限定され近縁種がないことを含むこの種の稀少性により、カリフォルニア州のDepartment of Fish and Gameによるカリフォルニアの特別動物リスト（Special Animal List）でさらに調査が必要な種とされることになった。

近縁種

この科の一般名称「コメツキダマシ（false click beetles）」は、多くの種がコメツキムシのような「クリック」音を出すことができることによる。コメツキダマシ科は、上唇がないこと、腹部の5つの分節がすべて融合していることにより、コメツキムシと区別できる。フタイロコメツキダマシは、この属の唯一の種であり、赤色と黒色の色彩により、他のすべての北米のコメツキダマシ科甲虫と容易に区別できる。

実物大

フタイロコメツキダマシははっきりした二色性である。頭部、触角の第1分節、前胸背板、上翅の「肩」と先端、および腹側の体表は血のような赤色であるが、体の他の部分は黒色である。触角の最後の3分節は広がり、最先端部は中空ではない。前脛節は、最先端部に2本の棘がある。爪はすべて底部の形状が単純、すなわち歯や櫛状の構造をもたない。

多食亜目（カブトムシ亜目）

科	コメツキダマシ科（Eucnemidae）
亜科	コメツキダマシ亜科（Eucneminae）
分布	東洋区、オーストラリア区：インド、インドネシア、フィリピン、パプアニューギニア、ソロモン諸島
生息環境	熱帯林
生活場所	成虫、幼虫とも伐採木上
食性	幼虫は枯死した木材
補足	この種の雌は通常雄よりわずかに大きい

成虫の体長
6.5〜14mm

キンケビロウドコメツキダマシ
GALBITES AURICOLOR
(BONVOULOIR, 1875)

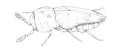

実物大

コメツキムシ科に含まれる近縁種と同様に、キンケビロウドコメツキダマシ（*Galbites auricolor*）を含むコメツキダマシ科の成虫は体が縦長の円筒状で、前胸腹板の棘とそれに関連した腹部中部の空洞を利用してクリック音を発することができる。*Galbites*はGalbitini族の基準属で、31種の記載された種がインド─マレーシア地域に分布している。これらの種の大部分は触角が部分的に櫛状となり、前胸背板には隆条がある。この種の生物学的特徴はあまり知られていないが、近縁種の幼虫は枯死した樹木中で成長し、成虫は人工光に誘引され、フライトインターセプト・トラップでも捕獲することができる。

近縁種
キンケビロウドコメツキダマシが属するグループは、頭部中央に隆条があり体に密な鱗片をもつことが特徴である。*auliicolor*と呼ばれる種のグループには、*G. albiventris*、*G. australiae*、*G. bicolor*、*G. chrysocoma*、*G. modiglianii*、*G. sericata*、*G. tigrina*を含む。これらのグループの種は、主に前胸背板、小楯板、上翅の鱗片のパターンの違いによって、あるいは雄の生殖器を調べることにより区別できる。

キンケビロウドコメツキダマシの成虫は外皮が黒色から暗褐色で、跗節は褐色である。背側の体表は密な金黄色の毛に覆われている。背側から見ると、頭部は一部しか見えない。触角は短くまとまった形状で、櫛状になっている。前胸は大きく、幅は上翅基部と同じくらいである。上翅の脈理は明瞭でない。

多食亜目（カブトムシ亜目）

科	コメツキムシ科(Elateridae)
亜科	クシヒゲムシダマシ亜科(Cebrioninae)
分布	新北区：ルイジアナ州、テキサス州
生息環境	半乾燥の草地、南東部の平原
生活場所	雄は植物上で見られ光に誘引される
食性	不明
補足	雄の飛翔は通常大雨により引き起こされる。この種の雌は知られていないが、おそらく飛翔しないと思われる

成虫の体長
16〜20mm

アメリカクシヒゲムシダマシ
SCAPTOLENUS LECONTEI
CHEVROLAT, 1874

ジョン・ルコンテは1853年に自らが記載した種*femoralis*に対して*Scaptolenus*属を立てた。しかし、フランスの甲虫収集家Louis Chevrolatが既にメキシコの*Cebrio femoralis*を記載しており、後にこれも*Scaptolenus*属に含まれることとされた。命名の優先順位の規則に従い、Chevrolatはジョン・ルコンテの*femoralis*の名称を変更し、このアメリカ人の同輩に敬意を表して*lecontei*という種小名をつけた。*Scaptolenus*属のいくつかの種では、雄が午後や夕方に降る急な大雨の間、あるいはその直後に、飛翔しない雌を捜して飛翔することが報告されている。アメリカクシヒゲムシダマシ（*Scaptolenus lecontei*）の雄は、秋冬に主として植物の上や光のあるところで見られ、強い臭気を発する。

近縁種

*Scaptolenus*属は、アリゾナ州、テキサス州、ルイジアナ州から南はパナマにまで分布する32種を含むが、最も多様な分布が見られるのはメキシコとグアテマラで、分類の改訂が必要となっている。記載された種のうち、アメリカ合衆国で生息が知られているのは3種のみである。アメリカクシヒゲムシダマシは、より大型であることと明瞭な溝が見られる上翅によって*S. estriatus*と区別される。

アメリカクシヒゲムシダマシは体色が暗褐色から黒色がかった色で、やや光沢があり、上翅は薄い栗色である。頭部には粗い斑点がある。前胸背板は前方が狭く、基部側の縁は波状に湾曲しており、密な斑点のある表面は褐色の長い毛に覆われている。腹側の体表はやや長く密な黄色の毛を纏っている。成熟した成虫では脚が2色で、腿節は薄い黄色がかった色、脛節と跗節は黒っぽい色である。

実物大

多食亜目（カブトムシ亜目）

科	コメツキムシ科（Elateridae）
亜科	サビキコリ亜科（Agrypninae）
分布	新北区：アリゾナ州南東部の山地
生息環境	流れに沿った峡谷の底
生活場所	甲虫の幼虫によってあけられた穴のある樹木の大枝
食性	成虫、幼虫とも木に穿孔性の甲虫やその幼虫を補食すると思われる
補足	アリゾナ州でのみ知られる

成虫の体長
39〜49mm

アリゾナメダマコメツキ
ALAUS ZUNIANUS
CASEY, 1893

アリゾナメダマコメツキ（*Alaus zunianus*）はアリゾナ州南東部のスカイ島の峡谷でのみ知られる。成虫は春から夏の終わりにかけて活発に活動するが、最も活発となるのは7、8月の夏の季節風の時期である。夜間光に誘引されることがあるが、通常は穿孔性の甲虫が住みついている広葉樹、特にアリゾナスズカケノキ（*Platanus wrightii*）の大きな枝や幹に見られる。成虫、幼虫、蛹は穿孔性のカミキリムシがアリゾナスズカケノキにつくったトンネルの中で見られる。幼虫は正式に記載されていない。

近縁種

*Alaus*属は、大部分が北米、中米および西インド諸島に分布する11種を含む。メキシコに生息する1種を除くすべての種が、前胸背板にある目玉のような斑点で他の新世界のコメツキムシの属と区別される。アメリカ合衆国中南部に生息する*Alaus lusciosus*は、この目玉のような斑点がアリゾナメダマコメツキより前胸背板の両側に近い位置にある。

実物大

アリゾナメダマコメツキは黒色で、黄色がかった白色あるいは白色と黒色の鱗片で覆われている。2つの滑らかで目玉のように丸い斑点は、中央と側面の中間、あるいは中央に寄った位置にあり、白っぽい色の柔毛に縁取られている。この柔毛の白い領域は、側面に沿って縦に広がる帯とつながっている。左右の上翅には、柔毛からなるそれぞれ3つの大きな斑と、より小さないくつかの一様でない斑が見られる。

多食亜目（カブトムシ亜目）

科	コメツキムシ科（Elateridae）
亜科	サビキコリ亜科（Agrypninae）
分布	東洋区、オーストラリア区：インド南部、スリランカ、サモア、ビティレブ島、フィジー
生息環境	ココナッツの果樹園、ゴムのプランテーション
生活場所	成虫は幹や枝、幼虫は昆虫に感染した樹木に穴をあけて生息
食性	成虫、幼虫とも穿孔性の昆虫の幼虫を捕食
補足	ココナッツサイカブト（*Oryctes rhinoceros*）に対する生物学的防御として利用される

成虫の体長
25〜38mm

インドジンメンコメツキ
CALAIS SPECIOSUS
(LINNAEUS, 1767)

インドジンメンコメツキ（*Calais speciosus*）の成虫は、ヤシやゴムの木（*Hevea brasiliensis*）の倒木や伐採木、幹や丸木に生息する。黒白のパターンは菌類のついた樹木に似せたカモフラージュである。幼虫は肉食性で、ヤシの木に穴をあけるサイカブト（*Oryctes*）属の幼虫を捕食することから、サモアでは1955年からココヤシ（*Cocos nucifera*）の主な害虫であるココナッツサイカブトに対する生物学的防御に用いられている。また、他の感染した木材、とくにカポック（*Ceiba pentandra*）にも生息し、*Olethrius*などのカミキリムシの幼虫を攻撃する。

近縁種

*Calais*属はHemirhipini族に属すが、この属には全世界で30属が含まれる。そのうちのいくつかは大型で、明瞭なパターンをもつ。*Calais*属は、エチオピア区、東洋区の70〜80種程度を含む。*Calais speciosus*は、比較的丸く突出した形状の前胸、密な柔毛、非常に明瞭な黒と白のパターン、および先端を切り取ったような上翅端の形状により他と区別される。

インドジンメンコメツキは、光沢のある黒色の外皮の上にある、黒と白の密な柔毛からなる斑が明らかな特徴である。触角は黒色である。凸状の前胸は側面が湾曲し、中央部には黒い斑があるが前端までは達していない。2個の黒く丸い斑点があり、後方の角は黒色になっている。上翅は中央部が最も幅広で、後端は先端が切り取られたような形状になっている。脚は白色で、腿節と跗節の先端は黒色である。

実物大

多食亜目（カブトムシ亜目）

科	コメツキムシ科(Elateridae)
亜科	サビキコリ亜科(Agrypninae)
分布	新熱帯：ヴァージン諸島、南アメリカ北部および中部
生息環境	熱帯林
生活場所	成虫は樹木で見られるようである。幼虫はおそらく感染した樹木で成長する
食性	成虫、幼虫とも穿孔性の甲虫やその幼虫を補食すると思われる
補足	Chalcolepidius属は多くの色彩豊かで明瞭な斑紋のある種を含む

成虫の体長
22～42mm

ヘリスジタマコメツキ
CHALCOLEPIDIUS LIMBATUS
ESCHSCHOLTZ, 1829

物理学者で博物学者であったヨハン・エッシュショルツ（1793-1831年）は、1829年にChalcolepidius属を立てたが、ヘリスジタマコメツキ（*Chalcolepidius limbatus*）は彼が最初にこの属に分類した7つの種のひとつである。この種の生物学的特徴については、蜂蜜と水で6ヵ月間飼育されたこと以外にはほとんど知られていない。Chalcolepidius属の成虫は、主に樹液を吸っている枝や幹、樹皮の下、あるいは花で採集される。幼虫は肉食性で、通常落葉樹で成長し、穿孔性の甲虫の幼虫を補食している。

近縁種
*Chalcolepidius*属は63種を含むが、これらは新世界に広く分布し、アメリカ合衆国南部と南アメリカのほぼ全域に生息している。ヘリスジタマコメツキは、全体的な色彩、前胸背板と上翅の両側にある白っぽい、あるいは黄色の縞、上翅の溝、および上翅縁が下向きに曲がっていることにより、南米に生息する他の21種と区別される。

実物大

ヘリスジタマコメツキは幅が広く、黒色で、柔毛を纏っている。柔毛の色は金属的なオリーブグリーン、オリーブグレー、オリーブブラウン、青色がかった色、あるいは赤紫色である。黄色がかった白色あるいは黄褐色の縞がある。前胸背板には、側面に沿った幅の広い縞の間に楕円形の黒色の部分がある。上翅には両側に幅が広く端から端まで伸びた縞と、3列の点刻状の凹みがある。雄は脛節に房状の毛がある。

多食亜目（カブトムシ亜目）

科	コメツキムシ科（Elateridae）
亜科	サビキコリ亜科（Agrypninae）
分布	エチオピア区：マダガスカル
生息環境	森林地帯
生活場所	樹木の枝や幹
食性	草食性
補足	この魅力ある種はその大きさと前胸背板の目玉のような形の体色パターンで知られている

成虫の体長
23〜35mm

ネコメマダガスカルコメツキ
LYCOREUS CORPULENTUS
CANDÈZE, 1889

*Lycoreus*属はマダガスカル島に固有のコメツキムシである。ネコメマダガスカルコメツキ（*Lycoreus corpulentus*）は、おそらく甲虫収集家の間では最も人気のある種であるが、それは主にその大きさと、背側体表の特徴ある変わった体色パターンのためである。この種の生態学的特徴はあまり知られていない。1970年代に発表された研究結果は、ネコメマダガスカルコメツキでは背側体表の短く、わずかに重なった白い鱗片が紫外線を反射することを明らかにしたが、これはオサムシ科、コガネムシ科、コメツキムシ科、ゴミムシダマシ科などの科に含まれる甲虫に広く見られる現象である。

近縁種

*Lycoreus*属の12種はマダガスカルに生息し、それぞれの種に関して得られている情報は非常に短い原記載にもとづくものである。これらの種の例証あるいは比較の手がかりはほとんどない。種間の関係はよくわかっておらず、新しい比較の視点が必要である。ネコメマダガスカルコメツキは、その明瞭な体色パターンによって他と区別されている。

ネコメマダガスカルコメツキは大型で頑丈な甲虫で、外皮は黒色で薄い色の鱗片をもつ。前胸背板の中央には大きな円形の毛のない部分があり、その周囲を鱗片の帯が囲み、さらにその外側に無毛の部分があるため、全体で目のような形状になっている。上翅は、基部側の半分には薄い色の鱗片の斑状パターンがあり、鱗片からなる線が先端方向へ伸びている。

実物大

多食亜目（カブトムシ亜目）

科	コメツキムシ科（Elateridae）
亜科	サビキコリ亜科（Agrypninae）
分布	新熱帯：メキシコから南アメリカ、カリブ海地域
生息環境	熱帯林
生活場所	成虫は植物上で夜間活発に活動する。幼虫は土壌中に生息
食性	成虫、幼虫とも植物性物質や小型の昆虫
補足	Pyrophorusはホタルと同じ発光のしくみをもつ

ヒカリコメツキ
PYROPHORUS NOCTILUCUS
(LINNAEUS, 1758)

成虫の体長
20〜40mm

*Pyrophorus*属は、前胸背板にある1対の生物発光点から、強く一定の緑色がかった光を放つことから、ヘッドライト・ビートル（headlight beetle）と呼ばれることがある。また、視認できる1番目の腹部体節の下の部分には、幅の広いオレンジ色がかった光を出す部分もある。幼虫と蛹も生物発光を行う。生物発光を行う生物からの光放射はルシフェリンとルシフェラーゼの反応によるものだということが初めて明らかにされたのは、19世紀末のヒカリコメツキ（*Pyrophorus noctilucus*）の抽出物に関する研究からであった。この重要な観察は、細菌、菌類、渦鞭毛藻類、軟体動物、甲殻類、他の昆虫、およびその他の多くのグループに属する、生物発光を行う他の多くの生物に関する研究の出発点となった。

近縁種

*Pyrophorus*属は、メキシコから南アメリカにかけて生息する32種を含む。これらの種は、生物発光を行う他のコメツキムシの属と、体が大きいこと、触角が前胸背板の後方角に達しないくらい短いこと、突出した発光器官が前胸背板の後縁より側方に近い位置にあること、および明確な性的二型が見られないことにより区別される。

ヒカリコメツキは頑丈で、全体が暗褐色で短く密な黄色がかった色の柔毛に覆われている。触角は短く、第三分節から先は鋸歯状になっている。前胸背板は凸状で、鋭くいくらか分枝のある突起が目立ち、盛り上がった発光器官がある。腹部には、視認できる1番目の腹部体節と後胸の間の隙間に、横方向に楕円形の発光器官がある。この発光器官は、休息時には通常隠されている。

実物大

多食亜目（カブトムシ亜目）

科	コメツキムシ科（Elateridae）
亜科	Thylacosterninae亜科
分布	新熱帯：ペルー、ボリビア、仏領ギアナ。ブラジルでも報告されているが詳細なデータはない
生息環境	森林地帯
生活場所	木の枝や幹
食性	おそらく植物
補足	この稀な種の成虫は、前胸に生物発光を行う1対の丸く緑色の小突起をもつ

成虫の体長
20〜30mm

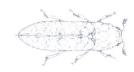

ヒカリイボイボコメツキ
BALGUS SCHNUSEI
(HELLER, 1914)

変わった形状をもつ新熱帯の属である*Balgus*属の種は、ヒゲブトコメツキ科（上唇が非常に小さいなどの理由から）、あるいはコメツキダマシ科（触角に深い扇状の分枝があるなどの理由から）に属するとされた。またヒカリイボイボコメツキ（*Balgus schnusei*）がヒゲブトコメツキ科で唯一の生物発光を行う種とされることもあった。しかし、形態と分子データにもとづく系統発生学的な分析で、*Balgus*属はコメツキムシ科に属することが確認された。この科では、Pyrophorini族の約200種、Campyloxeninae亜科の1種（*Campyloxenus pyrothorax*）、そしてヒカリイボイボコメツキのみが前胸に生物発光器官をもつ。

近縁種

コメツキムシのThylacosterninae亜科は5つの属（アフリカに生息する*Lumumbaia*属、アジアとオーストラリアに生息する*Cussolenis*属、新熱帯区の*Balgus*属、*Thylacosternus*属、*Pterotarsus*属）、約45の記載された種を含む。*Balgus*属は以下の種を含む。*B. albofasciatus*、*B. eganensis*、*B. eschscholtzi*、*B. humilis*、*B. obconicus*、*B. rugosus*、*B. subfasciatus*、*B. tuberculosus*。前胸背板に1対の生物発光器官をもつのはヒカリイボイボコメツキのみである。

ヒカリイボイボコメツキは小型で褐色のコメツキムシである。頭部は上からはほとんど見えない。前胸の幅は上翅基部と同じくらいで、詳細な研究の結果前胸には明瞭な小隆条があり、それらのうち（側方の）2つは生物発光器官であることがわかった。触角は扇状で短くまとまっており、触角第1分節が大きい。上翅には、鱗片で覆われた小さく縦長の隆条がある。

実物大

多食亜目（カブトムシ亜目）

科	コメツキムシ科（Elateridae）
亜科	ヒゲブトコメツキ亜科（Lissominae）
分布	旧北区：ヨーロッパ、アジア
生息環境	温帯林
生活場所	伐採木や樹幹
食性	枯死した木材
補足	この小型の種は旧北区で他のDrapetes属の種より広く分布する

フタモンヒゲブトコメツキ
DRAPETES MORDELLOIDES
(HOST, 1789)

成虫の体長
3〜5.5mm

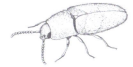

フタモンヒゲブトコメツキ（*Drapetes mordelloides*）は寿命が約2年で、枯死した木材を餌とすることから腐食性の甲虫である。この種はヨーロッパ南部および中部に分布し、北はデンマーク、フェノスカンディア、レニングラード州南部、東はシベリア全域に及ぶ。フタモンヒゲブトコメツキは明らかに日光に曝され菌類のついた樹木を好む。*Drapetes*属は長い間ヒゲブトコメツキ（Throscidae）科に分類されてきたが、コメツキムシのヒゲブトコメツキ亜科の1種としての系統的地位は完全に確立されてはおらず、幼虫の特徴にもとづくものである。

近縁種
*Drapetes*属はいくつかの種からなり、全世界に分布する。フタモンヒゲブトコメツキの近縁種の同定には、すべての種に関する包括的な研究が不可欠である。旧北区では、*Drapetes*属として8つの種と亜種が知られている（日本の*D. abei*、キプロスの*D. flavipes flavipes*など）。

実物大

フタモンヒゲブトコメツキは小型の甲虫で、体は上翅が2色である以外は主に黒色である。背側の体表全体にはまばらな毛生があり、外皮は光沢がある。頭部は一部が前胸内に格納されている。触角は鋸歯状でやや長い。前胸の幅は上翅基部と同じである。

多食亜目（カブトムシ亜目）

科	コメツキムシ科(Elateridae)
亜科	Semiotinae亜科
分布	新熱帯：アルゼンチン南部、チリ
生息環境	南部の温帯海洋性森林
生活場所	針葉樹林
食性	成虫、幼虫ともナンヨウスギ(Araucaria)属に寄生する昆虫を捕食すると思われる
補足	Semiotus属では最も南に生息する種

成虫の体長
21〜35mm

ムナグロトガリバコメツキ
SEMIOTUS LUTEIPENNIS
(GUÉRIN-MÉNEVILLE, 1839)

　ムナグロトガリバコメツキ（*Semiotus luteipennis*）の成虫と幼虫は、チリマツ（*Araucaria araucana*）で採集されてきた。幼虫はこの木やその他の樹木の腐食した倒木で成長し、そこに寄生したハエや穿孔性の甲虫の幼虫を餌としていると思われる。蛹は、黄色がかった白色の汚れたような色で、触角は体に沿いながら体には接触せず伸びている。前胸背板の前縁には2本の棘があり、腹部の背側と腹側の表面にはさまざまな棘がある。成虫は11月から羽化を始め、3月中にかけて活発に活動する。

近縁種
*Semiotus*属の新熱帯区の種は82種で、大部分は明るい体色で明瞭な模様をもつ種であり、コロンビア、エクアドル、ブラジルで最も多様性に富む。ムナグロトガリバコメツキはこの属の種の中では最も南に分布し、体の下部が黒に近い色であること、前胸背板と上翅の側縁が橙色がかった色であること、および上翅先端の形状により区別される。

ムナグロトガリバコメツキの頭部は黒色で、前方は尖っておらず丸みのある形状である。触角は黒色で鋸歯状である。前胸背板は黒色で、側面は橙色または橙褐色の縞があり、凸状だが隆条は一様でなく、両側に沿って細い溝がある。上翅は橙褐色で、左右の先端にはそれぞれ2つの小さな棘あるいは歯がある。下部はほとんど全体が黒色である。跗節褥盤は膜状である。

実物大

多食亜目（カブトムシ亜目）

科	コメツキムシ科(Elateridae)
亜科	Campyloxeninae亜科
分布	新熱帯：チリ（アラウコ、カウチン、バルディビア、ジャンキーウェ、チロエ島、アイセン）、アルゼンチン（リオ・ネグロ州）
生息環境	南部の温帯林
生活場所	樹木の枝や樹幹
食性	おそらく植物
補足	コメツキムシの一種であるこの種は、コメツキムシ科内での分類学的な孤立が特徴的

成虫の体長
13〜14mm

ムネピカコメツキ
CAMPYLOXENUS PYROTHORAX
FAIRMAIRE & GREMAIN, 1860

331

このユニークなコメツキムシ、ムネピカコメツキ（*Campyloxenus pyrothorax*）は、前胸背板に生物発光器官（Pyrophorini族の種がもつ器官を思わせる）があることから、かつてはサビキコリ亜科に分類されていた。しかし、ムネピカコメツキがサビキコリ亜科の種に重要ないくつかの形態学的特徴を欠くことから、新たなCampyloxeninae亜科がコメツキムシの専門家であるCleide Costaによって1975年に提唱された。ムネピカコメツキの幼虫は未だ知られておらず、この種の生物学的特徴はあまりわかっていない。腹部の発光器官は成虫には存在しない。

近縁種

ムネピカコメツキは、この新熱帯区の属では唯一の種で、ampyloxeninae亜科の唯一の構成種である。他のコメツキムシ科の亜科との違いは、跗節爪の基部近くに毛がないこと、下翅と雌の生殖器の特徴である。

実物大

ムネピカコメツキは典型的な縦長のコメツキムシに類似し、暗褐色の体は細かく密な褐色の毛で覆われる。わずかに凸状の前胸背板は赤味がかった色で、中央線の両側にある生物発光器官が目を引く。上翅の脈理は明瞭である。眼は小さく、長い触角は第4分節以後が浅い鋸歯状である。

多食亜目（カブトムシ亜目）

科	コメツキムシ科(Elateridae)
亜科	オオヒゲコメツキ亜科(Oxynopterinae)
分布	東洋区：マレーシア、シンガポール
生息環境	熱帯林
生活場所	樹木の枝や樹幹
食性	成虫はおそらく植物、幼虫はおそらく肉食性
補足	豊かな色彩と真珠光沢で、収集家の間では非常に人気の高い甲虫

成虫の体長
49〜52mm

フトオオアオコメツキ
CAMPSOSTERNUS HEBES
CANDÈZE, 1897

*Campsosternus*属は、熱帯全域に分布する Oxynopterinae 亜科に含まれ、東洋区に広く生息するが、特に東南アジアに多様な種が見られる。知られているオオヒゲコメツキ亜科の幼虫は肉食性で、少なくとも *Oxynopterus* 属のひとつの種は大型で明るい金属的な色をもつことがわかっている。成虫はかなり特徴的な形態をもち、中胸腹板と後胸腹板は（腹側から見ると）融合している。フトオオアオコメツキ（*Campsosternus hebes*）は東南アジアの沿岸部に分布する。

近縁種

*Campsosternus*属では60の種と亜種が記載されており、新たな分類単位の記載も続いている。この属に関する現在の分類学には、残念ながら混乱がある。*Campsosternus watanabei* は、台湾では法律により保護されている種である。

フトオオアオコメツキは、背側の体表が真珠光沢のある緑色の、見事な種である。前胸の縁と上翅の中央部には、通常黄色がかった色合いが見られる。前胸背板は後方が明らかに幅広く、後方角には尖った三角形の棘がある。触角は糸状で、脚は歩行に適応している。上翅は先端が鋭く尖っている。

実物大

多食亜目（カブトムシ亜目）

科	コメツキムシ科（Elateridae）
亜科	オオヒゲコメツキ亜科（Oxynopterinae）
分布	東洋区：マレーシア
生息環境	熱帯林
生活場所	樹木の枝や樹幹
食性	成虫はおそらく植物、幼虫はおそらくシロアリを捕食
補足	*Oxynopterus*属で知られている幼虫はシロアリを捕食するが、これはコメツキムシ科の甲虫では珍しい

成虫の体長
40〜69mm

ミナミオオヒゲコメツキ
OXYNOPTERUS CANDEZEI
FLEUTIAUX, 1927

ミナミオオヒゲコメツキ（*Oxynopterus condezei*）は、おそらく最も多くのコメツキムシを含む属に含まれ、東南アジアの森林に生息する。Oxynopterinae亜科は、胸部の中部および後部が融合しているのが特徴で、中—後胸腹板としても知られている。大型であることから、この種は一般的に収集家の間で売買されているため、種の保存の状態はよくわかっていない。近縁種である*O. mucronatus*の幼虫は、ジャワ島で*Neotermes*属のシロアリのみを捕食していることが知られている。

近縁種
*Oxynopterus*属の他種は、ボルネオ島、フィリピン、スマトラ島およびその近隣の島々からなるマレー諸島に広く分布する。この属の分類については近年あまり研究されておらず、新しい見解や例証は不足している。種間の関係はよくわかっていない。

実物大

ミナミオオヒゲコメツキは大型で頑丈な甲虫で、背側の体表は短く密着した褐色の毛で覆われる。外皮は暗褐色で表面は磨いたような光沢があり、数個の小さな点刻状の凹みがある。前胸背板の後端は尖り、基部の幅は上翅基部と同じである。触角は大きく櫛状である。脚は頑丈で歩行や登ることに適応している。

多食亜目（カブトムシ亜目）

科	コメツキムシ科(Elateridae)
亜科	カネコメツキ亜科(Dendrometrinae)
分布	旧北区：ヨーロッパ、アジア
生息環境	粗い砂質土壌、岸壁、採石場、開けた林地
生活場所	成虫は通常花の上で見られる。幼虫は土壌中で成長
食性	成虫は植物食性で植物の樹液を餌とする。幼虫はさまざまな植物（カルーナ（*Calluna*）属の種、エリカ（*Erica*）属の種、カバノキ（*Betula*）属の種、ヤナギ（*Salix*）属の種など）の根を捕食すると思われる
補足	いくつかの国では個体数がかなり減少している

成虫の体長
7〜14mm

ツマグロヒラタコメツキ
ANOSTIRUS CASTANEUS
(LINNAEUS, 1758)

ツマグロヒラタコメツキ（*Anostirus castaneus*）は特徴的な色彩パターンをもち、ヨーロッパから日本にかけて広く分布する。雌雄は触角の長さで区別できる。雄では触角は前胸背板の基部を超えて伸びているが、雌では明らかに短い。幼虫は土壌中に生息し、丈の低い植物の根を餌とする。ヨーロッパのいくつかの国では、この種の個体数の減少が著しく、例えばイギリスでは75年前にはいくつもの場所で見られていたが、今はワイト島など非常に分散したいくつかの場所で見られるに過ぎない。

近縁種

*Anostirus*属のいくつかの種が類似した色彩パターンをもつが、これらの類縁性については調べられていない。50近くの種と亜種が旧北区で知られ、北米には3種が知られている。ツマグロヒラタコメツキには2つの亜種があるとされる。ツマグロヒラタコメツキ（*A. c. japonicas*）はロシア極東地域と日本に生息し、*A. c. castaneus*はヨーロッパ東部からロシア極東地域に分布するが、日本では見られない。

ツマグロヒラタコメツキは縦長の体をもち、暗褐色から黒色の前胸背板は金黄色の毛で覆われている。上翅は薄い褐色から黄色で、先端部に小さな黒い斑がある。頭部、脚、触覚は黒色である。雌（写真）は明瞭な三角形の触角節をもつが、雄は櫛状の触角である。

実物大

多食亜目（カブトムシ亜目）

科	コメツキムシ科（Elateridae）
亜科	ミズギワコメツキ亜科（Negastriinae）
分布	オーストラリア区：オーストラリア
生息環境	川辺の生息地
生活場所	水域近くの砂地あるいはその他の土地
食性	おそらく植物の樹液
補足	オーストラリアに生息するミズギワコメツキ亜科として記載されている2種のうちの一つ

ハイモンミズギワコメツキ
RIVULICOLA VARIEGATUS
(MACLEAY, 1872)

成虫の体長
3.5〜4mm

ハイモンミズギワコメツキ（*Rivulicola variegatus*）はオーストラリアの小型のコメツキムシで、オーストラリアに生息するミズギワコメツキ亜科のコメツキムシは、この種と近縁の*R. dimidiatus*のみである。このグループの形態的特徴は、前胸背板の基部のやや側面寄りにある2本の隆条である。幼虫は知られていない。この種は河岸性で、成虫は川に沿った砂土上に生息する。成虫は、1年を通して流水の近くの生息地の人工光に誘引される。

近縁種

*Negastriinae*亜科は小さな亜科で、一般的に広く分布するが、北半球でより数が多く多様である。知られている限りでは、*Rivulicola*属は記載された2種と未記載の2種を含み、オーストラリアに固有である。*R. dimidiatus*の成虫はハイモンミズギワコメツキと同じくらいの長さで、西オーストラリア州に分布する。一方ハイモンミズギワコメツキはクイーンズランド州で最初に記載され、オーストラリア東部海岸に沿って広く分布する。

実物大

ハイモンミズギワコメツキは、黒色、金色、銀色の鱗片に覆われ、前胸背板と上翅にはまだらの模様が形づくられている。脚は一部が白色の鱗片に覆われている。頭部は背側から一部が見え、眼は大きくわずかに突出している。触角はかなり長く糸状である。上翅にはいくつかのはっきりとわかる縦方向の脈理がある。

多食亜目（カブトムシ亜目）

科	コメツキムシ科(Elateridae)
亜科	コメツキムシ亜科(Elaterinae)
分布	オーストラリア区：ニューサウスウェールズ州およびクイーンズランド州の沿岸部
生息環境	沿岸の降雨林や荒れ地
生活場所	成虫は開花した花で見られる。幼虫の生息場所は不明
食性	成虫は花蜜
補足	この珍しい種は一部の生息地では絶滅した可能性がある

成虫の体長
15〜22mm

ドウケコメツキ
OPHIDIUS HISTRIO
(BOISDUVAL, 1835)

　明瞭な模様を持つドウケコメツキ（*Ophidius histrio*）は、オーストラリアで最も魅力的なコメツキムシの一つである。11月から2月にかけて活発となり、*Baeckea frutescens*の小さな白い花の蜜を餌とする姿が見られている。交尾は花の他に葉あるいは枝でも行う。この珍しい種は東海岸に沿って散在し、商業開発によって自然の植生が失われた地域では絶滅した可能性がある。

近縁種
*Ophidius*属の4種（*O. dracunculus*、*O. elegans*、ドウケコメツキ、*O. vericulatus*）はすべてニューサウスウェールズ州とクイーンズランド州に限局して分布し、垂直に盛り上がった小盾板と、すべての脚に4つの明瞭な褥盤状の跗節があることが特徴である。頭部前方の周囲の隆起部はない。ドウケコメツキは、前胸背板と上翅に黒色とクリーム色の線からなる明瞭な模様がある。

ドウケコメツキは凸状の黒い頭部と櫛状の触角をもつ。幅が広く、一様な丸みをおびた前胸背板は、細い毛があり、暗いクリーム色で3本の暗色の帯がある。上翅は地色がクリーム色で、黒色と橙褐色の湾曲した線からなる明瞭な波状の模様がある。脚は短く、跗節は爪に向かうに従って短くなり、各節には明瞭な丸みをおびた褥盤がある。

実物大

多食亜目（カブトムシ亜目）

科	コメツキムシ科(Elateridae)
亜科	ハナコメツキ亜科(Cardiophorinae)
分布	東洋区：インド、スリランカ、バングラデシュ
生息環境	熱帯林
生活場所	樹幹や丈の低い植物
食性	成虫は花や若い葉、幼虫の食性は不明
補足	Cardiophorusはコメツキムシ科で最も多様性に富む属

成虫の体長
7〜8mm

アリバチネッタイハナコメツキ
CARDIOPHORUS NOTATUS
(FABRICIUS, 1781)

コガネムシのハナコガネ亜科は、ミズギワコメツキ亜科と極めて近縁であると考えられている。*Cardiophorus*属はいくつかの亜属に分かれた約600種からなり、コメツキムシ科では最も種数の多い属である。これらの種は、南米とオーストラリアを除く全世界に広く分布する。これらの甲虫の幼虫は土壌あるいは腐食材中に生息する肉食性である。アリバチネッタイハナコメツキ（*Cardiophorus notatus*）は、デンマークの著明な動物学者ヨハン・クリスチャン・ファブリキウス（1745-1808）が、最初にその古典的な昆虫学の著作『*Species Insectorum*』にオオナガコメツキ（*Elater*）属として記載したものである。

近縁種

*Cardiophorus*属のいくつかの種は南アジアに生息し、それらの中には未だ未記載の種もある。*Cardiophorus*の成虫はハート型の小楯板が特徴である。これらの種の大部分は一般的な外見が非常に類似しており、現代的な技術に基づいたこれらの種間関係の研究が不可欠である。しかし、アリバチネッタイハナコメツキの成虫は独特の体色パターンをもち、これにより他種から区別される。

実物大

アリバチネッタイハナコメツキは、背側の体表が柔毛と毛で覆われ、それらが異なる模様をつくり出している、非常に魅力的な種である。前胸背板には、中央部近くに1対の黒い斑点がある。上翅の先端付近にも、横方向の白い帯がある。触角は糸状で、比較的長い。前胸は頂端側が幅広く、基部は上翅の基部と同じ幅である。

多食亜目（カブトムシ亜目）

科	コメツキムシ科(Elateridae)
亜科	Hemiopinae亜科
分布	旧北区、東洋区：中国、台湾、東南アジア
生息環境	熱帯林
生活場所	丈の低い植物、樹幹
食性	成虫はおそらく植物食性で植物の汁液を餌とする。幼虫については不明
補足	この種は関係があまりよくわかっていないコメツキムシのグループの代表種

成虫の体長
12.4〜17mm

クビマルキコメツキ
HEMIOPS FLAVA
LAPORTE DE CASTELNAU, 1836

*Hemiops*属は大部分がアジア大陸部に生息するが、1種（*H. ireii*）は日本の沖縄で2007年に記載された。*Hemiops*属、*Parhemiops*属と他の近縁な属はHemiopinae亜科を構成しているが、この亜科は東半球のみに生息し、他のコメツキムシとの類縁関係は明らかでない。クビマルキコメツキ（*Hemiops flava*）はアジアに広く分布し、中国では経済的に重要な種として他のコメツキムシと共に記録されてきた。この種およびこの亜科の他種では、幼虫は知られていない。

近縁種

Hemiopinae亜科は*Hemiops*属、*Parhemiops*属、*Plectrosternum*属、およびその他の近縁な属を含む。このグループの種は、前胸背板の形状や、前胸背板の基部近くにある1対の短い縦の隆条などの形態的特徴によって識別される。*Hemiops*属には8種が含まれるが、そのうち*H. substriata*と*H. ireii*が最もクビマルキコメツキに近縁である。これらの種は色彩や触角の節の長さ、雄の生殖器の違いによって区別することができる。

実物大

クビマルキコメツキは体の大部分が黄色である。上翅には明瞭な点状の縦方向の脈理があり、この部分はより暗い色である。体全体が短い毛で覆われている。跗節、脛節、触角の先端部は褐色である。触角は糸状かわずかに櫛状である。脚は長い。

多食亜目（カブトムシ亜目）

科	コメツキムシ科（Elateridae）
亜科	Physodactylinae亜科
分布	新熱帯：ブラジル
生息環境	森林地帯
生活場所	葉や樹幹
食性	植物食性で、おそらく植物の汁液。幼虫については不明
補足	この種は、非常に特殊であまり研究されておらず、現在分類も明らかでない甲虫のグループの代表種

成虫の体長
13.5〜15.5mm

オーベルチュールフトヅメコメツキ
PHYSODACTYLUS OBERTHURI
FLEUTIAUX, 1892

*Physodactylus*属はPhysodactylinae亜科に属すが、この亜科には 7 属が含まれる。すなわち*Dactylophysus*属、*Physodactylus*属、*Teslasena*属、*Margogastrius*属、*Oligosthetius*属、*Idiotropia*属、*Taxognathus*属で、南アメリカ、北アフリカ、アフリカの中部と南部、インド、東南アジアに生息する。これらの甲虫は鎌状の大顎が特徴であるが、形態学的グループとしてのこれらの位置には未だ疑問が残る。*Physodactylus*属は約 6 種を含み、これらのうちオーベルチュールフトヅメコメツキ（*Physodactylus oberthuri*）はブラジルで採集された雄の 1 標本から記載された。

近縁種

オーベルチュールフトヅメコメツキは*P. testaceus*、*P. fleutiauxi*と非常に近縁である。外見的には、*P. testaceus*からは褐色から黒色の体色、前額部の形状、および短い触角により、*P. fleutiauxi*からは小顎に棘状の毛がないこと、前胸背板が頭部の上まで大きく張り出していること、腹部側面が凹んでいることにより区別することができる。

実物大

オーベルチュールフトヅメコメツキは、背側の体表が褐色で短くまばらな毛に覆われている。前胸背板は色が薄く、密な点刻状の凹みが目立ち、上翅には線条がある。糸状の触角は長く、前胸の前方縁まで達している。剛毛のある脚は頑丈で、おそらく歩行に適応しており、跗節は特に長い。

多食亜目（カブトムシ亜目）

科	フサヒゲムシ科（Plastoceridae）
亜科	
分布	旧北区：トルコ（アナトリア）
生息環境	不明
生活場所	不明
食性	不明
補足	この小型で謎に満ちた科については、生態学的、生物学的情報は何も得られていない。雌と未熟な段階についても知られていない

成虫の体長
9.5〜10.5mm

フサヒゲムシ
PLASTOCERUS ANGULOSUS
(GERMAR, 1845)

この甲虫は稀少な科であるフサヒゲムシ科に属す。この科には1属のみが含まれ、2種が記載されている。フサヒゲムシ（*Plastocerus angulosus*）はトルコのアナトリア、*P. thoracicus*は東南アジアに生息する。甲虫目（Coleoptera）の分類体系におけるこの科の位置は定まっていない。この問題の解決には、形態学的、生物学的な詳しい研究が必要であろう。これらの甲虫の形態学的特徴は、小顎が小さくなっていること、腹部の腹側体節が7つあること、その最初の3節が合着している（自由に動かない）ことなどである。この科の雌と幼虫は知られていない。

近縁種

*Plastocerus thoracicus*は、近年*Plastocerus*属に含まれた2種のうちのひとつで、最初の記載は1個体の雄の標本にもとづくものであった。*Plastocerus thoracicus*は、体表や色の特徴などの形態学的特徴によって、フサヒゲムシと区別される。*P. thoracicus*は分布も異なり、東南アジアに生息する。

実物大

フサヒゲムシの雄は密な細かい毛に覆われている。触角は長く櫛状である。前胸背板は暗褐色、上翅は褐色がかった黄色で、脚は黄色である。体の形状はコメツキムシに類似している。跗節は長く、脚は登ることや歩行に適応している。

多食亜目（カブトムシ亜目）

科	クシヒゲホタルモドキ科（Drilidae）
亜科	Drilinae亜科
分布	旧北区：ヨーロッパ
生息環境	標高の低い山地林
生活場所	丈の低い植物
食性	幼虫と雌は陸生の軟体動物、成虫雄の食性は不明
補足	Drilus flavescensはあまり研究の進んでいない甲虫のグループに属し、雄は完全な翅をもつが、雌は翅がなく幼虫型である

成虫の体長（雄）
7〜10mm

成虫の体長（雌）
9.5mm

キバネクシヒゲホタルモドキ
DRILUS FLAVESCENS
OLIVIER, 1790

キバネクシヒゲホタルモドキ（*Drilus flavescens*）は小さな科であるクシヒゲホタルモドキ科に属すが、この科には6属の約100種が含まれる。この科の種は主に地中海地域と熱帯アフリカ区に分布する。これらの甲虫のコメツキムシ（Elateroidea）上科内における関係には不明な部分が残る。キバネクシヒゲホタルモドキの成虫では極端な性的二型が見られる。雌は翅がなく幼虫型で、幼虫と共に土壌表面に生息し、どちらもカタツムリを補食すると思われる。雄は花の上で見られるが、食性は未だ不明である。

近縁種
*Drilus*属は25種以上を含み、その大部分は地中海地域とコーカサス地域で見られる。これらの種間の関係には不明な部分が残っている。歴史的には、これらの甲虫に関して発表された情報は限られたもので、主に図版のない短い記載にもとづいている。しかし、種の概念を明確にするための新たな研究が始まりつつある。キバネクシヒゲホタルモドキの記載は*D. concolor*の記載と重なっているが、この種の方が明らかに上翅の色が暗い。

実物大

キバネクシヒゲホタルモドキは、後方に伸ばすと上翅の基部側の4分の1ほどまで達する、長く櫛状の触角をもつ。頭部と前胸背板は暗褐色で、上翅は褐色がかった黄色である。前胸背板と上翅は長い毛で覆われている。背側から見ると、腹部の先端が上翅の先から露出して見える。

多食亜目（カブトムシ亜目）

科	ベニボタル科（Lycidae）
亜科	Lyropaeinae亜科
分布	東洋区：マレーシア
生息環境	熱帯林
生活場所	腐食した木材
食性	肉食性
補足	この甲虫の雌は大型で幼虫型であり、三葉虫に類似し性的成熟の前に蛹化しない

成虫の体長（雄）
6.6mm

成虫の体長（雌）
37～60mm

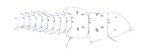

マレーサンヨウベニボタル
PLATERODRILUS KORINCHIANUS
BLAIR, 1928

実物大

*Platerodrilus*属は体の柔らかい甲虫でベニボタル科に含まれ、属する種は幼形成熟を示す。雌は幼虫型で、三葉虫綱の絶滅した海洋性節足動物に似ている。そのため通称サンヨウベニボタルあるいは三葉虫型幼生と呼ばれる。ボルネオ探検中にこれらが幼形成熟の一例であることを確認したスウェーデンの動物学者Eric Mjöbergが1925年に発表するまで、これらの幼虫型の雌は昆虫学者たちの興味を引きつけるものであった。完全に飛翔可能な雄は通常幼虫型の雌よりはるかに小型である。Kenneth Blairはマレーサンヨウベニボタル（*Platerodrilus korinchianus*）を幼虫型の雌にもとづいて記載した。

近縁種

2009年に発表された分類学的研究にもとづくと、*Platerodrilus*属は25の種と亜種を含む。この属の雌は雄の15倍もの長さになることがある。この属の雄は体色パターンや生殖器の違いによって分類される。雄と幼虫型の雌は他の2属（*Macrolibnetis*属、*Lyropaeus*属）で知られる。幼虫型の雌はその他の属（*Scarelus*属、*Leptolycus*属など）でもあると思われるが、未だ知られていない。

マレーサンヨウベニボタルの幼虫型の雌は、胸部がよく発達して腹部と同じくらいの長さであり、翅はない。頭部はほとんど完全に前胸に覆われ、格納できるようになっている。前胸は三角形で、第2、第3節は横行性である。腹部には側面に沿ってよく発達した棘がある。雌はよく発達した眼と生殖器をもつことで、幼虫と区別される。

多食亜目(カブトムシ亜目)

科	ベニボタル科(Lycidae)
亜科	ベニボタル亜科(Lycinae)
分布	エチオピア区：アフリカ熱帯地域、アフリカ南部
生息環境	森林、サバンナ、草地
生活場所	丈の低い植物
食性	幼虫はおそらく肉食性、成虫の食性は不明
補足	*Lycus*属は印象的な体色パターンと形状をもつ種を含む

成虫の体長
11〜25mm

ハンゲウチワベニボタル
LYCUS MELANURUS
DALMAN, 1817

*Lycus*属は多くの種を含む多様な属で、いくつかの亜属に分かれる。この最も熱帯アフリカ性のグループの成虫は、花の咲く樹木に多く集まることが知られている。警告色は、捕食者に化学物質（まさにLycidic酸と名づけられているアセチレン酸）で保護されており不味であることを警告している。これらの甲虫は、他の甲虫や蝶、カメムシなどに一般的な擬態生物群を形成する。成虫は特徴的な甲虫で、他の多くのベニボタル科の種と同様に、頭部は口吻が長くなり、上翅は色彩に富む。

近縁種

*Lycus*属には比較的多くの種が含まれるが、現在のところその類縁性はあまり知られていない。種は一般的に、前胸背板、上翅と体色パターンの違いにもとづいて分類されている。ハンゲウチワベニボタルは*L. latissimus*と非常に近縁である可能性があるが、これらの関係についてより明確な合意を得るためには、外部および内部の構造の比較の記載や例証を含む、属内のすべての種に関する詳細な研究が必要である。

実物大

ハンゲウチワベニボタルの成虫は体の柔らかい甲虫である。背側の体表は大部分が黄橙色だが、前胸背板の中央部には暗色の帯がある。上翅の先端部は黒色である。触角は長く、黒色で、やや櫛状である。平たい上翅は中央部が非常に幅広く、網状の葉脈状模様と縦方向の隆条がある。左右の上翅は、前方角の近くに鋭く尖った棘がある。

多食亜目（カブトムシ亜目）

科	ベニボタル科(Lycidae)
亜科	ベニボタル亜科(Lycinae)
分布	旧北区：ロシア極東地域、日本、モンゴル、韓国、中国（黒竜江省）、台湾
生息環境	森林
生活場所	成虫は湿った日陰の丈の低い植物を好む。幼虫は腐敗した木材の内部に生息。
食性	成虫の食性はよくわかっていない。この属の幼虫は腐敗した木材中に生息し、腐敗材を餌とする。
補足	Macrolycus flabellatusはアジア北部に広く分布する特徴的なベニボタル（net-winged beetle）である

成虫の体長
13.5〜14.5mm

クシヒゲベニボタル
MACROLYCUS FLABELLATUS
(MOTSCHULKSY, 1860)

*Macrolycus*は、旧北区と東洋区の低地から標高の高い山地まで分布し、クシヒゲベニボタル（Macrolycini）族のベニボタルの唯一の属である。この属の成虫は、通常湿って日陰になった場所の、土壌にごく近い腐食した倒木や樹幹を好み、朝に最も活発に活動する。この科の他種と同様に、クシヒゲベニボタル（*M. flabellatus*）の成虫の飛翔は遅くぎこちない。他の多くの甲虫と異なり、人工光に誘引されない。アジアでは広く分布する種であるが、その生物学的情報はほとんど知られていない。

近縁種

*Macrolycus*属と、その明らかな近縁属である*Dilophotes*属の種は、跗節に先端がフォーク状に分枝した爪があるという点で、他のベニボタル科の種と異なる。しかし、*Macrolycus*属の成虫は、前胸背板が後方に明瞭な角をもち、また中央部に1本の縦方向の隆条が見られる点が独特である。*Macrolycus*属に含まれる約50種の関係はよく研究されていない。種は一般的に体色パターンの違いや雄の生殖器の構造で区別される。

クシヒゲベニボタルは体の柔らかい甲虫で、背側の体表は短い毛で覆われている。触角は暗色で非常に長く、切れ込みの深い櫛状で、後方へ伸ばせば上翅の中央部あたりまで達する。上翅は赤色がかった色で、不規則な点刻状の凹みに覆われている。前胸背板は黒色で、表面には凹凸がある。平たい黒色の脚は歩行に適応している。

実物大

多食亜目（カブトムシ亜目）

科	トビクチボタル科（Telegeusidae）
亜科	
分布	新北区、新熱帯：アメリカ合衆国南部、メキシコ北部、パナマ
生息環境	熱帯乾燥林
生活場所	不明
食性	不明
補足	この小さな科の種はその形状にふさわしく「唇の長い甲虫（long-lipped beetle）」と呼ばれている

成虫の体長
5〜6.2mm

トビクチボタル
TELEGEUSIS ORIENTALIS
ZARAGOZA GABALLERO, 1990

実物大

この科の甲虫はアメリカ合衆国南東部からトリニダード、エクアドルにかけて分布している。通常は非常に稀少で、ほとんど研究されておらず、事実雌と幼虫は今日までまったく知られないままである。雄は一般的に夜間人工光で見られたり、フライトインターセプト・トラップで採集されたりするが、自然の生息環境で見つかったことはない。トビクチボタル（*Telegeusis orientalis*）とこの属の他種は、非常に長い小顎と下唇の口肢節が特徴であるが、これは平たく複合毛を纏っている。近縁の科に関する知見にもとづき、この種および他のテレゲウシス科の種は雌が翅をもたない、あるいは幼虫型と推察される。

近縁種
*Telegeusis*属は12種を含み（うち5種は2011年に記載された）、中央アメリカから北はアメリカ合衆国南西部にかけて分布する。トビクチボタルと*T. granulatus*は、体色（黒色から褐色がかった赤色あるいは黄色）や上翅の長さと形状など、いくつかの類似した形態的特性をもつが、頭部の構造の違いによって区別される。

トビクチボタルの成虫は、柔らかく薄い体色の体や、上翅が短く腹部の大部分が露出していることなど、いくつかのジョウカイボンあるいはハネカクシと共通する外見をもつ。背側の体表は細かい毛で覆われ、触角は長く糸状である。眼は大きく突出している。脚は毛で覆われ、歩行に適応している。

多食亜目（カブトムシ亜目）

科	ホノオムシ科（Phengodidae）
亜科	Phengodinae亜科
分布	新北区、新熱帯：太平洋沿岸の州からネバダ州、アリゾナ州南西部、およびバハ・カリフォルニア北部、メキシコ
生息環境	砂漠、低木藪、オーク林地、低木マツ−セイヨウネズ林地
生活場所	幼虫と雌は地上の落葉落枝や残屑に隠れる
食性	成虫は摂食しない。幼虫はヤスデを捕食
補足	成虫雌は翅がなく、複眼があるが幼虫に類似

成虫の体長（雄）
12〜23mm

成虫の体長（雌）
30〜65mm

ホクベイホノオムシ
ZARHIPIS INTEGRIPENNIS
(LECONTE, 1874)

ホクベイホノオムシ（*Zarhipis integripennis*）の卵、幼虫、蛹は生物発光を行う。成虫の雄は体が柔らかく、蛹から羽化すると生物発光を行わなくなるが、成虫雌は幼虫型で発光を続ける。幼虫はヤスデを餌とする。ヤスデと並んで移動し、体を環のようにヤスデの頭部に巻き付けて、頸部の下に噛みつく。幼虫の鎌状の大顎からは液体が放出され、ヤスデを麻痺させる。それから幼虫はヤスデの体内に潜り込んで摂食する。雌はフェロモンを放出して雄を引きつけると思われる。雌のすぐ近くまで来た雄は、雌が発する光によって雌の居場所を知ることができる。

近縁種

*Zarhipis*は北アメリカ西部に限局して分布し、3種を含む。雄は、大型であることや双櫛歯状の触角、腹部のほぼ全体を覆う上翅によって、北アメリカに生息するホノオムシ科の他属と区別される。ホクベイホノオムシの雄は頭部の表面が凹んでおり、跗節の第3、第4節には明瞭な突出部があり、上翅は全長にわたってほぼ同じ幅である。

ホクベイホノオムシの雄は長く、柔らかい体を持ち、やや平たい形状である。頭部は橙色あるいはほとんど暗色で、頭楯は薄い色である。橙色の前胸は黒色を帯びていることもある。柔らかく黒色で皮革状の上翅は、通常下翅と腹部のほとんどを覆っている。脚と腹部は橙色で、腹部は最後の2節が黒色の場合もある。

実物大

多食亜目（カブトムシ亜目）

科	オオメボタル科（Rhagophthalmidae）
亜科	
分布	東洋区：スリランカ
生息環境	熱帯林
生活場所	丈の低い植物
食性	成虫の食性は不明。幼虫は肉食性
補足	この科の甲虫は稀少で、生物学的情報はよく知られていない。他の甲虫の科に対するオオメボタル科の位置もあまり解明されていない

成虫の体長
11mm

セイロンオオメボタル
RHAGOPHTHALMUS CONFUSUS
OLIVIER, 1911

*Rhagophthalmus*属はアジアに生息する35種を含むが、それらすべてが稀少で、生物学的情報があまり知られていない。幼虫は肉食性で、成虫雌は無翅性（翅をもたない）だが眼は発達する。これは不完全な幼虫型として知られる稀な現象である。雌と幼生では生物学的発光が起こることが知られている。これらの甲虫の顕著な特徴は、眼が夜間活動に非常に適応していることである。セイロンオオメボタル（*Rhagophthalmus confusus*）は稀少で、1個体の標本から記載された。

近縁種
*Rhagophthalmus*属は、種数の多さや、この属に関する全世界的な研究が進んでいないことから、近縁種の関係の解明が複雑になっている。セイロンオオメボタル、および*R. gibbosulus*、*R. tonkineus*、*R. scutellatus*は黒色の上翅をもつことが共通しているが、他種と異なりセイロンオオメボタルでは前胸全体が黒色ではない。

実物大

セイロンオオメボタルは体の柔らかい甲虫で、頭部は黒色で褐色がかった体は短く細い毛で覆われている。大きな眼は、この科の種に共通する特徴である。触角は短く、伸ばしても前胸の中ほどまでしか達しない。脚は長く、葉上を歩くことに適応している。

多食亜目（カブトムシ亜目）

科	ホタル科(Lampyridae)
亜科	マドボタル亜科(Lampyrinae)
分布	新北区、新熱帯：アメリカ合衆国（フロリダ州最南端、テキサス州）、メキシコ、キューバ、イスパニョーラ島、プエルトリコ、小アンティル諸島のいくつかの島、ベネズエラ、コロンビア、ブラジル
生息環境	開けた土地や林地
生活場所	丈の低い植物
食性	成虫の摂食は知られていない。幼虫は肉食性
補足	Aspisoma属は生物発光を行う甲虫である。雄には翅があるが雌は幼虫型で複眼が発達している

成虫の体長
11.5〜15mm

ヒイロタテボタル
ASPISOMA IGNITUM
(LINNAEUS, 1767)

ホタル科の成虫の生物発光は、主に同種であることを見分け、交尾を促進するという性的シグナルの役割を果たしている。ヒイロタテボタル（*Aspisoma ignitum*）は、通常日没後少なくとも30分経った頃に発光を始め、最長で3時間発光を続ける。各個体は地上から3m以内のところをゆっくりと飛翔する傾向がある。雄は動かない雌を捜して飛び回る。日中は藪の上の方で、隠れていたり、あるいは交尾をしている個体が見られる。

近縁種
*Aspisoma*属が含まれるCratomorphini族は、大顎が小さく、細く毛のない突起をもつことが特徴である。*Aspisoma*属は比較的多様な属で、新熱帯区で約80の記載種を含む。記載を待っている種もいくつかある。ホタル科で、明瞭で一様な緑色の色素沈着が見られることが知られる唯一の種は、*A. physonotum*である。

実物大

ヒイロタテボタルの成虫は、幅の広い卵形で褐色がかった黄色の体をもち、背側は細かい黄色の毛に覆われている。頭部は前胸背板の下に隠れている。前胸背板は前方が薄い色で、上翅には、側方の中央より前方に色の薄い斑点があり、少数の色の薄い縦方向の線が見られる。雄は先端近くの腹部体節の背側が明るい黄色だが、雌では逆に褐色と黄色である。

多食亜目（カブトムシ亜目）

科	ホタル科（Lampyridae）
亜科	マドボタル亜科（Lampyrinae）
分布	旧北区、東洋区：ヨーロッパ、ロシア、モンゴル
生息環境	開けた林地、人の居住地域
生活場所	草や丈の低い植物
食性	幼虫は肉食性、成虫は滅多に餌を食べない
補足	Lampyris noctilucaは広く分布し、比較的一般的なホタルである。雌は幼虫型で雄は翅がある

成虫の体長（雄）
10〜12mm

成虫の体長（雌）
15〜20mm

ユーラシアナミボタル
LAMPYRIS NOCTILUCA
(LINNAEUS, 1767)

ユーラシアナミボタル（*Lampyris noctiluca*）はヨーロッパ、アジア地域に生息する一般的な甲虫であり、顕著な性的二型を示す。雄は翅があり、上翅は褐色で、前胸背板はより明るい色で中央部に大きな褐色の斑点がある。雌は幼虫型で、光を放つことで知られる。雌は生活史のすべての段階で発光し、しばしば雄の2倍の大きさになる。これらの甲虫は交尾相手を誘引するために生物発光を用いており、黄緑色の光を、半透明になった最後部の3つの体節の下側から放つ。

近縁種

*Lampyris*属は多くの種を含む属だが、分類学的にはあまり研究が進んでいない。例えば、ユーラシアナミボタルはかつてポルトガルでこの属の唯一の種として記録されていたが、2008年の研究でこの地域の標本は新種である*L. iberica*に含まれるとされた。体色、透明な斑点があること、大きさ、触角の長さ、雄の生殖器が異なっていたためである。

実物大

ユーラシアナミボタルの雄は体が柔らかく、褐色がかった色である。背側の体表は小さく密な毛で覆われている。触角は糸状でやや長い。前胸は頭部を覆い、上翅表面は網状である。脚は植物の上を歩くことに適応している。雌は幼虫型で発達した上翅をもたない。

多食亜目（カブトムシ亜目）

科	ホタル科（Lampyridae）
亜科	Photurinae亜科
分布	新北区：カナダ南部、アメリカ合衆国北東部
生息環境	開けた林地
生活場所	草や丈の低い植物
食性	肉食性
補足	この種はペンシルベニア州で「州の昆虫」に指定されている。この属の雌は「ファム・ファタール」になぞらえられる

成虫の体長
20〜50mm

350

ウソツキボタル
PHOTURIS PENSYLVANICA
(DE GEER, 1774)

ウソツキボタル（*Photuris pensylvanica*）は1974年にペンシルベニア州の「州の昆虫」に指定された。この肉食性の種では、雌が*Photinus*属（rover firefly）あるいは*Pyractomena*属など他属のホタルの光シグナルに擬態し、疑わず近寄ってくるそれらの属の雄を捕食することから、「ファム・ファタール」になぞらえられる。*Photinus*属を捕食すると、*Photuris*属の雌は栄養とルシブファジンと呼ばれる化学防御物質を得ることが示されているが、これはハエトリグモのような捕食者からの保護に有効な物質である。いくつかの実験では、*Photuris*属の雄は発光パターンを餌となるさまざまな種と同じものに変え、餌を取ろうとしている同一種の雌を惑わすことで交尾可能なところまで接近できることが示された。

近縁種
*Photuris*属に含まれる種（ウソツキボタル、*P. cinctipennis*、*P. lucicrescens*、*P. versicolor*）、*P. tremulans*の間の関係は未だ明確でない。ウソツキボタルは、前胸背板、脚、上翅の全体的な体色によって区別される。

実物大

ウソツキボタルは縦長の甲虫で、褐色の模様のある黄色い体表は密な毛で覆われている。頭部は前胸背板で覆われている。触角は長く糸状である。脚は葉上の歩行に適応している。脛節の基部と腿節の先端は黄色だが、脚のその他の部分は褐色である。

多食亜目（カブトムシ亜目）

科	ホタルモドキ科（Omethidae）
亜科	Omethinae亜科
分布	新北区：北アメリカ東部
生息環境	温帯落葉樹林
生活場所	成虫は草本性の下生え
食性	成虫、幼虫とも食性は不明
補足	この種は稀にしか見られない

成虫の体長
4〜5mm

フチトリチビホタルモドキ
OMETHES MARGINATUS
LECONTE, 1861

ホタルモドキ科は東アジアと北米の8属33種からなる。ホタルモドキの幼虫はまったく知られておらず、成虫の食性も不明である。北アメリカのホタルモドキに関して発表されているわずかな情報では、春と初夏に羽化し、主に日中活動し、生活史は短いことが示唆されている。北アメリカの種の分類群は分類学的によく知られているが、世界のホタルモドキの分類体系には目録さえなく、種の同定は困難である。

近縁種

ミシシッピ川東部で見られるホタルモドキ科の種は、Blatchleya属とOmethes属のそれぞれ1種のみである。Blatchleya属の触角の第4、第5節は膨らみと凹みがあるが、Omethes属ではそのような変形はなく、触角は糸状あるいは針状である。Omethes属は全世界では2種からなり、日本に生息するチビホタルモドキ（O. rugiceps）と北アメリカ東部のコネティカット州からジョージア州、インディアナ州西部、アーカンソー州に分布するフチトリチビホタルモドキ（O. marginatus）である。

実物大

フチトリチビホタルモドキは両側の平行な縦長の形状で、長く斜めに生えた毛を纏っている。頭部、触角節および上翅は大部分が暗褐色だが、触角の基部、前胸背板、上翅の周縁部は赤褐色である。頭頂部は凹凸があるが凹みは深くなく、部分的に前胸背板に覆われている。粗い点刻状の凹みのある上翅は、細く不明瞭な隆条をもつ。

多食亜目（カブトムシ亜目）

科	ホタルモドキ科(Omethidae)
亜科	Matheteinae亜科
分布	新北区：アメリカ合衆国(オレゴン州、カリフォルニア州)
生息環境	温帯林
生活場所	丈の低い植物
食性	不明
補足	Matheteinae亜科はすべてアメリカ合衆国のカリフォルニア州とオレゴン州に限局して分布し、3種が含まれるがいずれも生物学的情報は知られていない

成虫の体長
10〜11.5mm

ハナビラホタルモドキ
MATHETEUS THEVENETI
LECONTE, 1874

この種は、不明な点が多くあまり研究されていないホタルモドキ科に属している。ホタルモドキ科は8属、約30種からなる小さな科である。Matheteinae亜科には、アメリカ合衆国のカリフォルニア州とオレゴン州に限局する2属が含まれる。ハナビラホタルモドキ（*Matheteus theveneti*）の標本がコレクションに加えられることはあまりないが、数個体が非常に近いところで見られることもある。この種は、体全体の形状がホタルに類似し、自然界での生息場所はサーモンベリー（*Rubus spectabilis*）のくすんだピンク色の花びらであると思われる。生物学的情報、および幼虫は知られていない。

近縁種
Matheteinae亜科に属する種は、他にカリフォルニア州北部の海岸に生息する*Ginglymocladus discoidea*と、やはりカリフォルニアのセコイア国立公園でのみ知られる*G. luteicollis*の2種だけである。*Ginglymocladus*属の種は、上翅が黒色あるいは周縁部が薄い色になった黒色だが、*Matheteus*では赤色である。ハナビラホタルモドキは現在のところ、この属で記載されている唯一の種である。

実物大

ハナビラホタルモドキはホタルと非常によく似ているが、体色は赤色がかっており、前胸背板に黒い円盤があり、触角は非常に長く櫛状である。体表は短く細い毛で覆われている。上翅は長く幅が広く、縦方向に明瞭な隆条がある。脚は黒色で、植物を登ったり植物上を歩くことに適応している。

多食亜目（カブトムシ亜目）

科	ジョウカイボン科(Cantharidae)
亜科	コバネジョウカイ亜科(Chauliognathinae)
分布	新北区：アリゾナ州、ニューメキシコ州
生息環境	川辺の生息地と周辺地域
生活場所	低木や樹木の花
食性	成虫は花粉、幼虫はおそらく小型昆虫を補食
補足	メキシコ北部の*Chauliognathus*属の種は1964年以来改訂されていない

成虫の体長
14〜17mm

アメリカジョウカイ
CHAULIOGNATHUS PROFUNDUS
LECONTE, 1858

*Chauliognathus*属の成虫は、一般的に花の上で見られ、北アメリカで最もよく見られるジョウカイボン科の甲虫である。アメリカジョウカイ（*Chauliognathus profundus*）の成虫は、特に流れに沿った峡谷の底に生えているさまざまな草本、樹木、低木の花で、多数見られることがある。赤色と黒色の*C. lecontei*と同じ植物で見られることもある。

近縁種
*Chauliognathus*属の350種近くの種は新熱帯区に生息し、さらにオーストラリアやパプア・ニューギニアに生育する種もある。*Chauliognathus*属は、北アメリカで見られる唯一のコバネジョウカイ族の属である。アメリカジョウカイは、メキシコ北部で知られている他の19種と、橙色あるいは赤橙色の体色、頭部と上翅の先端側3分の1が黒色であること、脚の大部分が黒色であることにより区別される。

実物大

アメリカジョウカイは体が柔らかく、やや平たく両側が平行で、体の大部分が橙色あるいは赤橙色である。頭部、触角節の基部、脚の大部分、上翅の先端側は黒色である。雌は雄に似ているが、腹部は側方に1対か2対の黒い斑点があり、先端部が黒色である。

多食亜目（カブトムシ亜目）

科	ジョウカイボン科(Cantharidae)
亜科	コバネジョウカイ亜科(Chauliognathinae)
分布	旧北区：シベリア東部
生息環境	温帯林
生活場所	丈の低い植物
食性	肉食性。花蜜や花粉で栄養を補う
補足	*Trypherus rossicus*はジョウカイボンの一種で、脅威を察知すると液体を滲出させて攻撃者を追い払う

成虫の体長
5.2〜9.5mm

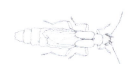

ロシアコバネジョウカイ
TRYPHERUS ROSSICUS
(BAROVSKY, 1922)

実物大

ロシアコバネジョウカイ（*Trypherus rossicus*）は典型的なジョウカイボンで、体は比較的柔らかく両側は直線的である。これらの甲虫は、一般的にバッタの卵、アリマキ、毛虫、その他の体の柔らかい昆虫を餌とすることから、多くの害虫に対する有効な抑制策となる。成虫はとくにアリマキの重要な捕食者である。花の蜜や花粉で栄養を補うので、結果的に花粉媒介者としての働きも少しではあるがもつ。この種とその近縁種は、1985年にMichael Brancucciによって詳細な再記載が行われた。

近縁種

*Trypherus*属は、旧北区、東洋区、新北区で記載された約30種を含む。日本の*T. babai*と共に、*T. rossicus*は雄の中脛節が先端付近でやや広がっていることにより、同属の他種と区別される。*Trypherus babai*とロシアコバネジョウカイは、雄の生殖器の形状で区別できる。

ロシアコバネジョウカイはハネカクシに類似しており、上翅が短く腹部体節が自由に動く。背側体表は短く密な毛に覆われている。下翅はよく発達し、上翅の下にはっきりと見える。前胸背板の側方は暗色、または縁の細い部分のみが黄褐色になっている。上翅は大部分が黒色だが、外側と先端の縁が黄色になっている。

多食亜目（カブトムシ亜目）

科	ジョウカイボン科（Cantharidae）
亜科	クシヒゲジョウカイ亜科（Silinae）
分布	新北区：アメリカ合衆国東部
生息環境	温帯の森林や低木地帯
生活場所	丈の低い植物や花
食性	肉食性
補足	Silis bidentataはアメリカ合衆国東部で見られるジョウカイボンの一種

成虫の体長
3〜4mm

フタトゲツブジョウカイ
SILIS BIDENTATA
(SAY, 1825)

実物大

Silis属は全世界に分布し約68種を含むが、それらの多くは北アメリカ、特にカリフォルニアに分布する。Silis属の成虫の同定には、薄板状の前胸、単純な形状の跗節爪、雄では分かれている腹部最終節など、いくつかの形態的特徴が有効である。フタトゲツブジョウカイ（Silis bidentata）は広く分布する一般的な種で、分布域の南北端では頭部の色に変異が見られるようである。この科に含まれる多くの種と同様に、この種も肉食性である。

近縁種

フタトゲツブジョウカイは、前胸背板の表面に浅い凹みがあること、触角がわずかに鋸歯状であること、跗節が同じくらいの長さであることにより、属内の他種と区別される。S. latilobaと類似しているが、フタトゲツブジョウカイでは前胸背板の後方角が尖って直角であるのに対し、S. latilobaは丸く不明瞭である。

フタトゲツブジョウカイは小型で体の柔らかい甲虫で、前胸背板は、薄い色で上翅は暗色（羽化直後の成虫では薄い褐色に見える）である。前胸背板の背側表面は磨いたような光沢があり、上翅には皺がある。前胸背板は、両側側面にそれぞれ1対の側方へ突出した突起がある。上翅は腹部全体を覆っておらず、生きている個体では、少なくとも最後部の2節は覆われていない。触角は長く頑丈で、鋸歯状である。

多食亜目（カブトムシ亜目）

科	マキムシモドキ科(Derodontidae)
亜科	ヒラタマキムシモドキ亜科(Peltasticinae)
分布	旧北区：シベリア東部、日本
生息環境	温帯林
生活場所	樹皮下
食性	菌食性
補足	Peltasticaはヒラタマキムシモドキ亜科で知られる唯一の属で、含まれる種の生物学的特徴のいくつかは不明である

成虫の体長
3.8〜4.2mm

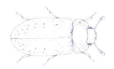

マキムシモドキ
PELTASTICA AMURENSIS
REITTER, 1879

実物大

*Peltastica*属は、マキムシモドキ科に含まれるいくつかの属のひとつで、*Peltasticinae*亜科では唯一の属である。2種が含まれ、*P. tuberculata*は北米、マキムシモドキはシベリア東部と日本に生息する。この属の種は、樹皮下の発酵した樹液と関連して見られ、そこで菌類を餌としている。マキムシモドキ（*Peltastica amurensis*）は眼の間に単眼を持ち、この科の他種とは異なり、前胸の側方は平らに広がっている。この種の生物学的情報には不明の部分が多い。

近縁種

この種は北米の*Peltastica tuberculata*と近縁であるが、上翅の長さと幅、前胸背板側面の形状、前胸背板の表面の特徴で区別できる。2007年に発表された系統分類学的分析では、*Peltastica*属はマキムシモドキ科の他種の姉妹群とされた。

マキムシモドキは小型の甲虫で、前胸と上翅は平たい。全体的に薄い褐色で頭部は黒色、前胸背板にディスク状の黒色の部分がある。触角はやや長く、触角の棍棒状部は明瞭である。前胸背板の側方と上翅は細かい鈍鋸歯状である。脚は褐色で歩行に適応している。

多食亜目（カブトムシ亜目）

科	マキムシモドキ科（Derodontidae）
亜科	ヒメマキムシモドキ亜科（Derodontinae）
分布	旧北区：ヨーロッパ
生息環境	温帯林
生活場所	枯死した樹木
食性	菌食性
補足	マキムシモドキ科の他種と同様に前方に2個の単眼をもつ

オウシュウモンヒメマキムシモドキ
DERODONTUS MACULARIS
(FUSS, 1850)

成虫の体長
2.5～3mm

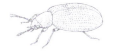

実物大

*Derodontus*属は3つの大陸の8種を含み、*Derodonitinae*亜科に含まれる唯一の属である。これらの種は個体数が多いが、オウシュウモンヒメマキムシモドキ（*Derodontus macularis*）は少なく、稀少種としてリストアップされている。これらの甲虫は、頭部側方にある2個の三角形の単眼と、前胸の側面に沿って存在する小棘によって容易に区別できる。この種は菌類を餌とし、幼虫は担子菌であるヤニタケ（*Ischnoderma resinosum*）の上で発見されてきた。

近縁種

オウシュウモンヒメマキムシモドキは*D. maculatus*、*D. esotericus*と類似している。これらの種はすべて一般的な上翅の模様が共通しているが、先端部の細かい構造が異なる。オウシュウモンヒメマキムシモドキはまた、前胸背板の形状が*D. trisignatus*、モンヒメマキムシモドキ（*D. japonicas*）と類似している。

オウシュウモンヒメマキムシモドキは小型の甲虫で、背側の体表の色は黄色から褐色までさまざまであり、暗褐色の模様がある。頭頂部には2個の単眼があり、中央部が深く溝状に凹んでいる。眼は突出して球状である。前胸背板の両側には、側面に沿って通常6本の鋭い歯状突起があり、上翅には明瞭な点刻の列からなる隆条が見られる。

多食亜目（カブトムシ亜目）

科	ヒメトゲムシ科(Nosodendridae)
亜科	
分布	旧北区：ヨーロッパ
生息環境	温帯林
生活場所	枯死した樹木
食性	菌食性
補足	この科の種は一般的な形状が非常に類似しており、大部分は体の下面の特徴、あるいは前胸と上翅の全体的な表面形状で区別される

成虫の体長
4～4.6mm

ヒメトゲムシ
NOSODENDRON FASCICULARE
(OLIVIER, 1790)

ヒメトゲムシ（*Nosodendron fasciculare*）は、この科で最初に記載された種で、最初は*Sphaeidium fasciculare*と記載された。現在のところ、この科でヨーロッパに生息することが知られる唯一の種である。ヒメトゲムシ科は*Nosodendron*属のみを含み、全世界で60種が生息するが、すべて全体的な形状が類似している。この科の甲虫はおそらく細菌、菌類および発酵生成物を餌とすると思われる。ヒメトゲムシは、ヨーロッパのいくつかの国では絶滅危惧種リストに記載されている。

近縁種

*Nosodendron*属の成虫は、近縁ではないが類縁関係のあるマルトゲムシ科の甲虫と同様に、脚を腹部表面にある凹みの中へ格納することができる。しかし、頭部が前口式であることなど、いくつか重要な相違点があり、マルトゲムシ科とは異なっている。ヒメトゲムシの最も近縁な種は、おそらく全北区に生息する種である*N. asiaticum*と、日本に生息するクロヒメトゲムシ（*N. coenosum*）、およびアメリカ合衆国に生息する*N. californicum*と*N. unicolor*である。

実物大

ヒメトゲムシは小型で黒色から暗褐色の甲虫で、顕著な凸面状で卵形の形状をもつ。体表は粗い点刻状で、上翅に黄色い毛の束が散在している。触角は頭状で、先端の3節が棍棒状をなしている。脚は頑丈で明らかに穴を掘ることに適応している。

多食亜目（カブトムシ亜目）

科	ヤコブソンムシ科（Jacobsoniidae）
亜科	
分布	オーストラリア区：オーストラリア北東部
生息環境	温帯林、亜熱帯林
生活場所	枯死した樹木の樹皮下
食性	おそらく菌食性
補足	この小型の甲虫の系統的な位置は明確でなく、特徴的な外見は特異な生物学的特徴をもつことを示唆している

ゴウシュウニセゾウムシ
SAROTHRIAS LAWRENCEI
LÖBL & BURCKHARDT, 1988

成虫の体長
1.7〜2.1mm

実物大

ヤコブソンムシ科は小さく、謎の多い科で、3属21種を含むが他の甲虫との類縁関係はよくわかっていない。この甲虫は、幼虫も成虫も樹皮下や植物の落葉落枝、コウモリの糞、腐食した木材に生息する。この科の種はコレクションに加えられることが少なく、生物学的情報はほとんど知られていない。ゴウシュウニセゾウムシ（*Sarothrias lawrencei*）は、クイーンズランド州北東部のオーストラリア熱帯湿潤地域で採集された少数の個体を元に記載され、一般的には落葉の中で見つかる。この種は翅がなく、幼虫は知られていない。

近縁種

ゴウシュウニセゾウムシはパプア・ニューギニアに分布する*S. papuanus*と非常に近縁である。これらは、分布、上翅の縦方向の隆条の数とそれらの間隔、また上翅の脈理間にある点刻の密度によって区別される。その他に、雄の生殖器の形状も分類の手がかりになる。

ゴウシュウニセゾウムシは非常に小さく、暗褐色の甲虫で、頭部はほとんど前胸内に隠れ、前胸基部の幅は上翅とほぼ同じである。触角は、触角節がかなり幅広く、散在する鱗状の毛で覆われる。背側の体表は大部分が球状で、いくつかの毛房が散在する。脚は比較的長く頑丈で、穴を掘ることに適応している可能性が高い。

多食亜目（カブトムシ亜目）

科	カツオブシムシ科 (Dermestidae)
亜科	チビカツオブシムシ亜科 (Orphilinae)
分布	新北区：北アメリカ西部、ブリティッシュコロンビア州からモンタナ州、東はネブラスカ州、南はカリフォルニア州、ニューメキシコ州
生息環境	温帯林から低木
生活場所	幼虫は枯死して乾燥し、菌類のついた樹木
食性	成虫は花粉を餌とする
補足	広く分布するが滅多に見られず、生物学的情報はあまり知られていない

成虫の体長
2.5〜4mm

クロツヤチビカツオブシムシ
ORPHILUS SUBNITIDUS
LECONTE, 1861

この科の多くの種と同様に、クロツヤチビカツオブシムシ（*Orphilus subnitidus*）も頭部に中央単眼をもつ。これは甲虫では稀な特徴だが、他の昆虫では見られる。単眼はカツオブシムシ科のすべてに見られるわけではない（例えば*Dermestes*属の種にはない）が、この構造をもつことは、一般的には科を同定する手がかりになる。*Orphilus*属は、近縁種の多くと同様に成虫は花を餌とするが、他のカツオブシムシ科の種と異なる点は、他のカツオブシムシの幼虫がもつ風変わりで特異な針状の毛がないこと、また腐肉ではなく乾燥して菌のついた木材を餌とすることである。

近縁種
*Orphilus*属は6種を含み、そのうち2種は北米、その他はユーラシア（ヨーロッパ中部と南部、地中海地域、小アジア、中央アジア）に生息する。この属はまた、コロラド州フロリサントの化石層で発見された斬新世初期の化石種1種も含むとされるが、この属に含めてよいかについては確認が必要である。Orphilinae亜科のもうひとつの属は*Orphilodes*で、これはオーストラリア、マレー半島、ボルネオ島に生息する。

実物大

クロツヤチビカツオブシムシは黒一色で、一般的には光沢がある。触角、口器、跗節は色が薄い。体は非常に小さくまとまっていて、ヒメハナムシ科の黒色の種に類似しているが、中央単眼があることで容易に区別できる。

多食亜目（カブトムシ亜目）

科	カツオブシムシ科（Dermestidae）
亜科	ケカツオブシムシ亜科（Trinodinae）
分布	全世界に分布：原産は中央アジア
生息環境	温帯林
生活場所	乾燥した生息地
食性	乾燥した動物性物質
補足	広く分布し、博物館などでは害虫

成虫の体長
2〜3mm

マサカカツオブシムシ
THYLODRIAS CONTRACTUS
MOTSCHULSKY, 1839

実物大

英名の「Odd Beetle」に相応しく、マサカカツオブシムシ（*Thylodrias contractus*）は実際奇妙な甲虫である。雄は脚がかなりひょろ長く、雌は幼形成熟（幼虫の形態を維持すること）を示し、上翅、小盾板、下翅がないが、雄雌とも前額部に特徴的な単眼をもつ。幼虫には変化した毛があり、他のカツオブシムシの幼虫と類似する。マサカカツオブシムシは、乾燥した動物性の物質が蓄積した乾いた環境で見られ、収蔵品を傷めるため博物館では深刻な害虫となっている。

近縁種

*Thylodrias*属は単型でTrinodinae亜科に含まれるが、この亜科は7つの属からなる。*Thylodrias*属は、やはり単型の属でジャワ島、ボルネオ島、マレーシア、フィリピンで見られる*Trichodrias*属と共に、Thylodrini族に含まれる。

マサカカツオブシムシは黄褐色あるいは薄い色の単色性で剛毛をもつが、雌雄で形状が大きく異なり、他の一般的に採集されるカツオブシムシとは似ていない。成虫の雄は体が柔らかく、わずかに硬化（スクレロチンにより硬くなる）しており、脚がひょろ長く、この科の他種ほどまとまった形状ではない。雌は幼虫型である。

多食亜目（カブトムシ亜目）

科	カツオブシムシ科(Dermestidae)
亜科	マダラカツオブシムシ亜科(Megatominae)
分布	全世界に分布：原産は中央アジア
生息環境	温帯林
生活場所	乾燥した生息地
食性	乾燥した動物性物質
補足	広く分布し、建物では害虫

成虫の体長
2.2〜3.6mm

シモフリマルカツオブシムシ
ANTHRENUS MUSEORUM
(LINNAEUS, 1761)

実物大

シモフリマルカツオブシムシ（*Anthrenus museorum*）は、カツオブシムシ科で最も多様性に富む属のひとつに含まれ、色彩に富むが、特に動物関連の収集家にとっては迷惑な存在である。一般的な種で、主に幼虫は毛皮、絨毯、羊毛、絹、羽毛、皮革、貯蔵穀物、剥製、死んだ昆虫などほとんど何でも食べる。人間の生活域以外では、成虫は日中花粉を餌としている姿が見られることがある。幼虫は、この科の大部分の幼虫と同様に目を引く姿をしており、触ると抜け落ちる針状に変形した毛をもつ。

近縁種
*Anthrenus*属は約130種を含む。シモフリマルカツオブシムシはヒメマルカツオブシムシ（*A. verbasci*）と非常によく似ているが、これは家の中により多く生息する。*Anthrenus*属の分類は複雑で、多くの種が非常によく似ており、歴史的にはシモフリマルカツオブシムシは14回も記載が繰り返されてきた。

シモフリマルカツオブシムシは非常に凸面状で、白色、黄色、赤色がかった色の鱗片からなる斑模様である。雌雄の外見は似ている。この種は、近縁でより一般的な種であるヒメマルカツオブシムシ（*A. verbasci*）と体色が似ているが、上翅の鱗片が少ないため、より黒色に見える。

多食亜目（カブトムシ亜目）

科	アミメナガシンクイムシ科（Endecatomidae）
亜科	
分布	新北区：ミズーリ州、イリノイ州南部、オクラホマ州、アラバマ州、テキサス州などアメリカ合衆国南東部
生息環境	温帯林
生活場所	落葉樹の菌類上
食性	樹木の菌類
補足	ある種の菌類上では一般的

成虫の体長
4.5〜5.5mm

セスジアミメナガシンクイ
ENDECATOMUS DORSALIS
MELLIÉ, 1848

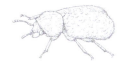

実物大

*Endecatomus*属の種は縮れた毛をもつ小型の甲虫で、寄主内に潜り込んでいる姿が容易に見つけられる。寄主は樹木に付く倍数体の菌類であることが多い。幼虫は甲虫型（蛆状）で、成虫と共に見られる。この小さな科は、かつてはナガシンクイムシ科に含まれていた。系統分類学的な関係は明確でないが、ナガシンクイムシ上科の非常に原始的な種と考えられている。セスジアミメナガシンクイ（*Endecatomus dorsalis*）は、アメリカ合衆国南東部で見られる種の中では最も稀少だが、この見逃されやすい種の分布は確認が必要である。見つけるには、菌類のついた寄主の内部を見てみる必要がある。

近縁種

アミメナガシンクイムシ科は小さく、過小評価されている科で、日本やロシア極東地域からオクラホマ州までの全北区に4種が生息するが、北アメリカ西部には見られない。あらゆる観点から、剛毛のあるナガシンクイムシのように見える。現代の甲虫分類の偉大な祖であるロイ・クロウソンは、1961年に他のナガシンクイムシとの基本的な類縁性について2つの仮説を提唱した。

セスジアミメナガシンクイは小型で円筒状の甲虫で、全体が赤褐色から暗褐色であり、密生した毛に覆われている。頭部は、他のナガシンクイムシ上科の種と同様に腹部方向を向き（下口型）、脚は背側からはっきり見える。雌雄は類似している。

多食亜目（カブトムシ亜目）

科	ナガシンクイムシ科（Bostrichidae）
亜科	Bostrichinae亜科
分布	新北区：メキシコ（バハ・カリフォルニア北部）、アメリカ合衆国（カリフォルニア州南部）
生息環境	砂漠
生活場所	カリフォルニア・ファン・パーム（Washingtonia filifera）
食性	植物食性
補足	世界最大のナガシンクイムシ

成虫の体長
30〜52mm

キョジンナガシンクイ
DINAPATE WRIGHTII
HORN, 1886

キョジンナガシンクイ（*Dinapate wrightii*）はナガシンクイムシ科では世界最大である。寄主として利用するのは、*Phoenix*属の種や、北米の砂漠のオアシスに見られるカリフォルニア・ファン・パーム（*Washingtonia filifera*）などの大型のヤシに限られる。幼虫と成虫は樹幹で餌を摂っている姿が見られるが、成虫は真夏には飛翔する姿も見られる。幼虫は最長で数年生存し、幼虫も成虫も数メートル以内の場所で餌を摂っていると言われる。この種は、かつては珍しい種であったが、今ではカリフォルニア・ファン・パームが装飾用の樹木として栽培されている地域、とくにアリゾナ州やカリフォルニア州では害虫とみなされている。これは広範囲の摂食でできたトンネルが樹木を弱らせ、強風で倒れる原因となるためである。

近縁種
Bostrichinae亜科の種は全世界で見られ、5族の60属を含む。Dinapatini族は1属のみからなり、この*Dinapate*属はキョジンナガシンクイと、メキシコに生息し同様にヤシを餌とする*D. hughleechii*の2種のみを含む。

キョジンナガシンクイは大型で円筒状の種で、全体が暗褐色で背側は金色の毛で覆われている。前胸の方向のために頭部は腹側を向き（下口型）、触角の棍棒状の構造は非対称である。上翅には、先端部の棘状の突起で合流して終わる、盛り上がった前縁脈（隆条）がある。幼虫は蛆状である。

実物大

多食亜目（カブトムシ亜目）

科	ナガシンクイムシ科（Bostrichidae）
亜科	Psoinae亜科
分布	旧北区：ヨーロッパ南部、アジア西部、アフリカ北部
生息環境	森林、開けた林地
生活場所	下層の植物やつる植物
食性	植物食性
補足	通常は植物と関連づけられるが、この種は図書館の所蔵本の害虫とされてきた

成虫の体長
6〜14mm

カッコウモドキナガシンクイ
PSOA DUBIA
(ROSSI, 1792)

ナガシンクイムシ科の種はほとんどすべて、幼虫が穿孔性である。*Psoa*属は、ブドウ（*Vitis*属の種）などの樹木性のつる植物と関連がある。ヨーロッパの図書館の害虫に関するいくつかの古い記述では、カッコウモドキナガシンクイ（*Psoa dubia*）を古書その他の手稿の害虫（「本喰い虫（bibliophagous）」）としているが、この種は非常に稀少で図書館の深刻な脅威とは考えられない。成虫の大きさはさまざまだが、これは幼虫期の餌の栄養の量の違いから来る、穿孔性の昆虫の典型的な特徴である。

近縁種

Psoinae亜科は小さな亜科で、5属が主に旧世界で記載されている。*Psoa*属は、地中海地域の2種と北アメリカ西部の3種を含む。地中海地域の2種は全体的な外見が類似しているが、体色と上翅の柔毛の生え具合が異なる。*Psoa*属の種は、明るい体色と円筒形の形状により、カッコウムシ科の甲虫と表面的な類似が見られる。

実物大

カッコウモドキナガシンクイは縦長でやや円筒形の種で、毛に覆われている。体色は黒色で、上翅は鈍い褐色から鮮やかな赤色である。頭部はわずかに下口型で、触角の棍棒状の構造は対称的である。上翅には不規則な点刻状の凹みがあり、先端は丸い。この属の種は、ナガシンクイムシ科では珍しく比較的明るい体色をもつ。

多食亜目（カブトムシ亜目）

科	ナガシンクイムシ科（Bostrichidae）
亜科	コガタナガシンクイ亜科（Dinoderinae）
分布	全世界：原産は熱帯アメリカおよび合衆国南部、世界の温帯・熱帯に移入
生息環境	温帯・熱帯
生活場所	貯蔵食品
食性	幼虫・成虫とも貯蔵食品
補足	成虫は穀物に精密な丸い穴を開けて中に入り込む

成虫の体長
3〜4.5mm

オオコナナガシンクイ
PROSTEPHANUS TRUNCATUS
(HORN, 1878)

実物大

オオコナナガシンクイ（*Prostephanus truncatus*）の本来の生息地は中南米の熱帯であり、そこは主な寄主であるトウモロコシの起源地でもある。貿易を通じて世界中に分散し、トウモロコシだけでなくキャッサバなどその他の貯蔵食糧にも深刻な被害をもたらしうる。貯蔵穀物に小さく精密な針であけたような穴があり、粉の山ができているのは、オオコナナガシンクイがいる証拠だ。さらなる分布拡大を防ぐ方法はいくつかあるが、徹底した衛生管理が最も経済的で容易かつ環境負荷の低い方法である。

近縁種
*Prostephanus*属は5種からなり、その大半は北米に固有だが、1種はチリに生息する。ナガシンクイムシ科の貯蔵穀物害虫は他にもおり、コナナガシンクイ（*Rhyzopertha dominica*）はより小型で細長い体型をしている。

オオコナナガシンクイは小さな円筒形の甲虫で、一様な暗褐色から赤褐色をしており、まばらな剛毛に覆われている。頭部は下向き（下口型）で前胸の下部に収納され、前胸背板の前部のよく発達した棘状の歯状突起を持つ部分は、トウモロコシなどの貯蔵食品に穴をあけるのに使われる。

多食亜目（カブトムシ亜目）

科	ナガシンクイムシ科（Bostrichidae）
亜科	ヒラタキクイムシ亜科（Lyctinae）
分布	熱帯全域
生息環境	湿性林
生活場所	倒木の乾いた辺材部分
食性	幼虫・成虫とも木材
補足	1858年にセイロン（スリランカ）で採集された標本にもとづいて初めて記載され、後に異なる種名でインドネシア（1866年）、ドミニカ共和国（1879年）、ハワイ（1879年）で再記載された

ケブトヒラタキクイムシ
MINTHEA RUGICOLLIS
(WALKER,1858)

成虫の体長
2〜3mm

実物大

ケブトヒラタキクイムシ（*Minthea Rugicollis*）は全世界の熱帯に分布する、乾燥材木の害虫である。一部の森林昆虫研究者はこの種の個体数が増加していると考えており、一部の熱帯の国々の経済に悪影響を及ぼしている可能性がある。ナイジェリア、インドの一部、米国では最も損害の大きい害虫と位置づけられている。その原因のひとつは、熱帯では年間を通じて活動するという、この種の生活史にあるのかもしれない。卵から成虫までの成長には2〜6ヵ月を要し、その期間の長さは木材のでんぷんと水分の含有量、および気温に左右される。

近縁種
*Minthea*属は世界の熱帯に8種が生息し、Dinoderinae亜科の中では目を引くグループの1つだ。総じて「粉吹き甲虫」と呼ばれるこのグループには、他の害虫も含まれるが、よく見かけるこの類の甲虫は*Minthea*属に特徴的な鱗片をもたない。

ケブトヒラタキクイムシは細長くやや平たい形をした、褐色から赤褐色の種である。特徴的な鱗片が整然とした列をなして上翅を覆う。触角根は2分節からなり、前胸背板の中央に特徴的な模様をもつ。

多食亜目（カブトムシ亜目）

科	ナガシンクイムシ科（Bostrichidae）
亜科	Euderiinae亜科
分布	オーストラリア区：ニュージーランド
生息環境	温帯林
生活場所	ナンキョクブナ（*Nothofagus*）属およびマキ属の樹木
食性	幼虫は生木または枯死木に穴を掘って食べる
補足	2012年の文献では「本来より稀」と区分されている

成虫の体長
4.4〜5.3mm

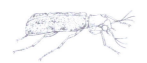

ミツマタナガシンクイ
EUDERIA SQUAMOSA
BROUN, 1880

実物大

ミツマタナガシンクイ（*Euderia squamosa*）は奇妙で採集数の少ないナガシンクイムシ科の甲虫で、同じ科に属する他種との系統関係ははっきりしていない。記載当初はヒョウホンムシ科に分類され、その後ナガシンクイムシ科に移されたものの、形態上は前者との共通点の方が多い。採集された標本は比較的少ないが、寄主の利用パターンから、数種の温帯性樹木を餌にしているとみられる。

近縁種

ミツマタナガシンクイは*Euderia*属の唯一の種であり、また単独でニュージーランドに固有のEudeiinae亜科をなす。系統関係は不確かで、他のナガシンクイムシ科やヒョウホンムシ科の種と異なる外見をしている。*Euderia*属はもうひとつの特異なナガシンクイムシである*Endecatomus*属とひとまとめにされることが多く、いずれも甲虫分類学者にとっての難題である。

ミツマタナガシンクイは細長く円筒形に近い形の種で、灰色ないし褐色のまだら模様がある。灰色の鱗片に密に覆われ、雄は目立つ櫛状の触角をもつ。基節の間の溝に触角が陥入するなど、いくつかの特徴は他のナガシンクイムシ科にはみられず、むしろヒョウホンムシ科と共通する。

多食亜目（カブトムシ亜目）

科	ヒョウホンムシ科(Ptinidae)
亜科	ヒョウホンムシ亜科(Ptininae)
分布	全世界
生息環境	森林
生活場所	堆積し乾いた動植物質
食性	貯蔵食品
補足	癒合した上翅が気門をふさぎ、水分蒸発を防ぐ

ニセセマルヒョウホンムシ
GIBBIUM AEQUINOCTIALE
BOIELDIEU, 1854

成虫の体長
1.7〜3.2mm

実物大

*Gibbium*属はデトリタス食者で、動物質であれば犬用ビスケットやポピーシードケーキから革やウールまで何でも食べる。食物が豊富な場所では普通にみられるが、それ以外では稀であり、とりわけ野外では、本来は齧歯類の貯め糞に依存すると考えられている。普通種のニセセマルヒョウホンムシ（*Gibbium aequinoctiale*）は飛行能力をもたないにもかかわらず、驚異的に広く分布する。その理由は休眠能力と耐寒性、および水なしで長期間生存可能であることだ。

近縁種

*Gibbium*属は2種からなる。ニセセマルヒョウホンムシはしばしば旧世界のセマルヒョウホンムシ（*G. psylloides*）と混同される。2種の識別は困難だが、触角挿入孔と生殖器の形状が異なる。また2種は*Mezium*属にも似るが、それらよりも腹板の数が少なく、頭部と前胸背板は剛毛を欠く。

ニセセマルヒョウホンムシはダニのような外見をしている。丸みがあり小さく球形をしていて、前胸背板と上翅に剛毛や点刻はない。色は赤から黒まで多様で、腹側にある短く密な金色の剛毛は、触角とクモのような長い脚の色と同一である。

多食亜目（カブトムシ亜目）

科	ヒョウホンムシ科(Ptinidae)
亜科	マツシバンムシ亜科(Ernobiinae)
分布	新北区および新熱帯区：メキシコおよびカリフォルニア州原産、南ヨーロッパ・北アフリカに移入（マデイラ諸島、マルタ、スペイン、チュニジア）
生息環境	温帯林
生活場所	主に朽木、花、乾燥した植物質
食性	果物、茎、オークの虫癭、松かさ
補足	ニュージーランドへの移入記録には確証が得られていない

成虫の体長
1.5〜2.5mm

ツノキバヒョウホンムシ
OZOGNATHUS CORNUTUS
(LECONTE, 1859)

実物大

ツノキバヒョウホンムシ（*Ozognathus cornutus*）の原産地は北米西部だが、分布を拡大し現在では南ヨーロッパと北アフリカに定着した。コガネムシ科の多くの種にみられるような角は、ヒョウホンムシ科では稀だが、朽木を食べるいくつかの種にみられ、ツノキバヒョウホンムシの雄には見事な角が大顎の基部から頭部の上方に向かって生えている。この種の生態はほとんど知られていないが、角を持つ他の甲虫と同様に、雄同士は雌との交尾をめぐって闘うとみられる。

近縁種

Ernobiinae亜科には多くの属があり、その全てないしほとんどが木食性であるため、朽木を叩くか、木ごと袋で覆って育て、自然に出てくるのを待つことで容易に見つけられる。*Ozognathus*属は北米に生息する3種からなり、たいていの近縁種とは雄の大顎にある角によって区別できる。

ツノキバヒョウホンムシは小さな暗褐色のヒョウホンムシで、楕円形で厚みがあり、体全体が長い剛毛で覆われている。頭部は下向き（下口型）で、雄は大顎の基部から突出する大きな角を持つ。また雄には長い触角棍もある。雌の同定は遥かに難しく、その特徴は特殊な性的二型を持たない他のマツシバンムシ亜科の種と酷似している。

多食亜目（カブトムシ亜目）

科	ヒョウホンムシ科（Ptinidae）
亜科	マツシバンムシ亜科（Ernobiinae）
分布	旧北区および東洋区：ヨーロッパとアジアの広範囲
生息環境	温帯林
生活場所	硬材
食性	幼虫は菌類に分解された木を食べる
補足	音をたてる際、本種はすべての脚で体をもち上げ、平らな頭頂部を足場である木に向けて、体ごと振り下ろす

成虫の体長
4〜9mm

マダラシバンムシ
XESTOBIUM RUFOVILLOSUM
(DE GEER, 1774)

マダラシバンムシ（*Xestobium rufovillosum*）が死を告げるという迷信は、雌雄ともに木材に止まって（とりわけ夜にむき出しのオーク材の梁の上で）カチカチと不気味な音をたてることに由来する。この儀式は、最初に交尾相手を探す雄がドラミングを行い、静止している雌がそれに応えて音をたてるというものだ。やがて雄が雌を見つけて交尾に至るが、雌は雄がたてる音を基準に交尾相手を選ぶ。報告によれば、オーク材を使っている19世紀以前の英国の建物はほぼすべてが過去に、あるいは今現在、この甲虫の食害を受けている。

近縁種
Ernobiinae亜科のヒョウホンムシ類は、世界中で分類上放置されており、これは他の多くの小型甲虫の分類群にもいえることだ。*Xestobium*属は17種からなり、大部分はヨーロッパおよび北米に生息し、どの種も硬材を食害する。マダラシバンムシに最も似ているのは、極東ロシアに生息する*X. elegans*だ。

実物大

マダラシバンムシは中型で楕円形をした厚みのある木食性昆虫で、体色は赤褐色から暗褐色または黒である。長く、淡色または黄色味がかった、髪の毛のような剛毛が全体を覆う。

多食亜目（カブトムシ亜目）

科	ヒョウホンムシ科(Ptinidae)
亜科	セスジシバンムシ亜科(Xyletininae)
分布	主に熱帯
生息環境	人家
生活場所	貯蔵食品
食性	多種多様な貯蔵された植物質を食べる
補足	タバコ害虫として最も被害の大きい種のひとつ

成虫の体長
2〜3mm

タバコシバンムシ
LASIODERMA SERRICORNE
(FABRICIUS, 1792)

実物大

タバコシバンムシは小さく赤褐色で、コンパクトで楕円形をしていて厚みがあり、体は剛毛で覆われている。頭は前胸の下にしっかりとしまい込まれており、本種は脅威を受けると脚を体の下に引っ込めて動かなくなる。触角はぎざぎざで触角棍はなく、上翅はなめらかで明瞭な隆条を持たない。

タバコシバンムシ（*Lasioderma serricorne*）とヒトの関わりの歴史は長く、3300年以上前に死亡したエジプト王ツタンカーメンの墓所の中の乾燥した樹脂の内部でも発見されている。片付いていない収納棚の中で大発生し、剛毛におおわれたイモムシ型の幼虫は約26日で成長する。中腸内の共生細菌は消化を補助し、ビタミンやステロールを補給し、毒物への抵抗性を高める。細菌は菌細胞塊と呼ばれる特化した器官に貯蔵されており、雌では卵が卵管を通過する際に表面に付着し、孵化幼虫は卵殻を食べて細菌を体内に取り込む。

近縁種

セスジシバンムシ亜科は30以上の属、約150種を含む多種多様な分類群である。*Lasioderma*属は約40種からなり、大部分が旧北区に生息する。タバコシバンムシとしばしば混同されるシバンムシ亜科のジンサンシバンムシ *Stegobium paniceum* も本種と似た習性をもつが、ジンサンシバンムシがもつ上翅の明瞭な条線はタバコシバンムシには見られない。

多食亜目（カブトムシ亜目）

科	ヒョウホンムシ科（Ptinidae）
亜科	キノコシバンムシ亜科（Ptinidae）
分布	新北区：北米南東部、テキサス州北東部からニュージャージー州まで、南はフロリダ州まで
生息環境	温帯林
生活場所	菌類
食性	幼虫・成虫ともホコリタケを食べる
補足	成虫に遭遇することは稀

成虫の体長
2〜2.5mm

アメリカホコリタケシバンムシ
CAENOCARA INEPTUM
FALL, 1905

実物大

朽木食の種が大部分を占める分類群に属しながら、キノコシバンムシ亜科の多くは食菌性であり、木を腐らせる菌を食べる。Caenocara属の本種はホコリタケやそれに似た多くの種の菌の上でみられる。このような特異性は甲虫において繰り返し進化したが、食菌性昆虫全体の中ではあまり多くない。アメリカホコリタケシバンムシ（Caenocara ineptum）の成虫は稀で、寄主の菌の上で交尾中や産卵中に発見されることが多い。イモムシ型の幼虫は成長中の菌の子座（多数の菌糸が寄り集まってクッション状になったもの）を食べ、キノコ愛好家が好む立派なホコリタケをだめにすることがある。

近縁種

Ptinidae亜科は分類学的に多様であり、50属、約150種からなるが、放置された分類群でもあり、とりわけ熱帯には多くの未記載種が存在する。Caenocara属は約16種からなり、ほとんどが全北区に生息する。北米で唯一ホコリタケを食べることが知られている属である。

アメリカホコリタケシバンムシは小さく円形で厚みのある黒い甲虫で、剛毛に覆われ、光沢のある角質層を持つ。本種は脅威を受けると頭を前胸の下にしまい込み、付属肢を縮めて、ホコリタケの上から林床の中へ転がり落ちる。触角棍の分節は大型化しており、上翅の側面には明瞭な隆条がある。

多食亜目（カブトムシ亜目）

科	ツツシンクイ科（Lymexylidae）
亜科	ホソツツシンクイ亜科（Hylecoetinae）
分布	全世界：原産地はスカンディナビア北部から西はシベリア、南はカフカス山脈にかけて；現在は全世界に分布を拡大
生息環境	温帯林
生活場所	針葉樹、落葉樹
食性	幼虫は木に穴を開け、共生菌を食べる
補足	幼虫は清潔好きで、巣穴に糞を残さない

成虫の体長
6〜18mm

ムネアカホソツツシンクイ
ELATEROIDES DERMESTOIDES
(LINNAEUS, 1761)

ツツシンクイ科の全種に共通だが、ムネアカホソツツシンクイ（*Elateroides dermestoides*）の幼虫は木に穴を開ける。本種はトンネルの表面を覆うアンブロシア菌を栽培し食べる。雌は産卵管の先端付近に菌嚢と呼ばれる特殊な袋を持ち、その中に酵母のような菌の胞子を貯蔵している。産卵時にこの胞子が卵に付着し、その後の孵化の際に初齢幼虫に付着する。本種がいったん木に菌を植えつけると、幼虫の巣穴はこの菌で覆い尽くされ、他種の菌は駆逐される。

近縁種

Hyecoetinae亜科は全北区に分布する1属6種からなる。どの種も細長い上翅をもつが、他のツツシンクイ科の種とは頭蓋にくぼみがあることで区別される。ムネアカホソツツシンクイは北米産のE. lugubrisと酷似するが、経済に影響を与えるのは前者のみである。

ムネアカホソツツシンクイは細長く、淡褐色から黄褐色をしており、頭は時には暗色で、剛毛に覆われる。胴は柔らかく、上翅には間隔の広い翅脈がうっすらとある。雄の小顎鬚には装飾的な器官があり、触角は扇形をしているが、雌（写真）の触角はぎざぎざしている。

実物大

多食亜目（カブトムシ亜目）

科	ツツシンクイ科（Lymexylidae）
亜科	Atractocerinae亜科
分布	熱帯アフリカ：西アフリカとマダガスカルに広く分布
生息環境	熱帯林
生活場所	マホガニー（*Swietenia spp.*）、チーク（*Tectona grandis*）、カシューナッツ（*Anacardium occidentale*）などの樹種
食性	幼虫は木食性
補足	標本は夜間にブラックライトとマレーズトラップを用いて採集するのが最も一般的

成虫の体長
15～60mm

アフリカコバネナガツツシンクイ
ATRACTOCERUS BREVICORNIS
(LINNAEUS, 1766)

*Atractocerus*属はどの種も奇妙な外見をしており、新米昆虫学者には甲虫というより空飛ぶイモムシのように見える。属内の一部の種は鮮やかな色彩をもち、カリバチに擬態していると考える研究者もいる。本種は大きな眼と、主として夜間採集で標本が得られていることから、夜行性であると考えられる。幼虫は木食性で、初齢幼虫の尾の先は硬化した平面ないし凹面になっていて、捕食者や寄生虫から巣穴を防衛するのに使われる。

近縁種

Atractocerinae亜科には現在6属が知られる。1985年、*Atractocerus*は5属に分割され、6番目の属は2004年にヨーロッパ南東部で発見された。他の短翅型のツツシンクイ科の甲虫とは、眼が大きい点、頭の幅が前胸背板より狭い点で区別できる。

アフリカコバネナガツツシンクイは蠕虫型で上翅は退化しており、下翅は休息時には縦方向にたたまれる（複雑なたたみ方をするハネカクシ科とは異なる）。前胸背板の中央に幅広くふつう淡褐色の縦縞があり、長い跗節も淡褐色で、暗色をした体のそれ以外の部分と対照をなす。雄の小顎鬚には複雑に枝分かれした器官がある。

実物大

多食亜目（カブトムシ亜目）

科	ウロコタケヌスト科(Phloiophilidae)
亜科	
分布	旧北区：ヨーロッパ
生息環境	温帯林
生活場所	低い植生や朽木
食性	食菌性
補足	Phloiophilidae科はただ一種からなり、ヨーロッパにのみ生息し、ジョウカイモドキ科に近縁とみられる

成虫の体長
2.5〜3.3mm

ウロコタケヌスト
PHLOIOPHILUS EDWARDSII
STEPHENS, 1830

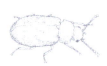

実物大

Phloiophilidae科は本1属1種のみからなる。Phloiophilidae科はジョウカイモドキ科と近縁とみられるが、最近の研究ではコクヌスト科に内包されることが示唆されている。本種は生きた植物、地衣類、菌類の上で見られる。幼虫・成虫とも高密度になり、イングランド北部ではナラ類に発生するコガネシワウロコタケ（*Phlebia merismoides*）の子実体と関係が深い。蛹は土の中に見られる。幼虫は冬に活発になる。

近縁種

カッコウムシ上科の科どうしの系統関係は不明確である。カッコウムシ上科の一部の分類群はヒラタムシ上科との区別が難しい。甲虫類の大部分を対象とした幼虫・成虫の形態にもとづく包括的な系統分類研究が2011年に出されたが、残念ながらウロコタケヌスト科はこの研究に含まれなかった。ウロコタケヌスト（*Phloiophilus edwardsii*）はこの科の唯一の種である。

ウロコタケヌストは暗褐色の頭と前胸背板（羽化して間もない成虫では淡褐色）を持つ小さな甲虫である。上翅には淡褐色と暗色の部分が混在し、背面は細く密な剛毛で覆われている。触角は長く3分節からなる触角棍がある。前胸は平らで、脚は長く淡褐色。

多食亜目（カブトムシ亜目）

科	コクヌスト科（Trogossitidae）
亜科	マルコクヌスト亜科（Peltinae）
分布	新北区：カナダのマニトバ州からノバスコシア州、米国のマサチューセッツ州、メイン州、ニューハンプシャー州、ニューヨーク州、バーモント州
生息環境	温帯林
生活場所	朽木の樹皮の下
食性	食菌性
補足	コクヌスト科は多種多様な種を含み、希少種や情報の少ない種もいる

成虫の体長
4.9〜10.4mm

ヒラタコクヌスト
GRYNOCHARIS QUADRILINEATA
(MELSHEIMER, 1844)

実物大

*Grynocharis*属は北半球に生息し、ヨーロッパ原産の*G. oblonga*は生息環境の悪化によりIUCNレッドリストに掲載されている。2013年に*Grynocharis*属および近縁属の分類と系統関係を再検討する研究が出された。ヒラタコクヌスト（*Grynocharis quadrilineata*）はペンシルベニア州産の標本にもとづいて記載され、米国北東部とオンタリオ州、ケベック州および周辺地域に分布する。本種は現在のところLophocaterini族に分類されている。成虫は2月から4月にかけて落葉樹および針葉樹の樹皮の下や朽木の中にみられる。

近縁種

*Grynocharis oregonensis*はヒラタコクヌストに似るが、上翅の隆条がより顕著で、上翅の側面は平らである。ヒラタコクヌストのその他の識別点として、前肢の脛節の端刺が1本であること、触角棍とも呼ばれる触角の先端の3分節が非対称な形をしていることが挙げられる。

ヒラタコクヌストは暗褐色から黒色の小型の甲虫で、背面には光沢がある。前胸背板には微細な点刻があり、上翅には粗い隆条がみられる。前胸は横長で前面の端がわずかに突出する。触角は比較的長く、先端の3分節は他よりも大きい。脚はがっしりしていて、樹皮の下を動き回るのに適している。

多食亜目（カブトムシ亜目）

科	コクヌスト科（Trogossitidae）
亜科	マルコクヌスト亜科（Peltinae）
分布	新北区：北米西部
生息環境	山間部の針葉樹林
生活場所	幼虫・成虫とも針葉樹の枯れ木の樹皮の下に住む
食性	幼虫・成虫とも木を分解する菌を食べるとみられる
補足	かつてOstoma属に分類されていた

成虫の体長
5〜11mm

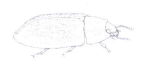

マダラヒラタコクヌスト
PELTIS PIPPINGSKOELDI
(MANNERHEIM, 1852)

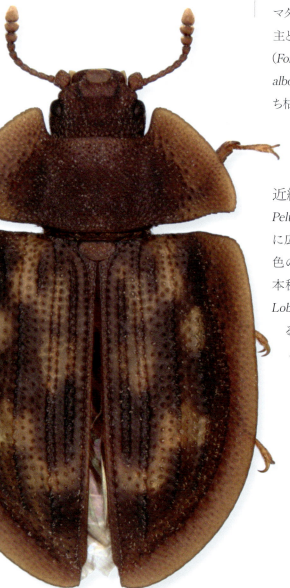

マダラヒラタコクヌスト（*Peltis pippingskoeldi*）は幼虫・成虫とも、主として針葉樹に寄生する多孔菌類、すなわちツガサルノコシカケ（*Fomitopsis pinicola*）、*Oligoporus leucospongia*、*Pycnosporellus alboluteus*を好む。成虫は平たく、マツ、モミ、ベイマツ、ツガの立ち枯れ木や丸太の樹皮の下の生活に適応している。幼虫は朽木の中でそれを食べて成長する。本種は北米では主として針葉樹林に生息する。

近縁種

*Peltis*属は9種からなり、北米の北部および西部、ユーラシアに広く分布する。上翅にある畝をなす突起と赤みがかった黄色の模様により、*P. pippingskoeldi*は属内他種と区別される。本種は同じように平らなケシキスイ類、例えば*Amphotis*属、*Lobiopa*属、*Prometopia*属といった北米産の属と一見似ているが、これらは*Peltis*属よりもずっと小型で細長く、触角棍も小さい。

実物大

マダラヒラタコクヌストは平たく、鈍い赤褐色をしており、脚は相対的に短い。触角の先端の3分節は不明瞭な触角棍をなす。上翅の6本の畝には突起が並んでおり、その間の上翅表面には赤みがかった黄色の模様がある。

多食亜目（カブトムシ亜目）

科	コクヌスト科（Trogossitidae）
亜科	コクヌスト亜科（Trogossitinae）
分布	全北区：北米およびヨーロッパ
生息環境	針葉樹林
生活場所	幼虫・成虫とも枯れたマツの樹皮の下に住む
食性	幼虫は（おそらく成虫も）食菌性
補足	狭い生活場所に最適な形をしている

成虫の体長
6〜12mm

キハダコクヌスト
CALITYS SCABRA
(THUNBERG, 1784)

キハダコクヌスト（*Calitys scabra*）の成虫はマツ類（*Pines*）、トウヒ類（*Picea*）、モミ類（*Abies*）の立ち枯れ木や丸太のはがれかかった樹皮の下で見られる。幼虫はツガサルノコシカケ（*Fomitopsis pinicola*）などの多孔菌類の子実体を食べる。本種はヨーロッパのいくつかの国において、原生針葉樹林の急速な減少により絶滅が危惧されている。北米においては、カナダと米国北部の森林地域一帯に生息する。

近縁種

*Calitys*属は北米とヨーロッパに生息する2種からなる。唯一の属内他種である*C. minor*は北米に生息し、普通やや小型（6〜8mm）で、赤褐色をしており、前胸背板と上翅の凹凸は本種より不明瞭である。前胸背板と上翅の側面は色が薄く半透明をしている。本種はカナダ、米国西部およびカリフォルニア州中部、ネバダ州にかけて分布する。

実物大

キハダコクヌストは側面が平行で、やや平たく、暗褐色から黒色である。ざらざらした表面には突起があり、そこから短くカールした剛毛が生えている。幅広い前胸背板と上翅には、それぞれ隆起した部分と突起でできた畝があり、いずれも側面は鋸歯状になっている。上翅の2本目と3本目の畝は先端で合流し、5本目の畝は縁にある。

多食亜目（カブトムシ亜目）

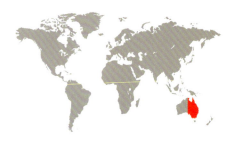

科	コクヌスト科 (Trogossitidae)
亜科	コクヌスト亜科 (Trogossitinae)
分布	オーストラリア区：オーストラリア東部
生息環境	森林
生活場所	朽木
食性	捕食性
補足	*Leperina*属を含むGymnochilini族は多様な分類群で、その分布域は世界各地に散在する

成虫の体長
6.6〜10.5mm

ゴウシュウゴマダラコクヌスト
LEPERINA CIRROSA
PASCOE, 1860

*Leperina*属の分類学史にはいくつもの学名が登場するが、たいていはシノニムか無効だ。この属はオーストラレーシア、アフリカ、南太平洋に分布するGymnochilini族に含まれる。*Leperina*属はオーストラリア、パプアニューギニア、ニューカレドニアおよび周辺地域に分布し、現在のところ大部分の種がオーストラリアに生息する。ゴウシュウゴマダラコクヌスト（*Leperina cirrosa*）はオーストラリア東部に生息し、幼虫・成虫とも捕食性で、ユーカリやアカシアなどの樹木につく木食性昆虫の巣穴の中や樹皮の下に住む。

近縁種

最新の分類では、*Leperina*属は18種からなる。近縁の*Phanodesta*属の系統分類研究において、ゴウシュウゴマダラコクヌストは*L. decorata*と*L. moniliata*からなる系統群と姉妹群の関係におかれている。これらの種間の系統関係を明らかにするにはより広範な分析が必要である。2013年に初めて記載された、近縁の*Kolibacia*属は、上翅の畝の間の点刻が異なる。

実物大

ゴウシュウゴマダラコクヌストは白と黒の鱗片で密に覆われている。前胸の前端は前方に突出している。触角は短く、先端に3分節からなる棍を持つ。脚はがっしりしていて、樹皮の下を動き回るのに適応しているとみられる。上翅には縦方向に粗く点刻が並んで条線をなしており、普通は剛毛で覆われている。

多食亜目（カブトムシ亜目）

科	コクヌスト科（Trogossitidae）
亜科	コクヌスト亜科（Trogossitinae）
分布	新北区：北米西部
生息環境	針葉樹林、オーク林および河畔林、砂漠
生活場所	枯れ枝や朽木の樹皮の下
食性	幼虫・成虫ともにすべての成長段階の木食性昆虫を捕食する
補足	属名はしばしばTemnocheilaと誤って綴られる

成虫の体長
8〜20mm

ケンランオオコクヌスト
TEMNOSCHEILA CHLORODIA
(MANNERHEIM, 1843)

ケンランオオコクヌスト（*Temnoscheila chlorodia*）はグレートプレーンズ以西に広く分布し、山地林、渓谷、砂漠に生息する。幼虫・成虫ともにキクイムシの重要な捕食者であり、針葉樹などの表面で枯れ枝の樹皮の下に潜り込み、獲物を求めて木食性昆虫の巣穴を探しているところがしばしば見られる。幼虫はすべての成長段階（卵・幼虫・蛹・新成虫）のキクイムシを捕食し、樹皮の下で蛹化する。成虫は強力な顎をもち、手で扱う際に噛まれるとかなり痛い。本属を利用してキクイムシの個体数を抑制しようとする試みは失敗に終わった。

近縁種

*Temnoscheila*属は約150種からなり、北半球および新熱帯区に広く生息し、大部分の種は南米産である。ケンランオオコクヌストは北米産の2種のメタリックグリーンの同属他種、*T. acuta*および*T. virescens*に似るが、この2種はいずれもグレートプレーンズ以東にのみ生息する。

実物大

ケンランオオコクヌストは細長く、断面は円筒形ではなく、側面が平行で、前胸背板と上翅にはやや厚みがある。本種は一様に光沢のあるメタリックグリーンかブルーグリーンで、稀に紫がかることもある。前胸背板の尖った前端が目立つが、それに比べ眼は目立たない。長い上翅には微細で浅い孔が点刻をなして並んでいる。

多食亜目（カブトムシ亜目）

科	コクヌスト科（Trogossitidae）
亜科	コクヌスト亜科（Trogossitinae）
分布	全世界
生息環境	食品貯蔵施設
生活場所	穀物の貯蔵容器
食性	幼虫・成虫とも植物質および動物質を食べる
補足	世界中で貯蔵食品の害虫である

成虫の体長
6〜10mm

コクヌスト
TENEBROIDES MAURITANICUS
(LINNAEUS, 1758)

コクヌスト（*Tenebroides mauritanicus*）は貯蔵食品の深刻な害虫である。幼虫・成虫ともに穀物やシリアル、ナッツ、ドライフルーツ、イモ類などさまざまな植物質の貯蔵食品を食べ、同時に他の食品害虫を捕食する。本種は穀物倉庫や倉庫、製粉所に住む。また幼虫は穀物倉庫の木造部分に穴をあけて蛹化し、さらに損害を与える。1匹の雌が1000個もの卵を食品に産みつけ、卵はすぐに孵化して、黒い頭と腹部の先端の黒い1対の突起を持つ肉質の幼虫になる。生活環はわずか70日で完結することもあるが、環境条件が最適でない場合はより長くかかる。

近縁種

*Tenebroides*属は約150種からなり、北半球および新熱帯区に分布し、大部分の種は南米産である。同属他種との識別は困難だが、コクヌスト以外の貯蔵穀物・貯蔵植物質食品に害をおよぼす甲虫とは、大きさ・色・体型から十分に区別できる。

実物大

コクヌストは細長くやや厚みがあり、光沢のある暗褐色から黒色をしている。触角の第8〜11分節の形はみな似ており、先端に向かって大きくなる。前胸背板は前方から後方に向かって徐々に細くなり、端は上翅の基部からかなり離れている。上翅はやや平らで、深い楕円形の点刻がうっすらと条線をなしている。

多食亜目（カブトムシ亜目）

科	カッコウヌスト科（Chaetosomatidae科）
亜科	
分布	オーストラリア区：ニュージーランド
生息環境	亜温帯林
生活場所	樹皮の下
食性	おそらく捕食性
補足	トゲカッコウヌストはニュージーランド固有種であり、Chaetosomatidae科はニュージーランドとマダガスカルにのみ生息する

成虫の体長
6～12mm

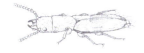

トゲカッコウヌスト
CHAETOSOMA SCARITIDES
WESTWOOD, 1851

謎多きカッコウヌスト科はカッコウムシ上科のコクヌスト科およびカッコウムシ科と近縁であると考えられている。トゲカッコウヌスト（*Chaetosoma scaritides*）の体色、大きさ、凹凸のパターン、脛節の棘の数、翅脈はきわめて変異に富む。属内唯一の記載種であるが、さらに2種の未記載種がいるとみられる。いくつかの証拠から本種は捕食性であることが示唆される。本種の幼虫はナンキョクブナ類（*Nothofagus*）など数種の樹木に掘られた巣穴で見つかっている。

近縁種

カッコウヌスト科は*Chaetosoma*、*Chaetosomodes*、*Malgassochaetus*の3属からなる珍しい小さな甲虫の科で、ニュージーランドとマダガスカルに分布する。この科の属間および種間の系統関係は明らかになっていない。トゲカッコウヌストは*Chaetosoma*属唯一の種だが、さらに2種の未記載種がいるとみられる。

実物大

トゲカッコウヌストは小さな甲虫で、色は暗褐色だが上翅の基部は黄褐色または淡褐色である。前胸背板には粗い点刻が、上翅には粗い点刻からなる条線がある。背面には長く直立した剛毛が散在する。大顎はよく発達し、触角は糸状である。脚は淡褐色。

多食亜目（カブトムシ亜目）

科	サビカッコウムシ科（Thanerocleridae）
亜科	Zenodosinae亜科
分布	新北区：カナダと米国のロッキー山脈の東側
生息環境	温帯林および灌木地
生活場所	樹皮の下
食性	捕食性
補足	カラフルな甲虫で、属内唯一の種

成虫の体長
4.1〜6.5mm

チイロサビカッコウムシ
ZENODOSUS SANGUINEUS
(SAY, 1835)

チイロサビカッコウムシ（*Zenodosus sanguineus*）はさまざまな固有の形態学的特徴から1種で孤立した属をなし、サビカッコウムシ科の中で最も祖先的な種とされる。具体的な特徴としては、前肢の基節腔が開いていること、基節間突起がキール状でないことが挙げられる。本種の成虫は昼行性で、木食性昆虫が豊富に生息する樹皮やコケの下で見られる。幼虫は記載によればThaneroclerus属の幼虫に似る。

近縁種

サビカッコウムシ科は小さな科で、約30種からなり、世界中に分布する。チイロサビカッコウムシ（*Zenodosus sanguineus*）はZenodosus属唯一の種である。上翅の鮮やかな赤と、開いた前肢の基節腔から、同じく北米に生息する近縁のThaneroclerus属およびAbaba属の他種とは容易に区別できる。

実物大

チイロサビカッコウムシはカラフルな甲虫だ。外殻は暗褐色だが、上翅は成体では赤みがかり、背面全体と脚は細かく密な剛毛に覆われている。触角は太く、先端の3分節は他よりも大きい。上翅の点刻は不規則な模様を形成する。脚は太い。

多食亜目（カブトムシ亜目）

科	サビカッコウムシ科(Thanerocleridae)
亜科	サビカッコウムシ亜科(Thaneroclerinae)
分布	全世界
生息環境	森林
生活場所	木の枝、貯蔵食品
食性	捕食性
補足	幼虫・成虫とも木食性および食菌性昆虫を捕食する

成虫の体長
4.7〜6.5mm

サビカッコウムシ
THANEROCLERUS BUQUET
(LEFEBVRE, 1835)

本属の種は近縁の*Zenodosus*属と、前肢の基節腔が閉じている点、第1腹板がより長い点で異なる。サビカッコウムシ（*Thaneroclerus buquet*）は幼虫・成虫とも昼行性で木食性または食菌性の甲虫を捕食し、食品やスパイス、薬品、タバコにつく昆虫の捕食者として知られる。本種はインド原産とされるが、全世界に分布し、科の中で唯一ヨーロッパに生息する種である。細長い幼虫は成熟すると最大11mmになり、第9腹節の背側にある硬化面に痕跡的な尾部突起がある。

近縁種

サビカッコウムシは*T. impressus*、アイノサビカッコウムシ*T. aino*、*T. termitincola*に似るが、サビカッコウムシは前胸の中央にへこみがあり、へこみは短く幅広で深さはまちまちだ。また上翅の会合線沿いにもへこみがある。また本種は背面の剛毛によっても識別できる。

実物大

サビカッコウムシは小さな甲虫で、体は剛毛で密に覆われ、外皮は赤褐色または褐色である。触角は長く、先端の3分節は他より大きい。前胸の基部は上翅の基部に比べ非常に細い。眼は突出しないが、上から視認できる。脚は長めで褐色である。

多食亜目（カブトムシ亜目）

科	カッコウムシ科(Cleridae)
亜科	ホソカッコウムシ亜科(Tillinae)
分布	新北区：米国アリゾナ州
生息環境	温帯林
生活場所	低い植生
食性	捕食性
補足	Cymatodera属は分類上無視された大きなグループで、種判別のための体系的研究が求められる

成虫の体長
11mm

ミイロイトヒゲホソカッコウムシ
CYMATODERA TRICOLOR
SKINNER, 1905

ミイロイトヒゲホソカッコウムシ（*Cymatodera tricolor*）を含むTillinae亜科はカッコウムシ科の中で最大級の亜科であり、67属543種が世界中に分布する。この亜科の種数がとりわけ多いのはアフリカ、マダガスカルおよび東洋区である。*Cymatodera*属の分布域の大部分は新世界だ。体色や形態に極端なまでの種内多型が頻繁にみられるため、本属の分類は不確かだ。ミイロイトヒゲホソカッコウムシは捕食性で、キクイムシのついた木の上でみられる。2006年の研究により、Tillinae亜科の種は摩擦により音を出せることが示唆されている。

近縁種
本属には複数の著者たちが過去数年間にわたって断続的に記載した数十種が含まれる。北米には約60種が分布するが、種間の系統関係はほとんど知られていない。ミイロイトヒゲホソカッコウムシは記載当時*C. belfragei*に近縁とされ、他種とは際立った差異がある。

実物大

ミイロイトヒゲホソカッコウムシは小さくカラフルな甲虫だ。外皮は暗褐色で、前胸背板の半分は赤みがかる。上翅の基部も赤みがかった色をしており、中央には白い帯が走り、そこから先端にかけては黒い。触角は長く糸状。体は短く密な絨毛に覆われる。脚は長く、走るのに適している。

多食亜目（カブトムシ亜目）

科	カッコウムシ科(Cleridae)
亜科	メダカカッコウムシ亜科(Hydnocerinae)
分布	新北区：カナダ、米国
生息環境	亜熱帯林および温帯林
生活場所	灌木地の葉や花の上
食性	捕食性
補足	小さく体の柔らかいカッコウムシで、他の訪花性甲虫（例えばジョウカイモドキ科の種）に似る。数種の害虫の幼虫を捕食する益虫とされている

成虫の体長
3.5～5mm

ホクベイメダカカッコウムシ
PHYLLOBAENUS PALLIPENNIS
(SAY, 1825)

ホクベイメダカカッコウムシ（*Phyllobaenus pallipennis*）は、細長い体、巨大な目、細い前胸背板、そしてしばしばカラフルな模様をもつ、奇妙なカッコウムシの一群に属する。本種の上翅は下翅および腹部よりも短く、基部が最も幅広で、前胸背板は中心で最も幅が広い。さまざまな植物の上で見られ、小型の木食性昆虫、ゾウムシの幼虫、膜翅目の幼虫、アブラムシを捕食する。本種は米国テキサス州においてワタミハナゾウムシ（*Anthonomus grandis*）の幼虫の捕食者であるとされる。

近縁種

ホクベイメダカカッコウムシは変異に富む*P. verticalis*に似ることがある。ホクベイメダカカッコウムシは種内変異が大きいことで知られるが、本種の体色のはっきりした特徴は、4つの独立した（時には隣接する）斑紋が上翅にある点、前胸背板または頭に黄色い模様がない点であろう。

実物大

ホクベイメダカカッコウムシは小さな甲虫で、柔らかい体と短い上翅をもち、表面は短い剛毛に覆われる。眼は大きくはっきり視認できる。触角は短い。上翅には茶色と黄色の模様があり、先端は丸い。脚は長く淡褐色で、腿節の先がやや暗色を帯び、葉の上を移動するのに適している。

多食亜目（カブトムシ亜目）

科	カッコウムシ科（Cleridae）
亜科	カッコウムシ亜科（Clerinae）
分布	旧北区：ヨーロッパ
生息環境	温帯林
生活場所	枯れ木、とくにナラ類（*Quercus*）
食性	捕食性
補足	ヨーロッパの一部地域では絶滅危惧種に分類されている。アリバチに擬態する

成虫の体長
9〜15mm

カッコウムシ
CLERUS MUTILLARIUS MUTILLARIUS
FABRICUS, 1775

カッコウムシ（*Clerus mutillarius mutillarius*）は派手な甲虫で、かつては中央ヨーロッパでふつうにみられたが、現在では稀ないし非常に稀とされる。ドイツの無脊椎動物レッドリストでは「絶滅寸前」に分類されており、いくつかの国の同じような地域レッドリストでは絶滅したとみなされている。本種はアリバチ科のハチの雌に似ており、日中に様々な節足動物を捕食する。丸太や枯れた切り株の上でみられる。1968年、本種のイラストが旧ドイツ民主共和国の切手に使われた。

近縁種

*Clerus*属は旧北区全域に10種が分布し、本種はカッコウムシと北アフリカの*C. m. africanus*の2亜種からなる。識別点が最近の研究で示されたが、種間の関係を明らかにする系統分類学的研究は行われていない。

実物大

カッコウムシはカラフルな甲虫だ。外皮は全体的には黒色だが、上翅の基部は赤みがかり、上翅の先端付近を横切る白い帯がある。眼は大きく目立つが、突出してはいない。体の大部分を黒と白の剛毛が覆う。脚は長く、植生の上を移動するのに適している。

多食亜目（カブトムシ亜目）

科	カッコウムシ科（Cleridae）
亜科	カッコウムシ亜科（Clerinae）
分布	新北区：北米東部
生息環境	森林
生活場所	キクイムシに食害された枝や幹
食性	幼虫・成虫ともキクイムシを捕食する
補足	アリバチと呼ばれる翅のないカリバチ類に非常によく似ている

成虫の体長
8〜11mm

トウショクアメリカカッコウムシ
ENOCLERUS ICHNEUMONEUS
(FABRICIUS, 1776)

トウショクアメリカカッコウムシ（*Enoclerus ichneumoneus*）は幼虫・成虫ともキクイムシに食害された針葉樹や硬材にみられ、とりわけ*Phloeosinus*属、*Pityophthorus*属、*Scolytus*属、それにカミキリムシを好む。幼虫はこれらの木食性甲虫の巣穴に入り込んで幼虫を捕食する。成虫はよく晴れた夏の日に食害された木の幹や枝の上でしばしばみられる。成虫は素早いが時にぎこちない、アリバチによく似た動きで獲物を探す。越冬成虫は木の幹の深い裂け目や緩んだ樹皮の下に潜っているところが時折見られる。

近縁種

*Enoclerus*属は新世界に分布する大きく複雑なグループで、アリバチ、アリ、ハエ、ハムシに擬態する多くの種を含む。上翅の中央を走る太いオレンジ色の帯と、目立つ長い三角形の小楯板により、メキシコより北のアメリカ大陸に生息する35種の他種と区別できる。北米東部に生息する類似種は、より幅広で丸みのある小楯板と、上翅の基部に突起をもつ。

実物大

トウショクアメリカカッコウムシは大きく、赤みがかったアリバチに擬態する種だ。生きている間は頭と前胸背板と腹部が赤い。上翅の基部には粗い点刻があり、点刻のひとつひとつに基底瘤がある。上翅の基部は赤みがかり、細くて途中で途切れる黒い帯で区切られていて、その先に太いオレンジ色の帯、太く黒い帯、やや細い白い帯と続き、先端は黒い。

多食亜目（カブトムシ亜目）

科	カッコウムシ科(Cleridae)
亜科	カッコウムシ亜科(Clerinae)
分布	旧北区および新北区：旧北区原産、北米に移入
生息環境	温帯林
生活場所	樹皮の上
食性	捕食性
補足	アリバチに擬態するカラフルな甲虫で、数種のキクイムシの幼虫を捕食する。北米には生物防除の一環として移入された

成虫の体長
7〜10mm

オウシュウアリモドキカッコウムシ
THANASIMUS FORMICARIUS
(LINNAEUS, 1758)

オウシュウアリモドキカッコウムシ（*Thanasimus formicarius*）は中型で柔らかい体を持つ甲虫で、*Tomicus piniperda*、*Tomicus minor*、ヤツバキクイムシ（*Ips typographus*）など数種のキクイムシの幼虫を捕食する。成虫は針葉樹の根元で越冬し、マツ類やトウヒ類の倒木の樹皮の上で獲物を待ち伏せする姿がしばしばみられる。幼虫の成長は遅く、幼虫の姿で2年を過ごした後、秋に蛹化する。警告形質はこの仲間の甲虫に共通しており、刺されると痛い針を持つことで知られるアリバチに似た体型と体色をもつ。本種は1892年に北米に移入され、1980年にも再びキクイムシの1種（*Dendroctonus frontalis*）の防除のために移入されている。

近縁種

*Thanasimus*属の種間の関係は明らかになっていない。ほとんどの種は前胸の色、上翅の点刻、雄の生殖器の形態によって識別される。

実物大

オウシュウアリモドキカッコウムシはカラフルな甲虫だ。外皮は黒く、前胸の大部分および上翅の基部は赤みがかる。上翅の残りの部分は黒く、白い鱗片が2本の帯をなして横切り、全身を微細な剛毛が密に覆う。脚は長く黒い。触角は長く淡褐色で、先端に3分節からなる棍をもつ。

多食亜目（カブトムシ亜目）

科	カッコウムシ科(Cleridae)
亜科	カッコウムシ亜科(Clerinae)
分布	旧北区：ヨーロッパ、アジア、北アフリカ
生息環境	温帯林
生活場所	花
食性	捕食性
補足	非常に色彩豊かなこの甲虫の幼虫は、単独性ハナバチやミツバチの幼虫に寄生する（種小名のapiariusはこれにちなむ）

成虫の体長
9〜16mm

ハナバチヤドリカッコウムシ
TRICHODES APIARIUS
(LINNAEUS, 1758)

ハナバチヤドリカッコウムシ（Trichodes apiarius）は小さく剛毛に覆われた甲虫だ。本属の甲虫は変わった生態を持つ。幼虫がOsmia属およびMegachile属の単独性ハナバチ、またはミツバチに寄生するのだ。成虫はハナバチの巣に産卵し、孵化した幼虫は寄主の幼虫を餌にする。成虫は数種の花の花粉を食べるが、補助的に昆虫も捕食する。

近縁種

Trichodes属は非常に大きなグループで、新北区、エチオピア区、旧北区に広く分布し、旧北区だけで少なくとも70種が記載されている。分布域の広大さと種数の多さのため、ハナバチヤドリカッコウムシの最近縁種や識別点を定める包括的な分類学研究は存在しない。

実物大

ハナバチヤドリカッコウムシはカラフルな甲虫で、光沢のある青い外皮を持つ。背面は微細な剛毛で密に覆われる。触角は大きく球桿状で、先端の3分節が他よりも大きい。上翅には横方向の3本の明るいオレンジまたは赤の帯があり、上翅の基部は狭窄している。脚は長くがっしりしていて、走行に適している。

多食亜目（カブトムシ亜目）

科	カッコウムシ科（Cleridae）
亜科	カッコウムシ亜科（Clerinae）
分布	オーストラリア区：オーストラリア東部沿岸、南オーストラリア州
生息環境	開けた植生
生活場所	シロアリの巣
食性	捕食性
補足	本属はオーストラリア固有。幼虫は樹木に巣を作るMastotermes属のシロアリを捕食する

成虫の体長
9.3〜9.7mm

シロアリカッコウムシ
ZENITHICOLA CRASSUS
(NEWMAN, 1840)

*Zenithicola*属はオーストラリアの固有属である。シロアリカッコウムシ（*Zenithicola crassus*）は東海岸と南オーストラリア州のアカシアやユーカリの花の上でふつうに見られる。現在のところ、本種は樹木に巣を作るシロアリ（*Mastotermes darwiniensis*）の巣穴に生息することが知られる唯一のカッコウムシであり、このシロアリを捕食するとみて間違いないだろう。幼虫は非常に長い剛毛で全身を覆われており、シロアリから身を守るための適応とみられる。

近縁種
*Zenithicola*属の特徴は、後胸腹板と中胸腹板が異なる平面にある点である。近縁種には*Z. australis*、*Z. cribicollis*、*Z. funestus*、*Z. scrobiculatus*がある。*Z. cribicollis*以外の種はすべて19世紀に記載された。現在にいたるまで*Zenithicola*属の種間の系統関係は検討されていない。

実物大

シロアリカッコウムシは金属的な黒から暗い青が大部分を占める外皮をもつが、前胸背板は赤みがかる。体を覆う剛毛は、前胸背板では長く密だが、上翅では遥かにまばらである。上翅には白い剛毛が生えた数本の横方向の短い帯があり、前半分には粗い点刻がある。脚は長く黒い。触角は短く、先端にかけて顕著に太くなる。

多食亜目（カブトムシ亜目）

科	カッコウムシ科 (Cleridae)
亜科	ホシカムシ亜科 (Korynetinae)
分布	新北区：カナダのブリティッシュコロンビア州から南はカリフォルニア州、テキサス州まで
生息環境	森林
生活場所	低い植生
食性	捕食性
補足	木食性甲虫の幼虫・成虫の捕食者との記録がある

ヒゲホシカムシ
CHARIESSA ELEGANS
HORN, 1870

成虫の体長
7〜14.5mm

Chariessa 属は北米に広く分布し、大型で明るく目を引く色をしている。本属に特有の形態的特徴として、眼の形状、小顎鬚と下唇鬚の形状、上翅の点刻があげられる。ヒゲホシカムシ（*Chariessa elegans*）の幼虫は*Neoclytus conjunctus*や*Schizax senex*などのカミキリムシの幼虫および成虫の捕食者として知られる。

近縁種
*Chariessa*属は北米産の4種からなる。ヒゲホシカムシと同属他種との識別点は、腹部の色、へこんでいて前方に向かって細くなる胸部、上翅の形状である。ヒゲホシカムシの近縁種とされる*Chariessa dichroa*は、色と前胸背板の孔がやや異なり、より大型である。

実物大

ヒゲホシカムシは非常に特徴的な種であり、青い上翅、赤みがかった前胸背板、黒い跗節のある脚を持つ。体の背面は細い剛毛で密に覆われる。触角の先端の3分節は大きく非対称な形をしている。頭の一部は前胸の下に隠れる。大きな眼は背面から視認できる。

多食亜目（カブトムシ亜目）

科	カッコウムシ科(Cleridae)
亜科	ホシカムシ亜科(Korynetinae)
分布	新熱帯区：ブラジル、アルゼンチン
生息環境	亜熱帯林
生活場所	低い植生
食性	捕食性
補足	種小名が示す通り、本種の脚は目立って赤い

成虫の体長
11.6～17.6mm

アカアシホソホシカムシ
LASIODERA RUFIPES
(KLUG, 1842)

Lasiodera 属は南米に分布する。1996年の研究で、雄の形態的特徴にもとづき属と種の定義が定められた。アカアシホソホシカムシ（*Lasiodera rufipes*）は柔らかい体と鮮やかな色彩をもつ典型的なカッコウムシだ。初めは*Enoplium rufipes*として記載されたが、アイルランドの昆虫学者チャールズ・ジョセフ・ガハンが1910年に*Lasiodera*属を有効とし、この属への分類を決めた。近縁の*Philhyra*属（*Lasiodera*属のシノニムとされることもある）の触角の第1、2分節には側方に指のような突起が分節自体よりも長く突出する。この構造の機能は不明だが、雌にはみられない。

近縁種

Lasiodera 属は7種からなり、大部分の種は特定の部位の色で識別される。アカアシホソホシカムシはL. zonataに似て、分布域も重複する。赤みがかった脚の色と黒い前胸は共通であるが、アカアシホソホシカムシは前胸背板の縦方向のへこみ、上翅の浅い点刻、黒い跗節により区別できる。

アカアシホソホシカムシはカラフルな甲虫だ。頭と前胸背板は黒く、上翅には白っぽい黄色と暗い青の横方向の帯とパッチがある。背面の表面全体が細く直立した剛毛に覆われる。頭と前胸背板の点刻は粗いが、上翅ではより細かい。脚は太く赤みがかる。

実物大

多食亜目（カブトムシ亜目）

科	カッコウムシ科（Cleridae）
亜科	ホシカムシ亜科（Korynetinae）
分布	旧北区原産：現在は全世界
生息環境	多様だが、とくに人為的環境およびその近辺
生活場所	動物の死体、乾燥肉、骨、毛皮
食性	幼虫・成虫ともに動物の組織を漁り、ハエの幼虫を捕食する
補足	Red-necked Bacon Beetleの英名もある

アカクビホシカムシ
NECROBIA RUFICOLLIS
(FABRICIUS, 1775)

成虫の体長
4〜7mm

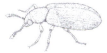

実物大

アカクビホシカムシ（*Necrobia ruficollis*）は幼虫・成虫とも腐肉や昆虫の死骸を食べる。本種は古代エジプトのミイラや乾燥・薫製した肉や魚、カビの生えたチーズ、骨粉のコンテナにも発生する。分解の後期段階にある人間の遺体に本種が発生した場合、法医昆虫学者が死因を特定する手がかりになることがある。成長した幼虫は隙間や羽化後のハエの繭に隠れてそこで蛹化するか、基質の中に自身の繭をつくり、内側を分泌物で塗り固める。

近縁種

*Necrobia*属は9種からなり、6種はヨーロッパ（*N. kelecsenyi*と*N. konowi*）、アルゼンチン（*N. fusca*）、南アフリカ（*N. aenescens*、*N. atra*、*N. tibialis*）に生息する。残りの3種アカクビホシカムシ、アカアシホシカムシ*N. rufipes*、ルリホシカムシ（*N. violacea*）は全世界に分布し、いずれも経済的に重要で動物質を好む種である。アカクビホシカムシは特有の模様によりこれらの他の害虫から容易に見分けられる。

アカクビホシカムシはやや楕円形をしており、頭の前面と上翅の先端から3/4が光沢のある黒または深みのあるメタリックブルーという特徴的なツートンカラーをしている。体のそれ以外の部分は茶色がかった赤だが、触角と腹部の下面は暗褐色である。頭と前胸背板は厚みがある。上翅の表面には細かな点刻の列が広い間隔で並ぶ。

多食亜目（カブトムシ亜目）

科	カッコウムシ科（Cleridae）
亜科	ホシカムシ亜科（Korynetinae）
分布	新北区：コロンビア特別区からフロリダ州、オハイオ州、ミズーリ州、カンザス州、テキサス州、カリフォルニア州南部まで
生息環境	温帯林
生活場所	低い植生および倒木
食性	捕食性
補足	小さく柔らかい体をもつカッコウムシの1種で、まだら模様が地衣類を思わせる

成虫の体長
6〜11mm

シロオビアメリカホシカムシ
PELONIUM LEUCOPHAEUM
(KLUG, 1842)

実物大

*Pelonium*属は大きなグループで、アルゼンチンから米国まで南北アメリカ大陸に広く分布するカッコウムシからなり、カリブ海やガラパゴス諸島に分布する種もいる。シロオビアメリカホシカムシ（*Pelonium leucophaeum*）の体色は、本種の生活場所である樹皮の上に育つ地衣類に擬態していると思われる。完全な翅を備えた成虫は時に人工光に誘引される。シロオビアメリカホシカムシの幼虫は枝や低木（ヌマスギ類*Taxodium*やビャクシン類*Juniperus*）の中で成長し、カミキリムシの幼虫を捕食する。

近縁種

*Pelonium*属は北米に広く分布する4種からなる。種間の関係はほとんど知られておらず、種同定は主として記載論文のデータにもとづいて行われる。大部分の種の体色は似ているが、包括的な研究により、雄と雌の内部形態および雄の生殖器の形態の比較が行われれば、同定精度の向上と種間関係の理解につながるだろう。

シロオビアメリカホシカムシは小さく、柔らかい体をした茶色の甲虫で、はっきりした淡色の帯が上翅の中央および先端に見られる。背面は微細な剛毛に密に覆われ、脚は淡褐色である。体色は苔むした朽木を思わせる。触角の先端の分節は長く非対称な形をしている。

多食亜目（カブトムシ亜目）

科	カッコウムシモドキ科（Acanthocnemidae）
亜科	
分布	オーストラリア区、旧北区、エチオピア区および東洋区：オーストラリア原産、世界各地の森林に非意図的に導入（南ヨーロッパ、アフリカ、インド、タイ、ミャンマー、ニューカレドニアなど）
生息環境	森林
生活場所	樹皮の上
食性	捕食性
補足	成虫の前胸には高感度の赤外線感受器官があり、最近野火があった場所に誘引される

成虫の体長
3〜6mm

カッコウムシモドキ
ACANTHOCNEMUS NIGRICANS
(HOPE, 1845)

実物大

カッコウムシモドキ（*Acanthocnemus nigricans*）の成虫は火を好むとされるが、これは野火の直後に燃えたばかりの木の樹皮に集まることが知られているためである。交尾の後、雌は灰の中または焼けた木の樹皮の下に産卵する。幼虫は10mm以上に成長し、細長く側面が平行な形をしている。また、まばらな剛毛をもち、硬化した頭と腹部の先端を除く体の大部分は淡い色をしている。成虫は時に夜間に人工光に飛来する。本種はオーストラリア原産だが、おそらく貿易を通じて拡散し、世界各地に導入個体群が知られる。

近縁種

カッコウムシモドキは属内および科で唯一の種である。全体的な体型と背面を覆う直立した剛毛から、全体的印象はジョウカイモドキ科ケシジョウカイモドキ亜科の種に似るが、本種は特徴的な触角棍と前胸の腹面にある特殊な器官によって見分けられる。

カッコウムシモドキは細長く、扁平で、暗褐色から黒色の甲虫で、長く、硬く、直立した暗色の剛毛が背面を覆う。脚はふつう淡褐色で、長い触角の先端には3分節からなる棍がある。2つの目立つ円形の特殊な温熱感知器官が前胸の腹面にある。

多食亜目（カブトムシ亜目）

科	ヒョウタンカッコウムシ科(Phycosecidae)
亜科	
分布	オーストラリア区：ニュージーランド
生息環境	沿岸部
生活場所	砂地
食性	捕食性
補足	噛まれるとかゆみがあるため、海水浴客に嫌われている

成虫の体長
2.5〜2.8mm

ヒョウタンカッコウムシ
PHYCOSECIS LIMBATA
(FABRICIUS, 1781)

実物大

ヒョウタンカッコウムシ（*Phycosecis limbata*）を含む科と他の科の関係は依然として論争の的である。Phycosecidae科はオーストラリア、ニュージーランド、バヌアツ、ニューカレドニアに分布する。本種はニュージーランド固有種で、科の中で唯一ニュージーランドに生息する。沿岸部の砂地に生息し、幼虫・成虫とも昼行性で、腐敗したさまざまな動物の体（死んだ魚や鳥など）を食べる。本種は現地では幼虫が海水浴客を噛むことで知られるが、このことは証明されていない。

近縁種
属内には本種の他に以下の種がいる：*Phycosecis algarum*、*P. ammophilus*、*P. atomaria*、*P. discoidea*、*P. hilli*、*P. litoralis*。ヒョウタンカッコウムシはこれらの種から、体色と背面を覆う短く直立した鱗片により見分けられる。

ヒョウタンカッコウムシは小さく厚みのある甲虫で、背面は短く白っぽい鱗片で覆われる。体色は大部分がつやのない黒色だが、羽化から間もない成虫では薄い色に見える。触角には棍があり、頭をある程度前胸の中に引っ込めることができる。前胸は丸みを帯び、前端が前方にやや突出する。上翅は丸く、不規則な粗い点刻がある。脚はがっしりして、砂を掘るのに適している。

多食亜目（カブトムシ亜目）

科	ホソジョウカイモドキ科（Prionoceridae）
亜科	
分布	東洋区、オーストラリア区：アジアからニューギニア
生息環境	熱帯林
生活場所	森林の葉の上
食性	おそらく花粉食または捕食性
補足	*Prionocerus*属は8種からなり、東洋区およびオーストラリア区に分布する

成虫の体長
8.3～13.3mm

フタイロオオホソジョウカイモドキ
PRIONOCERUS BICOLOR
REDTENBACHER, 1868

ホソジョウカイモドキ科はジョウカイモドキ科に近縁で、3属の複数種からなり、その多くは花粉食である。*Prionocerus*属は*Idgia*属と近縁であり、触角が扁平で、ある程度ぎざぎざしている点で見分けられる。2010年の研究で本属が再検討され、種数は4種から8種に増加した。フタイロオオホソジョウカイモドキ（*Prionocerus bicolor*）は科の中で最も数が多く広範囲に分布する種のひとつだ。触角の先端の分節、小顎鬚、小楯板の色はきわめて変異に富む。

近縁種

フタイロオオホソジョウカイモドキは体色、雄の生殖器の形状、雄の腹部の先端の分節の形状が他種と明らかに異なる。本種は*P. coeruleipennis*にきわめてよく似ているが、黄色ないし褐色の上翅および雄の生殖器の形状により容易に区別できる。

実物大

フタイロオオホソジョウカイモドキは中型で柔らかい体をもつ甲虫で、明るく赤みがかったオレンジ色の前胸と上翅をもつ。背面は細い剛毛で密に覆われる。頭、触角、脚はメタリックブルー。触角は長く、よく発達している。前胸はふつう上翅よりも細く、表面はややへこんでいる。脚は長く、歩行に適している。

多食亜目（カブトムシ亜目）

科	ニセジョウカイモドキ科（Mauroniscidae）
亜科	
分布	新熱帯区：アルゼンチン
生息環境	温帯および熱帯
生活場所	不明
食性	不明
補足	ニセジョウカイモドキは1994年に新設された科に属する甲虫で、その生態はまだほとんど知られていない

成虫の体長
2.2〜3.3mm

ニセジョウカイモドキ
MAURONISCUS MACULATUS
PIC, 1927

実物大

Mauroniscidae科はチェコの昆虫学者カール・マイエルにより1994年に記載された。さまざまな特徴からみて、この科はジョウカイモドキ科に近縁とみられ、以下の5属からなる：*Amecomycter*属、*Mectemycor*属、*Mecomycter*属、*Scuromanius*属、*Mauroniscus*属。このグループの生態はほとんど知られていない。*Mauroniscus*属は9種からなり、すべてが南米のアンデス山脈にのみ分布する。ニセジョウカイモドキ（*Mauroniscus maculatus*）はアルゼンチンのカタマルカ州、サルタ州、トゥクマン州にのみ分布する。

近縁種

ニセジョウカイモドキは、前胸の全体的な形状、および前胸背板の縁が小円鋸歯状でない点、基部の端が突出しない点により、同属他種と区別できる。*M. boliviensis*と近縁とみられるが、斑紋がある点と分布により区別できる。

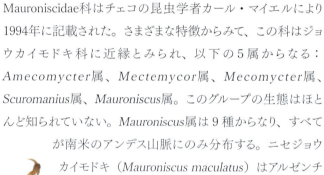

ニセジョウカイモドキは小さな甲虫で、暗色の外皮をもち、短い剛毛が背面を密に覆う。上翅に密に並ぶ点刻は、不規則で模様を形成しない。触角は比較的長く、分節は先端に向かうにつれ大きくなる。眼は大きく突出する。

多食亜目（カブトムシ亜目）

科	ジョウカイモドキ科（Melyridae）
亜科	Melyrinae亜科
分布	新熱帯区およびエチオピア区：南米原産、南アフリカに非意図的導入
生息環境	植生
生活場所	花
食性	雑食性
補足	トウモロコシ（*Zea mays*）、ソルガム（*Sorghum bicolor*）などの作物害虫であり、とりわけ幼虫期に被害が大きい

マダラフトジョウカイモドキ
ASTYLUS ATROMACULATUS
(BLANCHARD, 1843)

成虫の体長 8.7～10.5mm

実物大

マダラフトジョウカイモドキ（*Astylus atromaculatus*）は日和見的な花粉食者で、ブラジルとアルゼンチンではとりわけコメ（*Oryza spp.*）、ソルガム（*Sorghum bicolor*）、イネなどの作物につく。本種はきわめて数が多く、害虫とされており、とりわけ幼虫期にトウモロコシやソルガムに経済的損失をもたらす。本種が1916年に非意図的に導入された南アフリカでも、現在、本種は農作物および園芸植物の深刻な害虫とされており、本種を誤食した牛が死んだという報告もある。

近縁種

*Astylus*属はMelyrinae亜科の4族のひとつであるAstylini族に含まれる。この族は南米産の数種からなるが、種判別は表面的特徴を頼りに行われており、同定に利用できる実践的な識別指標はない。種間の関係は明らかになっていない。

マダラフトジョウカイモドキは中型の甲虫で、頭、前胸、脚の外皮は黒い。上翅は黄色地に黒い斑点をもつ。前胸は丸く、剛毛で密に覆われる。触角は長く、ややぎざぎざしている。長い脚は剛毛で密に覆われ、植生の上を歩くのに適している。

多食亜目（カブトムシ亜目）

科	ジョウカイモドキ科(Melyridae)
亜科	Melyrinae亜科
分布	新北区：米国
生息環境	植生
生活場所	花
食性	花粉食
補足	Melyrodes属はMelyrinae亜科で唯一北米原産の属であり、同亜科の他のグループはヨーロッパ、アジア、アフリカに分布する

成虫の体長
3～4mm

ネアカホクベイジョウカイモドキ
MELYRODES BASALIS
(LECONTE, 1852)

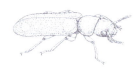
実物大

*Melyrodes*属は唯一の北米原産のMelyrinae亜科のグループである。*Melyris*など他の属も主要な港湾都市で報告されており、これらの非在来種の一部の個体群（例えばニュージャージー州の*Melyris oblonga*）は定着しているとみられる。*Melyrodes*属は上翅側片の幅がほぼ均等である点で見分けられる。本属は少数の種からなり、生態はほとんど知られておらず、ボリビアから北米まで生息する。一般に、Melyrinae亜科の種は花の上で花粉を食べているところが観察されるが、幼虫は捕食性の場合もある。ネアカホクベイジョウカイモドキ（*Melyrodes basalis*）は、米国ジョージア州の標本を元に、当初*Dasytes*として記載された。

近縁種
*Melyrodes*属は米国各地に分布する約8種からなり、ネアカホクベイジョウカイモドキに最も似た種は*M. cribatus*および*M. floridana*である。ネアカホクベイジョウカイモドキはこれらの種から、より小さい点、特有の上翅の色彩と点刻、前胸の縁が鋸歯状である点で見分けられる。

ネアカホクベイジョウカイモドキは小さな茶色の甲虫で、上翅の基部は赤みがかり、上翅の先端に1対の黄色い斑点がある。前胸は横長で、前胸背板の表面には粗い点刻があり、縁はやや鋸歯状である。触角は短く、こちらもやや鋸歯状である。脚は茶色でやや長い。

多食亜目（カブトムシ亜目）

科	ジョウカイモドキ科(Melyridae)
亜科	ケシジョウカイモドキ亜科(Dasytinae)
分布	旧北区：ヨーロッパ、北アフリカ、イラン
生息環境	温帯林
生活場所	葉、低い植生、花の上
食性	成虫は花粉食、幼虫は不明
補足	*Dasytes*属は世界各地に分布する多くの種からなり、しばしば灌木の花の上で見られる

成虫の体長
5〜5.5mm

オウシュウケシジョウカイモドキ
DASYTES VIRENS
(MARSHAM, 1802)

実物大

*Dasytes*属は花の上で花粉を食べているところがしばしば見られ、ふつうどの種も単色で真珠光沢をもつ。本属の定義は不明確で、さらなる系統・分類学的検討を要するが、本属が今のところ数百種の記載種とおそらく複数の未記載種からなることを考慮すると、それは困難な課題だろう。オウシュウケシジョウカイモドキ（*Dasytes virens*）はヨーロッパ西部、南部および中央部に分布する。本種の詳しい生態は不明である。本種は一部地域では減少傾向にあるようだ。

近縁種
*Dasytes*属の種数の多さと最近の研究の乏しさから、オウシュウケシジョウカイモドキの近縁種を特定するのは困難だ。それらの大部分は数年にわたって図解や識別指標なしに記載されている。雄の生殖器にみられる種判別の材料となる特徴は、必ずしも図解が添えられておらず、比較もなされていない。

オウシュウケシジョウカイモドキは小さく細長い甲虫で、光沢のある暗褐色の外皮を持ち、倒れた、あるいは直立した剛毛に密に覆われる。糸状の触角は長く、伸ばすと上翅の基部に達する。脛節は淡褐色で、脚は長く、葉の上を歩くのに適している。

多食亜目（カブトムシ亜目）

科	ジョウカイモドキ科（Melyridae）
亜科	ジョウカイモドキ亜科（Malachiinae）
分布	新北区：米国
生息環境	温帯林および灌木地
生活場所	花
食性	捕食性、成虫は花粉も食べる
補足	人気のある甲虫で、上翅に派手な模様があり、他の昆虫の重要な捕食者である

成虫の体長
6〜8mm

セキジュウジジョウカイモドキ
COLLOPS BALTEATUS
LESCONTE, 1852

*Collops*属の種は農業害虫の幼虫および成虫を捕食するため、農地生態系において重要である。セキジュウジジョウカイモドキ（*Collops balteatus*）の成虫は訪花性昆虫および花粉を食べるが、幼虫は樹皮の下で生活し、別の昆虫の主要な捕食者である。本種には性的二型がみられ、雄の触角の第2分節は雌と比べて顕著に発達する。英名ではRed Cross Beetleと呼ばれ、これは上翅の十字模様に由来する。

近縁種

*Collops*属は20世紀初頭に研究され、インフォーマルなグループに分けられている。セキジュウジジョウカイモドキはグループCに分類され、他に*C. punctulatus*と*C. versatilis*が含まれる。これらの種とは、上翅の点刻が粗い点で見分けられる。本種は一見*C. quadrimaculatus*に似るが、より大型で前胸背板に暗色の模様がある。

実物大

セキジュウジジョウカイモドキは小さくカラフルな甲虫で、メタリックブルーの外皮を持ち、前胸の縁は黄色から赤みがかる。上翅には太い横方向の黄色から赤の帯があり、また正中線に沿って縦方向にも同色の帯がある。触角は長く、先端に向かって色が薄くなっており、雄の触角の第2分節はきわめて特殊化している。

多食亜目（カブトムシ亜目）

科	ジョウカイモドキ科（Melyridae）
亜科	ジョウカイモドキ亜科（Malachiinae）
分布	旧北区および新北区：ヨーロッパ、北米北部、アジア
生息環境	温帯林および灌木地
生活場所	花や葉
食性	捕食性、おそらく花粉も食べる
補足	英国で最も美しい昆虫のひとつとされ、また非常に希少で、個体群のモニタリングが盛んに行われている

成虫の体長
5〜8mm

スカーレットアオジョウカイモドキ
MALACHIUS AENEUS
(LINNAEUS, 1758)

スカーレットアオジョウカイモドキ（*Malachius aeneus*）は英国で最も希少で最も美しい甲虫のひとつだ。成虫は4月から5月にかけて活動し、灌木の花を食べる。本種の分布域は縮小しており、生息地の減少と集約的農業が原因とみられている。英国各地の複数の保全プログラムで本種のモニタリングが行われており、絶滅が危惧される無脊椎動物のひとつに分類されている。本種は補助的に花粉も食べると考えられる。幼虫は樹皮の下で見られる。

近縁種
*Malachius*属は長年にわたり数種が記載されているが、同定基準の明確化への関心は薄かったため、種間の類縁関係の理解は進んでいない。近年は地域的研究がより精力的に行われ、先行研究における属内の位置づけに異議が唱えられている。

実物大

スカーレットアオジョウカイモドキは小さな甲虫で、メタリックグリーンの外皮をもち、前胸の前端は赤みがかる。上翅は幅広で腹部が露出しており、先端は幅広で丸い。触角は糸状で長い。脚は長く黒色。

多食亜目（カブトムシ亜目）

科	ニセヒラタムシ科（Boganiidae）
亜科	Paracucujinae亜科
分布	オーストラリア区：西オーストラリア州南部
生息環境	森林および乾燥灌木地
生活場所	*Macrozamia*属のソテツ
食性	幼虫・成虫とも花粉食
補足	種小名の*rostratum*は「嘴状の」という意味で、本種の長く伸びた上唇と大顎を指す

成虫の体長
3〜3.6mm

ニセヒラタムシ
PARACUCUJUS ROSTRATUS
SEN GUPTA & CROWSON, 1966

実物大

ニセヒラタムシは剛毛のない茶色の甲虫で、背腹方向に扁平である。背面は剛毛を欠くが、腹面は剛毛に覆われる。頭には中央溝があり、長いビーズ状の触角は前胸背板の後端より先に達し、上唇は非常に長く、大顎も長く伸びる。

ニセヒラタムシ科は全種が花粉食者である。ニセヒラタムシ（*Paracucujus rostratus*）はソテツの雄株の花序だけにみられ、この珍しい関係はほとんど研究されていない。ニセヒラタムシは、ロイ・クロウソンとタパン・セン・グプタがBoganiidae科を提唱して以降、最初に命名された種のひとつだ。南北アメリカ大陸に分布するBoganiidae科の種は知られていないが、過去と現在の環境条件から、南米でもこの科が見つかる可能性がある。1960年代、ロイ・クロウソンは新たな甲虫分類体系の確立に努め、その功績は依然として甲虫分類学の基盤であり、著名な甲虫学者ジョン・ローレンスらが主導した、後の現代的統合を促した。

近縁種

Boganiidae科は11種からなる小さなグループで、これを書いている時点でも新種記載が続いている。大顎腔は剛毛に覆われ、クロウソンはこれを花粉運搬のためと考えたが、この仮説は検証されていない。寄主植物との関係は多様だが、アフリカに分布する*Metacucujus*属と*Paracucujus*属の種は主としてソテツを食べる。

多食亜目（カブトムシ亜目）

科	キスイモドキ科（Byturidae）
亜科	Byturinae亜科
分布	旧北区および東洋区：ヨーロッパから北東アジア、中央ヨーロッパでは普通種
生息環境	林縁
生活場所	花および果実、主として*Rubus spp.*
食性	幼虫は果実や種子を食べ、成虫は新芽や花、とくに花粉を食べる
補足	ラズベリー、ブラックベリー、ローガンベリーなどの果実の害虫である

成虫の体長
3.5〜4.5mm

ヨーロッパキスイモドキ
BYTURUS TOMENTOSUS
DE GEER, 1774

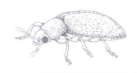

実物大

ヨーロッパキスイモドキ（*Byturus tomentosus*）はふつうさまざまな花の上で採集されるが、本種は果実の害虫であり、主としてキイチゴ*Rubus*（とくに栽培されたラズベリーだが、ブルーベリーなどの他種も）を食害する。雌は花の上に産卵し、幼虫は果実を中から食べながら成長する。食害された果実は小さく萎縮し、ついには腐ってしまう。本種の個体数を減らす防除手段としては、果樹のまわりの土壌を掘り返し、畝に沿って耕すなど、いくつかが知られる。他のキスイモドキは本種ほど損害をもたらさないが、Platydascillinae亜科はヤシを好む。

ヨーロッパキスイモドキはやや細長く、厚みがあり、淡褐色から暗褐色の甲虫である。暗色の標本でも触角と付属肢の色は薄い。剛毛に密に覆われており、倒れた長い剛毛のため外見は絹のような印象で、触角には3分節からなる棍がある。

近縁種

*Byturus*属は全北区（ヨーロッパから日本、北米まで）およびアルゼンチンに分布する5種からなる。近縁で北米産の*B. unicolor*は、ヨーロッパキスイモドキと似た生活環をもつ。大きな眼、また雄の上唇にある目立った歯状突起により、同属他種と区別できる。

多食亜目（カブトムシ亜目）

科	オオキスイ科（Helotidae）
亜科	
分布	旧北区および東洋区：極東ロシア、中国（河北省、遼寧省）、日本、韓国
生息環境	森林
生活場所	おそらく分解され腐敗した植物質につく
食性	幼虫・成虫とも食性は不明
補足	この謎に満ちた科の蛹の前胸背板には前方に伸びる1対の突起があることが知られ、背面は剛毛の生えた粒状鱗に覆われる

成虫の体長
8.5～12mm

ムナビロオオキスイ
HELOTA FULVIVENTRIS
KOLBE, 1886

オオキスイ科の甲虫は花や果実を食べるところがしばしば見られ、その1種ヨツボシオオキスイ（*Helota gemmata*）は木に穴をあける他の昆虫が傷をつけた木の樹液で見られる。最近の分類ではオオキスイ科をヒラタムシ上科のいくつかの祖先的分類群とひとまとめにしている。最近の研究によれば、ムナビロオオキスイ（*Helota fulviventris*）はヨツボシオオキスイと同じグループに含まれる。属内他種と同様、本種の成虫は分解され腐敗した基質を好む。*Helota*属の幼虫は背面の色が濃く、腹部の先端に長く固定した尾突起をもつ。

近縁種

オオキスイ科は100種以上からなる。科を構成する5属のうち、*Helota*属および*Neohelota*属の種だけが上翅に4つの黄色い楕円形の模様を持つ。*Helota*属の種は*Neohelota*属から、前胸背板に隆起した部分がある点で見分けられる。ムナビロオオキスイは*H. gorhami*に最も似ているが、上翅に楕円形の粒状鱗を持つ点、生殖器に特有の構造をもつ点で異なる。

実物大

ムナビロオオキスイの成虫は細長く、扁平で、背面に剛毛を欠く。多くの同属他種の同様、体は暗いオリーブグリーンで、上翅に4つの白から黄色の斑点をもつ。上翅の第2～第4条線は曲がっており、上翅の点刻は変異に富む。第5腹板の中央の先端付近に剛毛の生えた半円形の部分がある。上翅の先端はわずかに雌雄で異なる。

多食亜目（カブトムシ亜目）

科	ムカシヒラタムシ科（Protocucujidae）
亜科	
分布	新熱帯区：アルゼンチン南西部およびチリ
生息環境	温帯林
生活場所	ナンキョクブナ類（Nothofagus）
食性	不明
補足	この科の種の生活史はほとんど知られていない

成虫の体長
4.5～6mm

チリムカシヒラタムシ
ERICMODES FUSCITARSIS
REITTER, 1878

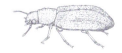

実物大

この科は1属7種からなり、南米南部およびオーストラリアに分布し、その生物地理はゴンドワナ大陸に由来する。研究者たちは、Protocucujidae科などのゴンドワナ由来の科は、プレートテクトニクスによりゴンドワナ超大陸が分裂した1億8000万年前より昔に地質学的起源を持つ系統の一部であると考えている。しかしながら、断続的な分布はこの仮説に合致しない。成虫の形態的適応（跗節節の分岐など）およびEricmodes属のものとされる幼虫の形態から、これらの種は葉の上を歩くことに適応しており、さび病菌を食べる可能性が示唆される。ただし、消化管内容物分析では胞子や菌の一部は見つかっていないため、確証は得られていない。

近縁種
Ericmodes属の種は互いにきわめてよく似ているが、体表面の構造（上翅の翅脈の有無など）、上翅の条線の数、前胸背板の形などで区別できる。チリムカシヒラタムシ（Ericmodes fuscitarsis）に最もよく似るE. nigrisはボスケ・フライ・ホルヘ国立公園にのみ生息する。ここは乾燥したチリ北中部の沿岸林の一画であり、ほぼすべての水分は西からの霧から得られる。

チリムカシヒラタムシは細長く扁平で剛毛に覆われ、体色は淡褐色から暗褐色である。前胸背板の輪郭はほぼ均一に丸みを帯びる。また、前胸背板と上翅の背面には起伏があり、うっすらと模様があるが、これは多くのゴンドワナ由来の、あるいはそれ以外の甲虫にも共通する特徴だ。

多食亜目（カブトムシ亜目）

科	ヒメキノコムシ科(Sphindidae)
亜科	Protosphindinae亜科
分布	新熱帯区：チリ
生息環境	温帯林
生活場所	粘菌
食性	幼虫・成虫とも粘菌食
補足	多くの科の甲虫が粘菌を食べるが、幼虫期にも成虫期にも粘菌を専門に食べる種のみからなる科はヒメキノコムシ科のみである

成虫の体長
3～4.2mm

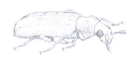

ムネトゲヒメキノコムシ
PROTOSPHINDUS CHILENSIS
SEN GUPTA & CROWSON, 1977

実物大

粘菌は奇妙なアメーバ状の生物で、倒木や落ち葉の上を這い回って餌を探す。粘菌食に特化した甲虫は珍しく、ヒメキノコムシ科は唯一の粘菌食甲虫のみからなる科である。他の粘菌食甲虫には、きわめて特殊化したハネカクシ（デオキノコムシ亜科の多くの種など）、タマキノコムシ科の2つの類縁関係にないグループ（Agathidiini族の全種を含む）、ヒメマキムシ科の*Enicmus*属などがある。系統関係をたどると、ほとんどの粘菌食スペシャリストの祖先は食菌性甲虫から進化している。ヒメキノコムシ科の幼虫の成長過程は4齢までで、終齢幼虫は肛門からの分泌物で体を基質に固着させてから蛹化する。ヒメキノコムシ科の生活環はふつう20～30日で一巡する。

近縁種

ヒメキノコムシ科は9属の約60種からなり、ニュージーランドを除く全世界に分布する。*Protosphindus*属は2種からなり、南米南部の温帯にのみ分布し、前胸背板と上翅に装飾的な凹凸や隆条を持つ唯一の属である。2種は上翅のキールの形状によって容易に区別でき、また*P. bellus*はムネトゲヒメキノコムシ（*Protosphindus chilensis*）よりも小さい。

ムネトゲヒメキノコムシはきわめて装飾的で、滑らかであり、暗褐色と黄色のまだら模様の甲虫である。触角には3分節からなる棍をもつ。前胸背板は縁から側方に歯状の棘が突出し、天蓋はアーチ状である。上翅には点刻があり、細く装飾的なキール（隆起した畝）が目立つ。他のヒメキノコムシ科の成虫と同様、大顎にある器官が菌嚢として働き、粘菌の胞子を新たな生活場所に運ぶ。

多食亜目（カブトムシ亜目）

科	ムクゲキスイ科（Biphyllidae）
亜科	
分布	新北区：インディアナ州以東、南はフロリダ州、南西はテキサス州東部まで
生息環境	温帯林
生活場所	樹皮の下
食性	幼虫・成虫とも食菌性
補足	成虫の眼の下にある剛毛に覆われた深い陥入部分の機能はまったくわかっていない

ホクベイムクゲキスイ
DIPLOCOELUS RUDIS
(LECONTE, 1863)

成虫の体長
2〜3mm

実物大

ムクゲキスイ科の種はとりわけ熱帯で樹皮の下や腐植土の中にしばしば見られる。ホクベイムクゲキスイ（*Diplocoelus rudis*）はヒッコリー類（*Carya*）、ナラ類、マツ類の樹皮の下で見られ、とりわけ湿った木に多い。ムクゲキスイ科は全種が食菌性とされ、一部の種は子嚢菌、担子菌など特定の菌の上で採集されている。成虫の頭部には特殊な陥入があるが、それらが他の甲虫のグループにみられるような真の菌嚢（菌を保持する器官）として機能しているという証拠は（現在のところ）得られていない。

近縁種
ムクゲキスイ科は6属の約200種からなり、ニュージーランドを除く世界中に分布する。しかしながら、このグループの分類学研究はきわめて不十分で、いくつかの属は実体を伴わず、この科の再検討は急務である。*Diplocoelus*属は多くの種からなり、ホクベイムクゲキスイの他に、*D. brunneus*も北米原産で、広範囲で分布域が重複する。しかしながら、ホクベイムクゲキスイは前胸背板に側面の畝を欠くため、*D. brunneus*との区別は容易である。

ホクベイムクゲキスイは一様に淡い赤褐色から暗褐色で、滑らかで剛毛に覆われており、背腹方向に扁平である。触角には3分節の棍がある。前胸背板には、多くの他種では目立つ内側のキール（隆起）がない。大部分のムクゲキスイ科の種と同様、前胸の外側のキールの縁は鋸歯状または小円鋸歯状で、第1腹板に明瞭な亜基節線がみられる。

多食亜目（カブトムシ亜目）

科	オオキノコムシ科 (Erotylidae)
亜科	マツコメツキモドキ亜科 (Xenoscelinae)
分布	オーストラリア区：ニュージーランド
生息環境	高標高の山間部
生活場所	花
食性	成虫は花粉を食べる
補足	Loberonotha olivascensはこの属唯一の種である

成虫の体長
2.6〜3.1mm

実物大

ニュージーランドコメツキモドキ
LOBERONOTHA OLIVASCENS
(BROUN, 1893)

オオキノコムシ科は多様なグループで、形態学的および分子遺伝学的特徴にもとづいた複数の研究が近年行われ、分類体系が再編された。オオキノコムシ科の多くの種は食菌性であるが、植物食の種も多数含まれる。後者は、長きにわたり独立の科とされてきた大きな分類群であるコメツキモドキ亜科を含む。ニュージーランドコメツキモドキ（*Loberonotha olivascens*）もまた植物食で、成虫は高山帯および亜高山帯の、またニュージーランド南部ではより低標高帯の、さまざまな灌木の花粉を食べる。*Loberonotha*属はXenoscelinae亜科で唯一ニュージーランドに分布し、オオキノコムシ科の中で原始的なグループと考えられている。

近縁種

マツコメツキモドキ亜科は広い分布域を持ち、8属10種からなる。*Loberonotha*属は1種のみからなり、上翅側片が不完全である点（オオキノコムシ科の大部分の種では側片が上翅の先端まで延びる）、前胸背板の側面にキール（隆起した畝）を欠く点で、他のすべてのマツコメツキモドキ科の種から区別できる。上翅の特徴から、似た外見を持つユーラシアに分布する*Macrophagus*属とも区別できる。

ニュージーランドコメツキモドキの体色は様々な濃淡のオリーブブラウンで、ふつう単色である。表面は滑らかで剛毛で覆われ、体は厚みがある。触角には3分節からなる桿があり、前胸背板は上翅より幅が狭い。オオキノコムシ科の大部分の種と同様、腺管が体中にみられ、標本を水酸化カリウムで洗浄することで明瞭に確認できる。

多食亜目（カブトムシ亜目）

科	オオキノコムシ科(Erotylidae)
亜科	ナガムクゲキスイ亜科(Cryptophilinae)
分布	新熱帯区：コスタリカ
生息環境	山間部
生活場所	チャイロマウス(*Scotinomys xerampelinus*)の巣
食性	腐肉食
補足	コスタリカのタラマンカ山脈のムエルテ山にのみ生息する

成虫の体長
2.53〜2.94mm

ネズミヤドリナガムクゲキスイ
LOBEROPSYLLUS EXPLANATUS
LESCHEN & ASHE, 1999

実物大

哺乳類の巣につく甲虫の種は多いが、動物そのものの表面で採集された、あるいはそこで生活していることが示された種はわずかだ。*Loberopsyllus*属はネズミにつくことが知られるネズミヤドリナガムクゲキスイ（*Loberopsyllus explanatus*）を含む3種と、メキシコのオアハカ州の山地に生息し自由生活をする4番目の種からなる。この属の成虫は全種が翅を欠く。他の2種の哺乳類着生種と同様、ネズミヤドリナガムクゲキスイは眼およびその付属器官を持たず、寄主のチャイロマウス（*Scotinomys xerampelinus*）の臀部にしがみつくところが観察されている。本種は寄主に害をおよぼさず、むしろネズミの毛づくろいをして、角質やその他の有機物の屑を食べる双利共生生物である。

近縁種
*Loberopsyllus*属はメキシコ南部からコスタリカに分布するが、研究が進めば新種が発見される可能性が高い。ネズミヤドリナガムクゲキスイ、*L. halffteri*、*L. traubi*はみな眼がなく、ネズミにつく。*Loberopsyllus oculatus*はよく発達した眼を持ち、自由生活をする。

ネズミヤドリナガムクゲキスイは赤褐色で、脚、触角、口器は色が薄い。表面は無毛または微細な剛毛に覆われ滑らかである。体はやや硬く、背腹方向に扁平。眼と翅の退化は着生生活への適応とみられる。種小名は上翅の縁が同属他種に比べ平らに広がっていることを指す。

多食亜目（カブトムシ亜目）

科	オオキノコムシ科(Erotylidae)
亜科	オオキノコムシ亜科(Erotylinae)
分布	新熱帯区：コスタリカからエクアドル
生息環境	山地の熱帯雨林
生活場所	担子菌の上
食性	幼虫・成虫とも食菌性
補足	本種が出すまずい物質の毒性は不明である

成虫の体長
19.5〜20.5mm

ナミセンアメリカオオキノコ
EROTYLUS ONAGGA
LACORDAIRE, 1842

Erotylini族（Erotylinae亜科）は新世界にのみ分布する。大部分の種が派手な色彩をもち、捕食者に対する警告のシグナルとして、まずい化学物質を体に備えていることを伝えている。この物質は体内に蓄えられており、細孔や関節から放出され、そこから体表面の溝を伝って、とりわけ前胸背板および上翅に広がり、虫眼鏡で視認できる。美しいナミセンアメリカオオキノコ（*Erotylus onagga*）の写真は、1993年にエクアドルで切手のデザインに採用された。

近縁種

*Erotylus*属は多数の種からなり、すべての種が鮮やかな色彩をもち、また他のErotylinae亜科の種と同様、幼虫は装飾的で、腹部全体にとげや突起をもつ。成虫の体色と幼虫の防護器官は対捕食者戦略として欠かせない。なぜなら、*Erotylus*属の餌である担子菌類の上では捕食者も活発に活動するからだ。

実物大

ナミセンアメリカオオキノコは黒地に特徴的な上翅上に横方向の黄色い縞をもつ。体に剛毛はなく、非常に厚みがある。触角は棍をなすが、他のオオキノコムシ科の種と異なり、触角分節は扁平である。オオキノコムシ亜科の多くの種の体は、他の甲虫のグループほど硬化しておらず、この点で例えばゴミムシダマシ科など、同じように開けた場所で活動する派手な甲虫と異なる。

多食亜目（カブトムシ亜目）

科	ネスイムシ科(Monotomidae)
亜科	ネスイムシ亜科(Rhizophaginae)
分布	新熱帯区：コスタリカ
生息環境	熱帯雨林
生活場所	ハリナシバチの巣
食性	腐食性
補足	ほぼ盲目である

ハリナシバチヤドリネヌイ
CROWSONIUS MELIPONAE
PAKALAK & ŚLIPIŃSKI, 1993

成虫の体長
2.8〜3.7mm

実物大

ハリナシバチ亜科（Meliponinae）と共生する甲虫は珍しいが、ハリナシバチヤドリネヌイ（*Crowsonius meliponae*）はその1種だ。この属の種はほぼ盲目で（眼はただひとつの個眼からなる）、翅を持たず、ハチの巣の中で大量に見つかる。本種は着生性（他種の生物によって運ばれる）である可能性がある。きわめて特殊化した客生生物（他の昆虫の巣に住み込む生物）の中には、タマキノコムシ科のScotocryptini族の種のように、ハリナシバチに運ばれるところが観察されているものもあるのだ。他の腐食性のハチ客生生物と同様、ハリナシバチヤドリネヌイの標本の消化管には花粉が詰まっており、本種はハチの巣のごみ捨て場に含まれる花粉を食べると考えられる。

近縁種
新熱帯区に分布する*Crowsonius*属は3種からなり、2種はブラジル、1種はコスタリカに分布する。これらの種は同じ科の他種と異なり、退化した眼と短い触角を持ち、そしてもちろん、ハリナシバチの巣に生息する点でも特異である。本種は前頭および前胸背板の特徴（形状や凹凸など）、上翅の表面構造から識別できる。

ハリナシバチヤドリネヌイは背腹方向に扁平で、さまざまな濃淡の赤褐色をしており、剛毛に覆われている。頭の後部が狭窄しており、眼は退化して背面から視認できず、前胸背板と上翅には凹凸がある。触角は短く、1分節の棍がある。上翅は縮小し、尾節が露出している。

多食亜目（カブトムシ亜目）

科	ネスイムシ科(Monotomidae)
亜科	デオネスイ亜科(Monotominae)
分布	オーストラリア区：ニュージーランド全土
生息環境	マキと広葉樹の混交林、ブナ林
生活場所	樹皮の下および朽木
食性	幼虫・成虫とも食菌性とみられるが、生態はほとんど知られていない
補足	ネスイムシ科で唯一のニュージーランド在来種である

成虫の体長
4.3〜4.7mm

ニュージーランドデオネスイ
LENAX MIRANDUS
SHARP, 1877

ネスイムシ科はふつう倒木の下や分解された植物質の中にみられるが、このグループは多様で未知の部分が多い。ニュージーランドデオネスイ（*Lenax mirandus*）は属内唯一の種で、他のネスイムシ科の種とは明らかに異なる。胸部と腹部には同科の他種と顕著な差異はないが、コンパクトな頭蓋の構造は特徴的だ。触角は大きな胸腔に収まり、眼の後方にある深い溝は頭頂の縁に沿って延びており、しばしば蝋状の物質が詰まっているが、この物質の用途は不明である。

近縁種
ネスイムシ科の多くの種は食菌性だが、一部は花の上でみられ、1種（*Phyconomus marinus*）は潮間帯で、*Rhizophagus parallelocollis*はふつうヨーロッパの墓地の棺にみられる。その他の種は捕食性で、*Rhizophagus*属などのキクイムシを捕食する。

実物大

ニュージーランドデオネスイは頑丈なつくりの細長い甲虫で、滑らかで、体色は赤褐色から暗褐色であり、高倍率で見なければ確認できないほどの非常に微細な剛毛（腹の先端のものを除く）をもつ。体には深い点刻があり、とりわけ上翅の条線および腹板で顕著である。触角は11分節からなり、先端の2つは癒合して棍となっている。

多食亜目（カブトムシ亜目）

科	キスイムシダマシ科（Hobartiidae）
亜科	
分布	新熱帯区：チリとアルゼンチン
生息環境	温帯林
生活場所	菌
食性	幼虫・成虫ともに食菌性とみられる
補足	属内で唯一南米に分布。同属他種はオーストラリアに分布する

成虫の体長
2.6〜2.9mm

チリキスイムシダマシ
HOBARTIUS CHILENSIS
TOMASZEWSKA & ŚLIPIŃSKI, 1995

Hobartiidae科は小さなグループで、オーストラリアおよび南米の温帯に分布する。この科に属する種の生態はほとんど知られていないが、オーストラリア産の種の記録から、幼虫・成虫とも食菌性とみられている。チリキスイムシダマシ（*Hobartius chilensis*）の生態の詳細は不明だが、標本はしばしばナンキョクブナ（*Nothofagus*）、ナンヨウスギ（*Araucaria*）などの森林の落葉層から採集されている。本種はまたさまざまな形式のトラップ、とりわけフライトインターで容易に捕獲できる。この方法は、飛行能力があり、とくに研究がなされておらず生態が不明の微小甲虫を捕獲するのに適している。

近縁種
Hobartiidae科は以下の2属*Hobartius*属（4種）、*Hydnobioides*属（2種）からなる。これらの属は触角の第7分節が*Hydnobioides*属では大型化している点で見分けられる。*Hobartius*属内の種判別には体の剛毛の形状が重要である。

実物大

チリキスエムシダマシはキスイムシ科に似るが、大顎の背面に粒状鱗があり、前胸背板の縁が平らに広がっている。体は細長く厚みがあり、体色は暗褐色から淡褐色で、大部分の標本には上翅の中央に幅広い暗色部分がある。本種には額頭楯縫合線があり、上翅の点刻は不規則である。

多食亜目（カブトムシ亜目）

科	キスイムシ科（Cryptophagidae）
亜科	キスイムシ亜科（Cryptophaginae）
分布	新北区：北米北東部
生息環境	温帯林
生活場所	マルハナバチの巣
食性	幼虫・成虫とも巣内のデトリタス、とくにハチが集めた花粉を食べる
補足	成虫は花の上で待ち伏せ、マルハナバチにしがみついて巣に運ばれる

成虫の体長
3〜5mm

ホクベイハナバチヤドリキスイ
ANTHEROPHAGUS CONVEXULUS
LECONTE, 1863

実物大

Antherophagus 属の種はマルハナバチ類と特異的な関係にあり、新北区、旧北区、東洋区に分布する。成虫は花の上で見られ、そこでマルハナバチの訪花を待つ。本種はハチの口器または脚につかまり、巣に運び込まれて、おそらくそこで交尾および産卵を行う。*Antherophagus*属の大部分の種は翅をもつが、一部は翅を失い、眼も退化している。ホクベイハナバチヤドリキスイ（*Antherophagus convexulus*）は最近、アカガシワの森の*Spirea alba*の花から記録された。

近縁種

現在のところ、*Antherophagus*属は13種からなるが、分類上の位置を定め、新種の記載（とくにコスタリカ、コロンビア、ベネズエラで採集された標本の）を行うために再検討が待たれる。全体的な体の形や、剛毛、体色が種判別に役立つと思われるが、甲虫学者イヴ・ボスケが北米のキスイムシ亜科の総説論文で述べたとおり、「このグループの同定はきわめて難しい」。

ホクベイハナバチヤドリキスイは金色がかった黄褐色から赤褐色をしている。体は背腹方向に平たく、体を覆う倒れた剛毛は背面でより発達している。本種は性的二型を示す。雄は頭楯にＶ字型の切れ込みがあり、雌と比べ触角分節がより小さい。

多食亜目（カブトムシ亜目）

科	アナムネキカワムシ科（Agapythidae）
亜科	
分布	オーストラリア区：ニュージーランド北島の南部と南島
生息環境	主にナンキョクブナ（*Nothofagus spp.*）の森林
生活場所	すす病菌
食性	幼虫・成虫ともにすす病菌を食べるとみられる
補足	アナムネキカワムシはAgapythidae科の世界で唯一の種である

アナムネキカワムシ
AGAPYTHO FOVEICOLLIS
BROUN, 1921

成虫の体長
2.3〜3mm

実物大

過去数十年の間に、ヒラタムシ上科は大々的に科のレベルで分類再編が進み、1種のみからなるAgapythidaeが科の地位に引き上げられた。この科は最初、チビキカワムシ科の1種としてニュージーランドの甲虫学者トーマス・ブラウンによって記載され、後にPhloeostichidae亜科として認められた。2005年になってようやく、Phloeostichidae亜科が系統分析により多系統（類縁関係にない複数のグループで構成されていること）であることが裏付けられ、Agapythidae科を含む複数の独立の科に分けられた。アナムネキカワムシ（*Agapytho foveicollis*）は幼虫・成虫とも、ナンキョクブナ類（*Nothofagus*）の幹の上の、カイガラムシ（カイガラムシ上科の昆虫）が排泄する甘露の上に発生したすす病菌の上で生活する。また、苔や落ち葉の上でも採集記録がある。

近縁種
Agapythidae科は謎めいた「原始的なヒラタムシ上科」のひとつだ。*Agapytho*属は前胸の側方の不完全なキール（隆起した畝）など、いくつかの特徴により区別できる。

アナムネキカワムシは剛毛に覆われた淡褐色から暗褐色の甲虫であり、上翅に特徴的な斑紋をもつ。ヒラタムシ上科の他の種や似た外見を持つ甲虫からは、以下の特徴を併せ持つことで区別できる：触角が緩やかに触角棍を形成する点、頭が眼の後方で狭窄する点、前胸背板の側方にキールが緩やかに発達する点、上翅に不規則な点刻と不完全な上翅側片がある点、第1腹板が第2腹板よりも短い点。同定は写真を用いるのが最も正確である。

多食亜目(カブトムシ亜目)

科	ケシキスイダマシ科(Priasilphidae)
亜科	
分布	オーストラリア区:ニュージーランド南島のウエストランド
生息環境	マキと広葉樹の混交林
生活場所	落葉層、滲出液
食性	幼虫・成虫とも食菌性とみられる
補足	Priasilpha属は既知の全種がニュージーランド固有である。ヒシガタケシキスイダマシの卵および蛹の段階は未確認である

成虫の体長
4.5〜6mm

ヒシガタケシキスイダマシ
PRIASILPHA ANGULATA
LESCHEN, LAWRENCE, & ŚLIPIŃSKI, 2005

実物大

Priasilphidae科は南半球にのみ分布し、このような分布は生物地理学でゴンドワナ由来と呼ばれる。ニュージーランド固有の*Priasilpha*属は7種からなり、1種の飛行能力をもつ広域分布種を除き、限られた分布域をもち飛行能力を完全に欠く。ヒシガタケシキスイダマシ(*Priasilpha angulata*)はウエストランドの「ビーチギャップ」と呼ばれる場所でのみ見られる。ここではナンキョクブナ類(*Nothofagus*)の木がまったく生育せず、更新世に何度も氷河が形成されたことがその原因と考えられている。ビーチギャップにヒシガタケシキスイダマシなどの固有種が生息することから、大氷河の拡大期にここには小さな地理的避難場所が存在した可能性がある。少数の成虫と幼虫が木にできた傷からの滲出液を食べていたとの報告がある。

近縁種
*Priasilpha*属内の系統関係はレシェンとミショーにより2005年に再編された。この研究から、ヒシガタケシキスイダマシはニュージーランド南島のアルパイン断層以西にのみ分布する5種の近縁種のグループに含まれると示された。これらの種がすべてアルパイン断層以西にのみ分布することから、この系統は比較的古いと考えられる。ヒシガタケシキスイダマシは、前胸背板が角ばっていることから他の種と区別できる。

ヒシガタケシキスイダマシは、同属他種と同様、しばしば塵に覆われているが、それを取り除くと暗い赤褐色の体色があらわになり、また倒れた剛毛は体表面で目立つ塊になっていることがある。*Priasilpha*属は全種が背腹方向に扁平で、無翅型の種の多くが、ヒシガタケシキスイダマシと同様、隆起し側面がぎざぎざした前胸背板をもつ。

多食亜目（カブトムシ亜目）

科	ケシキスイダマシ科（Priasilphidae）
亜科	
分布	オーストラリア区：タスマニア
生息環境	ユーカリ Eucalyptus の森林
生活場所	樹皮の下
食性	幼虫・成虫とも食菌性とみられる
補足	Priastichus 属の種の成虫の背面は、しばしば鱗状の剛毛に絡まった塵や滲出物（体内から細孔を通じて排泄されるもの）に覆われている

成虫の体長
4.1〜4.9mm

タスマニアケシキスイダマシ
PRIASTICHUS TASMANICUS
CROWSON, 1973

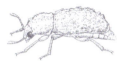
実物大

Priastichus 属はニュージーランド固有属の *Priasilpha* 属と外見が似ており、姉妹群である可能性がある。チリ固有の *Chileosilpha* 属とともに、Priasilphidae科を構成するこれらの属は、依然としてあまり知られておらず、採集例も少ない。この科の多くの種はわずかな標本しか得られていない。タスマニアケシキスイダマシ（*Priastichus tasmanicus*）は標高1524mまでの高地林に生息する。最初の標本はハーバード大学比較動物学博物館の甲虫学者フィリップ・ダーリントンにより1950年代に採集された。ダーリントン博士は、オーストラレーシアの甲虫研究に大いに貢献した、20世紀の最も有名な動物地理学者のひとりである。

近縁種

Priastichus 属は3種からなり、すべてタスマニア島にのみ分布する。タスマニアケシキスイダマシはタスマニア島北部に分布し、他の2種は大まかにいって南部に分布するが、分布域は一部重複する可能性もある。3種は体型の違いと上翅の隆条により区別できる。

タスマニアケシキスイダマシは背腹方向に扁平な甲虫だ。標本は塵に覆われていることもあるが、それを取り除くと表皮は暗い赤褐色から黒で、短く倒れた剛毛に覆われている。前胸背板の側面は張り出して波状をしており、上翅には長い畝がかすかに見られる。本種は下翅を欠き、飛行能力はない。

多食亜目（カブトムシ亜目）

科	ホソヒラタムシ科(Silvanidae)
亜科	ホソヒラタムシ亜科(Silvaninae)
分布	全世界
生息環境	人間の居住空間
生活場所	貯蔵食品
食性	幼虫・成虫とも穀物を食べる
補足	世界中で貯蔵食品の害虫とされる

成虫の体長
2.4〜3mm

オオメノコギリヒラタムシ
ORYZAEPHILUS MERCATOR
(FAUVEL, 1889)

実物大

18世紀の分類記名法の父、スウェーデンのカール・リンネは、本種の属名をOryzaephilus、すなわち「米を好むもの」とした。オオメノコギリヒラタムシ（*Oryzaephilus mercator*）は貯蔵食品の害虫で、穀物が保存されているどんな場所にも発生し、とりわけ油の含有量の多いオートミール、ふすま、押しオーツ麦、そしてもちろん玄米を好む。本種は家庭内で最も頻繁にみられる。雌は3ヵ月間に200〜300個の卵を産むため、個体数は急速に増加する。

近縁種

オオメノコギリヒラタムシはより一般的なノコギリヒラタムシ（*O. surinamensis*）の近縁種である。*Oryzaephilus*属は16種からなり、主として旧世界に分布するが、ノコギリヒラタムシおよびオオメノコギリヒラタムシは広域分布をもつ貯蔵食品の害虫だ。この仲間は、アフリカ沖にあるソコトラ島など、特異な場所での昆虫学調査が積極的に行われた結果、めざましい新種発見が続いている。

オオメノコギリヒラタムシは背腹方向にやや扁平で、暗い赤褐色から黒の外皮は点刻と剛毛に覆われる。前胸背板の側面は鋸歯状で、上翅には特徴的な配列をなす点刻がある。前胸背板および上翅には、縦方向の目立つキールの上にやや長い剛毛が生えている。

多食亜目（カブトムシ亜目）

科	ヒラタムシ科（Cucujidae）
亜科	
分布	オーストラリア区：ニュージーランドのマナワタウィ（スリーキングズ諸島）
生息環境	マキと広葉樹の混交林
生活場所	樹皮の下
食性	幼虫・成虫ともに捕食性とみられる
補足	ニュージーランドヒラタムシの幼虫の腹部の先端を構成する硬化したプレートは、後方に伸長し、大きく立派な枝分かれした中央の突起と上向きの棘をもつ

成虫の体長
12〜17mm

ニュージーランドヒラタムシ
PLATISUS ZELANDICUS
MARRIS & KLIMASZEWSKI, 2001

遺存種であるニュージーランドヒラタムシ（*Platisus zelandicus*）はニュージーランドの太古の生物地理史の驚異を垣間見せてくれる。本種が記載されたマナワタウィ（スリーキングズ諸島）は、ニュージーランド北島の北端から55km沖にあり、ニュージーランドとニューカレドニアをかつて結んでいた陸橋の一部である。この島々に生息する多くの動植物は、ニュージーランドヒラタムシと同様、かつて世界に広く分布したが、ニュージーランド本土にはみられなかった生物相の残存であると考えられている。

近縁種

ヒラタムシ科は、かつてはホソヒラタムシ科およびチビヒラタムシ科も内包していたが、現在は4属の約50種からなる。*Cucujus*属、*Palaestes*属、*Platisus*属の中にはメタリックブルーや、鮮やかな赤や黄色の派手な色彩をもつ種もいるが、P.ニュージーランドヒラタムシのように黒や茶色の単色の種もいる。*Platisus*属は5種が記載されているが、オーストラリアおよび新熱帯区には未記載種が存在する。4つ目の属、*Pediacus*属は22種からなり、主として旧北区に分布し、大部分の種は淡褐色である。

実物大

ニュージーランドヒラタムシは扁平で、暗い赤褐色から黒の甲虫で、短い剛毛に覆われる。頭は横長で触角は糸状である。背面から視認できる大顎は、本種が捕食者である可能性を示唆する。幼虫も扁平で、腹部の先端には極端に硬化し蝶番式になったプレート（第9背板）がある。

多食亜目（カブトムシ亜目）

科	エリクソンムシ科(Myraboliidae)
亜科	
分布	オーストラリア区：オーストラリア東部、タスマニア
生息環境	ユーカリ*Eucalyptus*の森林
生活場所	生木の樹皮の下
食性	不明
補足	この科の既知の種は全てオーストラリア固有種である

成虫の体長
2.85〜3.65mm

エリクソンムシ
MYRABOLIA BREVICORNIS
(ERICHSON, 1842)

実物大

多くの生物学者は地味でちっぽけな甲虫を見過ごしてしまいがちだが、微小甲虫は新たな発見に満ちている。エリクソンムシ（*Myrabolia brevicornis*）の記載は1842年、ドイツの科学者ヴィルヘルム・フェルディナンド・エリクソンによるもので、タスマニア島（当時はヴァン・ディーメンズ・ランドと呼ばれた）の昆虫を記載する最初の大規模な昆虫学研究の一環であった。エリクソンはその後もアフリカの甲虫に関するものなど、いくつかの重要な昆虫学研究を著したが、40歳の若さで亡くなった。初期の昆虫学者が、エリクソンムシのように非常に小さな種を、原始的ともいえる光学機器を使い、電気の明かりすらなしに記載できたのは驚きだ。

近縁種

エリクソンムシ科の*Myrabolia*属の13種は全種がオーストラリアに固有である。エリクソンムシはオーストラリアの最も広範囲に分布する。他種との区別は慎重な検討を要するが、いくつかの外見的特徴（触角や前胸腹板などに存在する）、および雌雄の内部形態によって可能である。

エリクソンムシは背腹方向に扁平で、暗褐色で剛毛に覆われた甲虫である。上翅には列をなして並ぶ点刻と、同じく剛毛の列が並ぶ。触角は3分節の棍をなすが、先端の分節は第10触角分節よりも小さい。雄の腹部の腹面には滑らかで丸くややへこんだ部分があり、その中央には多数の孔が見られる。

多食亜目（カブトムシ亜目）

科	アナアゴムシ科（Cavognathidae）
亜科	
分布	オーストラリア区：オーストラリア東部
生息環境	ユーカリ*Eucalyptus*の森林
生活場所	鳥の巣
食性	腐食性
補足	種小名は「鳥の雛を食べる」を意味する

成虫の体長
2.5〜3.3mm

トリノスヤドリムシ
TAPHROPIESTES PULLIVORA
(CROWSON, 1964)

実物大

アナアゴムシ科は9種からなる*Taphropiestes*属のみからなり、全種がゴンドワナ由来の分布（オーストラリア、ニュージーランド、南米南部）をもつ。オーストラリアとニュージーランドの種の観察・採集記録から、大部分の種は使用中の鳥の巣に住むとみられる。幼虫・成虫ともに、文献にある報告とは異なり、雛に直接の攻撃はせず、巣の中で餌を漁るようだ。巣の外からも採集例があり、少なくともいくつかの種は自由生活を送ると考えられる。トリノスヤドリムシ（*Taphropiestes pullivora*）の幼虫・成虫はカササギフエガラス（*Cracticus tibicen*）の雛に付随するとの記録がある。

近縁種
*Taphropiestes*属の9種のうち、2種がオーストラリア、4種がニュージーランド、3種が南米に分布する。トリノスヤドリムシは、頭に溝でつながった前額のピットがあり、頬部が著しく突出している点で区別できる。

トリノスヤドリムシは背腹方向にやや扁平な暗褐色の甲虫で、剛毛に覆われる。触角棍は3分節からなり、先端の分節は細長い。前胸背板は横長で、一部の種と異なり縦長ではない。前額にU字型の溝があるが、他種は2つのピットを持つか、溝を欠く。

多食亜目（カブトムシ亜目）

科	ラミングトンムシ科(Lamingtoniidae)
亜科	
分布	オーストラリア区：タスマニア、ヴィクトリア州
生息環境	ユーカリ類（*Eucalyptus*）およびナンキョクブナ（*Nothofagus*）の森林
生活場所	落葉層
食性	食菌性
補足	この科の既知の3種はオーストラリア東部に分布する

成虫の体長
2.5〜3.2mm

ラミングトンムシ
LAMINGTONIUM LOEBLI
LAWRENCE & LESCHEN, 2003

実物大

ラミングトンムシ（*Lamingtonium loebli*）の記載は少数の標本にもとづいて行われ、それらはすべて森林地帯で甲虫を採集する際に一般的に用いられる2つの方法、すなわちウィンドウトラップと小規模ピレスロイド薬剤散布によって採集された。垂直に設置されたウィンドウトラップは、ふつう1回につき数日間森林の中に放置し、それに衝突した甲虫が保存液で満たされた受け皿に落下する仕組みだ。薬剤散布法では、少量のピレスロイド薬剤を、穴だらけの、あるいは菌類や苔に覆われた木の表面に散布して、甲虫を隠れ家から追い出し、採集用シートの上に落とす。

近縁種

ラミングトンムシ科はオーストラリア固有の3種からなり、全種が食菌性とみられ、2種は寄主の記録がある。種判別は色彩と点刻のパターンによって行われ、ラミングトンムシは上翅に2つの斑紋をもち、前胸の天蓋の広い範囲に点刻が散在する。

ラミングトンムシは背腹方向に扁平で滑らかな甲虫だ。体色はふつう3色であり、地色は赤みがかったオレンジから黄色で、上翅に2つの黒斑が、ひとつは基部に、もうひとつは中央を少し越えたあたりにジグザグまたは横方向に入る。触角棍は3分節からなり、前胸背板には明瞭に孔が散在し、上翅は未発達の条線を欠く。

多食亜目（カブトムシ亜目）

科	ツツヒラタムシ科(Passandridae)
亜科	
分布	エチオピア区：サハラ以南(カメルーン、ガーナ、コートジボワール、ケニア、南アフリカ、タンザニア、コンゴ民主共和国、ジンバブエ)
生息環境	常緑樹の森林
生活場所	朽木および生木
食性	幼虫は木食性昆虫の幼虫に外部寄生
補足	ツツヒラタムシ科の多くの種の成虫は頭部によく発達した溝をもち、そこに強力な大顎の筋肉が接合する

アフリカオオツツヒラタムシ
PASSANDRA SIMPLEX
(MURRAY, 1867)

成虫の体長
7〜13mm

実物大

ツツヒラタムシ科は世界中（ニュージーランドと太平洋地域を除く）に分布する甲虫の小さなグループである。ツツヒラタムシ科の幼虫は複数の木食性昆虫（ナガシンクイムシ科、ゾウムシ、カミキリムシ、キクイムシ、アンブロシア甲虫）およびコマユバチ科の幼虫および蛹の外部寄生虫である。幼虫期の栄養状態により成虫の大きさはばらつく。成虫についてはあまりわかっていないが、多くの種の頭には、よく発達した大顎と共に、背面に大きな溝がみられる。強力な大顎を何に使うかは不明だが、おそらく成虫も木材食性昆虫を捕食するのだろう。

近縁種

*Passandra*属は約30種からなり、主に熱帯に分布するが、太平洋地域にはみられない。アフリカオオツツヒラタムシ（*Passandra simplex*）は頭、前胸背板、上翅の表面構造、触角の形状、また時には体色からも、容易に区別できる。

アフリカオオツツヒラタムシは高度に硬化した半円筒形の黒い甲虫である。体は滑らかで、剛毛を欠く。頭部に1対の中央溝があり、触角分節はきわめて短く、先端の分節には溝がある。前胸背板の側方溝の中央に切れ込みがひとつあり、これが本種とアフリカに分布するもうひとつの種*P. oblongicollis*の識別点となる。

多食亜目（カブトムシ亜目）

科	ヒメハナムシ科(Phalacridae)
亜科	ヒメハナムシ亜科(Phalacrinae)
分布	オーストラリア区：西オーストラリア州
生息環境	ユーカリ*Eucalyptus*の森林
生活場所	*Macrozamia*属のソテツの雄株の球果
食性	成虫はおそらく花粉食
補足	新種の甲虫は毎年発見され記載されており、本種は2013年に記載された。推定によれば、現在までに記載されたオーストラリアの甲虫は全種数の4分の1に過ぎない

成虫の体長
2.7～2.9mm

ソテツヒメハナムシ
PLATYPHALACRUS LAWRENCEI
GIMMEL, 2013

実物大

ヒメハナムシ科は並外れた多様性をもち、幼虫の口器の形状は餌によって異なる。大部分の種はさまざまな菌類（たいていは草本植物や落ち葉に生育する黒穂病菌などのカビ）を食べるが、キク科の頭状花を食べるとされる種もいる。ソテツヒメハナムシ（*Platyphalacrus lawrencei*）はソテツを好む唯一の種で、雄株の球果からのみ採集されている。ソテツに特化した甲虫は他に、ゾウムシ科、オオキノコムシ科、Boganiidae科などの一部の種に加え、それらよりは少ないが、ケシキスイ科やゴミムシダマシ科などの分類群にもみられる。

近縁種

*Platyphalacrus*属は1種のみからなるが、これを含む*Olibroporus*グループは広範囲に分布する4属からなり、そのひとつで主としてオーストラリアに分布する*Austroporus*属は30種からなる。属どうしの正確な系統関係は不明で、生活史の知見も不足しているため、*Platyphalacrus*属が進化の過程でソテツ専食に切り替わる前の祖先の食性は解明されていない。

ソテツヒメハナムシは楕円形で淡い赤褐色の甲虫で、背面は剛毛を欠くが、前胸腹板は中央が剛毛に覆われ、これは属に固有の特徴でもある。ヒメハナムシ科の大部分の種と異なり、*P. lawrencei*は扁平で、あまり厚みがない。上翅はscutellary striole（未発達の条線）を欠くが、列をなす点刻はよく発達し、上翅側片は側面から視認できない。本種や近縁の甲虫の脚はしばしば体の下に隠れる。

多食亜目（カブトムシ亜目）

科	ミジンキスイ科（Propalticidae）
亜科	
分布	太平洋：ハワイ（カウアイ島、マウイ島、オアフ島）、グアム、北マリアナ諸島（サイパン、テニアン）、サモア
生息環境	熱帯林
生活場所	成虫は木の表面にみられる
食性	成虫はおそらく地衣類または菌類を食べる
補足	前肢には、長い跗節に大きな先端棘が備わっており、これを使ってジャンプする

フタモンミジンキスイ
PROPALTICUS OCULATUS
SHARP, 1879

成虫の体長
1.1〜1.4mm

実物大

フタモンミジンキスイは楕円形の淡褐色から暗褐色の甲虫で、上翅に淡色の斑紋をもつ。表面は微細な剛毛で覆われ、シルクのような印象を与える。触角棍はコンパクトではなく、むしろ緩くつながっていて、上翅には片方につき3本の明瞭な条線がある。

ミジンキスイ科は2属（32種からなる*Propalticus*属と、11種からなる*Slipinskogenia*属）からなり、太平洋およびインド洋沿岸の熱帯に分布する。フタモンミジンキスイ（*Propalticus oculatus*）の記載論文で、デヴィッド・シャープはこう述べている。「残念ながらこの極小昆虫の跗節の正確な構造は視認できなかった」。この一文から、19世紀の昆虫学者が本種ほど小さな甲虫を正確に分類するのがいかに技術的に苦労したかがわかるだろう。この科の成虫は枯木の表面で採集され、また奇妙なことに、ヒゲナガゾウムシ科の一部のように、前肢だけを使ってジャンプする。

近縁種
ミジンキスイ科の研究は乏しいが、チビヒラタムシ科に近縁である可能性がある。広範囲に分布する*Propalticus*属は、アフリカ産の*Slipinskogenia*属から、眼の後方が狭窄する点で区別できる。*Propalticus*属の全面的な再検討は行われていないが、フタモンミジンキスイは大部分の属内他種から、上翅の薄い斑紋により見分けられる。

多食亜目（カブトムシ亜目）

科	チビヒラタムシ科(Laemophloeidae)
亜科	
分布	旧北区：北極圏を除くヨーロッパ全土
生息環境	温帯林
生活場所	キクイムシの巣穴
食性	幼虫・成虫ともおそらく捕食性
補足	細長い体型はキクイムシの巣穴に潜り込むのに適している

成虫の体長
1.9〜2.4mm

クレマチスホソチビヒラタムシ
LEPTOPHLOEUS CLEMATIDIS
(ERICHSON, 1846)

実物大

チビヒラタムシ科は食菌性または捕食性と考えられ、幼虫と成虫はしばしば樹皮の下で同時に見られる。体型も多様であり、完全に扁平な種から、円筒形または半円筒形の種までいる。*Leptophloeus*属および*Dysmerus*属の種はふつうキクイムシに付随してみられる。クレマチスホソチビヒラタムシ（*Leptophloeus clematidis*）は生態学者がいう三者栄養関係の好例の一部をなす。本種はクレマチスの1種（*Clematis vitalba*）を食べるキクイムシ（*Xylocleptes bispinus*）の巣穴に住む。

近縁種

*Leptophloeus*属は世界中に27種が分布し、うち8種がヨーロッパで見られる。本種は前胸背板と上翅、体色、眼の大きさにより識別される。雄の生殖器と雌の受精嚢の形状もチビヒラタムシ科の分類に利用される。

クレマチスホソチビヒラタムシは細長く半円筒形の種で、体色は淡褐色から暗褐色である。前胸背板には明瞭な側方の条線あるいはキール（隆起した畝）が、上翅にはこの科に特有の縦方向の深い条線が見られる。触角陥入部は背面からは視認できず、触角は緩やかに棍をなす。

多食亜目（カブトムシ亜目）

科	チビヒラタムシ科（Laemophloeidae）
亜科	
分布	新北区：米国テキサス州
生息環境	森林
生活場所	樹皮の下
食性	不明
補足	チビヒラタムシ科では数少ない吻をもつ甲虫である

ホソクチチビヒラタムシ
METAXYPHLOEUS TEXANUS
(SCHAEFFER, 1904)

成虫の体長
2.2mm

実物大

吻をもつのはゾウムシ科に特有ではなく、ナガヒラタムシ亜目、ハネカクシ科、ベニボタル科、ゴミムシダマシ科、チビキカワムシ科、ハムシ科、カミキリムシ科など、甲虫目全体に広くみられる特徴である。ヒラタムシ上科では眼の前方の部分が伸長する種は少ないが、*Metaxyphloeus*属はチビヒラタムシ科では数少ない吻をもつ属である。ゾウムシでは吻は主に雌が産卵管を挿し込む穴をあけるために使うが、他の多くのグループでは、隠れて行動するため吻の機能は謎のままだ。頭部の伸長と餌の特殊化には関連があるとみられている。

近縁種
新世界に分布する*Metaxyphloeus*属は5種からなり、他の吻のあるチビヒラタムシ科の種とは、6分節からなる触角棍をもつ点、前胸背板の側方の条線が完全である点、上翅に斑紋がある点で区別できる。ホソクチチビヒラタムシ（*Metaxyphloeus texanus*）は*M. signatus*と非常に似ており、生殖器を解剖しなければ両者の区別は不可能である。

ホソクチチビヒラタムシは細長く、背腹方向に扁平で、縁がほぼ平行で斑紋のある上翅をもつ。体はふつう暗褐色で、滑らかであり、点刻は非常にかすかで、触角は淡色である。吻は平たく、触角陥入孔は前額の基部の側方にあり、前胸背板と上翅の側面に明瞭なキールをもつ。

多食亜目（カブトムシ亜目）

科	チビキカワムシモドキ科(Tasmosalpingidae)
亜科	
分布	オーストラリア区：タスマニア島
生息環境	ユーカリの森林
生活場所	不明
食性	成虫は食菌性
補足	この小さな科の両種はともにタスマニアに分布するが、Tasmosalpingus属はオーストラリア本土にも分布することを示唆する証拠がある

成虫の体長
1.2〜2.2mm

チビキカワムシモドキ
TASMOSALPINGUS QUADRISPILOTUS
LEA, 1919

実物大

チビキカワムシモドキ科は1属2種からなる。*Tasmosalpingus*属のものとされる蛹はただ一度しか採集されていないが、その発見場所はマキ科の*Phyllocladus aspleniifolius*の樹皮で、また成虫はマレーズトラップで採集されている。雄はのどの部分に剛毛に覆われたパッチをもち、また雌雄ともに前胸背板の基部に剛毛の生えたくぼみをもつ。標本から得られた消化管の展開により、菌類の菌糸が大量に見つかっている。

近縁種

このグループの系統関係はほとんどわかっておらず、かつてはPhloeostichidae科に含まれていた。幼虫・成虫の両方の特徴が分析された唯一の分類学研究において、Tasmosalpingidae科はニュージーランド固有のマルキカワムシ科の姉妹群とされた。記載されている2種は、体色および上翅の点刻の差異により区別できる。

チビキカワムシモドキはやや細長く厚みがあり、なめらかで剛毛に覆われ、体色はチョコレートブラウンで上翅には淡色の斑紋をもつ。外皮には点刻が散在し、上翅の点刻は列をなす。触角陥入孔は背面から視認できず、また前胸背板の辺縁にある剛毛に覆われたくぼみは本科に特有である。

多食亜目（カブトムシ亜目）

科	マルキカワムシ科（Cyclaxyridae）
亜科	
分布	オーストラリア区：ニュージーランド南島の北東部
生息環境	マキと広葉樹の混交林およびナンキョクブナ類（*Nothofagus*）の森林
生活場所	すす病菌に感染した木の幹
食性	幼虫・成虫とも食菌性
補足	この科の甲虫はすべてニュージーランド固有種である

マルキカワムシ
CYCLAXYRA JELINEKI
GIMMEL, LESCHEN, & ŚLIPIŃSKI, 2009

成虫の体長
2〜2.6mm

実物大

マルキカワムシ科は2種のみからなり、いずれもニュージーランド固有種である。これらは夜にすす病菌を食べているところを容易に発見でき、幼虫は菌の塊の中に隠れている。すす病菌に特化した甲虫は世界的にも珍しいが、そこにはやはり多様な甲虫およびその他の昆虫が見られる。すす病菌スペシャリストの一部はゴンドワナ由来の南半球の分布をもつ。しかし、多くのグループはニュージーランド固有であり、種のみならず、Metaxinidae科、Agapythidae科、Cyclaxyridae科の3つの固有の科がある。

近縁種

分類学者たちは依然としてマルキカワムシ科と他のヒラタムシ上科の甲虫の関係に確証を持っていないが、オーストラリアのTasmosalpingidae科が最も近縁とみられる。限定的分布をもつマルキカクムシ（*Cyclaxyra jelineki*）は、より広範囲に分布する*C. politula*から、生殖器の差異および前額の高密度の点刻により、容易に区別できる。

マルキカワムシは厚みがあり黒いが、完全に硬化する前は赤みがかった、あるいは淡い色の場合もある。触角には3分節の棍があり、陥入孔は背面から視認できる。前肢の基節腔は後方に広く開いており、上翅側片の目立つくぼみは剛毛に覆われ、しばしば蝋で満たされる。

多食亜目（カブトムシ亜目）

科	ヒゲボソケシキスイ科（Kateretidae）
亜科	
分布	旧北区：中央〜南ヨーロッパ、オーストリアから南はギリシャ、イスラエル、東はイラクまで
生息環境	マキと広葉樹の混交林およびブナ類（Fagus）の森林
生活場所	地中海性ステップおよび灌木林
食性	幼虫・成虫とも被子植物（主にケシ科）につく
補足	この科の種は世界中の温帯および亜熱帯に分布するが、ニュージーランドにはまったくみられない

成虫の体長
4〜6mm

カクチビハナケシキスイ
BRACHYLEPTUS QUADRATUS
(STURM, 1844)

実物大

ヒゲボソケシキスイ科はケシキスイ科に似た植物食の甲虫である。成虫は複数の近縁関係にない寄主植物の上でみられるが、幼虫はより限定的な関係をもつ。ヒゲボソケシキスイ科の各属は特定の科の植物の上で育つ傾向にあり、*Anthoneus*属はリュウゼツラン科、*Brachypterolus*属はゴマノハグサ科、*Amartus*属、*Anamartus*属、*Brachyleptus*属はケシ科、*Brachypterus*属はイラクサ科、*Heterhelus*属はスイカズラ科、*Kateretes*属はカヤツリグサ科およびイグサ科に特化する。カクチビハナケシキスイ（*Brachyleptus quadratus*）は幼虫・成虫とも主としてケシ類（*Papaver*）の実や花の上でみられる。本種の雌の産卵管は著しく細長く（長さは幅の少なくとも5倍）、先端が枝分かれしている。

近縁種

ヒゲボソケシキスイ科は世界中に14属の約100種が分布する。*Brachyleptus*属は旧北区に分布し、一部の種はエチオピア区および東洋区にもみられる。*B. quadratus*はヨーロッパおよび中央アジアに広い分布域をもつ種である。種同定は主として跗節の構造、前胸背板の形状、点刻のパターンにもとづいて行われ、生殖器の精査が必要な場合もある。

カクチビハナケシキスイはほぼ楕円形で厚みのある種だ。色は黒から褐色で、付属肢はしばしばより淡い色をしており、表面は剛毛に覆われ密に点刻がある。前胸背板は横長で、側面は均等に弧を描く。上翅は短翅型で、腹部の先端の分節が露出する。跗節は先が広がり、剛毛が密に生えたパッドが、とくに雄で顕著にみられる。

多食亜目（カブトムシ亜目）

科	ケシキスイ科（Nitidulidae）
亜科	ケシキスイ亜科（Nitidulinae）
分布	新熱帯区：メキシコ南部
生息環境	熱帯雨林
生活場所	おそらくヤシの花
食性	おそらく花粉または花
補足	幼虫・成虫ともヤシの重要な送粉者である可能性がある

成虫の体長
2.8〜3.9mm

クチナガケシキスイ
CYCHROCEPHALUS CORVINUS
REITTER, 1873

実物大

ヤシを好む甲虫は多く、ゾウムシ、ケシキスイ、それに旧世界の熱帯に分布するいくつかのキスイモドキのグループなどがいる。花だけを食べるケシキスイのグループは複数あるが、*Cychrocephalus*属を含むMystropini族の一部の種は、中南米に分布しヤシを食べる。大型のヤシの花序には数百匹の甲虫が群れることもあるが、*Cychrocephalus*は目立たず、採集例は少なく、寄主は文献でも特定されていない。クチナガケシキスイ（*Cychrocephalus corvinus*）の吻の形状から、本種は特異的な送粉者であることが示唆されるが、本種に関する理解を深めるには精力的な採集と観察が必要だ。

近縁種
*Cychrocephalus*属には2つの記載種と複数の未記載種がいる。種同定に最も有用な特徴は体色で、青みがかった黒の種から、褐色、黒の種までみられる。点刻のパターンと剛毛のタイプも、とりわけ頭、前胸背板、上翅のものが種同定に重要だ。クチナガケシキスイは、体色が似たコロンビア産の*C. luctuosus*よりもやや大型だ。

クチナガケシキスイは特徴的な吻をもち、背腹方向に扁平で、脚と口器の末端を除く大部分が濃い暗褐色をしている。触角は11分節からなり、3分節からなる平らな触角棍をもち、陥入孔は背面から視認できる。尾節（腹部の末端）が露出しており、上翅は平らに広がっている。

多食亜目（カブトムシ亜目）

科	ケシキスイ科(Nitidulidae)
亜科	ケシキスイ亜科(Nitidulinae)
分布	旧北区：極東ロシア、日本、韓国
生息環境	温帯林
生活場所	ホコリタケ
食性	幼虫・成虫とも食菌性
補足	Pocadius属の種はホコリタケを世界中に分布し、様々なホコリタケを食べる

成虫の体長
3〜4mm

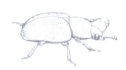

クロモンカクケシキスイ
POCADIUS NOBILIS
REITTER, 1873

実物大

ケシキスイ科は種数の多いグループで、食性も多様であり、菌、植物、死骸を食べ、捕食性の種も含まれる。しかし大部分の種は菌類に付随し、例えばPocadius属はホコリタケおよび類似種に特化している。成虫は新鮮なホコリタケの上でみられ、そこで交尾し産卵する。その後成虫はその場を離れ、幼虫はそこに留まって菌糸を食べ、やがて胞子塊（基本体）を食べるようになるか、あるいは成虫が留まり幼虫と一緒に菌を食べることもある。Pocadius属はホコリタケとの特異的関係を維持しながらほぼ世界中に分布する点で例外的である。

近縁種

Pocadius属は約50種からなる。この属の再検討が最近行われたため、種同定が可能になったが、区別は時に困難で、生殖器の解剖が必要な場合もあるため、分布が種判別の重要な基準となる。東アジアに分布する種は数少なく、日本からは2種だけが記載されている。1種は広範囲に分布するクロモンカクケシキスイ（*Pocadius nobilis*）であり、もう1種は沖縄にのみ分布する。

クロモンカクケシキスイは厚みのある赤みがかった黄褐色の種で、頭、触角根、上翅の大部分は暗色をしている。表面は滑らかで大きな楕円形の点刻があり、体は剛毛で覆われ、上翅の剛毛は明瞭に列をなす。上翅は細長く、腹部の先端が露出し背面から視認できる。雄では第8背板が視認できる。

多食亜目（カブトムシ亜目）

科	ケシキスイ科（Nitidulidae）
亜科	オニケシキスイ亜科（Cryptarchinae）
分布	新熱帯区：チリ南部
生息環境	温帯林
生活場所	樹液および滲出液
食性	幼虫・成虫とも樹液食
補足	成虫は警告色で捕食者を退ける

成虫の体長
11.5〜12.5mm

チリオニケシキスイ
LIOSCHEMA XACARILLA
(THOMSON, 1856)

オニケシキスイ亜科は多様だが、大部分の種は樹液および浸出液に付随してみられ、これらの液体を吸うが、栄養はその中に浮遊する酵母菌などの微生物から得ているとみられる。*Lioschema*属を含む多くのオニケシキスイ亜科の種は、捕食者を退散させる警告色を持つが、これらの種が実際に化学防御を行うかどうかは不明である。また、多くのオニケシキスイ亜科の種は雄も雌も頭頂に摩擦構造をもち、この構造を前胸背板の縁の突起（爪）で打ち鳴らす。

近縁種
オニケシキスイ亜科は中程度の大きさのグループで、22属約300種が世界中に分布する。チリにはオニケシキスイ亜科の4属が分布し、うち3属は南米の温帯に固有である。*Lioschema*属および*Paromia*属はこのグループで最も派手かつ大型で、時にはひとつの属（*Paromia*）にまとめて分類される。

実物大

チリオニケシキスイは大型で厚みがある滑らかな甲虫で、黒い体にオレンジまたは赤の横方向の縞が上翅の基部および先端付近にみられる。触角は背面からは見えず、上唇と頭盾は癒合している。頭頂のオレンジ色の部分には摩擦構造があり、前胸背板の前縁は大きく突出する。

多食亜目（カブトムシ亜目）

科	ネスイムシダマシ科（Smicripidae）
亜科	
分布	新北区および新熱帯区：キューバ、プエルトリコ、北米のメキシコ湾岸およびカリフォルニア州
生息環境	沿岸林
生活場所	成虫はパルメットヤシ（Sabal palmetto）の花序の上、幼虫は落葉層でみられる
食性	不明
補足	この科はSmicrips1属のみからなり、6種が含まれる

成虫の体長
1〜1.6mm

実物大

ヤシネスイムシダマシ
SMICRIPS PALMICOLA
LECONTE, 1878

ネスイムシダマシ科はケシキスイに似た微小な甲虫で、新世界にのみ分布し、主として熱帯性である。このグループの研究は進んでおらず、記載済みの6種に加え、命名が必要な新種がいる。この科はパルメットビートルの通称をもつが、全種がパルメットヤシ（Sabal palmetto）を含むヤシ科に付随するわけではない。ヤシとの関係は強固だが、腐食物の中や樹皮の下、さまざまな木の花の中からも採集されている。ヤシネスイムシダマシ（Smicrips palmicola）の成虫はしばしばパルメットヤシの花の上に大量に見られる。成虫を効率よく採集する別の方法として、バリアピットフォールや飛行阻害トラップなどの受動的トラップの使用があげられる。

近縁種

ネスイムシダマシ科の体の構造はほぼ一様で、デオヒラタムシ科とケシキスイ科の中間のようだが、外葉を持たないなど、明らかに後者との共通点が見られる。甲虫の大部分は外葉をもち、ケシキスイ科に近縁のヒゲボソケシキスイ科にも見られるが、それ以外のヒラタムシ上科ではこの器官をもつ種は稀である。

ヤシネスイムシダマシは淡褐色から暗褐色で、細長く、側面が平行であり、背腹方向に扁平である。上翅は短く、先端の腹節が露出する。高倍率に拡大すると、跗節式が4-4-4と確認でき、さらに拡大して慎重に解剖すると、外葉を欠くことも確認できる。

多食亜目（カブトムシ亜目）

科	ムキヒゲホソカタムシ科（Bothrideridae）
亜科	ムキヒゲホソカタムシ亜科（Bothriderinae）
分布	エチオピア区：タンザニア、マラウィ、ケニア、ザンビア、ジンバブエ、コンゴ民主共和国、南アフリカ
生息環境	熱帯林
生活場所	枯木、木食性昆虫につく
食性	成虫は腐朽材食性、幼虫はおそらく木食性昆虫に寄生
補足	深い溝により前胸背板の中央に「島」ができるのは甲虫の中でも *Pseudobothrideres* 属に特有である

アフリカナガムネホソカタムシ
PSEUDOBOTHRIDERES CONRADSI
POPE, 1959

成虫の体長
3.7〜5mm

実物大

ムキヒゲホソカタムシ亜科の生態はほとんど知られておらず、*Pseudobothrideres* 属についての知見は皆無に等しいが、成虫は腐朽材食性で枯木につき、幼虫は寄生性である。幼虫は過変態性であり、活動的な三爪幼虫が寄主の膜翅目または甲虫に固着し、三爪幼虫は脱皮するとイモムシ期に入り、そのまま寄主を食べ続けたあと、蝋などの材料で繭をつくり蛹化する。アフリカナガムネホソカタムシ（*Pseudobothrideres conradsi*）の標本のいくつかは夜間に人工光の付近で採集されている。

近縁種

Pseudobothrideres 属には19種が知られ、オーストラリア、ニューカレドニアを含む旧世界の熱帯に分布する。この属の世界規模の再検討は行われていないが、他のムキヒゲホソカタムシ科からは、後胸腹板の腿部に線がある点、前胸背板の特徴的な形状、4mmを超える体長により区別できる。

アフリカナガムネホソカタムシは背腹方向に扁平で、暗赤色をしている。触角は前額の下に陥入し、2分節からなる。前胸背板には特徴的な楕円形の溝があり、その後方側面の縁は急激に落ち込む。上翅のキールの間は深く幅広い溝になっている。前跗節には先端棘があり、跗節式は4-4-4である。

多食亜目（カブトムシ亜目）

科	ムキヒゲホソカタムシ科（Bothrideridae）
亜科	ツツホソカタムシ亜科（Teredinae）
分布	エチオピア区：西アフリカの熱帯
生息環境	熱帯林
生活場所	アンブロシア甲虫の巣穴
食性	幼虫・成虫ともナガキクイムシ亜科の甲虫に寄生し、捕食する
補足	1齢幼虫は長い脚をもち、ナガキクイムシの蛹を積極的に探して、ついには食べてしまう

成虫の体長
4.5〜6mm

アフリカツツホソカタムシ
SOSYLUS SPECTABILIS
GROUVELLE, 1914

実物大

ムキヒゲホソカタムシ科の多くの種は木の中に住む昆虫に寄生し、*Sosylus*属はアンブロシア甲虫（ナガキクイムシ亜科）に付随する。*Sosylus*属の成虫はアンブロシア甲虫の巣穴にもぐり込み、交尾した後、雌は雄を殺し産卵する。幼虫は自由生活型だが、ナガキクイムシの新しい蛹に付着したあと過変態する。歩行性幼虫は餌を食べず、脱皮してイモムシ型になってから蛹の中に頭を突っ込んで捕食する。蛹の捕食が2〜3日続いた後、前蛹となり、終齢幼虫は寄主の体内に糸を紡ぐ。

近縁種

*Sosylus*属は50種以上からなり、全世界の熱帯の大部分に分布し、約1／3がエチオピア区でみられる。この科の研究は進んでおらず、*Sosylus*属の識別は（細長くほぼ円筒形の体型から）容易ではあるが、この属も世界規模の全面的再検討が必要である。

アフリカツツホソカタムシは細長く、円筒形で、滑らかで、暗い赤褐色から黒の甲虫である。触角は11分節からなり、2分節のコンパクトな触角棍をもち、陥入孔は背面から視認できる。上翅には明瞭な溝があり、先端は傾斜する。頭部に触角溝があり、前基節腔の後方は閉じている。

多食亜目（カブトムシ亜目）

科	カクホソカタムシ科（Cerylonidae）
亜科	カクホソカタムシ亜科（Ceryloninae）
分布	新熱帯区：エクアドルのナポ県
生息環境	熱帯林
生活場所	朽木および落ち葉
食性	幼虫・成虫ともおそらく食菌性
補足	属名は昆虫学者のジェームズ・パカラックに捧げられた

パカラックカクホソカタムシ
PAKALUKIA NAPO
ŚLIPIŃSKI, 1991

成虫の体長
2.6〜3.5mm

実物大

カクホソカタムシ科は世界中に分布し、52属450種からなる。カクホソカタムシ科の多くの種は幼虫・成虫とも穿刺・吸入を行う口器をもつが、すべてではないまでも大部分の種は食菌性であり、特殊化した口器をもつ成虫は捕食性であるという説は誤りだ。木材食性甲虫の巣穴で見つかる種もおり、アリやシロアリと共に見つかる種、さらには哺乳類の巣穴に見られる種もいる（特殊化した幼虫がハダカデバネズミ*Heterocephalus glaber*に付随して見られる1種）。*Pakalukia*属の成虫は腐葉土の中で、腐敗したヤシに付随して見られ、腐敗した切り株の木屑の中からベルレーゼ装置を使用して採集されている。

近縁種
カクホソカタムシ科の特徴として、腹部の先端が小円鋸歯状で、上翅の先端にこれに適合する溝がある点が挙げられ、これは上翅を腹部にはめ込む機構になっているとみられる。*Pakalukia*属はカクホソカタムシ科では数少ない3分節の触角棍をもつ属で、もうひとつの新熱帯区の属である*Glyptolopus*属も同じ特徴で知られる。*Pakalukia*属は中南米に分布し、記載種は1種のみである。

パカラックカクホソカタムシは厚みがあり、暗褐色で、長い剛毛に覆われる。小顎鬚には微細で不規則な条線がみられる。前胸背板の側方に浅い溝があり、より深い基部のへこみにつながっていて、中央のやや後方に横方向のキールがある。不規則に散在する点刻をもつ上翅が腹部全体を覆うため、腹部の小円鋸歯状の構造は解剖しない限り観察は難しい。

多食亜目（カブトムシ亜目）

科	テントウムシモドキ科(Alexiidae)
亜科	
分布	旧北区：ブルガリア、ハンガリー、ポーランド、スロバキア
生息環境	山地の温帯林
生活場所	朽木および落ち葉
食性	幼虫・成虫とも食菌性
補足	この科の微小甲虫と他の甲虫の関係は依然として判明していない

成虫の体長
1.2〜2.1mm

テントウムシモドキ
SPHAEROSOMA CARPATHICUM
(REITTER, 1883)

実物大

テントウムシモドキ科は*Sphaerosoma*属のみからなり、約50種が中央および南ヨーロッパ、小アジア、北アフリカに分布する。このグループはカクホソカタムシ科群の一部であり、独立の科として扱われることも、テントウダマシ科にまとめられることもある。幼虫・成虫とも食菌性と考えられ、キノコからの採集記録がある。分布域の落葉層からは大量の標本が採集されるものの、グループ全体の多様性と生態の研究はほとんど手つかずである。テントウムシモドキ（*Sphaerosoma carpathicum*）は狭い分布域をもつ高地性の種である。

近縁種

*Sphaerosoma*属は全種が1930年代半ば以前に記載され、近年の属の再検討は行われていないため、種間関係はほとんど知られていない。20世紀初頭の専門家ビクトル・アプフェルベックは*Sphaerosoma*属を3つの亜属に分類し、その基準は成虫の外皮表面の軟毛の有無および雄の跗節の先端の広がりの有無であった。この亜属の区分は信頼性を欠くため、近年の研究者は採用していない。

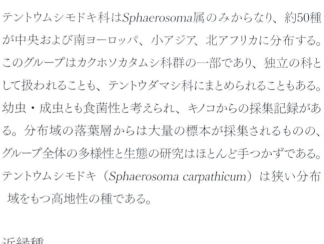

テントウムシモドキは非常に厚みのある赤褐色の甲虫で、短い剛毛に覆われる。触角は10分節からなり、3分節の触角棍をもつ。前胸背板に溝はなく、跗節式は雌雄とも4-4-4である。前胸腹板は短く中央の前基節の前にキールがあり、前基節腔は後部が大きく開いている。

多食亜目（カブトムシ亜目）

科	ミジンムシダマシ科（Discolomatidae）
亜科	Notiophyginae亜科
分布	エチオピア区：ルワンダ
生息環境	朽木
生活場所	おそらく菌類
食性	おそらく食菌性
補足	この科はエチオピア区で最も多様性に富む

成虫の体長
2〜2.5mm

ナミフチミジンムシダマシ
PARMRASCHEMA BASILEWSKYI
JOHN, 1955

実物大

ミジンムシダマシ科は主として熱帯に分布するが、一部のグループは温帯にも進出している。概して採集例は少ないが、落葉層や朽木の中でしばしばみられる。寄主菌の記録が複数あるため、すべてではないにしても、多くの種が食菌性とみられる。成虫は全種が前胸および上翅の縁に視認できる腺孔をもち、扁平な円盤状の幼虫にも気門付近に腺管の開口部がある。おそらくこの科の甲虫は対捕食者防衛として化学物質を放出するのだろう。ナミフチミジンムシダマシ（*Parmaschema basilewskyi*）の成虫は河川に沿った森林パッチの腐植土層で時に大量に見つかる。

ナミフチミジンムシダマシは褐色で、扁平で、しわと点刻が多く、剛毛に覆われる。触角は9分節で、先端は特徴的な1分節の棍をなし、陥入孔は背面から視認できる。前胸はかなり横長で、上翅よりも幅が狭い。上翅は平らに広がっており、縁は緩やかに小円鋸歯状である。

近縁種

ミジンムシダマシ科は16属の約400種からなるが、全面的な再検討が必要である。丸または円盤状の成虫の形状はさまざまで、滑らかな背面をもつものから、しわや突起に覆われたものもいる。*Parmaschema*属は15種以上からなり、主としてアフリカおよび東南アジアに分布する。種判別の基準は、触角（とりわけ触角棍の形状）および前胸背板（形状と表面の点刻）の特徴、雄の後脛節先端の歯状突起の有無、雄の生殖器の形状の違いである。

多食亜目（カブトムシ亜目）

科	テントウムシダマシ科（Endomychidae）
亜科	マルテントウダマシ亜科（Anamorphinae）
分布	新北区：米国南東部
生息環境	落葉樹林およびマツ林
生活場所	枯木
食性	幼虫・成虫ともおそらく食菌性
補足	採集技術と画像技術の向上により、微小甲虫の新種は次々に記載されている

成虫の体長
1〜1.2mm

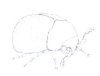

ヒメキノコテントウムシダマシ
MICROPSEPHODES LUNDGRENI
LESCHEN & CARLTON, 2000

・実物大

新種の微小甲虫は今も世界中で続々と記載されており、広域分布種や人口稠密地域に分布する種、米国など相当に徹底した採集が行われた地域に分布する種も例外ではない。ヒメキノコテントウムシダマシ（*Micropsephodes lundgreni*）はその好例だ。本種は比較的最近、フロリダ州、ルイジアナ州、テネシー州で採集された標本にもとづいて最初に記載され、後に米国南東部のそれ以外の地域でも発見された。ヒメキノコテントウムシダマシの成虫は生木と枯木の樹皮の下にみられ、フロンタリンというフェロモンによって集合する。最近の研究により、本種は林冠を15m以上の高さで飛ぶことがわかった。

近縁種
Anamorphinae亜科はニュージーランドと太平洋の大部分を除く全世界に分布する。34属からなり、大部分は小さく、しばしば剛毛に覆われ、近縁のテントウムシ科に似ている。*Micropsephodes*属はバハマ、グアテマラ、米国の3種が記載されており、さらに未記載種がいる。

ヒメキノコテントウムシダマシは厚みのあるつややかな黒の甲虫で、紫または緑がかった光沢がある。剛毛はまばらで、触角は8分節からなり、3分節のぎざぎざした触角棍を持ち、雄では柄節の遠位側が角張る。雄の頭部には剛毛に覆われた隆条部分があり、前額はへこんでいる。跗節は3分節からなる。

多食亜目（カブトムシ亜目）

科	テントウムシダマシ科 (Endomychidae)
亜科	オオテントウダマシ亜科 (Lycoperdininae)
分布	旧北区、東洋区、オーストラリア区：南アジア、東アジア、東南アジア、パプアニューギニア
生息環境	熱帯林
生活場所	菌類
食性	幼虫・成虫とも食菌性
補足	本種と同様に上翅に黄色やオレンジの斑点を持つ食菌性甲虫は数種が知られる

成虫の体長
7.5〜12mm

タイワンオオテントウダマシ
EUMORPHUS QUADRIGUTTAUS
(ILLIGER, 1800)

テントウムシダマシ科は食菌性の多様なグループで、世界中に分布する。多くの種は小さく目立たないが、*Eumorphus*属などは派手な色彩をもち、枯木や枯れかけた木に育つ大型のサルノコシカケ類の上で容易に採集できる。成虫は脅威を感知するとその場から脚を離してぽろりと落ちる。タイワンオオテントウダマシ（*Eumorphus quadriguttaus*）は4亜種に分けられるが、形態の変異（例えばある亜種は主に腿節が2色である点にもとづく）が自然集団や地理的分布に対応していないため、種内分類は変更される可能性がある。

近縁種

*Eumorphus*属は約70の種および亜種からなる。この属の同定法を示したヘンリー・F・ストロヘッカーは、1939年から1986年にかけてテントウムシダマシ科に関する数々の論文を発表した。種および亜種の区別の基準となる特徴は、上翅にある斑点の形状・大きさ・位置、脚の色、雄の脛節の先端付近の歯状突起の有無と形状などである。

実物大

タイワンオオテントウダマシは扁平でつややかな黒の甲虫で、腹面は淡色で、上翅に黄色からオレンジの4つの斑点がある（保存標本ではこの斑点は淡黄色から白に見える）。触角は11分節で、3分節の扁平な触角棍を持つ。前胸背板の基部側方に溝があり、これはテントウムシダマシ科の多くの種に共通する。脚の色は亜種によって異なり、写真の標本の亜種*Eumorphus quadriguttatus pulchripes*では、脚は赤い。

多食亜目（カブトムシ亜目）

科	テントウムシ科（Coccinellidae）
亜科	テントウムシ亜科（Coccinellinae）
分布	東洋区：タイの山間部
生息環境	森林
生活場所	落葉層
食性	不明、おそらく腹吻亜目（アブラムシ、コナジラミ、カイガラムシ）の昆虫を捕食
補足	Carinodulini族の奇妙なテントウムシの数少ない記載種は全種が飛行能力を欠く

成虫の体長
0.9mm

ツチテントウ
CARINODULINA BURAKOWSKII
SLIPIŃSKI & JADWISZCZAK, 1995

実物大

庭や農地や森林でよく見かける、広く知られた派手なテントウムシの他に、テントウムシ科にはまるでテントウムシらしくない、経験豊富な昆虫学者をも悩ませる仲間もいる。こうした変わり者たちの一角を占めるのが、Carinodulini族の中の数種だ。これらは奇妙な細長い甲虫で、同じヒラタムシ上科のキスイムシ科などと混同されやすい。しかし、虫眼鏡や解剖顕微鏡を使って注意深く特徴を検討すれば、小顎鬚の先端の肥大化や、テントウムシ科特有の特殊化した挿入器などにもとづき、この奇妙な一群を正しい科に分類できるだろう。Carinodulini族についてはあまり知られていないが、全種が飛行能力を欠く。

近縁種

Carinodulini族は3属4種のみからなる。*Carinodulina*属の2種は、11の触角分節、3つの跗分節をもつ点で他の属と区別できる。ツチテントウ（*Carinodulina burakowskii*）は南インドの*C. ruwenzorii*から、前胸の側方のキールが縁に非常に近い点で区別できる。

ツチテントウは細長い楕円形で、厚みがあり、淡褐色で、剛毛に覆われている。前胸背板には側方のキールがあり、上翅には不規則な点刻がある。腹面は、後胸腹板および第1腹節に明瞭な後基節線がある。後胸腹板の後基節線は隆起し、第1腹節の後基節線は後方に延び腹片の縁に達する。

多食亜目（カブトムシ亜目）

科	テントウムシ科(Coccinellidae)
亜科	テントウムシ亜科(Coccinellinae)
分布	新熱帯区：メキシコ中部から南部(コロンビア、ベネズエラに移入の可能性あり)
生息環境	高標高地域
生活場所	草本植物
食性	ウリ科およびナス科の植物を食べる
補足	非常に厚みのある種で、ふつう標高1000m以上でみられる

成虫の体長
7.7〜10.6mm

メキシコマダラテントウ
EPILACHNA MEXICANA
(GUÉRIN-MÉNEVILLE, 1844)

広く知られるテントウムシ科は、主として半翅目腹吻亜目の昆虫、ダニおよびその他の節足動物の捕食者からなる。しかし、一部は花粉食者や菌食者であり、またメキシコマダラテントウ（*Epilachna mexicana*）を含む複数の属からなるEpilachnini族は植食性のグループである。メキシコマダラテントウにはいくつかの植食性への適応がみられ、例えば特殊化した口器や、頑丈で先が分岐した幼虫の大顎をもち、蝋状の滲出液や体の背側腺をもたないが、これらの特徴は捕食性のグループにもみられる。Epilachnini族のいくつかの種、例えばオオニジュウヤホシテントウ（*Hemesemilachna vigintioctomaculata*）やインゲンテントウ（*E. varivestis*）は深刻な害虫である。

近縁種
テントウムシ専門家のロバート・ゴードンが1985年に新世界のEpilachnini族の再検討を行った当時、約200種が知られていた。大部分の種は非常にカラフルで、斑点、幅広い斑紋、縞模様をもち、しばしば警告色を示す。メキシコマダラテントウに似た種は多いが、黒地に淡色の6つ以下の斑点をもつ点で区別できる。

実物大

メキシコマダラテントウは他のテントウムシ科の種と同様に非常に厚みのある種で、上翅は黒地に黄色または淡色の斑点模様で、斑点は縁に接しない。第1触角分節および第6〜11触角分節はふつう褐色で、それ以外の触角分節は黄色である。上翅の縁は平らに広がっている。

多食亜目（カブトムシ亜目）

科	テントウムシ科(Coccinellidae)
亜科	テントウムシ亜科(Coccinellinae)
分布	新北区：北米、南はメキシコまで
生息環境	森林および草原
生活場所	樹木、灌木、草
食性	幼虫・成虫ともアブラムシを捕食する
補足	作物被害をもたらしうるアブラムシを大量に捕食するため、何種かのテントウムシは農業に有益である

成虫の体長
4.2〜7.6mm

サカハチテントウ
HIPPODAMIA CONVERGENS
GUÉRIN-MÉNEVILLE, 1842

実物大

多くのテントウムシと同様、サカハチテントウ（*Hippodamia convergens*）は半翅目腹吻亜目の昆虫の捕食者である。幼虫・成虫とも分布域内では普通種で、アブラムシを捕食するところがみられ、成長した幼虫は1日に最大50匹のアブラムシを食べる。本種にはあてはまらないが、多くの種のテントウムシが世界中で生物防除用に導入され、また一般家庭でも植物害虫を減らすのに利用されてきた。サカハチテントウは越冬前に大規模な集団を形成し、森林や、しばしば住宅付近でも、周辺環境よりも温度が高い場所で数千匹が見られる。

近縁種
*Hippodamia*属は全北区に約35種が分布し、一部の種は域外に移入されている（例えば*H. variegata*はほぼ全世界に分布）。北米には18種が分布し、サカハチテントウを含む一部の種は色彩変異に富む。

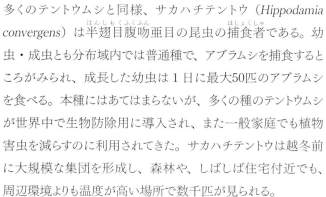

サカハチテントウは卵型で、厚みがあり、滑らかで、黒い前胸背板には白い縞模様と縁取りがある。上翅の基部の端も白いが、上翅の残りの部分はオレンジ色で、1〜6個の黒い斑点がある。上翅会合線の基部にも黒の短い縞があり、この縞は時に長く延び外側にカーブする。

多食亜目（カブトムシ亜目）

科	ミジンムシ科（Corylophidae）
亜科	Periptyctinae亜科
分布	オーストラリア区：ヴィクトリア州南部
生息環境	ユーカリ*Eucalyptus*、ナンキョクブナ*Nothofagus spp.*、アカシア*Acacia*の森林
生活場所	落葉層
食性	幼虫・成虫とも食菌性と考えられる
補足	*Peryptyctus*属は全種がオーストラリア東部（クイーンズランド州北東部からタスマニア島）に分布する

成虫の体長
2.3～2.8mm

ビクトリアゴウシュウミジンムシ
PERIPTYCTUS VICTORIENSIS
TOMASZEWSKA & ŚLIPIŃSKI, 2002

実物大

Periptyctinae亜科はオーストラリア東部にのみ分布し、その生態はほとんど知られていない。この科には、比較的よく見られ、飛行阻害トラップで採集される有翅型の種と、落葉層に生息しピットフォールトラップで採集される稀な無翅型の種がいる。属内で最初に命名された*Periptyctus russulus*は菌類に付随することが示唆される（*Russula*属は普通種のキノコのグループだ）が、ミジンムシ科の他種の大部分も同様に食菌性で、それ以外の食性が記録された種は少ない。ビクトリアゴウシュウミジンムシ（*Periptyctus victoriensis*）は標高1420mまでのスノーガム（*Eucalyptus pauciflora*）の森の落葉層で採集されている。

近縁種
Periptyctinae亜科は3属からなり、そのひとつである*Periptyctus*属は23種からなる。多くの種は非常に特徴的で、体色、前胸背板と上翅の模様の有無、全体的な体型、前胸背板の形状で見分けられる。

ビクトリアゴウシュウミジンムシは短翅型の種で、楕円形でやや厚みがあり、色は黒とオレンジ色である。体は滑らかだが、短い剛毛に覆われる。頭部は大部分が前胸の下に収納されて隠れ、前胸背板は側方のキールがよく発達する。上翅には緩やかに隆起した肩部がある。

多食亜目（カブトムシ亜目）

科	ミジンムシ科（Corylophidae）
亜科	ミジンムシ亜科（Corylophinae）
分布	新北区：カナダ南部および米国の一部の州
生息環境	草原
生活場所	土壌
食性	分解中の植物質および菌類の胞子を食べる
補足	この科の甲虫はしばしば英語でminute hooded beetles（頭巾をかぶった微小甲虫）と呼ばれる。これは、デオミジンムシを含むいくつかの種が非常に小さく、また成虫の頭部がフード状の前胸背板の下に完全に隠れるためである

成虫の体長
0.8〜1mm

デオミジンムシ
ARTHROLIPS DECOLOR
(LECONTE, 1852)

実物大

ミジンムシ科は一般に成虫の体長が0.5〜2 mmであり、その分類はここ10年で再検討が行われ、形態学者と分子系統学者が新たなツールを導入して分岐に関する仮説を立て、自然分類群に分ける試みがなされた。極小化は他の甲虫のグループにもみられ、分類研究の妨げになりうるが、新たな資源（餌やニッチ）を利用可能にし、捕食を免れることにもつながることから、概して重要なイノベーションであると考えられる。*Arthrolips*属の生態はほとんど知られていないが、成虫は*Nummulariola*属の子嚢菌に付随して見つかっている。

近縁種

*Arthrolips*属は約30種が世界中に分布し、その大部分は全北区から記載されているが、再検討が必要である。この属ともう1属（*Clypastraea*属）からなるParmulini族では、幼虫の第9背板に硬化した棘がみられる。*Arthrolips*属の前胸腹板の前縁は触角溝を欠くが、*Clypastraea*属にはこれが見られる。

デオミジンムシは扁平で、淡褐色から黄褐色をしており、やや厚みがあり、非常に微細な剛毛で覆われる。頭を覆う半円形の前胸背板は、多くのミジンムシ科の種と同様、天頂部が透明または淡色で、止まっている時に窓の役割を果たす。腹節の先端は露出する。

多食亜目（カブトムシ亜目）

科	ニセヒメマキムシ科（Akalyptoischiidae）
亜科	
分布	新北区：カリフォルニア州の南海岸山脈、トランスヴァース山脈、ペニンシュラ山脈、モハベ砂漠、シエラネバダ山脈東部、ホワイト山地
生息環境	オーク（*Quercus* spp.）の森林
生活場所	*Neotome*属のモリネズミの巣および落葉層
食性	幼虫・成虫ともおそらく食菌性
補足	属名はギリシャ語の*akalyptos*(開いた)と*ischion*(尻)に由来し、成虫の腹面から視認できる特異な「開いた」前基節腔を指すものである

セイブニセヒメマキムシ
AKALYPTOISCHION ATRICHOS
ANDREWS, 1976

成虫の体長
1.2～1.5mm

実物大

*Akalyptoischion*属はヒメマキムシ科に似た奇妙な甲虫で、Akalyptoischiidae科を構成する唯一の属であり、カリフォルニア州およびバハカリフォルニアの非常に限られた場所にのみ分布する。この属の生態はほとんど知られていないが、硬材木（*Quercus*、*Ilex*、*Rhus*など）および針葉樹（*Pinus* spp.など）の落葉層や、動物（モリネズミ*Neotoma*など）の巣で見つかっている。全種が飛行能力を失っており、分布域が狭いのはそのためと考えられる。セイブニセヒメマキムシ（*Akalyptoischion atrichos*）は幅広い環境に生息し、湿潤な低標高の沿岸林でも、乾燥した高標高（3500m以下）のマツ林でも、乾燥した砂漠のピニヨンマツ植生でもみられる。

近縁種
*Akalyptoischion*属は24種からなる。この属は外見の似たヒメマキムシ科の種から、基節腔が開いている点、一部の種で3-3-3の跗節が偽分節化する点で見分けられる。セイブニセヒメマキムシは比較的広い分布域を持ち、腹部の第1腹板の中央にひとつの孔がある点で同属他種と区別できる。

セイブニセヒメマキムシは細長く、黄褐色から暗褐色の甲虫で、しわが寄ったなめらかな外皮をもつ。頭部には明瞭に頚があり、触角陥入孔は背面から視認できず、触角には3分節の触角棍がある。眼は4～5個の個眼からなり、上翅には点刻が6列に並ぶ。

多食亜目（カブトムシ亜目）

科	ヒメマキムシ科(Latridiidae)
亜科	ヒメマキムシ亜科(Latridiinae)
分布	おそらくヨーロッパ在来種だが、現在はほぼ全世界
生息環境	温帯林および草原
生活場所	落葉層、乾燥した環境および貯蔵食品
食性	幼虫・成虫とも食菌性
補足	貯蔵食品にしばしば見られる

成虫の体長
1.3〜1.5mm

ホソヒメマキムシ
DIENERELLA FILUM
(AUBÉ, 1850)

実物大

ヒメマキムシ科は主として乾燥した環境で、一般に腐敗した植物に付随して見られる。ヒメマキムシ亜科は科内で最も装飾的で、大部分の種が体に溝やキールやくぼみをもつ。こうした表面構造は背面および腹面に分泌される蝋と関係がある。文献によれば、ホソヒメマキムシ（*Dienerella filum*）は*Ustilago*属（草に寄生する黒穂菌類）の胞子を食べ、少なくとも一部の胞子は本種の消化管を通過した後でも発芽可能である。本種はエアコンや冷蔵庫周りに大量発生することがあり、冷却システムにおけるカビの発生の判断指標になる。

近縁種
*Dienerella*属は約40種が世界中に分布し、2つの亜属に分けられ、ホソヒメマキムシは原名の亜属に分類される。*Dienerella*属の種は、個眼が比較的少数（20個未満）である点、転節の長さ、後胸腹板の形状、触角の形状により、他の複雑な装飾をもつ属と区別できる。

ホソヒメマキムシは細長く扁平で、凹凸に富み、淡褐色から暗褐色の甲虫である。触角は3分節で、陥入孔が背面から視認できる。前胸背板は前部が幅広く、中央付近がくびれている。上翅は前胸背板の3倍ほどの長さで、点刻が列をなす。跗節式は3-3-3である。

多食亜目（カブトムシ亜目）

科	ヒメマキムシ科（Latridiidae）
亜科	ケシマキムシ亜科（Corticariinae）
分布	全世界、ヨーロッパ原産か
生息環境	森林、草原、人為的環境
生活場所	乾燥した場所
食性	幼虫・成虫とも食菌性
補足	広域分布種だがマイナーな貯蔵食品の害虫である

ノコヒメマキムシ
CORTICARIA SERRATA
(PAYKULL, 1798)

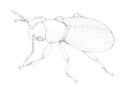

成虫の体長
1.2〜2.2mm

実物大

ノコヒメマキムシ（*Corticaria serrata*）は貯蔵食品害虫となる数百種の甲虫のひとつだ。幼虫・成虫とも湿った環境に育つ菌類を食べ、小麦や大麦を積んだ貨物船に紛れ込むなどして、相当の遠距離を運ばれる。貯蔵食品に加え、カビの生えた植物質の堆積物や乾燥したヤマアラシの糞の中でもみられ、朽木の中でも育つ。ノコヒメマキムシの成虫の大部分は長翅型（完全な下翅をもつ）だが、一部はきわめて萎縮した下翅をもつ。このように翅が一部の個体で退化している理由は依然として不明である。

近縁種
ケシマキムシ亜科は、頭楯と前額が同一平面上にある点でヒメマキムシ亜科と容易に区別できるが、同亜科内の属どうしの区別は難しい。幸い、*Corticaria*属は前基節の前にある深いくぼみによって同定でき、このくぼみは菌嚢（菌を保持する器官）として使われる可能性がある。

ノコヒメマキムシはやや細長く、厚みがある、淡褐色から暗褐色の甲虫で、剛毛に覆われる。触角は3分節で、陥入孔は背面から視認できる。前胸背板には側方のキールに沿って歯状突起があり、上翅は前胸背板よりやや幅広で、明瞭な点刻の列と剛毛の列がある。

多食亜目（カブトムシ亜目）

科	コキノコムシ科(Mycetophagidae)
亜科	コキノコムシ亜科(Mycetophaginae)
分布	全北区：北ヨーロッパ、北米（現在は世界中で貯蔵農作物にみられる）
生息環境	多様
生活場所	カビの生えた動植物質、貯蔵食品を含む
食性	食菌性
補足	しばしば人為的環境の周囲にみられ、不適切な貯蔵状態の指標となる

成虫の体長
3.3〜4mm

イエコキノコムシ
MYCETOPHAGUS QUADRIGUTTATUS
MÜLLER, 1821

実物大

イエコキノコムシ（*Mycetophagus quadriguttatus*）は北半球の広範囲に分布し、森林から穀物倉庫まで幅広い環境で見られる。本種は人為的環境に多い。幼虫・成虫とも動植物質の上に育った菌の胞子や菌糸を食べる。本種は穀倉地帯の貯蔵食品害虫としてごく一般的な種である。本種はカビの成長に伴い発生するため、貯蔵食品の衛生・湿度管理状態の悪化の指標である。本種は汚染された貯蔵食品から未汚染の食品に胞子を運ぶことがある。

近縁種
同じ場所で見られるいくつかの別種の甲虫はイエコキノコムシと混同される可能性がある。キスイムシ科およびヒメマキムシ科の数種、コキノコムシ科の別種チャイロコキノコムシ（*Typhaea stercorea*）などである。少なくとも旧北区に35種、新北区に15種が知られ、多くの種は専門の文献または博物館のタイプ標本の精査なくしては識別が困難である。

イエコキノコムシは細長く、楕円形で、微細な柔毛に覆われた褐色の甲虫であり、上翅に4〜6個の黄色っぽい斑点をもつ。斑点は変異に富み、上翅の前方で融合しひとつの不規則な模様になる場合もある。成虫の前胸背板には後縁に沿って1対の明瞭なくぼみがある。

多食亜目（カブトムシ亜目）

科	アゴムシ科（Pterogeniidae）
亜科	
分布	東洋区：マレーシア
生息環境	熱帯林
生活場所	菌が蔓延した朽木
食性	食菌性
補足	非常に長い触角節は一見巨大化した大顎に見える

成虫の体長
1.8〜2.4mm

フリーグルアジアアゴムシ
HISTANOCERUS FLEAGLEI
LAWRENCE, 1977

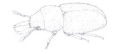

実物大

この無名の科の甲虫の生活史はほとんど知られていない。フリーグルアジアアゴムシ（*Histanocerus fleaglei*）は*Amauroderma*属の多孔菌から採集された成虫にもとづき記載された。本種および同属他種も多孔菌類からの記録がある。この科の多くの種は林床から採集された成虫のみが知られる。この科は南アジアおよび東南アジアのみに分布する。この属およびその他の初期に記載された属の分類はいくつかの科の変遷を経て、Pterogeniidae科が設置された。ゴミムシダマシ上科の他の科との関係は不明である。

近縁種
*Histanocerus*属はPterogeniidae科で最大の属であり、14種が東南アジアに散発的に分布する。これらの種は外部形態、大きさ、触角の分節といった細かな特徴に差異がある。成虫は*Pterogenius*属に似るが、触角陥入孔、触角節およびその他の構造の細部が異なる。

フリーグルアジアアゴムシの成虫は小さく、卵型で、剛毛に覆われた甲虫であり、前胸背板の基部は上翅の肩部よりも明瞭に幅広である。極端に長い鉤状の触角柄節は雄だけがもち、その機能は不明だが、雌雄とも柄節は触角節基部よりも長く延びる。

多食亜目（カブトムシ亜目）

科	アゴムシ（Pterogeniidae）科
亜科	
分布	東洋区：スリランカ
生息環境	森林
生活場所	菌の蔓延した朽木
食性	食菌性
補足	大顎はゾウの歯に似ており、固い繊維質の餌をすりつぶすのに適している

成虫の体長
3〜3.3mm

アゴムシ
PTEROGENIUS NIETNERI
CANDÈZE, 1861

　この科の甲虫のうち、アゴムシ（*Pterogenius nietneri*）と*Histanocerus pubescens*だけが詳細に研究され、生活史と幼虫期の記録がなされている。本種の幼虫は、暗色で硬質の多孔菌類、おそらく*Ganoderma*属の1種から採集されている。大顎の構造は硬い繊維質の寄主の組織をすりつぶし、引き裂いて消化できる状態にするのに適しており、論文著者はゾウの臼歯の表面構造との類似を指摘している。この採食戦略は消化管内容分析により裏づけられている。成虫はさまざまな林床の土壌からも発見されている。

近縁種

*Pterogenius*属は2種のみからなり、いずれもスリランカに分布する。アゴムシは、雄の成虫の頭部がはるかに幅広である点、および触角の構造が*P. besucheti*と異なる。アゴムシは2種のうちより大型の種である。*Histanocerus*属では雄の頭部の幅が広がらず、一方で*Pterogenius*属にはない触角柄節の特殊化が見られる。

実物大

アゴムシはほぼすべての甲虫の中でも特異なことに、雄の頭部の幅が顕著に広がる。この特徴をもつ甲虫はいくつかの科にわずかに存在するにすぎない。大型の雄の頭部の幅は前胸背板の幅を超えることもある。雌の頭部の幅は広がらない。それ以外の点では、本種は小さく卵型のごく一般的な体型をしている。

多食亜目（カブトムシ亜目）

科	ツツキノコムシ科(Ciidae)
亜科	ツツキノコムシ亜科(Ciinae)
分布	新熱帯区：中米
生息環境	熱帯林
生活場所	枯木に生えた木質の多孔菌類
食性	食菌性
補足	成虫の雄は頭の長い角をてこのように使い、闘争時に相手を押しのける

カブトツツキノコムシ
CIS TRICORNIS
(GORHAM, 1883)

成虫の体長
1.5〜2mm

実物大

この科の大部分の種と同様、*Cis*属の種は幼虫・成虫ともに木質の多孔菌類を食べる。この属のさまざまな種の寄主としては、*Polyporus*属、*Trametes*属、*Ganoderma*属がしばしば挙げられる。闘争行動の観察により、カブトツツキノコムシ（*Cis tricornis*）の雄は前額の角をてこ棒として使うことが確認されている。雄は角を相手の体の下に押し込み、てこの原理でもち上げて相手を押しのける。雄の闘争は、単に相手を押して後退させる場合もある。

近縁種

*Cis*属は巨大な属であり、約350種が24種群に分類され、カブトツツキノコムシグループは南北アメリカ大陸の3種からなる。種同定の基準は、主として体の点刻の形状と大きさ、背面の柔毛の長さ・密度・方向であるが、これらの差異はきわめて微妙な場合もある。

カブトツツキノコムシは小さく円筒形の甲虫で、雄はトリケラトプスのような典型的な配置の角を持つ。頭の中央の角が最も目立ち、前胸背板にそれよりも小さな2本の角がある。大部分の角のあるツツキノコムシ科の種と同様、大型の雄は大きな角を、小型の雄は小さな角を持ち、雌は完全に角を欠く。

多食亜目（カブトムシ亜目）

科	ツツキノコムシ科(Ciidae)
亜科	ツツキノコムシ亜科(Ciinae)
分布	旧北区：ユーラシア北部
生息環境	森林
生活場所	枯木に生える多孔菌類
食性	食菌性
補足	大きく非対称な大顎はこの属の数種の雄の成虫に特徴的である

成虫の体長
2〜2.5mm

オウシュウツヤツツキノコムシ
OCTOTEMNUS MANDIBULARIS
(GYLLENHAL, 1813)

実物大

この科の甲虫は幼虫・成虫とも高密度で繊維質の木を枯死させる菌類を食べる。幼虫はいくつかの属の木質の多孔菌類（*Trametes*属、*Ganoderma*属など）の子実体の繊維を穿孔し、成虫は外側の胞子を形成する表面につく。菌類の子実体を採集し、通気性のある容器に室温で保存することで成虫を得ることができる。成虫の出現には長い期間を要することがあり、1年のうちの限られた季節にのみ現れる。成虫は菌が生成する揮発性化学物質の匂いをたどって寄主の菌を見つけ出す。

近縁種

*Octotemnus*属は約16種が知られ、大部分はユーラシアに分布するが、米国に分布する1種も含む。未記載の*Octotemnus*属の1種が米国に導入され、侵略的外来種として多孔菌類に住む在来のツツキノコムシ科の種を駆逐している可能性がある。種同定は雄の第二次性徴および表面の点刻などの細かな特徴の差異にもとづいて行われる。

オウシュウツヤツツキノコムシの成虫は小さく、円筒形の褐色の甲虫で、8分節の触角をもつ。大型化した大顎は多型を示す。雄には顕著に大型化した大顎をもつもの（大型雄）と、それほど大顎の大型化が目立たないもの（小型雄）がいる。雌の大顎は体サイズに相応の大きさである。雄の大顎は、前半身の角や大型化した大顎をもつ他の甲虫と同様、同性間の闘争に使われると考えられる。

多食亜目（カブトムシ亜目）

科	キノコムシダマシ科（Tetratomidae）
亜科	モンキナガクチキ亜科（Penthinae）
分布	新北区：北米東部
生息環境	森林
生活場所	菌が蔓延した朽木
食性	食菌性
補足	北米のキノコムシダマシ科の中で最大級の2種のうちのひとつ

成虫の体長
12〜15mm

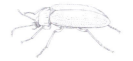

アメリカモンキナガクチキムシ
PENTHE OBLIQUATA
(FABRICIUS, 1801)

本種は北米東部の森林環境に広く生息する大型のキノコムシダマシ科の2種のうちのひとつである。いずれの種も落葉樹の折れた大きな枝、切り株、倒木のはがれかけた樹皮の下でしばしば見つかる。幼虫は多孔菌類の子実体を穿孔し食べる。成虫は1年を通じて菌の蔓延した倒木や切り株の樹皮の下で見られる。キノコムシダマシ科の多くの種は秋に樹皮に産卵する。孵化した小さな幼虫は寄主菌の中で越冬し、次の春と夏の間その中で成長する。

近縁種

北米産Penthe属の2種は大きさ、形状、全体の色がほぼ同一である。アメリカモンキナガクチキムシ（Penthe obliquata）の生きた成虫はオレンジ色の小楯板をもち、発見時にすぐに目につく。Penthe pimeliaは黒い小楯板をもち、体の残りの部分も黒い。北米東部に分布するこの科の他種でこれら2種ほどの大きさに達する種はいない。

実物大

アメリカモンキナガクチキムシの成虫は中型で細長く楕円形の甲虫で、粗く黒い柔毛で密に覆われるためベルベット状の質感をもつ。このため、近縁種のP. pumeliaは英名ではVelvety Fungus Beetleの通称で知られる。本種の小楯板は、比較的小さな構造だが、明るい黄色がかったオレンジ色の柔毛のため、生きた個体では体表面の他の部分から際立つ。

多食亜目（カブトムシ亜目）

科	ナガクチキムシ科（Melandryidae）
亜科	ナガクチキムシ亜科（Melandryinae）
分布	旧北区：ヨーロッパ
生息環境	森林
生活場所	樹皮の下、倒木や立ち枯れ木の上
食性	木食性、菌が蔓延した木を食べる
補足	ヨーロッパの原生林に広く分布する普通種である

成虫の体長
9〜16mm

ヨーロッパナガクチキ
MELANDRYA CARABOIDES
(LINNAEUS, 1760)

この特徴的なヨーロッパの甲虫の成虫は、春と夏の時期に活発化する。成虫は倒木の表面や下、はがれかけた樹皮の下に、また分散の時期にはあちこちで見られる。幼虫はさまざまな落葉樹の、湿って腐敗し菌が蔓延した木材を食べる。本種は成熟した原生林の重要指標と考えられ、これは幼虫が分解の進んだ比較的大きな朽木を必要とするためである。木を分解する菌との関係は、研究が行われたナガクチキムシ科の大部分の種に共通する生活史パターンである。

近縁種

この属はユーラシア各地に少なくとも24種、北米に1種が分布する。ヨーロッパナガクチキ（*Melandrya caraboides*）は最大級かつ最も頻繁にみられる種のひとつだ。他の種は大きさ、体色、外部の柔毛の特徴などを基準に区別できる。種同定には分布も重要指標である。本種は外見上似ているオサムシ科やキノコムシダマシ科の種と混同される可能性がある。

ヨーロッパナガクチキの成虫は細長く、側面が平行な甲虫で、青みがかった黒の金属的な背面と、黒から赤褐色の付属肢をもつ。触角の下にある大きな小顎鬚はよく目立つ。附節式は他のナガクチキムシ科の種と同様に前から5-5-4である。これらの甲虫は大型であるため、特徴の確認は容易である。

実物大

多食亜目（カブトムシ亜目）

科	ハナノミ科(Mordellidae)
亜科	ハナノミ亜科(Mordellinae)
分布	新北区：フロリダ州に固有
生息環境	森林および林縁
生活場所	成虫は花の上、幼虫は朽木の中でみられる
食性	成虫は花粉食、幼虫は*Quercus spp.*などの朽木の中で成長する
補足	成虫の形態は大きく異なるが、ナガクチキムシ科とハナノミ科は幼虫が似ていることから近縁と考えられる

成虫の体長
10～11.2mm

フロリダホシハナノミ
HOSHIHANANOMIA INFLAMMATA
(LECONTE, 1862)

実物大

*Hoshihananomia*属を含むMordellini族は多様なグループであり、約50属が世界中に分布する。これらの甲虫は特徴的なくさび形の体型をしており、ふつう前胸の基部が最も幅広で、腹部の先端が針状に延びて上翅の先端から突き出している。フロリダホシハナノミ（*Hodhihananomia inflammata*）の成虫は長翅型で、飛行阻害トラップおよびマレーズトラップで効率的に捕獲でき、またナラの倒木から羽化した成虫を得ることもできる。近縁種の*H. octopunctata*の幼虫はアメリカブナ（*Fagus grandifolia*）およびナラ類（*Quercus*）の分解中の組織の中で成長する。

近縁種

全世界に分布する*Hoshihananomia*属は50種以上からなるが、米国に分布するのは3種のみである。他の2種は、*H. octopunctata*は北米東部のテキサス州北東部からケベック州、オンタリオ州まで広く分布し、*H. perlineata*はアリゾナ州とニューメキシコ州のみに分布する。北米産の種は上翅の色彩パターンにより見分けられる。

フロリダホシハナノミは細長い暗色の甲虫で、幅広い前胸背板と先細りの上翅をもつ。前胸背板と上翅の目立つパッチには、黄色っぽいオレンジ色の剛毛が生え、外皮に張りついている。淡色の剛毛パッチは前胸背板の基部および上翅の基部付近（黒い小楯板の周囲）でとくに顕著である。長く後方に突出した腹部先端は、細くて先が尖っている。

多食亜目（カブトムシ亜目）

科	ハナノミ科 (Mordellidae)
亜科	ハナノミ亜科 (Mordellinae)
分布	旧北区
生息環境	森林、開けた場所を含む
生活場所	成虫は花の上、幼虫は朽木の中でみられる
食性	成虫は花粉食、幼虫は朽木を食べる
補足	分布域の一部では希少で絶滅のおそれがある

成虫の体長
6.5〜8mm

コクロハナノミ
MORDELLA HOLOMELAENA HOLOMENAEA
APFELBECK, 1914

実物大

ハナノミ科は世界中に約1500種が分布し、約85属に分類される。この科の種は英名ではtumbling flower beetle（宙返りする訪花甲虫）と呼ばれるが、これは成虫が脅威を感じると後肢を素早く動かして宙返りすることと、たいてい花の上でみられることによる。コクロハナノミは古く細いナラ類（*Quercus*）やカバ類（*Betula*）、また時にヤマナラシ類（*Populus*）の伐採跡地に多く見られる。2014年に出版された英国における絶滅のおそれのある甲虫の総説論文において、本種は個体群の断片化が深刻であることを理由に、「危急種」の保全評価がなされた。

近縁種
*Mordella*属はMordellini族に含まれ、世界に500種以上、旧北区に60種以上が分布する。広く分布するコクロハナノミ（*Mordella holomelaena holomelaena*）に加え、シベリア東部、極東ロシア、モンゴルに分布する*M. h. siberica*がもうひとつの亜種として知られる。種同定には触角、眼、口器、色彩、雄の生殖器の差異が役立つ。

コクロハナノミは細長くくさび形の甲虫で、黒い外皮は短く暗色で表面に張りついた剛毛に覆われる。第7腹節背板は上翅の先端を越えて後方に細く突出し、先端は鋭く尖る。頭部は眼の後ろで急激に狭窄し、生きている個体では前胸の下に強く曲がっているため、背面からは普通ほとんど見えない。跗節式は5-5-4である。

多食亜目(カブトムシ亜目)

科	オオハナノミ科(Ripiphoridae)
亜科	オオハナノミ亜科(Ripiphorinae)
分布	新北区および新熱帯区:カナダ(オンタリオ州南部)、米国(ニューハンプシャー州、ニューヨーク州から南はフロリダ州、西はアイオワ州、カンザス州、テキサス州まで)、メキシコからパナマまでの中米
生息環境	開けた場所
生活場所	成虫は花の上にみられ、幼虫は膜翅目の昆虫に寄生
食性	成虫はおそらく花蜜食、幼虫は膜翅目の昆虫を食べる
補足	*Microsiagon*属はオオハナノミ科で最も多様な属である

フチグロオオハナノミ
MACROSIAGON LIMBATUM
(FABRICIUS, 1781)

成虫の体長
5〜12mm

実物大

オオハナノミ科は生態のわかっている全種が、少なくとも生活環の一部において、未成熟な他の昆虫の内部に寄生する。*Macrosiagon*属の既知の寄主としては、膜翅目有剣下目(ツチバチ科、コハナバチ科、コツチバチ科、スズメバチ科、ギングチバチ科、アナバチ科、ミツバチ科、ベッコウバチ科)がある。*Macrosiagon*属の成虫は、非常に長く延びた吻のような口器をもつことから、蜜を吸うとみられる。(*Macrosiagon limbatum*)の成虫は夏に活発化し、ニワトコ類(*Sambucus*)やアキノキリンソウ類(*Solidago*)の花を訪れる。*M. limbatum*の幼虫はギングチバチ科のハチ(*Cerceris*属など)に寄生するとの記録がある。

近縁種
Macrosiagonini族は2属からなる:旧北区および東洋区に5種が知られる*Metoecus*属と、*Macrosiagon*属である。*Macrosiagon*属は150種以上からなる。眼の前の触角陥入孔や、前胸背板の後葉がある点などの形態的特徴から、*Macrosiagon*属は北米に分布するオオハナノミ科の他の属と区別できる。

フチグロオオハナノミは細くくさび形の甲虫で、背腹方向に伸長した頭部を持つ。体色は黒とオレンジのコントラストをなす。雄の触角には2列の櫛状の突起があり、雌では鋸歯状になっている。上翅は生きている成虫では基部の正中線付近で合わさるが、先端に向かうにつれ分かれる。下翅は長く発達し、先端の一部が折り畳まれる(ただし保存標本では折り畳みの程度はまちまちである)。

多食亜目（カブトムシ亜目）

科	オオハナノミ科(Ripiphoridae)
亜科	オオハナノミ亜科(Ripiphorinae)
分布	新北区：米国南西部
生息環境	乾燥した場所
生活場所	成虫は植物や花の上でみられ、幼虫は寄主のコロニーに生息する
食性	成虫の食性は不明、幼虫はハチのコロニーに寄生すると見られるが、寄主は不明
補足	大部分の甲虫と異なり、この属の種の下翅は上翅の下に折り畳まれていない

成虫の体長
9〜11mm

ホクベイフトコバネオオハナミ
RIPIPHORUS VIERECKI
(FALL, 1907)

実物大

ホクベイフトコバネオオハナミは奇妙な外見をした甲虫で、体色は黄色っぽいオレンジと黒がコントラストをなし、上翅は短い鱗状のプレートに退化している。触角は扇形で、大きな眼の上端付近から出ている。下翅は折り畳まれず、明瞭な暗色部分があり、静止時の生きた個体ではふつうハエ（双翅目）のように腹部の上で一部が重なる。跗節爪は櫛状である。

特徴的なRipiphorus属はオーストラリアを除く全世界に分布する。北米ではMicrosiagon属に次いで頻繁に見られる属である。属内の大部分の種の生活史の詳細は明らかになっていないが、よく調べられている一部の種からいくつか一般的特徴を記述することができる。雌は開花前の蕾に少数の卵を産む。卵は開花と同時に孵化し、活動的な初齢幼虫は花を訪れたハチに付着し、巣に運ばれる。幼虫は地上に巣を作るハチに寄生する。ホクベイフトコバネオオハナミ（*Ripiphorus vierecki*）の成虫はツリアブに似た飛行様式（ホバリングや上下の動き）をもつと考えられている。

近縁種

*Ripiphorus*属は約70種が知られ、うち約30種がメキシコ以北の北米に分布する。このグループの分類は不十分で、全面的な再検討が必要である。種同定は跗節、跗節の爪、体色や模様、外皮の点刻といった特徴にもとづき行われる。一部の種、とりわけ*R. fasciatus*とその近縁種は、現在の同定指標では確実な判別が不可能である。

多食亜目（カブトムシ亜目）

科	アトコブゴミムシダマシ科(Zopheridae)
亜科	ホソカタムシ亜科(Colydiinae)
分布	新北区：米国南部（アラバマ州、フロリダ州、ジョージア州、サウスカロライナ州、ルイジアナ州、ノースカロライナ州、テネシー州）
生息環境	森林
生活場所	樹皮の下の円筒状の穴
食性	幼虫・成虫とも木材穿孔甲虫（ゾウムシ科ナガキクイムシ亜科）を捕食する
補足	本種は木材穿孔甲虫を捕食するため益虫とみなされる

成虫の体長
6.3～7mm

イトホソカタムシ
NEMATIDIUM FILIFORME
LECONTE, 1863

Colydiinae亜科の大部分の種は死んだ植物組織や菌を食べ、倒木に見られる。しかし、Nematidiini族など一部のグループは、捕食性を獲得した。円筒形のNematidium属の種は熱帯・亜熱帯に分布し、木食性ゾウムシの幼虫を樹皮の下の巣穴の中で捕食する。Nematidium属の雌は上唇が伸長する点で雄とわずかに異なる。イトホソカタムシ（*Nematidium filiforme*）の成虫はよく発達した下翅をもち、水銀灯や紫外線灯に誘引される。本種に出くわすことは稀である。

近縁種
*Nematidium*属は米国、インド、インドネシアおよびオーストラリア区に分布する10種以上からなり、Nematidiini族をなす唯一の属である。イトホソカクムシは属内で唯一北米に分布する。特徴的な体型と、大顎の基部が（頭部を前方から観察した際に）視認できる点から、同所的に分布する他のColydiinae亜科の種との区別は容易である。

実物大

イトホソカタムシは非常に細い円筒形の甲虫で、滑らかな赤褐色の体と中央付近でややくびれた前胸背板をもつ。触角には短く2分節からなる明瞭な触角棍がある。触角の下の溝は明瞭である。大きく円形の眼は頭部の側面から突出しない。跗節式は4-4-4である。

多食亜目（カブトムシ亜目）

科	アトコブゴミムシダマシ科(Zopheridae)
亜科	ホソカタムシ亜科(Colydiinae)
分布	オーストラリア区：ニュージーランド（北島・南島）
生息環境	森林
生活場所	木の幹、樹皮の下
食性	幼虫・成虫とも樹皮の下のカビを食べるとみられる
補足	オーストラリアおよびパプアに分布するPristoderus属の一部の種（例えばP. phyrophorus）の成虫は、背面に複雑な構造を持ち、そこに隠花植物が成長するため、緑がかった色をしている

成虫の体長
7.8〜8mm

ニュージーランドヘリムネホリカタムシ
PRISTODERUS ANTARCTICUS
(WHITE, 1846)

実物大

*Pristoderus*属を含むSynchitini族の食性は多様で、朽木の樹皮の下の組織を食べる種もいれば、落葉層で腐敗した植物や菌を食べるとみられる種もいる。オーストラリアおよびパプアにも分布する*Pristoderus*属は、地衣類を食べる種を含むとみられる。ニュージーランドヘリムネホリカタムシ（*Pristoderus antarcticus*）の成虫は立ち枯れ木の上やはがれかけた樹皮の下で見られる。本種のものとされる幼虫が複数の成虫と共に見つかっているが、文献に正式に記録されてはいない。

近縁種
*Pristoderus*属はSynchitini族の中で最も大きく多様な属のひとつであり、チリ、ニュージーランド、ニューカレドニア、ニューギニア、オーストラリアに分布する。*Syncalus*属および*Isotarphius*属とは酷似するが、これら2属には後基節の間に幅広い突起がみられるのに対し、*Pristoderus*属は細く先の尖った突起をもつ。

ニュージーランドヘリムネホリカタムシはある程度大型で、幅が広く、やや厚みのあるホソカタムシ亜科の甲虫である。体は暗い赤褐色から黒で、短い剛毛に覆われる。触角は11分節からなり、先端に3分節の触角棍をもつ。幅広い前胸背板の縁には4つの歯状突起が突き出している。上翅にはかなり不規則だが縦方向に並ぶ隆条がみられる。跗節式は4-4-4である。

多食亜目(カブトムシ亜目)

科	アトコブゴミムシダマシ科(Zopheridae)
亜科	コブゴミムシダマシ亜科(Zopherinae)
分布	新北区:米国カリフォルニア州エルドラド郡
生息環境	北米西部の標高1500m付近の針葉樹林
生活場所	枯木とそれに付随するサルノコシカケ類
食性	成虫はおそらく腐敗したマスタケ(*Laetiporus sulphureus*)などのサルノコシカケ類を食べ、幼虫はおそらく朽木を穿孔し食べる
補足	前胸背板の背面に独特の溝がある

アメリカヨコミゾコブゴミムシダマシ
USECHIMORPHA MONTANUS
DOYEN & LAWRENCE, 1979

成虫の体長
3.9〜5.2mm

実物大

Usechini族は、米国とカナダの西部に分布する*Usechimorpha*属および米国西海岸と日本に分布する*Usechus*属の2属のみからなる。アメリカヨコミゾコブゴミムシダマシ(*Usechimorpha montanus*)の雄は下唇亜基節(口器)に剛毛に覆われた深い溝を持つ。このような構造は多くの甲虫のグループの雄にみられ、頭、前胸、腹部など存在する部位もさまざまである。アメリカヨコミゾコブゴミムシダマシにおいては未確認であるものの、こうした構造はフェロモンの生産、分泌、散布に関係している可能性がある。

近縁種
Usechini族の2属はともにコブゴミムシダマシ亜科の他種から、触角を収納する深い溝が前胸背板の背面の前縁付近にある点で区別できる。アメリカヨコミゾコブゴミムシダマシは上翅の条線の間が平坦で、上翅の条線の間が隆起し突起が並ぶ*U. barberi*と異なる。

アメリカヨコミゾコブゴミムシダマシはやや細長い赤褐色の甲虫で、カーブした金色の鱗状の剛毛に体の一部が覆われる。頭は前胸に深く埋没していて、背面からはほとんど見えない。前胸背板には2本の深い溝が前縁付近にあり、ここに触角を収納する。さらに2つの明瞭な溝が前胸背板の後縁付近にも存在する。

多食亜目（カブトムシ亜目）

科	アトコブゴミムシダマシ科(Zopheridae)
亜科	コブゴミムシダマシ科(Zopherinae)
分布	新熱帯区：メキシコ南部からベネズエラ、コロンビアまで
生息環境	森林
生活場所	枯木の表面または付近
食性	成虫は枯木に付随する菌(スエヒロタケ Schizophyllum commune など)を食べ、幼虫は枯木の中で成長する
補足	メキシコでは生きた成虫を飾りつけて身につけ、生きたブローチにする

成虫の体長
34〜46mm

ゴマダラアトコブゴミムシダマシ
ZOPHERUS CHILENSIS
GRAY, 1832

Zopherus属を含むZopherini族の種は、外骨格が信じられないほど硬いことから「装甲」甲虫の通称をもつ。ゴマダラアトコブゴミムシダマシ（Zopherus chilensis）の成虫は長寿命で、飛行能力を欠き、枯木の表面で菌を食べるところがしばしばみられる。メキシコの一部の地方では、生きた本種がきらびやかなガラスビーズで飾りつけられ、市場でペットとして売られている。飾りつけられた虫の体に小さな金のチェーンを取りつけ、生きたブローチとして衣服に着けることもある。英名でMaquechと呼ばれているのはマヤの言い伝えの名残である。

近縁種

Zopherini族の種は新熱帯区には広く分布するが、それ以外の分布は散発的で、東南アジアにZopher属、オーストラリアにZopherosis属、アフリカ南部にScoriaderma属のそれぞれ1属ずつが分布する。Zopherus属の種は9分節の触角により容易に区別でき、先端の癒合した3分節が触角棍をなす。ゴマダラアトコブゴミムシダマシは上翅の側方が急激に内側に湾曲している点で属内他種と異なる。

ゴマダラアトコブゴミムシダマシは大きく細長い甲虫で、ふつう背面はつやのない白の地に少数の黒い突起が散在する。上翅の先端には丸い突起が突き出している。属内他種と比べ、前胸と腹部の間のくびれは弱い。成虫の大きさと色は非常に変異に富む。

実物大

多食亜目（カブトムシ亜目）

科	ナガクチキムシダマシ科（Chalcodryidae）
亜科	
分布	オーストラリア区：ニュージーランド北島、南島
生息環境	冷涼で湿潤な森林、とりわけナンキョクブナ（*Nothofagus spp.*）の森林
生活場所	成虫はふつう苔や地衣類に覆われた枝で見られ、幼虫は枯れ枝の中の巣穴に見られる
食性	樹皮や木の表面に着生する地衣類や植物
補足	現在のところこの科のすべての種はニュージーランド固有である

成虫の体長
12.5〜16.5mm

ナガクチキムシダマシ
CHALCODRYA VARIEGATA
REDTENBACHER, 1868

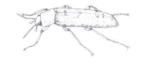

ナガクチキムシダマシ科は1974年に設置され、それまでナガクチキムシ科、アトコブゴミムシダマシ科またはゴミムシダマシ科として扱われていた謎めいた属の帰属先となった。理由は不明ながら、*Chalcodrya*属の種はChalcodryidae科の他の属の種よりもはるかに頻繁に野生で観察される。敏捷で脚の長いナガクチキムシダマシ（*Chalcodrya. variegata*）の幼虫は、昼間は巣穴の中に隠れ、夜になると採食のために出てくる。幼虫の消化管内容分析により、幼虫の主食は地衣類や苔であるものの、クモやダニなどの節足動物も捕食することがわかっている。

近縁種

ナガクチキムシダマシ科は3属（*Chalcodrya*属、*Philpottia*属、*Onysius*属）の5種からなる。属の判別基準は眼の形状（*Onysius*属ではインゲンマメ型、他の2属では楕円型）および上翅の表面構造（*Philpottia*属にみられる隆起した縦方向の前縁脈は*Chalcodrya*属にはない）である。*Chalcodrya*属の2種は前胸背板の形状および雄の生殖器によって見分けられる。

実物大

ナガクチキムシダマシの成虫は細長く、側面が平行な体型をしている（体長は幅の3倍以上）。触角は比較的短く、頭と前胸を合わせた長さとほぼ同じかやや長い。黄色っぽい柔毛がまばらに生えた小さなパッチが頭、前胸背板、上翅の背面にみられる。前胸背板は明らかに横長である。

多食亜目（カブトムシ亜目）

科	ゴミムシダマシ科(Tenebrionidae)
亜科	ハムシダマシ亜科(Lagriinae)
分布	オーストラリア区：ニュージーランド
生息環境	海岸の砂浜
生活場所	打ち上げられた海藻（Carpophyllum maschalocarpumなど）の下
食性	幼虫・成虫とも海藻を食べる
補足	成虫の色は生息地の砂の色により変異に富む

成虫の体長
6.5〜8.5mm

ニュージーランドウミベコガネダマシ
CHAERODES TRACHYSCELIDES
WHITE, 1846

実物大

Chaerodini族は小さなグループで、オーストラリアの*Sphargeris*属およびニュージーランドの*Chaerodes*属からなる。ニュージーランドウミベコガネダマシ（*Chaerodes trachyscelides*）は夜行性で、飛行能力を欠き、砂に穴を掘る甲虫で、ニュージーランドの砂浜海岸の潮間帯にのみ生息する。成虫の体色はふつう生息地の砂の色とぴったり一致しており、淡く白っぽい黄色から黒まで変異に富む。一部が埋まった海藻の切れ端を砂から引き抜くと、ニュージーランドウミベコガネダマシの成虫が落ちて、すぐに砂に潜り込む。正式に記載されてはいないものの、白っぽい幼虫は既知のゴミムシダマシ科の大部分の種と異なり、直線型ではなくU字型の体をもつようだ。

近縁種
厚みのある体と砂を掘るのに特化した脚をもつ点で、Chaerodini族の種は遠縁のゴミムシダマシ科のTrachyscelini族の種によく似ており、似たような環境に生息する。オーストラリアの*Sphargeris*属は1種のみ（*S. physodes*）からなり、5分節からなる非対称な触角棍をもつ点で見分けられる。*Chaerodes*属の2種の触角棍は対称で3分節からなる。

ニュージーランドウミベコガネダマシは非常に厚みのある体、特徴的な3分節の触角棍、砂を掘るのに適した非常に特殊な脚をもつ。前脛節は大きく伸長し、外縁部が深くくぼみ、先端付近は扁平である。後腿節は大きく膨らみ、中・後脛節は先端が明瞭に広がっている。すべての脚が太い剛毛で覆われる。

多食亜目（カブトムシ亜目）

科	ゴミムシダマシ科(Tenebrionidae)
亜科	ハムシダマシ亜科(Lagriinae)
分布	旧北区：ポルトガル、スペイン、コルシカ島、サルデーニャ島、シチリア島、アルジェリア、モロッコ
生息環境	乾燥林や砂地など乾燥した環境
生活場所	石の下、時にはアリに付随して見られる
食性	成虫はおそらく死んだ植物質を食べ、幼虫の食性は不明
補足	体型は地上に落ちた種子に擬態していると考えられる

成虫の体長
8〜11mm

クロジンガサハムシダマシ
COSSYPHUS HOFFMANNSEGGII
HERBST, 1797

きわめて特殊化したCossyphini族の正しい分類上の位置づけは長い間謎であったが、内部器官と分子にもとづく最近の研究により、ハムシダマシ亜科に含まれることが明確に示された。*Cossyphus*属は30以上の種と亜種からなり、南ヨーロッパ、アフリカ、インド、東南アジア、そして東はオーストラリアにまで分布する。この属の甲虫の体型は、生息環境で地面に見られる有翼の種子への擬態であると考えられる。クロジンガサハムシダマシ（*Cossyphus hoffmannseggii*）の形態は分布域内で変異に富み、甲虫学者によっては異なる亜種に分類する。

近縁種
Cossyphini族のもうひとつの属であるEndustomus属と異なり、*Cossyphus*属は腹側から頭が視認できる（*Endostomus*属では完全に隠れている）。*Cossyphus*属内の2つの亜属を区別する形態的差異は、上翅の点刻の列の有無、上翅が滑らかか否か、雄の後脛節の棘の有無などである。*Cossyphus*属の雄は視認できる先端の腹節の特徴により区別できる。

実物大

クロジンガサハムシダマシの成虫は淡褐色から暗褐色で、きわめて扁平であり、楕円形をしている。前胸背板と上翅から外側に幅広いフランジが延び、触角、脚、頭が完全に隠れる。本種の腹側腹節は膜で区切られておらず、この点で外見上類似した*Helea spinifer*などの甲虫と異なる。

多食亜目（カブトムシ亜目）

科	ゴミムシダマシ科(Tenebrionidae)
亜科	ハムシダマシ亜科(Lagriinae)
分布	東洋区：スリランカ、インド
生息環境	森林、プランテーション
生活場所	主として乾燥した落葉層
食性	幼虫・成虫とも落ち葉を食べる
補足	パラゴムノキ(*Hevea brasiliensis*)のプランテーション内および周辺で深刻な不快害虫で、成虫が時に建物の内外に大量発生する

成虫の体長
7〜8.5mm

ゴムノキハムシダマシ
LUPROPS TRISTIS
(FABRICIUS, 1801)

夜行性であるゴムノキハムシダマシ（*Luprops tristis*）の生活環は12ヵ月で完結し、うち9ヵ月は休眠期である。ふつう4月、夏の雨季の開始と共に、膨大な数の成虫がとりわけパラゴムノキ（*Hevea brasiliensis*）のプランテーション周辺に集合し、その後休眠に入る。最近の研究では、1軒の住居の内外に400万匹以上が発見された例が報告されている。成虫は完全に発達した下翅をもち、光に誘引される。成虫が腹腺から生み出す、強い匂いをもつ化学防御用の分泌物は、触った人の皮膚に脱色や軽度の火傷を起こす。

近縁種

Lupronini族は熱帯全域に分布する。*Luprops*属は約80種からなり、アフリカとアジアの熱帯およびパプアニューギニアに分布する。属内の種は形態的変異が大きく、分類の全面的再検討が必要である。*Luprops curticollis*はゴムノキハムシダマシに似るが、眼、前胸背板、雄の生殖器の形状が異なる。

実物大

ゴムノキハムシダマシの体色は暗褐色から黒で、脚と触角は赤褐色から暗褐色である。体の背面は短い剛毛で覆われる。前胸背板は明らかに横長で、上翅よりもはるかに幅が狭く、縁に歯状突起はない。上翅は全体に厚みがあり条線を欠く。

多食亜目（カブトムシ亜目）

科	ゴミムシダマシ科(Tenebrionidae)
亜科	Nilioninae亜科
分布	新熱帯区：ブラジル、エクアドル、パラグアイ、アルゼンチン北部
生息環境	森林
生活場所	木の幹や枝の上、時に落葉層
食性	菌および地衣類
補足	甲虫の幼虫には珍しく化学防御を備える

成虫の体長
6.5〜9mm

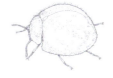

ニセテントウゴミムシダマシ
NILIO LANATUS
GERMAR, 1824

実物大

*Nilio*属の種は一般に「ニセテントウムシ」と呼ばれる。楕円形で、脚が長く、剛毛に覆われたニセテントウゴミムシダマシ（*Nilio lanatus*）の幼虫は、背面から見ると大部分が黒く、頭と前胸、腹側は対照的なオレンジ色をしている。終齢幼虫は木の幹の表面や枝の下に固着し、そこで蛹化する。蛹には奇妙なキノコ状の側方突起が5つの腹節に並ぶ。突起の先端にはいくつかの孔があり、触るとそこから白い物質が分泌される。この分泌物の化学成分は研究されていないが、これが無防備な蛹を捕食者から守っていると考えられている。

ニセテントウゴミムシダマシの成虫は背面から見ると円形の輪郭をもち、非常に厚みがあり、背面はほぼ半球形をしている。頭、付属肢、前胸は淡色で、上翅の大部分は黒だが、目立つ淡色のパッチと辺縁部をもつ。背面は微細な剛毛に密に覆われ、前胸背板は非常に幅が広い。頭は背面から見るとほぼ完全に隠れている。

近縁種

中南米にのみ分布する*Nilio*属はNinioninae亜科の唯一の属で、40種以上からなり、3つの亜属（*Nilio*亜属、*Linio*亜属、*Microlinio*亜属）に分類される。これらの亜属は上翅の点刻の細かな特徴により区別される。種同定は主に上翅の色彩パターンにもとづいて行われる。

多食亜目（カブトムシ亜目）

科	ゴミムシダマシ科(Tenebrionidae)
亜科	ヒラタゴミムシダマシ亜科(Phrenapatinae)
分布	新熱帯区：ボリビア（ラパスのユンガス地方）、ペルー（マルカパタおよびマドレ・デ・ディ雄）、エクアドル東部（マカスおよびヒバリア）
生息環境	熱帯林
生活場所	朽木の樹皮の下
食性	朽木を食べる
補足	全体的な外見から、Phrenapates属の成虫はしばしば近縁関係にないクロツヤムシ科の甲虫と間違われる

成虫の体長
27〜32mm

ナンベイクロツヤムシダマシ
PHRENAPATES DUX
GEBIEN, 1910

*Phrenapates*属は6種の記載種からなり、*Delognatha*属とともに小さなグループであるPhrenapatini族をなす。いずれの属も前方に突出した頑丈な大顎が特徴で、中南米にのみ分布する。出版された論文によれば、*Phrenapates*属の成虫は幼虫に小さな木屑を給餌する可能性があるが、この行動は検証を要する。成虫はふつう幼虫および蛹の付近で見つかる。立派なナンベイクロツヤムシダマシ（*Phrenapates dux*）の記載は24個体にもとづいて行われたが、残念ながら最初の記載以降、本種に関する文献は発表されていない。

近縁種
Phrenapatini族のうち、*Delognatha*属の種は大きく突出した眼と頭部の突起を欠く点で*Phrenapates*属と区別できる。*Phrenapates*属内の種同定は、眼および大顎の間にある角の形と大きさ、眼の上の大きな隆条の有無、雄の生殖器の形状にもとづいて行われる。

ナンベイクロツヤムシダマシは細長く黒い甲虫で、表面には光沢がある。滑らかな前胸背板は明らかに横長である。上翅には明瞭な縦方向の条線がある。第1触角分節はそれに続く4分節を合わせたのと同じくらい長く、先端の3分節は幅広で緩やかに触角棍をなす。頭部の眼の間に顕著にカーブした突出部分がある。前肢には外縁に沿って三角形の棘が並ぶ。

実物大

多食亜目（カブトムシ亜目）

科	ゴミムシダマシ科（Tenebrionidae）
亜科	アレチゴミムシダマシ亜科（Pimeliinae）
分布	エチオピア区：南アフリカ北西部およびナミビアの中部・南部沿岸
生息環境	南アフリカのリフタスフェルトおよびナミブ砂漠の砂地
生活場所	風砂および前砂丘
食性	成虫は小さな葉や種子を砂地の巣穴に運び込むところが観察されている
補足	ゴミムシダマシ科だが、雄は大顎が極端に大型化し、遠縁のクワガタムシ科の雄に似る

成虫の体長（雄）
14〜25mm

成虫の体長（雌）
13〜17mm

アギトゴミムシダマシ
CALOGNATHUS CHEVROLATI EBERLANZI
KOCH, 1950

Cryptochilini族は5亜族、11属、約130種からなり、全種がアフリカ南西部に分布する。アギトゴミムシダマシ（*Calognathus chevrolati eberlanzi*）の成虫は昼行性または薄明性で、最も暑い時間帯は隠れている。成虫は跗節の「サンドシューズ」により砂地に穴を掘ることができる。雄の大きな大顎はゴミムシダマシ科では特異で、クワガタムシ科の種の雄を思わせる。成虫は日中に砂漠の中の石の間を走っているところが観察されている。

近縁種

*Calognathus*属は同じ族に含まれる他の属から、雄の大きな大顎、前胸背板や体の残りの部分と比較して巨大な頭部、触角が10分節からなる点（*Vansonium*属などの他の属では9分節）で区別できる。*Calognathus*属は*C. chevrolati*の1種のみからなり、主として体色にもとづき4亜種に分けられる。

実物大

アギトゴミムシダマシの成虫は黒く、淡色の鱗状の剛毛が体の一部を覆う。前胸背板は横長で、頭は前胸背板とほぼ同じ大きさである。跗節は側方に圧縮された形をしており、長い剛毛がいわゆる「サンドシューズ」を形成する。雌は雄に似るが、細長く前方に突出する大顎は雄にのみ見られる。

多食亜目（カブトムシ亜目）

科	ゴミムシダマシ科(Tenebrionidae)
亜科	アレチゴミムシダマシ亜科(Pimeliinae)
分布	新北区：米国カリフォルニア州沿岸、メキシコ・バハカリフォルニア北部
生息環境	太平洋沿岸に隣接する前砂丘および小丘
生活場所	成虫は飛行能力を欠き、ほとんどの時間を砂の下で過ごす。幼虫も同様に砂の中で生活する
食性	おそらく砂に埋もれた分解中の植物
補足	IUCNレッドリストに掲載されているゴミムシダマシ科の甲虫は3種あり、うち2種がCoelus属である

成虫の体長
5〜8mm

カリフォルニアサキュウゴミムシダマシ
COELUS GLOBOSUS
LECONTE, 1852

実物大

ゴミムシダマシ科の甲虫は世界中の乾燥・半乾燥環境で動物相の主要な一角をなし、しばしばこうした生態系において不釣り合いに大きなバイオマスを占める。*Coelus*属は北米の太平洋沿岸の砂丘にのみ分布し、全種が飛行能力を欠く。カリフォルニアサキュウゴミムシダマシ（*Coelus globosus*）はIUCNにより「危急種」（VU）に区分されているが、これは脆弱な生息環境がレクリエーション活動による深刻な脅威に曝されているためである。本種の好適生息地が完全に破壊された場所もある。同属の*C. gracilis*も同様に生息地改変による脅威に曝されている。

近縁種

*Coelus*属はConiontini族に含まれる他の属と異なり、前肢の第1跗分節に長く幅広で先の丸い突起をもつ。*Coelus*属の5種の判別は、触角分節の数（*C. martimus*は10分節だが、他の種は11分節）、頭および前脛節の剛毛の有無および長さ、頭の点刻の形状と密度にもとづいて行われる。

カリフォルニアサキュウゴミムシダマシは小さく、背面に厚みがあり、楕円形をした、暗褐色から黒の甲虫である。頭の前方中央部は深く窪んでいる。体の背面側の外縁部には長い剛毛があり、脚も長い剛毛に覆われる。前肢の第1跗分節にはシャベル型の突起があり、砂を掘るのに役立つ。

多食亜目（カブトムシ亜目）

科	ゴミムシダマシ科(Tenebrionidae)
亜科	アレチゴミムシダマシ亜科(Pimeliinae)
分布	新熱帯区：ペルーのコルディレラ西部の乾燥地帯
生息環境	半砂漠のマメ科（*Prosopis*属および*Acacia spp.*）およびサボテンが生える、海抜2300m前後の灌木地
生活場所	アリの巣穴の近くの岩の下
食性	おそらくアリの巣穴の近くに堆積した植物質
補足	半円形の頭部がインカのナイフであるトゥミの刃に似ていることから種小名がついた

ナンベイヒラタアリノスゴミムシダマシ
ESEMEPHE TUMI
STEINER, 1980

成虫の体長
3～3.7mm

実物大

ゴミムシダマシ科のCossyphodini族は７属からなり、アフリカ全土に分布するほか、一部の種はインド、ソコトラ諸島、アラビア半島にも分布するが、１種のみからなる*Esemephe*属は新大陸にのみ分布する。Cossyphodini族の他種と同様、ナンベイヒラタアリノスゴミムシダマシ（*Esemephe tumi*）は飛行能力を欠き、好蟻性（アリに付随してみられる）で、アリの１種*Camponotus renggeri*の巣穴付近でのみ標本採集の記録がある。岩の下で見つかった際、成虫ははじめ動かないが、すぐに触角を広げて非常に素早く走るという、小型のゴキブリを思わせる行動をとる。

近縁種

*Esemephe*属とCossyphodini族に含まれる他の属とを区別する形態的特徴としては、中肢の跗節の数（前者では４、後者では５）、触角分節の数（前者では９、後者では11）、触角棍をなす触角の先端の広がった分節の数（１～３）が挙げられる。触角の先端の３分節が広がっているのは*Esemephe*属に固有の特徴である。

ナンベイヒラタアリノスゴミムシダマシは背腹方向に扁平で、楕円形をしており、体全体にみられる平たく広がったフランジは付属肢（脚および触角）をアリの攻撃から守るためのものと考えられている。眼は小さく、背側部分と腹側部分に分かれている。上翅には片方につき5本の細い縦方向の畝がある。小楯板は短いが非常に幅が広い。

多食亜目（カブトムシ亜目）

科	ゴミムシダマシ科(Tenebrionidae)
亜科	アレチゴミムシダマシ亜科(Pimeliinae)
分布	新熱帯区：アルゼンチン（チュブ州、サンタクルス州）、チリ（ヘネラル・カレーラ県）
生息環境	パタゴニアの砂漠およびステップ
生活場所	地面の上、やぶの中
食性	生きた植物や死んだ植物質
補足	*Nyctelia*属で最も美しい種といえる

成虫の体長
13〜15mm

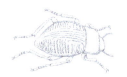

アミメパタゴニアゴミムシダマシ
NYCTELIA GEOMETRICA
FAIRMAIRE, 1905

実物大

世界最南端の砂漠であるパタゴニア・ステップには固有の多様なゴミムシダマシ科甲虫相がみられ、それらは主としてNycteliini族、Praociini族、Scotobiini族に含まれる。これらの甲虫を対象として、域内において固有種の多い地域を判別し、現在の分布パターンと、時とともにこの地の動物相を形成した過去の淘汰圧を解明する研究が近年行われている。アミメパタゴニアゴミムシダマシ（*Nyctelia geometrica*）は分布域内では普通種で、一般に日中に地面の上を歩き回り、時に生きた植物を食べたり、植生の中に逃げ込むところがみられる。

近縁種
Nycteliini族は12属約300種からなり、ペルー中部からアルゼンチン・チリ南部に分布するが、2002年に記載された*Entomobalia*属だけはブラジル北東部に分布する。*Nyctelia*属はほとんどがチリのパタゴニア・ステップおよびアルゼンチンのモンテ砂漠に分布し、66種からなる。アミメパタゴニアゴミムシダマシは*N. westwoodi*に最も似るが、上翅の中央付近に3本の縦方向の溝がある点で異なる。*N. westwoodi*では上翅の中央付近に5本の縦方向の溝があり、また先端に向かう斜めの溝も見られる。

アミメパタゴニアゴミムシダマシは楕円形で全体が黒く、長い脚をもつ。上翅には会合線付近に3本の縦方向の溝（上翅の中央に最も近い溝は完全で、2本目の溝は中心点を越え、3本目の溝は上翅の1/3程度までしかない）、また側方に向かう18〜22本の横方向の溝がある。上翅の先端は先細りになり突出する。

多食亜目（カブトムシ亜目）

科	ゴミムシダマシ科(Tenebrionidae)
亜科	アレチゴミムシダマシ亜科(Pimeliinae)
分布	エチオピア区：アンゴラ南西部からナミビア北西部
生息環境	ナミブ砂漠
生活場所	植生がほとんど、あるいは全くない沿岸の風砂砂丘
食性	死んだ植物質
補足	*Onymacris*属の霧浴び行動は世界の他の砂漠ではみられない適応で、シロクロキリアツメ（上翅が白い）と*O. unguicularis*（上翅が黒い）で独立に進化したとみられる

成虫の体長
13〜23.5mm

シロクロキリアツメ
ONYMACRIS BICOLOR
(HAAG-RUTENBERG, 1875)

ナミブ砂漠ではゴミムシダマシが節足動物相の主要な地位にあり、甲虫の種多様性の約80％を占める。この地域のゴミムシダマシ科の甲虫は、過酷な環境で生存するため数々の特殊な適応を進化させた。霧浴びはその一例で、本種は早朝の霧の中を砂丘の頂上まで登り、腹部の先端を上に、頭を下にして霧の方向に体を向ける。霧の水蒸気が腹部で凝結し、体を流れ落ちて口に入るのだ。シロクロキリアツメ（*Onymacris bicolor*）は昼行性で、相対的に長い脚をもち、高速で走ることができる。

近縁種
*Onymacris*属は現在のところ14の既知な種からなり、種同定は体色（白や黄色から完全な黒まで）、上翅の形状、前胸背板の点刻の大きさおよび密度によって行われる。2013年に出版された分子データにもとづく研究で、現行の本属は自然分類群ではない可能性が示唆されており、分類の全面的再検討が必要である。

実物大

シロクロキリアツメは上翅以外は黒く、上翅は白から象牙色で、南部の個体では後方に暗色の条線が入る。前胸背板は滑らかで、側面付近にのみ非常に微細な点刻がみられる。上翅には大きく平らな瘤状突起からなる凹凸がみられる。雄の中肢および後肢は通常雌よりも長い。

多食亜目（カブトムシ亜目）

科	ゴミムシダマシ科(Tenebrionidae)
亜科	アレチゴミムシダマシ亜科(Pimeliinae)
分布	旧北区：アルジェリア、エジプト、リビア、モロッコ、チュニジア、イスラエル、バーレーン、イラン、イラク、サウジアラビア、イエメン
生息環境	砂漠および砂丘
生活場所	砂地の地面、植生の下や小型哺乳類の巣穴に隠れる
食性	死んだ植物質
補足	英名「Radian-sun beetle」は上翅が太陽のような外見である点にちなむ

成虫の体長
25〜40mm

ハカマモリゴミムシダマシ
PRIONOTHECA CORONATA
(OLIVER, 1795)

飛行能力を欠くハカマモリゴミムシダマシ（*Prionotheca coronata*）は夜行性で、砂の上を歩き回っている姿を、主に夏、時には大量に見ることができる。成虫は5000年以上前のエジプトの墓所の土器の壺の中からも見つかっている。この発見から、一部の研究者は中身をくりぬいた本種の上翅と腹部が供物あるいはお守りとして残されたのだと考えた。最近になってこの仮説には異論が出ており、土器の壺は単に図らずもピットフォールトラップとなっただけ、とも言われている。

近縁種

*Prionotheca*属を含む多様なPimeliini族は、南ヨーロッパ、アフリカ、アジアの暑く乾燥した地域に分布する。この属は1種のみからなり、上翅の周縁に並ぶ特有の鋭い棘の列により区別できる。3亜種は上翅の天板や前胸背板の外皮の凹凸の微妙な差異により区別される。

ハカマモリゴミムシダマシは大型で暗褐色から黒の甲虫であり、幅広い上翅とかなり横長の前胸背板をもつ。上翅の周縁には顕著な鋭い棘の列が並ぶ。中肢および後肢の脛節にも内側の縁に沿って棘の列がある。体の背面は長く直立した剛毛に覆われる。

実物大

多食亜目（カブトムシ亜目）

科	ゴミムシダマシ科（Tenebrionidae）
亜科	アレチゴミムシダマシ亜科（Pimeliinae）
分布	旧北区：アルジェリア、モロッコ、チュニジア
生息環境	乾燥し開けた場所
生活場所	石の下、地面の上
食性	デトリタス食
補足	この属の種はふつう春または冬に活発になる

成虫の体長
13〜15mm

カワリカンムリゴミムシダマシ
SEPIDIUM VARIEGATUM
(FABRICIUS, 1792)

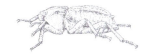

Sepidiini族の大部分はアフリカ大陸にのみ分布するが、*Psammophanes*属、*Sepidiostenus*属、*Sepidium*属、*Vieta*属、*Vietomorpha*属の一部の少数の種は南ヨーロッパおよび中東にも分布する。カワリカンムリゴミムシダマシ（*Sepidium variegatum*）の生態はほとんど知られていないが、この属の種は石の下で最もよくみられ、成虫は地面を歩き回っているところもみられる。種小名が示す通り（ラテン語のvariusは「多様な」の意味）、カワリカンムリゴミムシダマシの外見はきわめて変異に富む。とりわけ色彩は多様で、そのため複数の研究者が何度も本種を記載することとなった。

近縁種
*Sepidium*属を含むSepidiini族のSepidiina亜族は、他にもサハラ以南に分布する*Vieta*属やアフリカの*Echinotus*属、ジンバブエの*Peringueyia*属など少数の属を含む。この亜族を構成する属の特徴は前胸背板の前方の突起であり、その大きさと形はさまざまだ。*Sepidium*属内の種は一般に、前胸背板と上翅の形、凹凸、剛毛のパターンにより区別される。

実物大

カワリカンムリゴミムシダマシは細長く黒い甲虫で、体の大部分が鱗片に覆われ、その色は淡黄色から暗褐色まで多様である。頭はまったくといっていいほど背面からは視認できず、前方に突出した前胸背板の下に隠れている。前胸背板の前端付近の両側には大きな側方突起があり、正中線付近には3本の縦方向の暗色の帯がある。上翅には片方につき2本の縦方向の畝があり、そこに大きな歯状突起が並ぶ。

多食亜目（カブトムシ亜目）

科	ゴミムシダマシ科(Tenebrionidae)
亜科	ゴミムシダマシ亜科(Tenebrioninae)
分布	エチオピア区：南アフリカ（トランスヴァール州）、ジンバブエ、ボツワナ、ナミビア
生息環境	半乾燥からやや湿った環境の樹木サバナの灌木に覆われたパッチを好み、砂漠や湿性林では通常みられない
生活場所	藪地の日陰
食性	死んだ植物質、とりわけ乾燥した落ち葉
補足	雄の前脛節の先端付近にある複雑な構造は独特で、「怪物めいた」との文献記述がある

成虫の体長
27～38mm

ゾウゴミムシダマシ
ANOMALIPUS ELEPHAS
FÅHRAEUS, 1870

*Anomalipus*属は赤道以南のアフリカに広く分布するが、南アフリカのトランスヴァール高原で最も多様である。ゾウゴミムシダマシ（*Anomalipus elephas*）は属内最大種で、それにふさわしい種小名が与えられている。本種は求愛行動時に複雑な音声を産出し、これは摩擦発音（頭を前胸背板に擦りつけて行う）と触角および前半身の振動（これによりカサカサという音を出す）の組み合わせからなる。ゾウゴミムシダマシの雌は地面の浅く丸い穴にひとつの大きな卵を産みつける。成虫は飼育下では5年以上生きることもある。

近縁種

アフリカ南部に分布する*Anomalipus*属を含む、Pedinini族のPlatynotina亜族は、主にアフリカとアジアに分布する60属以上からなる。*Anomalipus*属は同族の他の属から、前胸背板の側部と基部のふちどりを欠く点、非常に大きなmentumをもつ点で区別できる。*Anomalipus*属の70ほどの種および亜種は、主として脛節、前胸背板、上翅、雄の生殖器の特徴により区別される。

ゾウゴミムシダマシは飛行能力を欠く黒い甲虫で、非常に幅の広い前胸背板（雄では上翅よりも幅広）をもち、上翅には滑らかに曲がり均等に発達した縦方向の複数の畝がみられる。広がった雄の前肢の脛節は先端付近に複雑な構造をもち、深いくぼみの中央に長い棘があるが、雌では前肢の脛節の外縁に沿って2つの三角形の棘が並ぶ。

実物大

多食亜目（カブトムシ亜目）

科	ゴミムシダマシ科（Tenebrionidae）
亜科	ゴミムシダマシ亜科（Tenebrioninae）
分布	新北区：ノバスコシア州から西はアルバータ州中部まで、南は少なくともネブラスカ州、ミシシッピ州北部、フロリダ州中部まで
生息環境	森林、ふつうアメリカシラカンバ（*Betula papyrifera*）に付随
生活場所	朽ちた切り株
食性	成虫は棚状の多孔菌類（ふつうカンバタケ*Piptoporus betulinus*）を食べ、幼虫もそれらを内部から食べながら成長する
補足	西半球の食菌性甲虫の中でもっとも研究が進んだ種であるといえ、性淘汰、防御行動、生息地の断片化、移動動態に関する研究が行われる

成虫の体長
8.5〜13mm

ホクベイコブスジゴミムシダマシ
BOLITOTHERUS CORNUTUS
(FABRICIUS, 1801)

ホクベイコブスジゴミムシダマシ（*Bolitotherus cornutus*）の雄の頭楯と胸部にある突起の大きさは連続的変異を示し、非常に小さいものから非常に大きいものまである。求愛の儀式は雄が雌の上を、頭から腹部の先端まで乗り越えて歩くところから始まり、その後雄が雌の上翅に、しばしば数時間にわたって固着したあと、ようやく向きを変えて交尾を試みる。交尾が成功すると、雄は雌の上に留まり、他の雄から雌を防衛する。雄の角が大きいほど、求愛と繁殖のいくつかの段階において小さな雄を追い払う見込みが高くなる。

近縁種

北米では1種のみからなる*Bolitotherus*属を含む、ゴミムシダマシ科のBolitophagini族は、世界中に分布する少数の食菌性の種からなる。北米においては、*Bolitotherus*属は同じグループの他の属と異なり、触角は先端が広がらず（*Rhipidandrus*属では先端の触角分節が櫛状になる）、10分節からなる（*Eleates*属、*Bolitophagus*属、*Megeleates*属では11分節）。

実物大

ホクベイコブスジゴミムシダマシは暗褐色から黒（羽化したばかりの成虫では淡褐色）で、外皮には粗い凹凸がある。雄は頭楯に1つの小さな枝分かれした突起と、前方に突出し頭部より先にまで達する1対の胸部の角をもつ。角の腹面は黄色い剛毛で覆われる。上翅の長く伸びた断続的な瘤状突起は雌雄ともにみられる。

多食亜目（カブトムシ亜目）

科	ゴミムシダマシ科(Tenebrionidae)
亜科	ゴミムシダマシ亜科(Tenebrioninae)
分布	新北区：米国南西部
生息環境	主に開けていて乾燥した場所
生活場所	成虫は地面の上、幼虫は土壌
食性	主として死んだ植物質を食べる腐食性だが、幼虫期には生きた植物も食べる
補足	Eleodes属の幼虫は土壌中に住み、全体的な外見がコメツキムシ科の甲虫の幼虫に似るため、しばしばfalse wireworm(wirewormはコメツキムシの幼虫)と呼ばれる

成虫の体長
21〜35mm

アカモンサカダチゴミムシダマシ
ELEODES ACUTUS
(SAY, 1824)

飛行能力を欠くEleodes属は北米西部の乾燥地域の動物相の固有要素のひとつであり、約235の種と亜種からなる。この属の一部の種の幼虫はしばしば穀物の苗を食害し、相当の農業被害をもたらす。アカモンサカダチゴミムシダマシ（*Eleodes acutus*）の成虫は夜間に最も活発になる。Eleodes属に特有の行動として「逆立ち」があり、腹部の先端を近づいてきた相手に向け、防御用の液体を噴射して捕食者から身を守る。

近縁種

Eleodes属の多数の種は現在のところ15の亜属（*Blapylis*亜属、*Caverneleodes*亜属、*Melaneleodes*亜属など）に分類されており、これらの区別は主として雌の生殖器の形状にもとづく。アカモンサカダチゴミムシダマシはEleodes亜属に分類される約40種のひとつであり、雄成虫の前腿節にある歯状突起がこの亜属の主な特徴で、時には雌にもみられる。アカモンサカダチゴミムシダマシの種同定は、大きさ、上翅に縦方向の畝を欠く点、前胸背板の背面が窪んでいる点にもとづいて行われる。

アカモンサカダチゴミムシダマシはこの属の種としては非常に大きく、体は細長い楕円形で、背腹方向にやや平たい。体はふつう黒いが、上翅にはしばしば目立つ縦方向の赤みがかった帯が正中線に沿ってみられる。上翅の周縁は前端で鋭角になっている。雄は前腿節の内側にひとつ歯状突起をもち、時には雌にもみられる。

実物大

多食亜目（カブトムシ亜目）

科	ゴミムシダマシ科(Tenebrionidae)
亜科	ゴミムシダマシ亜科(Tenebrioninae)
分布	オーストラリア区：西オーストラリア州南西部
生息環境	開けた乾燥地・半乾燥地
生活場所	不明
食性	幼虫・成虫ともおそらく乾燥した植物質を食べる
補足	Helea属の種は長い脚で地面を高速で移動できる

成虫の体長
19〜23mm

サラゴミムシダマシ
HELEA SPINIFER
(CARTER, 1910)

485

採集記録の少ないサラゴミムシダマシ（*Helea spinifer*）を含む「パイ皿虫（pie-dish beetle）」の通称で知られるグループは、前胸背板と上翅のフランジが合わさって体の周囲に延び、長い脚を含むすべての付属肢がその下に隠れる。背面の楯は、クモやサソリなど、これらの甲虫と同じく夜行性の捕食者の攻撃から身を守る。種小名の*spinifer*は前胸背板の中央にある縦方向の棘状の畝を指し、命名者である昆虫学者のハーバート・カーターは、1900年代前半に多数のオーストラリア産甲虫を記載している。

近縁種
*Helea*属を含むHeleini族の分布はほぼオーストラリアに限定されるが、少数の種は隣接するニューギニアおよびニュージーランドにも分布する。*Helea*属の50程度の既知の種は、近縁の属と異なり、前胸背板の前端が前方に伸びて内側にカーブし、中央の頭の前または上で両端が近づくか、または接する。

実物大

サラゴミムシダマシは楕円形で、背腹方向に扁平な、暗褐色の甲虫である。幅広く側方に延長した前胸背板は前方に突出し、内側に曲がって頭の上で接するため、上方からは頭のごく一部しか視認できない。上翅には片方につき1本の強く隆起した畝が後方に伸び、また隆起した外縁付近に列がある。

多食亜目（カブトムシ亜目）

科	ゴミムシダマシ科(Tenebrionidae)
亜科	ゴミムシダマシ亜科(Tenebrioninae)
分布	新熱帯区：チリ(アラウカニア州、アイセン州)、アルゼンチン(ネウケン州西部)
生息環境	ナンキョクブナ(*Nothofagus* spp.)の森林
生活場所	木の枝や幹の上
食性	幼虫・成虫ともおそらく木の上に育つ地衣類を食べる
補足	種小名の*dromedarius*は成虫の上翅の基部付近にあり側面から見えるこぶを指す

成虫の体長
19〜21mm

チリドロムシダマシ
HOMOCYRTUS DROMEDARIUS
(GUÉRIN-MÉNEVILLE, 1831)

独特の体型から、*Homocyrtus*属はこれまでいくつかの甲虫のグループに分類されてきた（ゴミムシダマシ科のいくつかの亜科や、Chalcodryidae科など）。最近の研究により、この属はオーストラリア、ニュージーランドおよび周辺の島々に分布する他の8属（*Titaena*属、*Callismilax*属、*Artystona*属など）とともに、ゴミムシダマシ科の小さなグループであるTitaenini族に含まれることが示された。チリドロムシダマシ（*Homocyrtus dromedarius*）は、この族の他種と同様、分布域内では普通種で、幼虫・成虫とも木の表面の地衣類を食べると考えられている。

近縁種

*Homocyrtus*属は3種からなり、2種（チリドロムシダマシと*H. dives*）はアルゼンチンとチリに分布し、1種（*H. bonni*）はチリの固有種である。*H. dives*の成虫は他の2種と体色が異なるほか、上翅の背面に瘤状突起を欠く。チリドロムシダマシでは上翅の先端にかけて毛状の鱗片のパッチが散在するが、*H. bonni*では上翅の先端にかけて毛状の鱗片が明瞭な縦方向の列をなす。

チリドロムシダマシの成虫は細長い甲虫で、ほぼ円筒形の前胸と厚みのある上翅をもち、ふつう暗褐色から黒で、時に金属光沢を帯びる。前胸の側面に縦方向の畝を欠く（多くのゴミムシダマシ科甲虫にはこれがみられる）。上翅には基部付近に1対の大きな瘤状突起があり、また大きく不規則な形をした点刻の列が複数あり、点刻には毛状の鱗片が密に詰まっている。上翅の先端は後方に突出した鋭い棘になっている。

実物大

多食亜目（カブトムシ亜目）

科	ゴミムシダマシ科（Tenebrionidae）
亜科	ゴミムシダマシ亜科（Tenebrioninae）
分布	エチオピア区：エチオピア、ケニア、タンザニア、ジンバブエ、南アフリカ、ナミビア、ザンビア、コートジボワール、中央アフリカ共和国、コンゴ民主共和国、ルワンダ、ウガンダ、アンゴラ
生息環境	ふつう2000mまでの高標高地
生活場所	不明、大部分の採集個体は夜に光に誘引されたもの
食性	不明、おそらくシロアリの巣に付随
補足	第6触角分節の黄色い剛毛の房は、分泌物を産出し、本種が巣に住みつく寄主のシロアリがそれをなめると考えられている

成虫の体長
9〜11mm

ソロバンゴミムシダマシ
RHYZODINA MNISZECHII
(CHEVROLAT, 1873)

*Rhyzodina*属の触角は非常に特殊化しており、触角分節の総数が減少し、第6分節に剛毛の房があることから、生きたシロアリに付随すると考えられている。これが正しければ、*Rhyzodina*属は、放棄された古いシロアリの巣に生息し、腐敗した菌類を食べるゴミムシダマシ科の他のいくつかのグループ（例えば*Gonocnemis*属）とは異なるといえる。触角に剛毛を欠くソロバンゴミムシダマシ（*Rhyzodina mniszechii*）が見られたというザンビアでの研究があることから、寄主のシロアリは分泌物をなめるだけでなく、時には剛毛を齧りとるとみられる。

近縁種

*Rhyzodina*属は他の属にみられない多くの固有の形態的適応を示すため、ゴミムシダマシ科内におけるこの属の正確な位置づけは困難である。属内の6種は触角分節の形状、頭が眼の後方で狭窄するか否か、前胸背板と上翅の畝の有無により区別される。

ソロバンゴミムシダマシは暗褐色で細長い体型をしている。頭、前胸背板、上翅、脚の表面は大きな点刻で覆われ、頭は前方に延びる。第2〜5触角分節の形状は似ており、第6触角分節の先端付近には黄色い剛毛が密に並ぶ。前胸背板および上翅には明瞭な縦方向の畝がある。

実物大

多食亜目（カブトムシ亜目）

科	ゴミムシダマシ科(Tenebrionidae)
亜科	ゴミムシダマシ亜科(Tenebrioninae)
分布	全世界
生息環境	自然下では朽木の穴や脊椎動物の巣穴、世界中で農作物に付随してみられる
生活場所	ふつう貯蔵食品の中
食性	多種多様な死んだ有機物を食べるが、特に湿って腐敗した穀物を好む
補足	幼虫は世界中でペットの重要な餌として利用される

成虫の体長
12〜18mm

チャイロコメノゴミムシダマシ
TENEBRIO MOLITOR
LINNAEUS, 1758

チャイロコメノゴミムシダマシ（Tenebrio molitor）は穀物倉庫、製粉所、パン屋などの食品店でしばしば見られる。幼虫・成虫とも多種多様な農業製品（トウモロコシ粉、ふすま、パン、パスタ、ドライフルーツなど）を食べ、時には皮革など動物質にもつく。本種が発生すると、排泄物や脱皮殻のために製品はだめになってしまう。大量養殖が容易であるため、チャイロコメノゴミムシダマシの幼虫（ミームワーム）はさまざまな飼育下の脊椎動物（爬虫類、両生類、鳥類など）の餌としてしばしば販売される。

近縁種

Tenebrionini族は世界中に分布する約40属からなり、Tenebrio属はヨーロッパ、アフリカ、アジアに分布する少数の種からなる。Tenebrio molitorの生活場所および外見はコメノゴミムシダマシ（T. obscurus）に似るが、前者は頭と前胸背板の点刻が少ない点、全体に光沢がある点（T. obscurusの体表面は無光沢）で異なる。

実物大

チャイロコメノゴミムシダマシは側面が平行でやや扁平な、暗赤褐色からほぼ黒の甲虫である。触角と脚はふつう赤みがかる。上翅の縦方向の条線は浅い凹凸をなす。下翅はよく発達し、成虫は高い飛行能力を持つ。「Yellow mealworm」の英名の通り、活発な幼虫は黄色く、頭部と腹部の先端はふつう硬化してやや暗赤色をしている。

多食亜目（カブトムシ亜目）

科	ゴミムシダマシ科 (Tenebrionidae)
亜科	ゴミムシダマシ亜科 (Tenebrioninae)
分布	全世界
生息環境	世界中で農作物に付随してみられる
生活場所	ふつう貯蔵食品の中
食性	幼虫・成虫とも貯蔵食品を食べる
補足	さまざまな分野の研究に利用される重要な種で、甲虫の中で最初に全ゲノムが解読された

コクヌストモドキ
TRIBOLIUM CASTANEUM
(HERBST, 1797)

成虫の体長
2.5〜4.5mm

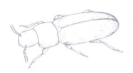

実物大

Triboliini族は小さなグループだが、コクヌストモドキ（*Tribolium castaneum*）など深刻な農業害虫を含む。本種は一般に穀物倉庫、製粉所および貯蔵食品のあるその他の建物（住居を含む）に発生する。本種は非常に乾燥した環境でも生存でき、あらゆる殺虫剤に対して耐性を示す。研究室内で容易に飼育できる性質（短い生活環や高い繁殖能力など）のため、本種は分子生物学や発生生物学のモデル生物として世界中で利用されている。コクヌストモドキの全ゲノムの解読結果は、甲虫の中で初めて、2008年に発表された。

近縁種
Triboliini族は世界中に分布する小さなグループで、多くの属が全世界に分布する（*Tribolium*属、*Latheticus*属、*Lyphia*属など）。*Tribolium*属内の種同定は、眼の大きさと形状、触角の特徴、背面の外皮の凹凸などにもとづき行われる。本種以外の害虫として、ヒラタコクヌストモドキ（*T. confusum*）、クロヒラタコクヌストモドキ（*T. destructor*）などがいる。

コクヌストモドキは小さく、細長く、側面が平行で、やや扁平な甲虫で、外皮は赤褐色をしている。触角には不明瞭な3分節の触角棍がある。雄の前腿節の内側には円形の隙間があり、その内側は剛毛で覆われている。ソラマメ型の眼は腹側ではかなり大きく、眼の縁が口器を収める腔に達する。

多食亜目（カブトムシ亜目）

科	ゴミムシダマシ科(Tenebrionidae)
亜科	クチキムシ亜科(Alleculinae)
分布	新熱帯区：パナマ
生息環境	熱帯林
生活場所	成虫は植物の上で生活し、夜間に光に誘引される。幼虫は土壌中に住む
食性	不明
補足	クチキムシ亜科の中でもっともカラフルな種のひとつ

成虫の体長
12〜14mm

フタイロナンベイクチキムシ
ERXIAS BICOLOR
CHAMPION, 1888

多様なクチキムシ亜科は、跗節の爪の内側に沿って櫛状の歯が並ぶ点で近縁の分類群の中でも特異である。この特徴のため、クチキムシ亜科はかつて独立のクチキムシ科として分類されていたが、内部器官を調べた近年の研究により、実際はゴミムシダマシ科に含まれることが明らかになった。採集例の少ないフタイロナンベイクチキムシ（*Erxias bicolor*）は、英国の甲虫学者ジョージ・チャンピオンによって2頭の雌の標本をもとに記載され、中米の動物学、植物学、考古学の事典である大著「中央アメリカの生物誌」に収録された。本種の幼虫は山地林の巨礫の陰の乾燥した土壌の中で見つかっている。

近縁種

Alleculini族のXystropodina亜族は*Erxias*属、*Prostenus*属、*Lystronychus*属、*Xystropus*属などの属からなり、主として米国南部からブラジル、アルゼンチンまでの新熱帯区に分布する。これらの種の特徴として、跗節に腹葉がない点、背面に目立つ直立した黒い剛毛がある点があげられる。フタイロナンベイクチキムシは唯一の属内他種であるニカラグアの*E. violaceipennis*から、主として背面の点刻の差異により区別できる。

フタイロナンベイクチキムシはかなり大型のクチキムシ亜科の種で、コントラストをなす体色をもち、直立した黒い剛毛にまばらに覆われる。頭、前胸背板、体の腹面は淡黄色である。上翅、口器、触角ははっきりと暗色を示し、メタリックで青みがかった紫色をしている。脚の色は上翅と同じだが、腿節の基部側の半分は淡黄色である。頭の前半分は細く伸長する。

実物大

多食亜目（カブトムシ亜目）

科	ゴミムシダマシ科(Tenebrionidae)
亜科	キノコゴミムシダマシ亜科(Diaperinae)
分布	新北区および新熱帯区：北米からパナマまで（バハマ、キューバ、ドミニカ共和国、ジャマイカ、プエルトリコを含む）
生息環境	森林
生活場所	樹皮の下、肉質の菌類（とくにタマチョレイタケ属 Polyporus spp. などのサルノコシカケ類）の表面や内部
食性	菌の中で完結する生活環を持つ
補足	キノコゴミムシダマシ亜科には貯蔵農作物の害虫も含まれる（Cynaeus属、Alphitophagus属、Gnatocerus属など）

成虫の体長
4.5〜7mm

ホクベイモンキゴミムシダマシ
DIAPERIS MACULATA
OLIVIER, 1791

実物大

*Diaperis*属とその近縁の属の幼虫はふつう菌類の子実体を食べ、その他のゴミムシダマシの幼虫が朽木食や土壌中でデトリタスを食べる自由生活型であるのとは対照的である。*Diaperis*属の幼虫は寄主菌の中に活発に巣穴を掘り、頑丈な成虫も巣穴を掘ることができる。分布域の北部では、ホクベイモンキゴミムシダマシ（*Diaperis maculata*）の成虫は秋に樹皮の下に大量に集まって越冬する。本種は分布域内ではきわめて数が多く、成虫は夜間に人工光に強く誘引される。

近縁種
*Diaperis*属は小さなグループだが、属内種の分布域は広く、アフリカとオーストラリアを除くすべての大陸にみられる。北米に分布する唯一の属内他種 *D. nigronotata* は、前腿節が（黒ではなく）赤または黄色である点、雄の頭楯の上に平らな瘤状突起を欠く点で区別できる。

ホクベイモンキゴミムシダマシは光沢のある楕円形の甲虫で、体は黒く、上翅は大部分が赤で明瞭な黒いパッチがあり、ふつう頭の眼の後方も赤みがかる。触角の先端から8分節は幅広で、特有の不明瞭な触角棍をなす。雄は頭楯に2つの小さく平らな瘤状突起と、前胸背板の前端に2つの小さな丸い瘤状突起をもつ。

多食亜目（カブトムシ亜目）

科	ゴミムシダマシ科(Tenebrionidae)
亜科	ニジゴミムシダマシ亜科(Stenochiinae)
分布	エチオピア区：セイシェルのフリゲート島の固有種
生息環境	熱帯林
生活場所	幼虫・成虫ともふつうカリン *Pterocarpus indicus* に付随してみられる
食性	腐敗した木や樹皮
補足	インド洋に浮かぶ面積2平方kmのフリゲート島にのみ分布する

成虫の体長
25〜30mm

フリゲートゴミムシダマシ
POLPOSIPUS HERCULEANUS
SOLIER, 1848

実物大

フリゲートゴミムシダマシ（Polposipus herculeanus）はIUCNレッドリストで絶滅寸前（CR）に指定されている12種の甲虫のうちのひとつで（*Elaphrus viridian* および *Nicrophorus americanus* も参照）、セイシェルのフリゲート島にのみ分布する。1995年のドブネズミ（*Rattus norvegicus*）の島への非意図的導入により、この飛行能力を欠いた甲虫は固有種セイシェルシキチョウ（*Copsychus sechellarum*）とともに絶滅しかけたが、2000年代前半にネズミは根絶された。

近縁種
飛行能力を欠くゴミムシダマシ科の属群は、以前は下翅を欠き上翅が癒合しているという特徴にもとづきひとまとめにされていた。防御腺や雌の生殖管といった内部器官の検討が近年行われ、かつての分類は自然群をなしていないことが明らかになった。1種のみからなる *Polposipus* 属は体内の特徴から多様なStenochiinae亜科に含まれるが、近縁種は明らかになっていない。

フリゲートゴミムシダマシの成虫は淡灰色から暗褐色で、上翅は背面から見て幅広で丸く、少数の先端が丸く光沢のある瘤状突起に覆われている。上翅は正中線で完全に癒合し、下翅はない。脚は比較的長く、雄の脛節はカーブしている。

多食亜目（カブトムシ亜目）

科	ゴミムシダマシ科（Tenebrionidae）
亜科	ニジゴミムシダマシ亜科（Stenochiinae）
分布	新熱帯区：メキシコからボリビア
生息環境	熱帯林
生活場所	成虫は木の表面や樹皮の下で、幼虫は木の中で生活する
食性	幼虫期はおそらく朽木の中で成長する
補足	ゴミムシダマシ科の中で最も多様でカラフルな属のひとつ

成虫の体長
12〜19mm

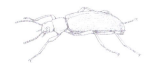

ナンベイナガキマワリ
STRONGYLIUM AURATUM
(LAPORTE, 1840)

地球上で最も乾燥した環境にゴミムシダマシが豊富に生息することから、多くの人々はこの科の甲虫はすべて暗褐色や黒で地上性だと思い込んでいる。これが明らかにあてはまらないのがStenochiini族であり、森林性でカラフルな*Strongylium*属や*Cuphotes*属の種が含まれる。*Strongylium*属は科の中で最も種数の多い属のひとつであり、記載種は1000種近くにのぼり、未記載種もとくに熱帯に多数存在する。ナンベイナガキマワリ（*Strongylium auratum*）は新熱帯区の森林では比較的多く見られ、標高1500m以上の場所にも生息する。

近縁種

*Strongylium*属の圧倒的な多様性、それに比較研究がまったくないことは、この属の分類学的・生物学的研究の大きな妨げになっている。しかしながら、毎年新種の記載は続いており、それらは主として色彩、外皮の凹凸、生殖器の特徴にもとづいている。大部分の種はナンベイナガキマワリと同様、細長く、よく発達した下翅をもつが、飛行能力を欠き厚みのある種もいる。

実物大

ナンベイナガキマワリは細長い甲虫で、背面および脚にメタリックグリーンから赤みがかった紫の光沢がある。上翅には片方につき9本の明瞭な縦方向の点刻の列がある。触角は長く、前胸背板の基部を越える。触角分節は先端でやや幅広になっており、小さく丸く白い感覚器官が点在する。先端の2つの腹部腹板の色は目立つ黄色がかった赤である。

多食亜目（カブトムシ亜目）

科	ゴミムシダマシ科(Tenebrionidae)
亜科	ニジゴミムシダマシ亜科(Stenochiinae)
分布	新北区および旧北区：アラスカ州から東はニューファウンドランド州（ヌナブト準州を除く）、南はワシントン州、ワイオミング州、ミシガン州、ペンシルベニア州；ベラルーシ、ロシア、エストニア、フィンランド、リトアニア、ノルウェー、ポーランド、スウェーデン、スイス、ウクライナ、中国、カザフスタン、モンゴル、トルコ
生息環境	落葉樹のある森林
生活場所	木の幹、樹皮の下、木の内部
食性	幼虫は朽木（とりわけカバ Betula spp.）の中で成長する
補足	高緯度地域の厳しい冬を生き抜くのによく適応している

成虫の体長
14〜20mm

アラメクチキゴミムシダマシ
UPIS CERAMBOIDES
(LINNAEUS, 1758)

実物大

ゴミムシダマシは地球上で最も暑い砂漠で生きる能力でよく知られる。しかし、極端な寒冷環境への適応能力も同様に驚くべきものだ。アラメクチキゴミムシダマシ（*Upis ceramboides*）の成虫は、分布域の北方で冬の間−60℃の凍結に耐える。この生存能力の研究により、新たな非たんぱく不凍分子や、トレイトールという新たな糖アルコールといった、凍結耐性に関する重要な発見がなされた。残念ながら、アラメクチキゴミムシダマシのいくつかの個体群は分布域の一部（スウェーデン南部など）で局所絶滅してしまった。林業慣行の継続により生育に必要な朽木が減少したことが原因である。

近縁種

*Upis*属を含む多様なCnodalonini族は、世界中に分布する朽木の中で生育する種からなる。この族は熱帯および亜熱帯で特に種多様性が高い。アラメクチキゴミムシダマシは属内唯一の種で、新北区（*Xylopinus*属や*Coelocnemis*属など）および旧北区（*Menephilus*属や*Coelometopus*属など）のCnodalonini族の他のすべての属と、前胸背板の特徴的な形状および上翅の外皮の凹凸によって区別される。

アラメクチキゴミムシダマシは黒いゴミムシダマシであり、点刻のある前胸背板はわずかに横長で、上翅よりも明らかに幅が狭い。上翅には不規則な深い窪みがあり、明瞭な縦方向の条線を欠く。下翅はよく発達し飛行能力をもつ。雄の前脛節は先端側の半分がやや内側にカーブし、先端付近に淡黄色の剛毛が密生する。

多食亜目（カブトムシ亜目）

科	デバヒラタムシ科（Prostomidae）
亜科	
分布	旧北区：ヨーロッパ、イラン、トルコ
生息環境	森林
生活場所	朽ちた倒木の上や内部
食性	成虫の食性は不明、幼虫は朽木食
補足	*Prostomis*属が雌雄ともにもつ大顎の下の長い突起の機能は不明である

ヨーロッパデバヒラタムシ
PROSTOMIS MANDIBULARIS
(FABRICIUS, 1801)

成虫の体長
5.5〜6.5mm

実物大

デバヒラタムシ科の種は英名でjugular-horned beetle（頸に角のある甲虫）と呼ばれる通り、大顎の下に細長く前方に突出する構造をもつ。この特徴的な甲虫のグループの分類は議論の的であった。本種はふつう泥状に均質化した朽木にみられる。ヨーロッパデバヒラタムシ（*Prostomis mandibularis*）の幼虫は独特の非対称な頭部をもち、背腹方向に非常に扁平で、樹皮の下や腐った木の中を身をくねらせながら進み、その際に使われる短い脚の先端には強力な爪がある。

近縁種

デバヒラタムシ科は小さなグループで、オーストラリア区に2種が分布する*Dryocora*属と、約30種が全北区、東洋区、オーストラリア区および南アフリカに分布する*Prostomis*属からなる。ヨーロッパデバヒラタムシは属内で唯一ヨーロッパに広く分布し、また*P. americanus*は北米に分布する唯一のデバヒラタムシ科の種である。大顎の下の細長い突起の大きさと形状はふつう種に特有だが、正確な分類にはしばしば雄の生殖器の検討が必要となる。

ヨーロッパデバヒラタムシは細長く、側面が平行な赤褐色の甲虫で、幅広い大顎が前方に突出する。小さくやや突出した眼は丸い。触角は11分節からなり、先端には不明瞭な3分節の触角棍がある。上翅には点刻の条線があり、後方にかけて徐々に細くなっている。跗節式は4-4-4である。

多食亜目（カブトムシ亜目）

科	カミキリモドキ科(Oedemeridae)
亜科	カミキリモドキ亜科(Oedemerinae)
分布	旧北区原産、現在は全世界
生息環境	沿岸部から内陸の都市まで多様な環境
生活場所	水に浸った木の周辺
食性	成虫は餌を食べない。幼虫は湿った朽木(オーク、ポプラ、マツなど)の中で成長する
補足	幼虫は古い船や古代の木造建築遺跡を含む湿った朽木に穴を掘り、損害を与える

成虫の体長
8.8〜14.6mm

ツマグロカミキリモドキ
NACERDES MELANURA
(LINNAEUS, 1758)

ツマグロカミキリモドキ（*Nacerdes melanura*）の成虫は短命で（ふつう2週間以内）、知られている限り餌を食べない。生活史は気温が高いほど短くなる。幼虫は相対的に生活史が長く、約1年で成長を終える。ツマグロカミキリモドキの幼虫は古い船や波止場を食害することで知られるが、それ以外にも、柵や流木、湿った木の杭、時には建物の地下室の木造部分などさまざまな場所で見られる。建物の中で多数の成虫が発見される事例報告もあり、その中にはトイレに誘引された例もあるようだ。

近縁種
*Nacerdes*属は旧北区の*Anogcodes*属、*Opsimea*属とともにNacerdini族を構成する。*Nacerdes*属を構成する60以上の種および亜種は3つの亜属に分けられ、*Nacerdes*亜属はツマグロカミキリモドキ、*N. brancuccii*、*N. semirufa*の3種のみからなる。種同定は色彩、前脛節、上翅、両眼の間の距離の差異にもとづく。

ツマグロカミキリモドキは細長く、側面が平行で、大部分が黄色がかったオレンジ色の甲虫で、上翅の先端は黒い。細長い触角は、わずかに窪んだ小さな黒い眼の少し下に端を発し、珍しいことに12分節からなる。前胸背板は後半分で顕著に狭窄する。前脛節には1本の端棘がある。

実物大

多食亜目（カブトムシ亜目）

科	カミキリモドキ科（Oedemeridae）
亜科	カミキリモドキ亜科（Oedemerinae）
分布	旧北区
生息環境	牧草地、庭、林縁
生活場所	成虫は花や葉の上でみられ、幼虫は腐敗した植物組織の中に住む
食性	成虫は花粉食、幼虫は腐敗した植物組織を食べる
補足	この科の俗称ニセツチハンミョウ（false blister beetle）は、ツチハンミョウ科の甲虫に外見が似ること、防御のために分泌するカンタリジンが人に火ぶくれを起こすことによる

アカクロモモブトカミキリモドキ
OEDEMERA PODAGRARIAE PODAGRARIAE
(LINNAEUS, 1767)

成虫の体長
8〜13mm

カミキリモドキ科は世界中に広く分布し、約1500種が3つの亜科に分類される。この科の幼虫のほとんどが朽木の中で成長し、切り株、木の根、流木、建築木材に見られるが、*Calopus*属の一部の種は生きた木を食害することで知られる。アカクロモモブトカミキリモドキ（*Oedemera podagrariae podagrariae*）を含む多くの種が反対色を示し、まずい味を天敵に知らせていると考えられる。近縁の亜種*O. p. ventralis*の成虫の化学的分析によれば、雌はふつう雄の5〜6倍のカンタリジンを含むが、雌雄ともこの防御用化学物質を生産する能力をもつ。

近縁種
*Oedemera*属はOedemerini族に含まれ、旧北区に分布する約100の種と亜種からなる。この属の種は色彩と眼の特徴が多様であるが、正確な同定には雌雄の生殖器の構造も重要である。本種には3亜種が認められており、広範囲に分布するアカクロモモブトカミキリモドキ、イスラエルとトルコに分布する*O. p. acutipalpis*、アゼルバイジャン、イラン、トルクメニスタンに分布する*O. p. ventralis*からなる。

実物大

アカクロモモブトカミキリモドキは魅力的な細長い甲虫であり、コントラストをなす色彩と細長い触角をもつ。頭と後肢の一部は黒く、体のそれ以外の部分は主として黄色がかったオレンジ色である。前胸背板は雄では黒、雌ではオレンジ色である。雄の後腿節は雌のものと比べ非常に大型化する。跗節式は5-5-4である。

多食亜目（カブトムシ亜目）

科	ツチハンミョウ科(Meloidae)
亜科	ツチハンミョウ亜科(Meloinae)
分布	旧北区：ヨーロッパ、トルコ
生息環境	開けた場所
生活場所	成虫は花の上、卵は土の中、幼虫はハチ（ジガバチ科）の巣の中でみられる
食性	成虫は花粉および花蜜を食べ、幼虫は寄主のハチの卵と貯食した餌を食べる
補足	本種が行う複雑な性行動には、雄の特殊化した器官（口器や触角）が用いられる

成虫の体長
8〜11mm

ヒゲブトゲンセイ
CEROCOMA SCHAEFFERI
(LINNAEUS, 1758)

実物大

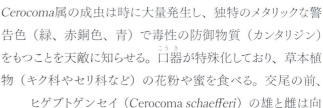

*Cerocoma*属の成虫は時に大量発生し、独特のメタリックな警告色（緑、赤銅色、青）で毒性の防御物質（カンタリジン）をもつことを天敵に知らせる。口器が特殊化しており、草本植物（キク科やセリ科など）の花粉や蜜を食べる。交尾の前、ヒゲブトゲンセイ（*Cerocoma schaefferi*）の雄と雌は向き合って、雄の触角の特殊化した部分と雌の特殊化していない触角を触れ合わせる。このとき、雌は同時に前跗節で雄の前胸背板の側面をこする。

近縁種
*Cerocoma*属は2011年に形態および分子のデータにもとづき全面的に再検討されており、イベリア半島から中国西部（１種のみ北米に分布）に分布し、約30種からなる。この属の種は触角が９分節からなり、雄の第１触角分節が背面のキールをなすという特徴をもつ。ヒゲブトゲンセイを含む*Cerocoma*亜属は他に４種からなる（*C. prochaskana*、*C. simplicicornis*、*C. bernhaueri*、*C. dahli*）。これらの種は触角と脚の差異にもとづき区別される。

ヒゲブトゲンセイは細長く側面が平行な甲虫で、頭、前胸、上翅はメタリックグリーンである。長くまばらな黄色っぽい剛毛は、頭と前胸でより密生する。脚は黄色から緑まで多様だが、触角と口器はふつう淡黄色である。雄の小顎鬚と触角は雌と比べきわめて特殊化している。

多食亜目（カブトムシ亜目）

科	ツチハンミョウ科（Meloidae）
亜科	ツチハンミョウ亜科（Meloinae）
分布	新北区および新熱帯区：カナダ（マニトバ州）、米国東部、メキシコ北東部
生息環境	開けた場所
生活場所	植物の上、または土に掘られた巣穴の中
食性	成虫はキク科、ヒルガオ科、アオイ科の花を最もよく食べ、幼虫は捕食性でツチハンミョウの卵を食べる
補足	*Epicauta*属はツチハンミョウ科（約120属）の中で東半球と西半球の両方に分布するわずか5属のうちの1つ。本種の幼虫の食性は甲虫の中でもきわめて特殊である

成虫の体長
6〜13mm

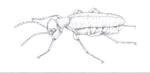

ヤドリマメハンミョウ
EPICAUTA ATRATA
(FABRICIUS, 1775)

499

実物大

*Epicauta*属の種の幼虫はふつうバッタ科（*Melanopus spp.* など）の卵の捕食者だが、1981年と1982年に発表された論文により、（*Epicauta atrata*）の幼虫の成長過程はこれと異なる特殊なものであることが示された。本種の幼虫は同種を含む*Epicauta*属の卵だけを食べて成長するのだ。さらに研究室での実験により、ヤドリマメハンミョウの初齢幼虫にとってバッタの卵は餌として魅力的ではなく、食べれば毒となることがわかった。成虫は4月から11月にかけてみられる。

近縁種

*Epicauta*属は北米と中米に200種近くが知られ、米国南西部とメキシコで最も種多様性が高い。ヤドリマメハンミョウのオレンジの頭をもつ個体を他種と混同する恐れはなく、頭が黒い個体は*E. pennsylvanica*の成虫に似るが、眼の幅が異なる。

ヤドリマメハンミョウの成虫は柔らかい体をもち、細長く、暗褐色から黒の甲虫で、頭の色はほぼ完全なオレンジから真っ黒まで多様である。細い前胸背板は前方で最も幅が狭くなる。反曲した頭は幅広く、後方は細い首に続く。前腿節の内側に溝があり、そこにあるパッチ状の剛毛は触角を掃除するのに使われる。

多食亜目（カブトムシ亜目）

科	ツチハンミョウ科(Meloidae)
亜科	ツチハンミョウ亜科(Meloinae)
分布	旧北区
生息環境	森林
生活場所	成虫は植物の上、幼虫はミツバチの巣の中で成長する
食性	成虫は主にセイヨウトネリコ（*Fraxinus excelsior*）及びマンナノキ（*F. ornus*）の葉を食べるが、他のモクセイ科やスイカズラ科、ヤナギ科の葉も食べる。幼虫はミツバチの貯食した餌を食べる
補足	催淫作用をもつ節足動物として最もよく調べられた種であり、神聖ローマ皇帝ハインリヒ4世、フランス王ルイ14世、マルキ・ド・サドといった歴史上の人物が使ったとされる

成虫の体長
12〜22mm

500

ヨーロッパミドリゲンセイ
LYTTA VESICATORIA
(LINNAEUS, 1758)

節足動物およびその加工品は催淫剤として何世紀にもわたり人々を魅了してきた。性的不能の治療薬としてとくに注目を浴びてきたのは、ロブスター、サソリ、カメムシ、そして甲虫だ。ツチハンミョウの催淫作用を初めて記録したのは紀元1世紀のギリシャの医師ディオスコリデスであるとされる。雄のヨーロッパミドリゲンセイ（*Lytta vesicatoria*）やその仲間の体液に含まれる化学物質はカンタリジンと呼ばれ、捕食者への対抗のために長い年月をかけて進化した分泌物であり、そのため大量に摂取すれば人間にとって有害で、死ぬことすらありうる。乾燥させたヨーロッパミドリゲンセイを摂取した男性が報告した、その後の興奮作用は、不確かで危険なものとみなされている。

近縁種
Lyttini族に含まれる*Lytta*属は通常さらに9亜属に分類される。この属の分布域は広く、新北区、新熱帯区、旧北区、東洋区にみられる。本種は以下の5亜種が知られる：*L. vesicatoria vesicatoria*、*L. v. freuderi*、*L. v. heydeni*、*L. v. moreana*、*L. v. togata*。

ヨーロッパミドリゲンセイは目を惹く中型で細長いメタリックな甲虫で、上翅の先端は幅広く丸くなっている。体色は変異に富み、緑がかった青や金色、赤銅色の光沢をもつ。上翅にはうっすらと翅脈のような縦方向の模様がある。前胸背板は頭および上翅よりも細い。雄の中脛節の先端には2本の端棘がある。

実物大

多食亜目（カブトムシ亜目）

科	ツチハンミョウ科（Meloidae）
亜科	ツチハンミョウ亜科（Meloinae）
分布	旧北区：ヨーロッパ、北アフリカ、アジア
生息環境	湿潤ステップから乾燥ステップ、森林に付随した山間部の草原
生活場所	成虫は地上および植物の上、幼虫はハナバチの巣の中で成長する
食性	成虫は葉や花を食べ、幼虫はハナバチの幼虫に寄生する
補足	成虫は腐食性のカンタリジンで身を守るほか、擬死も行う

成虫の体長
20〜45mm

ニジモンツチハンミョウ
MELOE VARIEGATUS
DONOVAN, 1793

飛行能力を欠き昼行性の本種の成虫は春に出現し、イヌムラサキ（*Lithospermum arvense*）、シュロソウ類（*Veratrum*）、キンポウゲ類（*Ranunculus*）、カノコソウの1種（*Valeriana tuberosa*）などさまざまな植物の葉を食べ、時に作物を食害する。初齢幼虫は約1ヵ月で孵化すると、花の上に登り、頭部にある特殊な棘を使ってコシブトハナバチ（*Anthophora*属）の腹部に付着し、ハチの地下の巣穴まで運ばれ、そこでハチの卵に寄生する。この行動により時に運び手のハチを傷つけたり殺してしまうことがあり、本種の初齢幼虫は時にセイヨウミツバチのコロニーへの損害の原因としてあげられる。

近縁種
*Meloe*属は主として全北区に分布し、16亜属の100種以上が西ヨーロッパから日本にまで分布する。*Lampromeloe*亜属はニジモンツチハンミョウ（*Meloe variegatus*）と*M. cavensis*の2種のみからなる。後者は上翅に大きく隆起した光沢部分があることで区別できる。

実物大

ニジモンツチハンミョウは柔らかい体をもつ暗い金属的な青または緑の甲虫で、赤銅色または紫の光沢がある。頭と前胸背板は同じくらい幅広で粗い点刻がある。短く重なった上翅には不規則な凹凸がある。雌の腹部は上翅よりはるかに長く延び、中央に沿って並ぶ鮮やかな光沢のあるパッチに彩られている。

多食亜目（カブトムシ亜目）

科	ツチハンミョウ科(Meloidae)
亜科	ゲンセイ亜科(Nemognathinae)
分布	旧北区：イスラエル、レバノン、シリア、トルコ
生息環境	地中海性の環境
生活場所	成虫はキク科（*Crepis*属など）の植物につき、卵は植物の上にみられ、幼虫はハナバチ（ミツバチ上科）の巣の中に見られる
食性	成虫は植食性、幼虫はハナバチ（ミツバチ上科）の巣に寄生
補足	*Stenodera*属の幼虫は既知のゲンセイ亜科のどの他種とも異なり、便乗行動を欠く。すなわち、訪花したハナバチに付着して寄主のハチの巣に到達することがない

成虫の体長
7〜12mm

ヒトツメヒメゲンセイ
STENODERA PUNCTICOLLIS
(CHEVROLAT, 1834)

実物大

Nemognathinae亜科はツチハンミョウ科の亜科の中で最も広範囲に分布し、地球上のすべての主要な生物地理区にみられ、オーストラリア区に分布する唯一の亜科である。2002年に発表されたヒトツメヒメゲンセイ（*Stenodera puncticollis*）の初齢幼虫の研究により、*Stenodera*属がNemognathinae亜科の中で最も原始的なグループであることが初めて示された。本種の成虫はふつう4月から5月にかけて活発化し、交尾の前に短い一連の背面の求愛行動を行う。

近縁種

Stenoderini族は旧北区にのみ分布し、9種からなり2亜属に分けられる*Stenodera*属は、1種（*S. caucasica*）がヨーロッパ、他の種は東アジアに分布する。ヒトツメヒメゲンセイを含む*Stenoderina*亜属は4種からなり、いずれも金属的な緑や青の光沢をもつ。ヒトツメヒメゲンセイは*S. palaestina*に最も似ており、両者の主な違いは上翅および脚の色彩である。

ヒトツメヒメゲンセイは細長い甲虫で、頭、上翅、前胸背板の中央は金属的な青緑色である。腿節の先端と基部、脛節、跗節、触角、口器は黒い。前胸背板の外縁部、腿節の中央部、先端から2つの腹部腹板は淡い黄色がかったオレンジ色または赤みがかる。前胸背板は細く、頭とほぼ同じ幅で、後方にかけてやや太くなる。

多食亜目（カブトムシ亜目）

科	ホソキカワムシ科（Mycteridae）
亜科	
分布	旧北区：ヨーロッパ、アフリカ北西部、西アジア
生息環境	乾燥した場所や岩石土壌の場所
生活場所	成虫はいくつかのグループの植物（セリ科やキク科など）の上、幼虫は樹皮の下
食性	成虫は花粉食、幼虫はおそらく朽木食
補足	頭は前方に伸長し顕著な吻を形成するため、遠縁のゾウムシ上科のいくつかの種を思わせる

成虫の体長
6〜10mm

ウマヅラホソキカワムシ
MYCTERUS CURCULIOIDES
(FABRICIUS, 1781)

ホソキカワムシ科は約30属の150種以上からなり、広範囲に分布するが、温暖な地域で種多様性が高い。この科の昆虫の生態はあまり知られていない。ウマヅラホソキカワムシ（*Mycterus curculioides*）の成虫はよく発達した下翅をもち、ふつう6月と7月の日中に活発になる。成虫は花に多く集まることがある。細長く、側面が平行で、淡色の本種の幼虫はスペインで植樹されたマツ（*Pinus*属）の樹皮の下で記録されている。

近縁種
*Mycterus*属の種は温帯に多く（主として全北区だが、一部の種はエチオピア区、インド、東洋区にも分布）、旧北区に2亜属4種が分布する。ウマヅラホソキカワムシは1種のみで*Mycterus*亜属をなす。本種は他の旧北区の種から、基部から先端まで幅の変わらない長い吻をもつ（他種では先端に向かって細くなる）点で区別できる。

実物大

ウマヅラホソキカワムシは卵型の黒い甲虫で、頭が前方に長く伸長し顕著な平たい吻をなす。背面は灰色がかった、あるいは金色の、表面に張りついた柔毛に覆われる。触角は細長く、吻の中央付近に端を発する。眼は大きく、わずかに突出する。

多食亜目（カブトムシ亜目）

科	クワガタモドキ科(Trictenotomidae)
亜科	
分布	東洋区：マレーシア、ミャンマー、インドネシア（ボルネオ、スマトラ、ジャワ）、タイ、ベトナム、中国南部、インド（アッサム）
生息環境	森林
生活場所	朽木に付随する
食性	幼虫は朽木の中で成長すると思われる
補足	この科の成虫は外見上、遠縁のクワガタムシ科やカミキリムシ科に似ており、そのため甲虫目の中での正しい位置づけに関して混乱がみられた

成虫の体長
40～69mm

キンケクワガタモドキ
TRICTENOTOMA CHILDRENI
GRAY, 1832

独特なこの科をゴミムシダマシ上科に位置づける根拠として、成虫の脚（跗節式が5-5-4）および幼虫の特徴があげられる。高い飛行能力をもつクワガタモドキ科の種は、夜間に光の周囲で見られることが多いが、倒木や朽木の上でも見られる。キンケクワガタモドキ（*Trictenotoma childreni*）の幼虫が記載されたのは100年以上前だが、この科で幼虫の記載があるのはこの種のみである。幼虫は長く（120mm）、まっすぐで、淡い黄色がかった白で、よく発達した脚と腹部の先端に1対の鋭く尖った棘をもつ。

近縁種

クワガタモドキ科は小さなグループで、4種からなる*Autocrates*属と約10種からなる*Trictenotoma*属の2属のみからなる。全種が旧北区の南東部および東洋区に分布する。*Autocrates*属の種は前胸背板の側面に側方に突出する鋭い棘をもつが、*Trictenotoma*属の種はこの棘を欠く。*Trictenotoma*属の成虫を覆う短い柔毛は、ふつう*Autocrates*属の種よりも密生している。

実物大

キンケクワガタモドキの成虫は大きくがっしりした甲虫である。背面と腹面は短い剛毛に密に覆われている。前胸背板は顕著に横長である。頭部には非常に大きく前方に突出した大顎があり、頭部自体と同等かそれ以上に長い。細い触角は体長の半分以上の長さがある。

多食亜目（カブトムシ亜目）

科	キカワムシ科（Pythidae）
亜科	
分布	旧北区：ヨーロッパ北西部、ロシア
生息環境	針葉樹林
生活場所	トウヒ（*Picea*属）などの枯木の樹皮の表面や下
食性	成虫はおそらく捕食性、幼虫は枯れた針葉樹の内樹皮を食べる
補足	ふつう5月に交尾し、雄はその後すぐに死ぬ

成虫の体長
10.9〜15.9mm

ホクオウオオキカワムシ
PYTHO KOLWENSIS
SAHLBERG, 1833

キカワムシ科は小さなグループで、既知の約25種は7属に分類される。*Pytho*属の9種は新北区および旧北区に分布する。この属の種はふつう北方寒帯林またはタイガに分布するが、分布域の一部は南方の高標高の針葉樹林にまで広がる。ホクオウオオキカクムシ（*Pytho kolwensis*）の成虫は樹皮の下の蛹室の中で越冬する。幼虫は数年かけて成長することが知られる。本種は一般に樹齢170〜300年の老齢樹林に生息し、フィンランドとスウェーデンでは絶滅が危惧される。

近縁種
成虫、幼虫、蛹の特徴にもとづいてこの属を全面的に再検討した研究がD. ポロックにより1991年に発表され、北米東部に分布する*P. strictus*および極東ロシアと日本に分布するオオキカワムシ*P. nivalis*がホクオウオオキカワムシと同じグループに属することが示された。*Pytho*属の種はふつう前胸と上翅の特徴にもとづき区別されるが、雄の生殖器の検討が必要な場合もある。

実物大

ホクオウオオキカクムシはやや扁平な赤みがかった黒から黒の甲虫で、金属光沢はない。口器、跗節、触角はふつう色が薄い。扁平な前胸背板は中央付近で最も幅が広くなる。前胸背板の天板には1対の縦方向の窪みがある。上翅は背面に凸であり、浅い凹凸をなす縦方向の条線が見られる。

多食亜目（カブトムシ亜目）

科	アカハネムシ科(Pyrochroidae)
亜科	アカハネムシ亜科(Pyrochroinae)
分布	旧北区：ヨーロッパ、トルコ
生息環境	森林、生け垣、公園、庭
生活場所	成虫は花や植物の上または落葉樹の緩んだ樹皮の下、幼虫は樹皮の下で生活
食性	成虫はおそらく雑食性、幼虫は主として樹皮の下の木質や菌類組織
補足	英名のfire-colored beetleまたはcardinal beetleはアカハネムシ科（ほとんどがヨーロッパとアジアに分布）の明るいオレンジ色や赤の種を指す

成虫の体長
10〜14mm

ヨーロッパアカハネムシ
PYROCHROA SERRATICORNIS
(SCOPOLI, 1763)

実物大

ヨーロッパアカハネムシは中型の甲虫で、明るいオレンジから赤の前胸背板と上翅をもつ。頭の色は黒からオレンジまで亜種によって異なる。第3〜11触角分節にある顕著な歯状突起は、触角の先端に向かうにつれ長くなる。頭は後方でやや狭窄し、明瞭な頸部を持つ。体の腹面、脚、触角は黒い。

ヨーロッパアカハネムシ（*Pyrochroa serraticornis*）の成虫はごく普通に見られる。本種の成虫は夏に訪花昆虫を捕食すると考えられている。幼虫は背腹方向に扁平で、主として樹皮の下で生活し（時には柔らかい木部組織の奥深くで見つかることもある）、菌糸や柔らかい形成層組織が餌の大部分を占める。幼虫の体の大部分は柔らかいが、先端腹節はきわめて硬化しており、端に1対の大きな棘がある。ヨーロッパアカハネムシの幼虫は蛹化までに3年を要するとの報告がある。

近縁種

アカハネムシ亜科は科内で最も多様であり、100種以上からなり、主としてアジアの温帯に分布する。*Pyrochroa*属はヨーロッパ、北アフリカ、アジアに分布する少数の種からなる。

多食亜目（カブトムシ亜目）

科	チビキカワムシ科（Salpingidae）
亜科	Dacoderinae亜科
分布	オーストラリア区：オーストラリア（クイーンズランド州北東部）
生息環境	森林
生活場所	成虫はハリアリ類（*Leptogenys*および*Odontomachus*）の巣の中、幼虫は不明
食性	不明
補足	この属の名前はギリシャ語の*tretos*（「穴のあいた」の意味）と*thorax*（「胸」）の組み合わせで、前胸に溝があることを示す

ミツギリゾウムシモドキ
TRETOTHORAX CLEISTOSTOMA
LEA, 1910

成虫の体長 8.3〜11.5mm

Dacoderinae亜科は10種からなり、いずれも奇妙な頭と前胸背板をもち、うち5種は2006年に発表されたこのグループの分類研究で記載された。ミツギリゾウムシモドキ（*Tretothorax cleistostoma*）およびその近縁種の甲虫分類学上の位置づけは長年にわたり議論の的であったが、1982年に世界屈指の甲虫学者J. F. ローレンスによってチビキカワムシ科のDacoderinae亜科として位置づけられた。本種の成虫の標本採集例は少なく、ひとつは倒木の上で、それ以外はハリアリ類（*Leptogenys excisa*および*Odontomachus ruficeps*）の巣の中で見つかっている。

近縁種

*Tretothorax*属は1種のみからなり、Dacoderinae亜科で唯一オーストラリア区に分布し、また亜科の中で唯一長く伸びた吻をもつ。Dacoderinae亜科は他に2属（*Dacoderus*属および*Myrmecoderus*属）からなり、米国南西部から南米北部まで分布する。*T. cleistostoma*の下翅はよく発達するが、Dacoderinae亜科の他種は下翅を欠く。

実物大

ミツギリゾウムシモドキは細長く、やや扁平な黒い甲虫で、頭の前半部が縦長の吻を形成する。触角はビーズ状の10分節からなり、時に1分節の触角梶をもつと記述される。細長い前胸背板は上翅の基部よりも明らかに細く、3本の縦方向の溝がある。

多食亜目（カブトムシ亜目）

科	チビキカワムシ科（Salpingidae）
亜科	Aegialitinae亜科
分布	新北区：カナダ（ブリティッシュコロンビア州メトラカトラ）
生息環境	太平洋沿岸
生活場所	潮間帯の岩場
食性	幼虫・成虫とも潮間帯の岩の下でみられ、藻類を食べる
補足	Aegialites canadensisを含むこの属の種は飛行能力を欠き、分布域はふつう狭い地理的範囲の中である

成虫の体長
3.5〜4.8mm

カナダイワハマムシ
AEGIALITES CANADENSIS
ZERCHE, 2004

実物大

*Aegialites*属の種はふつう北太平洋沿岸の潮間帯にみられる。これらの甲虫は鋭い跗節爪によって岩にしっかりとしがみつくことができる。カナダイワハマムシ（*Aegialites canadensis*）の成虫は1年を通じて活動し、沿岸部の潮間帯の岩の隙間や下でみられる。本種の未成熟段階は7月から8月にみられる。幼虫は細長く側面が平行で、体の大部分は剛毛を欠く。本種は条件のよい環境では大量発生することもある。

近縁種

*Aegialites*属は31種からなり、カリフォルニア州、ブリティッシュコロンビア州、アラスカ州（島嶼部を含む）から日本および極東ロシアの17の島嶼まで分布する。この属はニュージーランド沖の島々に分布する*Antarcticodomus*属とともにAegialitinae亜科を形成する。カナダイワハマムシと、ブリティッシュコロンビア州およびアラスカ州に分布する他種とでは、触角の長さと頭の幅の比が異なる。

カナダイワハマムシは細長く、暗褐色から黒の甲虫で、滑らかな前胸背板と表面に凹凸のある上翅を持つ。触角はやや長く、先端に曖昧な3分節の触角棍がある。上翅の先端は幅広く丸くなっている。雄の脛節は幅広くカーブしているが、雌ではほぼまっすぐである。

多食亜目（カブトムシ亜目）

科	アリモドキ科（Anthicidae）
亜科	オオクビボソムシ亜科（Eurygeniinae）
分布	新北区：カナダ（ブリティッシュコロンビア州、アルバータ州）、米国（アイダホ州、ワシントン州、オレゴン州、カリフォルニア州）
生息環境	小川の近くの牧草地や草原
生活場所	成虫は花や植物の上で見られ、幼虫は湿地で見られる
食性	成虫は花粉食、幼虫の食性は不明
補足	本種を含むオオクビボソムシ亜科はアリモドキ科の中でもきわめて特徴的で、科の最大種を含む

成虫の体長
8.3〜12.2mm

ゴマダラオオクビボソムシ
PERGETUS CAMPANULATUS
(LECONTE, 1874)

実物大

Eurygeniinae亜科の大部分の種と同様、ゴマダラオオクビボソムシ（*Pergetus campanulatus*）の成虫はふつう花の上でみられる。これらの甲虫のスコップ型の大顎は花粉食に特化しており、他の一般的な甲虫の大顎にみられる刃先の部分は縮小または消失している。Eurygeniinae亜科の幼虫はゴマダラオオクビボソムシのものだけが知られており、クランベリー類（*Vaccinium*）の老樹が茂る沼地で採集され、腹部の先端によく硬化し基部が枝分かれした1対の尾突起をもつ。

近縁種

全世界に分布するEurygeniinae亜科は約130の記載種からなり、新北区およびオーストラリア区の半乾燥草原で最も種多様性が高い。*Pergetus*属は太平洋沿岸北西部にのみ分布する2種からなり、北米の他の属（*Rilettius*属や*Qadrius*属など）からは、直立した感覚毛と半直立の剛毛の両方が上翅にみられる点や、大きく三角形をした先端小顎鬚分節で区別できる。

ゴマダラオオクビボソムシはやや大型で、細長く、淡褐色から黒のアリに似た訪花性甲虫で、銀色から褐色の柔毛に覆われる。細長い触角は先端付近で幅広にならない。前胸背板の中央に1本の深い縦方向の溝があり、前端に背面のフランジが頸部の中央付近まで平らに広がり、その先端は頸の基部に達する。点刻と柔毛に覆われた上翅は側面が平行で、長さは幅の2倍以上である。

多食亜目（カブトムシ亜目）

科	アリモドキ科(Anthicidae)
亜科	Lemodinae亜科
分布	オーストラリア区：オーストラリア（首都特別地域、ニューサウスウェールズ州、クイーンズランド州、ビクトリア州）
生息環境	森林
生活場所	倒木の周辺
食性	おそらく食菌性
補足	過去10年の間にこの属のいくつかの新種がインドネシア領ニューギニア、パプアニューギニア、ソロモン諸島から記載されている

成虫の体長
5.5〜6.5mm

ゴウシュウクビボソムシ
LEMODES COCCINEA
BOHEMAN, 1858

実物大

アリモドキ科の小さなグループであるLemodinae亜科は6属の約50種からなり、オーストラレーシア、ニュージーランド、南米の温帯に分布する。細長く側面が平行なLemodes属の幼虫は、既知の種では背面に暗色と明色の模様をもつため、外表面で採食を行うとみられ、菌類の子実体を餌にしている可能性がある。ゴウシュウクビボソムシ（*Lemodes coccinea*）の成虫は地域によっては倒木の下にしばしばみられ、近縁種*L. splendens*とともに倒木の上を歩いているところを採集されることもある。

近縁種

*Lemodes*属の他に、Lemodinae亜科はオーストラリアに分布する*Lemodinus*属と*Trichananca*属を含む。*Lemodes*属内の種同定の基準のひとつとして上翅の色彩が挙げられ、完全な赤褐色から、赤褐色に青の光沢、白い剛毛のパッチが混ざるものまである。*Lemodes elongata*だけは12分節の触角をもつが、他の種は11分節である。

ゴウシュウクビボソムシは細長い甲虫で、長方形の上翅をもち、頭、前胸背板、上翅には比較的長い直立した剛毛がある。第9〜10、第10〜11ないし第11触角分節はふつう色が薄い。頭と前胸背板の背面はふつう表面に張りついた柔毛に覆われ、色は黄色がかったオレンジから赤や黒まで多様だが、金属光沢を欠く。脚は上翅よりも顕著に暗い色で、個体によっては赤くビロード状に見える。

多食亜目（カブトムシ亜目）

科	アリモドキ科（Anthicidae）
亜科	アリモドキ亜科（Anthicinae）
分布	新熱帯区および新北区：アルゼンチン、パラグアイ、ブラジル原産、米国南部に導入（フロリダ州、ルイジアナ州、アラバマ州、ジョージア州、テキサス州、ミシシッピ州、サウスカロライナ州）
生息環境	森林やその周辺
生活場所	好蟻性、成虫は夜間に光に飛来する
食性	腐食性および日和見的な捕食性
補足	外見と移動の際の行動をアリに擬態している

成虫の体長
2.5〜3mm

アルゼンチンヒナアリモドキ
ACANTHINUS ARGENTINUS
(PIC, 1913)

実物大

Acanthinus属の種は動きと色彩をアリそっくりに擬態し、アリとともに植物の上で採食する。これらの甲虫は時にアリの隊列の中にみられ、幼虫もしばしばアリに付随してみられる。高速で走るアルゼンチンヒナアリモドキ（Acanthinus argentinus）の成虫は最近米国南部でも初めて確認され、定着し分布を拡大しているようだ。成虫はふつう夜間に人工光の近くでみられる。本種の米国南部への侵入経路はまだ不明だが、少なくとも一部は主要港湾の近辺で採集されている。

近縁種

約30の他の属（Amblyderus属やAnthicus属など）とともに、Acanthinus属はAnthicini族をなし、この族の特徴は前胸背板の前半部が幅広く丸い点、および頭に瘤状突起を欠く点である。この属は比較的多様で、新熱帯区に100種以上、オーストラリア区にも少数の種（A. australiensisなど）が分布する。

アルゼンチンヒナアリモドキは小さく、大部分が赤褐色の甲虫で、長い前胸背板が中央より後ろで狭窄するため、とりわけ側面から見るとアリに似た外見をしている。上翅の基部側の半分は淡い赤褐色で、先端側の半分は暗褐色から黒であり、ふつう淡色の模様がある。背面は光沢があり滑らかだが、多数の長い剛毛に覆われる。

多食亜目（カブトムシ亜目）

科	アリモドキ科（Anthicidae）
亜科	Notoxinae亜科
分布	新北区および新熱帯区：米国、メキシコ
生息環境	農地や牧草地、果樹園など多様
生活場所	植物の上や下、成虫は地面に巣穴を掘る
食性	成虫は雑食性、幼虫はおそらく根を食べる
補足	時にワタ類（*Glossopteris*）やダイズ（*Glycine max*）などの作物の害虫の卵や小さな幼虫を捕食することで知られる。成虫は飛行能力をもち、夜間に光に誘引される

成虫の体長
2.5〜4mm

フタスジイッカク
NOTOXUS CALCARATUS
HORN, 1884

実物大

Notoxinae亜科は世界中に分布する約400種からなり、前胸背板から突出した「角」が背面から見ると頭を覆うという特徴をもつ。*Notoxus*属のフタスジイッカク（*Notoxus calcaratus*）を含むいくつかの種の成虫はカンタリジン（ツチハンミョウ科およびカミキリモドキ科の甲虫がつくる、捕食者に対抗する分泌物）に誘引されることが知られる。フタスジイッカクは分布域の南部では1年を通じてみられる。本種の成虫は時に害虫の卵や小さな幼虫を捕食するため、多くの作物の低レベル生物防除に用いられる。

近縁種

*Notoxus*属は世界中に分布するが、アフリカ、北米西部、オーストラレーシアで最も種多様性が高い。米国とカナダには約50種が分布し、同定は主に上翅の色彩にもとづいて行われるが、正確な同定には生殖器の構造を慎重に検討しなければならない種もいる。フタスジイッカクと*N. hirsutus*では、いずれも前胸背板の角の腹面に孔の列が認められる。

フタスジイッカクは小さく細長い甲虫で、赤褐色の体は剛毛で覆われる。上翅には不規則な黒い帯が中央付近と先端にあり、また基部には1対の黒い斑点がある。前胸背板の前縁にあるひとつの顕著な突起は、背面から見ると頭部を覆う。触角は細く長い。

多食亜目（カブトムシ亜目）

科	ニセクビボソムシ科（Aderidae）
亜科	
分布	オーストラリア区：オーストラリア（クイーンズランド州北部）
生息環境	熱帯雨林
生活場所	シロアリ（*Microcerotermes turneri*）の巣に付随
食性	成虫の食性は不明、幼虫は寄主のシロアリの唾液腺分泌物を食べる
補足	*Megaxenus*属の種はこの科の他の種と比べきわめて大型で、幼虫が寄主のシロアリと共生し給餌を受ける点も特殊である

シロアリニセクビボソムシ
MEGAXENUS TERMITOPHILUS
LAWRENCE, 1990

成虫の体長
5.2〜6.5mm

実物大

ニセクビボソムシ科の特異なグループである*Megaxenus*属の種は、*Microcerotermes*属のシロアリの巣に付随してみられる。この生活場所選択はニセクビボソムシ科としては特異であり、ふつうは朽木の中や樹皮の下、落葉層の中に住む。シロアリニセクビボソムシ（*Megaxenus termitophilus*）の成虫は、ふつう寄主のシロアリの巣の周縁部の蜘蛛の巣状の繭の中で、終齢幼虫や蛹とともにみられる。若い幼虫は巣の中心部でシロアリとともにみられる。シロアリニセクビボソムシの幼虫は巣の中でシロアリの女王に擬態し、驚くべきことに、シロアリのワーカーによる身づくろいと給餌を受ける。しかし、本種の成虫はシロアリの社会システムにはまったく組み込まれておらず、シロアリのワーカーや兵士は積極的に本種の成虫を攻撃する。

近縁種

ニセクビボソムシ科は全世界に約1000種が分布し、現代的な系統分類研究が必要とされている。*Megaxenus*属はオーストラリアのシロアリニセクビボソムシおよびパプアニューギニアの*M. bioculatus*と*M. papuensis*からなる。属内の種同定は、頭の後部に顕著な畝があるかどうかや、上翅および前胸背板のその他の特徴にもとづいて行われる。

シロアリニセクビボソムシは細長く、側面が平行な、褐色から赤褐色の甲虫である。背面は比較的平らで、体に張りついた細く短い剛毛に覆われる。頭は前胸背板と同じくらいの幅で、同属他種にみられる横方向の畝を欠く。上翅には不明瞭な暗色と明色の模様がある。腿節の基部は暗褐色だが、先端の色ははっきりと明るくなっている。

多食亜目（カブトムシ亜目）

科	チリカミキリムシ科(Oxypeltidae)
亜科	
分布	新熱帯区：チリ、アルゼンチン
生息環境	アンデス山脈南部のバルディビア温帯雨林
生活場所	*Nothofagus*属（ナンキョクブナ）の幹や葉の上
食性	成虫はおそらく葉食性、幼虫は木食性
補足	本種の珍しい色彩はタマムシに似る

成虫の体長（雄）
25〜40mm

成虫の体長（雌）
30〜48mm

オオチリカミキリ
CHELODERUS CHILDRENI
GRAY, 1832

この鮮やかなオオチリカミキリ（*Cheloderas childreni*）は、ロンドン自然史博物館動物学部門の初代館長ジョン・チルドレンにちなんで命名された。成虫はふつう12月から3月にかけ、アルゼンチンとチリの温帯雨林の常緑のナンキョクブナの樹種（コイグエとも呼ばれる）から出現する。成虫は昼行性で、1日で最も温かい朝遅くから午後までの間に飛ぶ。雄は雌のフェロモンに強く誘引される。現在のところ、本種はタマムシカミキリムシ科に分類され、この科は他に2種からなる。

近縁種
本種を含む奇妙な木質穿孔性カミキリムシの小さな科は、わずか2属3種のみからなる（他の2種は*Cheloderus penai*と*Oxypeltus quadrispinosus*）。これらの近縁種はすべてアルゼンチンとチリにのみ分布する。かつてはノコギリカミキリ亜科や独立のカミキリムシ亜科に分類された。幼虫の研究ではムカシカミキリムシ科との表面的類似が認められている。

実物大

オオチリカミキリは鮮やかな色彩をしており、頭、前胸背板、腹面は金属的な青と緑で、上翅は赤と緑である。前胸背板の先端は大きく隆起して側方に伸びる。体全体にほとんど柔毛を欠いている。触角はカミキリムシとしては比較的短く、体の半分ほどにしか達しない。

多食亜目（カブトムシ亜目）

科	ムカシカミキリムシ科（Vesperidae）
亜科	ムカシカミキリムシ亜科（Vesperinae）
分布	旧北区：南ヨーロッパ（フランス、イタリア、クロアチア）
生息環境	混交林および草原
生活場所	草や蔓
食性	様々な草を食べる
補足	雌と幼虫は特殊な形態をしている

成虫の体長（雄）
15～24mm

成虫の体長（雌）
16～29mm

ムカシカミキリ
VESPERUS LURIDUS
(ROSSI, 1794)

515

ムカシカミキリ（*Vesperus luridus*）の成虫は、分布域の南ヨーロッパ一帯では4月から7月が活動期である。本種は多型を示す。雌は大型で、膨張した腹部と萎縮した上翅を持つ。雄は夜行性で光に誘引されるが、雌は飛行能力を欠く。奇妙な短く丸い体を持つ幼虫は草の中で成長するが、同属他種は多食性であることからみて、記録されていない多数の寄主を持つ可能性がある。近縁種の中には地中海沿岸でワイン農園のブドウの害虫として知られるものもいる。

近縁種

*Vesperus*属はきわめてよく似た18種からなり、南ヨーロッパおよび地中海沿岸に分布する。かつてはカミキリムシ科の亜科のひとつとして扱われていたが、現在では独立の科とされ、大きく異なる属どうしがまとめられている。幼虫の特殊な形態および染色体が、カミキリムシ科から外す現在の分類の根拠となっている。

実物大

ムカシカミキリは、後方できわめて狭窄する頭部と、前方で狭窄する前胸背板をもつ。外見はツチハンミョウ科や、カミキリムシ科のハナカミキリ亜科の原始的な種に似る。成虫の体色は一様に淡褐色である。雌は雄よりも大きく、膨張した腹部と萎縮した上翅をもつ。成長した幼虫は短く球形の体型をしている点で特殊である。

多食亜目（カブトムシ亜目）

科	ムカシカミキリムシ科(Vesperidae)
亜科	Anoplodermatinae亜科
分布	新熱帯区：ブラジル東部（ゴイアス州、バイーア州、ミナスジェライス州）
生息環境	熱帯サバナ（セラード）
生活場所	地上性
食性	不明、おそらく根を食べる
補足	おそらく最も奇抜な外見のカミキリムシ

成虫の体長
35〜55mm

ケラモドキカミキリ
HYPOCEPHALUS ARMATUS
DESMAREST, 1832

実物大

ケラモドキカミキリ（*Hypocephalus armatus*）はおそらく最も奇妙な外見のカミキリムシだろう。独特の特徴があまりに多いため、その発見以来、分類に関して甲虫学者を悩ませてきた。本種はブラジル東部（主としてミナスジェライス州）の狭い地域にのみ分布が知られ、飛行能力を欠く成虫（主に雄）が、12月から1月にかけて、地面を歩き、穴を掘るところが見られる。雌が見つかることは非常にまれである。寄主植物についてはまったくわかっていないが、幼虫はおそらく根を食べる。

近縁種

数千種の甲虫を記載した経歴をもつジョン・ルコントは、1876年にケラモドキカミキリを独自の科に位置づけ、次のように述べた。「科学界に知られたすべての甲虫の中で、本種ほど分類に関して見解の相違を引き起こした種はいない」。それ以降、分類上の位置づけは二転三転した。最近まで本種はカミキリムシ科内の独自の亜科であるAnoplodermatinae亜科におかれていたが、現在はムカシカミキリムシ科の1種とされる。

ケラモドキカミキリは多くの点で、甲虫よりもむしろケラに似る。頭は長く反曲し、触角は非常に短い。前胸背板は非常に長く、体の後ろ半分と同じくらい大きい。後肢は大型化し、脛節がカーブしており、穴掘りに特化している。上翅は非常に硬く、癒合している。

多食亜目（カブトムシ亜目）

科	ホソカミキリムシ科（Disteniidae）
亜科	ホソカミキリムシ亜科（Disteniinae）
分布	新熱帯区：ブラジル、パラグアイ、アルゼンチン北部
生息環境	熱帯林
生活場所	樹木
食性	木食性（具体的な樹種は不明）
補足	飾りのついた奇妙な触角をもつ

成虫の体長
8〜11mm

ケヅノナンベイホソカミキリ
COMETES HIRTICORNIS
LEPELETIER & AUDINET-SERVILLE, 1828

ケヅノナンベイホソカミキリ（*Cometes hirticornis*）はブラジル全土に分布し、パラグアイとアルゼンチンでも採集例がある。今後の研究次第でボリビアにも分布が判明する可能性がある。寄主の樹種については一切知られておらず、本種もまた熱帯性甲虫についての知識がいかに限られたものかを示す一例である。成虫はふつう10月下旬から12月にかけての雨季の開始後に枝や葉を叩いて採集される。

近縁種
最近まで*Cometes*属は比較的大きなグループであったが、アントニオ・サントス＝シルバとジェラール・タヴァキリアンの2009年の研究により、多くの種が他の属に移された。現時点で*Cometes*属は6種のみからなり、全種が南米にのみ分布する。ケヅノナンベイホソカミキリは上翅が単色である唯一の種である（他種はすべて2色）。

実物大

ケヅノナンベイホソカミキリは小さなホソカミキリムシ科の甲虫で、体、脚、触角が一様に青灰色である点で見分けられる。頭と前胸背板の一部のみが赤みがかる。同科の他種と同様、柄節と小顎鬚はきわめて長い。触角の先端の4分節には非常に長い剛毛の縁取りがある。

多食亜目（カブトムシ亜目）

科	カミキリムシ科(Cerambycidae)
亜科	Dorcasominae亜科
分布	東洋区：ボルネオ島
生息環境	熱帯雨林
生活場所	木の枝や蔓
食性	幼虫の寄主は不明だが、Santalum属、Pterocarpus属、Terminalia属などと考えられる。ほとんどのカミキリムシと同様、成虫はほとんど、ないしまったく餌を食べない
補足	休止時は前肢と触角で餌につかまり、体の他の部分は下にぶら下がる

成虫の体長
18〜26mm

ナゾハナカミキリ
CAPNOLYMMA STYGIA
PASCOE, 1858

この謎に満ちたナゾハナカミキリ（*Capnolymma stygia*）の分類上の位置づけは、記載以降研究者たちを悩ませてきた。本種の生態はほとんど知られていないが、成虫は夕方にボルネオの熱帯雨林の中を飛んでいるところを採集されている。同属他種はビャクダン類（*Santalum*）（ビャクダン科）、プテロカルプス類（*Pterocarpus*）（マメ科）、テルミナリア類（*Terminalia*）（シクンシ科）を寄主とする。生きているときの本種の成虫の休止姿勢は独特で、蔓や枝に2本の前肢と触角を引っかけ、後ろ半身は脚を縮めてぶら下がる。

近縁種

*Capnolymma*属は現在のところ7種からなり、*C. stygia*が模式種である。この謎めいた種はつい2008年までハナカミキリ亜科に分類されていた。最近になって一部の研究者がDorcasominae亜科に再分類したが、この分類もアレクサンダー・ミロシニコフなどの専門家の合意を得られていない。

ナゾハナカミキリは頭と前胸背板がハナカミキリ亜科に類似し、非常に長い触角柄節と上翅前腕部の歯状突起、上翅の先端外側の短い棘を持つ。上翅の中央に白い柔毛による明瞭なジグザグ模様がある。前述の独特の休止姿勢もこの属に固有である。

実物大

多食亜目（カブトムシ亜目）

科	カミキリムシ科（Cerambycidae）
亜科	Apatophyseinae亜科
分布	旧北区：中国西部および北部、モンゴル、カザフスタン東部
生息環境	乾燥した環境（砂砂漠の砂丘や粘土砂漠）
生活場所	樹木や灌木
食性	幼虫は砂漠の樹木や灌木の根を穿孔し、ほとんどのカミキリムシと同様に成虫はほとんど、ないしまったく餌を食べない
補足	砂漠に生息する奇妙なカミキリムシである

サバクカミキリ
APATOPHYSIS SERRICORNIS
(GEBLER, 1843)

成虫の体長（雄）
11〜17mm

成虫の体長（雌）
15〜21mm

サバクカミキリ（*Apatophysis serricornis*）は広範囲に分布する中央アジアの甲虫で、カザフスタン、中国、モンゴルの乾燥した砂漠や半砂漠に生息する。本種は*Apatophysis*属で唯一の広域分布種である。成虫は6月から8月にかけて飛ぶ。本種は砂漠性の灌木や樹木の多くの種を食べるとみられるが、確実にわかっている寄主植物はヒユ科のハロクシロン（*Haloxylon*）のみである。本種は原始的なハナカミキリ亜科に似るため、記載当初フレデリック・ゲブラーにより*Pachyta*属に分類された。

近縁種

約30種からなる*Apatophysis*属は、小さなグループであるDorcasominae亜科の一員であり、この亜科は外見が大きく異なる多くの属からなる。別の研究者は*Apatophysis*属を独自のApatophyseinae亜科とするが、その場合Dorcasominae亜科は側系統となる。カミキリムシ科の中での位置づけを定めるにはさらなる研究が必要だ。*A. mongolica*などいくつかの種は、2008年にミハイル・ダニレフスキーによりサバクカミキリのシノニムとされた。

実物大

サバクカミキリは一様に淡褐色で、外見上はハナカミキリ亜科の原始的な種に似て、頭部の前額が伸長し、前胸背板の側方に瘤状突起をもつ。しかしながら、触角は体長の1.5倍の長さで、ハナカミキリ亜科の大部分の種と異なり、やや幅広の分節からなる。

多食亜目（カブトムシ亜目）

科	カミキリムシ科(Cerambycidae)
亜科	カミキリムシ亜科(Cerambycinae)
分布	新熱帯区：南米北部および中央部
生息環境	熱帯雨林および湿潤林
生活場所	枯れて間もない樹木
食性	不明、幼虫はおそらくマメ科やクスノキ科の樹木の中で成長
補足	独特の大きな柔毛の房が触角の第3〜6分節にみられる

成虫の体長
11〜21mm

リンネケフサカミキリ
COSMISOMA AMMIRALIS
(LINNAEUS, 1767)

リンネケフサカミキリ（*Cosmisoma ammiralis*）はカミキリムシ科で最も早く分類された種のひとつで、カール・リンネが1767年に記載している。南米に広く分布する本種は、非常に目立つカミキリムシで、黒、オレンジ、黄色の模様と、第3〜6触角分節の独特の柔毛の房を持つ。成虫は主として10月から1月に活動期を迎え、最近枯れた木や伐られた倒木の上に、暑い日の午後に集まるところがみられる。本種はおそらく多食性だが、幼虫の寄主は不明である。他種はオコテア類（*Ocotea*）（クスノキ科）、パーキンソニア類（*Parkinsonia*）、アカシア類（*Acacia*）（ともにマメ科）につく。

近縁種

*Cosmisoma*属は新北区および新熱帯区に分布する多様なRhopalophorini族の一員であり、42種からなる。触角や脚の柔毛の房は、同じ族の他の多くの属にもみられるが、触角の房が主として第5分節にある点、後肢の腿節に柔毛の房を欠く点は*Cosmisoma*属の大部分の種の特徴であり、リンネケフサカミキリも例外ではない。

実物大

リンネケフサカミキリは、前胸背板の側方および上翅の基部および中央部が金色がかった黄色である点で区別できる。触角には長い房が第3、4分節の先端に、非常に大きな黒い房が第5分節に、それよりも小さなオレンジから白または黄色の房が第6分節にある。

多食亜目（カブトムシ亜目）

科	カミキリムシ科（Cerambycidae）
亜科	カミキリムシ亜科（Cerambycinae）
分布	新北区：米国東部
生息環境	落葉硬材木の樹林
生活場所	葉、枝、木の幹
食性	成虫はCornus属やPrunus属の花の花粉を食べ、幼虫は複数の寄主（Sapindus属、Celtis属、Prosopis属、Acacia属、Zanthoxylum属など）の枯れ枝を食べる
補足	外見と行動がアリに似る

アリモドキカミキリ
EUDERCES REICHEI
LECONTE, 1873

成虫の体長
3.5〜5.5mm

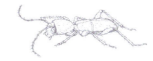

アリモドキカミキリ（*Euderces reichei*）は米国東部の分布域内の多くの場所で頻繁にみられる。成虫は3月から6月にかけて、寄主とする多数の落葉樹種の上で採集できる。幼虫の寄主はカキ類（*Diospyros*）、メスキート類（*Prosopis*）、サンザシ類（*Crataegus*）、エノキ（*Celtis*）などが知られる。成虫はこれらの木の葉、枝、幹の上でみられる。大部分のカミキリムシと異なり、成虫はウメやサクラ（*Prunus*）、ハナミズキ類（*Cornus*）などの顕花植物の花粉を食べることもある。

近縁種

本種を含む新熱帯区および新北区に分布する小さなグループであるTillomorphini族は、世界に13属が分布するが、北米に分布するのは以下の3属のみである：*Euderces*属（4種）、*Tetranodus*属、*Pentanodes*属（いずれも1種のみ）。*E. reichei*は2亜種（*E. r. reichei*および*E. r. exilis*）からなり、その分布はテキサス州で重複する。Tillomorphini族、Anaglyptini族、Clytini族はいずれも類似した種からなり、系統関係のさらなる検討が必要である。

実物大

アリモドキカミキリはアリに似た外見で知られ、小型で色は赤と黒であり、前方で狭窄した上翅、後方で狭窄し前方で盛りあがった前胸背板をもつ。上翅の中央のすぐ前には横方向の象牙色の仮骨があり、粒の粗い前胸背板は、他種に見られる明瞭なしわを欠く。

多食亜目（カブトムシ亜目）

科	カミキリムシ科（Cerambycidae）
亜科	カミキリ亜科（Cerambycinae）
分布	全世界
生息環境	針葉樹林
生活場所	マツなどの針葉樹、建物のマツ材フローリング
食性	成虫は餌を食べない
補足	成虫が30年もの幼虫期を経た後に木から出現した例がある

成虫の体長
12～28mm

オウシュウイエカミキリ
HYLOTRUPES BAJULUS
(LINNAEUS, 1758)

オウシュウイエカミキリ（*Hylotrupes bajulus*）は建造物害虫として重要である。本種は建物の床、壁、接合部を破壊し深刻な経済損失をもたらすことで知られるが、ふつう全壊に至るほどの大量発生はしない。幼虫がマツ材の中で非常に長く生きるため、ヨーロッパから木材の貿易を通じて世界に拡散し、現在は全世界に分布する。幼虫は木材が極度の乾燥状態になると発達がきわめて長期化し、30年後に古い家の木の床から出現した例が知られるが、最も一般的な期間は2～3年である。

近縁種

*Hylotrupes*属は本種のみからなる。最近まで本種は針葉樹を好む14の他の属からなる大きなグループのCallidiini族に含まれていた。現在は独立のHylotrupini族に分類されているが、この分類には疑問の余地がある。

実物大

オウシュウイエカミキリは一様な灰色から黒褐色で、上翅の中央に横方向の白または灰色の柔毛の不明瞭な模様がある点で区別できる。前胸背板の中央に1本の畝があり、両側に瘤が隆起する。幼虫は頭の左右両側に縦に3つ並んだ独特の単眼をもつ。

多食亜目（カブトムシ亜目）

科	カミキリムシ科（Cerambycidae）
亜科	カミキリ亜科（Cerambycinae）
分布	新熱帯区：ブラジル東部および南部、パラグアイ南部、アルゼンチン東部
生息環境	熱帯湿潤林
生活場所	林冠の葉や花
食性	成虫はおそらく林冠の花に誘引されるが、幼虫の寄主は不明
補足	コマユバチ科およびヒメバチ科のハチに精緻に擬態している

成虫の体長
12〜28mm

コマユバチモドキカミキリ
ISTHMIADE BRACONIDES
(PERTY, 1832)

200年近く前に記載されたコマユバチモドキカミキリ（*Isthmiade braconides*）は、南米東部に広く分布するが、ブラジルで最も普通にみられる。本種にみられるコマユバチ科およびヒメバチ科のハチへの驚異的なまでの擬態は甲虫目の中でも屈指の例だ。本種の寄主は不明であるが、近縁種はムクロジ科、クロウメモドキ科、センダン科、ミカン科、ヒユ科など、さまざまな樹種の花の上で採集されている。ハチへの完璧な擬態は、ハチやミツバチとともに採食する本種が天敵から身を守るうえで役立つと考えられる。

近縁種
本種を含むRhinotragini族は大部分の種が擬態を示す。*Isthmiade*属は17種からなり、中南米に分布する。この属の模式種は現在ではコマユバチモドキカミキリのシノニムとみなされている。

実物大

コマユバチモドキカミキリは知られている限りコマユバチ科およびヒメバチ科のハチに最もよく擬態した種のひとつである。この外見をなす形態的特徴として、上翅が錐状で目立たず、中央で狭窄し先端で広がっており、発達した下翅と腹部が露出している点があげられる。側面から見ると、腹部は下方にカーブしており、胸の側面は赤みがかる。

多食亜目（カブトムシ亜目）

科	カミキリムシ科(Cerambycidae)
亜科	カミキリ亜科(Cerambycinae)
分布	新北区：北米西海岸のブリティッシュコロンビア州からカリフォルニア州まで
生息環境	イトスギとセコイアの森林
生活場所	ジャイアントセコイア(*Sequoiadendron giganteum*)やセコイア(*Sequoia sempervirens*)の松かさ、ヒマラヤスギ(*Thuja*)やイトスギ(*Cupressus*)の枯れ枝や弱った枝
食性	成虫はジャイアントセコイアやセコイアの松かさの果肉を食べる。幼虫はジャイアントセコイアやセコイアの松かさの中で成長し、ヒマラヤスギやイトスギの枝の上でみられる
補足	ジャイアントセコイアとセコイアの種子散布に不可欠な存在である

成虫の体長（雄）
3.5〜7.5mm

成虫の体長（雌）
4.5〜10.5mm

セコイアチビヒラタカミキリ
PHYMATODES NITIDUS
LECONTE, 1874

セコイアチビヒラタカミキリ（*Phymatodes nitidus*）は、非常に興味深いことに、北米最大の樹木であるジャイアントセコイア（*Sequoiadendron giganteum*）とセコイア（*Sequoia sempervirens*）の種子散布に不可欠だ。幼虫の寄主には、これら以外にヒノキ科の他種も含まれる。成虫は松かさの表面に産卵し、幼虫は内部を掘り進む。また成虫は松かさの果肉を食べ、これにより松かさが乾燥して開き、種子が散布される。つまり、本種はこれらの樹木の生態の必須要素をなしているのだ。

近縁種

全北区の*Phymatodes*属は約70種からなり、北米、ヨーロッパ、アジアに分布する。系統に関する研究は行われていないが、形態的特徴からみると、*P. nitidus*は同じく北米西海岸に分布する*P. decussatus*に最も似ている。

実物大

セコイアチビヒラタカミキリの大きさと体色には変異がみられる。同属他種と同様、上翅には2本の横方向の柔毛に覆われた白帯がある。前側の白帯と上翅の基部の間の部分はふつう淡褐色である。頭と前胸背板は淡褐色から暗赤褐色、または黒に近い色である。

多食亜目（カブトムシ亜目）

科	カミキリムシ科（Cerambycidae）
亜科	カミキリ亜科（Cerambycinae）
分布	旧北区：ヨーロッパ中央部および南部、ピレネー山脈以東
生息環境	ブナ（*Fagus spp.*）の原生林、とりわけ標高600〜1000m地帯
生活場所	ブナ（*Fagus spp.*）などの枯れ枝や傷つき弱った枝（直径10〜20cm）
食性	成虫の食性は不明、幼虫は主としてヨーロッパブナ（*Fagus sylvatica*）の木の中で成長するが、他にも*Acer*属、*Ulmus*属、*Salix*属、*Castanea*属、*Juglans*属、*Tilia*属、*Quercus*属、*Alnus*属、*Crataegus*属などの樹木を寄主とする
補足	分布域は広いが絶滅のおそれがあるヨーロッパのカミキリムシである

ヨーロッパルリボシカミキリ
ROSALIA ALPINA
(LINNAEUS, 1758)

成虫の体長 20〜40mm

ヨーロッパルリボシカミキリ（*Rosalia alpina*）はその美しさのため、カミキリムシ科で最も世界的に認知された種のひとつとなっている。多くの国々で切手の絵柄に採用されており、スロバキアの硬貨にも描かれている。本種はヨーロッパに広く分布するが、局所的に減少しており、その原因は生息地のブナ林の伐採や、朽木の撤去により成長途中の幼虫が死ぬことである。こうした理由で、本種はIUCNにより絶滅危惧種に指定されている。

近縁種

*Rosalia*属は世界中に約20種が分布する。ヨーロッパルリボシカミキリは属内他種とはっきりと異なり、青みがかった体色をもつ。ヨーロッパルリボシカミキリは変異に富み、また甲虫学者にも一般人にも魅力的であるため、カール・リンネが1758年に本種を命名して以降、100以上の変種や亜種が記載された。そのため本種の分類の変遷は複雑である。

実物大

ヨーロッパルリボシカミキリは、光を散乱する青から白の柔毛、黒いリング状の房のついた触角分節、明瞭な黒い模様がふつう中央、基部、先端に入った上翅をもつ、特徴的な種である。しかしながら本種は変異に富み、上翅の黒い模様を欠く個体や、模様が異なり中央の横方向の黒い帯を欠く個体も知られている。

多食亜目（カブトムシ亜目）

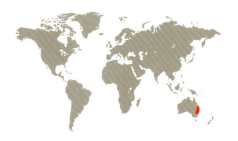

科	カミキリムシ科(Cerambycidae)
亜科	カミキリ亜科(Cerambycinae)
分布	オーストラリア区：オーストラリア（クイーンズランド州南西部およびニューサウスウェールズ州東部）
生息環境	野生および栽培種の*Citrus*属の樹木、果樹園
生活場所	*Citrus*属の様々な種の枝
食性	成虫はおそらく*Citrus*属の花の花粉および花蜜を食べ、幼虫は*Citrus*属の木の中で成長する
補足	オーストラリアにおける柑橘類果樹園の深刻な害虫である

成虫の体長（雄）
24～39mm

成虫の体長（雌）
32～44mm

ミカンカミキリ
URACANTHUS CRYPTOPHAGUS
OLLIFF, 1892

ミカンカミキリ（*Uracanthus cryptophagus*）はオーストラリアのクイーンズランド州およびニューサウスウェールズ州におけるミカン属（*Citrus*）の多くの樹種の害虫である。雌成虫は樹皮の隙間に産卵し、幼虫は木を穿孔し、幹に沿って長いトンネルを掘り進んで、ついには木を枯らす。場合によっては、幼虫が枝の内部を環状に穿孔したために枝が落ちることもある。傷つき弱った木ほど本種の攻撃を受けやすく、わずか2～3年のうちに果樹園内で大量増殖することがある。

近縁種

*Uracanthus*属は39種からなり、全種がオーストラリアにのみ分布する。トンパックとワンの系統学的研究（2008年）により、ミカンカミキリは属内で最大の種群である*triangularis*グループに含まれることが示された。この分類は主として雄の生殖器の特徴にもとづく。

実物大

ミカンカミキリは最大で体長44mmに達するが、非常に細長い。本種は他種と明瞭に異なり、赤褐色の外皮は頭、前胸、腹部では黄色または黄色の剛毛に厚く覆われている。上翅には3本の隆起した縦方向のキールと柔毛の列があり、また上翅の先端には棘がある。

多食亜目（カブトムシ亜目）

科	カミキリムシ科(Cerambycidae)
亜科	フトカミキリ亜科(Lamiinae)
分布	新熱帯区：メキシコ中央部からアルゼンチン北部まで
生息環境	クワ科およびキョウチクトウ科の樹種のある熱帯林
生活場所	しばしばイチジク(Ficus spp.)およびパンノキ(Artocarpus spp.)の幹の上
食性	成虫は傷ついた寄主樹木の樹液を食べる
補足	大型の雄はカミキリムシの中でもっとも長い脚をもつ

成虫の体長
30～78mm

テナガカミキリ
ACROCINUS LONGIMANUS
(LINNAEUS, 1758)

実物大

新熱帯区の広範囲に分布するテナガカミキリ（*Acrocinus longimanus*）は、域内で普通種であり、大型で、鮮やかな色彩をもつことからよく知られる。幼虫は主としてクワ科の樹木を穿孔する。イチジク類（*Ficus*）が最も一般的な寄主だが、新熱帯区では移入種であるパンノキ類（*Artocarpus*）の深刻な害虫になることもある。大型の雄の極端に長い前肢は、他の雄から交尾場所を守るのに使われる。雄は脚を体に対し垂直にもち上げ、ライバルの雄に頭突きし、噛みつく。本種はカニムシとの片利共生関係でも有名であり、カニムシは新たな餌場や交尾場所への移動に関して本種に依存する。

近縁種

テナガカミキリは単独でひとつの族をなす。Acanthoderini族の*Macropophora*属のいくつかの種は、成虫が大型化し、模様が鮮やか（ただし本種よりは控えめ）で、前肢が非常に長く雄では雌よりもさらに長くなる点で本種に似ている。

テナガカミキリの英名Harlequin Beetle（道化師のカミキリムシ）は、オレンジ色、黄色、黒の柔毛からなる上翅と前胸背板の独特の模様にちなむ。この鮮やかな色彩は、死後に光に曝すと褪せてしまう。本種は触角と前肢の長さに中程度の性的二型が見られ、雄では雌よりも長くなる。雌雄とも脚の中で前肢が最も長いが、大型の雄の前肢は150mm以上に達することもある。

多食亜目（カブトムシ亜目）

科	カミキリムシ科(Cerambycidae)
亜科	フトカミキリ亜科(Lamiinae)
分布	旧北区および新北区：中国および朝鮮半島原産；米国、カナダ、ヨーロッパに導入され定着
生息環境	硬材樹種の森林、都市部の硬材樹
生活場所	寄主樹木の葉、枝、幹の上
食性	幼虫は様々な硬材（とりわけ*Populus*属、*Salix*属、*Ulmus*属、*Acer*属、*Celtis*属）の中で成長する
補足	経済面で本種はもっとも損失の大きい侵略的外来種のカミキリムシである

成虫の体長
17〜39mm

ツヤハダゴマダラカミキリ
ANOPLOPHORA GLABRIPENNIS
(MOTSCHULSKY, 1853)

ツヤハダゴマダラカミキリ（*Anoplophora glabripennis*）は中国におけるポプラの主要な害虫である。本種は米国のニューヨーク市に1996年に導入され、米国に定着した中で最も深刻な侵略的外来種のひとつとなった。米国への導入以降、他の樹種も本種のターゲットとなり、本種の寄主樹種はそれまで知られていたもの以外にも広がった。本種の分布拡大を抑えるため、何千本もの木々が伐採された。ツヤハダゴマダラカミキリはカナダとヨーロッパの一部（オーストリア、フランス、イタリア）にも定着している。

近縁種

*Anoplophora*属は現在のところ38種からなる。全種がアジアに分布するが、非常に近縁の少数の種（*A. freyi*や*A. coeruleoantennata*など）だけが、黒い外皮と滑らかで白点のある上翅という特徴をもつ。黄色い斑点が特徴の*Anoplophora nobilis*は変種と判断され、2002年にシノニムとされた。

ツヤハダゴマダラカミキリは黒く光沢があり白点の散在する上翅が特徴である。上翅の基部は滑らかで、粒状突起を欠くが、わずかにしわがある。新鮮な標本には跗節に明るく真珠光沢を持つ青みがかった柔毛が生えている。触角の大部分は黒だが、ほとんどの分節の基部は環状に青または白である。

実物大

多食亜目（カブトムシ亜目）

科	カミキリムシ科(Cerambycidae)
亜科	フトカミキリ亜科(Lamiinae)
分布	旧北区：中国、日本
生息環境	低山から平地の森林
生活場所	木の枝（とくにウコギ科）
食性	幼虫は木の枝を食べ、ほとんどのカミキリムシと同様に成虫はほとんど、ないしまったく餌を食べない
補足	隠蔽色をしており、休止姿勢が独特

成虫の体長
17〜24mm

タテジマカミキリ
AULACONOTUS PACHYPEZOIDES
THOMSON, 1864

タテジマカミキリ（*Aulaconotus pachypezoides*）は世界中に分布するAgapanthiini族の1種で、中国と日本にのみ分布する。成虫はヤブガラシ（ブドウ科）およびヤツデにも付随するが、これらが幼虫の真の寄主植物であるかは不明である。カクレミノとハリギリは確実に幼虫の真の寄主植物である。Agapanthiini族の他種と同様、成虫は植物の茎につかまる際、触角をまっすぐ前方に向け、2本を中央付近までぴったりと合わせて植物に密着させる、奇妙な姿勢をとる。これは捕食を免れるための一種の隠蔽擬態である。

近縁種
*Aulaconotus*属は8種のみからなり、タテジマカミキリは模式種である。この属はLamiinae亜科のAgapanthiini族（かつてのHippopsini族）に含まれ、細長い体と、長く縁取りがつくこともある触角が特徴である。この族に含まれる属の間の系統関係は検討されていない。

実物大

タテジマカミキリの特徴は、褐色のまだら模様と体を覆う淡色の柔毛である。本種は前胸背板および上翅の基部と先端に縦方向に交互に入る明色と暗色の柔毛の縞模様により他種と区別できる。上翅の基部には明瞭な白い柔毛の帯があり、後方の会合線の位置で狭窄する。

多食亜目（カブトムシ亜目）

科	カミキリムシ科（Cerambycidae）
亜科	フトカミキリ亜科（Lamiinae）
分布	東洋区およびオーストラリア区：パプアニューギニア、インドネシアのアルー諸島、オーストラリアのケープヨーク半島
生息環境	熱帯雨林
生活場所	木の幹、とりわけイチジク類（Ficus）
食性	幼虫はイチジク類（Ficus）の木の中で成長、ほとんどのカミキリムシと同様に成虫はほとんど、ないしまったく餌を食べない
補足	世界最大級の甲虫で、本種をインドネシアのアルー諸島で発見したアルフレッド・ラッセル・ウォレスにちなんで命名された

成虫の体長（雄）
50〜88mm

成虫の体長（雌）
45〜80mm

ウォレスシロスジカミキリ
BATOCERA WALLACEI
THOMSON, 1858

印象的なウォレスシロスジカミキリ（*Batocera wallacei*）は世界最大級の甲虫である。大型個体は非常に長い触角をもち、体長の約3倍に達する。本種は著名な博物学者アルフレッド・ラッセル・ウォレスにちなんだもので、ウォレスは1856年にアルー諸島で本種を発見している。本種の分布域はパプアニューギニア、インドネシアのマルク（モルッカ）諸島、オーストラリアのクイーンズランド州のケープヨーク半島である。成虫はしばしば光に誘引され、幼虫の寄主であるイチジク類（Ficus）の幹の上でもみられる。

近縁種

*Batocera*属は約60種からなり、アジア、オーストラリア、アフリカに分布するが、ウォレスシロスジカミキリのような上翅の模様をもつ種は他にいない。ウォレスシロスジカミキリに近い大きさになる数少ない他種として、パプアニューギニアの*B. kibleri*と、インドネシアのスラウェシ島、アンボン島、ジャワ島とフィリピンに分布する*B. hercules*があげられる。

実物大

ウォレスシロスジカミキリは非常に大型で、極端に長く230mmを越えることもある触角をもつ特徴的な種である。前肢が脚の中で最も長く、大型の雄は非常に長く曲がった脛節をもつ。上翅の模様は明瞭で、縦方向に白い柔毛の不規則な模様が入る滑らかな黒地の部分が、黄褐色または淡緑色の柔毛に覆われた部分に挟まれている。

多食亜目（カブトムシ亜目）

科	カミキリムシ科（Cerambycidae）
亜科	フトカミキリ亜科（Lamiinae）
分布	新北区：米国東部
生息環境	硬材樹種の森林
生活場所	葉や枝の上
食性	幼虫は様々な硬材、とりわけナラ類（Quercus）の中で成長、ほとんどのカミキリムシと同様に成虫はほとんど、ないしまったく餌を食べない
補足	北米で最小のカミキリムシである

ホクベイニセケシカミキリ
CYRTINUS PYGMAEUS
(HALDMAN, 1847)

成虫の体長
2～3mm

531

ホクベイニセケシカミキリ（*Cyrtinus pygmaeus*）は米国東部に分布する。本種は分布域内では普通種だが、微小であるために見過ごされがちだ。成虫は晩春から真夏の日中に活動する。本種は幼虫の寄主であるさまざまな硬材樹種、とりわけナラ、ブナ、チュペロの枝葉を叩くことで採集できる。本種は大きさ、色彩、全体的な形態がアリに似ており、それが天敵へのある程度の防御になっている。

近縁種
*Cyrtinus*属を含むフトカミキリ亜科のCrytinini族は、他に西半球の5属とアジアおよびオーストラリアに分布するはるかに多数の属からなる。*Cyrtinus*属は新世界の27種からなり、大部分は中米および西インド諸島に分布する。このうちホクベイニセケシカミキリだけが北米に分布する。

実物大

ホクベイニセケシカミキリは北米で最小のカミキリムシであり、世界でも最小種のひとつである。外見はアリによく似ており、ほぼ全体に光沢があり滑らかで、体色は赤と黒である。両方の上翅の基部にひとつの長い突起がある。目は完全に分断されており、触角陥入孔の上と下に一塊ずつついている。

多食亜目（カブトムシ亜目）

科	カミキリムシ科（Cerambycidae）
亜科	フトカミキリ亜科（Lamiinae）
分布	東洋区：フィリピン（ルソン島、ミンドロ島、ミンダナオ島）
生息環境	熱帯林
生活場所	葉や枝の上、地面
食性	本種の寄主樹種は不明である
補足	このカミキリムシはゾウムシへのベイツ擬態の好例を示す

成虫の体長
9〜15mm

ジュウニホシカタゾウカミキリ
DOLIOPS DUODECIMPUNCTATA
HELLER, 1923

多種多様な*Doliops*属はゾウムシに擬態したカミキリムシのグループとして有名で、フィリピンに分布する。*Doliops*属のほぼすべての種について、モデルになった*Pachyrhynchus*属のゾウムシがいる。ジュウニホシカタゾウカミキリ（*Doliops duodecimpunctata*）は上翅と前胸背板に12個の斑点をもち、*P. smaragdinus*というゾウムシに最も似ている。アルフレッド・ラッセル・ウォレスはこれらのゾウムシの警告色について詳述しており、また極端に硬化した外皮が捕食から身を守るに役立っていることも記録した。本種は典型的なベイツ擬態を示しており、同所的に分布するゾウムシと同じ形態と警告色を進化させた。

近縁種

*Doliops*属はフィリピンで驚異的な適応放散を果たし、40種以上が記載されている。大部分の種は形態的には似ているが、上翅の柔毛による模様が異なる。ジュウニホシカタゾウカミキリにもっともよく似た（そしておそらく最も近縁の）種は*D. curculionoides*および最近記載された*D. gutowskii*である。このグループには、真の種間関係を解明する系統学的研究が必要である。

ジュウニホシカタゾウカミキリは、上翅、前胸背板、頭にある白、黄色またはピンクの斑点により区別できる。斑点は上翅の会合線に沿って3つが1列に並び、上翅の外縁沿いに2つ、前胸背板の基部の両側にひとつずつ、頭頂にひとつある。

実物大

多食亜目（カブトムシ亜目）

科	カミキリムシ科（Cerambycidae）
亜科	フトカミキリ亜科（Lamiinae）
分布	旧北区：ヨーロッパ西部および中央部
生息環境	ピレネー山脈
生活場所	草原、とりわけMeadow Brome（*Bromus erectus*）
食性	成虫はMeadow Bromeなどの草を食べ、幼虫はその根を食べる
補足	飛行能力を欠くカミキリムシで、特異な体型と生態をもつ

成虫の体長
10〜17mm

ヨーロッパイベリアヒサゴカミキリ
IBERODORCADION FULIGNATOR
(LINNAEUS, 1758)

過去30年以上にわたり、飛行能力を欠く本種の個体数は減少しており、スイスとドイツでは法の下で保護されている。多くの研究者たちが誤ってヨーロッパイベリアヒサゴカミキリの学名を「*Dorcadion fulignator*」としている点には注意が必要だ。成虫はさまざまな草本植物を食べ、とりわけヨーロッパ西部の温かい地方の草原に生える*Bromus erectus*を好む。雌は早春に草の茎の中に産卵する。数週間後に幼虫が孵化し、地中に潜って約1年のあいだ根を食べ、その後羽化して越冬するため、成虫が出現するのは2年後である。

近縁種

本種はかつて近縁のDorcadion属に分類されていたが、この属は近年の系統分類学研究により多数に分割された。その結果、本種は現在Iberodorcadion属に置かれているが、一部の研究者はこの属をDorcadion属内の亜属として扱っている。Iberodorcadion属は近縁の50の種と亜種からなる。

実物大

ヨーロッパイベリアヒサゴカミキリは飛行能力を欠くカミキリムシの大きな族の一員であり、ほとんど癒合した上翅と卵型の体をもつ。成虫の上翅の柔毛の色彩はきわめて変異に富む。白または灰色と、黒または黄褐色の柔毛の列が交互に並ぶ個体もいれば、白、灰色または黄褐色の柔毛が一様に上翅を覆う個体もいる。

多食亜目（カブトムシ亜目）

科	カミキリムシ科（Cerambycidae）
亜科	フトカミキリ亜科（Lamiinae）
分布	新北区：米国中央部、南部、北西部およびカナダ中南部
生息環境	砂漠や乾燥地
生活場所	サボテン
食性	ウチワサボテン類（*Opuntia*）を食べる
補足	飛行能力を欠き、サボテンを食べるカミキリムシである

成虫の体長（雄）
9〜19mm

成虫の体長（雌）
11〜24mm

キタサボテンカミキリ
MONEILEMA ANNULATUM
SAY, 1824

キタサボテンカミキリ（*Moneilema annulatum*）は属の模式種であり、200年近く前に記載された。本種を含む小さなグループであるMoneilemini族は、上翅が癒合し飛行能力を欠く。このグループはウチワサボテン類（*Opuntia*）を餌とし、幼虫がサボテンの内部で成長する点でも特殊である。暑く乾燥した砂漠で最もよく見られるが、本種は冷温耐性をもつ、属内で最も北の分布域をもつ種であり、ウチワサボテン類とともにカナダにも分布する。

近縁種

本種を含むMoneilemini族は、新北区および新熱帯区のカミキリムシの小さなグループである。この族は1属のみからなり、15種が含まれ、ほとんどが米国南部からメキシコに分布する。このグループの分類は、多くの種の外見が似ており、また多型を示す種もいるため複雑である。大部分の種は多くのシノニムをもち、分類学上の紆余曲折を示している。

キタサボテンカミキリは、大部分の同属他種と同様、体全体が黒い。外見の似た他種からは、触角柄節の先端がやや突出する点、前胸背板に小さな側方の瘤状突起をもつ点、上翅に変異に富むしわがある点で区別できる。第3, 4触角分節は、少なくとも一部が白い柔毛に環状に覆われている。

実物大

多食亜目（カブトムシ亜目）

科	カミキリムシ科(Cerambycidae)
亜科	フトカミキリ亜科(Lamiinae)
分布	旧北区：中国、台湾、ベトナム、日本、朝鮮半島
生息環境	針葉樹林および混交林
生活場所	針葉樹、とりわけマツ類（*Pinus*）の幹や枝
食性	成虫は小枝の樹皮を食べ、幼虫はさまざまな種のマツ類（*Pinus*）、トウヒ類（*Picea*）およびモミ類（*Abies*）の内部で成長
補足	アジアにおけるマツ類（*Pinus*）の害虫である

成虫の体長
15〜28mm

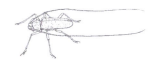

マツノマダラカミキリ
MONOCHAMUS ALTERNATUS
HOPE, 1842

広範囲に分布するマツノマダラカミキリ（*Monochamus alternatus*）は多くの針葉樹、とりわけマツ類（*Pinus*）の害虫である。本種は侵略的外来種になる可能性があり、世界各地で侵入を阻止した例が多数あるが、本来の分布の外に定着した例は知られていない。幼虫がマツ材やマツ材製品を破壊するため、マツノマダラカミキリは深刻な経済的損害を与える可能性のある害虫である。本種は針葉樹の病原体であるマツノザイセンチュウ（*Bursaphelenchus xylophilus*）の媒介生物でもある。

近縁種

*Monochamus*属は20種からなり、世界中の針葉樹林に分布する。この属の分類には多くの混乱がみられ、多くの種が何度も記載されており、分類学上の紆余曲折を経てきた。真の種間関係を決定する系統学的研究は現在に至るまで行われていない。

実物大

マツノマダラカミキリは背面を覆う赤褐色、黒、白の剛毛によるまだら模様により区別できる。剛毛の一部は交互に入る縦方向の縞を形成し、上翅の大部分にみられる。前胸背板には2本の縦方向の縞が、中央の仮骨の左右に1本ずつみられる。ほとんどの触角分節の基部には、幅広い環状の淡色部分がある。

多食亜目（カブトムシ亜目）

科	カミキリムシ科 (Cerambycidae)
亜科	フトカミキリ亜科 (Lamiinae)
分布	新北区：米国南部、中央部、東部
生息環境	硬材樹種の森林
生活場所	様々な樹木の枝
食性	幼虫は様々な樹種（ペカン（*Carya illinoinensis*）、ヒッコリー類（*Carya*）、メスキート類（*Prosopis*）、アカガシワ（*Quercus rubra*）、カキ類（*Diospyros*）、ニレ類（*Ulmus*）、ポプラ類（*Populus*）など）の中で成長する
補足	成虫は枝を環状に齧り、幼虫が食べて成長するための弱った枝をつくりだす

成虫の体長 10〜18mm

カワムキカミキリ
ONCIDERES CINGULATA
(SAY, 1826)

カワムキカミキリ（*Oncideres cingulata*）は非常に幅広い食性を持つ硬材樹種の害虫で、とりわけペカン（*Carya illinoinensis*）、ヒッコリー類（*Carya*）、ニレ類（*Ulmus*）を好む。テキサス州では、本種を利用したメスキート類（*Prosopis*）の生物防除が提案されている。本種がこの強健な樹種を好むためだ。

Onciderini族の多くの種と同様、雌成虫は枝の周囲を環状に齧り、枝の遠位側に産卵する。この環状剥皮を行うことで、成長中の幼虫にとって最適になるように枝を弱らせるのだ。環状剥皮をされた枝はしばしば木から落ち、本種のしわざだとはっきりとわかる。

近縁種
カワムキカミキリを含む大きなグループであるOnciderini族は、79属の約500種からなり、北米、中米、南米に分布する。*Oncideres*属は族の中で最も大きな属のひとつで、120種以上からなる。

実物大

カワムキカミキリは全体に赤褐色の体色、上翅の中央にある白い柔毛の帯、散在するオレンジ色の柔毛の斑点で区別できる。頭の前方は（Onciderini族の大部分の種と同様に）非常に扁平になっており、発達した大顎をもつ。触角は体よりも長く、大部分が白い柔毛に覆われている。

多食亜目（カブトムシ亜目）

科	カミキリムシ科(Cerambycidae)
亜科	フトカミキリ亜科(Lamiinae)
分布	新熱帯区：ブラジル、ペルー、ボリビア
生息環境	熱帯林
生活場所	枯木
食性	植食性、寄主樹種は不明
補足	初めて毒針をもつことが判明したカミキリムシである

成虫の体長
14〜21mm

シロテサソリカミキリ
ONYCHOCERUS ALBITARSIS
PASCOE, 1859

シロテサソリカミキリ（*Onychocerus albitarsis*）は既知の甲虫の中で唯一、触角が毒針に変化しており、サソリやハチとの収斂進化の興味深い例である。2007年に発表された比較形態学研究は、サソリの尾節との驚くべき類似性を示しており、鋭く尖った先端、膨張した毒腺、毒を注入する対になった溝が共通してみられる。本種の寄主樹種は不明であるが、他の種はウルシ科とトウダイグサ科の木の中で成長する。これらの科の植物には有毒のものもあり、これが本種が防御の際に天敵に注入する刺激物質の原料である可能性がある。

近縁種
本種を含む新熱帯区のAnisocerini族は26属からなる。*Onychocerus*属は8種からなり、全種が南米に分布するが、*O. crassus*だけは中米にも分布する。

実物大

シロテサソリカミキリは明瞭な黒と白の柔毛に覆われた球形の体が特徴である。この属のほとんどの種は鋭く変化した先端触角分節を持つが、本種でのみ明確に毒針に変化しており、毒を注入する1対の溝と、注入液を貯蔵する膨張した毒腺を備えている。

多食亜目（カブトムシ亜目）

科	カミキリムシ科(Cerambycidae)
亜科	フトカミキリ亜科(Lamiinae)
分布	エチオピア区：エチオピア、ソマリア、ケニア、タンザニア、ウガンダ
生息環境	沿岸部の落葉樹林
生活場所	カシュー(*Anacardium occidentale*)、イチジク類(*Ficus*)、カポック(*Ceiba pentandra*)の枝
食性	成虫の食性は不明、幼虫はカシュー、イチジク、カポックの木を穿孔
補足	東アフリカ沿岸のカシュー農園の害虫である

成虫の体長
25〜40mm

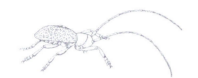

カシューアミメカミキリ
PARANALEPTES RETICULATA
(THOMSON, 1877)

カシューアミメカミキリ（*Paranaleptes reticulata*）は東アフリカ沿岸一帯、とりわけケニアとタンザニアにおけるカシュー（*Anacardium occidentale*）の害虫である。他にイチジク類（*Ficus*）やカポック（*Ceiba pentandra*）も好む。雌成虫は直径30〜80mmの枝の外周を大顎で齧って環状剥皮し、枝の遠位側に産卵する。幼虫が内部で成長するにつれ、弱った枝や樹幹はしばしば折れて落ちる。幼虫として１年成長した後、成虫が出現する。

近縁種

*Paranaleptes*属は２種からなり、アフリカのCeroplesini族に含まれる。この族は大部分がCeroplesis属の種からなる。この謎の多いカミキリムシのグループについては、属間および種間の関係を定める系統分類研究はまったく行われていない。

実物大

カシューアミメカミキリは大型で美しい模様を持つカミキリムシだ。外皮の大部分は黒だが、一部は赤褐色の柔毛に覆われる。柔毛がまばらな場合、脚と触角はほぼ黒である。上翅は金色がかったオレンジ色の柔毛と黒い無毛部分が網の目状に入り組んでいる。

多食亜目（カブトムシ亜目）

科	カミキリムシ科（Cerambycidae）
亜科	フトカミキリ亜科（Lamiinae）
分布	エチオピア区：サハラ以南のアフリカ西部および中央部
生息環境	熱帯林
生活場所	樹木の樹皮、冠根、枝、とりわけイチジク類（*Ficus*）を好む
食性	成虫の食性は不明、幼虫の寄主樹種は*Ficus*属、*Ceiba*属、*Castilla*属、*Casuarina*属など
補足	アフリカ最大のカミキリムシで、イチジクの害虫である

オオハイイロカミキリ
PETROGNATHA GIGAS
FABRICIUS, 1792

成虫の体長
38〜75mm

オオハイイロカミキリ（*Petrognatha gigas*）はアフリカで最大級の甲虫であり、成虫は76mm、幼虫は127mmに達する。本種はイチジク類（*Ficus*）プランテーションの害虫であり、発生から数年で木を枯らすこともある。移入種のゴムノキ類（*Castilla*）も本種の発生に脆弱である。本種の巨大な幼虫はたんぱく質が豊富で、西アフリカ先住民にとって、不可欠とまではいかないが一種の珍味となっている。

近縁種
本種を含むPetrognathini族は小さなグループだが形態的には多様である。この族は10属からなり、大部分がエチオピア区に分布するが、共通の特徴が少ないことからおそらく自然分類群ではないと考えられる。*Petrognatha*属は本種のみからなり、似た種や近縁種は知られていない。

実物大

オオハイイロカミキリは巨大であり、体長76mmに達する。体色、体型、太い付属肢のため、樹皮や蔓に似た隠蔽的な外見をしている。上翅の基部の両肩部に棘を備えており、この特徴と強力な大顎が、天敵に見つかった際の防御手段となる。

多食亜目（カブトムシ亜目）

科	カミキリムシ科（Cerambycidae）
亜科	フトカミキリ亜科（Lamiinae）
分布	新北区および新熱帯区：カナダ南部、米国、メキシコ北部
生息環境	平原、草原、河畔
生活場所	トウワタ類（*Asclepias*）の植物
食性	幼虫・成虫ともトウワタ（*Asclepias*）の茎や根を内外から食べる
補足	成虫はトウワタの毒を貯蔵して天敵に対する防御に使う

成虫の体長
8〜20mm

トウワタカミキリ
TETRAOPES FEMORATUS
LECONTE, 1847

トウワタカミキリ（*Tetraopes femoratus*）を含むTetraopini族は、大部分の種がトウワタ類（*Asclepias*）に特化した植食性である。これらの植物は乳液に含まれるグリコシドのためにほとんどの動物にとって有毒である。*Tetraopes*属と*Asclepias*属の平行進化は昆虫と植物の共進化の典型例であり、また植物毒を蓄積し鮮やかな赤の警告色を示す昆虫の典型例でもある。トウワタカミキリは属内で最も広範囲に分布し、米国からカナダ、メキシコでみられる。

近縁種

*Tetraopes*属を含む新北区および新熱帯区のTetraopini族は2属のみからなる。*Tetraopes*属は22種がカナダから南はグアテマラまで分布するが、大部分の種は米国でのみみられる。本種は最も広範囲に分布し、最も変異に富む種であり、そのため多数のシノニムをもつ。

トウワタカミキリは属内で最も変異に富む種で、大部分の種と共通する赤い体色と黒い斑点をもつ。本種は、前胸背板の中央が急激に隆起している点、上翅の基部に明瞭な点刻がある点、また触角の各分節の基部と先端に灰色の柔毛による環状紋がある点で区別できる。

実物大

多食亜目（カブトムシ亜目）

科	カミキリムシ科(Cerambycidae)
亜科	ハナカミキリ亜科(Lepturinae)
分布	新北区：カリフォルニア州北部のサクラメント・バレー
生息環境	河畔地や開けた丘陵地のエルダーベリー
生活場所	生きたブルー・エルダーベリー(*Sambucus cerulea*)の根、枝、花の上
食性	幼虫は生きたブルー・エルダーベリー(*Sambucus cerulea*)の根を穿孔し、ほとんどのカミキリムシと同様、成虫はほとんど、ないし全く餌を食べない
補足	分布域の狭さと生息地の消失により絶滅のおそれがある

成虫の体長(雄)
14〜17mm

成虫の体長(雌)
16〜24mm

ニワトコハナカミキリ
DESMOCERUS CALIFORNICUS DIMORPHUS
FISHER, 1921

本亜種はカリフォルニア州サクラメントで1921年に発見された。同属他種と同様、幼虫の寄主植物はニワトコ属（*Sambucus*）の*S. cerulea*である。本亜種はカリフォルニア州北部のサクラメント・バレーのみという限られた分布域をもつため、米国魚類野生生物局により絶滅危惧種に指定されている。本亜種は上翅の色の性的二型を示し、雄では大部分がオレンジ色だが、雌では外縁部だけがオレンジ色である。このオレンジ色は死後、色あせて鈍い黄色になる。

近縁種
ハナカミキリ亜科の特異なグループである*Desmocerus*属は3種のみからなり、全種が米国とカナダに分布する。本亜種は*D. californicus*の下に認められた2亜種のうちのひとつである。最初はウォーレン・フィッシャーにより独立種として記載されたが、その後の研究で（属内他種と同様に）局所的変異であると示された。

実物大

ニワトコハナカミキリに特徴的な、一部あるいは全体がオレンジ色の上翅は、全体が粗い点刻に密に覆われている。亜種名の*dimorphus*は雄と雌で体色が異なる点をさす。雄の上翅は大部分がオレンジ色で（基部の黒点を除く）、雌の上翅は大部分が黒（外縁部のオレンジ色を除く）である。

多食亜目（カブトムシ亜目）

科	カミキリムシ科（Cerambycidae）
亜科	ホソコバネカミキリ亜科（Necydalinae）
分布	新北区：北米太平洋岸（ブリティッシュコロンビア州からカリフォルニア州南部まで、東はアイダホ州西部まで）
生息環境	針葉樹林
生活場所	様々な針葉樹の幹や切り株の上
食性	成虫の食性は不明、幼虫の寄主は主としてポンデローサマツ（*Pinus ponderosa*）およびベイマツ（*Pseudotsuga menziesii*）。他の寄主樹種には*Abies*属、*Picea*属、*Tsuga*属など
補足	マルハナバチに擬態したカミキリムシである

成虫の体長
15〜35mm

ライオンホソコバネカミキリ
ULOCHAETES LEONINUS
LECONTE, 1854

実物大

ライオンホソコバネカミキリの特徴は前胸背板に密生する金色がかった黄色の柔毛で、ライオンのたてがみを思わせる。黒と黄色の上翅は非常に短く、腹部の長さの1/3から1/4ほどにしか届かず、下翅が露出している。腿節、脛節の先端、跗節は黒く、脛節の基部から2/3は黄色い。

この奇妙な属のうち、北米でみられるのは本種のみである。ライオンホソコバネカミキリ（*Ulochaetes leoninus*）の外見と行動はマルハナバチにそっくりだ。成虫は不規則に歩き、触角を上下させ、翅を素早く羽ばたかせ、腹部の先端を持ち上げて威嚇姿勢をとる。また飛翔時にはハチのような羽音まで立てる。柔毛がきわめて密生した前胸背板はライオンのたてがみのようで、これが英名のLion Beetleの由来となった。幼虫はふつうポンデローサマツ（*Pinus ponderosa*）およびベイマツ（*Pseudotsuga menziesii*）の立ち枯れ木の中で成長し、成虫もこれらの木の表面でしばしばみられる。

近縁種

本種を含む小さなグループであるNecydalinae亜科（かつてはLepturinae亜科の一部だった）は12属からなる。*Ulochaetes*属は3種のみが知られ、本種以外の2種はアジアに分布し、ブータンに1種、中国に1種がいる。これらの種は形態面で非常に似ており、きわめて近縁とみられるが、この謎めいたカミキリムシのグループに関する系統学的研究は行われていない。

多食亜目（カブトムシ亜目）

科	カミキリムシ科（Cerambycidae）
亜科	ニセクワガタカミキリ亜科（Parandrinae）
分布	新北区：米国の東半分およびカナダ南東部
生息環境	落葉樹林および針葉樹林
生活場所	朽ちた切り株、木の洞、倒木
食性	幼虫・成虫とも北米東部のあらゆる樹種の枯木を食べる
補足	知られている中で最も幅広い食性をもつカミキリムシのひとつである

ホクベイニセクワガタカミキリ
NEANDRA BRUNNEA
(FABRICIUS, 1798)

成虫の体長
10〜25mm

ホクベイニセクワガタカミキリ（*Neandra brunnea*）は形態および生態から、非典型的なカミキリムシのグループであるParandrinae亜科に分類される。このグループは湿った朽木の中で成長する点でむしろクロツヤムシ科に似ている。大部分のカミキリムシは枯れて間もないか弱った寄主樹木の中で成長するからだ。本種は北米で最も食性が幅広いカミキリムシかもしれない。寄主の分類群よりも木の状態の方が本種にとってはるかに重要で、針葉樹であれ落葉樹であれ、あらゆる朽木が本種の発生源になりうる。本種は木質の分解と土壌の生産にきわめて重要な存在だ。

近縁種

北米にParandrinae亜科の種は3種しかいない。かつてこれらはすべて*Parandra*属に分類され、2つの亜属（*Archandra*亜属と*Neandra*亜属）が置かれた。2002年、*Neandra*亜属は属に格上げされた。*Neandra*属内の唯一の他種は北米に分布する、米国南西部の*N. marginicollis*である。

実物大

ホクベイニセクワガタカミキリは全体的にカミキリムシらしからぬ外見が特徴で、むしろゴミムシダマシのように見える。本種は赤褐色で背面が滑らかであり、触角は非常に短く、跗節は通常みられる隠れた第4分節を欠き、大きな大顎は雄でとくに顕著である。Parandrinae亜科で唯一ほかに北米東部に分布する種と比較すると、跗節の爪の間に剛毛に覆われたパッドを欠く点で異なる。

多食亜目（カブトムシ亜目）

科	カミキリムシ科（Cerambycidae）
亜科	ノコギリカミキリ亜科（Prioninae）
分布	新熱帯区：南米の北半分
生息環境	熱帯雨林
生活場所	しばしばマリパヤシ（*Attalea maripa*）の上でみられる
食性	成虫は餌を食べない
補足	大顎を含めれば世界最長の甲虫のひとつである

成虫の体長（雄）
59〜160mm

成虫の体長（雌）
60〜115mm

オオキバウスバカミキリ
MACRODONTIA CERVICORNIS
(LINNAEUS, 1758)

実物大

オオキバウスバカミキリ（*Macrodontia cervicornis*）は属内で最大かつ最も普通にみられる種である。成虫は夜行性で、時に光に飛来する。本種は食用のマリパヤシ（*Attalea maripa*）の上でしばしばみられる。幼虫は独特の形態をしており、胸節および腹節がビロード状の剛毛で覆われる。幼虫は枯れた、あるいは弱った木の芯の部分に長い巣穴を掘る。寄主樹種はココヤシ（*Cocos nucifera*）などの軟材や他のヤシ類、*Attalea*属、*Ceiba*属、*Jessenia*属などである。幼虫は最大体長が210mmに達し、ブラジルの先住民の食料源である。

近縁種

*Macrodontia*属は新熱帯区にのみ分布し、11種からなる。*Macrodontia zischkai*、*M. jolyi*、*M. itayensis*、*M. dejeani*、*M. mathani*、*M. marechali*、*M. crenata*、*M. flavipennis*は南米にのみ分布し、*M. batesi*および近年記載された*M. castroi*は中米に分布する。広い地理的分布をもつ種もいれば、1国からのみ知られる種もいる。

オオキバウスバカミキリは非常に大型の甲虫で、前胸に褐色と黒の模様を持つ。頭、脚、大顎は非常に特殊で、内側にカーブした大顎には内側に歯状突起がある。本種の体は扁平である。標本の大きさは変異に富むが、一部の個体はノコギリカミキリ亜科としては桁違いに大きい。大型個体は歯のある巨大な大顎をもつ。

多食亜目（カブトムシ亜目）

科	カミキリムシ科（Cerambycidae）
亜科	ノコギリカミキリ亜科（Prioninae）
分布	新熱帯区：南米の北半分
生息環境	熱帯雨林
生活場所	巨木の根元や冠根
食性	成虫は餌を食べない
補足	タイタンオオウスバカミキリは世界最大級の甲虫のひとつである

成虫の体長（雄）
95〜167mm

成虫の体長（雌）
124〜160mm

タイタンオオウスバカミキリ
TITANUS GIGANTEUS
(LINNAEUS, 1771)

本種は世界最大の昆虫として知られる。200〜230mmの標本の報告もあるが、これはおそらく誇張で、知られている限り最大の標本は167mmである。長いあいだタイタンオオウスバカミキリ（*Titanus giganteus*）は最も珍しい甲虫のひとつでもあると考えられてきた。しかし近年、フランス領ギニアで人工光に誘引された雄の標本がまとまって採集されている。雌は光に誘引されない。幼虫はおそらく非常に大きな枯木や弱った木の中で成長し、成虫になるには数年を要すると考えられる。本種の寄主樹種は不明である。

近縁種

*Titanus*属はかつて2つの亜属（*Titanus*と*Braderochus*）に分けられたが、現在では*Braderochus*は9種からなる独立の属としてPrionini族の一員とみなされているため、*Titanus*属はタイタンオオウスバカミキリただ1種のみからなる。*Braderochus*属はきわめて希少で、雌による種同定は困難である。類似した大型のノコギリカミキリ亜科のグループとして*Ctenoscelis*属があり、南米に分布し8の種と亜種からなる。

実物大

タイタンオオウスバカミキリは大型で暗褐色から黒の甲虫である。上翅には縦方向の小さく隆起した畝がある。雌雄の区別は容易で、雌には脛節の歯状突起がなく、触角が雄より短く、柄節の膨らみが小さい。成虫は噴気音を出して威嚇し、前胸背板の鋭い棘と強力な顎をもつ。

多食亜目（カブトムシ亜目）

科	カミキリムシ科(Cerambycidae)
亜科	クロカミキリ亜科(Spondylidinae)
分布	旧北区：ヨーロッパ全土、北アジア、韓国、日本
生息環境	針葉樹林
生活場所	生きた、あるいは枯れたマツ類(*Pinus*)の樹皮や切り株
食性	成虫の食性は不明、幼虫は主にマツ類(*Pinus*)の中で成長
補足	旧北区におけるマツ枯木の重要な分解者である

成虫の体長
10〜25mm

クロカミキリ
SPONDYLIS BUPRESTOIDES
(LINNAEUS, 1758)

クロカミキリ（*Spondylis buprestoides*）はカミキリムシの中でも最も早く記載された種のひとつで、カール・リンネにより250年以上前の1758年に記載された。本種はヨーロッパおよび北アジアの広範囲に分布し、1種のみで*Spondylis*属をなす。本種の形態は典型的なカミキリムシとは異なり、頭と前胸背板は全体的にコクヌスト科に似ている。英名「Firewood Longhorn Beetle」は、主として夜行性の本種が屋内や家の周りのマツの薪からしばしば出現することにちなむものである。ニセクワガタカミキリ亜科の種と同様、本種は古い朽木を分解する重要な生態的役割を担っている。

近縁種

最近縁種の*Neospondylis upiformis*は北米に分布し、現在は1種のみからなる*Spondylis*属に最近まで含まれていた。クロカミキリ亜科は他に*Arhopalus*属、*Asemum*属、*Tetropium*属からなる。幼虫の特徴はどの属の種もよく似ており、近縁関係を裏づける。

実物大

クロカミキリは滑らかな黒い外皮とカミキリムシらしくない外見で区別できる。触角と脚は太く短い。大顎はよく発達し、先端が尖っている。前胸背板は大きく、側方で均等に丸くなっている。前胸背板と上翅には密な点刻がみられ、また上翅には片方につき2本の隆起した前縁脈がある。

多食亜目（カブトムシ亜目）

科	カタビロハムシ科（Megalopodidae）
亜科	モモブトハムシ亜科（Zeugophorinae）
分布	旧北区の大部分、新北区
生息環境	温帯林、都市環境
生活場所	成虫は主としてヤナギ科の樹木の葉の上でみられ、幼虫は葉の中を掘り進む
食性	葉、主にヤナギ科の樹種を好む
補足	旧北区原産で北米に導入されたハムシの一例である

成虫の体長
3.8〜4.7mm

ポプラナガハナムシ
ZEUGOPHORA SCUTELLARIS
SUFFRIAN, 1840

実物大

ポプラナガハナムシ（*Zeugophora scutellaris*）を含む比較的小さなグループの甲虫は、幼虫が寄主植物の葉の中を掘り進む。幼虫は扁平な体をもち、脚はなく、葉の表面の間の狭い空間で生きることができるように進化した。完全に成長すると、幼虫は地面に落ち、土の中に潜って蛹化する。温帯では成虫の出現時期は5〜6月である。成虫は主として葉の裏側を食べ、いわゆる虫食い模様をつける。

近縁種

狭義の*Zeugophora*亜属は15の近縁種が旧北区に分布し、*Zeugophora*属全体でも新北区に分布するのは9種のみである。旧北区の種の中では、ポプラナガハナムシは*Z. subspinosa*に似ており、両種はほぼ同じ地理的分布をもつが、後者は北米には分布せず、*Salix*属および*Populus*属の植物を食べる。

ポプラナガハナムシは比較的小さな体に黄色い頭、前胸背板、脚をもつ。触角は2色で、基部の触角分節は黄色がかるが、先端部の触角分節は暗褐色である。腹部と上翅は暗褐色。本種の興味深い特徴として、前胸背板の側面が伸長し2つの三角形の突起になっている点がある。

多食亜目（カブトムシ亜目）

科	ナガハムシ科(Orsodacnidae)
亜科	Aulacoscelidinae亜科
分布	新熱帯区：パナマ
生息環境	熱帯林
生活場所	標高100〜1230mの場所
食性	完全に伸展したZamia fairchildianaの葉
補足	もっとも原始的なハムシのひとつである

成虫の体長
6.2〜8.2mm

アカナンベイナガハムシ
AULACOSCELIS APPENDICULATA
COX & WINDSOR, 1999

Aulacoscelidinae亜科はハムシ科の驚異的な多様性の進化を理解するうえで重要なグループのひとつである。しかしながら、1999年にアカナンベイナガハムシ（*Aulacoscelis appendiculata*）が記載されるまで幼虫の姿は不明であり、このときテラリウムで飼育されていた成虫が産んだ約40個の卵のうち、孵化したのはわずか6個であった。成虫は脅威を感じると体液を出す防御反応をみせることが知られ、寄主植物の*Zamia farichildiana*から得られた有毒物質の滴を、脛節と腿節の間の関節から分泌する。

近縁種
Aulacoscelidinae亜科は*Aulacoscelis*属と*Janbechynea*属の2属約20種からなる小さなグループである。主としてソテツ類の葉を食べ、しばしば（時にはパイナップル科の）花を訪れる。Aulacoscelidinae亜科の中では、*A. melanocera*がアカナンベイナガハムシに最もよく似る。現在知られている限り、*A. melanocera*は属内で最も広範囲に分布する種であり、ホンジュラスではサゴヤシ（*Cycas revoluta*）を食べると報告されている。

実物大

アカナンベイナガハムシは全体が赤みがかったオレンジ色で、脚、触角、口器は黒い。上翅は扁平で、前胸背板よりはるかに長く、短く直立した黄色っぽい剛毛にまばらに覆われる。前胸背板の基部には2本の非常に短い縦方向の模様がある。

多食亜目（カブトムシ亜目）

科	ハムシ科（Chrysomelidae）
亜科	マメゾウムシ亜科（Bruchinae）
分布	全世界
生息環境	農業生態系
生活場所	貯蔵食品を含む様々な場所
食性	成虫は餌を食べず、幼虫は主としてマメ科の種子（とくに*Phaseolus*）を内側から食べる
補足	貯蔵食品、とりわけインゲンマメの深刻な害虫である

インゲンマメゾウムシ
ACANTHOSCELIDES OBTECTUS
(SAY, 1831)

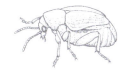

成虫の体長
2.8〜3.2mm

実物大

インゲンマメゾウムシ（*Acanthoscelides obtectus*）の原記載地は米国のルイジアナ州だが、原産地は中米と考えられ、現在では世界中に分布している。成虫は餌を食べず、成虫期を支える栄養はすべて幼虫期の間に蓄積されたものだ。交尾前の雌は羽化してすぐに絨毛膜を備えた完全に発達した卵を生産し、卵はマメ科の寄主植物がある環境におかれるか、交尾をした時のみ発達を続ける。幼虫はマメ科の種子に穿孔し、その中で発達過程をたどる。ひとつの種子に複数の幼虫が住むこともある。

近縁種

*Acanthoscelides*属は世界中に分布し、マメゾウムシ亜科で最も種数の多い属のひとつであり、米国だけで約54種にのぼる。その中でも*A. rufovittatus*は最もインゲンマメゾウムシに似るが、体色や体型の細かな特徴や、雄の生殖器の形状により区別できる。*A. rufovittatus*はアリゾナ州とテキサス州、それにメキシコからベネズエラまで分布することが知られている。

インゲンマメゾウムシは黒い体をもち、淡色の鱗片で密に覆われる。脚の色は赤褐色から黒である。後肢の腿節は大きく膨らみ、内側に鋭い歯状突起が並び短い櫛状になっている。触角の先端の分節は赤く、第8〜10触角分節は横長の形をしている。

多食亜目（カブトムシ亜目）

科	ハムシ科（Chrysomelidae）
亜科	マメゾウムシ亜科（Bruchinae）
分布	エチオピア区、旧北区、東洋区、新北区、新熱帯区：アフリカ、中東、アジア；ヨーロッパ、米国（フロリダ州およびハワイ州）、西インド諸島、コロンビア、ガイアナ、メキシコ、ベネズエラに導入
生息環境	乾燥した環境、貯蔵食品
生活場所	様々な環境、主な寄主は*Tamarindus*属および*Acacia*属
食性	幼虫は様々なマメ科の種子を食べ、成虫は短命で知られている限り餌を食べない
補足	タマリンド（*Tamarindus indica*）および貯蔵されたラッカセイ（*Arachis hypogaea*）の外来害虫

成虫の体長
3.5〜6.8mm

モモブトジマメゾウムシ
CARYEDON SERRATUS
(OLIVIER, 1790)

モモブトジマメゾウムシ（*Caryedon serratus*）の原記載地はセネガルで、全世界の熱帯に分布するが、起源はアフリカまたはアジアにあると考えられる。本種はヨーロッパ、フロリダ、ハワイ、西インド諸島、中米および南米南部の一部の国々に導入された。本種はさまざまなマメ科植物を食べ、幼虫は種子の鞘の中で成長する。本種の寄主樹種としては、タマリンド（*Tamarindus indica*）、ラッカセイ（*Arachis hypogaea*）、アカシア類（*Acacia*）、キバナモクワンジュ（*Bauhinia tomentosa*）、オオゴチョウ（*Caesalpinia pulcherrima*）、ナンバンサイカチ（*Cassia fistula*）、モモイロナンバンサイカチ（*C. grandis*）、キアベ（*Prosopis pallida*）などがある。実験環境では未成熟期が比較的長く、60〜95日間にわたる。

近縁種

*Caryedon*属は30種以上からなり、主として地中海沿岸の南部と東部、熱帯アフリカ、マダガスカル、アジアに分布する。旧北区には少なくとも28種が知られる。さまざまなマメ科、セリ科、シクンシ科の植物を食べる。*Caryedon abdominalis*はモモブトジマメゾウムシの近縁種であるが、外皮がより淡色である点、触角分節がより細い点、肛節が短い点などで区別できる。

実物大

モモブトジマメゾウムシは淡褐色から暗褐色で、短くふつう黄色がかった剛毛に密に覆われる。頭は細く、眼は大きい。後肢の腿節は巨大に膨らみ、ほとんど円盤状で、鋭い歯状突起が1列に並ぶ。後肢の脛節は凸型で、腿節の内側の曲線に沿ってカーブしている。

多食亜目（カブトムシ亜目）

科	ハムシ科(Chrysomelidae)
亜科	マメゾウムシ亜科(Bruchinae)
分布	旧北区：ロシア南西部、トルコ、イラン、カザフスタン、モンゴル
生息環境	旧北区南部のステップ、半砂漠および砂漠、しばしば塩水湖の湖岸
生活場所	Nitraria schoberiの植生
食性	成虫はNitraria schoberiの葉や花を食べ、幼虫は果実を内側から食べる
補足	最も分類に謎の多いマメゾウムシのひとつである

成虫の体長
3.5〜4.3mm

ハナマメゾウムシ
RHAEBUS MANNERHEIMI
MOTSCHULSKY, 1845

実物大

同属他種と異なり、ハナマメゾウムシ（*Rhaebus mannerheimi*）の生態はよく知られている。ロシアの昆虫学者F. K. ルクジャノビッチが1937年から1938年にかけてカザフスタンで本種の研究を行った。彼の発見によれば、成虫はニトラリアの1種（*Nitraria schoberi*）の花のさまざまな部分を食べ、幼虫は同じ植物の実の中で成長する。終齢幼虫は羽化後に備えて脱出のためのトンネルを掘るが、このトンネルの幅は成虫よりも狭いため、成虫は羽化のあと体が硬化する前に蛹室を出ると研究者たちは考えており、これは他のマメゾウムシ亜科の種にはみられない特徴である。

近縁種

*Rhaebus*属は6種のみからなり、全種が旧北区南部に分布する。この属は形態上も生態上も他のマメゾウムシ亜科と大きく異なるため、独自のRhaebini族に分類されている。最も近年に発見されたR. amnoniはイスラエルで発見され、2000年に正式に記載された。

ハナマメゾウムシは光沢のあるメタリックグリーンの甲虫で、時に青や紫がかる。体は細く、側面がほぼ平行で、上翅の中央から先端にかけて、および前胸背板から頭の先端にかけては徐々に細くなっている。後肢の第1, 2, 4跗節分節は非常に細長い。雄の後肢の腿節は極端に膨らみ、またカーブした後肢の脛節は長く白い剛毛で覆われる。

多食亜目（カブトムシ亜目）

科	ハムシ科(Chrysomelidae)
亜科	カメノコハムシ亜科(Cassidinae)
分布	新熱帯区：メキシコからブラジルまで
生息環境	熱帯林
生活場所	ミミバフサアサガオ(*Merremia umbellata*)の植生
食性	幼虫・成虫ともミミバフサアサガオを食べる
補足	雌は子の世話をする

成虫の体長
10〜15mm

コモリカメノコハムシ
ACROMIS SPARSA
(BOHEMAN, 1854)

コモリカメノコハムシ（*Acromis sparsa*）はハムシの中でも特異なことに、激しい雄間競争と雌による子の世話という複雑な行動をみせる。雌をめぐる争いの中で、雄どうしは触角で互いに触れ合い、上翅をつかんで相手を引きずる。多くの雄にみられる上翅にあいた穴はこの雄どうしの闘争によるものと思われる。雌は葉を食べている幼虫の近くにとどまって幼虫を守り、時には幼虫の上に覆いかぶさる姿もみられる。本種の幼虫には、子育てをしないカメノコハムシ亜科の種の幼虫にみられる防御器官がみられないが、雌のこの行動が幼虫の死亡率を下げている。

近縁種
*Acromis*属は南米に分布する3種からなる。コモリカメノコハムシ以外の種では雌による子の世話は知られていない。*A. spinifex*の寄主植物はサツマイモであり、*A. venosa*の寄主は不明である。

実物大

コモリカメノコハムシは淡黄色で、上翅に小さな黒い斑点がある。前胸背板は上翅よりやや暗色で、2本の縦方向の黒い線が中央付近に入る。雄では上翅の隅が長く伸び、尖っている。

多食亜目（カブトムシ亜目）

科	ハムシ科（Chrysomelidae）
亜科	カメノコハムシ亜科（Cassidinae）
分布	東洋区およびオーストラリア区：東南アジア、オーストラリア
生息環境	ヤシの生える様々な森林
生活場所	ヤシの木
食性	ココヤシ（*Cocos nucifera*）など約20種のヤシを食べる
補足	アジアとオーストラリアで最も損害の大きなヤシの外来害虫のひとつである

成虫の体長
7.3〜9.8mm

キムネクロナガハムシ
BRONTISPA LONGISSIMA
(GESTRO, 1885)

キムネクロナガハムシ（*Brontispa longissima*）はインドネシア原産で、現在の分布域はオーストラリア、中国、ラオス、マレーシア、ミャンマー、フィリピン、タイ、ベトナムである。本種の生活環は卵から成虫まででふつう5〜9週間で完結する。雌は卵を糞で覆うとの報告がある。幼虫・成虫とも光を嫌い、夜行性である。本種はヤシの若葉を食べて目に見える被害を及ぼし、食害された木は枯れることもある。

近縁種
*Brontispa*属は約20種からなる。全種が東南アジアに分布し、サトイモ科、ヤシ科、タコノキ科、イネ科、ショウガ科の植物を食べる。スミソニアン研究所の国立自然史博物館に所蔵された17種の*Brontispa*属のうち、*B. simonthomasi*が最もキムネクロナガムシに似る。*B. simonthomasi*は1958年にニューギニアで発見され、J. L. グレシットが1960年に記載した。

実物大

キムネクロナガハムシは細長く、背腹方向に扁平な体をもつ。体色は淡黄色から暗褐色まで変異に富む。頭の触角の間には長い突起が伸びる。脚は短く幅広で、腿節はややカーブしている。

多食亜目（カブトムシ亜目）

科	ハムシ科（Chrysomelidae）
亜科	カメノコハムシ亜科（Cassidinae）
分布	東洋区およびオーストラリア区：南アジア
生息環境	草原、水田
生活場所	幼虫・成虫とも様々な草を食べる
食性	成虫は寄主植物の葉を削って食べ、幼虫は葉の中を掘り進む
補足	南アジアにおけるイネ（*Oryza*）の主要な害虫で、とりわけインド、ネパール、バングラデシュで深刻である

成虫の体長
5〜7mm

イネトゲハムシ
DISLADISPA ARMIGERA
(OLIVIER, 1808)

イネトゲハムシ（*Disladispa armigera*）は、南アジアの多くの国々においてイネ（*Oryza*）に最も損害を与える害虫のひとつである。成虫は葉の表面を削って食べ、幼虫は葉の軟組織の中で生活し、葉の中を掘り進んで食べる。本種は害虫であるため、その生態は比較的よく研究されている。雌はふつう約80個の卵を産み、卵は約5日で孵化する。雌成虫は雄よりも長生きする。幼虫は4齢まであり、約2週間で成長を終える。稲作が行われる国々でのイネトゲハムシの防除にはふつう殺虫剤が用いられる。生物防除法の研究は進んでいないが、数種の寄生蜂の寄主であり、クモに捕食されることが知られている。

近縁種

インドでイネトゲハムシに最もよく似た種は*Dicladispa birendra*である。この種は1919年、著名なインドの甲虫研究者サマレンドラ・マウリクが、アッサム州で採集された3標本をもとに記載したが、その生態は依然としてほとんど知られていない。2種は前胸背板の棘の形状で区別でき、イネトゲハムシではまっすぐだが、*D. birendra*では曲がっている。

実物大

イネトゲハムシは比較的扁平な体をもち、Hispini族の大部分の種と同様、長く鋭い棘に覆われる。本種は光沢があり、黒く、明るい青や緑の色合いをもつ。脚は黒または暗赤褐色である。

多食亜目（カブトムシ亜目）

科	ハムシ科（Chrysomelidae）
亜科	カメノコハムシ亜科（Cassidinae）
分布	新北区：北米南部
生息環境	Serenoa repensやSabal spp.など様々なヤシの生えた森林
生活場所	ヤシの木
食性	幼虫・成虫とも約10種のヤシから記録されている
補足	ヤシを食べる数少ないハムシのひとつである

成虫の体長
4.5〜5.3mm

ルリアメリカカメノコハムシ
HEMISPHAEROTA CYANEA
(SAY, 1824)

実物大

ルリアメリカカメノコハムシ（*Hemisphaerota cyanea*）は、幼虫が自分自身の糞を使って天敵や寄生生物から身を守る数少ないハムシのひとつである。雌成虫は産んだ卵を糞の塊で覆う。孵化してすぐ、餌を食べ始めると同時に幼虫は撚り糸状の糞を排泄し、幼虫期を通じて蓄積される。撚り糸状の糞はカールしてゆるくまとまり、成長し続けると藁葺き屋根のような盾となり、幼虫の体を隠して天敵や寄生生物から身を守る。幼虫は寄主植物の葉の上で、この糞の楯の下に隠れて蛹化する。

近縁種

ルリアメリカカメノコハムシを含む属は9種のみからなる。うち5種はキューバ、1種はドミニカ共和国に分布し、2種はタイプ産地のみが知られ、原記載での表記は「ブラジリア」となっている。本種の生態はほとんど知られていない。

ルリアメリカカメノコハムシは暗いメタリックブルーで、明るい黄色の触角をもつ。体は幅広で、脚をすべて隠すほどだが、頭は前胸背板の前縁葉の間から視認できる。これはCassidinae亜科としては珍しい特徴である。

多食亜目（カブトムシ亜目）

科	ハムシ科（Chrysomelidae）
亜科	ハムシ亜科（Chrysomelinae）
分布	新熱帯区および全北区：メキシコ、米国、ヨーロッパ、ロシア（カフカス山脈、極東を含む）、中国
生息環境	開けた環境
生活場所	ナス属（*Solanum*）の植物
食性	幼虫・成虫とも*Solanum*属の葉を食べる
補足	ハムシとしては世界最悪の侵略的外来種である

成虫の体長
10〜11mm

コロラドハムシ
LEPTINOTARSA DECEMLINEATA
SAY, 1824

コロラドハムシ（*Leptinotarsa decemlineata*）は*Leptinotarsa*属で最も広範囲に分布する種であり、ハムシとしては世界で最も大きな損害をもたらす害虫である。成虫は土壌中で越冬し、早春に出現する。産卵は最長で1ヵ月続き、1匹の雌が最大500個の卵を産む。孵化した幼虫の体色は暗い赤で、黒い斑点をもつ。蛹化は土壌中で行われる。ジャガイモ（*Solanum tuberosum*）に加え、他のナス属（*Solanum*）の植物（*S. sisymbriifolium*など）も本種の寄主植物として記録されている。

近縁種
*Leptinotarsa*属は世界に約40種が分布するが、本来の分布域は北中米である。米国には12種の*Leptinotarsa*属が分布し、このうち*L. juncta*だけが米国東部でコロラドハムシと同所的に分布する。*L. juncta*は上翅の点刻が規則的な列に並ぶ点、腿節の外縁に黒い斑点をもつ点でコロラドハムシと区別できる。

実物大

コロラドハムシは大型で、体は楕円形で側面から見て凸型をしている。地色は淡黄色から黄色まで変異に富み、脚の大部分も同色である。頭と前胸背板には黒い斑点があり、上翅には片方につき5本の黒い縞がある。上翅の点刻は不規則な列をなす。

多食亜目（カブトムシ亜目）

科	ハムシ科（Chrysomelidae）
亜科	ハムシ亜科（Chrysomelinae）
分布	旧北区北部：スカンディナビアからシベリアまで、南はオーストリア、ドイツ、スコットランドの北部と西部まで
生息環境	北方林とツンドラ南部
生活場所	山地林、林縁、ツンドラの湿った窪地
食性	矮化したヤナギ類（*Salix*）やカバノキ類（*Betula*）の葉
補足	数少ない亜寒帯性のハムシのひとつである

成虫の体長
3.6〜4.7mm

ホッキョクハムシ
PHRATORA POLARIS
(SCHNEIDER, 1886)

ホッキョクハムシ（*Phratora polaris*）は、ハムシとしては珍しく、分布域がはるか北方のツンドラにまで達し、厳しい北方の環境に適応している。高緯度地域では植生の繁茂期間が短いため、ホッキョクハムシの生活環は南方に住む近縁種のものよりも短くなっている。本種の死骸は完新世のグリーンランド南東部からも見つかっている。幼虫は葉の表面で生活し、天敵が近づくと胸部と腹部にある裏返すことのできる腺から忌避分泌物を放出する。

近縁種
ホッキョクハムシを含む*Phyllodecta*亜属は旧北区に分布する35の種と亜種からなる。新北区の*Phratora*属は10の種と亜種のみである。このうち、ホッキョクハムシに非常に似ているのが*P. hudsonica*および*P. frosti*で、同一種である可能性もある。*P. hudsonica*はさまざまなヤナギ類（*Salix*）を食べ、*P. frosti*はカバノキ類（*Betula*）を食べることで知られる。

実物大

ホッキョクハムシは比較的細く、側面がほぼ平行な体をもち、非常に厚みのある前胸背板は上翅とほぼ同じ幅である。体と付属肢は黒く、明るい赤銅色、青、緑の色合いをもつ。跗節爪の基部にひとつの歯状突起がある。第2〜11触角分節は先端に向かうにつれ徐々に大きくなっている。

多食亜目（カブトムシ亜目）

科	ハムシ科（Chrysomelidae）
亜科	ハムシ亜科（Chrysomelinae）
分布	旧北区：ヨーロッパ
生息環境	広葉樹林
生活場所	伐採地や林縁
食性	幼虫・成虫ともカワラマツバ*Galium verum*およびトゲナシムグラ*G. mollugo*の葉
補足	ヨーロッパのハムシの中で最も魅力的な種のひとつである

成虫の体長
14〜18mm

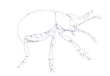

ハナヂハムシ
TIMARCHA TENEBRICOSA
(FABRICIUS, 1775)

ハナヂハムシ（*Timarcha tenebricosa*）を含むTimarchini族は、他のハムシ亜科と異なり、形態に比較的原始的な特徴を多くもっており、とりわけ雌の生殖器にそれが当てはまる。本種はヨーロッパ一帯に広い地理的分布をもち、研究者からもアマチュアからも大いに注目を浴びてきた。大型で硬く鮮やかな色をした体をもつ本種の幼虫はよく知られており、行動を収めた短い映像が動画サイトにいくつも上がっている。

近縁種

*Timarcha*属は約240種からなり、主としてヨーロッパ南部、カフカス山脈、北アフリカに分布し（北米では2種のみがみられる）、多くの種は非常に狭い分布域をもつ。多くの種が飛行能力を欠き、ヨーロッパやカフカス山脈の比較的高標高の場所にみられる。この属の分類はよくわかっておらず、さらなる研究が必要である。ハナヂハムシはポルトガル、スペイン、フランス、イタリアに分布する5種からなるグループに分類される。

ハナヂハムシは黒色で、金属的な青、緑、紫の色合いを持つ。触角は短い。前胸背板と上翅は比較的小さいが密な点刻に覆われ、その間は密な網目状になっているため、表面は全体的に光沢が鈍い。雄の触角分節は非常に横長で、これはハムシには珍しい特徴である。

実物大

多食亜目（カブトムシ亜目）

科	ハムシ科（Chrysomelidae）
亜科	クビボソハムシ亜科（Criocerinae）
分布	旧北区および東洋区：中国、インド、ラオス、ネパール
生息環境	森林
生活場所	林縁、道路際
食性	幼虫・成虫ともニガカシュウ（Dioscorea bulbifera）の葉を食べる
補足	現在、侵略的外来種のニガカシュウ（Dioscorea bulbifera）の生物防除に使用されている

成虫の体長
7～9mm

ニガカシュウクビナガハムシ
LILIOCERIS CHENI
GRESSIT & KIMOTO, 1961

ニガカシュウクビナガハムシ（*Lilioceris cheni*）は非常に限られた寄主に特化しており、ニガカシュウ（*Dioscorea bulbifera*）の葉だけを食べる。アジア原産のこの外来の雑草は、フロリダ州に1905年に薬用植物として移入されて以降、米国に移入された中で最も深刻な被害をもたらす雑草となった。ニガカシュウクビナガハムシはネパールや中国でニガカシュウに深刻な被害をもたらすことがわかり、詳細な研究ののち、現在は雑草の防除に使用されている。幼虫は葉の裏に集まって葉を食べ、4齢幼虫まで成長するのには約8日かかる。その後、幼虫は草から降りて地面に潜り、生活環を完了させる。

近縁種
*Lilioceris*属はアジアに約110種が分布する。このうちニガカシュウクビナガハムシを含む8種はひとまとまりの種群をなし、共通の特徴として、小楯板を覆う柔毛、第1触角分節の形状、雄の生殖器の内部内袋の硬片の形状などがあげられる。生殖器の特徴は、*L. cheni*を最もよく似た*L. egena*と区別するのに用いられる。研究により、*L. egena*もニガカシュウクビナガハムシと同様にニガカシュウの上で生活するが、葉ではなく珠芽を食べることがわかっている。

実物大

ニガカシュウクビナガハムシは赤褐色の上翅と、黒または暗褐色の頭、前胸背板、脚、触角をもつ。第5触角分節は第4触角分節よりずっと幅が広く、光沢を欠き、多数の短く白い剛毛で覆われている。前胸背板は中央で急激に細くなり、上翅よりもずっと幅が狭い。

多食亜目（カブトムシ亜目）

科	ハムシ科(Chrysomelidae)
亜科	ツツハムシ亜科(Cryptocephalinae)
分布	旧北区の大部分
生息環境	様々な森林、牧草地、道路際
生活場所	成虫は樹木および草本植物の上でみられ、幼虫はアリの巣の中に住む
食性	成虫は植食性で、様々な樹木および草本植物を食べる。幼虫はアリの巣の廃棄物を食べる
補足	幼虫がアリの巣の中に住む数少ないハムシのひとつである

成虫の体長
7.6〜9.8mm

ユーラシアヨツボシナガツツハムシ
CLYTRA QUADRIPUNCTATA
(LINNAEUS, 1758)

ユーラシアヨツボシナガツツハムシ（*Clytra quadripunctata*）はハムシの中でも特異な生態をもつ。雌は低く垂れた枝からアリの巣の近くの地面に卵を産み落とし、卵はアリが巣に運び込む。卵を落とす前に、雌は卵を後肢で抱えながら卵の表面を糞塊で覆う。幼虫はこの糞塊を端緒に殻を作り始め、自分の糞で完成させる。幼虫は殻の中で成長し、他の多くの好蟻性甲虫と同様に、ふつう体に畝がある。

近縁種

*Clytra*属は約40の種と亜種からなり、旧北区に分布する。非常によく似た14種が原名の*Clytra*亜属に分類される。このうち最もユーラシアヨツボシナガツツハムシに似るのが*C. aliena*である。この2種を正確に区別するには雄の生殖器の解剖が必要だ。*Clytra*属の他種の食性はユーラシアヨツボシナガツツハムシと同様である。

実物大

ユーラシアヨツボシナガツツハムシは比較的長い円筒形の体と、比較的短い脚および触角をもち、上翅は鮮やかな赤みがかったオレンジ色の地に黒い斑点がある。体の残りの部分は黒く、時に金属的な青または緑の色合いがみられる。触角は短く、触角分節は鋸歯状の形をしている。

多食亜目（カブトムシ亜目）

科	ハムシ科（Chrysomelidae）
亜科	ツツハムシ亜科（Cryptocephalinae）
分布	旧北区の大部分（スペインから中国北東部まで）
生息環境	混交林および広葉樹林、牧草地
生活場所	様々な草本植物の花
食性	成虫は*Hieracium*属、*Knautia*属、*Scabiosa*属の花を食べ、幼虫は落葉層にみられる
補足	旧北区西部でもっとも美しく最も一般的なハムシのひとつである

キヌツヤツツハムシ
CRYPTOCEPHALUS SERICEUS
(LINNAEUS, 1758)

成虫の体長
6～7.1mm

キヌツヤツツハムシ（*Cryptocephalus sericeus*）は旧北区の西部で最も一般的な*Cryptocephalus*属の種のひとつである。キヌツヤツツハムシの分類と系統関係はよく知られており、比較形態学の手法による推定と分子データを用いた研究が行われている。幼虫は自分の糞で作った殻の中で生活する。

実物大

近縁種
キヌツヤツツハムシはヨーロッパに分布する他の4種とともに種群を構成する。最も近縁の種は*C. zambanellus*だが、両種の地理的分布はアルプス山脈によって分断されており、*C. zambanellus*はイタリアとイストリア半島以南のダルマチア沿岸地方にのみ分布する。両種を区別するのに最も有用な形態的特徴は、肛節腹板の形状と雄の生殖器である。

キヌツヤツツハムシは金属的な緑または青の輝きをもつ甲虫で、時に紫の色合いを帯びる。がっしりとしたほぼ円筒形の体をもち、脚と触角は比較的短い。大きく厚みのある前胸背板に頭部が陥入するため、上から頭はほとんど見えない。

多食亜目（カブトムシ亜目）

科	ハムシ科(Chrysomelidae)
亜科	ツツハムシ亜科(Cryptocephalinae)
分布	新熱帯区：ブラジル、ガイアナ
生息環境	熱帯林
生活場所	林縁、海岸砂丘
食性	幼虫・成虫とも*Byrsonima sericea*の茎や葉を食べる
補足	最もエキゾチックな外見のハムシのひとつである

成虫の体長（雄）
8〜10mm

成虫の体長（雌）
9〜12mm

アオオオコブハムシ
FULCIDAX MONSTROSA
(FABRICIUS, 1798)

実物大

アオオオコブハムシ（*Fulcidax monstrosa*）の生活環は野外でも実験室内でもよく研究されている。雌は寄主植物の茎の上にひとつだけ卵を産みつける。卵は約10日後に孵化し、幼虫は約4ヵ月をかけて4齢まで成長する。その間、幼虫は精巧にできた殻の増築を続ける。成長しきると、前蛹は殻を閉じて茎に固着し、そのまま最長で4ヵ月を過ごす。このような前蛹休眠はハムシには稀である。成虫は出現後すぐに採食や交尾を始める。

近縁種

*Fulcidax*属は現時点で7種が知られている。これらは新熱帯区に分布し、Fulcidacini族の中では世界最大級である。体色は鮮やかな金属色で、独特の生態も共通であり、卵を覆う糞塊が幼虫の成長段階の間ずっと維持される。幼虫は殻の中で生活し、その中で蛹化する。

アオオオコブハムシはFulcidacini族の中で最大級の種であり、鮮やかなメタリックブルーの体色をもつ。前胸背板と上翅は長い突起や畝に覆われ、その隙間の外皮はふつう滑らかで光沢がある。前胸背板の天頂部は深く間隔の狭い点刻に覆われる。触角と脚は体の腹側にあるさまざまな形の溝に収納される。

多食亜目（カブトムシ亜目）

科	ハムシ科(Chrysomelidae)
亜科	ネクイハムシ亜科(Donaciinae)
分布	旧北区
生息環境	河川や湖沼
生活場所	スイレンの葉
食性	成虫はスイレン類（NupharおよびNymphaea）の葉を、幼虫は根を食べる
補足	東ヨーロッパで最も美しいネクイハムシのひとつである

成虫の体長
8〜12mm

トゲモモネクイハムシ
DONACIA CRASSIPES
FABRICIUS, 1775

実物大

トゲモモネクイハムシ（*Donacia crassipes*）の成虫はスイレンの平らな葉の表面で生活し、幼虫は水中で成長し同じ植物の根を食べる。真夏のロシア中央部での観察により、独特の雄の攻撃行動が明らかになった。雌をめぐる争いの中で、雄どうしは直接対戦し、2つの鋭い歯状突起を備えた大きな後肢を使って、相手を揺さぶったり押したりして雌から遠ざける。さらに、すべての脚で葉の表面に踏ん張って、もち上げた腹部の先端で互いに押し合いをする。

近縁種

*Donacia*属は70の種と亜種からなり、旧北区にのみ分布する。トゲモモネクイハムシは東ヨーロッパとロシア中央部で最も一般的な種のひとつである。属内の種は、頭、前胸背板、上翅の色と凹凸、および後肢の相対的な大きさと後肢にみられる武器によって区別される。ただし、最も信頼性の高い特徴は雄の生殖器の差異である。

トゲモモネクイハムシの体色は金属的な緑、青、紫と変異に富み、脚は暗いオレンジ色で、脛節の上面にはメタリックグリーンの縞がある。後肢は長く、腿節が上翅の先に突出している。後肢の腿節にある鋭い歯状突起は、雄では2本、雌では1本である。上翅の先端の内側の端には鋭い突起がある。

多食亜目（カブトムシ亜目）

科	ハムシ科（Chrysomelidae）
亜科	サルハムシ亜科（Eumolpinae）
分布	新北区：米国本土、カナダ南部のブリティッシュコロンビア州からノバスコシア州まで
生息環境	森林、伐採地、牧草地、農地、道路際
生活場所	Apocynum属の植物
食性	成虫はアメリカアサ（Apocynum cannabium）およびアメリカハエトリソウ（A. androsaemifolium）の葉、幼虫は根を食べる
補足	北米で最もカラフルなハムシのひとつである

成虫の体長
6.8〜11mm

アメリカハエトリソウハムシ
CHRYSOCHUS AURATUS
(FABRICIUS, 1775)

アメリカハエトリソウハムシ（*Chrysochus auratus*）は一般的なハムシの生活環を持つ。雌が産卵し、孵化した初齢幼虫は土に潜って、寄主植物の根を外側から食べる。蛹の中でしばらく成長を続けたあと、成虫は土から出現する。本種は寄主植物の葉や根に含まれる毒性のあるカルデノリドを消化し蓄積する能力をもつ。また幼虫・成虫ともこの毒を天敵から身を守るのに利用しており、脅威を感じると前胸背板と上翅にある腺から毒を放出する。

近縁種

*Chrysochus*属は北米には2種のみが分布するアメリカハエトリソウハムシと*C. cobaltinus*である。アメリカハエトリソウハムシは分布域の西部（主として米国西部）では*C. cobaltinus*と交雑する。種名が示す通り、*C. cobaltinus*はふつうコバルトブルーだが、稀に緑や黒の色合いが見られる。両種を正確に区別するには雄の生殖器の形状をみる必要がある。

実物大

アメリカハエトリソウハムシは真珠光沢をもった青緑色で、金属的な赤銅色、金色、深紅の色合いを帯びる。体の腹面はふつうメタリックグリーンである。前胸背板は上翅よりずっと幅が狭く、頭は背面からはほとんど視認できない。触角は比較的長く細い。

多食亜目（カブトムシ亜目）

科	ハムシ科（Chrysomelidae）
亜科	サルハムシ亜科（Eumolpinae）
分布	旧北区：ヨーロッパ、北アフリカ、アジア
生息環境	広葉樹林、ステップ、半砂漠
生活場所	砂地、時に乾燥した場所
食性	幼虫・成虫ともアザミ類（*Cirsium*）、コムギ、ヒマワリ類などさまざまなキク科やイネ科の植物を食べ、幼虫はコムギの根を食べる
補足	時に軽度の塩性土壌にもみられる

成虫の体長
2.5〜3.3mm

ツチサルハムシ
PACHNEPHORUS TESSELLATUS
(DUFTSCHMID, 1825)

実物大

ツチサルハムシ（*Pachnephorus tessellatus*）の幼虫は土の中で生活し、寄主植物の根を食べる。本種の幼虫は土の中に住む他のEumolpinae亜科の種（*Chloropterus*属など）とやや異なり、体はわずかにC字型で、体長は7mmであり、ひだの発達は弱く、長い剛毛にまばらに覆われる。体色に加えて前胸背板と上翅を覆う淡色の鱗片のおかげで、ツチサルハムシの成虫は、本来生息する砂地の環境において、脅威を感じて葉から落ちるとほとんど目立たない。シベリア西部ではツチサルハムシの幼虫は小麦の深刻な害虫とされている。

近縁種

*Pachnephorus*属は旧北区に分布する25種からなる。ツチサルハムシは24種からなる亜属に含まれる。本種は腿節によく発達した仮骨をもつ種、とりわけ*P. canus*に似る。*P. canus*はバルカン半島、ヨーロッパロシア南部、近東に分布する。*Pachnephorus*属の種は、ふつう体の各部分における鱗片の有無、雄の跗節爪や体色の差異により区別できる。

ツチサルハムシは全体が暗褐色で、触角と脚は明るい色をしている。体全体を覆うやや細長い鱗片（脚の鱗片は上翅のものよりも細い）は、時に先端に切れ込みをもつ。鱗片は白から淡色、カフェオレ色まであり、上翅と前胸背板の天頂部では色が濃い。

多食亜目（カブトムシ亜目）

科	ハムシ科 (Chrysomelidae)
亜科	ヒゲナガハムシ亜科 (Galerucinae)
分布	新熱帯区、新北区、旧北区：メキシコ、アメリカ合衆国、カナダ、ヨーロッパ
生息環境	畑と草原を含む、主に野外の生息場所
生活場所	トウモロコシ (Zea mays)
食性	成虫はキク科の花および主にアブラナ科植物の葉に見られる。幼虫はトウモロコシ (Zea mays) の根を食害する
補足	ヨーロッパではトウモロコシ (Zea mays) の侵入害虫である。

成虫の体長
4.6〜5.9mm

トウモロコシハムシ
DIABROTICA VIRGIFERA
LECONTE, 1868

実物大

トウモロコシハムシ（*Diabrotica virgifera*）はアメリカ合衆国で最も被害をもたらす甲虫の害虫であり、経済的損失は年間推定10億ドルにのぼる。土の中で卵の形で越冬し、春になると姿を現しトウモロコシの根を食べはじめる。アメリカ合衆国における地理的生息域は20世紀後半に急速に拡大し、20世紀の終わりまでにヨーロッパでも生息が確認された。現在ヨーロッパに広く生息しており、トウモロコシに深刻な被害をもたらす害虫と考えられている。

近縁種

トウモロコシハムシは2種の亜種に分かれており、原名亜種の *Diabrotica virgifera* と *D. v. zeae* がある。これらを識別できる唯一の特徴は、*D. v. zeae* の上翅の肩の部分にあるはっきりとした黒い縦縞である。テキサスおよびメキシコ北部では亜種間で入れ替わりが起こるため、この2種を正確に区別するのは不可能である。トウモロコシハムシは *D. longicornis* および *D. barberi* にも類似している。*D. longicornis* はさまざまなウリ科植物を食べるとされるが、トウモロコシの害虫ではない。いっぽう、*D. barberi* はトウモロコシに被害をもたらすことが知られており、さまざまなイネ科に加えてウリ科、キク科、マメ科の植物を食べることも確認されている。

トウモロコシハムシは赤茶色から黒色の頭部をもち、糸状の茶色一色の触角がある。前胸背板は黄色もしくは黄緑色で1対の深いくぼみがある。上翅は生きている標本では緑色で縞柄がある。縞は1本が会合線上にあり、もう1本は肩部にある（しばしば上翅の大部分に広がっている）。縞と肩部の硬い部分は黒色だが、上翅側片は完全に緑色である。

多食亜目（カブトムシ亜目）

科	ハムシ科(Chrysomelidae)
亜科	ヒゲナガハムシ亜科(Galerucinae)
分布	熱帯アフリカ区:ブルンジ、エチオピア、モザンビーク、ルワンダ、南アフリカ、タンザニア
生息環境	サバンナ
生活場所	旧ナタール州およびアフリカ南部の亜湿潤低高原地帯（および?）亜熱帯の草原地帯
食性	成虫と幼虫は灌木およびミルラノキ種(*Commiphora*)の樹木の葉を食べる
補足	蛹はブッシュマン（先住民）が毒矢をつくる際に使われる

成虫の体長
9〜13mm

ヤドクハムシ
DIAMPHIDIA FEMORALIS
GESTAECHER, 1855

ヤドクハムシ（*Diamphidia femoralis*）は、寄主植物の茎に卵を産みつけられ、自由生活幼虫のときには葉を食べ、土の中で蛹になるというライフサイクルである。雌が卵を糞で覆うと、幼虫は成長する間それを保持して天敵や寄生生物から身を守り、その後地上に出て蛹になる。アフリカ先住民のサン人は蛹の血リンパの毒性を知っているため、蛹を掘りあげて血リンパを塗って毒矢をつくる。

近縁種
現在まで17種の*Diamphidia*が知られている。それらすべてがアフリカに生息し、ミルラノキ種の植物を寄主とする。公表されたデータによると、*D. nigroornata*の蛹にも毒性のある血リンパがあり、先住民が毒矢を作る際に使っている。幼虫は肛門に近いほうが緑色を帯びており、頭部に向かって濃くい色になっている。また体は糞で覆われている。他の*Diamphidia*種の生態はあまりわかっていない。

実物大

ヤドクハムシはハムシ亜科の一部のハムシ同様、大型で小判型の体をしている。体は山吹色から黄褐色で、触角は体よりも暗い色であり、脚には腿節と附節がある。頭部は平たく、小さな目が前胸背板寄りにある。脛節のつけ根は大きく太く、先端近くには歯状突起がある。

多食亜目（カブトムシ亜目）

科	ハムシ科(Chrysomelidae)
亜科	ヒゲナガハムシ亜科(Galerucinae)
分布	旧北区：アルジェリア、ブルガリア、エジプト、ギリシャ、イタリア、レバノン、ポルトガル、ロシア南部（ダゲスタン）、スペイン、トルコ
生息環境	地中海沿岸の森林、森および雑木林、砂漠および半砂漠の生息地
生活場所	ギョリュウ属（*Tamarix*）の木
食性	成虫、幼虫ともギョリュウ属（*Tamarix*）の葉を食べる
補足	アメリカ合衆国では侵入植物であるギョリュウ（*Tamarix*）属の繁殖を抑える生物学的手段として期待されている

雄の成虫の体長
5.3〜6.8mm

雌の成虫の体長
5.8〜7.7mm

ギョリュウハムシ
DIORHABDA ELONGATA
(BRULLÉ, 1832)

実物大

ギョリュウハムシ（*Diorhabda elongata*）は地中海沿岸から入ってきた侵入樹木であるギョリュウ属（*Tamarix*）の繁殖を抑える生物学的手段としてアメリカ合衆国で研究されている。成虫と幼虫が著しくギョリュウの葉を枯らせるため繁殖力を抑えることができる。成虫は葉に産卵し、生まれた幼虫は葉の表面を食べて表皮下層と柔組織に穴をあける。幼虫齢のあいだ体色はずっと黒色だが、2齢と3齢の幼虫には側面に黄色っぽい縞模様がある。体長9mmに成熟した幼虫は地表に落ちた木の枝葉もしくは地表から24mm下の土の中へ移動して蛹になる。

近縁種

ギョリュウハムシは*Diorhabda elongata*種のグループの1種で、これらの5種すべてがギョリュウ属の植物を食べる。本種を除く4種の旧北区における本来の生息域は、*D. carinata*がウクライナ南部からイラクと中国西部、*D. carinulata*がロシア南部とイランからモンゴルと中国、*D. meridionalis*がイラン、パキスタン、およびシリア、*D. sublineata*はフランス、北アフリカ、およびイランである。多くの場合、雄の生殖器の特徴によって識別される。

ギョリュウハムシは黄色がかった灰色の体をしており、脚、触角関節、触角基部および尖端の触角節、跗節は体色より色が濃い。生きている標本では上翅に黄緑色の着色がある。上翅には比較的大きな点刻がランダムにある。頭部は比較的平たく、小さな目が大きく離れてついている。

多食亜目（カブトムシ亜目）

科	ハムシ科(Chrysomelidae)
亜科	ヒゲナガハムシ亜科(Galerucinae)
分布	新北区、新熱帯区、旧北区：北、中央、南アメリカ、西インド諸島、ヨーロッパ
生息環境	森林、畑地、牧草地、庭、農地、ジャガイモの畑
生活場所	成虫は草の葉、幼虫はジャガイモを含めたナス科植物の根で見られる
食性	成虫はさまざまなナス科植物の葉を食べて穴を開ける
補足	アメリカ合衆国では最も一般的なノミハムシの1種である

ジャガイモノミハムシ
EPITRIX CUCUMERIS
HARRIS, 1851

成虫の体長
1.5〜2mm

実物大

ジャガイモノミハムシ（*Epitrix cucumeris*）は原産である北アメリカからヨーロッパへと移動したノミハムシの1種である。1979年にアゾレス諸島（ポルトガル）で確認され、その後2008年に分類学の国際チームにより*Epitrix similaris*とともにポルトガル本土のジャガイモ畑で確認された。本来の生息域で*E. cucumeris*は22種のナス科植物を食べることが報告されている。また他の科の植物についても報告があったが、他の甲虫と取り違えている可能性がある。

近縁種

世界中に*Epitrix*属はおよそ90種存在し、その多く（およそ70種）が新熱帯区に生息する。寄主植物は大半がナス科植物である。旧北区に生息するのは16種の在来種およびジャガイモノミハムシと*E. similaris*の2種の侵入種である。ヨーロッパでこの2種は同じ生息場所で確認されており、*E. similaris*の幼虫はポルトガルにおけるジャガイモ塊茎に対する食害の原因であると考えられている。もう1種の侵入種である*E. tuberis*は北アメリカが本来の生息域であることのみが知られている。これら3種はすべて非常に類似しており、群全体の分類学上の見直しが待たれる。

ジャガイモノミハムシは黒色の体をしており、メタリックな輝きはない。脚と触角はあめ色である。上翅には一定の幅に並んだ点刻があり、半起毛の淡い色の剛毛が生えている。前胸背板には毛は生えていないが、粗い点刻がある。前胸背板の基部には比較的深い湾曲した溝がある。

多食亜目（カブトムシ亜目）

科	ハムシ科（Chrysomelidae）
亜科	ヒゲナガハムシ亜科（Galerucinae）
分布	新熱帯区：プエルトリコ
生息環境	山林
生活場所	岩および木の幹に生えたクッション状の苔
食性	苔あるいは植物のくずと思われる
補足	最小のハムシの1種である

成虫の体長
0.8-0.9mm

プエルトリココケハムシ
KISKEYA ELYUNQUE
KONSTANTINOV&KONSTANTINOVA, 2011

実物大

世界中に生息するおよそ5万種のハムシ種のうち、14属のわずか27種のみが苔のクッションに生息するよう進化したことが確認されている。プエルトリココケハムシ（*Kiskeya elyunque*）はその中でもっとも生息数が多い。苔に生息するハムシはさまざまな進化系統に由来するが、重要な形態上の共通点がある。小さく丸い体、頑丈な脚、短かく先端にいくほど太い触角であることが多いこと、後胸の羽根がないこと、胸部の構造が著しく単純化されていることだ。プエルトリココケハムシの基本標本系列はおよそ100の標本から成るが、生態および幼虫はまだ知られていない。

近縁種

現在までに3種の*Kiskeya*が知られるのみである。*K. neibae*と*K. baorucae*はドミニカ共和国に生息する。これら2種は海抜およそ800〜1,200mの2つの尾根（南側のバオルコ山脈と北側のネイバ山脈）にある苔のクッションの中で発見された。2つの尾根は平行だが、かなり広い谷で隔てられている。2種とも希少であり、およそ10の標本がある。また幼虫と生態は依然発見が待たれる。

プエルトリココケハムシは黒色で、全体に明るい緑色がかった光沢がある。脚と触角は暗褐色から濃い黄色である。小さな体は背面から見ると円形で、側面から見ると凸状である。触角は先端にいくほど太く、先端に3つの触角節があり、触角の他の部分よりはるかに太い。前外側のかたい毛の生えた毛穴は前胸背板側の中央を越えて基部近くまで広がっている。

多食亜目（カブトムシ亜目）

科	ハムシ科(Chrysomelidae)
亜科	ヒゲナガハムシ亜科(Galerucinae)
分布	新熱帯区:プエルトリコ
生息環境	山林
生活場所	森の中の伐採地、道路脇
食性	成虫はシダを食べる
補足	シダを食べるハムシの希少な例である

成虫の体長
2-2.5mm

プエルトリコシダハムシ
NORMALTICA OBRIENI
KONSTANTINOV, 2002

実物大

比較的最近（2002年）発見されたにもかかわらず、プエルトリコシダハムシ（*Normaltica obrieni*）は生息地ではありふれた存在である。この濃い体色をした、明るいピンクの触角をもつ甲虫がシダの上を這うのを簡単に見ることができる。雄は雌とはまったく異なり、雌よりもはるかに広く長い頭部をもち、大顎は長く、他の口器も大きく伸長している。性的二型の特徴は、それが戦闘のための道具ではなく、相手を抑制または交尾求愛のための道具として機能するためと考えられる。このことは、ホソクチゾウムシ類の例とともに、性的二型の外見上の構造の進化を遂げたことと、雄の生殖器の大きさおよび物理的な特徴の間には負の相関関係があることを示している。

近縁種

唯一他に知られている種である*Normaltica*、すなわち*N. ivie*はドミニカ共和国に生息する。採集されている標本はわずか4体であり、生態および食性はあまり知られておらず、また幼虫も確認されていない。プエルトリコシダハムシとは違い、雄雌は形態上非常に似ている。また後胸翅がなく、その結果後胸の構造がきわめて単純化されている。

プエルトリコシダハムシは黒色で、やや金属光沢がある。脚の色は淡く、棍棒状の触角は鮮やかなピンク色だが博物館の乾燥標本ではその色は失われている。体は背面から見るとほぼ円形で、側面から見ると凸状である。前胸背板の基部は平らで、横や縦方向への溝はなく、小楯板側へ向かって、やや膨らんでいる。

多食亜目（カブトムシ亜目）

科	ハムシ科(Chrysomelidae)
亜科	ヒゲナガハムシ亜科(Galerucinae)
分布	東洋:インド(カルナタカ、ケララ)
生息環境	森林、公園
生活場所	Terminalia属の木
食性	成虫はTerminalia cuneataおよびT. paniculataの葉を食べる
補足	ごく最近発見された、今までにないユニークな行動をとる傾向がある種である

成虫の体長
1.2-1.5mm

スアナハムシ
ORTHALTICA TERMINALIA
PRATHAPAN & KONSTANTINOV, 2013

実物大

スアナハムシ（*Orthaltica terminalia*）とそのきわめて近縁である*O. syzygium*はハムシの中で―そして実際甲虫一般においても―ユニークである。キツツキのような、空洞を巣にする鳥によって作られた既存の空洞に、ある種の鳥類が巣を作るように、大型のハムシによって寄主樹木の葉に作られた穴を利用する。1日の大半をねぐらとなる葉の穴のシェルターの中で過ごす。シェルターにより、ある程度擬態を行うことができ、またさまざまな捕食者から身を守ることもできる。餌を食べるためシェルターから出てきて葉の穴から放射状に広がるさまざまな形状の採食用の溝を作る。スアナハムシが糞のペレットから壁を作って穴を仕切ることが目撃されることもある。この発見により、ハムシの成虫が糞を使って防禦のための構造物やシェルターを建設することが初めて判明した。

近縁種

さらに7種の*Orthaltica*種がインドで生息する。そのうちの*O. syzygium*だけに葉の穴のシェルターを利用するとの記録がある。同種はケララやカルナタカでは、ムラサキフトモモ（*Syzygium cumini*）の葉を食べる。世界にいる*Orthaltica*属は44種の命名された種から成る。シクンシ科、ノボタン科、フトモモ科の植物の葉を食べ、熱帯アフリカ区、オーストラリア、新北区、東洋域に生息し、東洋にいるものが多数（32種）を占める。

スアナハムシは光沢のある黒色の甲虫で、黄色がかった茶色の脚と触角がある。頭頂には4本の長い剛毛と6本の短い剛毛が生えている。前胸背板の側面には浅く凹凸がある。上翅にはまばらにやわらかい毛が生えており、規則的に並んだ点刻がある。後肢の腿節はあまり大きくない（大半のハムシでは腿節が非常に大きい）。

多食亜目（カブトムシ亜目）

科	ハムシ科(Chrysomelidae)
亜科	ヒゲナガハムシ亜科(Galerucinae)
分布	熱帯アフリカ区、オーストラリア、新北区、新熱帯区、東洋、旧北区域
生息環境	主に世界の温暖な地域の森林、牧草地、沼地、農地、庭
生活場所	成虫はさまざまなアブラナ科植物の葉に、幼虫は根に見られる
食性	成虫、幼虫ともにさまざまなアブラナ科植物を食べる
補足	最も広い範囲に存在する、一般的なハムシの1種であり、栽培されるアブラナ科植物の害虫である

成虫の体長
2-2.4mm

キスジノミハムシ
PHYLLOTRETA STRIOLATA
(ILLIGER, 1803)

実物大

ロシア西部とコーカサス地方のハムシに関する注目すべき研究により、キスジノミハムシ（*Phyllotreta striolata*）は生態学的に幅広い耐性をもち、ツンドラから半砂漠、またこの広大な地域のあらゆる山岳地帯において、あらゆる地勢での生息が確認されている。また、ほとんどのハムシが限られた植物を寄主にしているのとは異なり、多くのさまざまなアブラナ属の植物を食べる。害虫であることや個体数が多いことから、生態および幼虫は比較的よく知られている。

近縁種
*Phyllotreta*属にはおよそ230種が属し世界中に分布しているが、大半は旧北区に生息する。およそ100の旧北区の種のうち、上翅が通常黒色で幅広のさまざまな形の黄色の縞模様があるものは本種ときわめてよく似ている（黄色の縞模様のある上翅を持つ旧北区の*Phyllotreta*は約30種である）。これらの種は主にさまざまなアブラナ属の植物を食べ、上翅の色のパターンをもとに種を識別できる。しかし種を区別するためのもっとも信頼できる特徴は雄の生殖器である。

キスジノミハムシはややブロンズがかった艶のある黒色をしており、脚および触角はわずかに体色より明るい色である。黄色のうねった縞柄が、多くは黒色をした左右それぞれの上翅の中央を走っている。頭部、前胸背板、上翅には粗い点刻がある。雄は5番触角節が4番と6番よりもはるかに大きいが、雌の触角節はすべて同じ大きさである。

多食亜目（カブトムシ亜目）

科	ハムシ科(Chrysomelidae)
亜科	ツヤハムシ亜科(Lamprosomatinae)
分布	旧北区：ヨーロッパ、コーカサス
生息環境	森林
生活場所	林床
食性	英国では成虫はツタ類（*Hedera*）およびアストランティア属を食べることが知られている。幼虫は飼育下では*Hedera*属を食べ、野生では多食性で植物および有機堆積物を食べることが知られている
補足	幼虫は糞でできた入れ物の中で生活する

成虫の体長
2.3-2.8mm

クロヒメツヤハムシ
OOMORPHUS CONCOLOR
(STURM, 1807)

実物大

クロヒメツヤハムシ（*Oomorphus concolor*）の地理的生息域は、現在知られている通り、西ヨーロッパとコーカサス山脈に分断されている。2つの地域の本種にはわずかながら違いはあるものの、ひとつの種に属することが知られている。コーカサス山脈では成虫と幼虫は林床に住んでいる。幼虫は体長およそ3 mmで、柔らかい体をしており、みずから作った糞でできた入れ物の中で生活する。動かないときは、頭部を含めた全身を入れ物の中に入れる。幼虫は夜行性で、夜に植物を食べる。

近縁種

旧北区では*Oomorphus*属は4種しかおらず、クロヒメツヤハムシが唯一のヨーロッパ種である。2種が中国、1種が日本で生息する。すべての種が小さな小判型の体をしており、腹側にくっきりとした溝がある。*O. japanus*は葉の上でアリから攻撃される際、脚と触角をこれらの溝に引っ込めることが目撃されている。

クロヒメツヤハムシは全体に艶のある黒色で、明るい青色、銅色、あるいは緑色がかかった光沢があるが、第2触角節だけが赤味がかった黄色である。体は小判型で、脚と触角は短い。腿節の内側には溝があり、脛節がはまりこむ。前胸背板と上翅には比較的密に点刻があるが、上翅では点刻が大きいため列に並んでいるのがほとんどわからない。

多食亜目（カブトムシ亜目）

科	ハムシ科(Chrysomelidae)
亜科	コガネハムシ亜科(Sagrinae)
分布	東洋：マレーシア、タイ、インドネシア
生息環境	熱帯林
生活場所	つる植物
食性	成虫は寄主植物の葉を食べ、幼虫は茎に穴をあける
補足	最大にして最も色鮮やかなハムシの1種である

成虫の体長
20〜39mm
腿節の先端を含む

ニジモンコガネハムシ
SAGRA BUQUETI
(LESSON, 1831)

ニジモンコガネハムシ（*Sagra buqueti*）は世界最大にして最も色鮮やかなハムシであり、人工飼育されていることが多く、多くの愛好家に飼われているにもかかわらず、野生での生態はあまりわかっていない。愛好家によると、サツマイモ（*Ipomoea batatas*）の上で成長し、アジアのジャングルではつる植物に繭を作っているのがみられる。性的二型であることが知られており、雄は全体に雌より大きく、非常に大きな後肢がある。

近縁種
*Sagra*属の種がアジアに分布する。大半が大型で、本種に色が似ている。種のなかには虫こぶを作るものもいる（例：*S. amethystina*）が、ハムシ一般のうちではめずらしい。1本の寄主植物の茎に1〜20匹の幼虫が見られる。幼虫は虫こぶの中に繭を作って蛹になる。

ニジモンコガネハムシは鮮やかな金属光沢のある緑色をしており、金属光沢のある紫色、赤みがかった色、オレンジ色が上翅の会合部に沿って帯状に見られる。前胸背板は上翅の基部よりもはるかに小さい。雄の後肢はがっしりと太くなっている。腿節は長く厚く、大小の数本の歯状突起が腹側にある。脛節は腿節と同じくらいの長さで、先端に向かうにつれ湾曲し幅が広くなり、大きな歯状突起と、長いオレンジ色の剛毛がびっしりと生えた櫛状部がある。

実物大

多食亜目（カブトムシ亜目）

科	ハムシ科（Chrysomelidae）
亜科	Spilopyrinae亜科
分布	オーストラリア区：沿岸地域、主にクイーンズランドとニュー・サウス・ウェールズの境界付近
生息環境	熱帯雨林
生活場所	キャロットウッド（*Cupaniopsis anacardioides*）やギオア（*Guioa semiglauca*）の葉
食性	成虫はキャロットウッドや*Guioa semiglauca*の葉を食べる
補足	オーストラリアの熱帯雨林に生息する最も色あざやかな甲虫の1種である

成虫の体長
9〜12mm

ニジオビゴウシュウハムシ
SPYLOPYRA SUMPTUOSA
BALY, 1860

色が鮮やかで、博物館での所蔵数が比較的多いにもかかわらず、生態はあまり知られていない。成虫は驚くと飛ぼうとせずに寄主植物の葉から落下することが報告されている。同じ寄主植物で採取されるハムシは*Platymela sticticollis*のみである。初齢幼虫は実験室条件で卵から飼育されている。卵は卵嚢で覆われている。

近縁種

*Spylopyra*属は最近見直しが行われ、5種のみが存在する。そのうち*S. sumptuosa*は最大の地理的生息域をもつ。上翅の肩部の硬い部分の特徴、前胸腹板の隆条の形、色彩のパターンにより識別される。

実物大

ニジオビゴウシュウハムシは金属光沢をもつ濃い暗紫色、青色、紫色もしくは濃い緑色をしており、上翅、前胸背板、頭部の縁には鮮やかな金属光沢（多くは赤味、黄色、紫色）の帯と点がある。脚の中央部には濃い赤味があるが、先端は鮮やかな金属光沢を帯びた緑色をしている。脚は一般に長い。前胸背板は概して寸胴であるが、前面の縁は隆起している。

多食亜目（カブトムシ亜目）

科	ハムシ科（Chrysomelidae）
亜科	ホソハムシ亜科（Synetinae）
分布	旧北区
生息環境	タイガや北部の混交林を含めたさまざまな森林
生活場所	成虫はカバノキ（*Betula*）の葉に、幼虫は地中約70cmで見られる
食性	成虫はカバノキ（*Betula*）の葉を、幼虫は根を食べる
補足	幼虫は1967年に記録された

ユーラシアカバノキハムシ
SYNETA BETULAE
(FABRICIUS, 1792)

成虫の体長
5.2～6.7mm

実物大

ユーラシアカバノキハムシ（*Syneta betulae*）は旧北区北部の森林に比較的よく見られ、とくにカバノキ（カバノキ属）にいることが多い。幼虫は1967年に記録されたばかりで、ロシア北部のアルハンゲリスク州からケメロヴォ州にかけての森林で多く見られた。幼虫の体はずんぐりとしており、背から腹にかけては扁平である。また白色もしくはクリーム色をしており、Cの形にやや曲がっている。多くの場合、雌は葉の表面に卵を産み落とすと、そこから土の上に落ちる。ユーラシアカバノキハムシとその近縁種の分類上の位置づけにはさまざまな意見があり、ナガハムシ亜科、サルハムシ亜科、あるいは自身のSynetinae亜科に分類される可能性がある。

近縁種

*Syneta*属は、ホソハムシ亜科唯一の属であり、およそ15の種と亜種からなる全北区の小グループで、大半が北アメリカに生息する。旧北区においてユーラシアカバノキハムシは極東ロシア、中国、日本に生息するカバノキハムシ（*S. adamsi*）とほとんど同じである。*S. adamsi*の幼虫もまたごく最近（1990年）記録されたばかりであり、額頭楯縫合線の中央付近にある4対の長い剛毛と1対の短い剛毛によりユーラシアカバノキハムシと区別される。

ユーラシアカバノキハムシは琥珀色で、上翅の会合線に沿って色の淡い付属肢や色の濃い縞模様があることがある。前胸背板は上翅より非常に幅が狭く、頭部と同じくらいの幅であることが多い。外側縁の中央には数本の小さな歯状突起と1本の大きな歯状突起がある。腹部は葉を食べる多くの他のハムシと同様比較的長い。第3跗節にはへら状の剛毛がある。

多食亜目（カブトムシ亜目）

科	チョッキリモドキ科(Nemonychidae)
亜科	Cimberidinae亜科
分布	新北亜区：カナダ南部、アメリカ合衆国東部
生息環境	寒帯
生活場所	雄の松かさ
食性	マツ属（Pinus）植物の花粉を食べる
補足	現存するゾウムシの系統で最も古い種のひとつで、マツの花粉を食べる

成虫の体長
2.9〜5.1mm

マサニチョッキリモドキ
CIMBERIS ELONGATA
(LECONTE, 1876)

実物大

マサニチョッキリモドキ（Cimberis elongata）はゾウムシのなかでももっとも古い進化系統のひとつに属し、少なくともジュラ紀にまでさかのぼる。この希少なゾウムシの成虫および幼虫は少なくとも5種類のマツ属植物の花粉を食べる。幼虫はおよそ1週間マツ属植物の雄の球果のなかで成長し、枯死もしくは枯れかけたバンクスマツ（P. banksia）の枝や幹を食べるともされている。しっかりと関節でつながった上下の顎のおかげで、花粉を口腔に流し込むことができ、鋭く尖った下あごは進化したために効率よく花粉を突き刺すことができる。幼虫は摂取した花粉を頑丈な下顎臼歯で噛み砕く。幼虫は土の中で蛹になる。

近縁種

Cimberis属には8種が存在し、7種が北アメリカ、1種がヨーロッパに生息する。成虫には下顎の内側に隆起した歯があり、これによりCimberidini族のなかの他の種と区別する。マサニチョッキリモドキはC. attellaboide、C. decipiens、C. pallipennisと同様、先端がヘラ状になった幅広の上唇がある。前胸背板中央にある幅広の溝があることで、C. elongataを識別する。

マサニチョッキリモドキは黒色をしており、口吻、腿節、脛節、基節の先端は赤色である。起毛した赤味を帯びた長い剛毛が全身を覆っている。頭部と前胸は上翅よりも幅が狭く、眼は丸くて突出している。口吻は長く平たく、先端の幅が広くなっており、大顎は突出している。糸状の触角は口吻の先端近くに位置し、先端の3つの節はやや幅が広くなっている。

多食亜目（カブトムシ亜目）

科	チョッキリモドキ科（Nemonychidae）
亜科	Rhinorhynchinae亜科
分布	新熱帯区：ブラジル南部（パラナ、サンタカタリーナ、リオグランデ・ド・スル）
生息環境	ブラジルマツ（*Araucaria angustifolia*）を含む赤道以南の熱帯林
生活場所	ブラジルマツ（*A. angustifolia*）、主に雄の松かさ
食性	ブラジルマツ（*A. angustifolia*）の花粉
補足	ゾウムシに典型的な口吻がなく、ナンヨウスギ属（*Araucaia*）植物の松かさに差し込むのに適応した前肢がある

マツカサチョッキリモドキ
BRARUS MYSTES
KUSCHEL, 1997

成虫の体長
1.8〜3.1mm

実物大

発見当時、この興味深い小型のマツカサチョッキリモドキ（*Brarus mystes*）は口吻がまったくなかったために、すぐにゾウムシとは認識されなかった。成虫は希少だが、幼虫はブラジルマツ（*Araucaria angustifolia*）の雄の松かさの中で成長するので、飼育される数は比較的多いかもしれない。ナンヨウスギ類（*Araucaria*）植物に生息するあらゆるチョッキリモドキ科の種と同様、幼虫はよく発達した背面の歩行用の棘を使って背中で這って移動する。成虫には松かさに差し込むのに適した短く平たい前脚がある。

近縁種

*Brarus mystes*は現在*Brarus*属で唯一の種である。口吻がないことから他の種とはまったく違っているが、Mecomacerini族の種とはいくつもの共通する特徴がある。Mecomacerini族の成虫には上顎の末端に長く伸びた小顎鬚と、上唇の背面側に4組以上の剛毛が生えている。チリおよびアルゼンチン原産でナンヨウスギ（*Araucaria*）属植物に生息する*Mecomacer*属と*Araucomacer*属は、*Brarus*属ときわめて近縁である。これら3つの属の成虫に共通するのは、滑らかな中胸背板に1対の摩擦器とやすり器からなる発音器官があることである。

マツカサチョッキリモドキはきわめて小型で、黄褐色である。体は寸胴で、ほとんどの場合、細い剛毛がまばらに密着して生えている。頭部は平たく先端に向かうにつれ狭くなっているが、ゾウムシに特徴的な口吻は形成しない。雄は雌に比べて頭部が大きい。糸状でややこん棒状の触角は大顎の後ろに位置する。小楯板が確認でき、前脚は穴を掘るのに適応している。

多食亜目（カブトムシ亜目）

科	ヒゲナガゾウムシ科（Anthribidae）
亜科	ヒゲナガゾウムシ亜科（Anthribinae）
分布	旧北区、新北亜区：北ヨーロッパ、アジア原産、アメリカ合衆国北東部へ侵入
生息環境	温帯林
生活場所	針葉樹（例：オウシュウトウヒ、Picea abies）や落葉樹（例：カシ、コナラ、Quercus属）の枝、花、樹皮
食性	カイガラムシ（カタカイガラムシ科やタマカイガラムシ科）の卵を食べる
補足	幼虫は雌のカイガラムシの内部捕食寄生者であり、カイガラムシの体内でその卵を食べる。有害なカイガラムシ属の生物学的駆除の手段としてアメリカ合衆国に導入された

成虫の体長
1.5〜4.6mm

タイリクタマカイガラヒゲナガゾウムシ
ANTHRIBUS NEBULOSUS
FORSTER, 1770

実物大

ヒゲナガゾウムシ科の中で、Anthribus属は唯一の捕食性の種である。幼虫は雌のカイガラムシの中で卵を食べる。成虫は花に寄せられ、樹皮の下で越冬することがある。タイリクタマカイガラヒゲナガゾウムシ（*Anthribus nebulosus*）は生来の生息域では、*Physokermes*、*Eulecanium*、タマカイガラムシ（*Kermes*）属の15種以上のカイガラムシを捕食するため、果物、ナッツ、トウヒの木につく害虫のカイガラムシを駆除することを目的として1978年に意図的にアメリカ合衆国のバージニアに導入された。しかし、1989年にはコネチカット、マサチューセッツ、ニューヨークで大規模な個体群が発見されたところから、それ以前に気づかれずにアメリカ合衆国北東部に侵入し、定着したと思われる。

近縁種
*Anthribus*属には旧北区のあらゆる場所で発見された300種以上が存在する。タイリクタマカイガラヒゲナガゾウムシとともに北ヨーロッパで発見された種は他に*A. fasciatus*、*A. scapularis*がある。これらの2種ではタイリクタマカイガラヒゲナガゾウムシでは短くなっている前胸背板の側縁隆条が完全な形である。*Anthribus fasciatus*もアメリカ合衆国ではカイガラムシの生物学的駆除の手段と考えられた。

タイリクタマカイガラヒゲナガゾウムシはこげ茶色とさまざまな白っぽい剛毛にモザイク状に覆われ、茶色からこげ茶色をしている。頭部は平たく、口吻は短い。前胸背板は横長で、前胸背板の側縁隆条は短く下部のみにある。上翅は楕円形で下部では幅が前胸背板とほとんど変わらない。上翅の肩部の硬い部分に顕著である。後脚の第3跗節の葉状片は融合している。

多食亜目（カブトムシ亜目）

科	ヒゲナガゾウムシ科（Anthribidae）
亜科	ヒゲナガゾウムシ亜科（Anthribinae）
分布	東洋区、旧北区：ウクライナ、ウラル山脈から西のロシア南部、東アジア
生息環境	温帯林
生活場所	樹上（エゴノキ Styrax japonicus、ハクウンボク S. obassia、カラコギカエデ Acer ginnala、A. tataricum、コブカエデ A. campestre）
食性	成虫は寄主樹木の葉や果実を食べ、幼虫は寄主樹木の種のなかで単独で成長する
補足	性的二型であり、雄は闘争のために頭部が大きい

エゴヒゲナガゾウムシ
EXECHESOPS LEUCOPIS
(JORDAN, 1928)

成虫の体長
3.1〜6mm

雄が見せる攻撃的な繁殖行動はヒゲナガゾウムシの間では珍しい。エゴヒゲナガゾウムシ（*Exechesops leucopis*）の雄は大きく幅の広い平らな頭を使い、繁殖に適した場所をめぐって寄主樹木の果実の上で同じ大きさの雄と押し合う。繁殖行動と産卵は果実の上でのみ行われる。雌は雄に守られながら、果実に穴を開けて産卵する。体の小さい雄は大きい雄を避けるとみられ、直接戦わずに、守られていない雌を探すという別の戦略を取るかもしれない。成虫は寄主樹木の間を積極的に飛んで移動する。

近縁種
*Exechesops*属はヒゲナガゾウムシ亜科のチビヒゲナガゾウムシ族に属し、熱帯アフリカ区および東洋区に35種が生息する。すべての種において性的二型により頭部に変化があり、雄の頭部にある突出すなわち眼柄の発達により識別されることが多い。

実物大

エゴヒゲナガゾウムシは中型の甲虫で、上翅はマーブル状に黒色と白っぽい灰色の軟毛で覆われ、頭部は全体が白っぽい灰色の軟毛で覆われている。雄の頭部は大きく、正面は平らになっている。眼は背面側に、その特徴的な眼柄の上についている。触角は糸状で、雄では体長と同じくらい、雌では体長の半分の長さである。上翅は寸胴であり、前胸背板は前方が狭く、後方ほど広がっている。前胸背板には盛り上がった横向きの細い隆条がある。

多食亜目（カブトムシ亜目）

科	ヒゲナガゾウムシ科（Anthribidae）
亜科	ヒゲナガゾウムシ亜科（Anthribinae）
分布	オーストラリア区：ニュージーランド（スチュワート島／ラキウラ、スネアーズ諸島／ティニ・ヘケ）
生息環境	亜南極帯の海面位
生活場所	潮上の地衣類
食性	岩を覆う地衣類を食べるが、大半がPertusaria graphicaである
補足	海水のかかる地衣類の上に住み、食べる

成虫の体長
1.7〜2.1mm

ウミベニュージーランドヒゲナガゾウムシ
LICHENOBIUS LITTORALIS
HOLLOWAY, 1970

実物大

このユニークな種の成虫と幼虫が住むのは、ニュージーランドのスネアーズ諸島／ティニ・ヘケ南部とスチュワート島／ラキウラの岩の多い海岸の、波しぶきのかかる場所に限られる。オレンジ色の幼虫は、*Pertusaria graphica*等の白い地衣類地帯の下に浅いトンネルを掘る。成虫が姿を現すのは12月で、数が多くなるのは2月である。成虫は飛ぶための翅を失っているために飛べないが、寄主である地衣類の上では活動的である。

近縁種

ニュージーランド固有の属である*Lichenobius*属にはウミベニュージーランドヒゲナガゾウムシ（*Lichenobius littoralis*）、*L. maritimus*、*L. silvicola*の3種が存在する。*L. silvicola*は生きた木や灌木の樹皮に生えている地衣類を食べ、*L. maritimus*の成虫は波が洗う岩の裂け目に乾燥した緑藻類とともに見られ、海生菌類を食べているかもしれない。*Lichenobius*属はヒゲナガゾウムシ亜科の*Gymnognathini*族に属するが、同族にはほかに35の属が存在する。*Lichenobius*属はオーストラリアの*Xynotropis*属の近縁である可能性がある。

ウミベニュージーランドヒゲナガゾウムシは小型で頑丈な体をしている。口吻はかなり短い。体のほとんどは黒色だが、脚と触角は茶色もしくは黄色っぽい。上翅には光線の具合で玉虫色に変化する銀白色の鱗片があり、大きな青銅色の斑があることが多い。触角は前胸背板の下部より少し短かく、先が大きな棍棒状になっており、口吻側にはめ込まれる。前胸背板は円形で、前側底部に隆条はない。上翅は寸胴で厚みがあるが、棘状突起はない。

多食亜目（カブトムシ亜目）

科	ヒゲナガゾウムシ科（Anthribidae）
亜科	ノミヒゲナガゾウムシ亜科（Choraginae）
分布	汎存種、基本的に熱帯および亜熱帯地域（東洋区原産）
生息環境	倉庫、農業環境
生活場所	貯蔵されている乾物や食材、コーヒー（*Coffea*属）、ココア（*Theobroma cacao*）の豆
食性	貯蔵された、もしくは生きている植物の組織を食べる
補足	コーヒー、ココアを含めたさまざまな植物製品の雑食性害虫である

成虫の体長
2.4〜5.0mm

ワタミヒゲナガゾウムシ
ARAECERUS FASCICULATUS
(DE GEER, 1775)

実物大

雑食性の害虫であるワタミヒゲナガゾウムシ（*Araecerus fasciculatus*）は、18品種のカンキツ類（*Citrus*）、赤トウガラシ類（*Capsicum*）、ストリキニーネノキ（*Strychnos nux-vomica*）の種子を含めた49種を越える植物の生と乾燥した組織を食べることが報告されている。ココア（*Theobroma cacao*）とコーヒー（*Coffea*）豆の重大な害虫であり、コーヒーとココアの豆の取引を通して広まった。最も被害に遭いやすいのは貯蔵された食品で、きちんと乾燥していなかったり、柔らかかったり、腐りかけているものだ。農産物に入り込んで表面に卵を産みつけることが多く、幼虫が食品に穴を開ける。

近縁種
*Araeceru*属は世界中の22の属を含むワタミヒゲナガゾウムシ族に分類され、インド太平洋地域を原産とするおよそ75種が存在する。現在までに、650属がヒゲナガゾウムシ科であることが確認されている。広く分布しているため分類学上の経緯は複雑である。年月とともに、さまざまな専門家により新しい種としてさまざまな名前をつけられるため、すくなくとも10回は再分類されている。

ワタミヒゲナガゾウムシは小型の小判型の甲虫で、クリーム色の、もしくはクリーム色と茶色の細かな鱗片に覆われている。前胸背板の下部は上翅の幅とほぼ同じで、両端に細長い突起がついている。丸い眼は突き出している。触角は真っすぐで、眼の下の頭部の前面から出ており、先端の3つの節はあきらかに大きく、根棒状になっている。

多食亜目（カブトムシ亜目）

科	ヒゲナガゾウムシ科（Anthribidae）
亜科	ノミヒゲナガゾウムシ亜科（Choraginae）
分布	新熱帯区：ジャマイカ、パナマ
生息環境	山地性雲霧林
生活場所	落ち葉の中の腐った切り株の湿った樹皮
食性	不明
補足	希少でユニークな、ジャンプするヒゲナガゾウムシである

成虫の体長
1.8～2.2mm

タマノミヒゲナガゾウムシ
APTEROXENUS GLOBULOSUS
VALENTINE, 1979

実物大

この小型の、非常に丈夫な脚をもつヒゲナガゾウムシは、以前はジャマイカ原産の雌の個体が1匹知られるのみだったが、現在はパナマ原産の数匹が自然史コレクションとして知られている。翅がないために飛べないが、その非常に発達したジャンプ用の脚を使って巧みに動きまわる。ジャマイカ原産の個体は落ち葉に半ば埋もれた朽ちかけの切り株の上で目撃された。最初は這い回っていたためササラダニと間違われたかもしれないが、驚かされるとすばやく活発にジャンプした。

近縁種

*Apteroxenus*属には本種1種のみである。現在世界の15属が属するノミヒゲナガゾウムシ族に分類され、最も近縁なのは北アメリカの*Euxenulus*属かもしれない。Choraginae亜科ではすべての種で触角は眼と眼の間の額前頭上に収納される（他のヒゲナガゾウムシ科では触角は口吻上に収納される）。

タマノミヒゲナガゾウムシは無毛でほぼ小判型の、こんもりした黒色に光るゾウムシである。頭部をひっこめることができ、体の背面は非常に盛り上がっている。前胸背板にはいくつもの小さな点刻があり、小楯板は消失している。口吻はほとんどなく、触角は眼と眼の間の額前頭上にある。眼は縦長で背面方向の頭部に接している。脚は比較的長い。

多食亜目（カブトムシ亜目）

科	ヒゲナガゾウムシ科（Anthribidae）
亜科	Urodontinae亜科
分布	熱帯アフリカ区：アフリカ南部
生息環境	砂漠もしくは同様の生態系
生活場所	アヤメ科やススキノキ科植物の花や種
食性	成虫はディエテス属（*Dietes*）、アヤメ属（*Iris*）、ワトソニア属（*Watsonia*）のアヤメ科植物の花を、幼虫は種を食べる。またシャグマユリ（*Kniphofia galpinii*）を食べる
補足	幼虫は種の内側で成長することが知られている

成虫の体長
2.5〜6.0mm

アヤメタネヒゲナガゾウムシ
URODONTELLUS LILII
(FÅHRAEUS, 1839)

実物大

元来、アヤメタネヒゲナガゾウムシ（*Urodontellus Lilii*）は種を食べるハムシであるハムシ科のマメゾウムシ亜科に属すると考えられ、Urodontidnae科のステータスも与えられていた。しかし、1943年の幼虫に関する詳しい研究により、ヒゲナガゾウムシ科に分類される証拠が示された。幼虫はひとつの単眼を持ち、脚は無く、背面に特徴的な歩行用の突起がある。アヤメ科やススキノキ科植物を寄主とすると見られ、幼虫はこれらの植物の種を食べる。南アフリカ原産のUrodontinae亜科の中には木質性のハマミズナ科植物の茎のこぶの中で成長を遂げるものもいる。

近縁種

Urodontinae亜科には8種が存在する。ほとんどがアフリカ原産であり、*Bruchela*属と*Cercomorphus*属のみが西および中央ヨーロッパでもみられる。1993年に確立された*Urodontellus*属には元来*Bruchela*属に分類されていたアフリカ南部原産の6種が存在する。外見上、アヤメタネヒゲナガゾウムシは、上翅の色のパターンと雄の交尾器の形状のわずかな違いを除いて、*U. vermiculatus*や*U. vicinialilii*とほとんど見分けがつかない。

アヤメタネヒゲナガゾウムシは縦長の小判型をした、赤味を帯びた黒色のゾウムシであり、灰色から白色の短く細かな剛毛が全体に生え、口吻は短い。小さい頭部に突き出た眼と、真っ直ぐで比較的短い触角がある。前胸背板の幅は上翅の下部と同じくらいである。小楯板は未発達である。腹部の最後の体節が上翅の先端を越えて背面側から見える。

多食亜目（カブトムシ亜目）

科	アケボノゾウムシ科(Belidae)
亜科	Belinae亜科
分布	オーストラリア区：タスマニアを含むオーストラリア南部
生息環境	冷涼な地中海性気候の森林および灌木地
生活場所	アカシア（*Acacia*）、*Argyrodendron*、スモモ（*Prunus*）属の植物
食性	成虫の食性は不明、幼虫は木に穴を開ける
補足	本種はアンズ（*Prunus*）の害虫である

成虫の体長
15〜16mm

フタモントガリアケボノゾウムシ
RHINOTIA BIDENTATA
(DONOVAN, 1805)

*Rhinotia*属の他多くの種と同様に、基本的にアカシア属（*Acacia*）を食べることが知られているが、アルギロデンドロン類（*Argyrodendron*）、スモモ（*Prunus*）の植物を食べることも知られている。幼虫は木に穴を開け、トンネルをつくって枯らせてしまうことで、オーストラリアの外来種のアンズの木に甚大な被害を与える。雌は木に丸く穴を開け、そこに産卵して穴の底に卵を押し込む。*Rhinotia*属の中には（例：*Rhinotia apicalis*、*R.haemoptera*、*R.marginella*、*R.parva*）形状や色がベニボタル科の甲虫に似ている種もあり、背面がオレンジ色と黒色であること、上翅が細長く寸胴であること、触角が背から腹に達する長さで、触角節の先端が平たくなっていることがあげられる。

近縁種

Belinae亜科にはオーストラリアに生息するAgnesiotidini、Pachyurini、Belini（*Rhinotia*が属する）の3族が存在する。*Rhinotia*属の中には触角節が太くなっている種もある。このオーストラリア固有属には80種が存在し、多くの新種が分類待ちである。フタモントガリアケボノゾウムシ（*Rhinotia bidentata*）は*R. semipunctata*や*R. perplexa*に似ているが、これらの2種には上翅の2つの大きな丸い紋がない。

フタモントガリアケボノゾウムシは細長く、背面はほとんどが黒色である。白い斑点と、上翅の端に2つのはっきりとした白く丸い紋がある。上翅の末尾は急に細くなっており、腹部よりも伸展している。下側には横方向に白い軟毛がびっしりと生えている。

実物大

多食亜目（カブトムシ亜目）

科	アケボノゾウムシ科（Belidae）
亜科	Oxycoryninae亜科
分布	新熱帯区：アルゼンチン（メンドーサ、サン・ファン、サン・ルイス、ラ・リオハ、カタマルカ、ツクマン、コルドバ、サンティアゴ・デル・エステロ、ブエノスアイレス）
生息環境	森林
生活場所	プロソパンケ（Prosopanche）属植物の根寄生被子植物類を寄主とする
食性	成虫はプロソパンケ（Prosopanche）属植物の花粉を食べ、幼虫は花と子実体の内側で成長する
補足	幼虫は寄主植物の地中子実体の中で成長し蛹になる

成虫の体長
10〜12mm

プロソパンケアケボノゾウムシ
HYDNOROBIUS HYDNORAE
(PASCOE, 1868)

プロソピスアケボノゾウムシ（*Hydnorobius hydnorae*）は地中でプロソピス属（*Prosopis*）植物の根に寄生する非光合成植物である*Prosopanche americana*と*P. bonacinae*を寄主とする。成虫は初夏（南半球では1月）にプロソパンケ属（*Prosopanche*）植物の腐りかけの子実体から出てくる。新しい花芽が出はじめ、花粉を放出すると、交尾し、花を食べ、卵を産みつけ、寄主植物の受粉に関与するかもしれない。成長する間、幼虫は子実体や胞子葉を食べるため、生殖組織（胞子嚢や種子）が損なわれることはない。

近縁種

Oxycorynini族の近縁属である、*Oxycorynus*属（南アメリカ、4種）、*Alloxycorynus*属（南アメリカ、2種）、*Balanophorobius*属（コスタリカ、1種）もまたツチトリモチ科植物の根寄生被子植物類を寄主にする。*Hydronobius*属は、他のOxycorynini族の属とは違い、上翅に特徴的な縦方向の隆起が前脚の脛節の背側に隆条があり、アルゼンチンとブラジル原産の分類済みの3種が存在する。

実物大

プロソパンケアケボノゾウムシは中型の小判型をした栗色のゾウムシである。口吻は細く、前胸背板より長い。触角は頭部近くから出て真っ直ぐであり、先端はやや膨らんでいる。上翅と前胸背板はほぼ同じ幅で、前胸背板のほうが若干狭い。前胸背板の側面は丸くなっており、上方向から見ると平らに広がっている。上翅には少なくとも8本の光沢のあるひときわ盛り上がった筋がある。

多食亜目（カブトムシ亜目）

科	アケボノゾウムシ科(Belidae)
亜科	Oxycoryninae亜科
分布	新熱帯区：メキシコ（ベラクルス）、アメリカ合衆国（フロリダ）に導入
生息環境	湿気の多い、あるいは乾燥した海岸の熱帯林
生活場所	ソテツの雄の松かさ
食性	小胞子葉
補足	メキシコソテツ（*Zamia furfuracea*）の受粉媒介者であり、寄主植物と共生関係にある

成虫の体長
3.5〜5.4mm

メキシコソテツアケボノゾウムシ
RHOPALOTRIA MOLLIS
(SHARP, 1890)

実物大

メキシコソテツアケボノゾウムシ（*Rhopalotria mollis*）の交尾、摂食、産卵は、観賞用植物であるメキシコソテツ（*Zamia furfuracea*）の間または中でのみ行われる。このゾウムシが成長する間に影響があるのはでんぷん質に富んだ雄の松かさの柔組織、茎、小胞子葉の外端のみで、ゾウムシが花粉を食べたり損害を与えることはない。花粉を纏った成虫が姿を現し、雌の松かさを訪れたときにメキシコソテツの受粉は起こるが、花粉を食べるのではない。成虫は雌の松かさの出す揮発性の化学物質や熱に引き寄せられるのかもしれない。野生のメキシコソテツは違法な伐採や生息地の破壊により、絶滅のおそれがきわめて高い。

近縁種

*Rhopalotria*属にはアメリカ大陸固有種の4種が存在する。これらすべてがソテツ科植物を寄主としている。*Rhopalotria slossonae*はフロリダ原産であり、フロリダソテツ（*Zamia pumila*）を寄主としている。他の2種はメキシコ原産とキューバ原産である。*Rhopalotria*属は現在分類が再検討されており、初めて数種の新種が記載される見通しである。

メキシコソテツアケボノゾウムシは一般に小判型をしており、背から腹にかけては平たく、光沢がある。多くの場合、色は濃い赤色である。もっとも際立った特徴は肥大したオレンジ色の前脚の腿節で、雄では中脚、後脚の腿節の5倍以上の太さがある。口吻は前胸背板と同じくらいの長さがある。触角は他のアケボノゾウムシ科の種と同様、まっすぐで、湾曲しておらず、触角先端の第2,3節は肥大している。上翅は滑らかで、目立った筋はない。

多食亜目（カブトムシ亜目）

科	オトシブミダマシ科（Caridae）
亜科	Carinae亜科
分布	オーストラリア区：オーストラリア（クイーンズランド、ニュー・サウス・ウェールズ、ビクトリア、サウス・オーストラリア、西オーストラリア）
生息環境	針葉樹林
生活場所	成虫はゴウヒ属（Callitris）の葉に生息し、幼虫は未熟な球果に見られる
食性	幼虫はゴウヒ属の雌の球果を食べるが、成虫の食性は不詳
補足	Car属の幼虫には独特の特徴があり、注目に値する。大きく長い（ゾウムシの中で最長）、節に分かれた脚に、細長く湾曲した鋭い爪がついている

成虫の体長
4〜5.5mm

オトシブミダマシ
CAR CONDENSATUS
BLACKBURN, 1897

実物大

Caridaeは1991年に科に昇格したが、従来分類が難しく、オトシブミ科、アケボノゾウムシ科、最近ではミツギリゾウムシ科に分類されてきた。きわめてめずらしい幼虫が1992年に発見されるまで、1世紀以上にわたって幼虫や蛹は未知のままだった。幼虫はヒノキ科（Cupressaceae）の針葉樹である*Callitris*属の雌の球果の未熟な種の中で成長する。雌はその真っ直ぐな口吻を使って球果に穴を開け、産卵する。硬くなった樹脂の球が産卵場所で認められるが、内部に入り込むまえに若い齢の幼虫のほとんどが死ぬようである。幼虫は球果の内部で蛹になる。

近縁種

Caridae科は南半球でのみ見られ、現存する4つの属の中に6種が存在する。Car属に分類される3種オトシブミダマシ（*Car condensatus*）、*C. intermedius*、*C. pini*）はオーストラリア固有種であり、南アメリカの*Caenominurus*属植物を寄主とする。上翅の剛毛の特徴、触角の棍棒を形成する触角節の数、体全体の大きさで識別できる。

オトシブミダマシは小型で縦長の小判型をした、茶色から黒色をしたゾウムシで、全体に薄く白い軟毛が生えている。口吻は細く寸胴で、ほとんど真っ直ぐである。触角は頭部に近い口吻の腹側面から出ている。上翅の後方には色の濃い模様があり、上翅は前胸背板の3倍の長さがある。また、細い毛髪のような起毛した剛毛がある。

多食亜目（カブトムシ亜目）

科	オトシブミ科（Attelabidae）
亜科	アシナガオトシブミ亜科（Attelabinae）
分布	新熱帯区：ジャマイカ、プエルトリコ
生息環境	森林または植林樹木
生活場所	植物の上
食性	モモタマナ（*Terminalia catappa*）の葉を巻いて幼虫の餌にするが、成虫はグアバ（グアバ属 *Psidium*）の上でも採取されている
補足	雄および近縁種では脛節の先端に棘状突起が1本あるが、雌では2本ある

成虫の体長
3.2〜5.9mm

フタモンアメリカアシナガオトシブミ
EUSCELUS BIGUTTATUS
(FABRICIUS, 1775)

この個性的で魅力的なフタモンアメリカアシナガオトシブミ（*Euscelus biguttatus*）の雌は、モモタマナの若木の葉に産卵し、葉を切り巧みに巻いて樽型の揺籃（巻いた葉で作る巣）を作る。雌は大顎と肥大した前脚を使い、寄主樹木の葉を切り、巻いて樽型にして、うまく利用する。幼虫は揺籃から栄養を得るうえに、保護される。このゾウムシの習性や摂食行動が寄主植物に悪影響をおよぼすことはない。

近縁種

*Euscelus*属は他の4属とともに、Attelabinae亜科のなかのEuscelina亜族に属する。Euscelina亜族は中央アメリカ、アメリカ南部とともに西インド諸島（ただしアンティル諸島にはいないと思われる）に固有であり、この地域に広く分布している。50種を超える*Euscelus*属は8つの亜属に分かれるが、上翅の色、肩部の棘状突起の有無、赤点刻といった特徴によって分類される。

実物大

フタモンアメリカアシナガオトシブミは赤味を帯びた茶色から暗褐色のゾウムシである。中脚、後脚、腹部は黄色っぽい白色で、上翅のつけ根には2つの大きな隆起した楕円形の斑がある。背面は光沢があり滑らかだが、細かな点刻がある。口吻は頭部より短く縦長で、眼の近くから真っ直ぐな触角が出ている。雄雌ともに前脚の腿節に1対の突起が腹側に付いている。

多食亜目（カブトムシ亜目）

科	オトシブミ科（Attelabidae）
亜科	アシナガオトシブミ亜科（Attelabinae）
分布	新熱帯区：メキシコおよび中央アメリカ北西部
生息環境	放牧地、荒廃した森林、耕作されている丘陵地
生活場所	寄主植物である*Guazuma tomentosa*の葉の上および揺籃の中で見られるが、蛹になるのは土の中である
食性	薬として用いられる*Guazuma tomentosa*の葉
補足	葉を球状に巻いて卵および幼虫を封入する

成虫の体長
7～8.6mm

アオスジケンランアシナガオトシブミ
PILOLABUS VIRIDANS
(GYLLENHAL, 1839)

中央アメリカで比較的よく見られる、鮮やかな色をしたアオスジケンランアシナガオトシブミ（*Pilolabus viridans*）は、なかでも、葉をほとんど完全な球形に巻くという珍しい習性がある。この巣は16×14mmの大きさで、寄主植物の*Guazuma tomentosa*の葉の主脈からぶら下がっている。他の多くのオトシブミ科のゾウムシは球形ではなく、ゆったりと、またはきっちりと円筒形に葉を巻く。葉を巻くのは産卵してからである。雌が葉を切り球形に巻くのには、およそ2時間かかる。幼虫はこの揺籃を食べ、その中で成長を遂げるが、蛹になるのは土の中である。

近縁種

*Pilolabus*属はPilolabini族で唯一の属であり、現在メキシコおよび中央アメリカ北西部の15種が存在する。そのうち4種がメキシコ南部の種である。本種は*P. giraffa*や*P. sumptuosus*と同様に金属光沢色であるが、色のパターンは異なる。他のオトシブミもまた葉を巻くが、蛹になるのは土の中ではない。

実物大

アオスジケンランアシナガオトシブミは金属光沢に輝くオトシブミである。頭部、前胸背板、上翅の背面は赤色だが、前胸背板と上翅には対比色の濃い緑色もしくはコバルトブルーの帯がある。単色のものもいる。本種の腹部は金属光沢のある濃い緑色である。体はやや縦長で、頭部はかなり短く、口吻は幅が広い。雌の脛節の先端には1対の長くまっすぐな歯状突起がある。

多食亜目（カブトムシ亜目）

科	オトシブミ科（Attelabidae）
亜科	アシナガオトシブミ亜科（Attelabinae）
分布	旧北区：ヨーロッパおよびアジア
生息環境	落葉樹林、庭
生活場所	成虫は葉の表面で見られ、幼虫と蛹は葉の筒の中に守られている
食性	ハシバミ（*Corylus avellana*）の葉を食べるが、ハンノキ類（*Alnus*）、カバノキ類（*Betula*）、ヤナギ類（*Salix*）、ブナ類（*Fagus*）、ナラ類（*Quercus*）の上で成長することも知られている
補足	葉巻型の葉の筒を形成する

成虫の体長
6〜8mm

ユーラシアオトシブミ
APODERUS CORYLI
(LINNAEUS, 1758)

ユーラシアオトシブミ（*Apoderus coryli*）は、ハシバミ（*Corylus avellana*）の葉を巻いて作った葉巻型の揺籃の中にひとつずつ卵を包むという特殊な子どもの育て方をする。オトシブミ科のゾウムシはすべてこのような行動を見せるが、葉を巻く方法や揺籃の形はさまざまである。ユーラシアオトシブミの幼虫と蛹は葉巻型の揺籃の中で成長する。雌はまず葉の周りを歩いて、あらかじめ大きさを測って揺籃に適しているものを決める。成虫は夏に姿を現す。このゾウムシの種の名前である*coryli*は寄主植物の*Corylus avellana*からきている。

近縁種

ユーラシアオトシブミは基本的に、旧北区および東洋区の数属とともにオトシブミ族に属する。この属では他に唯一ヨーロッパに生息する、大きさも形も似た*A. ludyi*はイタリア原産のもののみが知られている。この2種はその他の特徴では、色の違いで見分けることができる。近縁種のなかにはインドの*A. tranquebaricus*のように、被害は少ないものの、害虫もいる。

ユーラシアオトシブミの上翅は長方形で非常に光沢があり、赤味を帯びている。ベル型の光沢のある赤色の前胸背板と、伸長した黒い頭部の間にくっきりとしたくびれがあり、眼は突出している。幅広の上翅にははっきりとした点刻がある。口吻は比較的短く、触角はまっすぐで口吻の先端から出ている。腿節は根元が赤色で先端近くが黒色である。

実物大

多食亜目（カブトムシ亜目）

科	オトシブミ科（Attelabidae）
亜科	アシナガオトシブミ亜科（Attelabinae）
分布	エチオピア区：マダガスカル
生息環境	熱帯多雨林
生活場所	寄主植物であるDichaetantheraの上
食性	植食性
補足	長い首は雄同士の攻撃的な戦闘で使われる。雌は卵のための巣をつくる

雄の成虫の体長
15〜25mm

雌の成虫の体長
12〜15mm

キリンオトシブミ
TRACHELOPHORUS GIRAFFA
(JEKEL, 1860)

実物大

キリンオトシブミ（*Trachelophorus giraffa*）の雄はその長い首を、雌に近づく権利をめぐる争いの中で武器として使う。また産卵の間、首を前後に振って競争相手の雄が雌に近づかないようにする。雄より首の短い雌は自分の卵を守るための巣をひとつの卵に対しひとつずつつくる。まず、寄主植物の葉の1枚の主な葉脈に沿ってV字型の切り込みを噛んで入れる。これが葉を巻くプロセスの始まりである。交尾すると、雌はその強い脚を使ってしおれた葉を半分に畳む。そして葉の先端を樽型の筒に巻き込み、中に産卵する。一種のマジックテープのように、葉の端に沿って入れたV字型の切れ込みにより、葉の巣は形を保つことができる。最後に、葉の筒を切って地面に落とし、幼虫はその中で成長する。幼虫は地面で成長するからである。

近縁種

*Trachelophorus*属はマダガスカル固有であり、*Eotrachelophorus*、*Atrachelophorus*、*Nigrotrachelophorus*の3つの亜属の11種が存在する。キリンオトシブミは*Atrachelophorus*亜属に属する。一般に、*Atrachelophorus*亜属の5種に共通する特徴は、雄の腹部の第2節に隆条がないことである。

キリンオトシブミは、雄の前胸背板と頭部が長いことからキリンに似ている。頭部と前胸背板の接合部は、大きな蝶番に似た前胸背板の大きな溝により区切られている。雄の頭部の首とこめかみは雌のそれよりも2、3倍の長さがある。雄雌どちらも上翅が鮮やかな赤色であり、残りは黒い。眼は横に突き出て、触角はまっすぐで細い。

多食亜目（カブトムシ亜目）

科	オトシブミ科(Attelabidae)
亜科	チョッキリゾウムシ亜科(Rhynchitinae)
分布	旧北区：中国、日本、カザフスタン、朝鮮、モンゴル、ロシア
生息環境	森林
生活場所	葉の筒、植物
食性	リンゴ*Malus*属、ナシ*Pyrus*属、*Sorbaria*属、ヤマナラシ*Populus*属の植物を含む寄主植物
補足	雄は格闘行動をとることで知られている

成虫の体長
6.5〜8mm

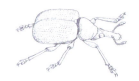

サメハダハマキチョッキリ
BYCTISCUS RUGOSUS
(GEBLER, 1830)

この同属の雄の間では、儀式化された競争と攻撃的な戦闘行動が起こることが知られている。雄は外に向かって前脚を伸ばし、中脚と後脚で立って前脚でお互いをつかみ、口吻同士を当てる。長く伸びた跗節の剛毛が攻撃を激しく見せるのかもしれない。魅力的な雌は葉を巻いて複雑な円筒形の管を作り、卵の入れ物にする。幼虫は管の中で食べ、成長を遂げる。

近縁種

*Byctiscus*属には旧北区と東洋区の27種が存在する。*Byctiscus*と*Aspidobyctiscus*の2つの亜属に分類される。Byctiscini族は旧世界のみに分布し、2つの亜族の12属が存在する。近縁の*B.betulae*はブドウの木、ナシ、その他の広葉樹や低木に被害をもたらすことが知られている。

実物大

サメハダハマキチョッキリは明るい金属光沢に輝く緑色をしたゾウムシで、頭部と脚には赤味を帯びた反射がある。上翅はくっきりとした点刻で覆われている。前胸背板は四辺形をした上翅のつけ根よりも細くなっている。頭部は細く、口吻は頭部のおよそ2倍の長さである。触角はまっすぐで、口吻の先端近くから出ており、先端の3つの触角節はそれより下の触角節の2倍の太さになっている。

多食亜目（カブトムシ亜目）

科	オトシブミ科（Attelabidae）
亜科	チョッキリゾウムシ亜科（Rhynchitinae）
分布	新北区および新熱帯区：アメリカ合衆国（アリゾナ、ニューメキシコ、テキサス）、メキシコ（チワワ、ソノラ、オアハカ）
生息環境	オークの森
生活場所	木の葉、落ち葉
食性	落ち葉の表皮組織
補足	幼虫は潜葉性である

成虫の体長
5.7〜6.3mm

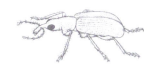

セグロホソチョッキリ
EUGNAMPTUS NIGRIVENTRIS
(SCHAEFFER, 1905)

セグロホソチョッキリ（*Eugnamptus nigriventris*）は寄主植物の樹木（例:ナラ類*Quercus*）の枯れ葉の表皮層の間にひとつずつ卵を産みつけるという、子どもを保護する行動を見せる。春になると雌は大顎を使って、前年の秋に地面に落ちた葉に産卵のための噛み跡をつける。そして上下の表皮の間に作った空洞にひとつずつ卵を入れ、大顎で表皮組織をつまんで封をする。幼虫は枯れ葉の表皮組織を食べて成長を遂げる。土の中で蛹になり、次の年の春に成虫が姿を現す。

近縁種

およそ100種が*Eugnamptus*属に存在する。*Eugnamptus*属は、*Hemilypus*属、*Acritorrhynchites*属、*Essodius*属に似ているが、口吻の特徴、眼と眼の間の距離、基節の跗節の長さ、腹部の第1会合線の隆条、背面の点刻の範囲、尾節板に関わる上翅の長さで識別が可能である。

実物大

セグロホソチョッキリは細かな起毛した剛毛で覆われており、頭部、前胸背板、脚は赤味を帯び、上翅は青味を帯びた緑色である。雄の場合、口吻は頭部より短く、触角は頭頂部付近にはめ込まれる。雌の場合、口吻は頭部より長く、触角は頭部の中程にはめ込まれる。頭部と前胸背板は、上翅のつけ根よりも細い。

多食亜目（カブトムシ亜目）

科	オトシブミ科(Attelabidae)
亜科	チョッキリゾウムシ亜科(Rhynchitinae)
分布	旧北区：ヨーロッパ、中央アジア
生息環境	果樹園
生活場所	成虫は核果類の上で見られ、幼虫は種(核果類)の中で見られる
食性	成虫は核果類を食べ、幼虫は種(核果類)を食べる
補足	サクランボ、プラム、アンズの木の害虫である

成虫の体長
6〜12mm

サクランボチョッキリ
RHYNCHITES AURATUS
(SCOPOLI, 1763)

サクランボチョッキリ（*Rhynchites auratus*）はサクランボ、スミノミザクラ（*Prunus cerasus*）、そして近縁種のスピノサスモモ（*Prunus spinosa*）などの最も重大な害虫の1種で、アンズゾウムシとしても知られている。春にサクランボの開花と同時に成虫が姿を現す。雌の寿命はおよそ3ヵ月で、成育中の果実の中に掘ったトンネルの奥に、その生涯の間に85個の卵を産みつける。幼虫は核果類に入りこみ、その中で成長する。蛹になるのは土の中である。被害に遭った果実はまだら模様になり、ひどいときには熟する前に落ちてしまう。

近縁種

6つの族がチョッキリゾウムシ亜科で確認されている。*Rhynchites*属にはさまざまな亜属が存在し、現在は8亜族が属する。また*Rhynchites*属は、Rhynchitini族の2つの亜族のうちのひとつであるRhynchitina亜族に属する。他の*Rhynchites*属も旧北区に生息し、*R. bacchus*、*R. giganteus*、*R. hero*が存在する。サクランボチョッキリとこれらの種の違いは、体に細かな起毛した毛が生えていること、雄の前胸に前に突き出た棘があること、上翅に細かな点刻があるといった点である。

サクランボチョッキリは金属光沢のある緑色もしくは赤色の甲虫で、点刻に覆われた体の大半に、細かな起毛した剛毛がまばらに生えている。わずかに湾曲した口吻は前胸より長い。触角はまっすぐで、口吻の先端近くに差し込まれる。前胸背板は全体的にこんもりと盛り上がっており、上翅はほとんど四角形である。雄には前胸背板の両脇に前に突き出た丈夫な側棘がある。

実物大

多食亜目（カブトムシ亜目）

科	オトシブミ科（Attelabidae）
亜科	Pterocolinae亜科
分布	新北区および新熱帯区：カナダ、アメリカ合衆国、メキシコ、ホンデュラス、グアテマラ
生息環境	森林地域
生活場所	葉の上
食性	Homoeolabus analis、Attelabus bipustulatusといった他のゾウムシの卵を食べる
補足	葉を巻く他のオトシブミの卵を食べ、巣を乗っ取る

ヌスビトオトシブミ
PTEROCOLUS OVATUS
(FABRICIUS, 1801)

成虫の体長
2〜3.7mm

実物大

オトシブミ科の大半の種は葉を巻いて巣を作り、卵を育てるが、ヌスビトオトシブミ（*Pterocolus ovatus*）はオトシブミ科のゾウムシの卵を食べ、少なくとも葉を巻く4種の他のゾウムシの巣に卵を産む。寄主となるオトシブミが葉を巻いて巣を完成させると、すぐにヌスビトオトシブミは、ねじったり畳んだりしてつくった、まだ柔らかい、できたばかりのたくさんの巣の中を突き進んで、卵にたどりつくと食べてしまう。そして盗んだ葉の筒は自身の幼虫の成育に使う。アメリカ北部の*Attelabus bipustulatus*、*Himatolabus pubescens*、*Homoeolabus analis*、メキシコの*Himatolabus vestitus*といった主にナラ類を寄主とするオトシブミ科の卵を食べ、巣に侵入する。

近縁種

Pterocolinae亜科には、*Apterocolus*と*Pterocolus*の2つの属が存在する。もっとも種が多いのは*Pterocolus*属で、18種が記載されており、大半がメキシコと中央アメリカの種である。一方、*Apterocolus*属には2種が存在する。大きさ、色、軟毛の濃さや生えている場所、眼の突出、体の点刻、腹部背部の露出した体節の数、脛節の棘状突起の有無と形状で識別する。

ヌスビトオトシブミは小型で丸い、濃い金属光沢のある青色から緑色がかった黒色のゾウムシであり、背面にははっきりとした点刻がある。小さい頭部に大きな眼がついている。口吻は前胸より短い。前胸の側面にくっきりと縁がついており、下側はえぐれている。触角はまっすぐで、先端の3つの節は少なくともその下の節の3倍以上の大きさになっている。

多食亜目（カブトムシ亜目）

科	ミツギリゾウムシ科(Brentidae)
亜科	ミツギリゾウムシ亜科(Brentinae)
分布	旧北区：南ヨーロッパ、アルジェリア、モロッコ、イスラエル、シリア、イラン、ロシア
生息環境	オーク(コナラ属 *Quercus*)が中心の温暖湿潤な森林
生活場所	オオアリ属(*Camponotus*)、ケアリ属(*Lasius*)、シリアゲアリ属(*Crematogaster*)、オオズアリ属(*Pheidole*)、コヌカアリ属(*Tapinoma*)、クシケアリ属(*Myrmica*)のアリの巣
食性	不明
補足	好蟻性であり、頭部の形状が独特である

成虫の体長
9〜18mm

オニミツギリゾウムシ
AMORPHOCEPHALA CORONATA
(GERMAR, 1817)

オニミツギリゾウムシ（*Amorphocephala coronata*）はアリと任意的共生関係にあり、共生するのは*Camponotus*属のアリであることが多い。ただし小競り合いを経れば別のアリのグループでも受け入れられる。*Camponotus*属のコロニーに引き入れられると、まずこのミツギリゾウムシの仲間は働き蟻の攻撃に遭うが、頭部の軟毛の生えた部分から出る腺分泌物にアリが気づいて舐めはじめる。オニミツギリゾウムシは寄主である働きアリから提供される食べものの一部をコロニーに吐きもどすという、偽の利他的行動を見せるとみられる。アリはこれらのゾウムシの世話をする傾向があり、積極的に巣にとどめておこうとすることが観察されている。オニミツギリゾウムシは群居性であり、多くの個体が一緒にいることが確認されている。

近縁種

*Amorphocephala*属は、ほとんど唯一のアリ共生のグループで、オニミツギリゾウムシ族（ミツギリゾウムシ亜科の中のオニミツギリゾウムシ亜族として扱われることもある）に属する。ほかにはアカオニミツギリゾウムシ（*Cobalocephalus*属）、*Eremoxenus*属、*Symmorphocerus*属が存在する。*Amorphocephala*属には旧北区およびエチオピア区の20種が存在する。頭部、前胸、触角の特徴で区別する。

オニミツギリゾウムシは光沢のある赤味を帯びた茶色の甲虫で、細長い体をしている。最も目立つ特徴は、大きく複雑な頭部と、深いくぼみのある、硬い房状の剛毛の生えた口吻後部（額前頭のすぐ下）である。頭部は性的二型であり、雄は雌よりも口吻前部が頑丈で、大きな鎌形の大顎がある。雌の大顎は長く円筒形である。

実物大

多食亜目（カブトムシ亜目）

科	ミツギリゾウムシ科(Brentidae)
亜科	ミツギリゾウムシ亜科(Brentinae)
分布	新北区および新熱帯区：アメリカ合衆国（フロリダ）からパラグアイ
生息環境	熱帯および亜熱帯
生活場所	朽ち木の樹皮の下
食性	成虫は樹液を吸うか、蜜を求めて花を訪れる。幼虫は枯れ木に穴を開けて樹液を吸うか、菌類の菌糸体を食べる
補足	性的二型であり、北アメリカ最長のゾウムシの1種である

ヌイバリミツギリゾウムシ
BRENTUS ANCHORAGO
(LINNAEUS, 1758)

雄の成虫の体長
9〜50mm

雌の成虫の体長
8〜27mm

ほとんどのミツギリゾウムシの種が性的二型を示すが、ヌイバリミツギリゾウムシ（*Brentus anchorago*）も例外ではない。最小の個体の、最大5倍の大きさの個体もいる。雄雌両方が戦闘に参加し、武器として使う体と口吻が長いほど、交尾相手の確保に成功する率が高い。概して両性とも体が長い相手を好むために、個体群がより長い体をもつよう変化する。雌は基本的にギンボリンボ（*Bursera simaruba*）の朽ちかけの木材に穴を開け産卵する。成虫は枯れ木の幹の樹皮の下に容易に大量に見つけることができる。

近縁種
現在*Brentus*属と*Cephalobarus*属は新熱帯区のBrentini族に属する。*Brentus*属には37種が存在する。そのうち*B. cylindrus*がポリネシア（マルケサス諸島、タヒチ島）で確認されており、侵入された可能性がある。リンネによって1758年に記載された最初のミツギリゾウムシ種はヌイバリミツギリゾウムシと*B. dispar*だったが、当初は*Curculio*属に分類された。

実物大

ヌイバリミツギリゾウムシは非常に長い黒色のゾウムシで、上翅には赤味がかったオレンジ色の縞がある。北アメリカ最大のゾウムシである。雄は非常に長く、細長い前胸は中程で細くなっている。細長い口吻は前胸の長さとほぼ等しい。雌の前胸は涙型で、下にゆくほど幅が広く、口吻は前胸の半分ほどの大きさしかない。

多食亜目（カブトムシ亜目）

科	ミツギリゾウムシ科（Brentidae）
亜科	ミツギリゾウムシ亜科（Brentinae）
分布	東洋区、ただし現在は熱帯全体に侵入されている
生息環境	熱帯および亜熱帯の、主に農業生態系
生活場所	サツマイモ（*Ipomoea batatas*）およびその近縁種植物を寄主とする
食性	成虫は寄主植物の葉、茎、露出した塊茎を食べる。幼虫はおもに塊茎を食べる
補足	サツマイモ（*Ipomoea batatas*）の最も深刻な害虫であり、作物損失は最大80％に達することもある

成虫の体長
5.5〜8mm

アリモドキゾウムシ
CYLAS FORMICARIUS
(FABRICIUS, 1798)

実物大

サツマイモのこの悪名高い害虫は農業の大きな経済的損失の原因となっている。雌のアリモドキゾウムシ（*Cylas formicarius*）は繰り返し塊茎の細い部分に穴を開け、ひとつ卵を産みつけるとそれを守るために自分の糞で蓋をする。幼虫は根と茎を食べてそのなかで育つ。幼虫にもぐり込まれた塊茎は黒ずみ、スポンジ状になり、苦く臭くなる。成虫は葉、茎、塊茎を食べ、長寿である。現在の駆除方法のなかでは、昆虫病原性線虫が幼虫の駆除に成果を上げそうな手段である。また、雌の性フェロモンの検出は、この害虫の監視、捕捉、あるいは成虫の交尾を妨害するのに有望な方法である。

近縁種

*Cylas*属には24種が存在する。アリモドキゾウムシ類として種は少なくともほかに2種あり、東アフリカのC. puncticollisとC. brunneusがある。アリモドキゾウムシはその赤色の前胸でこれらの種と識別できる。C. puncticollisは全身が黒色であり、C. brunneusは茶色でより小さい。以前広く認められていたC. formicarius elegantulusの亜種小名は現在使われていない。

アリモドキゾウムシは小型でほっそりとしており、狭まった前胸や上翅の接合部、光沢があり毛が生えていないことから、一見するとアリに似ている。頭部、上翅、腿節は黒色で、前胸は赤色である。雄は触角の棍棒部分が伸長していること、眼が大きいことから雌と識別できる。

多食亜目（カブトムシ亜目）

科	ミツギリゾウムシ科(Brentidae)
亜科	ミツギリゾウムシ亜科(Brentinae)
分布	オーストラリア区：ニュージーランド
生息環境	亜熱帯
生活場所	寄主植物の木の幹だが、夜間、成虫は林冠に隠れる
食性	幼虫は枯れかけ、もしくは最近枯死した樹木（ナンヨウスギ科、マキ科、キク科、コリノカルプス科、アオイ科、センダン科、モニミア科、ヤマモガシ科）に穴を開けるが、成虫は食べないとみられる
補足	世界最長のゾウムシであり、複雑な交尾行動を発達させた

雄の成虫の体長
16〜90mm

雌の成虫の体長
18〜46mm

キリンミツギリゾウムシ
LASIORHYNCHUS BARBICORNIS
(FABRICIUS, 1775)

この人目を引くキリンミツギリゾウムシ（*Lasiorhynchus barbicornis*）は世界最長のゾウムシ上科の種であり、最長90mmの雄も存在する。興味深いことに、同じ種の雄には16mmの小さなものも存在する。この雄の体長の違いは、雄同士の戦闘と忍び寄りの行動という、本種の2つの交尾戦略の進化を反映したものである。非常に伸長した頭部と口吻を持つ雄は雄同士の戦闘の間や交尾中にライバルとなりうる雄を追い払うさいに優位に立つ。一方、体長の短い雄は忍び寄りの行動をとることで、大きな雄を出し抜く。体長の短い雄は気づかれないよう雌に忍び寄り、何も知らない大きな雄に雌が守られている間に交尾し、うまくゾウムシの三人婚が成立する。

近縁種

キリンミツギリゾウムシはIthystenini族（16属）に属し、*Lasiorhynchus*属には1種のみが存在する。近縁にはオーストラリアおよびバヌアツの*Ithystenus*属、オーストラリアの*Mesetia*属、フィジーの*Bulbogaster*属がある。ただし、スラウェシの*Prodector*属（*Pseudocephalini*）が*Lasiorhynchus*属のもっとも近縁であると考えられている。

実物大

キリンミツギリゾウムシは非常に細長く、小楯板は容易に確認できる。体色は光沢がなく暗褐色で、左右の上翅の上部、中部、下部にそれぞれ3つの黄色がかった、あるいは赤色がかった模様がある。頭部とその伸長した口吻を併せると、体の残りの部分と同じくらいの長さである。雄の触角は口吻の先端にあるが、雌の場合は口吻の中程にある。雄の触角および口吻の下側は剛毛で覆われており、種小名の由来になっている。

多食亜目（カブトムシ亜目）

科	ミツギリゾウムシ科(Brentidae)
亜科	Eurhynchinae亜科
分布	オーストラリア区：オーストラリア東南部（ニューサウスウェールズ）
生息環境	温帯林
生活場所	木本植物に穴を開けて食べる
食性	成虫はPersoonia(ヤマモガシ科)の葉を食べ、幼虫は幹に穴を開ける
補足	小規模の属であり、オーストラリア東部のみに生息する

成虫の体長
12〜13mm

ハイマダラゴウシュウミツギリゾウムシ
EURHYNCHUS LAEVIOR
(KIRBY, 1819)

ハイマダラゴウシュウミツギリゾウムシ（*Eurhynchus laevior*）の雌は、ヤマモガシ科植物の*Persoonia lanceolata*、*P. laevis*、*P. myrtilloides*の小枝の下部に穴を開けて産卵すると見られ、幼虫はトンネルを掘って幹に侵入する。幼虫の口器には立派な剛毛のブラシがあり、糞粒（糞）やトンネルを掘った際の破片を清掃するためと思われる。成熟した幼虫は掘ったトンネルの上端に向かって蛹になり、穴を開けて成虫が出てくる。Eurhynchinae亜科の種の幼虫の特徴の注意深い調査により、この亜科の進化に対する理解が深まり、この科の自然分類の安定に繋がった。

近縁種

*Eurhynchus*属には5種が存在し、すべてタスマニアを含めたオーストラリア東部の種である。オーストラリアの未分類の6種も含まれるかもしれない。また、現存する西オーストラリアの*Ctenaphides*属（2種）と、オーストラリアおよびニューギニアの*Aporhina*属（21種）もまたEurhynchinae亜科に属するかもしれない。白亜紀後期のボツワナの絶滅した*Orapaeus*（1種）や、ブラジルの初期の白亜紀の同様の未分類の化石もまた正しくEurhynchinae亜科に分類されれば、この古くから存在する亜科の分布がさらに広いことが示唆される。

ハイマダラゴウシュウミツギリゾウムシの体色は黒色で、口吻の先端以外が白い軟毛に覆われているのが特徴である。体は細いが、上翅は頭部と前胸よりも幅が広い。触角は真っ直ぐで、口吻の先端から少し下がった位置から出ている。前胸背板の、特に側面は滑らかで光沢があり、まばらもしくは浅く点刻の刻まれている部分がある。

実物大

多食亜目（カブトムシ亜目）

科	ミツギリゾウムシ科(Brentidae)
亜科	ホソクチゾウムシ亜科(Apioninae)
分布	エチオピア区：南アフリカ（東ケープ）
生息環境	地中海性
生活場所	ソテツの球果
食性	成虫の食性は不明だが、幼虫はソテツの種を食べる
補足	アフリカ産のオニソテツ属（Encephalartos）植物を寄主とし、ソテツの害虫であると思われる

成虫の体長
4〜8mm

ソテツホソクチゾウムシ
ANTLIARHINUS SIGNATUS
GYLLENHAL, 1836

実物大

ソテツホソクチゾウムシ（*Antliarhinus signatus*）の雌はゾウムシのなかで最も長い口吻をもち、その長さは体長の2倍を越えることがあるかもしれない。雌はこの伸長した口吻を使い、ソテツの胞子葉を食べて穿孔し、寄主植物である*Encephalartos*のしっかりと守られ封印された胚珠に到達すると、そこで産卵する。突き刺したばかりの種から刃針を抜くのは容易ではないことが多い。バランスを取らなくてはならず、口吻を思い切り曲げる必要があるからだ。雄は雌よりはるかに口吻が短い。寄主植物のソテツの害虫と考えられており、受粉にはあまり貢献しない。幼虫はソテツの配偶体のみを食べることが知られているが、このような行動をとるのは、他には同族の*Zamiae*のみである。

近縁種
*Antliarhinus*属には4種が存在し、このグループに存在するのは他に*Platymerus*属の3種のみである。Antliarhinae上科の種はエチオピア区固有であり、寄主植物であるソテツが分布するアフリカ東部が中心となっている。最近発見された、少なくとも*Antliarhinus*属の4種と、*Platymerus*属の1種が分類されることになっている。

ソテツホソクチゾウムシは体色が茶色で、無毛であり、背から腹にかけては平らである。雌の口吻はその体の2倍の長さに達することがあるが、雄の口吻は三角形をしており、雌よりはるかに短く、前胸背板と同じくらいの長さである。前胸背板は真ん中がもっとも幅が広い。上翅は寸胴で、はっきりとした隆条がある。前脚の腿節は中脚や後脚より太い。

多食亜目（カブトムシ亜目）

科	ミツギリゾウムシ科（Brentidae）
亜科	ホソクチゾウムシ亜科（Apioninae）
分布	旧北区、オーストラリア区、新熱帯区および太平洋：旧北区西部原産だが、ニュージーランド、オーストラリア、チリ、アメリカ合衆国（西部およびハワイ）に導入
生息環境	農業地域、天然林、放牧地を含めた多様な環境に生息
生活場所	密生した薮に生育する、棘のある常緑の低木のハリエニシダ（*Ulex europaeus*）を寄主とする
食性	成虫はハリエニシダ（*Ulex europaeus*）の葉や花を食べ、幼虫は生育中のその裂開性の実を食べる
補足	複数の国で生物的防除剤として導入されている

成虫の体長
1.7〜2.4mm

ハリエニシダゾウムシ
EXAPION ULICIS
(FORSTER, 1771)

実物大

旧北区西部原産のハリエニシダゾウムシ（*Exapion ulicis*）はハリエニシダ（*Ulex europaeus*）の生物的防除剤として複数の国に導入されている。ハリエニシダはきわめて侵略的なマメ科の多年生常緑低木であり、当初観賞用もしくは垣根用として温暖な気候の国々に輸入された。この侵略的な雑草の裂開性の実を、主に種を食べるゾウムシのハリエニシダゾウムシの幼虫が食べて、ある程度防除する。雌はその裂開性の実に穿孔し産卵することでも枝や棘にダメージを与えることができる。

近縁種

ホソクチゾウムシ族のExapiina亜族には、地中海沿岸の*Lepidapion*属の17種と、*Exapion*属の2つの亜属（*Exapion*および*Ulapion*）の44の種と亜種が存在する。ハリエニシダゾウムシよりわずかに大きい旧北区の*E. fuscirostre fuscirostre*はエニシダ（*Cytisus scoparius*）の生物的防除剤として1964年に意図的にカリフォルニアに導入され、以来北アメリカの太平洋岸沿いに定着している。

ハリエニシダゾウムシは非常に小型で小判型をしており、黒色である。前脚、中脚、柄節、中間節の端はさび色をしている。全身は灰白色の楕円形の鱗片でびっしりと覆われており、前胸背板と上翅でやや顕著である。頭部は球形で、口吻は細長く円筒形でほぼ真っ直ぐである。触角は眼の近くに収納される。触角基部にある小さな溝の背側縁は細かな歯状に伸展している。

多食亜目（カブトムシ亜目）

科	ミツギリゾウムシ科（Brentidae）
亜科	ニューヨークゾウムシ亜科（Ithycerinae）
分布	新北区：北アメリカ東部
生息環境	落葉樹林
生活場所	土、根
食性	成虫は主にカバノキ科、クルミ科、ブナ科、栽培品種の果樹（バラ科）の新芽を食べ、幼虫は土の中でこれらの寄主植物の根を食べる
補足	果樹園および苗圃における害虫であると見なされることがある

成虫の体長
12〜18mm

ニューヨークゾウムシ
ITHYCERUS NOVEBORACENSIS
(FORSTER, 1771)

この北アメリカ東部のゾウムシは、かつて自身の科に属していたが、ゾウムシの中でも分類が難しい。現在はミツギリゾウムシ科に属している。雌は、たとえば寄主植物の根元の土中の小さなくぼみに卵を産み糞で覆う。脚のある幼虫は寄主植物の側根の下面を食べて土の中で成長し、背中で移動してトンネルを掘り、端の室で蛹になる。成虫は寄主植物の若枝の樹皮、葉柄、葉芽、殻斗の芽を食べることが知られている。

近縁種

ニューヨークゾウムシ亜科唯一の種であるニューヨークゾウムシ（*Ithycerus noveboracensis*）は、雄の独特の生殖器、下翅の翅脈、そして特徴のある配色から他のゾウムシと区別する。幼虫と成虫のマルピーギ管（甲虫類の消化管につながる器官）の数は他の甲虫より少ないが、これはミツギリゾウムシ科の特徴である。

実物大

ニューヨークゾウムシは、大型で、堅い鱗毛で覆われており、まだらの濃淡のはっきりした配色である。口吻は短く平たく、先端近くに真っ直ぐな触角がある。前胸背板は頭部とほぼ同じ幅で、上翅のつけ根より幅が狭い。上翅の前部の角は直角であるが、先端は細く、独特の丸みを帯びて突き出ている。

多食亜目（カブトムシ亜目）

科	ミツギリゾウムシ科（Brentidae）
亜科	Microcerinae亜科
分布	エチオピア区：アンゴラ、ボツワナ、ナミビア、南アフリカ、ザンビア、ジンバブエ
生息環境	乾燥（非常に乾燥）した環境
生活場所	植物の根元の粗礫や締坪の石の下
食性	幼虫は金午時花（*Sida rhombifolia*）の根を食べるが、成虫の食性は不明
補足	Microcerus属は地上性で保護色のゾウムシであり、サハラ以南のアフリカに広く分布している

成虫の体長
15.5〜16.5mm

アレチミツギリゾウムシ
MICROCERUS LATIPENNIS
FÅHRAEUS, 1871

地中に住む、Cの形をしたアレチミツギリゾウムシ（*Microcerus latipennis*）の白い幼虫は、金午時花（*Sida rhombifolia*）の主根を巻きつくことが知られている。成虫は保護色の地上性のゾウムシで、柔らかく緩い砂から硬い地面まで、さまざまな生息環境で石の下に見られる。雌の産卵管には非常に硬い刃がついており、土の中に産卵すると思われる。成虫はたそがれ時や日中は日陰になる場所でもっとも活動的になるとされている。とくに口吻が短いことから、ゾウムシ科クチブトゾウムシ亜科の種に一見すると似ている。

近縁種

エチオピア区のMicrocerinae亜科のみに、*Microcerus*属の23種、*Episus*属の42種、*Gyllenhalia*属の2種の3属が属する。*Microcerus*属のうち、*M. spiniger*と*M. retusus*は*M. latipennis*にきわめて似ているが、口吻の特徴、前胸背板の結節形成、上翅の形状の違いをもとに識別できる。*Microcerus borrei*もまたアレチミツギリゾウムシと混同されることがあるが、アレチミツギリゾウムシの方は目が隆起しておらず、口吻と上翅が異なる。

アレチミツギリゾウムシは中型の細長い卵形のゾウムシで、明るい茶色から濃い茶色の鱗片に覆われている。頭部、前胸背板、上翅はさまざまな大きさの結節で覆われており、地上での擬態の生活を助けている。平たい口吻の先端は、少し隆起した目と目の間で後方へV字型にくぼんでいる。触角は比較的長く太く、鱗片と剛毛に覆われている。

実物大

多食亜目（カブトムシ亜目）

科	ミツギリゾウムシ科（Brentidae）
亜科	チビゾウムシ亜科（Nanophyinae）
分布	旧北区および新北区：旧北区原産だがカナダ（マニトバ、オンタリオ、ケベック）およびアメリカ合衆国（北部の州）に意図的に導入された
生息環境	湿潤な生息地
生活場所	寄主植物のつぼみ、果実、葉
食性	成虫および幼虫はエゾミソハギ（Lythrum salicaria）およびL. hyssopifoliaを食べる
補足	侵入植物であるエゾミソハギ（Lythrum salicaria）に対する生物的防除剤として北アメリカに意図的に導入された。原産の生息域では広く分布しているため、30以上の異なる名前が科学文献に記載されている。

成虫の体長
1.4〜2.2mm

ミゾハギチビゾウムシ
NANOPHYES MARMORATUS MARMORATUS
(GOEZE, 1777)

実物大

北アメリカにおいてエゾミソハギ（Lythrum salicaria）は、ユーラシアに起源をもつ、湿地に生える多年性の侵入植物である。小型のゾウムシであるミゾハギチビゾウムシ（Nanophyes marmoratus marmoratus）は（Hylobius属およびGalerucella属の種とともに）エゾミソハギの生物的防除のために北アメリカに導入された甲虫の1種である。成虫および幼虫は未開花のつぼみを食べ、成虫は生育中の葉も食べる。ひとつのつぼみの中で成長を遂げるのは1匹の幼虫のみである。成熟した幼虫はつぼみの底で蛹をつくる。幼虫がつぼみを食べることで、寄主が種をつくることはできない。

近縁種

チビゾウムシ亜科は科の階級を与えられることもあるが、現在およそ30属の300種から成る。ほとんどの種の成虫は2.5mm以下であり、正確に分類するためには生殖器の構造を注意深く分析することが必要であることが多い。Nanophyes属には旧北区の35以上の種と亜種が存在する。N. marmoratus属の亜種では他に、ロシア極東および日本のN. m. miguelangeliが認められる。

ミゾハギチビゾウムシは小型の楕円形の甲虫である。口吻は前胸背板よりも長い。体色はさまざまだが、濃い茶色から黒色であることが多く、上翅にはさまざまな大きさのオレンジ色から黄色の模様がある。脚と触角は赤色がかった茶色である。成虫はまばらに生えた白色っぽい剛毛に覆われている。

多食亜目（カブトムシ亜目）

科	オサゾウムシ科(Dryophthoridae)
亜科	キクイサビゾウムシ亜科(Dryophthorinae)
分布	新北区：北アメリカ
生息環境	温帯林
生活場所	森林の落葉落枝およびマツ属（Pinus）植物の樹皮の下
食性	成虫の食性は不明だが、幼虫は朽ち木に穿孔する
補足	水分の多い枯れ木を寄主とする

成虫の体長
2.4〜3.1mm

アメリカキクイサビゾウムシ
DRYOPHTHORUS AMERICANUS
BEDEL, 1885

実物大

アメリカキクイサビゾウムシ（*Dryophthorus americanus*）は水分の多い枯れ木を寄主とし、森林の落葉落枝にも見られる。そのため当然、多くのばあい土まみれであったり、汚れた外見である。成虫および幼虫はマツ属（*Pinus*）植物を寄主としている。幼虫は一部が朽ちた木に見られ、木をかじるための、内側がざらざらした大顎がある。成虫がもっともよく見られるのは樹皮の下である。北米で見られる唯一の*Dryophthorus*属の種である。属名のギリシャ語が「オークを破壊するもの」を意味するにも関わらず、害虫とは見なされていない。

近縁種

Dryophthorinae亜科の*Dryophthorus*属はその他の４属とともに最近までゾウムシ科キクイゾウムシ亜科に分類されていた。*Lithophthorus*属と*Spodotribus*属は漸新世の化石でのみ知られる。現存する*Stenommatus*属もまたアメリカ大陸でのみ見られるが、*Psilodryophthorus*属はニューギニアおよびフィリピン原産である。*Dryophthorus*属に存在するおよそ37種はすべての生物地理区で見られる。そのうち６種がアメリカ大陸原産であることも知られている。

アメリカキクイサビゾウムシは小型で茶色く、円筒形に近い形をしている。体の大半は深く大きな、多くのばあい泥まみれの点刻に覆われている。上翅の線条間は狭く、はっきりと隆起している。跗節には節が5つある。触角には4つに分かれた中間節があり、最後の節はスポンジ状の先端を除いて無毛である。これは他のDryophthorid科にも共通する形質である

多食亜目（カブトムシ亜目）

科	オサゾウムシ科（Dryophthoridae）
亜科	Orthognathinae亜科
分布	新熱帯区
生息環境	ヤシの育つ場所。寄主にはココヤシ属 *Cocos* 植物、*Diplothemium caudescens*、*Attelea* 属、ギニアアブラヤシ（*Elaeis guineensis*）がある。
生活場所	ヤシの中もしくは樹上
食性	幼虫は寄主であるヤシの木を食べるが、成虫の食性は不明
補足	口吻に独特の毛のある、大型の個性的なゾウムシである

成虫の体長
11〜45mm

ヒゲゾウムシ
RHINOSTOMUS BARBIROSTRIS
(FABRICIUS, 1775)

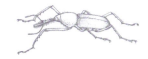

この興味深い外見のゾウムシは、雄が鮮やかな瓶洗い用タワシに似た口吻を持っており、世界最大のゾウムシの1種である。雄の成虫の伸長した前脚と口吻は他の雄と戦う際に使われる。ふさふさしたタワシ状の毛は、求愛行動の際に雌の背面をなでたりさすったりするのに都合が良いかもしれない。雌は疲労したヤシの樹皮に好んで産卵する。幼虫は寄主植物の内側で育つ。ココヤシ（*Cocos nucifera*）に深刻な被害をもたらす害虫である。

近縁種
*Rhinostomus*属には熱帯地域の8種が存在する。*Rhinostomus*属は北アメリカの*Yuccaborus*属と共にRhinostomini族に属する。ヒゲゾウムシ（*Rhinostomus barbirostris*）はアフリカ原産の*R. niger*と非常に似るが、点刻や脚の軟毛、頭部の形態、雄の生殖器の形状といった点で異なる。

ヒゲゾウムシは大型で黒色のゾウムシで、ざらつきのある深い点刻がある。雄の口吻には伸長し背面に歯状突起がある。口吻には赤色がかった金色の剛毛が生えており、そのため、あご髭が生えているように見える。雌の口吻は雄より短く、背面に小結節がある。雌の口吻には軟毛はない。雄の前脚は雌の前脚より長い。触角は口吻の中程から生えており、先端の触角節は細く柔らかく非常に長い。

実物大

多食亜目（カブトムシ亜目）

科	オサゾウムシ科（Dryophthoridae）
亜科	Orthognathinae亜科
分布	旧北区および東洋区：インド亜大陸から東は日本、マレーシア半島まで
生息環境	温帯林
生活場所	樹皮または丸太
食性	成虫の食性は不明だが、幼虫はマツ科、ワサビノキ科、マメ科、フトモモ科、クワ科の木に穿孔する
補足	大型の個性の強い、木に穿孔するゾウムシで、非原産の温帯林に予期せず導入、定着の潜在的な危険が高い

成虫の体長
12〜30mm

オオゾウムシ
SIPALINUS GIGAS GIGAS
(FABRICIUS, 1775)

オオゾウムシ（*Sipalinus gigas gigas*）は、病気であったり、枯れかけであったり、または切り倒された、多くの科の樹木を寄主とし、樹皮下もしくは丸太の下で見られることが多い。幼虫が大量発生すると、寄主の樹木は枯れてしまうこともある。成虫および幼虫が穿孔しトンネルを掘ると、材木に被害を与える可能性がある。原産国以外ではまだ定着していないが、北アメリカおよびニュージーランドでは荷敷き、木箱、貨物を載せる木枠といった木製の梱包材経由のゾウムシを阻止している。丸太および倒木を寄主とすることから、徐々に海を渡って広がるかもしれない。

近縁種

*Sipalinus*属には7種が存在し、うち2種がユーラシアおよびオーストラレシア原産、5種がアフリカ原産である。基本的に、前胸背板の凹凸により識別できる。その他の識別のための特徴は、口吻の形状および点刻、特に先端部分がスポンジ状となっている触角の棍棒の形状、第2跗節の長さ、跗節の腹側の覆い、生殖器である。

オオゾウムシは茶色っぽく、大型で頑丈であり、固い皮を被った外見をしている。多くの結節があるが、これは旧世界のゾウムシのほとんどに見られる特徴である。口吻は前胸背板と同じくらいの長さである。前胸背板は中程がもっとも幅が広く、ドーム状の部分に中央の細い縞模様を除いて結節がある。短い滑らかな縞模様は上翅の会合線に沿って色の淡い剛毛の生えた白っぽい部分と交互に現れている。

実物大

多食亜目（カブトムシ亜目）

科	オサゾウムシ科(Dryophthoridae)
亜科	オサゾウムシ亜科(Rhynchophorinae)
分布	新北区および新熱帯区：アメリカ合衆国（カリフォルニア南部、アリゾナ南部）、中央アメリカ、ペルー、ブラジル、コロンビア
生息環境	乾燥し、温暖な地域（砂漠のような環境）
生活場所	サボテン
食性	ベンケイチュウ（*Carnegiea gigantea*）、*Ferocactus*属、オプンティア属（*Opuntia*）、ヒモサボテン属（*Hylocereus*）およびその他のサボテン科の植物
補足	以前は侵入植物であるサボテンの生物的防除剤として使われたが、ドラゴンフルーツのようなサボテンの農産物の害虫となっている国もある

成虫の体長
15〜25mm

サボテンオサゾウムシ
CACTOPHAGUS SPINOLAE
(GYLLENHAL, 1838)

サボテンオサゾウムシ（*Cactophagus spinolae*）はサボテン科（Cactaceae）植物を食べるが、ドラゴンフルーツ（*Hylocereus*）やノパルサボテン（*Opuntia ficus-indica*）といった農産物の深刻な害虫となっている国もある。1946年には侵入雑草であるウチワサボテン（*Opuntia*）を抑制するため、17,500頭以上のサボテンオサゾウムシが南アフリカへ導入された。害虫である幼虫はウチワサボテンの木質部分と「幹」を食べ穿孔し、ついには朽ちさせ倒してしまう。幼虫は果実部分の内側や節近くに繭をつくる。サボテンオサゾウムシはウチワサボテンをうまく抑制したが、南アフリカの気候が冷涼であるため定着しなかった。成虫は果実をかじるが、悪影響はない。

近縁種

*Cactophagus*属にはおよそ40種以上が存在し、アメリカ合衆国南部から南アメリカにかけて分布するが、アンティル諸島、アルゼンチン、チリ、パラグアイ、ウルグアイにはいない。サボテンオサゾウムシはアメリカ合衆国に生息する唯一の*Cactophagus*属で、*C. fahraei*に非常に似るが、基本的に上翅に非常に細かく密集した浅い点刻が線条を形成している点が異なる。

実物大

サボテンオサゾウムシはカリフォルニア最大のゾウムシである。全身が黒色か、前胸背板の前方に赤色から橙赤色の斑点があり、上翅に横向きの4本の帯状の模様（横帯）がある。表面は光沢のあるものもないものもあり、軟毛はない。口吻は太く、前胸背板と同じくらいの長さである。触角は頭部付近から出ている。上翅の点列の点は小さく密で浅い。

多食亜目（カブトムシ亜目）

科	オサゾウムシ科（Dryophthoridae科）
亜科	オサゾウムシ亜科（Rhynchophorinae）
分布	東洋区、旧北区、新熱帯区：東南アジア原産だが、アジア、アフリカ、中東、ヨーロッパ地中海地域、アルバに導入された
生息環境	熱帯地方および亜熱帯地方
生活場所	ヤシの木に穿孔する
食性	幼虫は少なくとも23種のヤシの木を食べ、中で成長し、成虫もヤシを食べる
補足	ヤシにもっとも被害をもたらす害虫の1種だが、おいしいおやつでもある

成虫の体長
25〜38mm

ヤシオオオサゾウムシ
RHYNCHOPHORUS FERRUGINEUS
(OLIVIER, 1791)

寄主となる植物が多いことや、健康なヤシにも病気のヤシにも深刻な被害を及ぼすことから、ヤシオオオサゾウムシ（*Phynchophorus ferrugineus*）は世界でもっとも被害をもたらす害虫の一種となっている。観賞用のヤシも商業用のヤシも被害を受ける。しかし、このゾウムシはまるきりの悪者ではない。原産地域ではその生涯を通して、とくにSago Wormと一般に呼ばれる大型のジューシーな幼虫は、栄養がありおいしいと考えられている。ヤシオオオサゾウムシを食べるという習慣が途上国における飢餓と栄養不足を防ぐ助けになるかもしれない、という研究が現在行われている。

近縁種

*Rhynchophorus*属にはおよそ10種が存在し、色がさまざまであることから、お互いに混同されることがよくある。全生息域のヤシオオオサゾウムシの個体のDNA配列を比較した研究によると、少なくとも隠蔽種のひとつであるヤシオオオサゾウムシの異名であると考えられてきた、*R. vulneratus*は存在することが示唆されている。

ヤシオオオサゾウムシは大型で光沢があり、楕円形をしている。配色はさまざまで、全身が黒色で前胸背板に小さな赤色がかったオレンジ色の模様のあるものから、ほとんど全身が赤色がかったオレンジ色で前胸背板に黒色の模様のあるものまでいる。点刻ははっきりしないが、上翅の線条ははっきりしている。

実物大

多食亜目（カブトムシ亜目）

科	オサゾウムシ科（Dryophthoridae科）
亜科	オサゾウムシ亜科（Rhynchophorinae）
分布	本来は東洋区原産だが、現在は汎存種である
生息環境	穀物
生活場所	一般に成虫および幼虫は保存されている穀物製品（とうもろこし、大麦、ライ、小麦、米など）を食べるが、栽培中の穀物用植物にも被害を与えることがある
食性	穀物の外皮の中の実または穀粒の中を食べて成長する
補足	世界で最も穀物に被害をもたらす害虫の1種である

成虫の体長
2〜3mm

ココクゾウムシ
SITOPHILUS ORYZAE
(LINNAEUS, 1763)

実物大

原産であるインドから、この小型のゾウムシは世界中を人間についてまわり、貯蔵されている穀物製品の最も深刻な蔓延する害虫となった。ココクゾウムシ（Sitophilus oryzae）および他のSitophilus属の存在と影響は、少なくとも古代エジプト（紀元前2300年）やローマの劇作家プラウトゥス（紀元前およそ254-184年）の時代にまでさかのぼる。キャプテン・クックの世界周航の船にも乗った。放置された場合、ココクゾウムシの蔓延はまもなく大きな問題になる可能性がある。たとえば第一次世界大戦中、オーストラリアではおよそ40トンの小麦が損なわれ、1トンものココクゾウムシを一掃し殺虫しなくてはならなかった。

近縁種

コクゾウムシ属（Sitophilus）には18種が存在する。グラナリアコクゾウムシ（S. granarius）およびコクゾウムシ（S. zeamais）はコクゾウムシ属に属し、ココクゾウムシによく似る。過去にはコクゾウムシとココクゾウムシは単一種と考えられていたが、雄の生殖器の形状によりすぐに区別できる。

ココクゾウムシは小型の濃い茶色の甲虫である。左右の上翅にはそれぞれ赤色から赤色がかった黄色のはっきりした斑点が上下2ヵ所にある。前胸背板と上翅に深い点刻があるため、外皮の表面はでこぼこしている。

多食亜目（カブトムシ亜目）

科	イボゾウムシ科（Brachyceridae）
亜科	Brachycerinae亜科
分布	エチオピア区：アフリカ南部および東部
生息環境	乾期が長く干ばつの厳しい生息地
生活場所	地表性、粘土土壌の上
食性	アンモカリス・コラニカ（Ammocharis coranica）の葉を食べる
補足	個性の強いゾウムシであり、お守りとして使われ、Moose Face Lily Weevil またはElephant Weevilとも呼ばれる

成虫の体長
25〜45mm

アカモンオウサマゾウムシ
BRACHYCERUS ORNATUS
(DRURY, 1773)

この個性が強く、飛べないアフリカのアカモンオウサマゾウムシ（Brachycerus ornatus）はヒガンバナ科のアンモカリス（Ammocharis coranica）の葉を食べ、寄主とする。雌はアンモカリスの球根に隣接した地面に穴を掘り、最終的にそこに産卵する。最大3匹の幼虫が各球根内部で育ち、親が作った、ずらりと並んだ土の中の育児室で蛹になる。おそらくその赤い斑点と寄主植物との関係から、このゾウムシは装飾用の魔法のビーズとして使われ、アフリカのサン人のお守りに組み込まれた。

近縁種

Brachycerus属の多くは大型で色彩が豊かである。B. muricatusのように、ヨーロッパと北アフリカの一部でネギ属植物（Allium）の深刻な害虫となっているものもいる。およそ500種がBrachycerus属に分類され、アフリカの各地と旧北区の大半に生息する。一般に頭部、前胸、上翅の造形から種の識別が可能である。

実物大

アカモンオウサマゾウムシは大型で球根状の黒色のゾウムシである。上翅には赤色の斑点があり、前胸背板はさらに模様がある。円盤状の前胸背板と口吻の形状は独特で、溝や凹凸があり、前胸背板の側面には結節がある。丸みを帯びた上翅の表面は比較的滑らかである。口吻は短く、先端が平たくなっている。

多食亜目（カブトムシ亜目）

科	イボゾウムシ科（Brachyceridae）
亜科	イネゾウムシ亜科（Erirhininae）
分布	新熱帯区、新北区、エチオピア区、東洋区、オーストラリア区：南アメリカ原産だが（アルゼンチン、西はボリビア、北はブラジル北部）アメリカ合衆国、西アフリカ、インド、オーストラリアに導入された
生息環境	淡水生態系
生活場所	水中もしくは水辺
食性	ホテイアオイ（Eichhornia crassipes）を食べる
補足	侵入植物であるホテイアオイの生物的防除剤としてアメリカ合衆国に導入された

成虫の体長
3.5〜5.0mm

ホテイアオイゾウムシ
NEOCHETINA BRUCHI
HUSTACHE, 1926

ホテイアオイゾウムシ（*Neochetina bruchi*）は、幼虫および成虫の段階でホテイアオイ（*Eichhornia crassipes*）を食べるため、この侵入雑草を防除することを目的にアルゼンチンから世界各地に導入されるに至った。淡水の中あるいはその近くに生息する。成虫の体表には撥水性の鱗片があり、プラストロンを形成している。これにより空気の泡をもち運べるため、水中で呼吸できる。高倍率で見ると、密着し穴の開いた特殊な鱗片と、羽毛状の鱗毛を見ることができる。密着し穴の開いた鱗片は背側と腹側の大半を覆っており、一方、羽毛状の鱗毛と剛毛は関節部に生えている。

近縁種

*Neochetina*属にはアメリカ大陸の6種が存在する。また26属とともにStenopelmini族に属する。*Neochetina*属の種は基本的に前胸背板と上翅の構造の違いにより識別できる。近縁の*N. eichhorniae*もまたホテイアオイを食べるため、防除に使われる。

実物大

ホテイアオイゾウムシは平たい、楕円形の甲虫である。体表にぴったりと密着した灰色、黄色、茶色の鱗片でびっしりと覆われている。一般に上翅にははっきりとした明るい色のV字型の帯（山形紋）があり、色のパターンはさまざまである。上翅の線条は細かいがはっきりとしている。口吻は前胸背板とほとんど同じくらいの長さである。雌の口吻は前胸背板よりもわずかに長いが、先端には鱗片がない。

多食亜目（カブトムシ亜目）

科	イボゾウムシ科(Brachyceridae)
亜科	Raymondionyminae亜科
分布	新北区：アメリカ合衆国（カリフォルニア州メンドシーノ郡およびその周辺）
生息環境	温帯林
生活場所	針葉樹の落ち葉
食性	不明
補足	カリフォルニア固有種の目をもたないゾウムシである

成虫の体長
1.7〜2.9mm

メクラツチイボゾウムシ
ALAOCYBITES CALIFORNICUS
GILBERT, 1956

実物大

この小型で、目をもたないメクラツチイボゾウムシ（*Alaocybites californicus*）はカリフォルニアの北部沿岸の固有種で、成虫時には針葉樹、とくにセコイアの落ち葉の中に住む。幼虫およびその生態は依然不明である。近縁種の*Raymondionymus perrisi*の未成熟な段階のものが土の中に見られたため、メクラツチイボゾウムシも陸生であると考えられる。メクラツチイボゾウムシや、葉や土の中に住む他の生物を採取するには、深層の腐食土や土をふるいにかけたり水で洗ったりするのが一般的である。無眼球（一方あるいは両方の目がない状態）であるのは、暗い落ち葉の中の生活では視力は必要ないため、環境に適応したのかもしれない。

近縁種

*Alaocybites*属に存在するのはメクラツチイボゾウムシと *A. rothi* だったが、2007年には *A. egorovi* がロシア極東の落ち葉のサンプルから発見された。アラスカのロスト・チキン・クリーク金鉱から出土した鮮新世（300万年前）の化石も*Aloacybites*属に属する。このため、古代には*Alaocybites*属が広く分布していたか、現在の採取場所に偏りがあると考えられる。*Schizomicrus*属はメクラツチイボゾウムシと同じ生息域に重複分布するが、前胸腹板に独特のくぼみがあるため、識別できる。ベネズエラの*Bordoniola*属は近縁である可能性がある。

メクラツチイボゾウムシは小型で目が無い。体は光沢があり、伸長し、細い。またほとんど半透明で、明るい赤色から茶色である。頭部は前胸背板に隠れておらず、触角は膝状に曲がる。口吻はゆるく湾曲し、前胸背板よりもやや短い。上翅の会合線はまばらな黄色い起毛した剛毛に覆われている。前胸背板と上翅には点刻が目立つが、泥にまみれていることが多い。脚には跗節が4本しかないが、他のイボゾウムシ科では5本である。

多食亜目（カブトムシ亜目）

科	ゾウムシ科（Curculionidae）
亜科	ゾウムシ亜科（Curculioninae）
分布	新熱帯区：ベリーズ、パナマ
生息環境	森林
生活場所	葉の表面
食性	成虫の食性は不詳だが、幼虫は葉に穿孔すると思われる
補足	異なる科の形態上の構造を併せもつために、分類に問題が生じている

成虫の体長
4～4.5mm

カメノコゾウムシ
CAMAROTUS SINGULARIS
CHAMPION, 1903

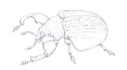
実物大

独特の外見をもつ、かなり希少なカメノコゾウムシ（*Camarotus singularis*）の成虫は、上翅の側面が体の両側で張り出している点で、カメノコハムシ亜科のハムシに一見似ている。一方で、短い口吻や、*Camarotus*属のもつ真っ直ぐに見える触角は、オトシブミ科のゾウムシの特徴に似ている。異なる科の形態上の構造を併せもつために、過去には正しい分類を行うことに問題が生じたことがある。*Camarotus*属の他の種の観察から考えると、カメノコゾウムシの幼虫はノボタン科もしくはその近縁種の植物の葉に穿孔すると思われる。

近縁種
*Camarotus*属は、Camarotini族のCamarotina亜族に唯一の属であり、熱帯アメリカ全域に分布する3つの亜群の40種を有する。カメノコゾウムシは他の18種とともに*C. cassidoides*群に属する。グアテマラ原産の*Camarotus dilatatus*はカメノコゾウムシにきわめてよく似るが、腹面がれんが色ではなく黒色である点が異なる。

カメノコゾウムシは小さく、恰幅のよい、光沢のないれんが色をしたゾウムシである。上翅の両側は横に大きく張り出している。雄の肥大した前脚の腿節の前面には鋭い鋸歯が一列並んでいる。口吻は短く、頑丈である。触角は中程で収納され、一見真っ直ぐであるが、基部は伸長し湾曲している。前胸背板は長さの約2倍の幅があり、前方にむかって幅が著しく狭くなっている。

多食亜目（カブトムシ亜目）

科	ゾウムシ科（Curculionidae）
亜科	ゾウムシ亜科（Curculioninae）
分布	オーストラリア区：ニューカレドニア
生息環境	熱帯雨林
生活場所	Sloanea属植物の葉の上
食性	不明だが、寄主植物はSloanea lepida（および他のSloanea属植物の可能性もある）
補足	成虫は長く湾曲した前胸のヘルメット（角状構造）がある

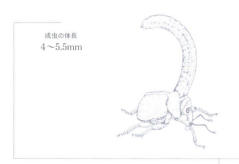

成虫の体長
4〜5.5mm

ミカヅキゾウムシ
CEROCRANUS EXTREMUS
KUSCHEL, 2008

実物大

この奇妙な外見のミカヅキゾウムシ（*Cerocranus extremus*）は、胸部および上翅にろう様分泌物を出すゾウムシの仲間であるCranopoeini族に属する。この分泌物はこのゾウムシの頑丈だが柔軟な構造を固めて形成する。この構造は胸部の角状突起で、湾曲し、長く、中が空洞である。雄雌ともにこの構造をもち、蛹から出てきてすぐに分泌物が出る。このように大きな角状突起があるにもかかわらず、このゾウムシは飛ぶことができる。実際、敏捷に飛ぶのだ。ろう様分泌物は、前胸の短く柔らかで密に生えた毛の、円形構造の中に隠れた分泌線から分泌される。

近縁種

*Cerocranus*属には1種のみが存在する。Cranopoeini族には太平洋地域（たとえばマリアナ、マルケサス、クック各諸島）、オーストラリア、パプアニューギニア原産の11属19種が存在する。*Cerocranus*属以外では、*Blastobius*属、*Cranopoeus*属、*Docolens*属、*Cranoides*属、*Onychomerus*属、*Spanochelus*属、*Enneaeus*属、*Swezeyella*属、*Fergusoniella*属、*Cratoscelocis*属が存在する。Cranopoeini族は、脚の構造、上翅、雄の生殖器の特徴で識別が可能である。

ミカヅキゾウムシの成虫は濃い茶色をしている。脚と腹部の表面は多少赤色がかった茶色である。前胸には長く湾曲した角状の付属器があり、体長の2倍を超えることがある。上翅は凸型で、前胸のつけ根よりも幅が広く、中央近くに1対の短い結節がある。雌の口吻には大きなくぼみがあり、縁は無毛で、目の前にろう様分泌物を出す剛毛がある。

多食亜目（カブトムシ亜目）

科	ゾウムシ科（Curculionidae）
亜科	ゾウムシ亜科（Curculioninae）
分布	新北区：北アメリカ北東部
生息環境	東部の落葉樹林
生活場所	クリの木（クリ属Castanea植物）の上
食性	幼虫は C. dentata、C. mollissima、C. pumila を含めたさまざまなクリ属の殻果の内側を食べるが、成虫は同じ寄主の効果を食べる
補足	北アメリカのCurculio属で最大のゾウムシである

成虫の体長
6.5〜16mm

アメリカクリシギゾウムシ
CURCULIO CARYATRYPES
(BOHEMAN, 1843)

この象徴的なアメリカクリシギゾウムシ（*Curculio caryatrypes*）は、アメリカグリ（*Castanea dentata*）を寄主としている。しかしアメリカグリは、20世紀に偶然日本から導入された侵略的真菌であるクリ胴枯病菌（*Cryphonectria parasitica*）によるクリ胴枯病のためにほぼ絶滅している。このため本種は数が激減し、現在ではかつての生息域の全域で希少となっており、他の固有種あるいは導入されたクリによってのみ生き残りが可能である。ひとつのクリの仁を数匹のゾウムシが食べ、最後にほぼ真円の穴から出てくる。土の中で蛹になる。

近縁種

アメリカクリミギゾウムシは、植物の種を食べるCurculio属のおよそ345種の内の１種である。食べるのはブナ科（ブナ）、カバノキ科（カバノキ）、クルミ科（クルミ）の実とこぶである。*Curculio*属の中には、ペカン（ペカン*Carya illinoinensis*—*Curculio carya*）、ハシバミ属（セイヨウハシバミ*Corylus avellana*—*Curculio nucum*）、クリ属（クリ*Castanea*属—*Curculio elephas*）といった植物の深刻な害虫のものもいる。口吻の長さの違いは寄主植物の種の大きさの違いと相関関係があるかもしれず、高い多様性の一因かもしれない。

実物大

アメリカクリシギゾウムシは楕円形で、濃い赤色がかった茶色のゾウムシである。金色がかった黄色から灰色のまだら模様になった縞状の軟毛に厚く覆われている。口吻はきわめて薄く、伸長し湾曲しており、雌では残りの体長と同じくらい、雄ではわずかに体長の方が長い。口吻は額前頭に続いている。触角は非常に長く、雄では口吻の中ほど、雌では頭部近くから出ている。

多食亜目（カブトムシ亜目）

科	ゾウムシ科(Curculionidae)
亜科	ゾウムシ亜科(Curculioninae)
分布	新熱帯区：アルゼンチン、ボリビア、ウルグアイ、ブラジル（ベレン、マナウス）、フランス領ギアナ、スリナム、パラグアイ
生息環境	河川あるいは溝に沿った植生
生活場所	ホテイアオイ（*Eichhornia crassipes*）の葉柄上の水域環境
食性	成虫および幼虫はバッタ(ホテイアオイバッタ*Cornops*)の卵を食べる
補足	他のゾウムシとは違い、植物の組織ではなく他の昆虫を食べるといった点で珍しい

成虫の体長
7〜8mm

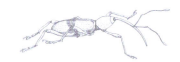

バッタヤドリゾウムシ
LUDOVIX FASCIATUS
(GYLLENHAL, 1836)

バッタヤドリゾウムシ（*Ludovix fasciatus*）は、ホテイアオイ（*Eichhornia crassipes*）の葉柄の中に産卵するホテイアオイバッタ（*Cornops*）の卵のみを食べる点で独特である。雌はホテイアオイを産卵するための寄主植物としても利用する。幼虫はホテイアオイバッタの卵嚢（卵の塊）の中で成長し、食べ、蛹になる。雌はその伸長した口吻を使って卵嚢が産卵に適しているか、利用できるかを判断する。成虫は水面を泳ぐことができ、6本の脚を同時に動かす平泳ぎをする。体は水面に浮き、脚は水中に沈んで推力を生み出す。

近縁種

バッタヤドリゾウムシは、8属100種あまりが存在する、新熱帯区のどちらかというと貧弱なErodiscini族に属する。Erodiscini族の大半は水生あるいは半水生植物を寄主とする。*Ludovix*属に属するのは2種のみである。Erodiscini族はOtidocephalini族で蟻の擬態を行う種と近縁であり、過去にはこの2つの族は統合されていたことがある。

実物大

バッタヤドリゾウムシは光沢があり、細く、伸長している。体色は赤色がかった茶色で、上翅の中央付近に横向きの濃い色の帯がある。前胸背板は側面が丸みを帯びている。口吻同様、肢は細く伸長して湾曲し、体の他の部分と同じくらいの長さである。腿節末端は肥大している。

多食亜目（カブトムシ亜目）

科	ゾウムシ科（Curculionidae）
亜科	カギアシゾウムシ亜科（Bagoinae）
分布	東洋区および新北区：バングラデシュ、インド、パキスタン、タイ原産だがアメリカ合衆国に導入された
生息環境	半水生であり、陸水生態系で見られる
生活場所	水中および水辺の水生植物の上
食性	クロモ（*Hydrilla verticillata*）の露出した塊茎
補足	強力な水生侵入植物に対する生物学的防除剤としてアメリカ合衆国に導入された

成虫の体長
2.8〜4mm

クロモゾウムシ
BAGOUS AFFINIS
HUSTACHE, 1926

実物大

クロモゾウムシ（*Bagous affinis*）はアジア原産だが、クロモ（*Hydrilla verticillata*）を防除するためアメリカ合衆国に導入された。クロモは水生の侵入植物でアクアリウムによく使われるが、アジア、ヨーロッパ、アフリカ、オーストラリアが原産である。クロモは北アメリカの沿岸地域に固有の水生植物を駆逐してしまい、除草剤も効き目がなかった。クロモゾウムシの成虫はクロモの地上部分を食べ、幼虫は塊茎を食べる。繁殖の条件である、水位と生息場所の状態が適切であれば、うまく成長し摂食できる。

近縁種
イネゾウムシ亜科のゾウムシも水生あるいは半水生の環境で見られ、Bagoinae亜科の種と一見きわめて似ているが、前胸の腹面の溝がない。汎存種である*Bagous*属のほとんどは陸水植物を寄主とし、一般に上翅、前胸、脚、そして雄の生殖器の構造により分類できる。

クロモゾウムシは中型の長い楕円形の、黒色に灰色と茶色の模様のある甲虫である。前胸には白色っぽい縦縞がある。滑らかで光沢のある外見は、体に密着した幅広の鱗片が厚く覆っていることによる。脚は長く細く、上翅の線条は明確である。口吻を収納するための中央の縦溝が前胸の腹側にある。

多食亜目（カブトムシ亜目）

科	ゾウムシ科(Curculionidae)
亜科	ヒメゾウムシ亜科(Baridinae)
分布	新熱帯区および新北区：中央アメリカ、メキシコ、パナマ原産だが、アメリカ合衆国（ブロワードおよびマイアミ・デイド郡、フロリダ）に導入された
生息環境	熱帯地方
生活場所	寄主である、つる性植物の上
食性	成虫および幼虫はセイシカズラの1種（*Cissus verticillata*）を食べる
補足	個性の強い、色の鮮やかなヒメゾウムシであり、生きた植物あるいは植物製品を通してフロリダに偶然輸入されたと考えられる

成虫の体長
4.5〜7mm

ニジイロホウセキヒメゾウムシ
EURHINUS MAGNIFICUS
GYLLENHAL, 1836

実物大

この驚くほどに美しいゾウムシは、金属光沢を帯びた外見をもつ、特徴あるEurhinus属に属する。終生はブドウ科のセイシカズラの1種（*Cissus verticillata*）を寄主としている。雌は寄主であるつる性植物の茎に産卵してこぶをつくる。幼虫はそのこぶのなかで5齢を経て蛹になる。茎が損なわれるといった損害を含めても、寄主植物が受ける被害はさほどでもない。ニジイロホウセキヒメゾウムシ（*Eurhinus magnificus*）は偶然南フロリダに定着し、最初の記録は2002年に遡る。他の近縁のつる性植物、たとえば栽培ブドウ（ブドウ属Vitis）が寄主に適しているかどうかは、わかっていない。

近縁種

*Eurhinus*属にはアメリカの熱帯地域原産の23種が存在する。そのすべてが金属光沢をもち、鮮やかな色をしている。ニジイロホウセキヒメゾウムシは、*E. festivus*、*E. cupripes*、*E. yucatecus*と色がきわめて似ている。違いは腹部のへこみの形状と軟毛、雄の生殖器の構造にある。ニジイロホウセキヒメゾウムシは少なくとも6度違う種として記載されたことがあるが、うち5度は同じ人物による。

ニジイロホウセキヒメゾウムシの成虫は鮮やかな金属光沢のある青色から緑色をしており、加えて頭部、前胸背板の前方、上翅の肩部と先端、脚の基部近くが赤銅色である。体色はさまざまである。比較的大型で体格がよく、肩もはっきり鋭角である。点刻は明確ではないが、上翅の点条は顕著である。口吻の大きさは前胸背板の大きさとほぼ同じである。

多食亜目（カブトムシ亜目）

科	ゾウムシ科（Curculionidae）
亜科	ヒメゾウムシ亜科（Baridinae）
分布	新熱帯区：フランス領ギアナ、ペルー、パナマ、コスタリカ、ボリビア
生息環境	森林
生活場所	成虫は草本植物の上で見られることが多いが、幼虫は不明である
食性	不明
補足	成虫は明らかに武装し、また彩色しており、上翅の鋭い棘は注意して扱わないと痛い思いをする可能性がある

ハエモドキヒメゾウムシ
PTERACANTHUS SMIDTII
(FABRICIUS, 1801)

成虫の体長
5〜6mm

実物大

新熱帯区の5つの科の60種を超える甲虫は一様に独特の配色で、ハエ（双翅目）への擬態だと思われる。これらの甲虫は頭部と前胸の前の部分が鮮やかな赤色であることが多く、前胸の後ろ部分と上翅のつけ根が完全に黒色で、上翅の後ろ半分はほぼ一様に金色がかった黄色から薄灰色である。ハエモドキヒメゾウムシ（*Pteracanthus smidtii*）の擬態のモデルとなっているのは、同時に大量発生し低木層に住むシマバエ（*Xenochaetina polita*）であると思われる。この驚くような、ハエと甲虫の間の複雑な擬態を引き起こした進化的淘汰の圧力の作用はよくわかっていない。

近縁種
多様なBaridinae亜科は10族のおよそ550属から成る。*Pteracanthus*属は単型属であり、大半が新熱帯区のAmbatini族に属する。Baridinae亜科内の現在の族の分類にはあまり意味がなく、属および種の関連性を解明するため、さらに研究が必要であると専門家の間では考えられている。

ハエモドキヒメゾウムシは棘のある中型の、体の大半が黒色のゾウムシである。頭部および前胸背板の前半分は鮮やかな赤色をしている。上翅には大きく平らな鋭く尖った棘が4つあり、ふたつは上翅の根元近くから出ており（横向き）、あとのふたつは先端近くから出ている（後向き）。腹部は口吻同様、腹側が鮮やかな白色の鱗片で覆われている。小型で鋭い歯状突起が各腿節の腹側の端にある。

多食亜目（カブトムシ亜目）

科	ゾウムシ科（Curculionidae）
亜科	サルゾウムシ亜科（Ceutorhynchinae）
分布	旧北区および新北区：旧北区西部原産だが、カナダに意図的に導入された
生息環境	牧草地、田畑
生活場所	ムラサキ科植物の根および新芽
食性	オオルリソウの1種（*Cynoglossum officinale*）および他のムラサキ科植物の根と新芽
補足	Houndstongueの生物学的防除を目的にカナダに導入された

成虫の体長
3〜4mm

オオルリソウサルゾウムシ
MOGULONES CRUCIFER
(PALLAS, 1771)

実物大

この体格の良い、植物の新芽や根を食べる小型のオオルリソウサルゾウムシ（*Mogulones crucifer*）は1997年、オオルリソウの1種（*Cynoglossum officinale*）の生物学的防除の支援を目的にカナダに導入された。オオルリソウの1種は100年以上前、種の混入により偶然導入されたユーラシア原産の雑草である。北アメリカの大部分で牧草地および放牧地に見られ、家畜に対してきわめて有害である。本種は基本的にオオルリソウの1種を寄主とする一方、*Cynoglossum*属と*Solenanthus*属の植物も食べる。一部のムラサキ科の固有種が希少種であり絶滅危惧種であることから影響をおよぼす危険があるため、オオルリソウサルゾウムシの意図的な採集、移動、および投棄はアメリカ合衆国では連邦犯罪である。

近縁種

*Mogulones*属には67種が存在し、そのすべてがムラサキ科植物を寄主としている。大半の種が地中海地域で見られる。また、*Mogulones*属はサルゾウムシ亜科の中の最も多様な（およそ70属）サルゾウムシ族に属する。*Mogulonoides*属と似ているが、上翅の特徴、前脚の脛節にある歯状の剛毛の大きさと形状が異なっている。

オオルリソウサルゾウムシは楕円形をした濃い色のゾウムシである。白色の軟毛が主に腹部側と上翅に生えている。白色の鱗片が上翅に鮮明な十字形模様を作っており、このため名前が*crucifer*（ラテン語で「十字架を運ぶ」の意）である。口吻は前胸背板と長さがほぼ同じである。前胸背板は上翅と会合する後方がもっとも広くなっている。体でもっとも幅が広いのは上翅の中央部近くである。

多食亜目（カブトムシ亜目）

科	ゾウムシ科 (Curculionidae)
亜科	クモゾウムシ亜科 (Conoderinae)
分布	オーストラリア区：パプアニューギニア（フォン湾）
生息環境	熱帯雨林
生活場所	枯れ木および丸太
食性	植食性
補足	一見クモに見える、めずらしい事例である

トガリパプアクモゾウムシ
ARACHNOBAS CAUDATUS
(HELLER, 1915)

成虫の体長
17〜19mm

トガリパプアクモゾウムシ（*Arachnobas caudatus*）は、その属名と一般名からわかる通り、一見、クモに似ている。*Arachnobas*属はたいてい動きが遅く、驚くと擬死を行う傾向がある。多くの場合、大型の葉状地衣類、コケ類、または菌類が覆う枯れ木もしくは丸太に生息する。そのためその長い脚はこのような環境を移動するために進化したのではないかと思われる。トガリパプアクモゾウムシおよび近縁種の雄の脚に沿って生えているフリンジ状の剛毛は、雌の脚にある剛毛より長い。このことから、脚は交尾前およびまたは交尾中のつがいのコミュニケーションに使われることが示唆されるが、目撃されたことはない。

近縁種
パプア地域固有の*Arachnobas*属にはおよそ60種が存在するが、さらに多くの種が分類待ちである。ニューギニア原産の*Arachnobas*属と*Caenochira*属は、クモゾウムシ亜科15族のうちのひとつであるArachnopodini族に属する。*Caenochira*属には*C. doriae*のみが存在するが、これをゾウムシ科に分類することは挑戦的であり、現在Arachnopodini族に置かれていることも疑問である。

実物大

トガリパプアクモゾウムシの体色は黒色で、前胸背板と上翅はそれより明るい色をしている。伸長した体に、細長く、剛毛で覆われた脚があり、このためクモのような外見である。体で最も幅が広いのは前胸背板と上翅の会合する体節の部分である。脚の長さはどれも同じであり、体より長い。口吻の長さは前胸背板とほぼ同じである。

多食亜目（カブトムシ亜目）

科	ゾウムシ科（Curculionidae）
亜科	クモゾウムシ亜科（Conoderinae）
分布	新熱帯区：中央および南アメリカ
生息環境	森林
生活場所	成虫は葉の表面に見られ、幼虫は植物の実の鞘、新芽、あるいは茎に見られる
食性	キマメ（Cajanus cajan）を食べる。また、マメ科のナタマメ（Canavalia）、ドリコス（Dolichos）、インゲンマメも食べる。
補足	この個性的なゾウムシはキマメの害虫である

成虫の体長
3.5〜4.2mm

キマメアメリカクモゾウムシ
COPTURUS AURIVILLIANUS
(HELLER, 1895)

この興味深い3色のゾウムシは、幼虫が樹木に穿孔し、寄主植物の枝や幹に通路を掘るゾウムシの仲間である。ゾウムシによる被害と侵入のために、寄主植物が枯れてしまうこともある。キマメアメリカクモゾウムシ（*Copturus aurivillianus*）の属する族およびその近縁の族は日中に活動し、特有の性急で素早い臆病な一連の動きが葉の表面で容易に見られる。キマメアメリカクモゾウムシはペルーではキマメ（*Cajanus cajan*）として一般に知られる高タンパクのマメ科植物の害虫として考えられている。豆の鞘および新芽の中で産卵し、幼虫は中で成長する。

近縁種

*Copturus*属は、19属が属するLechriopini族に存在する。アメリカ大陸のみに生息し、50種が存在するが、多くの種が分類待ちである。メキシコでは近縁の*Copturus aguacate*がアボカドの深刻な害虫となっており、樹木に穿孔することから葉の損傷および枝や樹木全体の枯死を招いている。

実物大

キマメアメリカクモゾウムシは小型で種の形をしたゾウムシで、幅広の平たい黒色、赤色、クリーム色から白色の鱗片で覆われている。頭部および前胸には赤色の鱗片があり、その内側に黒色の部分が横方向に広がっているが、その鮮やかな赤色の鱗片は保存された個体では色が褪せる。口吻、脚、上翅の大半は黒色である。白色の鱗片が腹部の表面の大半を多い、上翅では6つの斑点をつくっている。眼は大きく、ほとんど頭部全体を覆い、背側へと回り込んでいる。

多食亜目（カブトムシ亜目）

科	ゾウムシ科(Curculionidae)
亜科	キクイゾウムシ亜科(Cossoninae)
分布	新北区：カナダ（オンタリオ南部およびケベック）、アメリカ合衆国
生息環境	林床
生活場所	樹皮または落ち葉の下、あるいは腐朽樹木の中
食性	食材性
補足	小型で、泥に覆われていることが多い

トウブアメリカキクイゾウムシ
ACAMPTUS RIGIDUS
LECONTE, 1876

成虫の体長
3.5〜4.5mm

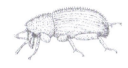

トウブアメリカキクイゾウムシ（*Acamptus rigidus*）は腐朽樹木の中、樹皮の下、あるいは落葉落枝の中に数多く見られることが多い。ヤマナラシ属樹木を寄主としていることがわかっているが、他の種の樹木にも生息している可能性がある。成虫は樹皮片や腐朽樹木の破片に似ているため、注意して見なければ簡単に見過ごしてしまうかもしれない。他のキクイゾウムシ亜科同様に、すべての成長段階にあるものが樹木の中で一緒に食べて住むことが多い。近縁種である*A. cancellatus*は気づかれず熱帯アメリカから南太平洋のサモアおよびフィジー各諸島へ導入された。

近縁種

Acamptini族に8属が属する。うち2属のAcamptella属と*Trachodisca*属はネパール原産、*Pseudocamptopsis*属はタンザニア原産であり、残りの（*Acamptus, Acamptopsis, Choerorrhynchus, Menares, Prionarthrus*）属はアメリカ大陸原産である。*Acamptus*属には7種が属する。トウブアメリカキクイゾウムシは同所種の*A. texanus*と混同されることがあるかもしれないが、触角の特徴が異なっている。

実物大

トウブアメリカキクイゾウムシの成虫は縦長で、茶色のゾウムシである。白色の斑模様があり、幅広の鱗片は逆立っている。泥まみれの個体もあるかもしれない。口吻は短く、腹部の溝の中の前脚の基節の上にある。脛節は頑丈で内側に曲がって先端は大きなかぎ状になっている。跗節は幅広でも柔らかくもなく、触角の棍棒は先端近くのみに軟毛が生えている。*Acamptus*属は非常に多様である。他のCossoninae亜科同様にトウブアメリカキクイゾウムシの隠れた脛節の先端には大きなかぎ状の歯がついているが、櫛状の剛毛は生えていない。

多食亜目（カブトムシ亜目）

科	ゾウムシ科（Curculionidae）
亜科	クチカクシゾウムシ亜科（Cryptorhynchinae）
分布	新熱帯区：中央アメリカ
生息環境	熱帯林
生活場所	林床、幼虫は倒れた丸太の中で成長する
食性	成虫の食性は不詳だが、幼虫は朽ち木の中を食べる
補足	雄の肥大した脛節は戦闘中に使われる

成虫の体長
10〜11mm

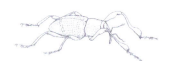

フタオビアシナガクチカクシゾウムシ
MACROMERUS BICINCTUS
CHAMPION, 1905

実物大

フタオビアシナガクチカクシゾウムシ（*Macromerus bicinctus*）の雄の伸長し肥大した脛節は警告に使われるとともに、雌をめぐるライバルとの戦闘中に武器として使われる。戦闘中、前脚は棍棒として敵を強打するのに使われる。雌は産卵のため丸太に穿孔する。そして穿孔していると、雄は雌と交尾しようとすることが多いが、雄が戦っているときにも雌は穿孔している。交尾時間は5〜28秒と短いが、産卵が始まるまで雄は雌と一緒にいることが多い。

近縁種

*Macromerus*属にはおよそ40の分類済みの種が存在し、熱帯アメリカ全域に分布する。現在、*Macromerus*と*Neomacromerus*の2つの亜属が認められている。*Macromerus*属は、世界の少なくとも205属が存在する甲虫目最大の亜族のクチカクシゾウムシ亜族に分類されている。*Macromerus*属は主に配色と雄の足の違いによって分類される。

フタオビアシナガクチカクシゾウムシは中型の黒色のゾウムシである。雄には上翅とほとんど同じ長さの腿節、長くて湾曲した、先端近くの肥大した脛節の付属した変形し伸長した前脚がある。前胸背板には深い点刻があり、上翅には縦方向に並んだ大きな点刻がある。鱗片からなる赤色がかった黄色の2本の細い帯が上翅を横切って飾っている。

多食亜目（カブトムシ亜目）

科	ゾウムシ科（Curculionidae）
亜科	ヘンテコゾウムシ亜科（Cyclominae）
分布	オーストラリア区：オーストラリア（西オーストラリア）
生息環境	地上性
生活場所	成虫は地上を這い、幼虫は地表の下に住む
食性	幼虫はレピドボルス（*Lepidobolus preissianus*）の根を、成虫は茎を食べる
補足	見事に装甲された、地上性のゾウムシである

成虫の体長
29〜32mm

トゲトゲヘンテコゾウムシ
GAGATOPHORUS DRACO
(MACLEAY, 1826)

オーストラリア固有のAmycterini族には、口吻の非常に短い、大型で頑丈なゾウムシが存在する。重装甲で陸生のトゲトゲヘンテコゾウムシ（*Gagatophorus draco*）の雌は特殊な産卵管の助けを借りて土の中に産卵する。産卵管には丈夫で無毛の、爪のような形をした、針と呼ばれる一対の付属器がついている。同族の他種と同様、幼虫は土の中に住み寄主植物、この場合はサンアソウ科のレピドボルス（*Lepidobolus preissianus*）の根を食べる。成虫の背面にある、ひときわ目立った先の尖った突起は、隠蔽擬態もしくは捕食者から身を守るために使われると考えられる。

近縁種

*Gagatophorus*属は、およそ400種を擁するAmycterini族の39属のうちのひとつである。*Gagatophorus*属には6種が存在し、すべてが西オーストラリア固有種である。これらは結節があり、多くのばあい黒色をしているといった点でおおむねお互いに似ているが、前胸背板と上翅にある結節の位置や、前胸の全体的な形状の違いで判別される。

実物大

トゲトゲヘンテコゾウムシは大型で光沢があり、重装甲が目を引くゾウムシである。背側の表面は尖った突起で覆われており、釘を打ちつけた中世の棍棒のように見える。体色は黒色で、灰色の軟毛あるいは鱗片のごく小さな斑点がある。頭部には幅の広い深い溝があり、口吻は非常に短い。飛ぶことができず、上翅は融合している。前胸は伸長し頑丈であり、円板は突き出た突起と結節で装飾されている。上翅にある結節の列間は粒状にざらざらしており、末端に向かって6ないし7つの結節が両側にある。

多食亜目（カブトムシ亜目）

科	ゾウムシ科(Curculionidae)
亜科	クチブトゾウムシ亜科(Entiminae)
分布	オーストラリア区：ニューギニアおよび隣接する島々
生息環境	熱帯林、植林地
生活場所	成虫は寄主植物の葉の上で、幼虫は根で見られる
食性	植食性であり、寄主にはイラクサ科、トウダイグサ科、イワヒバ科の植物が記されている
補足	ホウセキゾウムシ属にはゾウムシの中でも最も色彩が豊かで魅力的な種が存在する

成虫の体長
21〜23mm

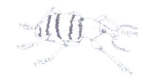

ニシキホウセキゾウムシ
EUPHOLUS SCHOENHERRII
(GUÉRIN-MÉNEVILLE, 1838)

ニシキホウセキゾウムシ（*Eupholus schoenherrii*）を含めたホウセキゾウムシ属は、世界のゾウムシの中で最も鮮やかな色をし、また最も撮影されているゾウムシかもしれない。本種のさまざまな色は色素によるものではなく、外骨格上にある立体構造の鱗片からの、角度に依存せず変化する光の反射によるものである。フォトニック結晶は光と色の伝播を抑えたり可能にしたりできる。本種の名は、いわゆるゾウムシ分類の父である、スウェーデンの科学者ショーエンヘル（Carl Johan Schönherr、1772-1848）が名づけた。近縁種である*E. browni*はカカオ（*Theobroma cacao*）に被害を与えることが報告されている。

近縁種

ホウセキゾウムシ属は、他の6つの属とともにEupholini族に属する。Eupholini族はすべて東洋区、オーストラリア区のみに生息し、中でも*Rhinoscapha*属が最も広く分布し、ホウセキゾウムシ属はニューギニアおよびマルク諸島（モルッカ諸島）に生息する。ホウセキゾウムシ属にはおよそ60の種と亜種が存在する。ニシキホウセキゾウムシには、*E. s. schoenherrii*、*E. s. petiti*、*E. s. mimikanus*、*E. s. semicoeruleus*の4つの亜種が存在する。

ニシキホウセキゾウムシは金属光沢のある青色から緑色のゾウムシで、上翅に黒い横線が5本ある。上翅に鱗片はない。口吻は比較的長く、前胸背板とほぼ同じ長さであり、前胸背板は前方が狭くなっている。触角は比較的長く、先端の3つの触角節は黒色である。跗節は幅が広く、大きい。

実物大

多食亜目（カブトムシ亜目）

科	ゾウムシ科（Curculionidae）
亜科	クチブトゾウムシ亜科（Entiminae）
分布	オーストラリア区：ニューギニア本島
生息環境	コケ林あるいは山地の高山低木林（2,000-2,500m）
生活場所	葉の上
食性	ツツジ属 *Rhododendron* のような木本植物の葉
補足	地衣類のゲジゲジゴケ属（*Anaptychia*）およびウメノキゴケ属（*Parmelia*）を寄主とし、背面に地衣類を育てて生ける「苔の庭」をつくる。国際自然保護連合の「危急種」に挙げられている。

成虫の体長
23〜31mm

チイニューギニアゾウムシ
GYMNOPHOLUS LICHENIFER
GRESSITT, 1966

チイニューギニアゾウムシ（*Gymnopholus lichenifer*）は、背中に生き物の小さなコミュニティを背負っている。そこには地衣類、線虫、珪藻、ワムシ、チャタテムシ類、植食性のダニなどがいる。ゾウムシと地衣類の双方が利益を得て、生存のために相互依存しているのかもしれない。地衣類は定住し養分を得るのに適した、保護してくれる生息環境を得る一方、見返りにゾウムシが隠蔽擬態を行えるようにする。この飛べないゾウムシの融合した上翅と前胸背板の上に、地衣類の厚い覆いが育つ。本種は長生きで、5年以上生きるものもいる。自然生息地の森林破壊により、絶滅の危急にあると考えられる。

近縁種
*Gymnopholus*属には現在71種が存在する。菌類、藻類、地衣類、苔類といった、少なくとも13の科の独立栄養生物が、チイニューギニアゾウムシを含めた*Symbiopholus*亜属の甲虫の上で暮らしているのが観察されている。

チイニューギニアゾウムシは大型で黒色をしており、腿節は赤色がかった茶色である。背中はかなりの凹凸があり、地衣類の茂みが厚く覆っていることが多い。その中には、fruiting areaがあることもあり、ダニ類とチャタテムシ類はくぼみやひだの中に隠れている。頭部は、伸長して先端方向にむかって広がっている口吻を含めて、ほとんど四角形の前胸よりも長い。円盤状の前胸背板には両側に突出した結節がある。特殊な鱗片が上翅にある。

実物大

多食亜目（カブトムシ亜目）

科	ゾウムシ科(Curculionidae)
亜科	タコゾウムシ亜科(Hyperinae)
分布	旧北区および新北区：地中海地域原産だが、アメリカ合衆国南西部に導入された
生息環境	ギョリュウ類(Tamarix)の林
生活場所	ギョリュウ属の葉の上であることが多い
食性	近縁種のデータから、成虫は寄主植物の枝葉を食べると思われるが、幼虫は寄主植物の外側を食べる
補足	ゆるくつくられた繭の中で蛹化する

成虫の体長
3〜4mm

ギョリュウタコゾウムシ
CONIATUS SPLENDIDULUS
(FABRICIUS, 1781)

実物大

この魅力的な地中海地方のゾウムシは、ギョリュウ類（*Tamarix*）を食べる。Tamariskは侵入性の高い低木で、アメリカ合衆国南西部で固有種のヤナギやハコヤナギにとってかわっている。*Diorhabda elongata*が唯一アメリカ合衆国でギョリュウ属の生物学的防除のため当局に放されている。いっぽうギョリュウタコゾウムシ（*Coniatus splendidulus*）は放すことを公式に認められたわけではないが、最近ギョリュウ属の中にいるところを南西部で目撃されている。タコゾウムシ亜科の幼虫は、寄主植物の外側を食べるといった点がゾウムシのなかでは珍しい。寄主の葉殻や枝に取りつけられた通気性のある絹でできたような丸い囲いのなかで蛹になる。

近縁種

*Coniatus*属は、他の18属（例えば、*Adonus*属、*Brachypera*属、*Hypera*属）とともに、Hyperini族に属する。*Coniatus*属には12種が存在し、そのすべてがギョリュウ属を寄主とすると考えられている。*C. repandus*および*C. tamarisci*の2種は、アメリカ合衆国においてのギョリュウ属の防除を補助するため放すと考えられている。ギョリュウタコゾウムシは*Bagoides*亜属に属する。口吻および眼の大きさ、配色の違いは種を識別するのに役立つ。

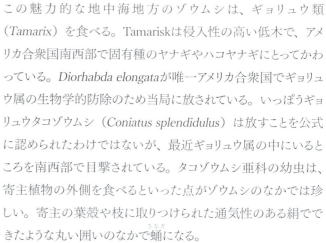

ギョリュウタコゾウムシは複数の色が混じっており、緑色、黄色、ピンク色、黒色のさまざまな色合いの鱗片がある。上翅には2本の黒色の矢印のような帯があり、1本は小楯板の近くに、もう1本は中程にある。触角は口吻の中程から出て、前胸背板と同じくらいの長さである。眼は垂直方向に付いていて楕円形をしており、口吻のつけ根近くに位置する。

多食亜目（カブトムシ亜目）

科	ゾウムシ科（Curculionidae）
亜科	カツオゾウムシ亜科（Lixinae）
分布	旧北区、新北区、新熱帯区、オーストラリア区：ヨーロッパおよびアジア西部原産だが、カナダ（ブリティッシュコロンビア、アルバータ、サスカチュワン、オンタリオ、ケベック、ノバスコシア）、アメリカ合衆国、南アメリカ（アルゼンチン）、オーストラリア、ニュージーランドに導入された
生息環境	草地、道端、川岸、荒廃地
生活場所	アザミの花〔ヒレアザミ属（*Carduus*）、アザミ属（*Cirsium*）、オオアザミ属（*Silybum*）〕
食性	ヒレアザミ属（*Carduus*）、アザミ属（*Cirsium*）、オオアザミ属（*Silybum*）植物を食べる
補足	侵入植物であるアザミの生物学的防除のため意図的に導入された

成虫の体長
5〜8mm

ジャコウアザミゾウムシ
RHINOCYLLUS CONICUS
(FRÖLICH, 1792)

ジャコウアザミゾウムシ（*Phinocyllus conicus*）は1968年、有害な外来種であるジャコウアザミ（*Carduus nutans*）の生物学的防除を目的に北アメリカに導入された。ジャコウアザミは牧草地、放牧地、農地、高速道路沿いに見られる。ジャコウアザミゾウムシのライフサイクルが寄主の成長とぴったり同期化しているため、この生物学的防除プログラムは大成功をおさめ、場所によっては80〜95%のアザミを防除することができた。雌はおよそ100個の卵を花の包葉上に産み、噛み跡を入れた植物性の素材で卵を覆ってしまう。足のない幼虫は包葉を食べてつぼみと花託に侵入するため、発芽できる種の生産を阻止する。残念ながら、北アメリカにおいて原産種であり、希少種や危惧種の場合もあるアザミ属（*Cirsium*）に被害を与えることもわかっている。

近縁種

*Rhinocyllus*属にはユーラシア原産の9種が存在する。また*Rhinocyllus*属は、2013年に分類された*Bangasternus*、*Larinus*、*Nefis*といったいくつかの近縁の属とともに、カツオゾウムシ亜科に分類される。この群の種を識別するための特徴には、口吻の形状と長さ、体に生えている剛毛の模様がある。

実物大

ジャコウアザミゾウムシは中型で楕円形の黒色をしたゾウムシで、背面には黄色と黒色の剛毛が斑に生えている。口吻は比較的短く、前胸背板より短く、横向きの畝がある。触角は短く、口吻の先端付近に位置している。触角の棍棒には、体に生えている毛よりも短い軟毛が密に生えている。上翅は寸胴で、前胸のおよそ3倍の長さがある。

多食亜目（カブトムシ亜目）

科	ゾウムシ科（Curculionidae）
亜科	アナアキゾウムシ亜科（Molytinae）
分布	新北区：北アメリカ
生息環境	針葉樹林
生活場所	林冠のなかの木の幹
食性	成虫は寄主の内部樹皮と形成層を食べ、幼虫は寄主のターミナルリーダーの中で成長し、師部を食べる
補足	北アメリカにおけるトウヒ［トウヒ属（Picea）］およびマツ［マツ属（Pinus）］の若木の重大な害虫である

成虫の体長
4〜6mm

ミケアナアキゾウムシ
PISSODES STROBI
(PECK, 1817)

実物大

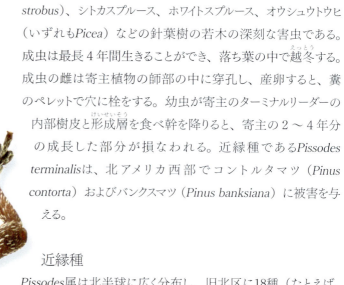

北アメリカに分布するこのゾウムシは、ストローブマツ（*Pinus strobus*）、シトカスプルース、ホワイトスプルース、オウシュウトウヒ（いずれも*Picea*）などの針葉樹の若木の深刻な害虫である。成虫は最長4年間生きることができ、落ち葉の中で越冬する。成虫の雌は寄主植物の師部の中に穿孔し、産卵すると、糞のペレットで穴に栓をする。幼虫が寄主のターミナルリーダーの内部樹皮と形成層を食べ幹を降りると、寄主の2〜4年分の成長した部分が損なわれる。近縁種である*Pissodes terminalis*は、北アメリカ西部でコントルタマツ（*Pinus contorta*）およびバンクスマツ（*Pinus banksiana*）に被害を与える。

近縁種

*Pissodes*属は北半球に広く分布し、旧北区に18種（たとえば、*P. castaneus*、*P. harcyniae*、*P. pini*）、北アメリカおよび中央アメリカに29種（たとえば、*P. nemorensis*、*P. fiskei*、*P.rotundatus*）が生息する。*Pissodes*属は、マツ科の主な寄主樹木の分布に従って分布する。経済的な影響が大きいため、成虫および幼虫の段階での形態上の構造や分子データといったいくつかの特徴が種の識別にしばしば利用される。

ミケアナアキゾウムシは小型の楕円形で焦げ茶色をしており、上翅、前胸背板、脚で茶色と白色の鱗片が斑になっていることから地衣類のような外見をしている。口吻は幅が狭く、前胸背板とほぼ同じ長さであり、ほぼ中央から中くらいの長さの触角が出ている。上翅は前胸背板の約2倍の長さである。脚は均整が取れており、すべて同じ大きさである。

多食亜目（カブトムシ亜目）

科	ゾウムシ科（Curculionidae）
亜科	アナアキゾウムシ亜科（Molytinae）
分布	オーストラリア区、新北区：オーストラリア原産だが、偶然ソテツとともにいくつかの他の地域に導入された（たとえば、アメリカ合衆国：カリフォルニア）
生息環境	乾燥した開けた場所
生活場所	ソテツの樹上（たとえば、*Macrozamia macdonnellii*）
食性	ソテツの塊茎および幹を食べる
補足	ソテツの害虫となっている地域があることに加え、分類学上、興味深い歴史がある

成虫の体長
5〜6mm

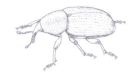

ソテツアナアキゾウムシ
SIRATON INTERNATUS
(PASCOE, 1870)

ソテツアナアキゾウムシ（*Siraton internatus*）はソテツの塊茎（肥厚幹）や幹に穿孔し、庭や種苗場の衰弱した、あるいはストレスを受けたソテツに被害を与えることが多い。長い距離をソテツの厚い幹の中に隠れ守られて輸送されており、ソテツの深刻な害虫となる場合がある（たとえば、カリフォルニアの場合）。中央イタリア原産として扱われ、そのように記載されたが、最近になってオーストラリアでよく知られているソテツに生息するゾウムシであると確認され、侵入種であると認められた。

近縁種

*Siraton*属にはもうひとつの種である*Siraton roei*がある。*Siraton*属の2種は*Demyrsus meleoides*に似ており、生態が同じである。オーストラリアのアナアキゾウムシ亜科の*Tranes*属群にはさらに4属があり、*Howeotranes*、（1種）、*Milotranes*（2種）、*Paratranes*（1種）、*Tranes*（4種）である。さらに数種が分類待ちである。他の属はザミア科（ソテツ）あるいはススキノキ科（ススキ）を寄主としている。

実物大

ソテツアナアキゾウムシは中型の光沢のある黒色のゾウムシである。口吻を除けば、体はおおむね楕円形である。口吻は前胸とほぼ同じ大きさで、寸胴である。前胸は上翅のつけ根よりもやや幅が狭く、側面がなだらかなアーチ状で、円板状の前胸背板には点刻が顕著である。上翅の線条はよく発達しており、線条の間の部分には皺が多い。

多食亜目（カブトムシ亜目）

科	ゾウムシ科（Curculionidae）
亜科	タマサルゾウムシ亜科（Orobitidinae）
分布	新熱帯区：パラグアイ、アルゼンチン
生息環境	亜熱帯多雨林
生活場所	葉の上と推定される
食性	植食性
補足	希少で、猫背に見える奇抜な外見のゾウムシであり、鳴くことができる

成虫の体長
3.1～3.3mm

ナンベイタマサルゾウムシ
PAROROBITIS GIBBUS
KOROTYAEV, O'BRIEN & KONSTANTINOV, 2000

実物大

この興味深い小型のナンベイタマサルゾウムシ（*Parorobitis gibbus*）の生態についてはほとんど知られていない。音を出す少数のゾウムシの1種であり、上翅の亜頂点下にある鳴くための小さなヤスリを、腹部第7節の背面にある刃状の突起とすり合わせて音を出す。雄雌ともに鳴くことから、警戒しているとき、あるいは交尾前および交尾中のコミュニケーションに使われると考えられる。ゾウムシの鳴くメカニズムはさまざまであることから、群の中で数度にわたり、別々に進化した可能性がある。

近縁種

Orobitidinae亜科にはOrobitisとParorobitisの2属が存在する。旧北区のOrobitis属には2種のみが存在し、スミレ属植物（*Viola*）の朔果の中で成長する*O. cyanea*はより広い範囲に分布し、*O. nigrina*はバルカン諸国にのみ生息する。*Parorobitis*属にもまた2種が存在し、ともに南アメリカ南部原産の*P. gibbus*と*P. minutus*である。配色と、雄雌のいくつかの生殖器の特徴から識別が可能である。

ナンベイタマサルゾウムシは小型で丸みを帯びたゾウムシで、猫背のような外見を持ち、前胸背板によく発達したこぶが2ヵ所あることから、「こぶ」を意味する*gibbus*の種名がある。背部は伸長した白色と茶色の鱗片が厚く覆っており、前胸背板と上翅が合うところがもっとも濃い。頭蓋は小さく、口吻は前胸背板とほぼ同じ長さである。触角は頭部から3分の1の距離の口吻上に収納され、触角の棍棒は短く楕円形である。

多食亜目（カブトムシ亜目）

科	ゾウムシ科（Curculionidae）
亜科	キクイムシ亜科（Scolytinae）
分布	旧北区、エチオピア区、新熱帯区、東洋区および太平洋地域：アフリカ原産だが大半のコーヒー生産地域へと侵入し広がった
生息環境	熱帯林、農場、果樹園
生活場所	コーヒー〔コーヒーノキ属（*Coffea*）〕の結果のみと思われる
食性	成虫の食性は不明だが、幼虫はコーヒーの実の中を食べる
補足	世界中で最も被害をもたらすコーヒーの害虫である

成虫の体長
1.2〜1.8mm

コーヒーキクイムシ
HYPOTHENEMUS HAMPEI
(FERRARI, 1867)

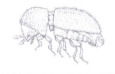

実物大

コーヒーキクイムシ（*Hypothenemus hampei*）という一般名がまさに示す通り、この小さな甲虫の雌はコーヒーノキの果実に通路を堀り産卵する。この通路は養菌性キクイムシと共生する菌類で覆われている可能性がある。孵化すると、幼虫は果実の中を食べ、大きな被害をもたらす。羽化直後に果実内で同胞種間での交尾を行う。長生きする雌は受精後果実から出て成長しつつある果実の上で産卵場所を探す。雄は羽根が退化し、飛ぶことはできない。生活史に謎が多いため、防除は非常に難しい。成虫と幼虫による穿孔のため、コーヒーの生産高および品質が下がる。果実の病変はバクテリアおよび菌類による二次感染へとつながる。

近縁種

*Hypothenemus*属は世界に179種が存在し、養菌性キクイムシの中のScolytinae亜科に属する。コーヒーキクイムシは、同じくコーヒーノキの樹上で見られる可能性のあるBlack Twig Borer（BTB、*Xylosandrus compactus*）やTropical Nut Borer（TNB、*Hypothenemus obscurus*）と混同されるかもしれない。これらの甲虫は背面に生えた剛毛の形態によって識別可能である。BTBは長い剛毛が背面にまばらに生えており、TNBは太い、先の丸い剛毛が、CBBは硬い、先の尖った真っ直ぐな剛毛が生えている。

コーヒーキクイムシは非常に小型で黒色をしている。頭部には目立つ深く長い中央の溝があり、触角は棍棒状である。前胸背板は球状で、前方に4本（まれに6本）の粗い歯と、中央にさらに25本のやすりのような歯がある。上翅は滑らかで光沢がある。体は起毛した剛毛で覆われ、列になった点刻から1本ずつ生えている。

多食亜目（カブトムシ亜目）

科	ゾウムシ科(Curculionidae)
亜科	キクイムシ亜科(Scolytinae)
分布	旧北区、新北区、新熱帯区、オーストラリア区：ヨーロッパ、中東、アフリカ北部原産だが、偶然カナダ、アメリカ合衆国、アルゼンチン、ブラジル、オーストラリアに導入された
生息環境	温帯林および寒帯林
生活場所	基本的にニレ類(Ulmus)の師部
食性	師部を食べる
補足	偶然数ヵ国に導入され、ニレ立枯病菌を媒介する

成虫の体長
1.9〜3.1mm

セスジキクイムシ
SCOLYTUS MULTISTRIATUS
(MARSHAM, 1802)

実物大

セスジキクイムシ（*Scolytus multistriatus*）はニレ立枯病の主犯である。ニレ立枯病を引き起こすニレ類立枯病菌（*Ophiostoma novo-ulmi*）を媒介し、アメリカニレ（ニレ属 *Ulmus*）をほぼ全滅させた。あるヨーロッパ原産の甲虫が最初に確認されたのは1909年のマサチューセッツ州ボストンでのことだったが、以来アメリカ全土およびカナダ南部に広がった。幼虫として越冬したあと成虫が出てきて、春にはニレ類立枯病菌（*O. novo-ulmi*）の胞子が健康な樹木の師部に伝染する。雌は病気の樹木を冒し、一本の廊下を樹皮下に建設する。そこから幼虫の廊下はほとんど垂直方向へと延びる。

近縁種

*Scolytus*属のおよそ124種が知られている。北アメリカでは、*Scolytopsis*属と*Cnemonyx*属が*Scolytus*属に極めてよく似ている。セスジキクイムシは*S. schevryrewi*に非常に似ているが、雄の生殖器の形状によって識別できる。

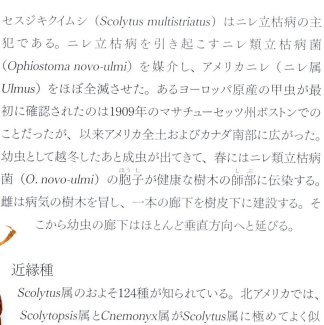

セスジキクイムシは小型で暗い赤色を帯びた茶色をしており、光沢がある。体は円筒形をしており、後方へ向かって前腹部第2節から隆起する腹部中央の大きなこぶが目立つ。腹部第2〜4節の縁の後方の腹側にある小さな結節によっても識別できる。眼は切れ長である。前胸は上翅よりやや短い。腹部は横から見ると明らかに膨隆している。

多食亜目（カブトムシ亜目）

科	ゾウムシ科（Curculionidae）
亜科	ナガキクイムシ亜科（Platypodinae）
分布	オーストラリア区：オーストラリア（ニュー・サウス・ウェールズおよびビクトリア）
生息環境	森林
生活場所	健康で健全なユーカリ属の木材に穿孔する
食性	アンブロシア菌類を食べる
補足	真社会性の行動を取るが、甲虫では珍しい

ゴウシュウナガキクイムシ
AUSTROPLATYPUS INCOMPERTUS
(SCHEDL, 1968)

成虫の体長
5.5〜7mm

実物大

この養菌性キクイムシは現在、シロアリとアリ、ハチ、カリバチを除くと、唯一の真社会性の昆虫である。生きているユーカリの木に世代を越えた大きな共同コロニーを形成し、そこで卵を産まないの働きゾウムシの雌がたった1匹の卵を産む雌とその子どもの世話をし、保護する。養菌性キクイムシはすべてアンブロシア菌類と栄養的共生関係があり、菌を特殊な構造をした菌嚢の中にいれて運ぶ。ゴウシュウナガキクイムシ（*Austroplatypus incompertus*）の場合、菌嚢は雌の前胸上にある。卵を産まない労働階級のキクイムシは、コロニー内の複雑な構造のトンネルに沿ってアンブロシア菌類を栽培する。

近縁種

*Austroplatypus*属は単一種であり、Platypodinae亜科のPlatypodini族に分類される。3つに分節した小顎鬚があるが、最初の記述には4つに分節していると誤って記載されている。Platypodini族は世界に24属が存在し、Platypodinae亜科にはおよそ300種が存在する。これらの甲虫を総称して養菌性キクイムシと呼ぶ。しかしキクイムシ亜科内の独自の進化を遂げた菌類を栽培するゾウムシについては一般名も使われる。

ゴウシュウナガキクイムシの成虫は、伸長し円筒形をした茶色がかった赤色のゾウムシである。触角は短く、大きな棍棒状である。性的二型であり、雌は比較的大型で前胸背板に菌嚢を持ち、基本的に上翅の会合線に沿って畝がある。上翅の先端は棘があり、切り取られたような形をしている。一方、雄は雌よりも小さく、菌嚢はなく、上翅の先端もつけ根も単純である。

付録

用語解説

亜科　分類上の階級。科の下、族と属の上。

赤腐れ　赤色腐朽菌によって樹木が腐敗している状態。一部の甲虫の幼虫が好む。

亜種　分類上の階級。種の下。同種内で外観などの特徴が異なり、地理的に区別される集団をさすことが多い。

亜族　分類上の階級。族の下、属の上。

一化性　1年に1回子を生み、成虫になること。

隠蔽擬態　体色や行動を目立たなくして見つからないようにする擬態。

羽化　完全変態昆虫で、蛹から成虫になること。

運搬共生　動物が運搬されることを目的として他の動物に付着する片利共生。寄主に害は与えない。

栄養交換　社会性昆虫の間で行われる食べ物の交換。

えら　水中で生息する水生甲虫の幼虫の呼吸器官。

扇状　扇のような形状。触角の形状を表す場合によく使われる。

大顎　噛むための1対の付属肢。種によって食性に適した形をしている。攻撃行動や防御行動の際にも使われる。

大型雄　体の大きさに対して不釣り合いなほど長い角のように雄が体を大きくする現象。例えば Onthophagus taurus の長い角。雄の大型化は雌をめぐる雄同志の激しい闘争行動と関連している（小型雄を参照）。

オーストラリア区　7つの生物地理区のひとつ。オーストラリア、ニューギニア、ニュージーランドおよび周辺の島々を含む。

オサムシ型幼虫　オサムシ科に含まれる地表徘徊性甲虫の幼虫に似た幼虫。顎が突き出る。脚は長くちょこちょこ動き回る。

オセアニア区　7つの生物地理区のひとつ。メラネシア、ミクロネシア、ポリネシアを含む。

科　分類上の階級。属の上、上科の下。科はさらに亜科、族に分けられることもある。

カイロモン　ある動物が放出し、放出した動物ではなく他の動物に利益をもたらすような化学物質。ストレスを受けた木が生成しキクイムシをひきつけるエタノールはその一例。

会合線　2つに分かれた部分の中央の線または硬い接合部分。

外骨格　体の外側の骨格。

外皮　甲虫の体の外側を覆う層。このような層をクチクラともいう。

外来種　ある地域に生息する原産でない生物種。

過栄養化　異常なほど大きくなること。

角状隆起　高くとがった筋状の隆起。

下口式　体に対して垂直な頭部のつき方。口器が下を向く（前口式を参照）。

仮骨　コブ。

下唇　昆虫の口の「唇」の下側の部分。

下唇亜基節　下唇基節の下、頭蓋の前方腹側の部分。

下唇基節　下唇の基部。

過変態　完全変態の1種。ツチハンミョウ科のように幼虫が齢期によって違う外観になる。

鎌状　鎌に似た形状。

カミキリムシ型幼虫　カミキリムシ科に含まれる木材食甲虫の幼虫に似た幼虫。体は両側平行でやや扁平あるいは円筒状。体節がはっきり分かれている。

夏眠　夏期に高温や乾燥によるストレスを避けるために休眠する現象。

眼角　複眼の上方または下方の末端部。頭楯や頬が眼まで広がり、複眼が一部または完全に二分されて4個に見える種もいる。

完全変態　甲虫が成虫になるまでに4段階の過程（卵、幼虫、蛹、成虫）を経ること。

カンタリジン　ツチハンミョウ科とカミキリモドキ科の甲虫が分泌する防御化合物。人間の皮膚に水ぶくれをつくる。

蟻食性　アリを食べる習性。

基節　脚の節のうち体に1番近い節。

気門　昆虫の胸部と腹部の側面にある気管の開口部。気管呼吸をするために空気や水蒸気を出し入れする。

旧北区　7つの生物地理区のひとつ。ヨーロッパ、サハラ砂漠以北のアフリカ、インド亜大陸以北のアジア、インドシナ半島の北部、日本。

球形化　丸まって球状になること。

臼歯　甲虫の大顎ですり潰すはたらきをする部分。

休眠　気温の低下など環境条件の変化の結果、一定期間、成長が遅くなったり止まったりする現象。

頬部　頬の周辺部。

共生関係　ある種の個体が別の種の個体（共生者）と長期にわたり依存して生活する関係。一方が利益を得る場合と両方が利益を得る場合とがある。

居候動物　別の動物の巣で生活する動物。寄主との関係は片利共生である。例えば Cephaloplectus mus はヤマアリ属（Fomica）の住み込み動物。

菌食性　菌類を食べる習性。

菌嚢　菌類の胞子を貯蔵したり運んだりするための器官。例えばキクイムシの背部のくぼみ。

櫛状　歯のような突起が示す櫛に似た形状。触角の形状を表す場合によく使われる。

くぼみ　小さな穴や溝。

警告形質　警告的現象。動物が不快な味や毒をもつことを捕食者に警告するために示す目立つ体色や行動。

脛節　昆虫の脚の4番目の節。

系統学　形態学とDNA分析を用いて生物間の進化的関係を研究する学問分野。生物間に共通する進化の道筋の仮説を導く。

好火性　焼け跡の環境で生育する習性。ツメアカナガヒラタタマムシは赤外線受容器で火を感知し、焼けた直後の樹皮の下に卵を産みつける。

好蟻性　動物がアリと一緒に生活する習性。

後胸　胸部の後方（3つに分かれたうちの3番目）の節。後脚がついている。

後胸前側板　後胸側板の前方部。

後胸腹板　後胸の腹側の部分。前方には腹部体節中央、後方には1番目の腹板が関節接合する。

口肢 上顎や小顎についている、感覚を司る1対の付属肢。触覚や味覚を感知する。節に分かれている

合着 癒着や結合をしてひとつになること。

甲虫屋 甲虫専門の研究者・愛好家。

口吻 昆虫の頭部から伸びるクチバシのような突起。ゾウムシの中にはとても長い口吻をもつものがいる。

硬片 昆虫の外骨格を構成する硬化した板。

硬葉樹林 夏は暑く乾燥し、冬は穏やかで湿度が高いオーストラリア、南アフリカ、地中海、カリフォルニア、チリの一部に共通する植生の型。乾燥条件に適応し、多くの動物が不快と感じる硬い葉をつける樹木からなる。

小型雄 退化した角をもつ*Onthophagus taurus*のように雄が体を小さくする現象。雄の小型化は雌と交尾するためのこっそり行動と関連している(大型雄を参照)。

コガネムシ型の幼虫 コガネムシ上科の幼虫に似た形の幼虫。よく発達した脚と頭をもち、太い体をC字型に曲げる。

個眼 複眼を構成する1個1個の眼。

国際動物命名規約 国際動物命名法審議会によって制定された、動物の学名を決定する際の規則。

コケ食性 コケ類を食べる習性。

固有種 特定の地域にだけ生息する生物種。

昆虫食 昆虫を食べる習性。

棍棒状 とくに触角が先に向かって太くなる形状。

細菌叢 互いにくっつき薄い層をつくっている微生物の集団。

蛹 完全変態をする昆虫の幼虫の後、成虫の前の段階。

三爪幼虫 過変態を行う種の1齢幼虫(ツチハンミョウ科など)。動き回って寄主を探し飛び移り、寄主を食べて成長する。

産卵管 雌の腹部にある、産卵時に使われる器官。卵は産卵管を通って生み出される。

糸状 糸や繊維のような形状。触角の形状を表す場合によく使われる。

歯状突起 歯に似た鋭い形の突起。

シノニム 同じ種や分類群につけられた別の学名(名称)。

翅脈 肋骨のように翅に広がる筋状の構造。

種 分類上の階級。属の下。よく似た形態の個体からなるグループ。同じ種に属する個体どうしは生殖可能で、よく似た子を生む。

柔毛 柔らかい剛毛が密集して覆っている状態。

数珠状 数珠のような形状。触角の形状を表す場合によく使われる。

受精嚢 雌の袋状の生殖器官。雄から受け取った精子を貯蔵する。

樹皮下食性 樹皮の内部の師部組織を食べる習性。

準社会性 成体が協力して子の世話をする社会的行動。

上科 分類上の階級。科の上、目の下。

小顎 大顎の下の1対の付属肢。大顎で噛む間、食べ物を支える。

小顎外葉 上顎の外縁にある変形した板状の葉片。

上唇 昆虫の口の「唇」の上側の部分。

上翅 硬化した前翅。ほとんどの甲虫で下翅を覆い保護する役割を果たす。

上翅下空洞 腹部の背中側体表と融合した上翅との間の保護された空間部分。乾燥した環境に生息する昆虫では蒸発を減らし、水生昆虫では水中で呼吸できるように気泡を溜め込むなど、いくつかのはたらきがある。

上翅側板 下向きに折れた上翅の外側縁。

上翅板 上翅の背面部分。平らなこともある。

条線 細い溝状の線。

小転節 ある種の甲虫の基節の外側の小片。始原亜目の後脚では外から見える。

植物食性 植物を食べる習性。

皺 しわがある状態。

人為的環境 人間の影響を受けた環境の近くで野生の(家畜化されていない)動物が生活し人間から利益を得ている状態。

新北区 7つの生物地理区のひとつ。北米の大部分とグリーンランドを含む。

真社会性 昆虫に見られる最も高度な社会性。協力して子どもの世話をし、労働が分業化されている。ゴウシュウナガキクイムシはその一例。

真洞窟性甲虫 暗い洞くつ環境の中で生活するよう適応した種。

ジントラップ 挟むようにできている体の構造。ゴミムシダマシ科などの幼虫や蛹が防御のためにつかう。

新熱帯区 7つの生物地理区のひとつ。中米、南米、カリブ海諸島を含む。

侵略的 本来の生息地でない場所に入り込んだ生物(外来種)が環境に悪影響を及ぼすこと。

スクレロチン 成熟するに従って硬くなる、昆虫のつくるタンパク質。昆虫の外皮を硬くするはたらきがある。

正規準標本(ホロタイプ) 種や亜種を新しく記述する際に客観的基準となる唯一の標本。

生体模倣科学 人間が直面する複雑な問題を解決するために自然を模倣し応用する科学。ホソクビゴミムシの噴射の仕組みを参考にして考案された噴射装置はその一例。

生物学発光 ホタルなど生きている生物が発する光。

生物地理区 生物の分布に基づいて区分けした地球上の区域。本書では新北区、新熱帯区、旧北区、エチオピア区、東洋区、オーストラリア区、オセアニア区の7区に分ける。

節片 頭部の後縁と前胸背板の前縁の間にある1対の板。

前額 頭部の前方、眼と眼の間で頭楯の上部の部分。

前額頭盾縫合線 甲虫の頭部の前額と頭楯の間にある会合線や溝。

前基節腔 前脚の基節が入る穴。前胸にある。穴の形と開閉状態は同定の手がかりとなる。

全北区 旧北区と新北区を合わせた生物地理区(旧北区、新北区を参照)。

前胸 胸部を構成する3節のうちの前方の節。第一脚がついている。

前胸側板 前胸の側部の節片。甲虫によっては外から見える。

前胸背板 前胸の背側の節片(前胸腹板を参照)。

前胸腹板 前胸の腹側の節片(前胸背板を参照)。

前口式 体に対して水平な頭部のつき方。口器が前に突き出る(下口型を参照)。

前上翅板 下向きに折れた、前胸の外側縁。

前尾節板 尾節よりも前方の腹部の腹側。

潜葉孔 甲虫の幼虫が葉など植物内部に潜り込んで食べながらつくるトンネル。

藻食性 藻類を食べる習性。

挿入器 雄の生殖器官。

ゾウムシ型幼虫 ゾウムシ上科の幼虫に似た幼虫。胸部に脚はなく、無着色の体は柔らかい。

属 分類上の階級。科の下、種の上。属はさらに亜属に分けられることもある。二語名法による学名では最初に属名をおく。

族 分類上の階級。亜科の下、属の上。さらに亜族に分けられることもある。

側板 胸部の側部にある板状の部分。

用語解説

腿節　昆虫の脚の節。体から数えて3番目で、たいてい1番太い。

単為生殖　未受精卵から子が生まれる生殖法。

単為生殖的幼生生殖　幼生の段階で単為生殖を行う生殖法。

単眼　レンズが1枚で単純なつくりの眼（複眼を参照）。

単型　生物を分類したとき下位の階級をひとつしか含まないこと。例えば単型の属に含まれる種は1種だけ。

短翅　退化した、または未発達な翅。

中間節　触角の棍棒状の先端部と基部との間の節。柄節ともいう。

中胸　胸部の中央（3つに分かれたうちの2番目）の節。中脚がついている。

中胸腹板　中胸の腹側の部分。

昼行性　日中に活動する習性。

デトリトス食性　生物遺体や生物由来の物質の破片（デトリトス）を食べる習性。デトリ食性の生物は分解者として生態系で重要な役割を果たすことが多い。

点刻　体表の細かな穴。

転節　脚の2番目の節。基節と腿節の間。

頭楯　頭部前方の上唇と額前頭の間にある楯のような形の板状の部分。

頭状　先端が頭のようにふくれている状態。

同所性　異なる種の集団が同じ地理的空間で生活するが、交雑しない状態。

同名　異なる分類群につけられた同一の名前。国際動物命名規約では、先に命名された方に優先権があり、後から命名された方の名前を変えなければならないとしている。

東洋区　7つの生物地理区のひとつ。インド亜大陸、スリランカ、東南アジアを含む。

二語名法　学名として採用されている種の命名法。属名と種小名からなる。例*Goliathus regius*。

背板　背板を覆う個々の硬い板。

背面の会合線　数種の甲虫で見られる前胸側板と前胸背板の間の会合線。

薄明薄暮性　主に夜明けや夕暮れに活動する習性。

撥水性の毛　ある種の水生甲虫の体を覆う水をはじく毛のような剛毛。空気の薄い膜をつくるので、これを利用して水中で呼吸する（プラストロンを参照）。

被子植物　花を咲かせる植物。

尾翅板　上翅の先端からはみ出てむき出しになっている、腹部のかたい背板。一部の種で見られる。

尾突起　ある種の幼虫の体の最終節から伸びている突起。1対の「角」状になることもある。

フィンボス　南アフリカ共和国西ケープ州の生態地域。冬は湿度が高く、夏は乾燥して暑い。固有種が多い。

フェロモン　生体外に分泌され、同じ種の他の個体の行動に影響を及ぼす化学物質。交尾相手を誘うときなどに放出される。

ふ化　卵から幼虫が孵ること。

複眼　個眼と呼ばれる視覚受容体がたくさん集まってできている眼。個眼にはレンズと光受容細胞が含まれる。

腹板　体の下部面を覆う硬い板。外側から見える。

腐食性　腐敗している有機物を食べる習性。生態系の分解過程で重要な役割を果たす。

跗節　脚の先端にある節。甲虫の跗節はほとんどが1～5節からなる。

跗節式　前脚、中脚、後脚の符節の数を表す式（例5-5-4）。甲虫を同定する手がかりになる。

プラストロン　水生昆虫の外皮にある特殊な器官（剛毛や鱗など）に捕獲された水がつくる薄い層。水中での呼吸に利用される。

糞　昆虫の排泄物。固体か液体である。

分類　種を識別し記述、命名する生物学の手法。

分類群　生物学の分類階級に類別された集団。属や種など。

ベイツ型擬態　無害な動物が有害な動物に似ることによって捕食者から免れる擬態（ミューラー型擬態を参照）。

片利共生　一方の生物が利益を得、もう一方の生物には利益も損失もない共生関係。

放射出血　関節から有毒な液体を「出血させて」捕食者を阻止する防御機構。

捕食寄生者　寄主の内部または外部で寄主に依存して生活し最後は寄主を殺す生物。

頬　頭部の側方、眼の後下部にある頬のようなふくらみの部分。

捕食性　他の動物を襲って食べる習性。

摩擦音　体の特別な部分をこすりあわせて出す音。

マルピーギ管　腎臓と似たようなはたらきをする排泄および浸透圧調節器官。末端部は閉じ、中腸と後腸の結合部に対して開口している。

水辺　小川、川、湖、湿地の岸。

ミューラー擬態　有毒な動物がたがいに似ることによって共通の捕食者から免れる擬態（ベイツ型擬態を参照）。

無翅性　下翅のない状態。

木材食性　枯れた木や腐っている木を食べる習性。

木質依存性　枯れた木や腐っている木に依存する習性。

揺籃　ゆりかご。葉をまいてつくる幼虫のための巣の1種。

幼形成熟　幼体の形質を保持したまま成体になること。

幼虫　完全変態をする昆虫の卵の後、蛹の前の段階。

幼虫型の雌　ホタル科の一部で見られるように幼虫と同じ外観の雌の成虫。

卵殻　卵を包む殻。

卵胎生　雌の体内で卵が受精、孵化し、子の状態で生まれる生殖法。

卵嚢　卵を包むもの、または卵塊。

両櫛歯状　節ごとに二手に長く分岐して、鳥の羽根のように見える状態。

鱗毛　体壁に生える平坦な剛毛。さまざまな色や形を示す。

齢　幼虫が次に脱皮するまでの段階。1齢はふ化してから最初の脱皮をするまでの段階。

鑢状器　細かい溝状構造の部分。体の他の部分とこすりあわせて音を出す。

湾曲　膝のように大きく曲がっている状態。触角や脚の形状を表す場合によく使われる。

甲虫目の分類

甲虫目に含まれる甲虫は右のような科に分類される（Bouchard et al. 2011および Ślipiński et al.2011にもとづく）。化石しか存在しない亜目、亜科、科は除いた。大カッコの中の数字は現生する記載種のおおよその数である（ただし情報源によって数にばらつきがあり、新種は頻繁に記載され続けている）。分類（p. 16～17）と参考資料（p. 646）についてはそれぞれの該当カ所で解説を加えたのでご参照ください。

甲虫目

ナガヒラタムシ亜目（始原亜目）
クローソンムシ科[1]
ナガヒラタムシ科[31]
チビナガヒラタムシ科[1]
オンマ科[6]
アケボノムシ科[1]

ツブミズムシ亜目
Lepiceroidea上科
イボツブミズムシ科[3]

Sphaeriusoidea上科
ツブミズムシ科[65]
デオミズムシ科[22]
ケシマルムシ科[19]

オサムシ亜目（食肉亜目）
ミズスマシ科[882]
ムカシゴミムシ科[6]
オサムシ科[40,350]
コガシラミズムシ科[218]
メルムシ科[1]
コツブゲンゴロウ科[250]
オサムシモドキゲンゴロウ科[5]
イワノボリゲンゴロウ科[2]
ゲンゴロウダマシ科[5]
ゲンゴロウ科[4 015]

多食亜目
Hydrophiloidea上科
ガムシ科[3,400]
エンマムシダマシ科[5]
エンヌムシモドキ科[7]
エンマムシ科[4,300]

ハネカクシ上科
ダルマガムシ科[1,600]
ムクゲキノコムシ科[650]
ツヤシデムシ科[70]
タマキノコムシ科[3,700]
シデムシ科[200]
ハネカクシ科[56,000]

コガネムシ上科
フユセンチコガネ科[50]
センチコガネ科[920]
Belohinidae科[1]
クロツヤムシ科[800]
コブスジコガネ科[300]
Glaresidae科[57]
Diphyllostomatidae科[3]
クワガタムシ科[1,489]
アカマダラセンチコガネ科[110]
アツバコガネ科[573]
ヒゲブトハナムグリ科[204]
コガネムシ科[27,000]

マルハナノミ上科
ニセマルハナノミ科[2]
マルハナノミダマシ科[53]
タマキノコムシモドキ科[170]
マルハナノミ科[800]

ナガフナガタムシ上科
ナガフナガタムシ科[80]
クシヒゲムシ科[70]

タマムシ上科
Schizopodidae科[7]
タマムシ科[14,700]

マルトゲムシ上科
マルトゲムシ科[430]
ヒメドロムシ科[1,500]
ドロムシ科[300]
シンセカイドロムシ科[11]
チビドロムシ科[390]
ナガドロムシ科[300]
ヒラタドロムシ科[290]
ヒラタドロムシダマシ科[10]
ナガハナノミ科[500]
カオナガムシ科[1]
ダエンマルトゲムシ科[250]
ナガツカズ科[30]
ホソクシヒゲムシ科[150]

コメツキムシ上科
アイナシムシ科[1]
ナガハナノミダマシ科[45]
ニセコメツキ科[5]
ヒゲコメツキダマシ科[21]
コメツキダマシ科[1,500]
ヒゲブトコメツキ科[150]
コメツキムシ科[10,000]
フサヒゲムシ科[2]
ホタルモドキ科[120]
Rhinorhipidae科[8]
ベニボタル科[4,600]
トビクチボタル科[10]
ホノオムシ科[250]
オオメボタル科[30]
ホタル科[2,200]
ホタルモドキ科[33]
ジョウカイボン科[5,100]

マキムシモドキ上科
マキムシモドキ科[30]
ヒメトゲムシ科[50]
セコブソンムシ科[20]

ナガシンクイムシ上科
カツオブシムシ科[1,200]
アミメナガシンクイムシ科[4]
ナガシンクイムシ科[570]
ヒョウホンムシ科[2,200]

ツツシンクイ上科
ツツシンクイ科[70]

カッコウムシ上科
ウロコタケヌスト科[1]
コクヌスト科[600]
カッコウヌスト科[12]
科[1]
サビカッコウムシ科[30]
カッコウムシ科[3,400]
カッコウモドキ科[1]
ヒョウタンカッコウムシ科[4]
ホソジョウカイモドキ科[160]
ニセジョウカイモドキ科[26]
ジョウカイモドキ科[6,000]

ヒラタムシ上科
ニセヒラタムシ科[11]
キスイモドキ科[24]
オオキスイ科[107]
ムカシヒラタムシ科[7]
ヒメキノコムシ科[59]
ムクゲキスイ科[200]
オオキノコムシ科[3,500]
ネスイムシ科[250]
キスイムシダマシ科[6]
キスイムシ科[600]
アナムネキカクムシ科[1]
ケシキスイダマシ科[11]
Phloeostichidae科[14]

ホソヒラタムシ科[500]
ヒラタムシ科[44]
エリクソンムシ科[13]
アナアゴムシ科[9]
ラミングトンムシ科[3]
ツツヒラタムシ科[109]
ヒメハナムシ科[640]
ミジンキスイ科[30]
チビヒラタムシ科[430]
チビキカワムシモドキ科[2]
マルキカワムシ科[2]
ヒゲボソケシキスイ科[95]
ケシキスイ科[4,500]
ネスイムシダマシ科[6]
ムキヒゲホソカタムシ科[400]
カクホソカタムシ科[450]
テントウモドキ科[50]
ミジンムシダマシ科[400]
テントウムシダマシ科[1,800]
テントウムシ科[6,000]
ミジンムシ科[200]
ニセヒメキムシ科[24]
ヒメマキムシ科[1,000]

ゴミムシダマシ上科
コキノコムシ科[130]
Archeocrypticidae科[60]
アゴムシ科[26]
ツツキノコムシ科[650]
キノコムシダマシ科[150]
ナガクチキムシ科[420]
ハナノミ科[1,500]
オオハナノミ科[400]
アトコブゴミムシダマシ科[1,700]
Ulodidae科[30]
Promecheilidae科[20]
サガクチキムシダマシ科[15]
Trachelostenidae科[2]
ゴミムシダマシ科[20,000]
デバヒラタムシ科[30]
Synchroidae科[8]
クビナガムシ科[19]
カミキリモドキ科[1,500]
ツチハンミョウ科[3,000]
ホソキカワムシ科[160]
ツヤキカワムシ科[4]
クワガタモドキ科[13]
キカワムシ科[23]
アカハネムシ科[167]
チビキカワムシ科[300]
アリモドキ科[3,000]
ニセクビボソムシ科[900]
ハナノミダマシ科[500]

ハムシ上科
チリカミキリムシ科[3]
ムカシカミキリムシ科[75]
ホソカミキリムシ科[336]
カミキリムシ科[30,080]
カタビロハムシ科[350]
ナガハムシ科[40]
ハムシ科[32 500]

ゾウムシ上科
チョッキリモドキ科[70]
ヒゲナガゾウムシ科[3 900]
アケボノゾウムシ科[375]
オトシブミダマシ科[6]
オトシブミ科[2 500]
ミツギリゾウムシ科[4,000]
オサゾウムシ科[1 200]
イボゾウムシ科[1 200]
ゾウムシ科[48 600]

甲虫をもっと知るために

甲虫について詳しく知るために有用な、書籍、科学雑誌の記事、ウェブサイトの一覧です。

BOOKS

Arnett, R. H. Jr. and M. C. Thomas (Eds). *American Beetles. Volume 1. Archostemata, Myxophaga, Adephaga, Polyphaga: Staphyliniformia* CRC PRESS, 2001

Arnett, R. H. Jr., M. C. Thomas, P. E. Skelley and J. H. Frank (Eds). *American Beetles. Volume 2. Polyphaga: Scarabaeoidea through Curculionoidea* CRC PRESS, 2002

Beutel, R. G. and R. A. B. Leschen (Eds). *Coleoptera, Beetles. Volume 1: Morphology and Systematics (Archostemata, Adephaga, Myxophaga, Polyphaga partim). Handbook of Zoology. Arthropoda: Insecta* WALTER DE GRUYTER, 2005

Booth, R. G., M. L. Cox and R. B. Madge. *IIE Guides to Insects of Importance to Man. 3. Coleoptera* INTERNATIONAL INSTITUTE OF ENTOMOLOGY, 1990

Campbell, J. M., M. J. Sarazin and D. B. Lyons. *Canadian Beetles (Coleoptera) Injurious to Crops, Ornamentals, Stored Products, and Buildings* AGRICULTURE CANADA, 1989

Cooter, J. and M. V. L. Barclay (Eds). *A Coleopterist's Handbook* (4th edition) AMATEUR ENTOMOLOGISTS' SOCIETY, 2006

Crowson, R. A. *The Biology of the Coleoptera* ACADEMIC PRESS, 1981

Downie, N. M. and R. H. Arnett Jr. *The Beetles of Northeastern North America. Volumes 1–2* SANDHILL CRANE PRESS, 1996

Evans, A. V. and C. L. Bellamy. *An Inordinate Fondness for Beetles* UNIVERSITY OF CALIFORNIA PRESS, 2000

Evans, A. V. and J. N. Hogue. *Introduction to California Beetles* UNIVERSITY OF CALIFORNIA PRESS, 2004

Hatch, M. H. *The Beetles of the Pacific Northwest. Parts 1–5* UNIVERSITY OF WASHINGTON PRESS, 1953–1971

Klausnitzer, B. *Beetles.* EXETER BOOKS, 1981

Klimaszewski, J. and J. C. Watt. *Coleoptera: Family-group Review and Keys to Identification. Fauna of New Zealand No. 37* MANAAKI WHENUA PRESS, 1997

Lawrence, J. F. (Coordinator). *Order Coleoptera*. Pp. 144–658 *in*: Stehr, F. (Ed.). *Immature Insects. Volume 2* KENDALL/HUNT PUBLISHING COMPANY, 1991

Lawrence, J. F. and E. B. Britton. *Australian Beetles* MELBOURNE UNIVERSITY PRESS, 1994

Lawrence, J. F. and A. Ślipiński. *Australian Beetles: Morphology, Classification and Keys* CSIRO, 2013.

Leschen, R. A. B. and R. G. Beutel (Eds). *Coleoptera, Beetles. Volume 3: Morphology and Systematics (Phytophaga). Handbook of Zoology. Arthropoda: Insecta* WALTER DE GRUYTER, 2014

Leschen, R. A. B., R. G. Beutel and J. F. Lawrence (Eds). *Coleoptera, Beetles. Volume 2: Morphology and Systematics (Elateroidea, Bostrichiformia, Cucujiformia partim). Handbook of Zoology. Arthropoda: Insecta* WALTER DE GRUYTER, 2010

Löbl, I. and A. Smetana (Eds). *Catalogue of Palaearctic Coleoptera. Volumes 1–8.* APPOLO BOOKS [1–7] / BRILL [8], 2003–2013

McMonigle, O. *The Ultimate Guide to Breeding Beetles. Coleoptera Laboratory Culture Methods.* COACHWHIP PUBLICATIONS, 2012

New, T. R. *Beetles in Conservation* WILEY-BLACKWELL, 2010

Pakaluk, J. and S. A. Ślipiński (Eds). *Biology, Phylogeny, and Classification of Coleoptera. Papers Celebrating the 80th Birthday of Roy A. Crowson. Volumes 1 and 2* MUZEUM I INSTYTUT ZOOLOGII PAN, 1995

FIELD GUIDES

Bily, S. *A Colour Guide to Beetles* TREASURE PRESS, 1990

Evans, A. V. *Beetles of Eastern North America* PRINCETON UNIVERSITY PRESS, 2014

Evans, A. V. and J. N. Hogue. *Field Guide to Beetles of California* UNIVERSITY OF CALIFORNIA PRESS, 2006

Hangay, G. and P. Zborowski. *A Guide to the Beetles of Australia* CSIRO, 2010

Harde, K. W. *A Field Guide in Colour to Beetles.* OCTOPUS BOOKS, 1981

Lyneborg, L. *Beetles in Colour.* English edition supervised by Gwynne Vevers BLANDFORD PRESS, 1977

Matthews, E. G. *A Guide to the Genera of Beetles of South Australia. Parts 1–7* SOUTH AUSTRALIAN MUSEUM, 1980–1997

Papp, C. S. *Introduction to North American Beetles with more than 1,000 Illustrations* ENTOMOGRAPHY PUBLICATIONS, 1984

White, R. E. *A Field Guide to the Beetles of North America* HOUGHTON MIFFLIN CO., 1983

SCIENTIFIC JOURNAL ARTICLES

Bouchard, P., Y. Bousquet, A. E. Davies, M. A. Alonso-Zarazaga, J. F. Lawrence, C. H. C. Lyal, A. F. Newton, C. A. M. Reid, M. Schmitt, S. A. Ślipiński and A. B. T. Smith. Family-group names in Coleoptera (Insecta). *ZooKeys* 88: 1–972 (2011)

Lawrence, J. F. and A. F. Newton Jr. Evolution and classification of beetles. *Annual Review of Ecology and Systematics* 13: 261–290 (1982)

Lawrence, J. F., S. A. Ślipiński, A. E. Seago, M. K. Thayer, A. F. Newton and E. Marvaldi. Phylogeny of the Coleoptera based on morphological characters of adults and larvae. *Annales Zoologici* 61: 1–217 (2011)

Peck, S. B. The beetles of the Galápagos Islands, Ecuador: evolution, ecology, and diversity. *Journal of Insect Conservation* 12: 729–730 (2008)

Ślipiński, S. A., R. A. B. Leschen and J. F. Lawrence. Order Coleoptera Linnaeus, 1758. *In*: Zhang, Z.-Q. (Ed.) Animal biodiversity: an outline of higher-level classification and survey of taxonomic richness. *Zootaxa* 3148: 203–208 (2011)

NATIONAL AND INTERNATIONAL ORGANIZATIONS DEDICATED TO THE STUDY OF BEETLES

Asociación Europea de Coleopterologia [Spain]
www.ub.edu/aec

The Balfour-Brown Club
www.latissimus.org/?page id=24

The Coleopterists Society [USA]
www.coleopsoc.org

Coleopterological Society of Japan [Japan]
www. kochugakkai.sakura.ne.jp/English/index2.html

Wiener Coleopterologen Verein [Austria]
www.coleoptera.at

USEFUL WEB SITES

Beetles (Coleoptera) and coleopterists
http://www.zin.ru/animalia/coleoptera/eng/index.htm

BugGuide
http://www.bugguide.net

Coleoptera
http://www.coleoptera.org

Systematic Entomology Laboratory, United States Department of Agriculture, Coleoptera World Wide Web Site
http://www.sel.barc.usda.gov/Coleoptera/col-home.htm

Tree of Life Web Project. Coleoptera
http://www.tolweb.org/coleoptera

執筆者紹介

PATRICE BOUCHARD is a research scientist and curator of Coleoptera at the Canadian National Collection of Insects, Arachnids, and Nematodes in Ottawa. He has published more than 50 scientific papers, books or book chapters, including the 1,000-page *Family-group names in Coleoptera* and the award-winning *Tenebrionid Beetles of Australia*. Patrice is also on the editorial board of *The Canadian Entomologist*, *ZooKeys*, and *Zoological Bibliography*.

Contributions: pages 306–7, 310, 312, 314–15, 461–4, 466–7, 469–500, 502–13, 646–7. With Yves Bousquet: pages 33, 43, 49, 113, 300, 303, 305, 308–9, 313, 465, 468. With Arthur V. Evans: pages 6–29. With Arthur V. Evans and Stéphane le Tirant: pages 56, 58, 199, 224, 240.

YVES BOUSQUET pursued his undergraduate studies at the College Bourget in Rigaud, Quebec, where he developed a strong interest for beetles at the age of 12. He obtained his Ph.D. from the University of Montreal, Canada, in 1981. Since then he has been a research scientist at the Canadian National Collection of Insects, Arachnids, and Nematodes in Ottawa. He is the author or co-author of six books and more than 100 scientific papers or book chapters on the taxonomy and biology of beetles, particularly those of the families Carabidae, Monotomidae, and Histeridae.

Contributions: 34, 57, 60, 63–8, 73, 76–9, 82–9, 92–100, 103, 106–7, 110–11. With Patrice Bouchard: pages 33, 43, 49, 113, 300, 303, 305, 308–9, 313, 465, 468.

CHRISTOPHER CARLTON grew up in Arkansas, USA, where he developed an early fascination for insect diversity. He received his undergraduate degree from Hendrix College (Conway, Arkansas) and his graduate training at the University of Arkansas (Fayetteville, Arkansas), where he also served as Curator of the University of Arkansas Arthropod Museum. He moved to Baton Rouge, Louisiana during 1995 to join the entomology faculty at the Louisiana State University Agricultural Center. He directs the Louisiana State Arthropod Museum and leads the training program in systematics. He has described or co-described approximately 200 species of Coleoptera, mostly belonging to the family Staphylinidae.

Contributions: pages 114–88, 249–60, 301–2, 304, 311, 365, 454–60.

MARIA LOURDES CHAMORRO is a research entomologist with the Systematic Entomology Laboratory at the National Museum of Natural History in Washington, D. C. She has authored more than 15 scientific publications on the taxonomy, relationships, and comparative morphology of adult and larval forms of beetles and caddisflies. These include a 250-page monograph of Neotropical *Polyplectropus* and book chapters for the *Handbook of Zoology: Coleoptera*. She currently serves as Chrysomeloidea editor for the journal *Zootaxa*. Maria is an avid field-collector and curator; among her scientific discoveries are one new tribe of beetles, four new genera, and more than 60 new species.

Contributions: pages 578–639.

HERMES E. ESCALONA earned his Ph.D. in Entomology from the Universidad Central de Venezuela (UCV) in 2012. He is interested in the systematics and evolution of Coleoptera, with current projects on Australian longhorn beetles (Cerambycidae) and beetle families within Cucujiformia. He is currently affiliated with the Museo del Instituto de Zoología Agrícola-UCV and is a visiting scientist at the Australian National Insect Collection-CSIRO.

Contributions: pages 316–17, 319, 321, 326, 328–9, 331–5, 337–45, 347–50, 352, 354–9, 376–7, 380, 383–8, 390–4, 396–405.

ARTHUR V. EVANS is an author, lecturer, and broadcaster. He is research associate at the Smithsonian Institute, Washington, D. C., and adjunct professor at Virginia Commonwealth University, University of Richmond, and Randolph-Macon College. Arthur has published more than 40 scientific papers and over 100 popular articles and books on insects and other arthropods, including *Beetles of Eastern North America*.

Contributions: pages 35–41, 44–6, 50–5, 59, 61–2, 69–72, 74¬–5, 80–1, 90–1, 101–2, 104–5, 108–9, 189–92, 195, 197–8, 202, 205, 208–9, 214–15, 220, 226, 228, 230–1, 238, 261–3, 270, 276, 278, 284, 287–8, 293, 318, 320, 322–5, 327, 330, 336, 346, 351, 353, 378–9, 381–2, 389, 395, 501, 648–9. With Patrice Bouchard: pages 6–29. With Patrice Bouchard and Stéphane le Tirant: pages 56, 58, 199, 224, 240.

NOTES ON CONTRIBUTORS

ALEXANDER KONSTANTINOV graduated from the Department of Zoology of the Belorussian State University in Minsk in 1981, and received a Ph.D. in entomology from the Zoological Institute in St Petersburg, Russia, in 1987. He taught biology in elementary, middle, and high schools and, after completing his dissertation on the taxonomy and fauna of flea beetles of the European part of the former U.S.S.R. and the Caucasus, taught zoology of invertebrates, taxonomy and ecology of animals at the Belorussian State University. From 1995 he has studied the taxonomy and biology of leaf beetles at the Systematic Entomology Laboratory in Washington, D. C. He has published over 100 papers and five books on leaf beetle taxonomy. His current research includes the classification and biology of flea beetles in the Oriental Realm for which, in recent years, he has traveled extensively in Bhutan, China, India, Japan, and Nepal.

Contributions: pages 547–77.

RICHARD A. B. LESCHEN is a researcher at Landcare Research in New Zealand. He has authored more than 150 publications on beetle systematics, evolution, and natural history and is a co-editor of the *Handbook of Zoology: Coleoptera*. He has studied the world over, traveled from the subantarctic islands to deep Amazonian rainforests, and promotes the study of beetles by participating in workshops, teaching, and collaboration. He is also a musician and songwriter.

Contributions: pages 360–4, 366–75, 406–53.

STÉPHANE LE TIRANT is curator of the Montreal Insectarium, one of the world's largest museums devoted entirely to insects. He is an expert in cultural entomology and exhibitry. He is the author of numerous papers on insects and the co-author of *Papillons et chenilles du Québec et des Maritimes*, a book on the butterflies and caterpillars of Quebec and the Maritimes. Stéphane has served as an international consultant for many projects including the Shanghai, Hong Kong, Newfoundland, and Audubon insectariums. He has helped to create more than 12 butterfly houses around the world. He was the entomological advisor for the acclaimed series *Insectia*, which was purchased by the National Geographic and Discovery channels. Six species have been named after him.

Contributions: 193–194, 196, 199, 200–1, 203, 204, 206, 207, 210–13, 216–19, 221–3, 225, 227, 229, 232–7, 239, 241–8, 264–8, 269, 271–5, 277, 279–83, 285–6, 289–90, 291–2, 294–9. With Patrice Bouchard and Arthur V. Evans: pages 56, 58, 199, 224, 240.

STEVEN W. LINGAFELTER received his Bachelor and Master of Science Degrees in Biology at Midwestern State University (Wichita Falls, Texas) in 1989 and 1991, respectively. He received his Doctorate in Entomology from the University of Kansas (Lawrence, Kansas) in 1996. Since that time, he has been a Research Entomologist with the Systematic Entomology Laboratory, United States Department of Agriculture, and based at the Smithsonian Institution's National Museum of Natural History in Washington, D. C. He has published more than 60 papers and four books on beetle systematics and taxonomy, with an emphasis on Neotropical longhorn beetles.

Contributions: pages 514–46.

PHOTOGRAPHER AT THE CANADIAN NATIONAL COLLECTION

ANTHONY DAVIES A student of H. F. Howden and S. B. Peck, Anthony Davies has been providing curatorial and research support for CNC coleopterists since 1971, including J. M. Campbell, A. Smetana, and P. Bouchard. He was a contributing author in the *Checklist of Beetles of Canada and Alaska*, the *Reclassification of the North Temperate Taxa Associated with* Staphylinus *Sensu Lato* (with A. Smetana), the *Catalogue of Palaearctic Coleoptera*, *Family-group Names in Coleoptera*, and two volumes of *Adventive Species of Coleoptera Recorded from Canada*. He recently provided photographs for *Tenebrionid Beetles of Australia*, and the *Insects and Arachnids of Canada* series.

索引（種名および科名）

ア
アータフトタマムシ 263
アイナシムシ 316
アイナシムシ科 316
アオオオコブハムシ 562
アオスジケンランアシナガオトシブミ 591
アオナガタマムシ 294
アオバネホソキバハネカクシ 182
アオメダカハネカクシ 175
アカアシホソホシカムシ 394
アカクビホシカムシ 395
アカクロモブカミキリモドキ 497
アカゲブカフトタマムシ 265
アカナンベイナガハムシ 548
アカハネムシ科 506
アカモンオウサマゾウムシ 614
アカモンサカダチゴミムシダマシ 484
アギトゴミムシ 475
アケボノゾウムシ科 586-588
アケボノムシ 41
アケボノムシ科 41
アゴムシ 456
アゴムシ科 455-456
アシブトウグイスコガネ 217
アステカダルマガムシ 139
アトコブゴミムシダマシ科 465-468
アトラスオオカブト 222
アナゴムシ 425
アナメネキカワムシ 419
アナメネキカワムシ科 419
アフリカオオツヒラタムシ 427
アフリカクチキゴミムシ 98
アフリカケシゲンゴロウ 110
アフリカコバネナガツツシンクイ 375
アフリカツホソカタムシ 440
アフリカナガヒラタムシ 38
アフリカナガムシホソカタムシ 439
アフリカヒメドロムシ 302
アボバネヒラタシデムシ 151
アミメナガシンクイムシ科 363
アミメパタゴニアゴミムシダマシ 478
アメリカキクイサビゾウムシ 608
アメリカクシヒゲムシダマシ 322
アメリカクリシゾウムシ 619
アメリカジョウカイ 353
アメリカツヤタマムシ 282
アメリカハエトリソウハムシ 564
アメリカホコリタケシバンムシ 373
アメリカネミジキナタマムシ 284
アメリカホキナガクチキムシ 459
アメリカモンシデムシ 152
アメリカヨコミゾコブゴミムシダマシ 467
アヤメタネヒゲナガゾウムシ 585
アラスカッチハネカクシ 178
アラメクチキゴミムシダマシ 494
アリクイゴミムシ 78
アリゾナメダマコメツキ 323
アリバチネッタイハナコメツキ 337
アリモドキ科 509-512
アリモドキカミキリ 521
アリモドキゾウムシ 600
アルザダチビフトハネカクシ 176
アルゼンチンヒアリモドキ 511
アレチミツギリゾウムシ 606
アロエウスミツノカブト 231
アローハネカクシ 184
イエコキノコムシ 454
イエタマキノコムシモドキ 252
イトホソカタムシ 465
イネトゲハムシ 554
イボシデムシモドキ 155
イボゾウムシ科 614-616
イボツブミズムシ科 44
イボツブミズムシ 44
イワノポリゲンゴロウ 105
イワノポリゲンゴロウ科 105
インカツコガネ 243
インゲンマメゾウムシ 549

インドシナオオヨツボシゴミムシ 88
インドジンメンコメツキ 324
ウォレスシロスジカミキリ 530
ウシヅノセンチコガネ 190
ウスイロハンミョウ 60
ウスチャヘクスドン 227
ウスツラホソカワムシ 503
ウソツキボタル 350
ウマヅラホソカワムシ 503
ウミベニュージーランドヒゲナガゾウムシ 582
ウラキンテントウカクリタマムシ 281
ウロコタケヌスト 376
ウロコタケヌスト科 376
ウンナンツブミズムシ 45
エゴヒゲナガゾウムシ 581
エラフスホソアカクワガタ 200
エラフスミヤマクワガタ 202
エリクソンムシ 424
エリクソンムシ科 424
エンマハバビロガムシ 121
エンマムシ科 124-137
エンマムシダマシ 122
エンマムシダマシ科 122
エンマムシモドキ科 123
オウサマムシカシタマムシ 285
オウサマヤツモンタマムシ 288
オウシュウアリモドキカッコウムシ 390
オウシュウイエカミキリ 522
オウシュウオオキベリアオゴミムシ 87
オウシュウケシジョウカイモドキ 403
オウシュウゲンゴロウモドキ 107
オウシュウツヤツツキノコムシ 458
オウシュウモンヒメマキムシモドキ 357
オオアオメカクシケタマムシ 271
オオアラメカバンタマムシ 278
オオエンマハンミョウ 59
オオエンマムシ 137
オオキイ科 408
オオキセワタチビタマムシ 299
オオキノコムシ科 412-414
オオキバウスバカミキリ 544
オオキバセンチコガネ 193
オオコナガシンクイ 366
オオズアリコブムシ 137
オオズコバネナガフナガタムシ 259
オオゾウムシ 610
オオチリカミキリ 514
オオナンバンダイコクコガネ 205
オオハイイロカミキリ 539
オオハナノミ 463-464
オオハビロタマムシ 274
オオミドリサンカクタマムシ 277
オオメノコギリヒラタムシ 422
オオメボタル科 347
オオリソウサルゾウムシ 624
オオリタマムシ 280
オサゾウムシ科 608-613
オサムシ科 52-100
オサムシモドキゲンゴロウ 104
オサムシモドキゲンゴロウ科 104
オトシブミ科 590-597
オトシブミダマシ 589
オトシブミダマシ科 589
オニミツギリゾウムシ 598
オバケセシジハネカクシ 170
オレヘゲゴミムシ 68
オンマ科 40

カ
カオナガムシ 312
カオナガムシ科 312
カギバラコガネ 210
カクチビハナケシキスイ 434
カクホソカタムシ科 441
カクムネハビロハネカクシ 158
カザリナカボソタマムシ 298
カザリナンベイダエンマルトゲムシ 313
カザリハナムグリ 239
カシノナカボソタマムシ 296

カシューアミメカミキリ 538
カタビロハムシ科 547
カツオブシムシ科 360-362
カッコウヌスト科 383
カッコウムシ 388
カッコウムシ科 386-396
カッコウシモドキ 397
カッコウシモドキ科 397
カッコウモドキナガシンクイ 365
カナダイワハムシ 508
カブトツツキノコムシ 457
カブトハナムグリ 247
カブトムシ 232
カミキリムシ科 518-546
カミキリモドキ科 496-497
ガムシ科 114-121
カメノコゾウムシ 617
カリフォルニアサキュウゴミムシダマシ 476
カリフォルニアマルドロムシ 116
カリフォルニアミドリハンミョウモドキ 75
カメルーンミジンムクゲキノコムシ 140
カロライナニセマキムシ 161
カワベオバアリガタハネカクシ 181
カワムキカミキリ 536
カワリカンムリゴミムシダマシ 481
カワリタマムシダマシ 262
キカワムシ科 505
ギザムネガムシ 115
キスイムシ科 418
キスイムシダマシ科 417
キスイモドキ科 407
キスジアメリカガムシ 120
キスジノミハムシ 573
キタサボテンカミキリ 534
キタセスジハムシ 561
キヌツヤツヤハムシ 561
キノコムシダマシ科 459
キバサビハネカクシ 187
キハダコクヌスト 379
キバナガナガロムシ 308
キバナガヒラタエンマムシ 133
キバクイスジゲホタルモドキ 341
キバネマルタマムシ 275
キバビラタハネカクシ 168
キベリクリスマスコガネ 216
キベリヒナゴミムシ 80
キマメアメリカクモゾウムシ 626
キムネシニキタムシ 270
キョジンゴミムシ 94
キョジンナガシンクイ 364
ギョリュウタコゾウムシ 632
ギョリュウハムシ 568
キリオトシブミ 593
キリミツギリゾウムシ 601
キンイロハナムグリ 234
キンケクワガタモドキ 504
キンケビウドコメツキダマシ 321
クサゴミムシ 81
クシヒゲベニボタル 344
クシヒゲホタルモドキ科 341
クシヒゲムシ科 260-261
クチナガカシキス 435
クビナガゴミムシ 96
クビナガデオキノコムシ 167
クビマルコメツキ 338
クビワオオツノハナムグリ 245
クベラツヤクワガタ 203
クモガタタマオシコガネ 204
クラヤミハンミョウ 55
クリックツノハナムグリ 236
クレマチスホソツビビラタムシ 430
クローソンムシ 34
クローソンムシ科 34
クロカミキリ 546
クロジンガサハムシダマシ 471
クロセダカマルハナノミ 255
クロツヤチビカツオブシムシ 360

索引（種名、科名）

クロツヤムシ科 194
クロナガハナノミダマシ 317
クロヒメツヤハムシ 574
クロモゾウムシ 621
クロモンカクケシキスイ 436
クワガタムシ科 196-203
クワガタモドキ科 504
ケシキスイ科 435-437
ケシキスイダマシ科 420-421
ケシマルムシ科 47
ケゾノナンベイホソカミキリ 517
ゲブカタマキノコムシモドキ 251
ケブトヒラタキクイムシ 367
ケラモドキカミキリ 516
ゲンゴロウ科 107-111
ゲンゴロウダマシ 106
ゲンゴロウダマシ科 106
ケンランアメリカヒョウタンゴミムシ 71
ケンランオオコクヌスト 381
ゴウシュウクビホソムシ 510
ゴウシュウゴマダラコクヌスト 380
ゴウシュウサンゴチビドロムシ 306
ゴウシュウナガキクイムシ 639
ゴウシュウナガヒラタムシ 37
ゴウシュウニセゾウムシ 359
ゴウシュウヒゲブトオサムシ 82
コーヒーキクイムシ 637
コガシラミズムシ科 101
コガネムシ科 204-248
コキノコムシ科 454
コクヌスト 382
コクヌスト科 377-382
コクヌストモドキ 489
コクロハナノミ 462
ココクゾウムシ 613
コツブゲンゴロウ科 103
コブスジコガネ科 195
コブフナガタタマムシ 267
ゴホンヅノカブト 225
ゴマダラトコブゴミムシダマシ 468
ゴマダラオオクビボソムシ 509
コマユバチモドキカミキリ 523
ゴミムシダマシ科 470-494
ゴムノキハムシダマシ 472
コメツカズ科 314
コメツキダマシ科 320-321
コメツキムシ科 322-339
コモリカメノコハムシ 552
コモンホクベイトラハナムグリ 240
コロラドハムシ 556

サ
サイハテハネカクシ 154
サイハテハナミョウ 61
サカハチテントウ 448
サクランボチョッキリ 596
サザナミマダガスカルハナムグリ 237
サバクカミキリ 519
サビカッコウムシ 385
サビカッコウムシ科 384-385
サビハダタマムシ 293
サボテンオサゾウムシ 611
サメハダハマキチョッキリ 594
サラゴミムシダマシ 485
シデムシ科 151-152
シボレーオオムカシタマムシ 292
シモフリマルカツオブシムシ 362
ジャガイモノミハムシ 569
ジャコウアザミゾウムシ 633
ジャワツノハネカクシ 169
ジュウシロスジコガネ 214
ジュウニホシカタゾウカミキリ 532
ジュズヒゲコケムシ 174
ジョウカイボン科 353-355
ジョウカイモドキ科 401-405
ショウガゴミムシ 86
シリグロホソクビサビハネカクシ 180
シロアリカッコウムシ 392
シロアリコブエンマムシ 136
シロアリニセクビボソムシ 513
シロオビアメリカホシカムシ 396
シロクロキリアツメ 479
シロテサソリカミキリ 537
シロナガサハンミョウ 58
シンセカイドロムシ 305
シンセカイドロムシ科 305
ズアオアオハネカクシ 185
ズアカナガヒラタムシ 36
スアナハムシ 572
スカーレットアオジョウカイモドキ 405

スジアメリカヒメドロムシ 303
スジツツタマムシ 269
スタンレーオンマ 40
スナハラゴモクムシ 91
スネブトマタオシコガネ 206
セイガンナガフナガタムシ 257
セイブニセヒメマキムシ 451
セイロンオオメボタル 347
セキジュウジジョウカイモドキ 404
セグロホソチョッキリ 595
セコイアチビヒラタカミキリ 524
セスジアミメナガシンクイ 363
セスジキクイムシ 638
セダカオサモドキ 85
センチコガネ科 190-193
ゾウカブト 228
ゾウゴミムシダマシ 482
ゾウバナセンチコガネ 191
ゾウムシ科 617-639
ソーンダースニセフトタマムシ 287
ソテツアナアゾウムシ 635
ソテツヒメハナムシ 428
ソテツホソクモドキ 603
ソリエーハネカクシ 177
ソロバンゴミムシダマシ 487

タ
タイタンオオウスバカミキリ 545
タイリクタマカイガラヒゲナガゾウムシ 580
タイリクニセマルハナノミ 249
タイワンオオテントウダマシ 445
ダエンハネカクシ 153
ダエンマルトゲムシ科 313
タスマニアケシキスイダマシ 421
タテジマカミキリ 529
ダニケシマルムシ 47
タバコシバンムシ 372
タマキノコムシ科 145-150
タマキノコムシモドキ科 251-252
タマノミヒゲナガゾウムシ 584
タマムシ科 263-299
タマムシモドキコガネ 220
ダルマガムシ科 138-139
ダンダラサバクゴミムシ 92
チイニューギニアゾウムシ 631
チイロアリヅカムシ 163
チイロサビカッコウムシ 384
チシマホソデムシ 143
チビキカワムシ科 507-508
チビカワムシモドキ 432
チビカワムシモドキ科 432
チビコツブゲンゴロウ 103
チビセダカオサムシ 66
チビドロムシ 306-307
チビナガヒラタムシ 39
チビナガヒラタムシ科 39
チビヒラタムシ 430-431
チャイロヤンダイアリノリムシ 142
チャイロコメノゴミムシダマシ 488
チャイロフトタマムシ 266
チュウベイオオミズスマシ 50
チュウベイトラハナムグリ 235
チョッキリモドキ科 578-579
チリオサムシ 65
チリオニケシスイ 437
チリカミキリムシ科 514
チリキスイムシダマシ 417
チリクワガタ 198
チリドロムシ 304
チリドロムシダマシ 486
チリムカシヒラタムシ 409
ツチサルハムシ 565
ツチテントウ 446
ツチハンミョウ科 498-502
ツツキノコムシ科 457-458
ツツシンクイ科 374-375
ツツヒラタムシ科 427
ツノキバヒョウホンムシ 370
ツノナガエンマコガネ 207
ツノヒゲゴミムシ 73
ツノマダラクシヒゲハンミョウ 57
ツブミズムシ 45
ツマグロカミキリモドキ 496
ツマグロヒラタコメツキ 334
ツメアカナガヒラタタマムシ 289
ツヤサビハムシ 273
ツヤシデムシ科 143-144
ツヤセンチコガネ 192
ツヤハダゴマダラカミキリ 528
テオウニジダイコクコガネ 209

ティオマンケシタマムシ 295
ティティウスシロカブト 224
デオミジンムシ 450
デオミズムシ 46
デオミズムシ科 46
テキサスニセコメツキ 318
テナガカミキリ 527
デバヒラタムシ科 495
テントウムシ科 446-448
テントウムシダマシ科 444-445
テントウムシモドキ 442
テントウムシモドキ科 442
トウガンマルクビゴミムシ 52
ドウツニセチビシデムシ 149
ドウケコメツキ 336
トウショクアメリカカッコウムシ 389
トウブアメリカキクイゾウムシ 627
ドウムネメダカゴミムシ 53
トウモロコシハムシ 566
トウワタカミキリ 540
トガリパプアクモゾウムシ 625
トゲカッコウヌスト 383
トゲトゲヘンテコゾウムシ 629
トゲモネクイハムシ 563
トビイロホタル 345
トビイロホタル科 345
トラハナムグリ 248
トリノスヤドリムシ 425
ドロムシ科 304

ナ
ナガクチキムシ科 460
ナガクチキムシダマシ 469
ナガクチキムシダマシ科 469
ナガシンクイムシ科 364-368
ナガドロムシ科 308
ナガハナノミ科 311
ナガハナノミダマシ科 317
ナガハムシ科 548
ナガヒラタムシ 35-38
ナガフナガタムシ科 257-259
ナガレモンヒメツヤタマムシ 290
ナゾハナカミキリ 518
ナタールナガフトタマムシ 264
ナミセンアメリカオオキノコ 414
ナミフチミジンシダマシ 443
ナンブムツボシゾウムシ 286
ナンベイオオコブスジコガネ 195
ナンベイオオタマムシ 276
ナンベイクロツヤムシダマシ 474
ナンベイタマサルゾウムシ 636
ナンベイチョボクチゴミムシ 77
ナンベイナガキマワリ 493
ナンベイナガヒラタノミ 311
ナンベイヒラタアリノスゴミムシダマシ 477
ナンベイミイデラゴミムシ 83
ニガカシュウクビナガハムシ 559
ニジイロカタガフトオサムシ 64
ニジイロカナブン 246
ニジイロクワガタ 197
ニジイロヒラタシタマムシ 297
ニジイロホウセキヒメゾウムシ 622
ニジオビゴウシュウハムシ 576
ニシキホウセキゾウムシ 630
ニジモンコガネハムシ 575
ニジモンツチハンミョウ 501
ニセクビボソムシ科 513
ニセコメツキ科 318
ニセジョウカイモドキ 400
ニセジョウカイモドキ科 400
ニセスジハネカクシ 164
ニセセマルヒョウホンムシ 369
ニセセントウゴミムシダマシ 473
ニセヒメマキムシ科 451
ニセヒラタムシ 406
ニセヒラタムシ科 406
ニセマルハナノミ科 249
ニセヨツメハネカクシ 160
ニュージーランドウミベコガネダマシ 470
ニュージーランドガムシ 118
ニュージーランドコメツキモドキ 412
ニュージーランドデオネシ 416
ニュージーランドヒラタムシ 423
ニュージーランドヘリムネホリカタムシ 466
ニューヨークゾウムシ 605
ニワトコハナカミキリ 541
ヌパリミツギリゾウムシ 599
ヌスビトオトシブミ 597
ネアカホクベイジョウカイモドキ 402
ネコメマダガスカルコメツキ 326

索引(種名、科名)

ネスイムシ科 415-416
ネスイムシダマシ科 438
ネズミヤドリナガムクゲキスイ 413
ネズミヤドリハネカクシ 183
ノコギリタテツノカブト 226
ノコヒメマキムシ 453

ハ
バイオリンムシ 95
ハイマダラゴウシュウミツギリゾウムシ 602
ハイモンミズギワコメツキ 335
ハエモドキヒメゾウムシ 623
ハカマモリゴミムシダマシ 480
パカラックカクホソカタムシ 441
ハリエニシダゾウムシ 604
バッタヤドリゾウムシ 620
ハナヂハムシ 558
ハナノミ科 461-462
ハナバチヤドリカッコウムシ 391
ハナビラホタルモドキ 352
ハナマメゾウムシ 551
ハネカクシ科 153-188
ハネナシハンミョウ 63
パプアキンイロクワガタ 196
ハムシ科 549-577
ハラボテアシナガメクラチビシデムシ 148
ハリナシバチヤドリネスイ 415
ハンゲウチワベニボタル 343
ハンミョウマガイゴミムシ 54
ビーバーヤドリムシ 150
ヒイロタテボタル 348
ヒカリノボイコメツキ 328
ヒカリコメツキ 327
ピクトリアゴウシュウミジンムシ 449
ヒゲコメツキダマシ 319
ヒゲコメツキダマシ科 319
ヒゲゾウムシ 609
ヒゲナガキバマルハナノミ 256
ヒゲナガゾウムシ科 580-585
ヒゲホシカムシ 393
ヒゲボソケシキスイ科 434
ヒシガタケシキスイダマシ 420
ヒジリタマオシコガネ 208
ヒトツメヒメゲンセイ 502
ヒメカブト 233
ヒメキノコテントウムシダマシ 444
ヒメキノコシ科 410
ヒメトゲムシ 358
ヒメトゲムシ科 358
ヒメドロムシ科 302-303
ヒメハナムシ科 428
ヒメハナノシモドキ 157
ヒメホソエンマムシ 124
ヒメマキムシ 452-453
ヒューストンマルガタクワガタ 199
ヒョウタンカッコウムシ 398
ヒョウタンカッコウムシ科 398
ヒョウタンゴミモドキ 79
ヒョウタンタマキノコムシ 145
ヒョウホンムシ科 369-373
ヒョウモンコガシラミズムシ 101
ヒョットコシデムシモドキ 156
ヒラタコクヌスト 377
ヒラタダエンゴミムシ 99
ヒラタドロムシ科 309
ヒラタドロムシダマシ 310
ヒラタドロムシダマシ科 310
ヒラタムシ科 423
プエルトリコオハムシ 570
プエルトリコシダハムシ 571
フサヒゲムシ 340
フサヒゲムシ科 340
フタイロオオホソジョウカイモドキ 399
フタイロコメツキダマシ 320
フタイロスネトゲヒョウタンゴミムシ 69
フタイロドロボウゴミムシ 93
フタイロナンベイクチキムシ 490
フタオビアシナガクチカクシゾウムシ 628
フタスジイッカク 512
フタトゲツブジョウカイ 355
フタモンアメリカシナガオトシブミ 590
フタモンオオサモドキ 84
フタモンガリアケボノゾウムシ 586
フタモンニセツエンマムシ 127
フタモンビロウドコメツキ 329
フタモンミジンキスイ 429
フチグロオオハナノミ 463
フチトリガムシ 117
フチトリチビホタルモドキ 351

フチトリナンベイクビボソゴミムシ 100
フトオオアオコメツキ 332
フトマルハナノミ 253
フユセンチコガネ科 189
フリーグルアジアゴムシ 455
フリゲートゴミムシダマシ 492
プロソパンケアケボノゾウムシ 587
フロリダホソハナノミ 461
ベニボタル科 342-344
ヘラクレスオオカブト 223
ヘリスジタマコメツキ 325
ホウシャヤヒシメハナハナムグリ 242
ホウセキゴミムシ 219
ホウセキヒョウタンマルトゲムシ 301
ホクオウオオキカワムシ 505
ホクオウセジエンマムシ 130
ホクベイオオオズハンミョウ 62
ホクベイカワラゴミムシ 74
ホクベイキスゲマルトゲムシ 300
ホクベイコチキクシヒゲムシ 261
ホクベイコブスジゴミムシダマシ 483
ホクベイコマダラハナノミ 254
ホクベイセジムシ 70
ホクベイタマキノコムシ 146
ホクベイチビヒラタエンマムシ 129
ホクベイナガヒラタムシ 35
ホクベイナガフナガタムシ 258
ホクベイニセクワガタカミキリ 543
ホクベイニセケシカミキリ 531
ホクベイハゲアリノスハネカクシ 166
ホクベイハナバチヤドリキスイ 418
ホクベイフトコバネオオハナミ 464
ホクベイホノオムシ 346
ホクベイマルヒラタドロムシ 309
ホクベイムゲキスイ 411
ホクベイメダカッシウムシ 387
ホクベイモンキゴミムシダマシ 491
ホクベイヨツボシゴミムシ 97
ホソアシナガメクラチビシデムシ 147
ホソオビメリケンハナハムグリ 238
ホソカミキリムシ科 517
ホソキカワムシ科 503
ホソクシヒゲムシ科 315
ホソクチチビヒラタムシ 431
ホソジョウカイモドキ科 399
ホソヒメマキムシ 452
ホソヒラタムシ科 422
ホタル科 348-350
ホタルモドキ科 351-352
ホッキョクハムシ 557
ホテイアオイゾウムシ 615
ホノオムシ科 346
ポプラナガハナムシ 547

マ
マイマイカブリ 67
マキムシモドキ 356
マキムシモドキ科 356-357
マクレイタナガコガネ 211
マサカツオブシムシ 361
マサニチョッキリモドキ 578
マダラシバンムシ 371
マダラハマベオオハネカクシ 188
マダラヒラタコクヌスト 378
マダラフトジョウカイモドキ 401
マツカサチョッキリモドキ 579
マツノマダラカミキリ 535
マルガタマルハナノミダマシ 250
マルキカワムシ 433
マルキカワムシ科 433
マルジリツエンマムシ 126
マルトゲムシ科 300-301
マルハナノミ 253-256
マルハナノミダマシ科 250
マルハナバチモドキハネカクシ 186
マレーコメツカズ 314
マレーサンヨウベニボタル 342
マンマルムシ 89
ミイロイトヒゲホソカッコウムシ 386
ミイロオオソノカナブン 244
ミカヅキゾウムシ 618
ミカンカミキリ 526
ミケアナキゾウムシ 634
ミジンキスイ科 429
ミジンムシ 449-450
ミジンムシダマシ科 443
ミジンアリヅカエンマムシ 135
ミズスマシ科 50
ミズタマクシヒゲムシ 260

ミズタマゲンゴロウ 109
ミゾクチゴミムシ 72
ミゾハギチビゾウムシ 607
ミチビツエンマムシ 125
ミツギリゾウムシ科 598-607
ミツギリゾウムシモドキ 507
ミツマタナガシンクイ 368
ミナミオオヒゲコメツキ 333
ミナミフユセンチコガネ 189
ミナミライオンコガネ 215
ムカシカミキリ 515
ムカシカミキリムシ科 515-516
ムカシゴミムシ 51
ムカシゴミムシ科 51
ムカシヒラタムシ科 409
ムキゲホソカタムシ科 439-440
ムクゲキスイ科 411
ムクゲキスイコムシ科 140-142
ムツテンクワガタコガネ 221
ムツボシアラメカシタマムシ 291
ムツモンミドリハンミョウ 56
ムナグロトガリバコメツキ 330
ムナビロオオヌイ 408
ムナビロオジヒラタハネカクシ 179
ムニスゼッチコフカブト 230
ムネアカオオキバハネカクシ 171
ムネアカナンベイホソクシヒゲムシ 315
ムネアカホソツツシンクイ 374
ムネトゲヒメノコムシ 410
ムネピカコメツキ 331
ムネムジダルマガムシ 138
ムラサキヘリムネゴミムシ 90
メキシコエンマムシモドキ 123
メキシコソテツケボノゾウムシ 588
メキシコチビドロムシ 307
メキシコニセチビハネカクシ 159
メキシコマダラテントウ 447
メキシコメダカオオキバハネカクシ 172
メクラツチイボゾウムシ 616
メクラヒゲアリヅカムシ 162
メルムシ 102
メルムシ科 102
メンガタクワガタ 201
メンガタタムシ 279
モチュルスキーメクゲノコムシ 141
モモブトジマメゾウムシ 550
モモブトヒメヒラタタマムシ 283
モンキクシヒゲルリタマムシ 272

ヤ
ヤコブソンムシ科 359
ヤシオオオサゾウムシ 612
ヤシネスイムシダマシ 438
ヤドクハムシ 567
ヤドリマメハンミョウ 499
ユーラシアオオエンマムシ 134
ユーラシアオトシブミ 592
ユーラシアカバノキハムシ 577
ユーラシアガムシ 119
ユーラシアキノコハネカクシ 165
ユーラシアナミボタル 349
ユーラシアヨツボシナガツツハムシ 560
ヨーロッパアカハネムシ 506
ヨーロッパイベリアヒサゴカミキリ 533
ヨーロッパオオヤシゾウムシ 144
ヨーロッパキスイモドキ 407
ヨーロッパコフキコガネ 213
ヨーロッパサイカブト 229
ヨーロッパスアシゴミムシ 76
ヨーロッパデバヒラタムシ 495
ヨーロッパナガクチキ 460
ヨーロッパヒラタエンマムシ 132
ヨーロッパミドリゲンセイ 500
ヨーロッパムナビロコケムシ 173
ヨーロッパルリボシカミキリ 525
ヨコヅナクロツヤムシ 194
ヨツモンアストラツツタマムシ 268
ヨツモンエンマムシ 131

ラ
ライオンホソコバネカミキリ 542
ラミングトンムシ 426
ラミングトンムシ科 426
リンネケフサカミキリ 520
リンネハイイロゲンゴロウ 108
ルリシナガコガネ 212
ルリアメリカカメノコハムシ 555
ルリエンマムシ 128
レギウスゴライアスオオツノハナムグリ 241
レスプレデンスプラチナコガネ 218

651

索引（種名、科名）

ロシアコバネジョウカイ 354

ワ
ワタミヒゲナガゾウムシ 583

A
Aaata finchi 263
Acamptus rigidus 627
Acanthinus argentinus 511
Acanthocnemidae 397
Acanthocnemus nigricans 397
Acanthoscelides obtectus 549
Acmaeodera gibbula 267
Acrocinus longimanus 527
Acromis sparsa 552
Actinus imperialis 182
Aderidae 513
Adranes lecontei 162
Aegialites canadensis 508
Agapythidae 419
Agapytho foveicollis 419
Agathidium pulchrum 146
Agelia petelii 272
Agrilus planipennis 294
Agyrtidae 143-144
Akalyptoischiidae 451
Akalyptoischion atrichos 451
Akephorus obesus 69
Alaocybites californicus 616
Alaus zunianus 323
Alexiidae 442
Alzadaesthetus furcillatus 176
Amblycheila cylindriformis 55
Amblyopinodes piceus 183
Amblysterna natalensis 264
Amorphocephala coronata 598
Amphizoa insolens 104
Amphizoidae 104
Ancistrosoma klugii 210
Anomalipus elephas 482
Anoplophora glabripennis 528
Anorus piceus 258
Anostirus castaneus 334
Anthaxia hungarica 283
Antherophagus convexulus 418
Anthia thoracica 84
Anthicidae 509-512
Anthrenus museorum 362
Anthribidae 580-585
Anthribus nebulosus 580
Antliarhinus signatus 603
Apatophysis serricornis 519
Aphanisticus lubopetri 295
Apoderus coryli 592
Apotomus reichardti 77
Apteroxenus globulosus 584
Arachnobas caudatus 625
Araecerus fasciculatus 581
Arrowinus phaenomenalis 184
Artematopodidae 317
Arthrolips decolor 450
Arthropterus wilsoni 82
Asemobius caelatus 179
Aspidytes niobe 105
Aspidytidae 105
Aspisoma ignitum 348
Astraeus fraterculus 268
Astylus atromaculatus 401
Atractocerus brevicornis 375
Attelabidae 590-597
Aulaconotus pachypezoides 529
Aulacoscelis appendiculata 548
Austroplatypus incompertus 639

B
Bagous affinis 621
Balgus schnusei 328
Batocera wallacei 530
Batrisus formicarius 163
Belidae 586-588
Bidessus ovoideus 110
Biphyllidae 411
Boganiidae 406
Bolitotherus cornutus 483
Borolinus javanicus 169
Bostrichidae 364-368
Bothrideridae 439-440
Brachyceridae 614-616
Brachycerus ornatus 614
Brachygnathus angusticollis 85

Brachyleptus quadratus 434
Brachypsectra fulva 318
Brachypsectridae 318
Brarus mystes 579
Brentidae 598-607
Brentus anchorago 599
Brontispa longissima 553
Broscus cephalotes 76
Buprestidae 263-299
Buprestis aurulenta 284
Byctiscus rugosus 594
Byrrhidae 300-301
Byturidae 407
Byturus tomentosus 407

C
Cactophagus spinolae 611
Caenocara ineptum 373
Calais speciosus 324
Calitys scabra 379
Callirhipidae 315
Calloodes atkinsoni 216
Calodema regalis 285
Calognathus chevrolati eberlanzi 475
Calophaena bicincta ligata 86
Calosoma sycophanta 64
Calyptomerus alpestris 251
Camarotus singularis 617
Camiarus thoracicus 145
Campsosternus hebes 332
Campyloxenus pyrothorax 331
Cantharidae 353-355
Capnodis miliaris miliaris 273
Capnolymma stygia 518
Car condensatus 589
Carabidae 52-100
Carabus(damaster)blaptoides 67
Cardiophorus notatus 337
Caridae 589
Carinodulina burakowskii 446
Caryedon serratus 550
Catoxantha opulenta 274
Cavognathidae 425
Celadonia laportei 315
Cephaloplectus mus 142
Cephennium thoracicum 173
Cerambycidae 518-546
Cerocoma schaefferi 498
Cerocranus extremus 618
Ceroglossus chilensis 65
Cerophytidae 319
Cerophytum japonicum 319
Cerylonidae 441
Cetonia aurata 234
Chaerodes trachyscelides 470
Chaetosoma scaritides 383
Chaetosomatidae 383
Chalcodrya variegata 469
Chalcodryidae 469
Chalcolepidius limbatus 325
Chalcosoma atlas 222
Chariessa elegans 393
Chauliognathus profundus 353
Cheirotonus macleayi 211
Cheloderus childreni 514
Chelonariidae 313
Chelonarium ornatum 313
Chevrolatia amoena 174
Chiasognathus grantii 198
Chionotyphlus alaskensis 178
Chlaenius circumscriptus 87
Chrysina macropus 217
Chrysina resplendens 218
Chrysobothris chrysoela 286
Chrysochroa buqueti 275
Chrysochus auratus 564
Chrysomelidae 549-577
Chrysophora chrysochlora 219
Cicindela sexguttata 56
Cicindis horni 54
Ciidae 457-458
Cimberis elongata 578
Cis tricornis 457
Clambidae 251-252
Clambus domesticus 252
Cleridae 383-396
Clerus mutillarius mutillarius 388
Clytra quadripunctata 560
Cneoglossa lampyroides 310
Cneoglossidae 310

Coccinellidae 446-448
Coelus globosus 476
Collops balteatus 404
Colophon haughtoni 199
Cometes hirticornis 517
Coniatus splendidulus 632
Copturus aurivillianus 626
Coraebus undatus 296
Corticaria serrata 453
Corylophidae 449-450
Cosmisoma ammiralis 520
Cossyphus hoffmannseggii 471
Craspedophorus angulatus 88
Creophilus erythrocephalus 185
Crowsoniella relicta 34
Crowsoniellidae 34
Crowsonius meliponae 415
Cryptocephalus sericeus 561
Cryptophagidae 418
Ctenostoma maculicorne 57
Cucujidae 423
Cupedidae 35-38
Cupes capitatus 36
Curculio caryatrypes 619
Curculionidae 617-639
Cychrocephalus corvinus 435
Cychrus caraboides 66
Cyclaxyra jelineki 433
Cyclaxyridae 433
Cyclommatus elaphus 200
Cyclosomus flexuosus 89
Cylas formicarius 600
Cymatodera tricolor 386
Cymbionotum fernandezi 79
Cyrtinus pygmaeus 531
Cytilus alternatus 300

D
Dascillidae 257-259
Dascillus davidsoni 257
Dasycerus carolinensis 161
Dasytes virens 403
Declinia relicta 249
Decliniidae 249
Deinopteroloma spectabile 155
Dermestidae 360-362
Derodontidae 356-357
Derodontus macularis 357
Desmocerus californicus dimorphus 541
Diabrotica virgifera 566
Dialithus magnificus 235
Diamphidia femoralis 567
Diaperis maculata 491
Diatelium wallacei 167
Dicaelus purpuratus 90
Dicladispa armigera 554
Dicronocephalus wallichi 236
Dienerella filum 452
Dinapate wrightii 364
Dineutus sublineatus 50
Diorhabda elongata 568
Diplocoelus rudis 411
Discheramocephalus brucei 140
Discolomatidae 443
Disteniidae 517
Distocupes varians 37
Doliops duodecimpunctata 532
Donacia crassipes 563
Drapetes mordelloides 329
Drilidae 341
Drilus flavescens 341
Dryophthoridae 608-613
Dryophthorus americanus 608
Dryopidae 304
Dubiraphia bivittata 303
Dynastes hercules 223
Dynastes tityus 224
Dytiscidae 107-111
Dytiscus marginalis 107

E
Echiaster signatus 180
Elaphrus viridis 75
Elateridae 322-339
Elateroides dermestoides 374
Eleodes acutus 484
Elephastomus proboscideus 191
Elmidae 302-303
Empelus brunnipennis 157
Emus hirtus 186

Endecatomidae 363
Endecatomus dorsalis 363
Endomychidae 444-445
Enoclerus ichneumoneus 389
Epicauta atrata 499
Epilachna mexicana 447
Epimetopus lanceolatus 115
Epitrix cucumeris 569
Eretes sticticus 108
Ericmodes fuscitarsis 409
Erotylidae 412-414
Erotylus onagga 414
Erxias bicolor 490
Esemephe tumi 477
Eubrianax edwardsi 309
Eucamaragnathus batesi 68
Euchroea coelestis 237
Euchroma gigantea 276
Eucinetidae 250
Eucnemidae 320-321
Eucranium arachnoides 204
Eucurtia comata 136
Euderces reichei 521
Euderia squamosa 368
Eugnamptus nigriventris 595
Eulichadidae 314
Eulichas serricornis 314
Eumorphus quadriguttatus 445
Eupatorus gracilicornis 225
Eupholus schoenherrii 630
Euphoria fascifera 238
Eupoecila australasiae 239
Eurhinus magnificus 622
Eurhynchus laevior 602
Euryscelus biguttatus 590
Eurypogon niger 317
Evides pubiventris 277
Exapion ulicis 604
Exechesops leucopis 581

F
Fulcidax monstrosa 562

G
Gagatophorus draco 629
Galbella felix 271
Galbites auricolor 321
Geopinus incrassatus 91
Georissus californicus 116
Geotrupes splendidus 192
Geotrupidae 190-193
Gibbium aequinoctiale 369
Glypholoma rotundulum 153
Gnorimella maculosa 240
Goliathus regius 241
Golofa porteri 226
Graphipterus serrator 92
Grynocharis quadrilineata 377
Gyascutus caelatus 278
Gymnetis stellata 242
Gymnopholus lichenifer 631
Gyrinidae 50

H
Habroscelimorpha dorsalis 58
Hadesia vasiceki 147
Haeterius tristriatus 135
Haliplidae 101
Haliplus leopardus 101
Helea spinifer 485
Heliocopris gigas 205
Helluomorphoides praeustus bicolor 93
Helophorus sibiricus 114
Helota fulviventris 408
Helotidae 408
Hemiops flava 338
Hemisphaerota cyanea 555
Heteroceridae 308
Heterocerus gnatho 308
Heterosternus buprestoides 220
Hexodon unicolor 227
Hippodamia convergens 448
Histanocerus fleaglei 455
Hister quadrinotatus quadrinotatus 131
Histeridae 124-137
Hobartiidae 417
Hobartius chilensis 417
Hololepta plana 132
Homocyrtus dromedarius 486
Homoderus mellyi 201

Hoplia coerulea 212
Horelophus walkeri 118
Hoshihananomia inflammata 461
Hydnobius hydnorae 587
Hydraena anisonycha 138
Hydraenidae 138-139
Hydrophilus piceus 119
Hydrophilidae 114-121
Hydroscapha granulum 46
Hydroscaphidae 46
Hygrobia hermanni 106
Hygrobiidae 106
Hylotrupes bajulus 522
Hyperion schroetteri 94
Hyphalus insularis 306
Hypocephalus armatus 516
Hypothenemus hampei 637

I
Iberodorcadion fuliginator 533
Inca clathrata sommeri 243
Isthmiade braconides 523
Ithycerus noveboracensis 605

J
Jacobsoniidae 359
Julodimorpha saundersii 287
Julodis cirrosa hirtiventris 265
Juniperella mirabilis 288
Jurodidae 41

K
Karumia staphylinus 259
Kateretidae 434
Kibakoganea sexmaculata 221
Kiskeya elyunque 570

L
Laccophilus pictus coccinelloides 111
Laemophloeidae 430-431
Lamingtoniidae 426
Lamingtonium loebli 426
Lamprima adolphinae 196
Lampyridae 348-350
Lampyris noctiluca 349
Lasiodera rufipes 394
Lasioderma serricorne 372
Lasiorhynchus barbicornis 601
Latridiidae 452-453
Leiodidae 145-150
Leistotrophus versicolor 187
Lemodes coccinea 510
Lenax mirandus 416
Leperina cirrosa 380
Lepiceridae 44
Lepicerus inaequalis 44
Leptinotarsa decemlineata 556
Leptodirus hochenwartii hochenwartii 148
Leptophloeus clematidis 430
Lethrus apterus 193
Lichenobius littoralis 582
Lilioceris cheni 559
Limnichidae 306-307
Lioschema xacarilla 437
Loberonotha olivascens 412
Loberopsyllus explanatus 413
Lordithon lunulatus 165
Loricera pilicornis 73
Lucanidae 196-203
Lucanus elaphus 202
Ludovix fasciatus 620
Luprops tristis 472
Lutrochidae 305
Lutrochus germari 305
Lycidae 342-344
Lycoreus corpulentus 326
Lycus melanurus 343
Lymexylidae 374-375
Lyrosoma opacum 143
Lytta vesicatoria 500

M
Macrodontia cervicornis 544
Macrohelodes crassus 253
Macrolycus flabellatus 344
Macromerus bicinctus 628
Macrosiagon limbatum 463
Madecassia rothschildi 279
Malachius aeneus 405
Manticora latipennis 59

Matheteus theveneti 352
Mauroniscidae 400
Mauroniscus maculatus 400
Mecynorhina savagei 244
Mecynorhina torquata 245
Megalopinus cruciger 172
Megalopodidae 547
Megaloxantha bicolor 280
Megasoma elephas 228
Megaxenus termitophilus 513
Melandrya caraboides 460
Melandryidae 460
Melanophila acuminata 289
Melobasis regalis regalis 290
Meloe variegatus 501
Meloidae 498-502
Melolontha melolontha 213
Melyridae 401-405
Melyrodes basalis 402
Meru phyllisae 102
Meruidae 102
Metaxyphloeus texanus 431
Metopsia clypeata 158
Mexico morrisoni 307
Microcerus latipennis 606
Micromalthidae 39
Micromalthus debilis 39
Micropsephodes lundgreni 444
Microsilpha ocelligera 154
Minthea rugicollis 367
Mioptachys flavicauda 80
Mogulones crucifer 624
Moneilema annulatum 534
Monochamus alternatus 535
Monotomidae 415-416
Mordella holomelaena holomelaena 462
Mordellidae 461-462
Mormolyce phyllodes 95
Motschulskium sinuaticolle 141
Mycetophagidae 454
Mycetophagus quadriguttatus 454
Mycteridae 503
Mycterus curculioides 503
Myrabolia brevicornis 424
Myraboliidae 424

N
Nacerdes melanura 496
Nanophyes marmoratus marmoratus 607
Neandra brunnea 543
Nebria pallipes 52
Necrobia ruficollis 395
Necrophila formosa 151
Necrophilus subterraneus 144
Nematidium filiforme 465
Nemonychidae 578-579
Neochetina bruchi 615
Neohydrocoptus subvittulus 103
Neophonus bruchi 160
Nicrophorus americanus 152
Nilio lanatus 473
Niponius osorioceps 124
Nitidulidae 435-437
Nomius pygmaeus 81
Normaltica obrieni 571
Nosodendridae 358
Nosodendron fasciculare 358
Noteridae 103
Noteucinetus nunni 250
Notiophilus aeneus 53
Notolioon gemmatus 301
Notoxus calcaratus 512
Nyctelia geometrica 478

O
Ochthebius aztecus 139
Octotemnus mandibularis 458
Odontolabis cuvera 203
Oedemera podagrariae podagrariae 497
Oedemeridae 496-497
Omethes marginatus 351
Omethidae 351-352
Omma stanleyi 40
Ommatidae 40
Omoglymmius americanus 70
Omophron tessellatum 74
Omorgus suberosus 195
Oncideres cingulata 536
Onthophilus punctatus 130
Onychocerus albitarsis 537

653

索引（種名、科名）

Onymacris bicolor 479
Oomorphus concolor 574
Ophidius histrio 336
Ophionea indica 96
Ora troberti 254
Orphilus subnitidus 360
Orsodacnidae 548
Orthaltica terminalia 572
Oryctes nasicornis 229
Oryzaephilus mercator 422
Oxynopterus audouini 333
Oxypeltidae 514
Oxypius peckorum 170
Oxyporus rufus 171
Oxysternus maximus 133
Ozognathus cornutus 370

P

Pachnephorus tessellatus 565
Pachylister inaequalis 134
Pachylomera femoralis 206
Pachyschelus terminans 297
Paederus riparius 181
Pakalukia napo 441
Palaeoxenus dorhni 320
Panagaeus cruciger 97
Paracucujus rostratus 406
Paranaleptes reticulata 538
Parmaschema basilewskyi 443
Parorobitis gibbus 636
Pasimachus subangulatus 71
Passalidae 194
Passandra simplex 427
Passandridae 427
Pelonium leucophaeum 396
Peltastica amurensis 356
Peltis pippingskoeldi 378
Penthe obliquata 459
Peplomicrus mexicanus 159
Pergetus campanulatus 509
Periptyctus victoriensis 449
Petrognatha gigas 539
Phaeoxantha aequinoctialis 60
Phalacridae 428
Phalacrognathus muelleri 197
Pheidoliphila magna 137
Phengodidae 346
Pheropsophus aequinoctialis 83
Phloiophilidae 376
Phloiophilus edwardsii 376
Photuris pensylvanica 350
Phratora polaris 557
Phrenapates dux 474
Phycosecidae 398
Phycosecis limbata 398
Phyllobaenus pallipennis 387
Phyllotreta striolata 573
Phymatodes nitidus 524
Physodactylus oberthuri 339
Picnochile fallaciosa 61
Piestus spinosus 168
Pilolabus viridans 591
Pissodes strobi 634
Plastoceridae 340
Plastocerus angulosus 340
Platerodrilus korinchianus 342
Platisus zelandicus 423
Platylomalus aequalis 129
Platynodes westermanni 98
Platyphalacrus lawrencei 428
Platypsyllus castoris 150
Pleocoma australis 189
Pleocomidae 189
Pocadius nobilis 436
Podabrocephalidae 312
Podabrocephalus sinuaticollis 312
Polposipus herculeanus 492
Polybothris auriventris 281
Polycesta costata costata 269
Polyphylla decemlineata 214
Potamodytes schoutedeni 302
Priacma serrata 35
Priasilpha angulata 420
Priasilphidae 420-421
Priastichus tasmanicus 421
Prionoceridae 399
Prionocerus bicolor 399
Prionocyphon niger 255
Prionotheca coronata 480
Pristoderus antarcticus 466

Proagoderus rangifer 207
Proculus goryi 194
Propalticidae 429
Propalticus oculatus 429
Prostephanus truncatus 366
Prostomidae 495
Prostomis mandibularis 495
Protocucujidae 409
Protosphindus chilensis 410
Psephenidae 309
Pseudobothrideres conradsi 439
Psiloptera attenuata 282
Psoa dubia 365
Pteracanthus smidtii 623
Pterocolus ovatus 597
Pterogeniidae 455-456
Pterogenius nietneri 456
Ptiliidae 140-142
Ptilodactylidae 311
Ptinidae 369-373
Ptomaphagus hirtus 149
Pyrochroa serraticornis 506
Pyrochroidae 506
Pyrophorus noctilucus 327
Pythidae 505
Pytho kolwensis 505

R

Rhaebus mannerheimi 551
Rhagophthalmidae 347
Rhagophthalmus confusus 347
Rhinorhipidae 316
Rhinorhipus tamborinensis 316
Rhinostomus barbirostris 609
Rhinotia bidentata 586
Rhipicera femorata 260
Rhipiceridae 260-261
Rhipsideigma raffrayi 38
Rhopalotria mollis 588
Rhynchites auratus 596
Rhynchophorus ferrugineus 612
Rhyzodina mnszechii 487
Ripiphoridae 463-464
Ripiphorus viereck 464
Rivulicola variegatus 335
Rosalia alpina 525

S

Sagra buqueti 575
Salpingidae 507-508
Sandalus niger 261
Saprinus cyaneus 128
Sarothrias lawrencei 359
Satonius stysi 45
Scaptolenus lecontei 322
Scarabaeidae 204-248
Scarabaeus sacer 208
Schizopodidae 262
Schizopus laetus 262
Scirtidae 253-256
Scolytus multistriatus 638
Semiotus luteipennis 330
Sepidium variegatum 481
Siagona europaea 78
Sibuyanella bakeri 298
Sikhotealinia zhiltzovae 41
Silis bidentata 355
Silphidae 151-152
Silvanidae 422
Sipalinus gigas gigas 610
Siraton internatus 635
Sitophilus oryzae 613
Smicripidae 438
Smicrips palmicola 438
Solenogenys funkei 72
Solierius obscurus 177
Sosteamorphus verrucatus 304
Sosylus spectabilis 440
Sparrmannia flava 215
Spercheus emarginatus 117
Sphaeridium scarabaeoides 121
Sphaerius glabratus 122
Sphaeritidae 122
Sphaerius acaroides 47
Sphaeriusidae 47
Sphaerosoma carpathicum 442
Sphallomorpha nitiduloides 99
Sphindidae 410
Spilopyra sumptuosa 576

Spodistes mniszechi 230
Spondylis buprestoides 546
Staphylinidae 153-188
Stenodera puncticollis 502
Stenus cribricollis 175
Stephanorrhina guttata 246
Sternocera chrysis 266
Stigmodera roei 291
Stirophora lyciformis 311
Strategus aloeus 231
Strongylium auratum 493
Sulcophaneus imperator 209
Syneta betulae 577
Syntelia westwoodi 123
Synteliidae 123

T

Tanyrhinus singularis 156
Taphropiestes pullivora 425
Tasmosalpingidae 432
Tasmosalpingus quadrispilotus 432
Tauroceras patagonicus 190
Telegeusidae 345
Telegeusis orientalis 345
Temnoscheila chlorodia 381
Temognatha chevrolatii 292
Tenebrio molitor 488
Tenebrionidae 470-494
Tenebroides mauritanicus 382
Teretrius pulex 125
Tetracha carolina 62
Tetraopes femoratus 540
Tetratomidae 459
Thanasimus formicarius 390
Thanerocleridae 384-385
Thaneroclerus buquet 385
Theodosia viridiaurata 247
Thermonectus marmoratus 109
Thinopinus pictus 188
Thrincopyge alacris 270
Thylodrias contractus 361
Timarcha tenebricosa 558
Titanus giganteus 545
Torridincolidae 45
Trachelophorus giraffa 593
Trachykele blondeli blondeli 293
Trachypachidae 51
Trachypachus inermis 51
Trachys phlyctaenoides 299
Tretothorax cleistostoma 507
Tribolium castaneum 489
Trichius fasciatus 248
Trichodes apiarius 391
Trichognathus marginipennis 100
Tricondyla aptera 63
Trictenotoma childreni 504
Trictenotomidae 504
Trogidae 195
Trogossitidae 377-382
Tropisternus collaris 120
Trypanaeus bipustulatus 127
Trypeticus cinctipygus 126
Trypherus rossicus 354
Trypoxylus dichotomus 232

U

Ulochaetes leoninus 542
Upis ceramboides 494
Uracanthus cryptophagus 526
Urodontellus liilii 585
Usechimorpha montanus 467

V

Veronatus longicornis 256
Vesperidae 515-516
Vesperus luridus 515
Vicelva vandykei 164

X

Xenodusa reflexa 166
Xestobium rufovillosum 371
Xylotrupes gideon 233

Z

Zarhipis integripennis 346
Zenithicola crassus 392
Zenodosus sanguineus 384
Zeugophora scutellaris 547
Zopheridae 465-468
Zopherus chilensis 468

謝辞

CONTRIBUTOR ACKNOWLEDGMENTS

Significant input regarding information on the distribution, biology, taxonomy, literature and nomenclature associated with various species was received from our colleagues from all over the world. We are indebted to the following people for their insightful comments and for sharing their data with us: R. Anderson, M. Angel Moron, W. Barries, L. Bartolozzi, V. Bayless, C. Bellamy (deceased), L. Bocák, M. Bologna, S. Brullé, M. Buffington, J. Cayouette, C. Chaboo, D. Chandler, A. Cline, D. Curoe, A. Davies, H. Douglas, T. Durr, M. Ferro, G. Flores, F. Francisco Barbosa, M. Friedrich, R. Foottit, R. Fouquè, F. Génier, M. Gigli, B. Gill, M. Gimmel, R. Gordon, H. Goulet, V. Grebennikov, J. Hammond, G. Hanguay, L. Herman, M. Ivie, E. Jendek, I. Jenis, P. Johnson, A. Kirejtshuk, P. Lago, T. Lamb, D. Langor, S. Laplante, J. Lawrence, C.-F. Lee, L. LeSage, N. Lord, T. C. MacRae, C. Maier, C. Majka, M. Monné, P. Moretto, A. Newton, R. Oberprieler, A. Payette, S. Peck, J. Pinto, S. Policena Rosa, D. Pollock, J. Prena, B. C. Ratcliffe, C. Reid, J. M. Rowland, W. Schawaller, G. Setliff, W. Shepard, A. Ślipiński, A. Smetana, A. B. T. Smith, A. D. Smith, W. Staines, Jr., W. Steiner, A. Sundholm, D. Telnov, M. Thayer, T. Théry, D. Thomas, A. Tishechkin, P. Wagner, C. Watts, K. Will, N. Woodley, H. Yoshitake, D. K. Young, N. Yunakov.

A large number of photographs were generated specifically for this book. The following institutions and individuals made their (often rare) specimens available to us and facilitated our visits: American Museum of Natural History, New York City, USA (L. Herman, A. D. Smith), California Academy of Sciences, San Francisco, USA (D. Kavanaugh, N. Penny), Canadian Museum of Nature, Ottawa, Canada (R. Anderson, F. Génier), CSIRO (Australian National Insect Collection), Canberra, Australia (C. Lemann, A. Ślipiński), Field Museum, Chicago, USA (J. Boone), Florida State Collection of Arthropod, Gainesville, USA (P. Skelley), Kansas University Biodiversity Institute, Lawrence, USA (C. Chaboo, Z. Falin), Museum of Comparative Zoology, Harvard University, USA (P. Perkins), Queensland Museum and Sciencentre, Brisbane, Australia (S. Wright), Smithsonian Institution, Washington, D. C., USA (T. Erwin, D. Furth, C. Micheli, E. Roberts, F. Shockley), A. Desjardins, M. Ivie, I. Jenis, S. Laplante, A. Smetana, A. D. Smith, D. Telnov. Processing of several image files was performed by M. Saeidi. The tireless and surgeonlike efforts of A. Davies to clean, remount, and photograph dozens of often old, rare, and minute beetle specimens are sincerely acknowledged; this project could not have been completed without him.

René Limoges from the Montréal Insectarium is sincerely acknowledged for his enthusiasm towards the project. Richard Leschen was supported in part by the Core funding for Crown Research Institutes from the Ministry of Business, Innovation and Employment's Science and Innovation Group.

We sincerely thank the staff at Ivy Press for their vision, guidance and sustained support throughout the project. Editors and reviewers, some of which spent a significant amount of time editing the contents, improved the overall quality of the book greatly. Our institutions have permitted us to use the necessary resources (specimens, camera equipment, libraries, etc.) in order to make this project feasible; the production of this book would not have been possible without their important support. Lastly, but most importantly, we would like to thank our families for their constant encouragement.

PICTURE CREDITS

The publisher would like to thank the following individuals and organizations for their kind permission to reproduce the images in this book. Every effort has been made to acknowledge the images, however we apologize if there are any unintentional omissions and would be grateful if notified of any corrections that should be incorporated in future reprints or editions of this book.

KLAUS BOLTE 294, 522, 524, 528, 531, 534, 540, 542–3, 547, 558, 638. JASON BOND AND TRIP LAMB 479. LECH BOROWIEC 42–3, 47, 107, 130, 134, 150, 173, 229, 234, 251, 329, 349, 357, 371, 374, 442, 453, 489, 496–7, 500, 505, 561, 565, 567, 604, 607. KAROLYN DARROW © THE SMITHSONIAN INSTITUTION 61–2, 68–9, 71–2, 77, 79, 83. ANTHONY DAVIES, COPYRIGHT © HER MAJESTY THE QUEEN IN RIGHT OF CANADA AS REPRESENTED BY THE MINISTER OF AGRICULTURE AND AGRI-FOOD 5, 11, 15T, 32–3, 35 (Museum of Comparative Zoology, Harvard University), 36–40, 44, 50–1, 57, 60, 63, 66, 85 (Museum of Comparative Zoology, Harvard University), 88–9 (Museum of Comparative Zoology, Harvard University), 92 (Museum of Comparative Zoology, Harvard University), 97, 99–102, 110–11, 114, 115 (Museum of Comparative Zoology, Harvard University), 116–18, 120–1, 123, 125–9, 131, 133, 135, 137–46, 148, 151–66, 168–72, 174–83, 185–92, 194–5, 202–8, 210–11, 214, 216–17, 220–1, 223. 225–7, 230–2, 235, 238–9, 241–7, 250, 252–61, 265, 268–9, 281, 286–7, 290, 296, 300–8, 309 (Museum of Comparative Zoology, Harvard University), 311, 313–14, 316, 317 (Museum of Comparative Zoology, Harvard University), 318, 322, 326, 330–1, 335–6, 338–9, 343–6, 348, 350–3, 355, 359, 360 (Museum of Comparative Zoology, Harvard University), 362–9, 370 (Museum of Comparative Zoology, Harvard University), 372–3, 377, 380–1, 383–4, 386–7, 396–8, 400, 402 (Museum of Comparative Zoology, Harvard University), 403, 408, 410–15, 417–20, 422–4, 426–8, 431–3, 437, 439, 444, 446–52, 455, 457–8, 460–1, 463–5, 469–71, 475, 477, 482, 484–6, 490, 493, 499, 503–4, 507–8, 509 (Museum of Comparative Zoology, Harvard University), 510, 511–12 (Museum of Comparative Zoology, Harvard University), 513–14, 520–1, 525, 532, 537, 541, 550, 554, 557, 559, 562, 564, 569–73, 576, 579, 581–82, 584–91, 593–7, 599–603, 606, 609–11, 614–18, 620, 622–3, 625–6, 628–32, 636–7, 639. ARTHUR V. EVANS 24T, 25TR. HENRI GOULET, COPYRIGHT © HER MAJESTY THE QUEEN IN RIGHT OF CANADA AS REPRESENTED BY THE MINISTER OF AGRICULTURE AND AGRI-FOOD 8L, 48–9, 52–5, 64–5, 67, 70, 74–6, 80–2, 84, 86, 90–1, 93–4, 96, 104, 109, 149, 337, 358, 409, 416, 421, 425, 429–30, 434, 436, 438, 440–1, 443, 454, 459, 467, 483, 488, 491, 494, 516, 518, 578, 605, 608, 612, 621, 627, 634. PAUL HARRISON 23B. INSECTARIUM DE MONTRÉAL / Robert Beaudoin: 28T; / René Limoges: 19TR; / Jacques de Tonnancour: 21C, 26. IVO JENNIS 312. KENJI KOHIYAMA 6, 7B, 15b, 478. VITYA KUBÁŇ AND SVATA BÍLY 277, 288, 297. STÉPHANE LE TIRANT 199–200, 224, 544–5. RENÉ LIMOGES 1, 3, 12T, 13, 14, 197, 219, 222, 527. KIRILL MAKAROV 41, 122, 132, 193, 213, 248–9, 299, 319, 334, 354, 356, 405–7, 462, 498, 501, 506, 580, 583, 633. COSMIN MANCI 485. FRANCISCO MARTINEZ-CLAVEL 212. MUNETOSHI MARUYAMA 333. MARCELA A. MONNÉ 22B. R. SALMASO, ARCHIVES OF THE MUSEO DI STORIA NATURALE OF VERONA 34. WOLFGANG SCHAWALLER 487. UDO SCHMIDT 73, 78, 103, 106, 108, 119, 228, 376, 530, 538, 549, 560, 563, 566, 592, 598, 613, 624. SCIENCE PHOTO LIBRARY / Pascal Goetgheluck 18BL; / Natural History Museum London: 9. SHUTTERSTOCK / Four Oaks: 20T; / Karel Gallas: 18BR; / Pablo Hidalgo: 29; / King Tut: 28B; / Georgios Kollidas: 16; / D. Kucharski, K. Kucharska: 21T; / Henrik Larsson 25CR; / Morphart Creation: 641–1; / Hein Nouwens: 30–1; / stable: 27CR; / Vblinov 23T; / think4photop: 27TR; / Czesznak Zsolt: 10. MAXIM SMIRNOV 2, 8R, 95, 112–13, 196, 198, 201, 209, 218, 233, 236–7, 279, 289, 575. LAURENT SOLDATI 480–1, JULIEN TOUROULT 328. © TRUSTEES OF THE NATURAL HISTORY MUSEUM, LONDON 45–6, 59, 87, 98, 105, 124, 136, 147, 167, 184, 215, 271, 295, 298, 310, 315, 332, 340, 342, 347, 361, 375, 379, 382, 385, 435, 473, 476, 492, 502, 515, 529, 535, 539, 574, 577, 635 (photographer: Harry Taylor). ALEX WILD 7T, 12BL, 12BR, 19TL, 20B, 22T, 24B. CHRISTOPHER C. WIRTH 56, 58, 240, 262–4, 266–7, 270, 272–6, 278, 280, 282–5, 291–3, 320–1, 323–5, 327, 341, 378, 388–95, 399, 401, 404, 445, 456, 466, 468, 472, 474, 517, 519, 523, 526, 533, 536, 546, 548, 551–3, 555–6, 568, 619. GINNY ZEAL © IVY PRESS LIMITED 17.

Thanks also to Roger Booth, Beulah Garner, Michael Geiser, Malcolm Kerley, Christine Taylor, and Max Barclay, Curators of the Coleoptera Collections at the Natural History Museum, London.

総編集 パトリス・ブシャー Patrice Bouchard

オタワにあるCanadian National Collection of Insects, Arachnids and Nematodesの科学者・キュレーター。専門は甲虫類。これまでに50以上の論文や本を執筆。その中には1000頁を超える『Family-group names in Coleoptera（甲虫目の科名）』や、受賞歴のある『Tenebrionid Beetles of Australia（オーストラリアのゴミムシダマシ科の昆虫たち）』もある。また、『The Canadian Entomologist』や『ZooKeys』、『Zoological Bibliography』の編集委員会にも所属。

日本語版監修 丸山宗利 まるやま むねとし

1974年東京生まれ。北海道大学大学院農学研究科博士課程修了。博士（農学）。九州大学総合研究博物館助教。国立科学博物館（日本学術振興会特別研究員）、シカゴ・フィールド自然史博物館などを経て、現職。アリと共生する好蟻性昆虫が専門。著書に『ツノゼミありえない虫』（幻冬舎）、『きらめく甲虫』（幻冬舎）、『昆虫はすごい』（光文社新書）、『アリの巣の生きもの図鑑』（共著、東海大学出版部）など。

世界甲虫大図鑑 THE BOOK OF BEETLES

2016年5月20日　第1刷発行
2016年6月23日　第2刷発行

総 編 集	パトリス・ブシャー
日本語版監修	丸山宗利
協　　　力	有本晃一／辻尚道／山本周平／吉田貴大／吉富博之／福富宏和
翻　　　訳	伊藤伸子／的場知之／世波貴子／中川美穂
翻 訳 協 力	株式会社トランネット http://www.trannet.co.jp
装　　　幀	岸和泉
D T P	株式会社明昌堂
発 行 者	千石雅仁
発 行 所	東京書籍株式会社 東京都北区堀船2-17-1　〒114-8524 03-5390-7531（営業）／03-5390-7505（編集） http://www.tokyo-shoseki.co.jp
印刷・製本	C&C Offset Printing Co., Ltd.（中国）

ISBN978-4-487-80930-1 C0645

Japanese text copyright © 2016 by Munetoshi Maruyama, Tokyo shoseki Co., Ltd.
All rights reserved. Printed and bound in China

乱丁・落丁の場合はお取り替えいたします。